普通高等教育“十三五”规划教材
普通高等院校数学精品教材

多元分析学

（第 2 版）

黄永忠　韩志斌　吴　洁　刘艳红　编

华中科技大学出版社
中国 · 武汉

内 容 提 要

本书主要介绍级数、多元函数微分学与积分学、含参变量积分，以及向量代数与空间解析几何等内容. 全书详略得当，例题、习题丰富，注重逻辑思维能力和大局观的培养，注重数学思想的体现.

本书可作为研究型大学创新人才培养理工科各专业实验班或提高班的教材或者教学参考书，也可作为数学专业低年级学生或非数学专业对数学要求较高学生的参考书.

图书在版编目(CIP)数据

多元分析学/黄永忠编. —2 版. —武汉：华中科技大学出版社，2020.1(2024.8 重印)
ISBN 978-7-5680-2998-8

Ⅰ.①多… Ⅱ.①黄… Ⅲ.①多元分析-高等学校-教材 Ⅳ.①O212.4

中国版本图书馆 CIP 数据核字(2020)第 014048 号

多元分析学(第 2 版)
Duoyuan Fenxixue(Dierban)

黄永忠 韩志斌 吴 洁 刘艳红 编

策划编辑：周芬娜
责任编辑：刘艳花
封面设计：原色设计
责任校对：李 弋
责任监印：徐 露
出版发行：华中科技大学出版社(中国·武汉) 电话：(027)81321913
武汉市东湖新技术开发区华工科技园 邮编：430223
录 排：武汉市洪山区佳年华文印部
印 刷：武汉科源印刷设计有限公司
开 本：787mm×1092mm 1/16
印 张：20.75
字 数：485 千字
版 次：2024 年 8 月第 1 版第 2 次印刷
定 价：55.00 元

第2版 前 言

为适应新时代的要求, 结合《多元分析学》第1版多年来的教学实践, 我们对其进行重新修订, 有如下改变.

(1) 删去了第7章; 原3.6节仅保留曲率部分; 完全改写了第2章. 这些都是缘于课时或培养计划中课程的改变而进行的改变.

(2) 改写了部分例子和定理的证明; 重写或完善了部分段落, 如级数的重排、级数的Cauchy乘积、Gamma函数的渐近式及其应用.

(3) 调整了部分例题和习题, 包括增、删、改例题和习题.

(4) 改变了定义、定理等的编号形式, 采用普遍的各自编号法.

(5) 本书的部分习题解答或解答思路以数字化形式存在于教材中, 通过扫二维码能再现内容.

上述(2)、(3)条的改变, 不少来自我们近年的教学研究成果和全国大学生数学竞赛, 力图贴近“金课”建设要求.

本次修订, 第1章、第3章、第6章由黄永忠负责, 第2章由吴洁负责, 第4章、第5章由韩志斌负责. 限于编者的水平, 书中的错误和不足在所难免, 敬请读者批评指正.

本次改版得到华中科技大学出版社的大力支持和帮助, 出版社的周芬娜、刘艳花编辑做了大量细致和富有成效的工作, 金芳女士对本书的排版提供了很大的支持，在此一并致谢.

编 者

2019年12月于华中科技大学

第 1 版　前　　言

本书是大学数学创新教材之一的《多元分析学》, 它的编写基于以下几个认识:

(1) 对学生的认识. 我们面对的是创新实验班的学生, 他们的中学数理知识较为扎实, 并且有良好的学习习惯和学习自觉性, 所以我们安排的内容较通常的微积分要多, 内容的渐进也来得快些, 同时注重数学分析能力的培养.

(2) 对目的的认识. 加强学生厚实的数学基础, 培养他们的数学思想方法和逻辑思维能力, 进而建立扎实的数学分析功底是我们的目的.

(3) 对应用的认识. 持续了很多年的教材改革, 每谈必有加强应用, 让学生知道这些知识"有什么用, 如何用"等. 多年以后的今天, 积累了大量的素材, 为我们就具体应用而言有专业针对性地布置课外阅读材料提供了现实可能性. 例如, 改革后的《数学分析》及《微积分》教材有大量的应用例子, 还有为数众多的《数学建模》书籍供阅读.

(4) 数值处理及数学软件的加入也是教材改革的一种常见形式, 由于后继有科学计算课程, 我们也不打算具体地涉及它们. 其实, 常见的数学软件, 如Mathematica、Matlab、Maple, 只需花很少的时间就可以学会用它们处理微积分的内容.

有了以上认识, 我们在考虑教材内容时就将绝大部分精力用来关注数学层面的知识, 回到"传统"方式. 我们始终认为, 作为学生, 打下坚实的数理基础才是创新的根本所在. 数学学习, 不要问有用没用, 只管学得精不精, 这才是为学之道(任继愈先生关于学问的意思转述).

本书特点:

(1) 内容包含精讲部分和介绍性部分, 详略得当. 具体地, 级数、多元函数微积分学写得详尽, 这是要求学生精通的内容; 空间理论初步和常微分方程的定性理论初步写得简略, 目的是让学生开阔视野, 提升认识. 对此内容的基本要求: 熟练掌握度量空间的点集理论, 掌握Banach不动点定理及其应用; 知道常见的完备空间及作为特例的Hilbert空间; 透彻理解常微分方程解的存在唯一性定理, 掌握自治系统平衡位置稳定性的判断, 以及简单情形Lyapunov函数的构造.

(2) 注意逻辑思维能力和大局观的培养, 注重数学思想的体现. 我们常常通过多种方式让读者感受所学知识的逻辑必然性和全局把握. 例如级数, 我们当然会展示众多的结论, 但一开始我们就通过几个方面来说明级数的作用; 在谈到函数项级数的和函数的分析性质时, 强调和函数就是一个函数, 是分析学的研究对象, 我们当然要关注它的连续性、可积性、可微性等分析性质, 对含参变量的积分也是如此. 再如, 将二重积分、三重积分, 以及第一型曲线、曲面积分视为几何体上的积分(以往只在复习总结时采用此观点, 现在有不少教材也直接这样做了, 如参考文献[2]), 这样可以写出统一的定义和性质, 看到它们是定积分的推广, 计算技巧, 如利用对称性, 都是同一个道理. 数学思想的体现也是贯穿全书的. 这些思想包括"转化"的思想, 无穷的"有限"逼近思想, 分析、代数、几何的融合思想, 特殊到一般及一般到特殊的思想(抽象与具体的思想), 分类的思想等.

(3) 贴近读者实际. 本书主要用于创新实验班一年级的第二学期, 此时, 专业基础课陆续进入, 学生的学业负担明显加重. 学生自由支配时间的减少影响着他们对知识的消化与思考, 因此, 如何帮助他们学好本课程是我们时刻注意的事. 在要求读者精通的内容部分, 我们写得较为详尽, 也给出众多的注记. 这样做, 削弱了对读者的启发, 但加强了读者对知识的理解和掌握, 重要的是迫不得已地为读者节约了时间. 加大习题量, 不少是具有启发性的问题, 便于真正学有余力的读者思考.

(4) 适当注意创新实验班数学课程体系的衔接与融合. 这体现在以下诸内容的安排上: 再谈常微分方程; 在变换下的偏导数运算及多种形式的三大积分公式的例习题中, 特别注意于源自偏微分方程及其边值问题求解的问题; 抽象空间初步知识; 代数与几何相关知识的运用等.

(5) 每章节的所有定义、定理、命题、例子等拉通编号. 这样做的目的是便于读者快速查找相关内容. 我们还给出了符号表和索引, 希望增强本书的理解性.

另外, 为适应不同层次的需要, 在一些地方加上星号以示可选用.

本书的第1章、第2章、第6章、第7章及第4章的第7节由黄永忠老师编写, 第3章由刘艳红老师编写, 第4章、第5章由韩志斌老师编写, 全书由黄永忠老师统稿和润色. 限于编者的水平, 加之时间仓促, 书中的错误和不足在所难免, 敬请读者批评指正.

本书的编写是在华中科技大学数学与统计学院的创新教材编写组的统一部署下开展的, 得到学校教务处的大力支持; 科学出版社对本书的编写和出版给予了持续关注和帮助; 例题、习题的选编参考了我院大学数学中心提供的资料, 特别得到吴洁老师的无私帮助; 我们的硕士生方厚章、陈小锋、刘海霞、许婷婷、方丹等同学输入了部分文稿, 在此一并致谢.

编 者

2010年9月

符号表

$:=$	定义为或记为
$\mathbf{N}_+$	正整数集合
$\mathbf{R}$	实数集合
$\mathbf{R}^n$	n维实欧氏空间, $\mathbf{R}^1 = \mathbf{R}$
$\rightrightarrows$	一致收敛
$\Leftrightarrow$	充要条件, 等价刻画
A°, $\mathrm{int}A$	点集A的内点全体
A'	点集A的极限点全体, 导集
$\overline{A}$	点集A的闭包, 即$\overline{A} = A' \cup A$
∂A	点集A的边界
$A \times B$	$\{(x, y) \mid x \in A,\ y \in B\}$
$N(a, \delta)$	欧氏空间中点a的δ邻域
$\boldsymbol{x}$	向量, 如此黑体小写字母均为向量
$\boldsymbol{e}_a$	单位向量
定理1.1.10	第1章第1节的定理10
*证	该证明可选用, 全书中加星号内容均为此意
$\square$	定理、命题等的证明完毕标志
	较长例子、注记的结束标志

目　录

第 1 章　无 穷 级 数

对给定的数列$\{a_n\}$, 形式上可写出如下**无穷和**:

$$a_1 + a_2 + \cdots + a_n + \cdots \tag{1.0.1}$$

称其为以a_n为通项的**无穷级数**, 简称**级数**, 记为$\sum_{n=1}^{\infty} a_n$.

级数首项的下标也可以是其他整数, 如0或3. 当不必强调级数的首项时, 通常将式(1.0.1)简记成$\sum_n a_n$或$\sum a_n$.

若级数的每一项都为常数, 则式(1.0.1)称为**常数项级数**, 简称**数项级数**, 如$\sum \frac{1}{n}$ 和$\sum \frac{1}{2^n}$; 若级数的诸项为函数, 则式(1.0.1)称为**函数项级数**, 如$\sum x^n$和$\sum \frac{\sin(nx)}{n^2}$.

级数作为表示实数或函数的工具, 在研究一些重要常数或一些函数的性质以及近似计算中, 扮演十分重要的角色, 甚至具有不可替代的作用, 是分析学的一个重要内容. 在展开学习之前, 下面先从三个方面来认识级数学习的必要性, 当然级数的应用并不仅仅在这三个方面.

1.　时钟的时针与分针重合问题

例 1.0.1　求在第k点钟到第$k+1(k=1,2,\cdots,11)$点钟之间, 时钟的时针与分针恰好重合的时间.

解　注意到分针的转速是时针转速的12倍, 当分针从0(或12)走到第k点钟时, 时针到$k+\frac{k}{12}$处; 当分针到$k+\frac{k}{12}$处时, 时针到$k+\frac{k}{12}+\frac{k}{12^2}$处; 以此类推, 时钟的时针与分针在

$$k + \frac{k}{12} + \frac{k}{12^2} + \cdots + \frac{k}{12^n} + \cdots$$

处重合, 即在$\frac{12k}{11}$处重合(等比数列求和, 取极限而得).

我们现在来看这个重合问题是非常简单的, 但是在2400多年前, 类似问题曾使初等几何学的研究者们辩论得异常激烈. 这个类似问题就是著名的Zeno悖论. 说的是Achilles(古希腊一位善跑的英雄, 神话人物)和乌龟赛跑的故事, 他的速度是乌龟的10倍, 但乌龟的起跑点靠前100码. 古希腊的哲学家Zeno说Achilles永远也追不上乌龟, 因为当他跑到乌龟的起跑处时, 乌龟到了110码处; 当他到110码处时, 乌龟到了111码; 以此类推, Achilles是逐渐逼近乌龟, 但永远也追不上乌龟. 这显然是一个有悖于常识的荒谬结论, 用时钟的时针与分针重合问题的思考方法, 得到Achilles在乌龟起跑后的

$$100 + 10 + 1 + \frac{1}{10} + \frac{1}{10^2} + \cdots + \frac{1}{10^n} + \cdots$$

处, 即$110+\frac{10}{9}$码处追上乌龟. 尽管相加的项有无穷个, 但其和却是有限数. □

这里涉及的是无限个数相加的问题. 无限问题不是有限问题的简单推广. 由此产生的问题是: 这种无限相加是否有意义? 例1.0.1中的式子看来是有意义的, 另一个级数$\sum_{n=1}^{\infty}(-1)^n$有意义

吗? 有限个数相加的一些运算法则, 如加法交换律与加法结合律, 对无限个数还有效吗? 两个级数的乘积又是怎么回事? …… 这正是本章要考虑的一些基本问题.

2. 对常数 e 和 π 的认识

在学习了Taylor公式后, 我们能证明 e 是无理数, 并给出其值的近似计算. 在本章, 我们将得到

$$\mathrm{e}=1+1+\frac{1}{2!}+\cdots+\frac{1}{n!}+\cdots.$$

对π, 有

$$\frac{\pi^2}{6}=1+\frac{1}{2^2}+\frac{1}{3^2}+\cdots+\frac{1}{n^2}+\cdots.$$

3. 积分$F(x)=\int_0^x \mathrm{e}^{-t^2}\mathrm{d}t$的计算

用一个如初等函数的解析式子来表达$F(x)$是困难的, 在学习本章以后, 我们可以用函数项级数来表示它, 进而研究其进一步的性质. 因为

$$\mathrm{e}^x=\sum_{n=0}^{\infty}\frac{x^n}{n!},\qquad |x|<+\infty,$$

所以

$$F(x)=\int_0^x\sum_{n=0}^{\infty}\frac{(-t^2)^n}{n!}\mathrm{d}t=\sum_{n=0}^{\infty}\frac{(-1)^n}{n!}\int_0^x t^{2n}\mathrm{d}t=\sum_{n=0}^{\infty}\frac{(-1)^n x^{2n+1}}{(2n+1)n!},$$

其中第二个等号的成立是有条件的, 即求积分运算与无穷求和运算交换顺序是有条件的. 这条件是什么? 学习函数项级数时就明白了. 其实, 数学物理和工程技术领域涉及较多的特殊函数大多是用级数来表示的, 如著名的Bessel方程

$$x^2y''+xy'+(x^2-1)y=0$$

的解是$J_1(x)=\sum_{n=0}^{\infty}\frac{x^{2n+1}}{n!(n+1)!2^{2n+1}}$, 称为阶1的Bessel第一类函数. 有兴趣的读者可参考王竹溪、郭敦人的《特殊函数概论》(首印: 科学出版社, 1965; 重印: 北京大学出版社, 2000). 毫不夸张地说, 级数的函数表示是我们学习和研究级数的最重要动机. 下面开始级数理论的学习.

1.1 数 项 级 数

数项级数的每一项都为常数, 但并不排除级数的通项含有在一定范围内取值的参数, 只是不强调这些参数的变动. 因此, 本节的结论自然可用于函数项级数.

1.1.1 敛散性、性质

记级数(1.0.1)的前n项之和$S_n=a_1+a_2+\cdots+a_n=\sum_{k=1}^{n}a_k$, 称$\{S_n\}$为级数(1.0.1)的**部分和数列**.

定义 (级数的敛散性与和) 若级数(1.0.1)的部分和数列$\{S_n\}$收敛, 则级数(1.0.1)**收敛**, 并且

$$S=\lim_{n\to\infty}S_n=\lim_{n\to\infty}\sum_{k=1}^{n}a_k$$

为级数(1.0.1)的**和**, 记作$\sum\limits_{n=1}^{\infty}a_n=S$; 否则, 级数(1.0.1)发散. 级数的收敛与发散统称为级数的**敛散性**. 收敛级数的和与其部分和之差$R_n=S-S_n=\sum\limits_{k=n+1}^{\infty}a_k$称为该级数的**余项**.

值得注意的是, 若$S=\pm\infty$, 则级数$\sum\limits_{n=1}^{\infty}a_n$有和$+\infty$或$-\infty$, 但它不收敛.

在级数与数列之间存在一个简单的一一对应. 事实上, 级数唯一地确定其部分和数列; 反之, 任给定数列$\{S_n\}$, 令$a_1=S_1$, $a_n=S_n-S_{n-1}$ $(n\geqslant 2)$, 则级数$\sum\limits_{n=1}^{\infty}a_n$以$\{S_n\}$为其部分和数列. 充分注意到级数与数列的这种对应关系, 对于理解本章内容是重要的. 下面来认识几个基本级数的敛散性.

例 1.1.1 设q为常数, 讨论**等比级数**(或称**几何级数**)

$$\sum_{n=0}^{\infty}q^n=1+q+q^2+\cdots+q^{n-1}+\cdots$$

的敛散性.

解 该级数的部分和为

$$S_n=1+q+q^2+\cdots+q^{n-1}=\begin{cases}\dfrac{1-q^n}{1-q}, & q\neq 1,\\ n, & q=1.\end{cases}$$

当$|q|<1$时, 由于

$$\lim_{n\to\infty}S_n=\lim_{n\to\infty}\frac{1-q^n}{1-q}=\frac{1}{1-q},$$

故该级数收敛, 且其和为$\dfrac{1}{1-q}$; 当$|q|>1$时, 由于$\lim\limits_{n\to\infty}S_n$不存在, 故该级数发散; 显然, 当$q=1$时, 级数也发散. 当$q=-1$时, 级数变为

$$1-1+1-1+\cdots+(-1)^{n-1}+\cdots,$$

由于它的部分和

$$S_n=\begin{cases}0, & n\text{为偶数},\\ 1, & n\text{为奇数}\end{cases}$$

是一个发散数列, 所以该级数发散.

综上所述, 当$|q|<1$时, 等比级数收敛, 其和为$\dfrac{1}{1-q}$; 当$|q|\geqslant 1$时, 等比级数发散. 特别地, 得到$\sum(-1)^{n-1}$是发散的. □

例 1.1.2 证明: **调和级数**

$$\sum_{n=1}^{\infty}\frac{1}{n}=1+\frac{1}{2}+\frac{1}{3}+\cdots+\frac{1}{n}+\cdots$$

是发散的.

证 该级数的部分和为

$$S_n=1+\frac{1}{2}+\frac{1}{3}+\cdots+\frac{1}{n}\qquad(n\in\mathbf{N}_+),$$

只需证明$\{S_n\}$是发散的. 注意到对$x\in(k,k+1)$ $(k\in\mathbf{N}_+)$, 有$\frac{1}{k}>\frac{1}{x}$, 得

$$\begin{aligned}S_n &= \int_1^2 1\mathrm{d}x+\int_2^3\frac{\mathrm{d}x}{2}+\int_3^4\frac{\mathrm{d}x}{3}+\cdots+\int_n^{n+1}\frac{\mathrm{d}x}{n}\\ &> \int_1^2\frac{\mathrm{d}x}{x}+\int_2^3\frac{\mathrm{d}x}{x}+\int_3^4\frac{\mathrm{d}x}{x}+\cdots+\int_n^{n+1}\frac{\mathrm{d}x}{x}\\ &= \int_1^{n+1}\frac{\mathrm{d}x}{x}=\ln(n+1),\qquad n\in\mathbf{N}_+.\end{aligned}$$

由$\ln(n+1)\to+\infty$ $(n\to\infty)$得到$S_n\to+\infty$ $(n\to\infty)$. □

注 1.1.1 $H_n=1+\frac{1}{2}+\frac{1}{3}+\cdots+\frac{1}{n}$称为**调和级数**, 它可由Euler常数$\gamma\approx0.577$表示为$H_n=\gamma+\ln n+\varepsilon_n$, 其中$\lim\limits_{n\to\infty}\varepsilon_n=0$. 因此$\{H_n\}$发散到$+\infty$, 从而调和级数发散(见参考文献[9]).

例 1.1.3 设p是常数, 讨论 p**级数**$\sum\limits_{n=1}^{\infty}\frac{1}{n^p}$的敛散性.

解 (1) 当$p<1$时, 对正整数k有$k^p<k$, 从而得到

$$S_n=\sum_{k=1}^{n}\frac{1}{k^p}>H_n=\sum_{k=1}^{n}\frac{1}{k}.$$

于是由例1.1.2的$H_n\to+\infty$ $(n\to\infty)$, 推出这里的$S_n\to+\infty$ $(n\to\infty)$, 故S_n发散.

(2) 当$p>1$时, p级数的部分和数列

$$S_n=1+\frac{1}{2^p}+\frac{1}{3^p}+\cdots+\frac{1}{n^p}$$

显然是单调增加的, 它收敛与否取决于其是否有上界.

记$r=\frac{1}{2^{p-1}}$, 则$0<r<1$. 由于

$$\begin{aligned}&\frac{1}{2^p}+\frac{1}{3^p}<\frac{1}{2^p}+\frac{1}{2^p}=r,\\ &\frac{1}{4^p}+\frac{1}{5^p}+\frac{1}{6^p}+\frac{1}{7^p}<\frac{1}{4^p}+\frac{1}{4^p}+\frac{1}{4^p}+\frac{1}{4^p}=r^2,\\ &\vdots\\ &\frac{1}{2^{kp}}+\frac{1}{(2^k+1)^p}+\cdots+\frac{1}{(2^{k+1}-1)^p}<\frac{2^k}{2^{kp}}=r^k,\end{aligned}$$

所以

$$S_n\leqslant S_{2^n-1}<1+r+r^2+\cdots+r^{n-1}<\frac{1}{1-r}.$$

这表明当$p>1$时, 部分和数列$\{S_n\}$收敛, 也即p级数收敛. □

至此, 我们认识了几何级数与p级数的敛散性, 还有两个典型的发散级数: $\sum(-1)^{n-1}$与调和级数.

本节的定义将判别级数的敛散性及其求和问题分别转化为判别部分和数列的敛散性与求部分和数列的极限问题. 这种通过极限有限相加(部分和)来认识、研究无限项相加(级数)是学习数学的一个重要思想方法.

利用数列极限的有关性质, 不难证明级数的一些基本性质.

性质 1.1.1 设级数$\sum a_n$和$\sum b_n$都收敛, 且$\sum\limits_{n=1}^{\infty} a_n=A$, $\sum\limits_{n=1}^{\infty} b_n=B$, 则

(1) $\sum\limits_{n=1}^{\infty}(\alpha a_n\pm\beta b_n)=\alpha\sum\limits_{n=1}^{\infty} a_n\pm\beta\sum\limits_{n=1}^{\infty} b_n=\alpha A\pm\beta B$, 其中$\alpha$和$\beta$是常数;

(2) 若$a_n\leqslant b_n$ $(\forall n\in\mathbf{N}_+)$, 则$\sum\limits_{n=1}^{\infty} a_n\leqslant\sum\limits_{n=1}^{\infty} b_n$, 即$A\leqslant B$.

性质 1.1.2 任意删去、添加或改变有限项, 级数的敛散性不改变.

性质 1.1.3 设级数$\sum\limits_{n=1}^{\infty} a_n$收敛, 则(1) $\lim\limits_{n\to\infty} a_n=0$; (2) $\lim\limits_{n\to\infty} R_n=0$.

用$a_n=S_n-S_{n-1}$ $(n\geqslant 2)$和$R_n=S-S_n$即证得该性质, 其中S为级数的和.

由于性质1.1.3中的(1)比较容易验证, 因此常被用来判断级数的敛散性. 若$\{a_n\}$不收敛, 或者虽收敛但$\lim\limits_{n\to\infty} a_n\neq 0$, 则级数$\sum a_n$必定发散. 例如, 级数$\sum(-1)^{n-1}$与$\sum\dfrac{1}{\sqrt[n]{n}}$都是发散的. 必须强调, $\lim\limits_{n\to\infty} a_n=0$仅是级数$\sum a_n$收敛的必要条件, 如调和级数$\sum\dfrac{1}{n}$是发散的.

性质 1.1.4 若$\sum\limits_{n=1}^{\infty} a_n$为收敛级数, 则不改变它的各项次序任意加入括号所得到的新级数仍收敛, 并且其和不变.

证 设$\sum\limits_{n=1}^{\infty} a_n=S$, 部分和数列为$\{S_n\}$. 在该级数中任意加入括号, 得新级数

$$(a_1+a_2+\cdots+a_{n_1})+(a_{n_1+1}+a_{n_1+2}+\cdots+a_{n_2})+\cdots+$$
$$(a_{n_{k-1}+1}+a_{n_{k-1}+2}+\cdots+a_{n_k})+\cdots.$$

记它的部分和为$\widetilde{S}_k$, 则

$$\widetilde{S}_1=S_{n_1},\widetilde{S}_2=S_{n_2},\cdots,\widetilde{S}_k=S_{n_k},\cdots.$$

因此$\{\widetilde{S}_k\}$为原级数部分和数列$\{S_n\}$的一个子列$\{S_{n_k}\}$, 从而知新级数收敛, 且

$$\lim_{k\to\infty}\widetilde{S}_k=\lim_{k\to\infty}S_{n_k}=S.$$ □

注 1.1.2 (1) 性质1.1.4说明, 任何收敛的级数都具有有限个数相加的结合性. 但与有限项加法不同的是它的逆命题不一定成立. 例如, 级数

$$(1-1)+(1-1)+\cdots+(1-1)+\cdots$$

是收敛的, 但不加括号的级数$1-1+1-1+\cdots+1-1+\cdots$却是发散的.

(2) 对级数$\sum a_n$, 若适当加括号后的新级数收敛, 且括号内的项符号相同, 则原级数$\sum a_n$收敛. 留作练习.

(3) 性质1.1.4也表明, 若对一个级数适当加入括号得到的新级数是发散的, 则原级数必发散. 对此, 我们得到调和级数发散的一个新证明. 如果按

$$\left(\frac{1}{2^{n-1}+1}+\frac{1}{2^{n-1}+2}+\cdots+\frac{1}{2^n}\right)$$

方式加括号, 对调和级数有何结论? 留作练习. □

与数列类似, 对于级数也要研究两个基本问题: 第一, 它是否收敛; 第二, 如果收敛, 如何求出它的和. 一般来说, 虽然我们会陆续介绍一些求和方法, 但第二个问题比较困难. 对于第一个问题, 如果级数发散, 那么它无和可求; 如果级数收敛, 即使无法求出其和的精确值, 也可利用部分和求出它的近似值. 而且根据性质1.1.3的(2), 近似值可以达到一定的精确度, 从而满足实际问题的需要. 因此, 判断级数的敛散性是级数理论的首要问题, 也是我们研究的重点.

将判断数列敛散性的Cauchy准则转化到级数中来, 就得到判断级数敛散性的一个基本结论.

定理 1.1.1 (Cauchy**收敛准则**) 级数$\sum\limits_{n=1}^{\infty} a_n$收敛的充要条件是

$$\forall\varepsilon>0,\exists N\in\mathbf{N}_+,\text{使得 当}\,n>N\,\text{时},\forall p\in\mathbf{N}_+,\text{恒有}\left|\sum_{k=n+1}^{n+p}a_k\right|<\varepsilon.$$

特别地, 令 $p=1$, 则得到 $\lim\limits_{n\to\infty} a_n=0$, 这是性质1.1.3的一个结论.

注意 p 是具有任意性的. 若级数$\sum a_n$对每个固定的 p 满足

$$\lim_{n\to\infty}(a_{n+1}+a_{n+2}+\cdots+a_{n+p})=0,$$

则级数$\sum a_n$可能是发散的. 例如, 调和级数对每个固定的$p\in\mathbf{N}_+$, 有

$$\lim_{n\to\infty}\left(\frac{1}{n+1}+\frac{1}{n+2}+\cdots+\frac{1}{n+p}\right)=\lim_{n\to\infty}\frac{1}{n+1}+\lim_{n\to\infty}\frac{1}{n+2}+\cdots+\lim_{n\to\infty}\frac{1}{n+p}=0,$$

但调和级数发散.

级数的求和涉及部分和S_n的求法. 中学时对数列求和的拆项法、错位相减法、有理化分子(母)法是常用的, 不再举例, 可在习题中温故.

1.1.2 正项级数的收敛判别法

若$a_n\geqslant 0(n=1,2,\cdots)$, 则级数$\sum\limits_{n=1}^{\infty} a_n$称为**正项级数**. 正项级数的一个显著特点是它的部分和数列$\{S_n\}$单调递增, 因此, 根据数列收敛的单调有界准则, 不难得到下述判定正项级数敛散性的定理.

定理 1.1.2 正项级数$\sum\limits_{n=1}^{\infty} a_n$收敛的充要条件是它的部分和数列有上界.

例 1.1.4 设$\{a_n\}$是单调递增的有界数列, 且$a_1 > 1$, 证明级数$\sum \dfrac{a_{n+1}-a_n}{a_n^2 \ln a_n}$收敛.

证 设$a_n \leqslant M\ (n \in \mathbf{N}_+)$, 则正项级数$\sum \dfrac{a_{n+1}-a_n}{a_n^2 \ln a_n}$的部分和

$$\sum_{k=1}^{n} \frac{a_{k+1}-a_k}{a_k^2 \ln a_k} \leqslant \frac{1}{a_1^2 \ln a_1} \sum_{k=1}^{n} (a_{k+1}-a_k) = \frac{a_n - a_1}{a_1^2 \ln a_1} \leqslant \frac{M - a_1}{a_1^2 \ln a_1},$$

即这个部分和有上界. 由定理1.1.2知, 级数$\sum \dfrac{a_{n+1}-a_n}{a_n^2 \ln a_n}$收敛. □

定理1.1.2不仅可用于判别正项级数的敛散性, 而且是下列敛散性判别法的基础.

定理 1.1.3 (比较判别法) 设$\sum\limits_{n=1}^{\infty} a_n$与$\sum\limits_{n=1}^{\infty} b_n$是两个正项级数.

(1) **(不等式形式)** 设C为正常数. 若$\forall n \in \mathbf{N}_+$, $a_n \leqslant C b_n$, 则

① $\sum b_n$收敛$\Rightarrow \sum a_n$收敛; ② $\sum a_n$发散$\Rightarrow \sum b_n$发散.

(2) **(极限形式)** 若$b_n > 0\ (\forall n \in \mathbf{N}_+)$, 且$\lim\limits_{n\to\infty} \dfrac{a_n}{b_n} = r$, 则

① 当$0 < r < +\infty$时, $\sum a_n$与$\sum b_n$敛散性相同;

② 当$r = 0$时, $\sum b_n$收敛$\Rightarrow \sum a_n$收敛;

③ 当$r = +\infty$时, $\sum b_n$发散$\Rightarrow \sum a_n$发散.

证 (1) 由于②是①的逆否命题, 因此, 只须证明①.

由已知, $\forall n \in \mathbf{N}_+$, $a_n \leqslant C b_n$, 所以若记S_n与$\widetilde{S}_n$分别为$\sum a_n$与$\sum b_n$的部分和, 则有

$$S_n = \sum_{k=1}^{n} a_k \leqslant C \sum_{k=1}^{n} b_k = C \widetilde{S}_n.$$

若$\sum\limits_{k=1}^{\infty} b_n$收敛, 则$\widetilde{S}_n$有上界, 从而$S_n$也有上界. 由定理1.1.2知, 级数$\sum\limits_{n=1}^{\infty} a_n$收敛.

(2) 证明的基本思路与无穷积分的比较判别法相同, 由读者自己完成. □

依性质1.1.2, 定理1.1.3中的条件"$\forall\, n \in \mathbf{N}_+$"可改为"对于下标$n$充分大的所有项"或简单地说"对充分大的$n$". 今后凡涉及级数的敛散性均有此认识.

用比较判别法来判别级数的敛散性, 关键在于选择一个敛散性已知的级数作为比较级数. 回顾基本级数: **几何级数**$\sum q^n$, 当$|q| < 1$时收敛, 当$|q| \geqslant 1$时发散; **调和级数**发散; p**级数**$\sum \dfrac{1}{n^p}$, 当$p > 1$时收敛, 当$p \leqslant 1$时发散. 比较判别法的极限形式为我们提供了选择比较级数$\sum b_n$的思路, 让a_n与b_n同阶, 利用无穷小等价. 为此, 我们罗列常用等价关系: 当$x \to 0$时, 有$\sin x \sim x$; $\ln(1+x) \sim x$; $\arctan x \sim x$; $\mathrm{e}^x - 1 \sim x$; $(1+x)^\alpha - 1 \sim \alpha x$; $\tan x \sim x$; $1 - \cos x \sim \dfrac{x^2}{2}$.

例 1.1.5 判定下列级数的敛散性:

(1) $\sum \sin \dfrac{\pi}{2019^n}$; (2) $\sum \dfrac{2n+5}{3n^3 - 2n + 1}$; (3) $\sum \dfrac{1}{\sqrt{n(n+168)}}$;

(4) $\sum \arctan \dfrac{8}{n}$; (5) $\sum \dfrac{3}{2^n - n}$; (6) $\sum \dfrac{1}{n!}$.

解 利用比较判别法的极限形式是简明的. 当$n \to \infty$时, (1)至(5)的级数通项依次等价

于$\frac{\pi}{2019^n}$, $\frac{2}{3n^2}$, $\frac{1}{n}$, $\frac{8}{n}$, $\frac{3}{2^n}$, 于是它们分别收敛, 收敛, 发散, 发散, 收敛. 至于(6), 因为$\lim\limits_{n\to\infty}\frac{1}{n!}/\frac{1}{n^2}$ $=\lim\limits_{n\to\infty}\frac{n^2}{n!}=0$, 而$\sum\frac{1}{n^2}$收敛, 所以$\sum\frac{1}{n!}$收敛. □

它们的敛散性也可以用比较判别法的不等式形式来判别. 事实上, (1) 的通项满足$\sin\frac{\pi}{2019^n}\leqslant\frac{\pi}{2019^n}$, 而$\sum\frac{1}{2019^n}$收敛, 所以原级数收敛; (2) 由$\frac{2n+5}{3n^3-2n+1}\leqslant\frac{1}{n^2}$ $(n\geqslant 6)$得原级数收敛; (3) 由$\frac{1}{\sqrt{n(n+168)}}>\frac{1}{n+168}$得原级数发散; (4) 由$\arctan\frac{8}{n}\geqslant\frac{4}{n}$得原级数发散; (5) 通项满足$\frac{3}{2^n-n}\leqslant\frac{3}{2^{n-1}}$, 所以原级数收敛; (6) 由$k!\geqslant 2^{k-1}$ $(k\geqslant 1)$及$\sum\frac{1}{2^{n-1}}$收敛得$\sum\frac{1}{n!}$收敛.

下面介绍的两个敛散性判别法, 都是利用级数本身的已知条件来判断该级数的敛散性.

定理 1.1.4 (Cauchy(**根值**)**判别法**) 设$a_n\geqslant 0$ $(\forall n)$, $\lim\limits_{n\to\infty}\sqrt[n]{a_n}=\lambda$.

(1) 若$\lambda<1$, 则$\sum a_n$收敛; (2) 若$\lambda>1$(含$\lambda=+\infty$), 则$\sum a_n$发散.

证 (1) 显然$\lambda\geqslant 0$. 设$\lambda<1$, 取$q=\frac{\lambda+1}{2}$, 则$\lambda<q<1$, 且n充分大时, 有

$$\sqrt[n]{a_n}<q\Rightarrow a_n<q^n.$$

由$\sum q^n$收敛和比较判别法知, $\sum a_n$收敛.

(2) 设$\lambda>1$, 则对充分大的n, 有

$$\sqrt[n]{a_n}>\frac{\lambda+1}{2}>1,$$

即当n充分大时, $a_n>1$. 这说明$\lim\limits_{n\to\infty}a_n\neq 0$, 故$\sum a_n$发散. □

从根值判别法的证明可知, 它是以几何级数为比较对象而得到的判别法. 又由

$$\lim_{n\to\infty}\frac{a_{n+1}}{a_n}=\lambda\Rightarrow\lim_{n\to\infty}\sqrt[n]{a_n}=\lambda\ (a_n>0,\forall n)\tag{1.1.1}$$

这一事实(自行推证, 注意其逆命题不是真命题), 我们立即得到如下判别法(也可直接证明,由读者自己完成).

定理 1.1.5 (D′Alembert(**比值**)**判别法**) 设$a_n>0$ $(\forall n)$, $\lim\limits_{n\to\infty}\frac{a_{n+1}}{a_n}=\lambda$.

(1) 若$\lambda<1$, 则$\sum a_n$收敛; (2) 若$\lambda>1$(含$\lambda=+\infty$), 则$\sum a_n$发散.

根据式(1.1.1), 根值法的适用范围较比值法广, 但对某些具体级数而言, 也涉及判别法的选择. 当通项有多个因式相乘时, 常用比值法, 如出现$n!$, $n(n+1)$之类时.

例 1.1.6 用适当的方法判定下列正项级数的敛散性:

(1) $\sum\frac{x^n}{n!}$ $(x>0)$; (2) $\sum\frac{1}{7^n}(1+\frac{2}{n})^{n^2}$;

(3) $\sum 3^n\sin\frac{\pi}{4^n}$; (4) $\sum\frac{2+(-1)^n}{2^n}$.

解 (1) 用比值判别法. 由于

$$\lim_{n\to\infty}\frac{a_{n+1}}{a_n}=\lim_{n\to\infty}\frac{x^{n+1}}{(n+1)!}\cdot\frac{n!}{x^n}=\lim_{n\to\infty}\frac{x}{n+1}=0<1,$$

故原级数收敛.

(2) 用根值判别法. 由于

$$\lim_{n\to\infty}\sqrt[n]{a_n}=\lim_{n\to\infty}\frac{1}{7}\left(1+\frac{2}{n}\right)^n=\frac{\mathrm{e}^2}{7}>1,$$

故原级数发散.

(3) 用比较判别法的极限形式. 由于

$$\lim_{n\to\infty}\frac{3^n\sin\dfrac{\pi}{4^n}}{\left(\dfrac{3}{4}\right)^n}=\pi,$$

而级数$\sum\left(\dfrac{3}{4}\right)^n$收敛, 故原级数也收敛.

(4) 用比较判别法的不等式形式. 由于

$$0<a_n=\frac{2+(-1)^n}{2^n}\leqslant\frac{3}{2^n},$$

又级数$\sum\dfrac{3}{2^n}$收敛, 故原级数也收敛. □

应当注意, 无论是根值判别法还是比值判别法, 当$\lambda=1$时, 级数的敛散性都没有确定的结论, 也就是说, 级数可能收敛, 也可能发散. 此时应采用其他方法来判断它的敛散性. 例如, 对于p级数, 由于对于任何$p>0$, 都有

$$\lim_{n\to\infty}\frac{a_{n+1}}{a_n}=\lim_{n\to\infty}\left(\frac{n}{n+1}\right)^p=1,\qquad \lim_{n\to\infty}\sqrt[n]{a_n}=\lim_{n\to\infty}\frac{1}{(\sqrt[n]{n})^p}=1,$$

所以这两种方法对于p级数敛散性的判别是无能为力的. 下面的Raabe判别法可在一定程度上弥补上述局限性, 即可处理前两个判别法中$\lambda=1$的某些情形.

定理 1.1.6 (Raabe判别法) 设$\sum a_n$为正项级数, 并且$\lim\limits_{n\to\infty}n\left(\dfrac{a_n}{a_{n+1}}-1\right)=r$, 其中$a_n>0\ (\forall n)$.

(1) 若$r>1$, 则$\sum a_n$收敛; (2) 若$r<1$, 则$\sum a_n$发散.

*__证__ 设$\alpha>\beta>1$, $f(x)=1+\alpha x-(1+x)^\beta$, 则对$x>0$, $f(x)$无穷可微. 由$f(0)=0$和$f'(0)=\alpha-\beta>0$可知,存在$\delta>0$, 当$0<x<\delta$时, 有

$$1+\alpha x>(1+x)^\beta. \tag{1.1.2}$$

(1) 当$r>1$时, 取α, β满足$r>\alpha>\beta>1$. 由$\lim\limits_{n\to\infty}n\left(\dfrac{a_n}{a_{n+1}}-1\right)=r>\alpha>\beta$与不等式(1.1.2), 可知对于充分大的$n$, 有

$$\frac{a_n}{a_{n+1}}>1+\frac{\alpha}{n}>\left(1+\frac{1}{n}\right)^\beta=\frac{(n+1)^\beta}{n^\beta}.$$

这表明正项数列$\{n^\beta a_n\}$从某项开始单调减少, 因而其必有上界. 设$n^\beta a_n\leqslant A$, 则$a_n\leqslant\dfrac{A}{n^\beta}$. 注意到$\beta>1$, 从而$\sum\dfrac{1}{n^\beta}$收敛. 由比较判别法知, $\sum a_n$收敛.

(2) 当$\lim\limits_{n\to\infty}n\left(\dfrac{a_n}{a_{n+1}}-1\right)=r<1$时, 对充分大的$n$, 有

$$\frac{a_n}{a_{n+1}}<1+\frac{1}{n}=\frac{n+1}{n}.$$

这表明正项数列$\{na_n\}$从某项开始单调增加, 因而存在正常数B, 使得$na_n > B$, 即$a_n > \dfrac{B}{n}$对充分大的n成立. 由于$\sum \dfrac{1}{n}$发散, 由比较判别法知, $\sum a_n$发散. □

例 1.1.7 判定下列正项级数的敛散性:

(1) $\sum \dfrac{n!}{(a+1)(a+2)\cdots(a+n)}\ (a>0)$; (2) $\sum \left(\dfrac{1}{2}\right)^{1+\frac{1}{2}+\cdots+\frac{1}{n}}$; (3) $\sum \dfrac{n!\mathrm{e}^n}{n^n}$.

解 这些级数的通项a_n都满足$\lim\limits_{n\to\infty}\dfrac{a_{n+1}}{a_n}=1$, 所以可以考虑用Raabe判别法.

(1) 因为

$$n\Big(\frac{a_n}{a_{n+1}}-1\Big)=n\cdot\frac{a}{n+1}\to a\ (n\to\infty),$$

所以由Raabe判别法, 当$a>1$时, 原级数收敛; 当$0<a<1$时, 原级数发散. 当$a=1$时, 回到原级数, 即$\sum\dfrac{1}{n+1}$, 原级数发散.

综上, 当$a>1$时, 原级数收敛; 当$0<a\leqslant 1$时, 原级数发散.

(2) 利用等价关系$a^x-1\sim x\ln a\ (a>0)\ (x\to 0)$, 得到

$$\frac{a_n}{a_{n+1}}-1=\Big(\frac{1}{2}\Big)^{-\frac{1}{n+1}}-1\sim\frac{\ln 2}{n+1}\quad(n\to\infty).$$

于是$\lim\limits_{n\to\infty} n\Big(\dfrac{a_n}{a_{n+1}}-1\Big)=\ln 2<1$, 由Raabe判别法知原级数发散.

也可以用Euler常数来考虑. $1+\dfrac{1}{2}+\cdots+\dfrac{1}{n}=\gamma+\ln n+o(1)$, 其中Euler常数$\gamma\approx 0.577$. 于是

$$\Big(\frac{1}{2}\Big)^{1+\frac{1}{2}+\cdots+\frac{1}{n}}=\frac{1}{2^\gamma}\cdot\frac{1}{2^{\ln n}}\cdot\Big(\frac{1}{2}\Big)^{o(1)}\sim\frac{1}{2^\gamma}\cdot\frac{1}{n^{\ln 2}}\ (n\to\infty),$$

而$\ln 2<1$, 由p级数的敛散性结论和比较判别法知原级数发散.

(3) 利用等价关系$\mathrm{e}^x-1\sim x\ (x\to 0)$和Taylor公式$\ln(1+x)=x-\dfrac{x^2}{2}+o(x^2)$, 有

$$\frac{a_n}{a_{n+1}}-1=\frac{1}{\mathrm{e}}(1+\frac{1}{n})^n-1=\mathrm{e}^{n\ln(1+\frac{1}{n})-1}-1\sim n\ln(1+\frac{1}{n})-1=-\frac{1}{2n}+o(\frac{1}{n}).$$

于是

$$\lim_{n\to\infty} n\left[\frac{a_n}{a_{n+1}}-1\right]=\lim_{n\to\infty} n\left[-\frac{1}{2n}+o(\frac{1}{n})\right]=-\frac{1}{2}<1,$$

故由Raabe判别法知原级数发散. □

定理 1.1.7 (积分判别法) 设$\sum\limits_{n=1}^{\infty}a_n$为一正项级数. 若存在一个单调递减的非负连续函数$f:[1,\infty)\to[0,\infty)$, 使$f(n)=a_n$, 则级数$\sum\limits_{n=1}^{\infty}a_n$与无穷积分$\displaystyle\int_1^{\infty}f(x)\mathrm{d}x$同时收敛或同时发散.

证 由已知条件, 当$k\leqslant x\leqslant k+1\ (k\in\mathbf{N}_+)$时,

$$a_{k+1}=f(k+1)\leqslant f(x)\leqslant f(k)=a_k,$$

从而有

$$a_{k+1}=\int_k^{k+1}a_{k+1}\mathrm{d}x\leqslant\int_k^{k+1}f(x)\mathrm{d}x\leqslant\int_k^{k+1}a_k\mathrm{d}x=a_k,$$

故

$$S_n - a_1 = \sum_{k=1}^{n-1} a_{k+1} \leqslant \sum_{k=1}^{n-1} \int_k^{k+1} f(x)\mathrm{d}x = \int_1^n f(x)\mathrm{d}x \leqslant \sum_{k=1}^{n-1} a_k = S_{n-1}.$$

由此可知, 若$\int_1^{\infty} f(x)\mathrm{d}x$收敛, 则部分和数列$\{S_n\}$有上界, 故级数$\sum\limits_{n=1}^{\infty} a_n$收敛;若$\sum\limits_{n=1}^{\infty} a_n$收敛, 则极限$\lim\limits_{n\to\infty}\int_1^n f(x)\mathrm{d}x$存在, 从而对任意的$b \in (1,\infty)$, 取$n=[b]$, 则

$$\int_1^n f(x)\mathrm{d}x \leqslant \int_1^b f(x)\mathrm{d}x \leqslant \int_1^{n+1} f(x)\mathrm{d}x.$$

根据迫敛性原理, $\lim\limits_{b\to\infty}\int_1^b f(x)\mathrm{d}x$存在, 故积分$\int_1^{\infty} f(x)\mathrm{d}x$收敛. □

例 1.1.8 用积分判别法讨论p级数$\sum\limits_{n=1}^{\infty}\dfrac{1}{n^p}$ $(p>0)$的敛散性.

解 取$f(x)=\dfrac{1}{x^p}(1 \leqslant x < +\infty)$, 则$f$是定义在$[1,+\infty)$上单调减少的非负连续函数. 由于$p$积分$\int_1^{\infty}\dfrac{1}{x^p}\mathrm{d}x$当$p>1$时收敛, 当$p \leqslant 1$时发散, 因此, 根据积分判别法, p级数$\sum\limits_{n=1}^{\infty}\dfrac{1}{n^p}$当$p>1$时收敛, 当$p \leqslant 1$时发散. □

与例1.1.3的解法相比较, 建立在积分判别法和无穷p积分结论基础上的解法更简洁. 需说明的是, 鉴于$\int_1^N f(x)\mathrm{d}x$对任意给定的正整数N是常数以及性质1.1.2, 定理1.1.7中用来作比较的无穷积分也可换成f在无穷区间$[N,+\infty)$上的积分.

例 1.1.9 讨论级数$\sum\limits_{n=2}^{\infty}\dfrac{1}{n(\ln n)^p}$ $(p>0)$的敛散性.

解 取$f(x)=\dfrac{1}{x(\ln x)^p}(p>0)$, 则$f$在$[2,+\infty)$上满足积分判别法的条件. 当$p=1$时, 无穷积分

$$\int_2^{\infty}\frac{\mathrm{d}x}{x\ln x} = \ln\ln x\Big|_2^{\infty} = +\infty$$

是发散的; 当$p \neq 1$时

$$\int_2^{\infty}\frac{\mathrm{d}x}{x\ln x^p} = \frac{1}{1-p}(\ln x)^{1-p}\Big|_2^{\infty} = \begin{cases} \dfrac{(\ln 2)^{1-p}}{p-1}, & p>1, \\ +\infty, & p<1. \end{cases}$$

因此, 级数$\sum\limits_{n=2}^{\infty}\dfrac{1}{n(\ln n)^p}$, 当$p>1$时收敛, 当$0<p \leqslant 1$时发散. □

注 1.1.3 上面介绍了判别正项级数敛散性的几个判别法, 它们都是充分条件. 判别法有强弱, 即对给定的正项级数, 用某些判别法可确定其敛散性, 而用另一些方法却不能确定. 判别法的强弱与建立它时所依据的标准级数的收敛速度有关. 例如, 收敛的几何级数、p级数和$\sum\dfrac{1}{n(\ln n)^{\alpha}}$, 后者较前两者收敛得慢, 因此, 分别以上述级数为标准建立的各类正项级数判别法是后者较前两者要强, 较强的判别法适用范围较广. 从判别法的证明可看出, 根值判别法和比

值判别法是以几何级数为标准, Raabe判别法是以p级数为标准, 后者较强. 尽管如此, Raabe判别法中的极限在$r=1$时也无能为力. 还可以建立更有效的判别法, 例如, 以$\sum \dfrac{1}{n(\ln n)^\alpha}$ $(\alpha > 1)$为标准, 建立Bertrand判别法: 设$\lim\limits_{n\to\infty}(\ln n)\left[n\left(\dfrac{a_n}{a_{n+1}}-1\right)-1\right]=r$, 则当$r>1$时, 级数$\sum a_n$收敛; 当$r<1$时, 级数$\sum a_n$发散. 但当$r=1$时判别法又失效了. 这种逐次建立更有效的判别法的过程是无限的(如又可以$\sum \dfrac{1}{n\ln n(\ln\ln n)^\alpha}$为标准建立判别法等), 但更强的判别法并不见得好用. 对常见级数, 我们介绍的判别法已够用了. 读者可以通过练习不断总结各种方法的优劣及使用范围, 从而熟练而灵活地使用它们. □

由于对负项级数中的每一项都乘以-1就变成正项级数, 因此, 正项级数的所有判别法都可用于负项级数. 正项级数与负项级数统称为**同号级数**.

1.1.3 变号级数

一个级数, 若只有有限个负项或有限个正项, 皆可用1.1.2节介绍的正项级数的各种判别法来判断其敛散性.

若级数中有无穷多项为正, 无穷多项为负, 则称这类级数为**变号级数**. 正项级数的各种判别法不再适用于变号级数.

1. 交错级数

变号级数中最简单的是**交错级数**, 即各项的正负号交错变化的级数, 它可以表示成如下形式:

$$\sum_{n=1}^{\infty}(-1)^{n-1}a_n = a_1-a_2+a_3-a_4+\cdots+(-1)^{n-1}a_n+\cdots, \tag{1.1.3}$$

其中, $a_n>0\ (n\in\mathbf{N}_+)$.

定理 1.1.8 (Leibniz判别法) 设$\forall n\in\mathbf{N}_+, a_n\geqslant a_{n+1}$, 并且$\lim\limits_{n\to\infty}a_n=0$, 则交错级数(1.1.3)收敛, 且其和$S\leqslant a_1$; 定义余项$R_n$为$R_n=S-S_n=\sum\limits_{k=n+1}^{\infty}(-1)^{k-1}a_k$, 则满足

$$|R_n|\leqslant a_{n+1},\qquad \forall n\in\mathbf{N}_+. \tag{1.1.4}$$

证 假设前一结论为真, 注意到对固定的n, 余项$R_n=\sum\limits_{k=n+1}^{\infty}(-1)^{k-1}a_k$也为满足定理条件的交错级数, 因而对余项的结论也真, 即不等式(1.1.4)成立. 所以仅须证明前面的结论.

记S_n为级数(1.1.3)的部分和, 则

$$S_{2k}=(a_1-a_2)+(a_3-a_4)+\cdots+(a_{2k-1}-a_{2k}).$$

由于$\{a_n\}$是单调递减的, 上式中每个括号内的数都是非负的, 故$\{S_{2k}\}$是单调递增的. 又

$$S_{2k}=a_1-(a_2-a_3)-(a_4-a_5)-\cdots-(a_{2k-2}-a_{2k-1})-a_{2k}, \tag{1.1.5}$$

所以$S_{2k}<a_1$, 即$\{S_{2k}\}$有上界. 从而得知$\{S_{2k}\}$是收敛的, 设其极限为S, 则$S\leqslant a_1$. 又

$$\lim_{k\to\infty}S_{2k+1}=\lim_{k\to\infty}(S_{2k}+a_{2k+1})=\lim_{k\to\infty}S_{2k}=S,$$

故$\{S_n\}$收敛于S, 且$S \leqslant a_1$, 即级数(1.1.3)收敛, 且其和$S \leqslant a_1$. □

估计式(1.1.4)在近似计算中是很有用的. 它告诉我们, 对于满足Leibniz判别法条件的交错级数(又称为**Leibniz级数**), 如果用其部分和S_n作为和的近似值, 绝对误差不超过余项中第一项的绝对值. 从式(1.1.5)知, 只要有数k使得$a_{2k} < a_{2k+1}$, 则Leibniz级数就必有$S < a_1$.

例 1.1.10 级数$\sum\limits_{n=1}^{\infty} \dfrac{(-1)^{n-1}}{n^p}$ $(p > 0)$是Leibniz级数, 因而是收敛的. 特别地, 当$p = 1$时, 级数$\sum\limits_{n=1}^{\infty} \dfrac{(-1)^{n-1}}{n}$是收敛的.

交错级数$\sum\limits_{n=1}^{\infty} \dfrac{(-1)^{n-1}}{n}$是一个有代表性的Leibniz级数, 下面证明它的和为$\ln 2$, 并由不等式(1.1.4)来估计用该级数的部分和近似代替级数之和所产生的误差. 为此, 在$\ln(1+x)$的Maclaurin公式中取$x = 1$, 则

$$\ln 2 = 1 - \frac{1}{2} + \frac{1}{3} - \frac{1}{4} + \cdots + (-1)^{n-1}\frac{1}{n} + \frac{(-1)^n}{(n+1)(1+\theta)^{n+1}} \ (0 < \theta < 1).$$

易见上式右端的前n项之和就是级数$\sum\limits_{n=1}^{\infty} \dfrac{(-1)^{n-1}}{n}$的部分和$S_n$, 并且

$$|S_n - \ln 2| < \frac{1}{n+1},$$

因此, 级数$\sum\limits_{n=1}^{\infty} \dfrac{(-1)^{n-1}}{n}$的和$S = \lim\limits_{n\to\infty} S_n = \ln 2$. 根据不等式(1.1.4), 如果用$S_n$作为$\ln 2$的近似值, 绝对误差不超过$\dfrac{1}{n+1}$. 因此只要取$n$足够大, 就可求得$\ln 2$的满足精度要求的近似值.

2. 绝对收敛与条件收敛

利用Leibniz判别法显然不能解决所有交错级数的敛散性问题, 更不能判别一般变号级数的敛散性. 判别变号级数敛散性的一个常用方法是下面的**绝对收敛准则**, 它在一定程度上利用正项级数来处理变号级数的敛散性.

定理 1.1.9 若级数$\sum\limits_{n=1}^{\infty} |a_n|$收敛, 则级数$\sum\limits_{n=1}^{\infty} a_n$收敛.

证 因为级数$\sum\limits_{n=1}^{\infty} |a_n|$收敛, 根据级数的Cauchy收敛准则知, $\forall \varepsilon > 0$, $\exists N \in \mathbf{N}_+$,使得$\forall n, p \in \mathbf{N}_+$, 当$n > N$时, 恒有$\sum\limits_{k=n+1}^{n+p} |a_k| < \varepsilon$. 从而有

$$\left|\sum_{k=n+1}^{n+p} a_k\right| \leqslant \sum_{k=n+1}^{n+p} |a_k| < \varepsilon.$$

故再次用级数的Cauchy收敛准则知, 级数$\sum\limits_{n=1}^{\infty} a_n$ 收敛. □

注意, 定理1.1.9的逆命题不成立. 例如, 级数$\sum\limits_{n=1}^{\infty} \dfrac{(-1)^{n-1}}{n}$收敛, 但其绝对值级数$\sum\limits_{n=1}^{\infty} \dfrac{1}{n}$却发散.

若绝对值级数$\sum\limits_{n=1}^{\infty}|a_n|$收敛, 则级数$\sum\limits_{n=1}^{\infty}a_n$**绝对收敛**; 若级数$\sum\limits_{n=1}^{\infty}a_n$收敛, 绝对值级数$\sum\limits_{n=1}^{\infty}|a_n|$发散, 则$\sum\limits_{n=1}^{\infty}a_n$ **条件收敛**.

例 1.1.11 讨论下列级数的敛散性. 若收敛, 指明是绝对收敛还是条件收敛.

(1) $\sum\dfrac{\sin(\sqrt{n!})}{n^2}$; (2) $\sum(-1)^{n-1}\ln\left(1+\dfrac{1}{n}\right)$;

(3) $\sum\dfrac{x^n}{n!}\ (x\in\mathbf{R})$; (4) $\sum\sin(\pi\cdot\sqrt{n^2+1})$.

解 (1) 由于

$$\left|\frac{\sin(\sqrt{n!})}{n^2}\right|\leqslant\frac{1}{n^2},$$

而$\sum\dfrac{1}{n^2}$收敛, 故$\sum\left|\dfrac{\sin(\sqrt{n!})}{n^2}\right|$也收敛, 因此, 原级数收敛且绝对收敛.

(2) 由于

$$\left|(-1)^{n-1}\ln\left(1+\frac{1}{n}\right)\right|=\ln\left(1+\frac{1}{n}\right)\sim\frac{1}{n}\ (n\to\infty),$$

所以原级数的绝对值级数$\sum\ln\left(1+\dfrac{1}{n}\right)$是发散的. 但是因为

$$\ln\left(1+\frac{1}{n}\right)>\ln\left(1+\frac{1}{n+1}\right),\quad \forall n\in\mathbf{N}_+,$$

并且$\lim\limits_{n\to\infty}\ln\left(1+\dfrac{1}{n+1}\right)=0$, 由Leibniz判别法知, $\sum(-1)^{n-1}\ln\left(1+\dfrac{1}{n}\right)$收敛且条件收敛.

(3) 由例1.1.6(1)知, 级数$\sum\dfrac{|x|^n}{n!}$ 对任何$x\neq 0$都收敛, 因而对于任何$x\in\mathbf{R}$, 级数$\sum\dfrac{|x|^n}{n!}$都绝对收敛(当$x=0$时级数显然是绝对收敛的).

(4) 注意到$\sin x=(-1)^n\sin(x-n\pi)$, 有

$$\sin(\pi\cdot\sqrt{n^2+1})=(-1)^n\sin[\pi(\sqrt{n^2+1}-n)]=(-1)^n\sin\frac{\pi}{\sqrt{n^2+1}+n}.$$

由于$\left\{\sin\dfrac{\pi}{\sqrt{n^2+1}+n}\right\}$单调递减且以0为极限, 所以根据Leibniz判别法知, 原级数收敛. 又

$$\sin\frac{\pi}{\sqrt{n^2+1}+n}\sim\frac{\pi}{\sqrt{n^2+1}+n}\sim\frac{\pi}{2n}\ (n\to\infty),$$

由比较判别法知, 绝对值级数$\sum|\sin(\pi\cdot\sqrt{n^2+1})|$发散, 故原级数条件收敛. □

例 1.1.12 讨论级数$\sum\dfrac{(-1)^{n-1}}{n^p+(-1)^{n-1}}\ (p\geqslant 1)$的敛散性.

解 由于

$$\left|\frac{(-1)^{n-1}}{n^p+(-1)^{n-1}}\right|=\frac{1}{n^p+(-1)^{n-1}}\sim\frac{1}{n^p}\ (n\to\infty),$$

所以当 $p>1$ 时, 原级数绝对收敛; 当 $p=1$ 时, 原级数的绝对值级数发散. 又因为

$$\frac{(-1)^{n-1}}{n+(-1)^{n-1}}=\frac{(-1)^{n-1}}{n}-\frac{1}{n[n+(-1)^{n-1}]},$$

并且级数$\sum \frac{(-1)^{n-1}}{n}$ 与$\sum \frac{1}{n[n+(-1)^{n-1}]}$均收敛(后者是正项级数, 当 $n \to \infty$ 时其通项与$\frac{1}{n^2}$等价), 故级数$\sum \frac{(-1)^{n-1}}{n+(-1)^{n-1}}$收敛. 从而知当 $p=1$ 时, 原级数条件收敛. □

将收敛级数分成绝对收敛级数与条件收敛级数是有益的, 便于分别研究. 事实上, 绝对收敛级数与条件收敛级数有着很大的差异, 这主要表现在关于有限和的某些运算性质对条件收敛级数不成立, 但对绝对收敛级数却仍然成立. 下面简单介绍绝对收敛级数的可交换性及两个绝对收敛级数乘积的敛散性.

设$\sum\limits_{n=1}^{\infty} a_n$是任意项级数, 记

$$a_n^+ = \frac{|a_n|+a_n}{2} = \begin{cases} a_n, & a_n > 0, \\ 0, & a_n \leqslant 0; \end{cases} \qquad a_n^- = \frac{|a_n|-a_n}{2} = \begin{cases} -a_n, & a_n < 0, \\ 0, & a_n \geqslant 0, \end{cases}$$

则 a_n^+ 与 a_n^- 分别称为 a_n 的**正部**和**负部**, 它们显然满足

$$0 \leqslant a_n^+ \leqslant |a_n|, \qquad 0 \leqslant a_n^- \leqslant |a_n|, \qquad n \in \mathbf{N}_+; \tag{1.1.6}$$

$$a_n = a_n^+ - a_n^-, \qquad |a_n| = a_n^+ + a_n^-, \qquad n \in \mathbf{N}_+. \tag{1.1.7}$$

定理 1.1.10 若级数$\sum a_n$绝对收敛, 则$\sum a_n^+$和$\sum a_n^-$都收敛; 若级数$\sum a_n$条件收敛, 则$\sum a_n^+$和$\sum a_n^-$都发散到$+\infty$.

由式(1.1.6)和$a_n^{\pm}$的定义很容易得到定理1.1.10的证明, 留作练习.

接下来考虑级数的重排. 对级数$\sum\limits_{n=1}^{\infty} a_n$, 作一个正整数到自身的一一映射: $n \to k(n)$, 得到级数$\sum\limits_{n=1}^{\infty} a_n$的一个重排$\sum\limits_{n=1}^{\infty} a_{k(n)}$.

定理 1.1.11 如果级数$\sum\limits_{n=1}^{\infty} a_n$绝对收敛, 那么它的任意一个重排级数也绝对收敛, 而且它们的和相等.

***证** 设$b_n = a_{k(n)}$, $\sum\limits_{n=1}^{\infty} b_n$ 是$\sum\limits_{n=1}^{\infty} a_n$的一个重排级数.

(1) 先证$\sum\limits_{n=1}^{\infty} b_n$绝对收敛, 并且绝对值级数$\sum\limits_{n=1}^{\infty} |a_n|$与$\sum\limits_{n=1}^{\infty} |b_n|$的和相等. 对给定的正整数$n$, 令$N = \max\{k(1), k(2), \cdots, k(n)\}$, 则

$$\sum_{i=1}^{n} |b_i| \leqslant \sum_{i=1}^{N} |a_i| \leqslant \sum_{n=1}^{\infty} |a_n|, \tag{1.1.8}$$

即$\sum\limits_{n=1}^{\infty} |b_n|$的部分和有上界. 根据定理1.1.2, 级数$\sum\limits_{n=1}^{\infty} b_n$ 绝对收敛. 设绝对值级数$\sum\limits_{n=1}^{\infty} |a_n|$的和为$S$, $\sum\limits_{n=1}^{\infty} |b_n|$的和为$\tilde{S}$, 由不等式(1.1.8)知$\tilde{S} \leqslant S$. 由于级数$\sum\limits_{n=1}^{\infty} a_n$也可以看作是$\sum\limits_{n=1}^{\infty} b_n$的一个重排, 按照上面证明的结论, 又有$S \leqslant \tilde{S}$, 故$S = \tilde{S}$.

(2) 证明$\sum\limits_{n=1}^{\infty} a_n$与$\sum\limits_{n=1}^{\infty} b_n$的和相等. 根据定理1.1.10, 任一绝对收敛的级数$\sum\limits_{n=1}^{\infty} a_n$都可以表示为两个收敛的正项级数之差, 故有

$$\sum_{n=1}^{\infty} a_n = \sum_{n=1}^{\infty} a_n^+ - \sum_{n=1}^{\infty} a_n^- = S^+ - S^-,$$

其中, S^+与S^-分别为$\sum\limits_{n=1}^{\infty} a_n^+$与$\sum\limits_{n=1}^{\infty} a_n^-$的和. 由(1)知$\sum\limits_{n=1}^{\infty} b_n$绝对收敛, 则有

$$\sum_{n=1}^{\infty} b_n = \sum_{n=1}^{\infty} b_n^+ - \sum_{n=1}^{\infty} b_n^-,$$

并且$\sum\limits_{n=1}^{\infty} b_n^+$与$\sum\limits_{n=1}^{\infty} b_n^-$分别是$\sum\limits_{n=1}^{\infty} a_n^+$与$\sum\limits_{n=1}^{\infty} a_n^-$的重排, 故由(1), 又有

$$\sum_{n=1}^{\infty} b_n^+ = S^+, \qquad \sum_{n=1}^{\infty} b_n^- = S^-,$$

从而得知

$$\sum_{n=1}^{\infty} b_n = \sum_{n=1}^{\infty} b_n^+ - \sum_{n=1}^{\infty} b_n^- = S^+ - S^- = \sum_{n=1}^{\infty} a_n.$$ □

由定理1.1.11表明, 绝对收敛级数具有可交换性, 又由性质1.1.4知, 它还具有可结合性. 绝对收敛级数同时具有这两个性质为计算它的和带来了很大的方便.

必须指出, 能否满足可交换性, 是绝对收敛级数与条件收敛级数的一个本质区别. 事实上, 对于条件收敛级数来说, 可交换性不一定成立, 也就是说, 它的重排不一定收敛, 即使收敛, 其和也不一定等于原级数的和. 例如, 我们已经知道级数$\sum\limits_{n=1}^{\infty} \dfrac{(-1)^{n-1}}{n}$是条件收敛的, 它的和$S = \ln 2$. 显然, 级数

$$\sum_{n=1}^{\infty} a_n = 1 - \frac{1}{2} - \frac{1}{4} + \frac{1}{3} - \frac{1}{6} - \frac{1}{8} + \cdots + \frac{1}{2n-1} - \frac{1}{4n-2} - \frac{1}{4n} + \cdots$$

是它的一个重排. 因为

$$\frac{1}{2n-1} - \frac{1}{4n-2} - \frac{1}{4n} = \frac{1}{2}\Big(\frac{1}{2n-1} - \frac{1}{2n}\Big),$$

所以它的前$3n$项部分和

$$\begin{aligned}
\widetilde{S}_{3n} &= \Big(1 - \frac{1}{2} - \frac{1}{4}\Big) + \Big(\frac{1}{3} - \frac{1}{6} - \frac{1}{8}\Big) + \cdots + \Big(\frac{1}{2n-1} - \frac{1}{4n-2} - \frac{1}{4n}\Big) \\
&= \frac{1}{2}\Big[\Big(1 - \frac{1}{2}\Big) + \Big(\frac{1}{3} - \frac{1}{4}\Big) + \cdots + \Big(\frac{1}{2n-1} - \frac{1}{2n}\Big)\Big] \\
&= \frac{1}{2}\Big(1 - \frac{1}{2} + \frac{1}{3} - \frac{1}{4} + \cdots + \frac{1}{2n-1} - \frac{1}{2n}\Big) \\
&= \frac{1}{2}S_{2n},
\end{aligned}$$

其中S_{2n}为原级数的前$2n$项部分和. 从而得

$$\lim_{n\to\infty}\widetilde{S}_{3n}=\frac{1}{2}\lim_{n\to\infty}S_{2n}=\frac{1}{2}\ln 2.$$

又

$$\lim_{n\to\infty}\widetilde{S}_{3n-1}=\lim_{n\to\infty}\left(\widetilde{S}_{3n}+\frac{1}{4n}\right)=\frac{1}{2}\ln 2,$$

$$\lim_{n\to\infty}\widetilde{S}_{3n-2}=\lim_{n\to\infty}\left(\widetilde{S}_{3n}+\frac{1}{4n-2}+\frac{1}{4n}\right)=\frac{1}{2}\ln 2,$$

因此这个重排级数的和$\widetilde{S}=\dfrac{1}{2}\ln 2$.

定理 1.1.12 设级数$\sum\limits_{n=1}^{\infty}a_n$条件收敛, 则$\forall\beta\in(-\infty,+\infty)$, 必存在$\sum\limits_{n=1}^{\infty}a_n$的重排级数$\sum\limits_{n=1}^{\infty}\tilde{a}_n$满足$\sum\limits_{n=1}^{\infty}\tilde{a}_n=\beta$.

证明略, 有兴趣的读者可自行证明.

一个条件收敛级数重排后并不总是改变其收敛性或和, 见习题(B)部分的1.1.11.

最后考虑两个收敛级数的乘积. 对于两个收敛级数的乘积

$$\left(\sum_{n=1}^{\infty}a_n\right)\cdot\left(\sum_{n=1}^{\infty}b_n\right),$$

展开后所有可能的乘积项$a_ib_j\ (i,j=1,2,\cdots)$有无穷多项, 排列如下

$$\begin{array}{ccccc}
a_1b_1 & a_1b_2 & a_1b_3 & a_1b_4 & \cdots\\
a_2b_1 & a_2b_2 & a_2b_3 & a_2b_4 & \cdots\\
a_3b_1 & a_3b_2 & a_3b_3 & a_3b_4 & \cdots\\
a_4b_1 & a_4b_2 & a_4b_3 & a_4b_4 & \cdots\\
\vdots & \vdots & \vdots & \vdots & \\
a_nb_1 & a_nb_2 & a_nb_3 & a_nb_4 & \cdots\\
\vdots & \vdots & \vdots & \vdots &
\end{array}$$

对这些项按什么次序相加以及相加后是否收敛都是需要考虑的. 对两个绝对收敛级数, 有以下定理.

定理 1.1.13 设级数$\sum\limits_{n=1}^{\infty}a_n$与$\sum\limits_{n=1}^{\infty}b_n$都绝对收敛, 它们的和分别为$A,B$, 那么它们各项相乘得到的所有可能的乘积项$a_ib_j$按任何次序排列所得到的级数$\sum\limits_{n=1}^{\infty}c_n$也绝对收敛, 且其和为$AB$.

证明略.

3. Cauchy乘积

如定理1.1.13中所说, 两个绝对收敛级数相乘, 它们所有的乘积项排列次序不同, 所得到的乘积级数也不尽相同, 但乘积级数的和是相同的. 乘积项的相加次序, 通常有两种方式: 一种

是按对角线次序相加, 另一种是按方块次序相加. 按对角线次序相加是常用也是方便的, 称之为Cauchy**乘积**. 两个级数$\sum\limits_{n=1}^{\infty} a_n$与$\sum\limits_{n=1}^{\infty} b_n$的Cauchy乘积级数$\sum\limits_{n=1}^{\infty} c_n$的通项为

$$c_n = a_1 b_n + a_2 b_{n-1} + \cdots + a_n b_1 = \sum_{k=1}^{n} a_k b_{n-k+1} = \sum_{k=1}^{n} a_{n-k+1} b_k. \tag{1.1.9}$$

也就是说, 两个级数的Cauchy乘积为

$$\sum_{n=1}^{\infty} a_n \cdot \sum_{n=1}^{\infty} b_n = \sum_{n=1}^{\infty} c_n = \sum_{n=1}^{\infty} (a_1 b_n + a_2 b_{n-1} + \cdots + a_n b_1).$$

注 1.1.4 **对角线方法**排列方式如下所示:

$$\begin{array}{c|ccccccccc}
 & b_1 & & b_2 & & b_3 & & b_4 & & \cdots \\
\hline
a_1 & a_1 b_1 & & a_1 b_2 & & a_1 b_3 & & a_1 b_4 & & \cdots \\
 & & \swarrow & & \swarrow & & \swarrow & & & \\
a_2 & a_2 b_1 & & a_2 b_2 & & a_2 b_3 & & a_2 b_4 & & \cdots \\
 & & \swarrow & & \swarrow & & & & & \\
a_3 & a_3 b_1 & & a_3 b_2 & & a_3 b_3 & & a_3 b_4 & & \cdots \\
 & & \swarrow & & & & & & & \\
a_4 & a_4 b_1 & & a_4 b_2 & & a_4 b_3 & & a_4 b_4 & & \cdots \\
\vdots & \vdots & & \vdots & & \vdots & & \vdots & &
\end{array}$$

如果两个级数的下标都从0开始, 列出类似方阵, 并同样按对角线方法排列, 则相应的Cauchy乘积表达式为$\sum\limits_{n=0}^{\infty} a_n \cdot \sum\limits_{n=0}^{\infty} b_n = \sum\limits_{n=0}^{\infty} \tilde{c}_n$, 其中

$$\tilde{c}_n = a_0 b_n + a_1 b_{n-1} + \cdots + a_n b_0 = \sum_{k=0}^{n} a_k b_{n-k} = \sum_{k=0}^{n} a_{n-k} b_k. \tag{1.1.10}$$

对于其他情形, 类似地列出方阵即可写出乘积, 如$\sum\limits_{n=0}^{\infty} a_n \cdot \sum\limits_{n=1}^{\infty} b_n = \sum\limits_{n=1}^{\infty} c'_n$, 其中

$$c'_n = a_0 b_n + a_1 b_{n-1} + \cdots + a_{n-1} b_1 = \sum_{k=0}^{n-1} a_k b_{n-k} = \sum_{k=1}^{n} a_{n-k} b_k. \tag{1.1.11}$$

例如, 当$|x| < 1$时, 级数$\sum\limits_{n=0}^{\infty} x^n$绝对收敛, 且其和为$\dfrac{1}{1-x}$. 将该级数与本身相乘, 并按对角线方法排列(或直接用式(1.1.10))可得

$$\frac{1}{(1-x)^2} = (\sum_{n=0}^{\infty} x^n)(\sum_{n=0}^{\infty} x^n) = 1 + 2x + 3x^2 + \cdots + n x^{n-1} + \cdots = \sum_{n=1}^{\infty} n x^{n-1}.$$

根据定理1.1.13, 当$|x| < 1$时, 级数$\sum\limits_{n=1}^{\infty} n x^{n-1}$绝对收敛, 并且它的和为$\dfrac{1}{(1-x)^2}$.

注 1.1.5 任意两个级数都可按上面的方式定义Cauchy乘积, 它不是绝对收敛级数所独有. 对于Cauchy乘积, 下列结论成立:

(1) 设$\sum\limits_{n=1}^{\infty} a_n$和$\sum\limits_{n=1}^{\infty} b_n$均收敛, 其和分别为$A$和$B$.

① (Abel) 若它们的Cauchy乘积也收敛, 则Cauchy乘积的和为AB;

② (Mertens) 若这两个级数中至少有一个是绝对收敛的, 则它们的Cauchy乘积也是收敛的, 且和为AB.

(2) (Pringsheim) 设$u_n \to 0$, $v_n \to 0$ $(n \to \infty)$, $w_n = u_1 v_n + u_2 v_{n-1} + \cdots + u_n v_1$. 则级数$\sum\limits_{n=1}^{\infty}(-1)^n u_n$与$\sum\limits_{n=1}^{\infty}(-1)^n v_n$的Cauchy 乘积$\sum\limits_{n=1}^{\infty}(-1)^n w_n$收敛的充分必要条件是下列之一成立:

① $w_n \to 0$ $(n \to \infty)$;

② $U_n v_n \to 0$ 且$u_n V_n \to 0$ $(n \to \infty)$, 其中$U_n = u_1 + \cdots + u_n$, $V_n = v_1 + \cdots + v_n$.

4. Abel判别法与Dirichlet判别法

关于变号级数的另一重要而又有用的判别法是针对形如$\sum a_n b_n$的级数的. 对此, 可应用一个简单而常用的恒等式, 即Abel变换:

$$\sum_{k=n}^{n+p} a_k b_k = A_{n+p} b_{n+p} - A_{n-1} b_n - \sum_{k=n}^{n+p-1} A_k (b_{k+1} - b_k), \tag{1.1.12}$$

其中A_n是级数$\sum a_n$的部分和, 约定$A_0 = 0$. 注意到$a_k = A_k - A_{k-1}$ $(k \geqslant 1)$, 验证式(1.1.12)是直接的. 不难看出式(1.1.12)与分部积分公式的相似性, 有人甚至称式(1.1.12)为**分部求和公式**. 分部积分公式用来处理两个函数乘积的积分, 而分部求和公式用于通项为乘积的数列求和, 再联想到积分是一种和的极限, 这两种类比就是自然的了.

下面介绍的Dirichlet判别法和Abel判别法, 统称为**A-D判别法**, 注意类比反常积分的相应结果.

定理 1.1.14 若下列两个条件之一满足, 则级数$\sum a_n b_n$收敛:

(1) **(Dirichlet判别法)** $\{A_n\}$有界, $\{b_n\}$单调趋于0, 其中$A_n = \sum\limits_{k=1}^{n} a_k$;

(2) **(Abel判别法)** $\sum a_n$收敛, $\{b_n\}$单调有界.

证 (1) 设$|A_n| \leqslant M$, $n \in \mathbf{N}_+$, 并不妨设$\{b_n\}$单调递减, 则由式(1.1.12)得

$$\left|\sum_{k=n}^{n+p} a_k b_k\right| \leqslant M\left[b_{n+p} + b_n + \sum_{k=n}^{n+p-1}(b_k - b_{k+1})\right] = 2M b_n.$$

根据$\lim\limits_{n\to\infty} b_n = 0$和Cauchy收敛准则知, $\sum a_n b_n$收敛.

(2) 由$\{b_n\}$单调有界, 可设$\{b_n\}$以b为极限, 则$\{b - b_n\}$单调趋于0. 于是由

$$\sum a_n b_n = b\sum a_n - \sum a_n(b - b_n)$$

及已证的Dirichlet判别法知, $\sum a_n b_n$收敛. □

从证明过程易见Abel判别法是Dirichlet判别法的特例, 交错级数的Leibniz判别法也是Dirichlet判别法的特例.

例 1.1.13 设级数$\sum a_n$收敛, 则由Abel判别法知, 级数$\sum \frac{a_n}{\sqrt{n}}$, $\sum \frac{n}{n+2019}a_n$, $\sum \left(1+\frac{2}{n}\right)^n a_n$, $\sum a_n \ln \frac{3n+1}{2n}$等都收敛.

例 1.1.14 设数列$\{a_n\}$单调趋于0, 则对$x \neq 2k\pi$, 级数$\sum a_n \sin(nx)$与$\sum a_n \cos(nx)$都收敛.

证 当$x \neq 2k\pi$时,

$$2\sin\frac{x}{2}\cdot\sum_{k=1}^{n}\sin(kx) = \cos\frac{x}{2} - \cos(\frac{2n+1}{2}x),$$

于是对一切$n \in \mathbf{N}_+$, 有

$$\left|\sum_{k=1}^{n}\sin(kx)\right| \leqslant \frac{1}{|\sin\frac{x}{2}|}.$$

由Dirichlet判别法, 当$x \neq 2k\pi$时, $\sum a_n \sin(nx)$收敛. 当$x = 2k\pi$时, $\sum a_n \sin(nx) = 0$.

同理可证, 当$x \neq 2k\pi$时, $\sum a_n \cos(nx)$收敛. □

顺便指出, A-D判别法的条件不仅是充分的, 而且也是必要的, 即定理1.1.14可改写为如下定理.

定理 1.1.15 级数$\sum u_n$收敛的充要条件是存在分解$u_n = a_n b_n$, 使得下列条件之一成立:

(1) $\sum a_n$的部分和有界, $\{b_n\}$单调趋于0;

(2) $\sum a_n$收敛, $\{b_n\}$单调有界.

定理的证明略, 可参见参考文献[7]的第197～200页.

习题 1.1

(A)

1.1.1 利用级数收敛的定义判别下列级数的敛散性, 并对收敛级数求和:

(1) $\sum_{n=0}^{\infty}\frac{3^n+1}{q^n}\ (|q|>3)$; (2) $\sum_{n=0}^{\infty}\frac{1}{(3n+1)(3n+4)}$;

(3) $\sum_{n=1}^{\infty}(\sqrt{n+2}-2\sqrt{n+1}+\sqrt{n})$; (4) $\sum_{n=1}^{\infty}\ln\frac{n}{n+1}$.

1.1.2 设$\sum a_n$收敛, $\sum b_n$发散, 证明$\sum(a_n \pm b_n)$发散. 若这两个级数都发散, 结论又如何?

1.1.3 设级数$\sum_{n=1}^{\infty}(-1)^{n-1}a_n = 2$, $\sum_{n=1}^{\infty}a_{2n-1} = 5$, 求级数$\sum_{n=1}^{\infty}a_n$的和.

1.1.4 判别下列级数的敛散性 :

(1) $\sum \frac{\sqrt[n]{n^2+1}}{(1+\frac{2}{n})^n}$; (2) $\sum 2^n \sin\frac{\pi}{2^n}$; (3) $\sum \frac{1}{3^{\ln n}}$(提示: $a^{\ln b} = b^{\ln a}$);

(4) $\sum\left(\frac{1}{n}-\frac{1}{2^n}\right)$;　　(5) $\sum n^2\ln\left(1+\frac{x}{n^2}\right)$ $(x\in\mathbf{R})$.

1.1.5 下列命题是否正确? 若正确, 给出证明; 若不正确, 举出反例.

(1) 若$a_n\leqslant b_n$, 且$\sum b_n$收敛, 则$\sum a_n$必收敛;

(2) 若$\sum a_n$收敛, 且$\lim\limits_{n\to\infty}\frac{b_n}{a_n}=1$, 则$\sum b_n$必收敛;

(3) 若$\sum a_n$收敛, 且$a_n>0$, 则$\lim\limits_{n\to\infty}\frac{a_{n+1}}{a_n}=r<1$;

(4) 若数列$\{a_n\}$单调递减, 且$\lim\limits_{n\to\infty}a_n=0$, 则$\sum a_n$必收敛;

(5) 若$\sum a_n$发散, 则$\sum a_n^2$必发散;

(6) 若$\sum a_n^2$收敛, 则$\sum\frac{a_n}{n}$必收敛.

1.1.6 判别下列正项级数的敛散性(其中参数$\alpha>0$):

(1) $\sum\frac{1}{3^n+2}$;　(2) $\sum\frac{n^{n+1}}{(n+1)^{n+2}}$;　(3) $\sum\frac{\alpha^n}{1+\alpha^{2n}}$;

(4) $\sum\frac{\sqrt{n}}{n^2-\ln n}$;　(5) $\sum\frac{2^n\cdot n^2}{n!}$;　(6) $\sum\frac{n^3[\sqrt{2}+(-1)^n]^n}{3^n}$;

(7) $\sum\frac{1}{\sqrt[3]{n^2+1}}$;　(8) $\sum\left(1-\cos\frac{\pi}{n}\right)$;　(9) $\sum n\ln\left(1+\frac{2}{n^3}\right)$;

(10) $\sum n\sin\frac{\pi}{3^n}$;　(11) $\sum\left(2n\tan\frac{1}{n}\right)^{n/3}$;　(12) $\sum n!\left(\frac{\alpha}{n}\right)^n$;

(13) $\sum\frac{1}{\sqrt[3]{n}}\cot\frac{1}{n}$;　(14) $\sum\frac{1}{\ln(n!)}$;　(15) $\sum\frac{n}{1^\alpha+2^\alpha+\cdots+n^\alpha}$.

1.1.7 设$|a|<1$, 利用级数理论证明$\lim\limits_{n\to\infty}na^n=0$.

1.1.8 设级数的部分和$S_n=\sum\limits_{k=1}^{n}\frac{1}{k}-\ln n$, 判断该级数的敛散性.

1.1.9 讨论下列级数的敛散性, 并说明收敛级数是绝对收敛还是条件收敛:

(1) $\sum(-1)^n\frac{(2n-1)!!}{3^n\cdot n!}$;　(2) $\sum\frac{(-1)^{n-1}}{\sqrt{2n-1}}$;

(3) $\sum(-1)^{n-1}\frac{1}{n-\ln n}$;　(4) $\sum(-1)^{n-1}(\sqrt[n]{a}-1)$ $(a>0,\ a\neq1)$;

(5) $\sum\frac{(-1)^{n-1}}{n(\sqrt{n}+1)}$;　(6) $\sum x^n\tan\frac{1}{\sqrt{n}}$, $(x\in\mathbf{R})$.

1.1.10 判断下列级数是否是交错级数? 是否是Leibniz级数? 是否收敛?

(1) $\sum\left(\frac{1}{\sqrt{n}-1}-\frac{1}{\sqrt{n}+1}\right)$;　(2) $\sum[1+(-1)^n]\frac{1}{n}\sin\frac{1}{n}$;

(3) $\sum(-1)^{n-1}(\sqrt{n+1}-\sqrt{n})$;　(4) $\sum\frac{(-1)^{n-1}}{\sqrt[n]{n}}$.

1.1.11 判别下列级数的敛散性:

(1) $\sum \frac{a^n}{n^p}$ $(p > 0, |a| \neq 1)$;

(2) $a - \frac{b}{2} + \frac{a}{3} - \frac{b}{4} + \cdots + \frac{a}{2n-1} - \frac{b}{2n} + \cdots$ $(a^2 + b^2 \neq 0)$.

1.1.12 计算级数$\sum_{n=1}^{\infty}(-1)^{n-1}\frac{1}{(2n-1)!}$和的近似值, 使绝对误差小于$10^{-3}$.

1.1.13 下列级数中哪些是绝对收敛的? 哪些是条件收敛的?

(1) $\sum \frac{\cos(n!)}{n\sqrt{n}}$;　　(2) $\sum (-1)^{n(n+1)/2}\frac{n}{2^n}$;

(3) $\sum (-1)^{n-1}\frac{1}{\sqrt[4]{n}}$;　　(4) $\sum (-1)^{n-1}\frac{\ln\left(2+\frac{1}{n}\right)}{\sqrt{9n^2-4}}$.

1.1.14 设$\sum a_n$为收敛的正项级数, $\{a_{n_k}\}$是$\{a_n\}$的一个子列, 证明级数$\sum a_{n_k}$收敛.

1.1.15 设$\sum a_n$与$\sum c_n$都收敛, 且$a_n \leqslant b_n \leqslant c_n$, 证明$\sum b_n$收敛.

1.1.16 设$a_n > 0$, $b_n > 0$, $\frac{a_{n+1}}{a_n} \leqslant \frac{b_{n+1}}{b_n}$. 若$\sum b_n$收敛, 证明$\sum a_n$也收敛.

1.1.17 设$a_n > 0$, 证明:

(1) 若$\frac{a_{n+1}}{a_n} \leqslant r < 1$(或 $\sqrt[n]{a_n} \leqslant r < 1$), 则$\sum a_n$收敛;

(2) 若$\frac{a_{n+1}}{a_n} > 1$(或 $\sqrt[n]{a_n} > 1$), 则$\sum a_n$发散.

1.1.18 已知数列$\{na_n\}$收敛, 证明级数$\sum n(a_n - a_{n-1})$收敛的充要条件是级数$\sum a_n$收敛.

提示: 设前后两级数的部分和分别为$\tilde{S}_n$与S_n, 验证$\tilde{S}_n = -S_n - a_0 + na_n$.

1.1.19 设正项级数$\sum a_n$收敛, 且$\{a_n\}$单调递减. 证明:

(1) $\lim\limits_{n\to\infty} na_n = 0$ (提示: 利用级数的Cauchy收敛准则);

(2) 级数$\sum n(a_n - a_{n-1})$收敛.

1.1.20 设单调有界数列$\{a_n\}$满足$a_n \geqslant c > 0$, c为常数. 又设$u_n = a_n v_n$ $(n \in \mathbf{N}_+)$. 试证:

(1) 若$\sum v_n$条件收敛, 则$\sum u_n$ 条件收敛;

(2) 若$\sum v_n$发散, 则$\sum u_n$发散.

1.1.21 利用1.1.20题的结论考虑下列式子的绝对收敛级数或条件收敛性(其中p为正常数):

(1) $\sum \frac{(-1)^n}{\sqrt{n}}\cos\frac{\pi}{n}$;　　(2) $\sum \frac{(-1)^n \arctan n}{n^p(1+\arctan n)}$;　　(3) $\sum \frac{(-1)^n(n+1)}{n^p(2+\sqrt{n^2+1})}$.

1.1.22 设a_n, b_n满足$a_n \sim b_n$且$a_n - b_n \sim \frac{C}{n^\beta}$ $(n \to \infty)$, 其中常数$C \neq 0$, $\beta > 1$. 证明级数$\sum a_n$与$\sum b_n$有相同的敛散性.

1.1.23 判定下列级数的敛散性(其中常数$p>0$):

(1) $\sum \ln\left(1+\frac{(-1)^{n-1}}{n^p}\right)$;　(2) $\sum \frac{(-1)^n\sqrt{n}}{n+(-1)^n b}$ $(b\neq 0)$;

(3) $\sum \frac{(-1)^n}{[n+(-1)^n]^p}$;　(4) $\sum \frac{(-1)^n n}{(n+1)\sqrt{n+2}}\tan\frac{1}{\sqrt{n}}$;

(5) $\sum (-1)^n\frac{\sqrt[3]{n}}{2+\sqrt{n}}$;　(6) $\sum \frac{\sin n}{\sqrt{n}+\sin n}$;

(7) $\sum \left(\mathrm{e}^{\frac{\cos n}{\sqrt{n}}}-\cos\frac{1}{n}\right)$;　(8) $\sum \frac{(-1)^n}{[\sqrt{n}+(-1)^n]^p}$.

(B)

1.1.1 讨论下列级数的敛散性:

(1) $1+\frac{1}{2}\cdot\frac{19}{7}+\frac{2!}{3^2}\cdot\left(\frac{19}{7}\right)^2+\frac{3!}{4^3}\cdot\left(\frac{19}{7}\right)^3+\frac{4!}{5^4}\cdot\left(\frac{19}{7}\right)^4+\cdots$;

(2) $\frac{1}{3}+\frac{1}{3\sqrt{3}}+\frac{1}{3\sqrt{3}\sqrt[3]{3}}+\cdots+\frac{1}{3\sqrt{3}\sqrt[3]{3}\cdots\sqrt[n]{3}}+\cdots$.

1.1.2 判定下列级数的敛散性(利用Taylor公式):

(1) $\sum\left[\frac{1}{n}-\ln\left(1+\frac{1}{n}\right)\right]$;　(2) $\sum(\sqrt{n+1}-\sqrt{n})^p\ln\frac{n+1}{n-1}$, p 为正常数;

(3) $\sum\left(\mathrm{e}^{\frac{1}{n^2}}-\cos\frac{\pi}{n}\right)$;　(4) $\sum \ln\tan\left(\frac{\pi}{4}+\frac{1}{n^p}\right)$ $(p>0)$.

1.1.3 求下列级数的和:

(1) $\sum_{n=1}^{\infty}\arctan\frac{1}{2n^2}$;　(2) $\sum_{n=0}^{\infty}\frac{2^n}{1+a^{2^n}}$ $(a>1)$;

(3) $\sum_{n=2}^{\infty}\ln\frac{n^3-1}{n^3+1}$;　(4) $\sum_{n=0}^{\infty}\frac{q^{2^n}}{(1+q)(1+q^2)\cdots(1+q^{2^n})}$ $(|q|>1)$.

1.1.4 讨论级数$\sum\frac{1}{(\ln(n+1))^{\ln(n+1)}}$的敛散性(提示：利用$a^{\ln b}=b^{\ln a}$).

1.1.5 设$a_n>0$, 且$\lim\limits_{n\to\infty}\frac{-\ln a_n}{\ln n}=r$. 证明:

(1) 若$r>1$, 则级数$\sum a_n$收敛;　(2) 若$r<1$, 则级数$\sum a_n$发散.

1.1.6 设$f(x)$在$x=0$的某一邻域内具有二阶连续导数, 且$\lim\limits_{x\to 0}\frac{f(x)}{x}=0$, 证明级数$\sum f\left(\frac{1}{n}\right)$绝对收敛.

1.1.7 判别下列级数的敛散性:

(1) $\sum\frac{\ln n}{n^{1+\alpha}}$ $(\alpha>0)$;　(2) $\sum\frac{1}{n\ln(5+n^3)}$;　(3) $\sum\tan(\pi\sqrt{n^2+1})$;

(4) $\sum\tan\frac{x^n}{\sqrt{n}}$ $(x\in\mathbf{R})$;　(5) $\sum\left(\frac{\alpha^n}{n+1}\right)^n$ $(\alpha>0)$;　(6) $\sum\frac{\ln(n!)}{n^\alpha}$

(7) $\sqrt{3}+\sqrt{3-\sqrt{6}}+\sqrt{3-\sqrt{6+\sqrt{6}}}+\cdots+\sqrt{3-\sqrt{6+\sqrt{6+\cdots+\sqrt{6}}}}+\cdots$.

1.1.8 设$\sum a_n$为正项级数, $\{a_n\}$单调递减, 证明级数$\sum a_n$收敛的充要条件是级数 $\sum 2^n a_{2^n}$收敛.

1.1.9 令$H_n=\sum\limits_{k=1}^{n}\dfrac{1}{k}\ (n\in\mathbf{N}_+)$, 求$\sum\limits_{n=1}^{\infty}\dfrac{H_n}{n(n+1)}$的值.

1.1.10 令$a_n=\dfrac{1}{4n+1}+\dfrac{1}{4n+3}-\dfrac{1}{2n+2},\ n=0,1,2,\cdots$, 级数$\sum\limits_{n=0}^{\infty}a_n$收敛吗? 若收敛, 其和是什么?

提示: 利用部分和等于

$$\sum_{n=0}^{k}\Big\{\Big(\frac{1}{4n+1}-\frac{1}{4n+2}+\frac{1}{4n+3}-\frac{1}{4n+4}\Big)+\Big(\frac{1}{4n+2}-\frac{1}{4n+4}\Big)\Big\}.$$

1.1.11 设级数$\sum\limits_{n=1}^{\infty}a_n$条件收敛, $\sum\limits_{n=1}^{\infty}a_{k(n)}$是它的一个重排级数. 试证: 若存在正整数$C$, 使得对每个正整数$n$都有$|k(n)-n|\leqslant C$成立, 则重排级数$\sum\limits_{n=1}^{\infty}a_{k(n)}$收敛, 且其和不变.

1.1.12 判断级数$\sum\displaystyle\int_0^{\pi/4}\cos^n x\mathrm{d}x$的敛散性.

提示: 利用$\displaystyle\int_0^{\pi/4}\cos^n x\mathrm{d}x=\int_0^{\pi/2}\cos^n x\mathrm{d}x-\int_{\pi/4}^{\pi/2}\cos^n x\mathrm{d}x$, 对等式左边用Wallis公式, 而等式右边$\leqslant\Big(\dfrac{1}{\sqrt{2}}\Big)^n\cdot\dfrac{\pi}{4}$.

1.1.13 设级数$\sum\limits_{n=1}^{\infty}u_k^2$与$\sum\limits_{n=1}^{\infty}v_k^2$收敛, 其和分别为$A$与$B$. 证明: $\sum(u_k-v_k)^p$收敛, 其中整数$p\geqslant 2$.

提示: 利用$\sum\limits_{k=1}^{n}(u_k-v_k)^2\leqslant 2\sum\limits_{k=1}^{n}u_k^2+2\sum\limits_{k=1}^{n}v_k^2\leqslant 2A+2B$.

1.1.14 讨论级数$\sum\limits_{n=1}^{\infty}\dfrac{(-1)^{n-1}}{n^\alpha}$与$\sum\limits_{n=1}^{\infty}\dfrac{(-1)^{n-1}}{n^\beta}$的Cauchy乘积级数的敛散性, 其中$\alpha$与$\beta$ 均为正常数.

1.1.15 设级数$\sum a_n\ (a_n>0)$发散, 记S_n为其部分和, α是常数. 证明:

(1) 当$\alpha\leqslant 1$时, $\sum a_n/S_n^\alpha$发散;

(2) 当$\alpha>1$ 时, $\sum a_n/S_n^\alpha$收敛.

提示: (1)当$\alpha=1$时, 存在p使$S_{n+p}>2S_n$, 从而对如此p, 考虑$\sum\limits_{k=n+1}^{n+p}a_k/S_k$; 若$\alpha<1$, 用不等式$\dfrac{a_n}{S_n^\alpha}\geqslant\dfrac{a_n}{S_n}$; (2) $\alpha>1$, $f(x)=x^{1-\alpha}$在区间$[S_{n-1},S_n]$上用Lagrange中值定理.

1.1.16 讨论级数$\sum(n^{1/n}-1)^p$的敛散性, 其中$p>0$.

1.2 函数列与函数项级数

正如可以用数列来表出一个数(作为数列的极限), 函数列可以用来表示一个函数(作为函数列的极限函数), 因此, 对函数列的研究是很有价值的. 鉴于级数和数列的关系, 本节主要通过函数列的理论来导出函数项级数的收敛概念和基本问题. 在1.1节考虑含未定参数的数项级数(如p级数)时, 我们实际上已经涉及函数项级数了, 只是没有讨论其中参数的变化对级数和的影响.

1.2.1 函数项级数的收敛概念和基本问题

1. 函数项级数的收敛概念

设$u_n(x)$ $(n \in \mathbf{N}_+)$是定义在非空集合$E \subseteq \mathbf{R}$上的一列函数, 函数的"和"

$$u_1(x) + u_2(x) + \cdots + u_n(x) + \cdots$$

称为**函数项级数**, 记为$\sum\limits_{n=1}^{\infty} u_n(x)$. 仅关注其敛散性时, 简记为$\sum u_n(x)$. 类似于数项级数

$$S_n(x) = \sum_{k=1}^{n} u_k(x) = u_1(x) + u_2(x) + \cdots + u_n(x)$$

称为函数项级数$\sum u_n(x)$的**部分和函数**.

定义 1.2.1 设$u_n(x)$ $(n \in \mathbf{N}_+)$是定义在非空集合$E \subseteq \mathbf{R}$上的一列函数. 若对$x_0 \in E$, 数项级数$\sum u_n(x_0)$收敛, 则称函数项级数$\sum u_n(x)$在点x_0收敛, 或称点x_0是$\sum u_n(x)$的**收敛点**. 若$\sum u_n(x_0)$发散, 则称$\sum u_n(x)$在点x_0**发散**.

函数项级数$\sum u_n(x)$的所有收敛点构成的集合称为$\sum u_n(x)$的**收敛域**, 记为D. $\sum\limits_{n=1}^{\infty} u_n(x)$定义了$D$上的一个函数

$$S(x) = \sum_{n=1}^{\infty} u_n(x), \qquad x \in D, \tag{1.2.1}$$

$S(x)$称为函数项级数$\sum\limits_{n=1}^{\infty} u_n(x)$的**和函数**. 因为这是通过逐点定义的方式得到的, 所以称函数项级数$\sum\limits_{n=1}^{\infty} u_n(x)$在$D$上逐点收敛于$S(x)$.

由部分和函数的定义和式(1.2.1), 有

$$\lim_{n \to \infty} S_n(x) = S(x), \qquad x \in D,$$

即函数项级数$\sum\limits_{n=1}^{\infty} u_n(x)$的敛散性就是它的部分和函数列$\{S_n(x)\}$的敛散性. 基于此, 今后我们常通过讨论相应函数列来研究函数项级数的性质.

2. 函数项级数(或函数列)的基本问题

回顾所学, 若在E上定义的有限个函数$u_k(x)$ $(k=1,2,\cdots,m)$都具有某种分析性质, 如连续性、可微性或可积性等, 则它们的有限和函数

$$u_1(x)+u_2(x)+\cdots+u_m(x)$$

仍保持同样的分析性质, 且其和函数的极限(或导数, 积分)可以通过对每个函数分别求极限(或求导数, 求积分)后再求和得到. 也即是说, 此时求极限(或求导数, 求积分)与求和可交换顺序, 这往往给我们带来很大的方便.

自然的问题是: 这种可交换顺序性对无穷“和”, 即函数项级数, 成立吗? 回答是: 未必! 我们结合函数列的例子来说明. 之所以用函数列的例子是因为类比于数项级数, 我们已经知道, 给定一个函数项级数可得到一个部分和函数列; 反之, 给定一个函数列$\{f_n(x)\}$, 可通过令$u_1(x)=f_1(x)$和$u_n(x)=f_n(x)-f_{n-1}(x)$ $(n\geqslant 2)$而得到一个函数项级数$\sum\limits_{n=1}^{\infty}u_n(x)$. 因此, 函数项级数的敛散性与其部分和函数列的敛散性是一回事. 充分认识到函数列与函数项级数的这种关系是很有益处的.

例 1.2.1 (1) 设$f_n(x)=x^n$, 则$\{f_n(x)\}$在$(-1,1]$上收敛, 极限函数为

$$f(x)=\lim_{n\to\infty}f_n(x)=\begin{cases}0, & -1<x<1,\\ 1, & x=1.\end{cases} \tag{1.2.2}$$

虽然对每个n, $f_n(x)$在$(-1,1]$上连续(也是可导的), 但极限函数$f(x)$在$x=1$处不连续(自然谈不上在$x=1$处可导). 这表明

$$\lim_{x\to1^-}\lim_{n\to\infty}f_n(x)=0\neq1=\lim_{n\to\infty}\lim_{x\to1^-}f_n(x).$$

对应的函数项级数$x+\sum\limits_{n=2}^{\infty}(x^n-x^{n-1})$的和函数为式(1.2.2)给出的$f(x)$, 同时

$$\lim_{x\to1^-}\Big(x+\sum_{n=2}^{\infty}(x^n-x^{n-1})\Big)\neq\lim_{x\to1^-}x+\sum_{n=2}^{\infty}\lim_{x\to1^-}(x^n-x^{n-1}),$$

即$\lim\limits_{x\to1^-}$与无穷求和“$\sum$”运算不能交换顺序. $f(x)$在$x=1$处不可导, 在$x=1$处当然谈不上$\mathrm{d}/\mathrm{d}t$与$\sum$这两种运算交换顺序的问题.

(2) 设$f_n(x)=nx(1-x^2)^n$, 则$\{f_n(x)\}$在区间[0,1]上收敛于极限函数$f(x)=0$. 明显地, 对任意n, $f_n(x)$与$f(x)$都在$[0,1]$上可积, 但是

$$\int_0^1f_n(x)\mathrm{d}x=\int_0^1nx(1-x^2)^n\mathrm{d}x=\frac{n}{2(n+1)}\nrightarrow\int_0^1f(x)\mathrm{d}x\ (n\to\infty).$$

令$f_0(x)=0$和$u_n(x)=f_n(x)-f_{n-1}(x)$ $(n\geqslant1)$, 则对应的函数项级数$\sum\limits_{n=1}^{\infty}u_n(x)$的和函数是$f(x)=0$, 同时

$$\int_0^1\sum_{n=1}^{\infty}u_n(x)\mathrm{d}x=0\neq\sum_{n=1}^{\infty}\int_0^1u_n(x)\mathrm{d}x=\sum_{n=1}^{\infty}\frac{1}{2n(n+1)}.$$

□

至此, 我们希望有

$$\begin{cases}\lim\limits_{x\to x_0}\sum u_n(x)=\sum\lim\limits_{x\to x_0}u_n(x), & \lim\limits_{x\to x_0}\lim\limits_{n\to\infty}f_n(x)=\lim\limits_{n\to\infty}\lim\limits_{x\to x_0}f_n(x);\\ \dfrac{\mathrm{d}}{\mathrm{d}x}\sum u_n(x)=\sum\dfrac{\mathrm{d}}{\mathrm{d}x}u_n(x), & \dfrac{\mathrm{d}}{\mathrm{d}x}\lim\limits_{n\to\infty}f_n(x)=\lim\limits_{n\to\infty}\dfrac{\mathrm{d}}{\mathrm{d}x}f_n(x);\\ \displaystyle\int_a^b\sum u_n(x)\mathrm{d}x=\sum\int_a^b u_n(x)\mathrm{d}x, & \displaystyle\int_a^b\lim_{n\to\infty}f_n(x)\mathrm{d}x=\lim_{n\to\infty}\int_a^b f_n(x)\mathrm{d}x.\end{cases} \tag{1.2.3}$$

它们反映的是两种运算交换顺序(第一行的实质是和函数或极限函数的连续性), 但例1.2.1说明这些交换未必能成立, 究其原因, 在于函数项级数收敛到和函数(相应的, 函数列收敛到极限函数)的收敛是逐点收敛, 不够强. 将此种收敛加强为一致收敛, 我们将得到这类可交换性.

1.2.2 一致收敛函数列的判定与性质

先看函数列$\{f_n(x)\}$在$D\subseteq\mathbf{R}$上逐点收敛于$f(x)$的ε-N表述:

$$\forall x\in D,\forall\,\varepsilon>0,\exists N=N(x,\varepsilon),\forall n>N:|f_n(x)-f(x)|<\varepsilon, \tag{1.2.4}$$

其中$N(x,\varepsilon)$表示它不仅与ε有关, 而且随着x的变化而改变. 这意味着在D的不同处, $f_n(x)$的收敛速度可能大相径庭.

定义 1.2.2 设函数列$\{f_n\}$和f均定义在D上. 若$\forall\,\varepsilon>0,\exists N=N(\varepsilon),\forall n>N$, 对一切的$x\in D$, 都有$|f_n(x)-f(x)|<\varepsilon$, 则称函数列$\{f_n\}$在$D$上**一致收敛于**$f$, 记作

$$f_n(x)\rightrightarrows f(x)\ (n\to\infty),\quad x\in D.$$

相对于式(1.2.4), $\{f_n\}$在D上一致收敛于f的$\varepsilon-N$表述:

$$\forall\,\varepsilon>0,\exists N=N(\varepsilon),\forall n>N,\forall x\in D:|f_n(x)-f(x)|<\varepsilon. \tag{1.2.5}$$

比较式(1.2.4)与式(1.2.5)知, 逐点收敛和一致收敛的本质区别在于是否存在一个“公共”的$N(\varepsilon)$, 它与x无关. 显然, $\{f_n\}$在D上一致收敛必在D上逐点收敛; 反之不真. 随后的一些例子可以验证这点. 由一致收敛的定义知, 若$\{f_n\}$ 在D上一致收敛, 则$\{f_n\}$在D的任一子集上必然一致收敛.

尽管从训练思维的角度我们应该强调用定义来考虑函数列的一致收敛性, 但我们不打算这样做, 只想找一些判别一致收敛性的“捷径”. 下面介绍关于一致收敛的一些好用的等价结论.

定理 1.2.1 函数列$\{f_n\}$在D上一致收敛于f的充要条件是

$$\lim_{n\to\infty}\sup_{x\in D}|f_n(x)-f(x)|=0. \tag{1.2.6}$$

证 必要性 对$\forall\,\varepsilon>0$, 由式(1.2.5)知, 对充分大的n, 有$\sup\limits_{x\in D}|f_n(x)-f(x)|\leqslant\varepsilon$, 即式(1.2.6)成立.

充分性 由假设, $\forall\,\varepsilon>0$, $\exists N,\forall n>N$, 有$\sup\limits_{x\in D}|f_n(x)-f(x)|<\varepsilon$. 又对一切的$x\in D$, 总有

$$|f_n(x)-f(x)|\leqslant\sup_{x\in D}|f_n(x)-f(x)|,$$

所以$\forall n > N$和对一切的$x \in D$, 总有

$$|f_n(x) - f(x)| < \varepsilon.$$

于是, 由定义知$\{f_n\}$在D上一致收敛于f. □

应用时, 往往通过求$f_n(x) - f(x)$在D上的最值来得到其上确界. 下面是定理的一个直接推论, 证明从略.

推论 1.2.1 设函数列$\{f_n\}$在D上收敛于f, 且数列$\{a_n\}$收敛于0. 若对一切的$x \in D$, 对充分大的n有

$$|f_n(x) - f(x)| \leqslant a_n,$$

则$\{f_n\}$在D上一致收敛于f.

例 1.2.2 设$f_n(x) = \dfrac{\sin(nx)}{\sqrt{n}}$, 则$f_n$在$(-\infty, +\infty)$上收敛于0. 由于

$$\left|\frac{\sin(nx)}{\sqrt{n}} - 0\right| \leqslant \frac{1}{\sqrt{n}} \to 0\ (n \to \infty),$$

所以$\{\dfrac{\sin(nx)}{\sqrt{n}}\}$在$(-\infty, +\infty)$上一致收敛于0.

例 1.2.3 如例1.2.1(1), 设$f_n(x) = x^n$, $D = (-1, 1]$, 极限函数f由式(1.2.2)给出, 则

$$\sup_{x \in D} |f_n(x) - f(x)| = \sup_{x \in (-1,1)} |x^n| = 1 \nrightarrow 0\ (n \to \infty).$$

因此$\{f_n\}$在D上不一致收敛于f.

例 1.2.4 设$f_n(x) = (1 - x)x^n$, $D = [0, 1]$, 显然极限函数$f(x) = 0$. 由于

$$\sup_{x \in D} |f_n(x) - f(x)| = \sup_{x \in D} (1 - x)x^n = \left(1 - \frac{n}{n+1}\right) \cdot \left(\frac{n}{n+1}\right)^n \to 0\ (n \to \infty),$$

所以$\{(1 - x)x^n\}$在$[0, 1]$上一致收敛于0 (对固定的n, 容易得知$x = \dfrac{n}{n+1}$是$f_n(x)$在D上的最大值点).

不一致收敛的判断是一个难点, 下面介绍类似于Heine定理的一个结果.

定理 1.2.2 $f_n \rightrightarrows f\ (n \to \infty)$, $x \in D \Longleftrightarrow$ 对任意数列$\{x_n\}$, $x_n \in D$, 都有$\lim\limits_{n \to \infty} |f_n(x_n) - f(x_n)| = 0$.

***证** 必要性 设$\{f_n\}$在D上一致收敛于$f(x)$, 则由定理1.2.1, 有

$$\lim_{n \to \infty} \sup_{x \in D} |f_n(x) - f(x)| = 0.$$

于是对任意数列$\{x_n\}$, $x_n \in D$, 有

$$|f_n(x_n) - f(x_n)| \leqslant \sup_{x \in D} |f_n(x) - f(x)| \to 0\ (n \to \infty).$$

充分性 采用反证法, 即证明若$\{f_n(x)\}$在D上不一致收敛于$f(x)$, 则必能找到数列$\{x_n\}$ ($x_n \in D$), 使得$f_n(x_n) - f(x_n) \nrightarrow 0\ (n \to \infty)$.

由一致收敛的表述式(1.2.5), 得到它的逆否命题“$\{f_n\}$在D上不一致收敛于f”的表述:

$$\exists\, \varepsilon_0 > 0,\ \forall N,\ \exists n > N,\ \exists\, x \in D : |f_n(x) - f(x)| \geqslant \varepsilon_0.$$

于是, 下述步骤可依次进行:

取$N_1 = 1, \exists n_1 > 1, \exists\, x_{n_1} \in D : |f_{n_1}(x_{n_1}) - f(x_{n_1})| \geqslant \varepsilon_0,$

取$N_2 = n_1, \exists n_2 > n_1, \exists\, x_{n_2} \in D : |f_{n_2}(x_{n_2}) - f(x_{n_2})| \geqslant \varepsilon_0,$

$\vdots$

取$N_k = n_{k-1}, \exists n_k > n_{k-1}, \exists\, x_{n_k} \in D : |f_{n_k}(x_{n_k}) - f(x_{n_k})| \geqslant \varepsilon_0,$

$\vdots$

对于$m \in \mathbf{N}_+ \setminus \{n_1, n_2, \cdots, n_k, \cdots\}$, 可任取$x_m \in D$, 如此则得到数列$\{x_n\}$, $x_n \in D$. 由于它的子列$\{x_{n_k}\}$满足

$$|f_{n_k}(x_{n_k}) - f(x_{n_k})| \geqslant \varepsilon_0,$$

显然不可能有

$$\lim_{n\to\infty} (f_n(x_n) - f(x_n)) = 0,$$

这与充分性的已知条件相矛盾. 故$\{f_n\}$在D上一致收敛于f. □

定理1.2.2常用来判断函数列的不一致收敛, 其相应数列$\{x_n\}$往往在可能出“问题”的区间端点附近选取(该段的函数图象较“陡峭”). 如对$[0,1)$上的函数列$\{x^n\}$(其极限函数是0), 靠近右端点选取$x_n = 1 - \dfrac{1}{n}$, 则由于

$$f_n(x_n) - f(x_n) = \left(1 - \frac{1}{n}\right)^n \to \frac{1}{\mathrm{e}} \neq 0\ (n \to \infty),$$

根据定理1.2.2, $\{x_n\}$在$[0,1)$上不一致收敛于0.

定理 1.2.3 (Cauchy**一致收敛准则**) 函数列$\{f_n\}$在D上一致收敛的充要条件是$\forall \varepsilon > 0, \exists N = N(\varepsilon), \forall n,\ m > N,\ \forall x \in D : |f_m(x) - f_n(x)| < \varepsilon$.

证 必要性 设$f_n(x) \rightrightarrows f(x)\ (n \to \infty),\ x \in D$, 则

$$\forall \varepsilon > 0, \exists N = N(\varepsilon), \forall n > N,\ \forall x \in D : |f_n(x) - f(x)| < \frac{\varepsilon}{2}.$$

于是, $\forall n,\ m > N$, 对一切的$x \in D$, 有

$$|f_m(x) - f_n(x)| \leqslant |f_m(x) - f(x)| + |f_n(x) - f(x)| < \frac{\varepsilon}{2} + \frac{\varepsilon}{2} = \varepsilon.$$

充分性 对固定的$x \in D$, 由数列的Cauchy一致收敛准则, $\{f_n(x)\}$收敛. 于是$\forall x \in D$, $\{f_n(x)\}$收敛于一极限函数, 记其为$f(x)$. 在定理条件$|f_m(x) - f_n(x)| < \varepsilon$中令$m \to \infty$, 得$\forall n > N = N(\varepsilon)$有$|f_n(x) - f(x)| \leqslant \varepsilon$对一切$x \in D$成立. □

下面讨论一致收敛函数列所确定函数的连续性、可积性和可微性.

定理 1.2.4 (连续性) 若函数列$\{f_n\}$在区间D上一致收敛于f, 且每一项都在D上连续, 则其极限函数f在D上也连续.

证 任取$x_0 \in D$, 由连续的定义, 证

$$\forall \varepsilon > 0, \exists \delta > 0, \forall x \in N(x_0, \delta) \cap D : |f(x) - f(x_0)| < \varepsilon. \tag{1.2.7}$$

式(1.2.7)涉及$f(x)$, $f(x_0)$, 假设条件涉及f_n, 所以考虑不等式

$$|f(x) - f(x_0)| \leqslant |f(x) - f_n(x)| + |f_n(x) - f_n(x_0)| + |f_n(x_0) - f(x_0)|. \tag{1.2.8}$$

由$f_n(x) \rightrightarrows f(x)$ $(x \in D)$可知, $\forall \varepsilon > 0$, $\exists N$, $\forall n \geqslant N, \forall x \in D$, 有

$$|f_n(x) - f(x)| < \frac{\varepsilon}{3}.$$

特别地有

$$|f_N(x_0) - f(x_0)| < \frac{\varepsilon}{3}, \qquad |f_N(x) - f(x)| < \frac{\varepsilon}{3}\ (\forall\ x \in D).$$

又由f_N的连续性, 对上面所给的ε, $\exists \delta > 0$, $\forall x \in N(x_0, \delta) \cap D$, 有

$$|f_N(x) - f_N(x_0)| < \frac{\varepsilon}{3}.$$

于是由式(1.2.8)知, 取$n = N$, $\forall\ x \in N(x_0, \delta) \cap D$, 有

$$|f(x) - f(x_0)| < \frac{\varepsilon}{3} + \frac{\varepsilon}{3} + \frac{\varepsilon}{3} = \varepsilon,$$

即f在x_0连续. 由x_0的任意性, f在D上连续. □

我们知道, f连续的实质在于f的作用与极限运算"lim"可交换顺序. 定理1.2.4说明: 在一致收敛条件下, 连续函数列$\{f_n(x)\}$中两个独立的变量n和x, 在分别求极限时其极限顺序可以交换, 即

$$\lim_{x \to x_0} \lim_{n \to \infty} f_n(x) = \lim_{n \to \infty} \lim_{x \to x_0} f_n(x) = f(x_0). \tag{1.2.9}$$

定理 1.2.5 (可积性) 若函数列$\{f_n\}$在区间$[a, b]$上一致收敛于f, 且每一项都在$[a, b]$上连续, 则其极限函数f在$[a, b]$上可积, 且$\forall x \in [a, b]$, 有

$$\int_a^x f(t)\mathrm{d}t = \lim_{n \to \infty} \int_a^x f_n(t)\mathrm{d}t,$$

即

$$\int_a^x \lim_{n \to \infty} f_n(t)\mathrm{d}t = \lim_{n \to \infty} \int_a^x f_n(t)\mathrm{d}t. \tag{1.2.10}$$

证 由连续性定理1.2.4, f在$[a, b]$上连续, 从而在$[a, b]$上可积. 由一致收敛性, 假设$\forall \varepsilon > 0, \exists N, \forall n > N$, 对一切的$x \in [a, b]$, 有

$$|f_n(x) - f(x)| < \frac{\varepsilon}{b - a}.$$

再由积分的性质, 当$n > N$时, 对任意给定的$x \in [a, b]$, 有

$$\left|\int_a^x f_n(t)\mathrm{d}t - \int_a^x f(t)\mathrm{d}t\right| = \left|\int_a^x (f_n(t) - f(t))\mathrm{d}t\right| \leqslant \int_a^b |f_n(t) - f(t)|\mathrm{d}t < \varepsilon,$$

即式(1.2.10)成立. □

定理 1.2.6 (可微性) 设函数列$\{f_n\}$定义在区间D上, $x_0 \in D$为$\{f_n\}$的收敛点, $\{f_n\}$的每一项在D上有连续的导数, 且$\{f_n'\}$在D上一致收敛, 则

$$\frac{\mathrm{d}}{\mathrm{d}x}(\lim_{n\to\infty} f_n(x)) = \lim_{n\to\infty} \frac{\mathrm{d}}{\mathrm{d}x} f_n(x). \tag{1.2.11}$$

证 设$f_n(x_0) \to A$, $f_n' \rightrightarrows g\ (n \to \infty)$, $x \in D$. 证明$\{f_n\}$在D上收敛, 且其极限函数的导数存在并等于g.

由定理条件和可积性定理1.2.5, 对任意$x \in D$, 有

$$f_n(x) = f_n(x_0) + \int_{x_0}^{x} f_n'(t)\mathrm{d}t \to A + \int_{x_0}^{x} g(t)\mathrm{d}t\ (n \to \infty).$$

于是$\{f_n\}$的极限存在, 记该极限为f, 则$A = f(x_0)$, 并且有

$$f(x) = \lim_{n\to\infty} f_n(x) = f(x_0) + \int_{x_0}^{x} g(t)\mathrm{d}t.$$

最后由g的连续性和微积分学基本定理得到f'存在, 且$f' = g$. □

注 1.2.1 这三个定理表明一致收敛性实现了式(1.2.3)右边三个等式的成立, 它们均是关于函数列的.

注 1.2.2 这三个定理中一致收敛条件只是其充分条件而不是必要条件. 事实上, 有:

(1) 对连续性定理, 尽管函数列$\{x^n\}$在区间$(-1,1)$上只是逐点收敛于极限函数$f(x) = 0$, 而非一致收敛, 但f在$(-1,1)$上连续;

(2) 对可积性定理, 函数列$\{nx\mathrm{e}^{-nx}\}$在$[0,1]$上收敛于$f(x) = 0$, 而非一致收敛, 但可验证可积性定理中的式(1.2.10)成立;

(3) 对可微性定理, 考虑函数列$\{f_n\}$, 其中$f_n(x) = \dfrac{1}{2n}\ln(1+n^2x^2)$. 容易验证$\{f_n\}$和$\{f_n'\}$均在$[0,1]$上收敛于0. 由$\lim\limits_{n\to\infty}\max\limits_{x\in[0,1]}|f_n'(x) - f'(x)| = \dfrac{1}{2}$知$\{f_n'\}$在$[0,1]$上不一致收敛, 但有$\lim\limits_{n\to\infty} f_n'(x) = 0 = [\lim\limits_{n\to\infty} f_n(x)]'$成立.

需要强调的是, 虽如此, 但这并不意味着这三个定理中的一致收敛条件可以减弱. 不满足一致收敛条件往往造成定理的结论不成立. 在一般情况下, 只有满足一致收敛条件, 才能保证定理结论的成立.

注 1.2.3 ①可微性定理中的一致收敛若加在函数列$\{f_n\}$上, 去掉$\{f_n'\}$的一致收敛要求, 则其结论未必成立. 请读者自行构造反例.

②由于连续性和可微性是局部性概念, 只需在点的邻域内考察, 所以对非闭区间, 这里的连续性定理与可微性定理中的一致收敛改为**内闭一致收敛**, 相应结论仍然成立. 如连续性定理可改为: 若函数列$\{f_n\}$在区间D上内闭一致收敛于f, 且每一项都在D内连续, 则其极限函数f在D内也连续.

函数列$\{f_n\}$在D上内闭一致收敛是指对D的任意闭子区间$[a,b]$, $\{f_n\}$在$[a,b]$上一致收敛. 特别地, 若D为闭区间, 则内闭一致收敛与一致收敛是一回事; 若D为非闭区间, 则内闭一致收敛弱于一致收敛. 如数列$\{x^n\}$虽不在$(-1,1)$上一致收敛, 但在$(-1,1)$上内闭一致收敛. □

基于函数列与函数项级数的关系, 我们可将本段性质移植到函数项级数, 无须证明. 对函数项级数性质的相关说明也同上.

1.2.3 一致收敛函数项级数的性质与一致收敛性的判定

明显地, 函数项级数的一致收敛性可借助于函数列来定义.

定义 1.2.3 设函数项级数$\sum u_n(x)$与函数$S(x)$均定义在D上, $S_n(x)=\sum\limits_{k=1}^{n}u_k(x)$. 若$\{S_n(x)\}$在$D$上一致收敛于$S(x)$, 则称函数项级数$\sum u_n(x)$在$D$上一致收敛于$S(x)$.

注意到

$$S(x)-S_n(x)=\sum_{k=n+1}^{\infty}u_k(x),$$

得到函数项级数$\sum u_n(x)$在D上一致收敛的$\varepsilon-N$表述如下:

$$\forall\varepsilon>0,\exists N=N(\varepsilon),\forall n>N,\forall x\in D:\left|\sum_{k=n+1}^{\infty}u_k(x)\right|<\varepsilon. \tag{1.2.12}$$

定理 1.2.7 (连续性) 若函数项级数$\sum u_n(x)$在区间D上一致收敛, 且每一项都在D上连续, 则其和函数在D上也连续.

定理 1.2.8 (可积性, 逐项积分定理) 若函数项级数$\sum u_n(x)$在区间$[a,b]$上一致收敛, 且每一项都在$[a,b]$上连续, 则其和函数在$[a,b]$上可积, 且

$$\sum\int_a^x u_n(t)\mathrm{d}t=\int_a^x\sum u_n(t)\mathrm{d}t,\quad x\in D. \tag{1.2.13}$$

定理 1.2.9 (可微性, 逐项求导定理) 设函数项级数$\sum u_n(x)$在区间D上每一项都有连续的导函数, $x_0\in D$是$\sum u_n(x)$的收敛点. 若$\sum u_n'(x)$在D上一致收敛, 则

$$\sum\left(\frac{\mathrm{d}}{\mathrm{d}x}u_n(x)\right)=\frac{\mathrm{d}}{\mathrm{d}x}\sum u_n(x),\quad x\in D. \tag{1.2.14}$$

根据前面所学, 如果函数项级数$\sum\limits_{n=1}^{\infty}u_n(x)$的部分和函数$S_n(x)$能写出(指能用一个解析式表示), 则可利用函数列的一致收敛定理(如定理1.2.1, 定理1.2.2及推论1.2.1)得到$\sum\limits_{n=1}^{\infty}u_n(x)$的一致收敛性. 如果$S_n(x)$不能方便写出(遗憾的是实际情况多如此), 则需要建立函数项级数本身的一致收敛判定定理.

首先介绍函数项级数的Cauchy一致收敛准则, 无须证明(参看定理1.2.3及其证明).

定理 1.2.10 (Cauchy一致收敛准则) 函数项级数$\sum u_n(x)$在D上一致收敛的充要条件是: $\forall\varepsilon>0,\exists N=N(\varepsilon),\forall n>N,\forall p\in\mathbf{N}_+$, $\forall x\in D$, 有

$$\left|\sum_{k=n+1}^{n+p}u_k(x)\right|<\varepsilon.$$

例 1.2.5 对$n\in\mathbf{N}_+$, 在$[0,1]$上定义函数列$u_n(x)=\begin{cases}\dfrac{1}{n}, & x=\dfrac{1}{n}\\ 0, & x\neq\dfrac{1}{n}\end{cases}$, 则$\sum u_n(x)$在$[0,1]$上一致收敛.

证 因为

$$u_{n+1}(x)+u_{n+2}(x)+\cdots+u_{n+p}(x)=\begin{cases}\dfrac{1}{n+1}, & x=\dfrac{1}{n+1},\\ \dfrac{1}{n+2}, & x=\dfrac{1}{n+2},\\ \vdots & \vdots\\ \dfrac{1}{n+p}, & x=\dfrac{1}{n+p},\\ 0, & \text{其他},\end{cases}$$

所以对一切的$x\in[0,1]$, 有

$$\left|\sum_{k=n+1}^{n+p}u_k(x)\right|<\frac{1}{n},\qquad n,\ p\in\mathbf{N}_+.$$

于是, $\forall\varepsilon>0$, 取$N=1/\varepsilon$, 则当$n>N$时, $\forall p\in\mathbf{N}_+$, $\forall x\in[0,1]$, 有

$$\left|\sum_{k=n+1}^{n+p}u_k(x)\right|<\varepsilon.$$

由Cauchy一致收敛准则, $\sum u_n(x)$在$[0,1]$上一致收敛. □

在Cauchy一致收敛准则中取$p=1$, 便得到函数项级数一致收敛的必要条件.

推论 1.2.2 若函数项级数$\sum u_n(x)$在D上一致收敛, 则其通项函数列$\{u_n(x)\}$在D上一致收敛于0.

该推论可用于判别一些函数项级数的不一致收敛. 例如, 对$\sum a^n\sin\dfrac{x}{b^n}$, $D=(0,+\infty)$, 常数$a\geqslant 1$, $b>0$, 取$x_n=b^n\cdot\dfrac{\pi}{2}$, 则通项为$u_n(x_n)=a^n\nrightarrow 0\ (n\to\infty)$, 由定理1.2.2可知, $u_n(x)$在$(0,+\infty)$上不一致收敛于0. 故函数项级数$\sum a^n\sin\dfrac{x}{b^n}$在$(0,+\infty)$上不一致收敛.

推论 1.2.3 (Weierstrass**判别法**, M**判别法, 优级数判别法**) 若n充分大时有$|u_n(x)|\leqslant a_n\ (\forall x\in D)$, 且$\sum a_n$收敛, 则$\sum u_n(x)$在$D$上一致收敛.

证 证明是简单的, 只“堆砌”即可. 事实上, 由已知, $\exists N_1$(与x无关), $\forall n>N_1$, $\forall x\in D$: $|u_n(x)|\leqslant a_n$. 又由$\sum a_n$收敛可知, $\forall\varepsilon>0,\exists N=N(\varepsilon)>N_1$, $\forall n>N,\forall p\in\mathbf{N}_+$, 有

$$\sum_{k=n+1}^{n+p}a_k<\varepsilon.$$

于是, $\forall n>N,\forall p\in\mathbf{N}_+$, 对一切的$x\in D$, 有

$$\left|\sum_{k=n+1}^{n+p}u_k(x)\right|\leqslant\sum_{k=n+1}^{n+p}|u_k(x)|\leqslant\sum_{k=n+1}^{n+p}a_k<\varepsilon.$$

根据Cauchy一致收敛准则, $\sum u_n(x)$在D上一致收敛. □

例 1.2.6 $\sum \frac{\sin(nx)}{n^p}$ $(p>1)$显然在$(-\infty,+\infty)$上一致收敛.

例 1.2.7 证明函数项级数$f(x)=\sum\limits_{n=1}^{\infty}\arctan\frac{x}{n^p}$ $(p>1)$可以逐项求导.

证 由于对任意给定的$x\in\mathbf{R}$, $|\arctan\frac{x}{n^p}|\sim\frac{|x|}{n^p}$ $(n\to\infty)$, 所以由正项级数的比较判别法及p级数的敛散性, 函数项级数$\sum\limits_{n=1}^{\infty}\arctan\frac{x}{n^p}$在$\mathbf{R}$上收敛. 又

$$\frac{\mathrm{d}}{\mathrm{d}x}\Big(\arctan\frac{x}{n^p}\Big)=\frac{1}{1+\dfrac{x^2}{n^{2p}}}\cdot\frac{1}{n^p}\leqslant\frac{1}{n^p},\quad x\in\mathbf{R},$$

根据Weierstrass判别法, $\sum\limits_{n=1}^{\infty}\frac{\mathrm{d}}{\mathrm{d}x}\Big(\arctan\frac{x}{n^p}\Big)$在$(-\infty,+\infty)$上一致收敛. 再由逐项求导定理1.2.9可知原级数可以逐项求导, 即

$$\frac{\mathrm{d}}{\mathrm{d}x}f(x)=\sum_{n=1}^{\infty}\frac{\mathrm{d}}{\mathrm{d}x}\Big(\arctan\frac{x}{n^p}\Big).$$ □

例 1.2.8 设$f(x)=\sum\limits_{n=1}^{\infty}\frac{\cos(nx)}{\sqrt{n^3+n}}$.

(1) 证明$f(x)$在$\mathbf{R}$上连续;

(2) 设$F(x)=\int_0^x f(t)\mathrm{d}t$, 证明$\frac{\sqrt{2}}{2}-\frac{1}{15}<F(\frac{\pi}{2})<\frac{\sqrt{2}}{2}$.

证 (1) 因为对一切的$x\in\mathbf{R}$, 有$\Big|\frac{\cos(nx)}{\sqrt{n^3+n}}\Big|\leqslant\frac{1}{n^{3/2}}$, 而$\sum\frac{1}{n^{3/2}}$收敛, 所以由M判别法可知, $\sum\limits_{n=1}^{\infty}\frac{\cos(nx)}{\sqrt{n^3+n}}$在$\mathbf{R}$上一致收敛. 注意到对每个$n$, 函数$\frac{\cos(nx)}{\sqrt{n^3+n}}$在$\mathbf{R}$上连续, 根据定理1.2.7, $f(x)$在$\mathbf{R}$上连续.

(2) 由逐项积分定理1.2.8, 有

$$F(x)=\int_0^x f(t)\mathrm{d}t=\sum_{n=1}^{\infty}\int_0^x\frac{\cos(nt)}{\sqrt{n^3+n}}\mathrm{d}t=\sum_{n=1}^{\infty}\frac{\sin(nx)}{n\sqrt{n^3+n}}.$$

于是

$$F(\frac{\pi}{2})=\sum_{n=1}^{\infty}\frac{\sin\dfrac{n\pi}{2}}{n\sqrt{n^3+n}}=\sum_{n=1}^{\infty}\frac{(-1)^{n-1}}{(2n-1)\sqrt{(2n-1)^3+(2n-1)}},$$

这是一个Leibniz级数, 它的前两项为$\frac{\sqrt{2}}{2}$与$-\frac{1}{3\sqrt{30}}$, 故

$$\frac{\sqrt{2}}{2}-\frac{1}{15}<\frac{\sqrt{2}}{2}-\frac{1}{3\sqrt{30}}<F(\frac{\pi}{2})<\frac{\sqrt{2}}{2}.$$ □

Weierstrass判别法是一个判别函数项级数一致收敛的重要判别法, 应熟练掌握, 但应注意的是, 它的条件仅是充分的. 例如, 例1.2.5的函数项级数找不到优级数. 事实上, 若存在优级数$\sum M_n$, 取$x=1/n$, 则有$u_n(x)=1/n\leqslant M_n$, 由比较判别法得到调和级数收敛, 这与调和级数发散相矛盾.

定理 1.2.11 (Abel**判别法**) 设(1) $\sum a_n(x)$在D上一致收敛; (2) $\{b_n(x)\}$关于n单调, 且在D上一致有界, 即存在正常数M, 使得

$$|b_n(x)| \leqslant M, \quad x \in D,\ n \in \mathbf{N}_+.$$

则函数项级数$\sum a_n(x)b_n(x)$在D上一致收敛.

定理 1.2.12 (Dirichlet**判别法**) 设(1) $\sum a_n(x)$的部分和函数列在D上一致有界, 即存在正常数M, 使得

$$\left|\sum_{k=1}^{n} a_k(x)\right| \leqslant M, \quad x \in D,\ n \in \mathbf{N}_+;$$

(2) $\{b_n(x)\}$关于n单调, 且$b_n(x) \rightrightarrows 0\ (n \to \infty)$, $x \in D$. 则函数项级数$\sum a_n(x)b_n(x)$在D上一致收敛.

常见的例子如下(请自行验证):

(1) 设$\sum a_n$收敛, 则$\sum a_n x^n$在$[0,1]$上一致收敛.

由Abel判别法易证. 特别地, $\sum \dfrac{(-1)^n}{n^p} x^n\ (p>0)$在$[0,1]$上一致收敛.

(2) 设$\{a_n\}$单调趋于0, 则$\sum a_n \cos(nx)$与$\sum a_n \sin(nx)$在$(0, 2\pi)$的任意闭子区间上一致收敛, 即内闭一致收敛. 这可由Dirichlet判别法得证. 出现$\sin(nx)$或$\cos(nx)$, 相应部分和数列一致有界是其特点.

例 1.2.9 证明: 函数项级数$\sum \dfrac{(-1)^{n-1}x^2}{(1+x^2)^n}$在$\mathbf{R}$ 上一致收敛.

证 记$a_n(x) = (-1)^{n-1}$, $b_n(x) = \dfrac{x^2}{(1+x^2)^n}$, 则$\forall x \in \mathbf{R}$有$\left|\sum\limits_{k=1}^{n} a_k(x)\right| \leqslant 1$. 又对每个$x \in \mathbf{R}$, $\{b_n(x)\}$单调递减, 并且由$0 \leqslant b_n(x) \leqslant 1/n$可知$\{b_n(x)\}$在$\mathbf{R}$上一致收敛于0. 根据Dirichlet判别法, 函数项级数$\sum \dfrac{(-1)^{n-1}x^2}{(1+x^2)^n}$在$\mathbf{R}$上一致收敛. □

习题 1.2

(A)

1.2.1 说明函数项级数的逐点收敛与一致收敛的区别与联系, 并且用$\varepsilon-N$语言表述级数$\sum u_n(x)$在区间I上不收敛于函数$S(x)$.

1.2.2 求下列函数项级数的收敛域:

(1) $\sum \dfrac{(-1)^n}{n}\left(\dfrac{1}{1+x}\right)^n$; (2) $\sum \dfrac{\sin(nx)}{2^n}$; (3) $\sum x^n \sin\dfrac{x}{2^n}$; (4) $\sum n\mathrm{e}^{-nx}$.

1.2.3 讨论下列函数列$\{f_n(x)\}$在所给区间D上是否一致收敛, 并说明理由.

(1) $f_n(x) = \sqrt{x^2 + \dfrac{1}{n^2}}$, $D = (-1, 1)$;

(2) $f_n(x) = \dfrac{x}{1+n^2x^2}$, $D = \mathbf{R}$;

(3) $f_n(x)=\begin{cases}-(n+1)x+1, & 0\leqslant x\leqslant \dfrac{1}{n+1},\\ 0, & \dfrac{1}{n+1}\leqslant x\leqslant 1;\end{cases}$

(4) $f_n(x)=\dfrac{x}{n}$, ①$D=[0,+\infty)$, ②$D=[0,a]$, a为正常数;

(5) $f_n(x)=\sin\dfrac{x}{n}$, ①$D=[-a,a]$, a为正常数, ②$D=\mathbf{R}$;

(6) $f_n(x)=\begin{cases}2n^2x, & 0\leqslant x\leqslant 1/(2n),\\ 2n-2n^2x, & 1/(2n)<x\leqslant 1/n,\\ 0, & 1/n<x\leqslant 1,\end{cases}$ $D=[0,1]$.

1.2.4 讨论下列级数在给定的区间D上是否一致收敛(其中常数$a>0$):

(1) $\sum n^{-2}x^n$, $D=[-a,a]$;

(2) $\sum \dfrac{n}{x^n}$, $D=[a,+\infty)$;

(3) $\sum \dfrac{\cos(nx)}{n\sqrt{n}}$, $D=\mathbf{R}$;

(4) $\sum \dfrac{x}{1+n^4x^2}$, $D=\mathbf{R}$;

(5) $\sum \dfrac{x^n}{n^{3/2}}$, $D=[-1,1]$;

(6) $\sum \left(1-\cos\dfrac{x}{n}\right)$, $D=[-a,a]$;

(7) $\sum \sqrt{n}2^{-nx}$, $D=[a,+\infty)$;

(8) $\sum \dfrac{(-1)^{n-1}}{x^2+n}$, $D=\mathbf{R}$;

(9) $\sum \dfrac{x^n}{\sqrt{n}}$, $D=[-1,0]$;

(10) $\sum (-1)^n\dfrac{x^{2n+1}}{2n+1}$, $D=[-1,1]$;

(11) $\sum \dfrac{1-2n}{(x^2+n^2)[x^2+(n-1)^2]}$, $D=[-1,1]$;

(12) $\sum \dfrac{x^2}{(1+nx^2)[1+(n-1)x^2]}$, $D=(0,+\infty)$;

(13) $\sum \dfrac{x^2}{(1+x^2)^{n-1}}$, ① $D=\mathbf{R}$, ② $D=[a,b]$, a,b为正常数.

1.2.5 设函数项级数$\sum u_n(x)$在D上一致收敛于$f(x)$, 函数项级数$g(x)$在D上有界. 证明: 级数$\sum g(x)u_n(x)$在D上一致收敛于$g(x)f(x)$.

1.2.6 若在区间D上, 对任意的$n\in\mathbf{N}_+$有$|u_n(x)|\leqslant v_n(x)$成立, 证明当$\sum v_n(x)$在D上一致收敛时, 级数$\sum u_n(x)$也在D上一致收敛.

1.2.7 设$u_n(x)$ $(n\in\mathbf{N}_+)$是$[a,b]$上的单调函数. 证明: 若$\sum u_n(a)$与$\sum u_n(b)$都绝对收敛, 则级数$\sum u_n(x)$在$[a,b]$上一致收敛.

1.2.8 证明: $f(x)=\displaystyle\sum_{n=1}^{\infty}\frac{\sin(nx)}{n^4}$在$\mathbf{R}$上有二阶连续导数, 并且$f''(x)=-\displaystyle\sum_{n=1}^{\infty}\frac{\sin(nx)}{n^2}$.

1.2.9 设$f(x)=\displaystyle\sum_{n=1}^{\infty}\frac{1}{2^n}\tan\frac{x}{2^n}$.

(1) 证明$f(x)$在$[0,\pi/2]$上连续;

(2) 计算$\displaystyle\int_{\pi/6}^{\pi/2}f(x)\mathrm{d}x$.

1.2.10 设$f(x)=\sum\limits_{n=1}^{\infty}n\mathrm{e}^{-nx}$, $x>0$, 计算积分$\int_{\ln 2}^{\ln 3}f(x)\mathrm{d}x$.

1.2.11 证明级数$\sum(-1)^n\dfrac{x^2+n}{n^2}$在任何有界区间上一致收敛, 但对$x$的任何值都不绝对收敛.

(B)

1.2.1 证明级数$\sum\limits_{n=1}^{\infty}\left(x+\dfrac{1}{n}\right)^n$的下列结论成立:

(1) 收敛域为$(-1,1)$; (2) 在$(-1,1)$上内闭一致收敛; (3) 和函数在$(-1,1)$内连续.

1.2.2 证明: 级数$\sum x^2\mathrm{e}^{-nx}$在$[0,+\infty)$上一致收敛.

1.2.3 证明: 函数$\zeta(x)=\sum\limits_{n=1}^{\infty}\dfrac{1}{n^x}$在$(1,+\infty)$内连续, 且有连续的各阶导数.

1.2.4 若$\forall n\in\mathbf{N}_+$, $u_n(x)$是$[a,b]$上的单调函数, 并且级数$\sum u_n(x)$在$[a,b]$的端点处绝对收敛, 证明它的绝对值级数在$[a,b]$上一致收敛.

1.2.5 证明: 级数$\sum(-1)^nx^n(1-x)$在$[0,1]$上绝对收敛且一致收敛, 但其绝对值级数却不一致收敛.

1.2.6 设正项级数$\sum a_n$的部分和为S_n, 讨论级数$\sum a_n\mathrm{e}^{-S_nx}$的收敛域.

提示: 当$\sum a_n$发散时, 若$x\leqslant 0$, 则$u_n(x)\geqslant a_n$; 若$x>0$, 则$u_n(x)=\mathrm{e}^{-S_nx}(S_n-S_{n-1})\leqslant\int_{S_{n-1}}^{S_n}\mathrm{e}^{-xt}\mathrm{d}t$. 当$\sum a_n$收敛时, $0<S_n<M$, $|u_n(x)|\leqslant a_n\mathrm{e}^{Mx}$.

1.3 幂级数

在本节, 我们考虑一类重要且有用的函数项级数——幂级数. 形如

$$\sum_{n=0}^{\infty}a_n(x-x_0)^n=a_0+a_1(x-x_0)+a_2(x-x_0)^2+\cdots+a_n(x-x_0)^n+\cdots \tag{1.3.1}$$

的函数项级数称为**幂级数**.

下面讲解幂级数的收敛性与性质、函数的幂级数展开和幂级数求和.

1.3.1 幂级数的收敛性与性质

1. 幂级数的收敛半径、收敛区间及收敛域

为方便, 我们考虑$x_0=0$的情形, 即考虑幂级数

$$\sum_{n=0}^{\infty}a_nx^n=a_0+a_1x+a_2x^2+\cdots+a_nx^n+\cdots. \tag{1.3.2}$$

显然, 只要将式(1.3.2)的x换为新变量, 如t, 并令$t=x-x_0$, 就得到式(1.3.1)的结论.

对式(1.3.2), $x=0$是其当然收敛点, 此外, 我们有以下定理.

定理 1.3.1 (**Abel第一定理**) (1) 若幂级数式(1.3.2)在$x=\xi$处收敛, $\xi\neq 0$, 则当x满足$|x|<|\xi|$时幂级数式(1.3.2)绝对收敛; (2) 若幂级数式(1.3.2)在$x=\eta$处发散, 则当x满足$|x|>|\eta|$时幂级数式(1.3.2)发散.

证 (1) 由$\sum a_n\xi^n$收敛可知$\lim\limits_{n\to\infty} a_n\xi^n=0$, 因而存在正常数$M$, 使得$|a_n\xi^n|\leqslant M$ ($\forall n\in \mathbf{N}_+$). 设$|x|<|\xi|$, 并令$r=|\dfrac{x}{\xi}|$, 则$0\leqslant r<1$, 且有

$$|a_nx^n|=\left|a_n\xi^n\cdot\frac{x^n}{\xi^n}\right|\leqslant|a_n\xi^n|\cdot\left|\frac{x}{\xi}\right|^n\leqslant Mr^n.$$

因为$\sum r^n$收敛, 所以$\sum a_nx^n$绝对收敛.

(2) 显然, $\eta\neq 0$. 利用(1)反证即可. □

Abel第一定理表明: 除仅$x=0$为收敛点的幂级数外, 式(1.3.2)的收敛域至少是一个以$x=0$为中心的区间. 若记如此区间的最大长度为$2R$, 则称R为幂级数式(1.3.2)的**收敛半径**, $(-R,R)$称为式(1.3.2)的**收敛区间**. 具体地, 当$0<R<+\infty$时, 收敛区间是$(-R,R)$; 当$R=+\infty$时, 收敛区间是$(-\infty,+\infty)$; 约定仅$x=0$为收敛点时$R=0$.

注 当$0<R<+\infty$时, 幂级数$\sum\limits_{n=0}^{\infty}a_nx^n$在端点$x=\pm R$处是否收敛需特别考察, 也就是说, 幂级数式(1.3.2)的**收敛域**是收敛区间与其**收敛端点**之并.

一个自然的问题出来了: 如何求收敛半径R? 利用正项级数的根值判别法或比值判别法, 得到以下定理.

定理 1.3.2 (Cauchy-Hadamard) 若$\lim\limits_{n\to\infty}\sqrt[n]{|a_n|}=\rho$或$\lim\limits_{n\to\infty}\left|\dfrac{a_{n+1}}{a_n}\right|=\rho$, 则$R=\dfrac{1}{\rho}$.

(1) 当$0<\rho<+\infty$时, $R=\dfrac{1}{\rho}$;

(2) 当$\rho=0$时, $R=+\infty$;

(3) 当$\rho=+\infty$时, $R=0$, 此时仅$x=0$为幂级数式(1.3.2)的收敛点.

证 由于$\lim\limits_{n\to\infty}\left|\dfrac{a_{n+1}}{a_n}\right|=\rho\Rightarrow\lim\limits_{n\to\infty}\sqrt[n]{|a_n|}=\rho$, 所以仅考虑根式情形.

对$0\leqslant\rho<+\infty$, 有

$$\lim_{n\to\infty}\sqrt[n]{|a_nx^n|}=\lim_{n\to\infty}\sqrt[n]{|a_n|}\ |x|=\rho|x|.$$

(1) 当$0<\rho<+\infty$时, 由正项级数的根值判别法可知, 若$\rho|x|<1$, 即$|x|<1/\rho$, $\sum|a_nx^n|$收敛; 若$\rho|x|>1$, 即$|x|>1/\rho$, $a_nx^n\nrightarrow 0\ (n\to\infty)$, 从而级数$\sum a_nx^n$发散. 故收敛半径$R=1/\rho$.

(2) 当$\rho=0$时, 对一切的$x\in(-\infty,+\infty)$都有$\rho|x|=0<1$, 故$R=+\infty$.

(3) 当$\rho=+\infty$时, 除$x=0$外的任何x皆有$\lim\limits_{n\to\infty}\sqrt[n]{|a_nx^n|}=+\infty$, 从而有$a_nx^n\nrightarrow 0\ (n\to\infty,\ x\neq 0)$, 故收敛半径$R=0$. □

明显地, 若$\sum\limits_{n=0}^{\infty}a_nx^n$的收敛半径$R$求出了, 其敛散性就基本解决了(余下收敛区间端点的考察); 相应地, $\sum\limits_{n=0}^{\infty}a_n(x-x_0)^n$的收敛区间是$(x_0-R,x_0+R)$.

例 1.3.1 求下列幂级数的收敛半径与收敛域:

(1) $\sum \frac{x^n}{n!}$; (2) $\sum n!(x-2)^n$; (3) $\sum \frac{3^n}{n}\left(\frac{x-1}{2}\right)^n$; (4) $\sum \frac{(2n)!!}{(2n+1)!!}x^n$.

解 我们默认每个幂级数的系数通项为a_n, 对不同的幂级数不至于混淆.

(1) 因为$\lim\limits_{n\to\infty}\left|\frac{a_{n+1}}{a_n}\right| = \lim\limits_{n\to\infty}\frac{1}{n+1} = 0$, 所以收敛半径$R=+\infty$, 收敛域为$D=(-\infty,+\infty)$.

(2) 因为$\lim\limits_{n\to\infty}\left|\frac{a_{n+1}}{a_n}\right| = \lim\limits_{n\to\infty}(n+1) = +\infty$, 所以收敛半径$R=0$, 仅在$x=2$处收敛.

(3) 令$t=x-1$, 则原级数变为$\sum \frac{3^n}{n2^n}t^n$. 因为$\lim\limits_{n\to\infty}\sqrt[n]{|a_n|} = \lim\limits_{n\to\infty}\frac{3}{2\sqrt[n]{n}} = \frac{3}{2}$, 所以收敛半径为$R=2/3$. 显然$t=-2/3$是收敛点, $t=2/3$是发散点, 于是$\sum \frac{3^n}{n2^n}t^n$的收敛域是$[-2/3,2/3)$. 由此推得原幂级数的收敛半径$R=2/3$, 收敛域是$[1-2/3,1+2/3)$, 即$[1/3,5/3)$.

(4) 因为

$$\lim_{n\to\infty}\left|\frac{a_{n+1}}{a_n}\right| = \lim_{n\to\infty}\frac{(2n+2)!!}{(2n+3)!!}\cdot\frac{(2n+1)!!}{(2n)!!} = 1,$$

所以收敛半径$R=1$. 当$x=1$时, 应用不等式$2k+1>\sqrt{(2k)(2k+2)}$可知, $\sum(-1)^n\frac{(2n)!!}{(2n+1)!!}$满足Leibniz定理条件, 所以其收敛. 由Raabe判别法可得到$x=1$是发散点(请验证), 故原幂级数收敛域是$[-1,1)$. □

对缺项幂级数, 其有无穷多个系数为0, 如$\sum x^{2n+1}$, 严格讲不能直接运用定理1.3.2, 应按照定理1.3.2的证明方法讨论其敛散性, 也即用根值判别法或比值判别法.

例 1.3.2 求幂级数$\sum\limits_{n=0}^{\infty}x^{n!}$的收敛半径与收敛域.

解 幂级数展开就是

$$1+x+x^2+x^6+x^{24}+\cdots+x^{n!}+\cdots.$$

当$n\to\infty$时,

$$\left|\frac{x^{(n+1)!}}{x^{n!}}\right| = |x|^{n\cdot n!} \to \begin{cases} 0, & |x|<1, \\ 1, & |x|=1, \\ +\infty, & |x|>1, \end{cases}$$

所以收敛半径为1, 收敛区间为$(-1,1)$. 当$|x|=1$时, 级数的通项为1, 级数发散. 故收敛域是$(-1,1)$. □

对仅缺奇数次项或偶数次项的幂级数, 也用例1.3.2的方法求解, 但下面例题的代换思想的解法是常用且方便的.

例 1.3.3 求下列幂级数的收敛半径与收敛域:

(1) $\sum \frac{x^{2n}}{4^n(n+1)^2}$; (2) $\sum \frac{x^{2n+1}}{(2n+1)!}$.

解 (1) 令$y=x^2$, 则原级数变为$\sum \frac{y^n}{4^n(n+1)^2}$. 由

$$\lim_{n\to\infty}\sqrt[n]{|a_n|} = \lim_{n\to\infty}\frac{1}{4}\frac{1}{\sqrt[n]{(n+1)^2}} = \frac{1}{4},$$

得到幂级数$\sum \frac{y^n}{4^n(n+1)^2}$的收敛半径是4, 收敛区间由$|y|<4$给出. 于是由$y=x^2$可知, 原级数的收敛半径是2, 收敛区间是$(-2,2)$. 当$x=\pm 2$时, 原级数为收敛级数$\sum \frac{1}{(n+1)^2}$, 故原级数的收敛域是$[-2,2]$.

上面写法展示了整个过程, 显得罗嗦些. 熟悉后, 可按如下写法:

由$\lim\limits_{n\to\infty}\sqrt[n]{|a_n|}=\lim\limits_{n\to\infty}\frac{1}{4}\frac{1}{\sqrt[n]{(n+1)^2}}=\frac{1}{4}$, 得到收敛区间由$x^2<4$给出, 即为$(-2,2)$. 所以收敛半径为2. 当$x=\pm 2$时, 原级数为$\sum \frac{1}{(n+1)^2}$, 收敛. 故级数的收敛域是$[-2,2]$.

(2) 由$\sum \frac{x^{2n+1}}{(2n+1)!}=x\sum \frac{x^{2n}}{(2n+1)!}$和$\lim\limits_{n\to\infty}\left|\frac{a_{n+1}}{a_n}\right|=\lim\limits_{n\to\infty}\frac{(2n+1)!}{(2n+3)!}=0$, 得到收敛区间由$x^2<+\infty$给出, 所以收敛半径是$+\infty$, 收敛域为$(-\infty,+\infty)$. □

代换法还可以用来考虑不是幂级数的一些函数项级数的收敛域, 如$\sum \ln^n x$(可令$t=\ln x$, 收敛域为$\mathrm{e}^{-1}<x<\mathrm{e}$), $\sum \frac{1}{2n+1}\left(\frac{1-x}{1+x}\right)^n$(其收敛域由$-1\leqslant \frac{1-x}{1+x}<1$给出, 即$x>0$).

2.　幂级数的性质

首先, 根据数项级数的性质和Cauchy乘积, 显然有以下定理.

定理 1.3.3　设幂级数$\sum\limits_{n=0}^{\infty}a_nx^n$与$\sum\limits_{n=0}^{\infty}b_nx^n$的收敛半径分别为$R_1$与$R_2$, 记$R=\min\{R_1,R_2\}$, 则在$(-R,R)$内, 有

(1) **(线性运算)** 对实数α, β, $\sum\limits_{n=0}^{\infty}(\alpha a_n+\beta b_n)x^n$收敛, 且

$$\sum_{n=0}^{\infty}(\alpha a_n+\beta b_n)x^n=\alpha\sum_{n=0}^{\infty}a_nx^n+\beta\sum_{n=0}^{\infty}b_nx^n.$$

(2) **(Cauchy乘积)** 它们的乘积级数收敛, 且

$$\left(\sum_{n=0}^{\infty}a_nx^n\right)\left(\sum_{n=0}^{\infty}b_nx^n\right)=\sum_{n=0}^{\infty}c_nx^n,\quad 其中\ c_n=\sum_{k=0}^{n}a_kb_{n-k}.$$

两个收敛幂级数的线性运算或相乘得到的幂级数, 其收敛半径$\geqslant\min\{R_1,R_2\}$. 为此, 可考察$\sum\limits_{n=0}^{\infty}(1+2^n)x^n$与$\sum\limits_{n=0}^{\infty}(1-2^n)x^n$.

其次, 研究幂级数的分析性质.

定理 1.3.4 (Abel第二定理)　设幂级数$\sum a_nx^n$的收敛半径$R\in(0,+\infty]$, 则

(1) $\sum a_nx^n$在$(-R,R)$上内闭一致收敛;

(2) 若$\sum a_nx^n$在$x=R$收敛$(R\neq+\infty)$, 则它在任意闭子区间$[a,R]\subseteq(-R,R]$上一致收敛.

证　(1) 对任意的闭子区间$[a,b]\subseteq(-R,R)$, 记$\xi=\max\{|a|,|b|\}$, 则对一切$x\in[a,b]$有$|a_nx^n|\leqslant|a_n\xi^n|$. 因为$|\xi|<R$, 所以$\sum|a_n\xi^n|$收敛. 由Weierstrass判别法知, $\sum a_nx^n$在$[a,b]$上一致收敛. 故$\sum a_nx^n$在$(-R,R)$上内闭一致收敛.

(2) 对$x\in[0,R]$, 记$b_n(x)=\left(\frac{x}{R}\right)^n$, 则$0\leqslant b_n(x)\leqslant 1$ $(x\in[0,R])$, 且$\{b_n(x)\}$关于n单调. 注意到$\sum a_nR^n$收敛, 由Abel判别法(见定理1.2.11), $\sum a_nx^n=\sum\left(a_nR^n\cdot b_n(x)\right)$在$[0,R]$上一致收

敛. 于是当$a \geqslant 0$时, $\sum a_n x^n$在$[a, R]$上一致收敛. 当$-R < a < 0$时, 由(1)知, $\sum a_n x^n$在$[a, 0]$上一致收敛. 故$\sum a_n x^n$在任意闭子区间$[a, R] \subseteq (-R, R]$上一致收敛. □

至此, 根据定理1.2.7至定理1.2.9立即得到如下定理.

定理 1.3.5 设幂级数$\sum\limits_{n=0}^{\infty} a_n x^n$的和函数为$f(x)$, 收敛半径为$R$, 则下列结论成立:

(1) **(和函数连续性)** $f(x)$在收敛域上连续;

(2) **(逐项积分)** 幂级数在含于收敛域中的任意闭子区间上可逐项积分, 特别地,

$$\int_0^x f(t)\mathrm{d}t = \sum_{n=0}^{\infty} \frac{a_n}{n+1} x^{n+1}; \tag{1.3.3}$$

(3) **(逐项求导)** 幂级数在收敛区间内可逐项求导, 且

$$f'(x) = \sum_{n=1}^{\infty} n a_n x^{n-1}. \tag{1.3.4}$$

进而, 式(1.3.3)与式(1.3.4)中的右边级数与原级数$\sum\limits_{n=0}^{\infty} a_n x^n$有相同的收敛半径.

***证** 仅须证明最后一结论, 即仅证逐项积分或逐项求导后所得幂级数与原幂级数有相同的收敛半径. 因为对式(1.3.3)中级数逐项求导就得到原幂级数, 所以只要证明式(1.3.4)中的幂级数(下面称幂级数式(1.3.4))与原幂级数有相同的收敛区间即可.

设x_0为幂级数$\sum\limits_{n=0}^{\infty} a_n x^n$在收敛区间$(-R, R)$内任一不为零的点. 由定理1.3.1的证明可知, 存在正常数M和r $(r < 1)$, 使$\forall n \in \mathbf{N}_+$有$|a_n x_0^n| \leqslant M r^n$. 于是

$$|n a_n x_0^{n-1}| = \left|\frac{n}{x_0}\right| \cdot |a_n x_0^n| \leqslant \frac{M}{|x_0|} \cdot n r^n,$$

而$\sum n r^n$收敛(比值判别法或根植判别法即得), 由比较判别法推得幂级数式(1.3.4)在点x_0是绝对收敛的. 由x_0的任意性, 得到幂级数式(1.3.4)在$(-R, R)$内收敛.

为完成证明, 需指出: 幂级数式(1.3.4)对一切满足不等式$|x| > R$的点x都发散. 若不然, 设幂级数式(1.3.4)在点y_0 $(|y_0| > R)$处收敛, 则有η满足$|y_0| > |\eta| > R$. 由Abel第一定理, 幂级数式(1.3.4)在$x = \eta$处绝对收敛. 但是, 对$n \geqslant |\eta|$, 有

$$|n a_n \eta^{n-1}| = \frac{n}{|\eta|} \cdot |a_n \eta^n| \geqslant |a_n \eta^n|.$$

这推知幂级数$\sum a_n x^n$在$x = \eta$处绝对收敛, 矛盾.

故幂级数式(1.3.4)的收敛区间也是$(-R, R)$. □

需说明的是, 对幂级数逐项积分或逐项求导所得到的幂级数的收敛区间虽然不变, 但收敛域可能改变. 例如, 幂级数$\sum (-1)^n x^n$的收敛域为$(-1, 1)$, 但按$\int_0^x$逐项积分后的幂级数$\sum \frac{(-1)^n}{n+1} \cdot x^{n+1}$的收敛域是$(-1, 1]$. 反过来则得到逐项求导可能改变收敛域的例子.

定理1.3.5(3)的逐项求导结论说明更多事实. 既然幂级数在收敛区间内可逐项求导, 逐项求导后的幂级数的收敛区间仍然是原来的$(-R, R)$, 那么直接结论就是: 幂级数的和函数在收敛区

间内有任意阶导数, 且可逐项求导任意次. 于是, 若设f是幂级数$\sum_{n=0}^{\infty} a_n x^n$在收敛区间$(-R,R)$内的和函数, 则

$$
\begin{aligned}
&f'(x) = a_1 + 2a_2x + 3a_3x^2 + \cdots + na_nx^{n-1} + \cdots, \\
&f''(x) = 2a_2 + 3\cdot 2a_3x + \cdots + n(n-1)a_nx^{n-2} + \cdots, \\
&\vdots \\
&f^{(n)}(x) = n!a_n + (n+1)n(n-1)\cdots 2a_{n+1}x + \cdots, \\
&\vdots
\end{aligned}
$$

由此推得幂级数$\sum_{n=0}^{\infty} a_n x^n$的系数与其和函数的关系满足

$$
a_0 = f(0), \quad a_n = \frac{f^{(n)}(0)}{n!}\ (n=1,2,\cdots). \tag{1.3.5}
$$

这也表明式(1.3.2)由其和函数在$x=0$的各阶导数所唯一确定(因为只要所有系数a_n确定了, 式(1.3.2)就确定了).

式(1.3.5)似曾相识吧? 在Taylor公式时见过, 只不过那里是有限n.

之前考虑的是已给幂级数, 考虑其和函数及其性质, 有了式(1.3.5). 下面考虑任意阶导数的函数展开成幂级数的问题.

1.3.2 函数的幂级数展开

设函数$f(x)$在$x=x_0$的某邻域内有任意阶导数, 则以

$$
a_n = \frac{f^{(n)}(x_0)}{n!}, \quad n=0,1,2,\cdots \tag{1.3.6}
$$

为系数, 可得到幂级数

$$
a_0 + a_1(x-x_0) + a_2(x-x_0)^2 + \cdots + a_n(x-x_0)^n + \cdots = \sum_{n=0}^{\infty} a_n(x-x_0)^n,
$$

该幂级数称为$f(x)$在$x=x_0$的Taylor**级数**, 式(1.3.6)中的a_n称为$f(x)$在$x=x_0$的Taylor**系数**. 显然, $f(x)$在$x=x_0$的Taylor级数是唯一的.

问题: $f(x)$的Taylor级数在x_0附近的和函数一定是$f(x)$吗? 回答: 不一定 !

下面的函数是Scheeffer在1890年给出的.

设

$$
f(x) = \begin{cases} e^{-\frac{1}{x^2}}, & x \neq 0, \\ 0, & x = 0, \end{cases}
$$

则$f^{(n)}(0) = 0\ (n=0,1,2,\cdots)$. 于是$f$在$x=0$的Taylor级数为

$$
0 + 0x + \frac{0}{2!}x^2 + \cdots + \frac{0}{n!}x^n + \cdots,
$$

它在$(-\infty,+\infty)$上的和函数$S(x)=0$. 显然, 对一切的$x\neq 0$都有$f(x)\neq S(x)$.

由此表明, 具有任意阶导数的函数, 其Taylor级数并不总是能收敛于函数本身.

有趣的是, 此类函数还可用来构造具某种性质的新函数.

例如, 将函数$h(x)=\begin{cases}0, & x\in(-\infty,0]\\ 1, & x\in[1,+\infty)\end{cases}$ 延拓为$(-\infty,+\infty)$上的无穷可微函数$f(x)$, 且使其值域为$[0,1]$.

受Scheeffer函数的无穷可微性的启发, 定义$g(x)=\begin{cases}0, & x\in(-\infty,0]\\ \mathrm{e}^{-\frac{1}{x^2}}, & x\in(0,+\infty)\end{cases}$, 并取$f(x)=\dfrac{g(x)}{g(x)+g(1-x)}$即满足要求. □

下面探讨在什么条件下函数的Taylor级数收敛于它本身. 回顾Taylor公式: 若$f(x)$在(x_0-r,x_0+r)内$n+1$阶可导, 则$\forall x\in(x_0-r,x_0+r)$, 有

$$f(x)=\sum_{k=0}^{n}\frac{f^{(k)}(x_0)}{k!}(x-x_0)^k+R_n(x),$$

其中Lagrange型余项

$$R_n(x)=\frac{f^{(n+1)}(\xi)}{(n+1)!}(x-x_0)^{n+1},\quad \xi=x_0+\theta(x-x_0),\ \theta\in(0,1).$$

将$f(x)$在$x=x_0$的Taylor公式与Taylor级数相比较, 可知公式中的n次多项式(即$f(x)$的Taylor多项式)就是级数的部分和函数$S_{n+1}(x)$. 于是立即得到如下定理.

定理 1.3.6 设函数$f(x)$在(x_0-r,x_0+r)内无穷阶可导, 则$f(x)$在$x=x_0$的Taylor级数在(x_0-r,x_0+r)内收敛于$f(x)$的充要条件是$\lim\limits_{n\to\infty}R_n(x)=0\ (x\in(x_0-r,x_0+r))$.

若$f(x)$在$x=x_0$的Taylor级数在(x_0-r,x_0+r)内收敛于$f(x)$, 则有表达式

$$f(x)=f(x_0)+f'(x_0)(x-x_0)+\frac{f''(x_0)}{2!}(x-x_0)^2+\cdots+\frac{f^{(n)}(x_0)}{n!}(x-x_0)^n+\cdots,$$

其中$x\in(x_0-r,x_0+r)$.该表达式称为$f(x)$在$x=x_0$的Taylor**展开式**; $x_0=0$时的展开式称为Maclaurin**展开式**, 相应级数称为Maclaurin**级数**. 统称它们为函数的幂级数展开式.

下面通过相应Taylor公式给出几个常用函数的Maclaurin展开式, 对在点$x=x_0$处的Taylor展开式, 由平移即得. 注意, 除给出展开式外, 还应给出其收敛域.

(1) $\mathrm{e}^x=1+x+\dfrac{x^2}{2!}+\cdots+\dfrac{x^n}{n!}+\cdots=\sum\limits_{n=0}^{\infty}\dfrac{x^n}{n!}$, 收敛域是$(-\infty,+\infty)$. 这是因为

$$|R_n(x)|=\left|\frac{\mathrm{e}^{\theta x}}{(n+1)!}x^{n+1}\right|\leqslant \mathrm{e}^{|x|}\frac{|x|^{n+1}}{(n+1)!}\to 0\ (n\to\infty),\forall x\in(-\infty,+\infty).$$

(2) $\sin x=x-\dfrac{x^3}{3!}+\dfrac{x^5}{5!}+\cdots+(-1)^{n-1}\dfrac{x^{2n-1}}{(2n-1)!}+\cdots=\sum\limits_{n=1}^{\infty}(-1)^{n-1}\dfrac{x^{2n-1}}{(2n-1)!}$, 收敛域是$(-\infty,+\infty)$. 这是因为

$$|R_n(x)|=\left|(-1)^n\frac{\cos\theta x}{(2n+1)!}x^{2n+1}\right|\leqslant\frac{|x|^{2n+1}}{(2n+1)!}\to 0\ (n\to\infty),\forall x\in(-\infty,+\infty).$$

由幂级数的逐项求导定理, 得

$$\cos x = 1 - \frac{x^2}{2!} + \frac{x^4}{4!} + \cdots + (-1)^{n-1}\frac{x^{2n-2}}{(2n-2)!} + \cdots = \sum_{n=1}^{\infty}(-1)^{n-1}\frac{x^{2n-2}}{(2n-2)!}.$$

从而得到$\cos x$的Maclaurin展开式

$$\cos x = 1 - \frac{x^2}{2!} + \frac{x^4}{4!} + \cdots + (-1)^{n-1}\frac{x^{2n-2}}{(2n-2)!} + \cdots = \sum_{n=0}^{\infty}(-1)^{n}\frac{x^{2n}}{(2n)!},$$

收敛域仍是$(-\infty, +\infty)$.

(3)

$$(1+x)^\alpha = \sum_{n=0}^{\infty}\binom{\alpha}{n}x^n, \quad |x|<1,$$

其中$\binom{\alpha}{n} = \frac{\alpha(\alpha-1)\cdots(\alpha-n+1)}{n!}$, 约定$\binom{\alpha}{0}=1$.

注 $(1+x)^\alpha$展开式的收敛域与α的取值有关. 具体地, 有:

(1) 当$\alpha \leqslant -1$时, 收敛域为$(-1,1)$;

(2) 当$-1<\alpha<0$时, 收敛域为$(-1,1]$;

(3) 当$\alpha>0$时, 收敛域为$[-1,1]$.

特别地, 取$\alpha=-1$, 得到熟知的展开式:

$$\frac{1}{1+x} = \sum_{n=0}^{\infty}(-1)^n x^n, \quad \frac{1}{1-x} = \sum_{n=0}^{\infty}x^n, \qquad x\in(-1,1),$$

从而有

$$\begin{aligned}\ln(1+x) &= \int_0^x \frac{1}{1+t}\mathrm{d}t = \int_0^x \sum_{n=0}^{\infty}(-1)^n t^n \mathrm{d}t \\ &= \sum_{n=0}^{\infty}\int_0^x (-1)^n t^n \mathrm{d}t = \sum_{n=0}^{\infty}\frac{(-1)^n}{n+1}x^{n+1}, \quad x\in(-1,1].\end{aligned}$$

即

$$\ln(1+x) = \sum_{n=1}^{\infty}(-1)^{n-1}\frac{x^n}{n}, \quad x\in(-1,1]; \tag{1.3.7}$$

$$\ln(1-x) = -\sum_{n=1}^{\infty}\frac{x^n}{n}, \qquad x\in[-1,1). \tag{1.3.8}$$

取$\alpha=\frac{1}{2}$, 得

$$\sqrt{1+x} = 1 + \frac{x}{2} + \sum_{n=2}^{\infty}(-1)^{n-1}\frac{(2n-3)!!}{(2n)!!}x^n, \qquad x\in[-1,1].$$

取$\alpha=-\frac{1}{2}$, 得有助于求反正弦函数的展开式

$$\frac{1}{\sqrt{1+x}} = 1 + \sum_{n=1}^{\infty}(-1)^n\frac{(2n-1)!!}{(2n)!!}x^n, \qquad x\in(-1,1].$$

因此, 有

$$\frac{1}{1+x^2}=\sum_{n=0}^{\infty}(-1)^n x^{2n}, \qquad |x|<1.$$

$$\frac{1}{\sqrt{1-x^2}}=1+\sum_{n=1}^{\infty}(-1)^n\frac{(2n-1)!!}{(2n)!!}(-x^2)^n=1+\sum_{n=1}^{\infty}\frac{(2n-1)!!}{(2n)!!}x^{2n}, \qquad |x|<1.$$

从而有

$$\arctan x=\int_0^x\frac{\mathrm{d}t}{1+t^2}=\sum_{n=0}^{\infty}(-1)^n\frac{x^{2n+1}}{2n+1}, \qquad |x|\leqslant 1;$$

$$\arcsin x=\int_0^x\frac{\mathrm{d}t}{\sqrt{1-t^2}}=x+\sum_{n=1}^{\infty}\frac{1}{2n+1}\cdot\frac{(2n-1)!!}{(2n)!!}x^{2n+1}, \quad |x|\leqslant 1.$$

我们实际上已经不再用直接方法(求出高阶导数, 据此计算Taylor系数a_n, 验证$R_n(x)\to 0$的过程)而是用间接方法求函数的幂级数展开式了. 所谓间接方法, 就是利用几个基本函数的展开式, 根据幂级数运算性质得到函数的幂级数展开式. 这几个基本函数是我们刚介绍的e^x, $\sin x, \cos x, \dfrac{1}{1\pm x}, \ln(1\pm x)$; 而$\arctan x$和$\arcsin x$就展开式来说不算基本函数, 但能记住就更好了. 此外, $(1+x)^\alpha$的展开式还是很容易记住的.

至此, 我们能用幂级数来理解本章开始部分提到的函数$F(x)=\displaystyle\int_0^x \mathrm{e}^{-t^2}\mathrm{d}t$了. 重申: 求幂级数展开式, 一定要给出收敛域. 收敛域的给法可形如$x\in I$(区间), $|x|<$(或$\leqslant$)a, 或者$a<x\leqslant b$等. 下面再举一些幂级数展开式的例子.

例 1.3.4 求下列函数的Maclaurin展开式:

(1) $\dfrac{1}{2+x-x^2}$; (2) $\sin^2 x$; (3) $\dfrac{\mathrm{e}^x}{1-x}$.

解 要求展开成$\sum a_n x^n$的形式, 必要时必须合并.

(1) 对分母进行因式分解再拆项是规范方法.

$$\begin{aligned}\frac{1}{2+x-x^2} &= \frac{1}{3}\Big(\frac{1}{2-x}+\frac{1}{1+x}\Big)=\frac{1}{3}\Big(\frac{1}{2}\frac{1}{1-\frac{x}{2}}+\frac{1}{1+x}\Big)\\ &= \frac{1}{3}\Big(\frac{1}{2}\sum_{n=0}^{\infty}\frac{x^n}{2^n}+\sum_{n=0}^{\infty}(-1)^n x^n\Big)\\ &= \sum_{n=0}^{\infty}\frac{1}{3}\Big[\frac{1}{2^{n+1}}+(-1)^n\Big]x^n, \quad |x|<1.\end{aligned}$$

(2) 降次是基本思想. 用三角函数的诱导公式将高次降为一次.

$$\sin^2 x=\frac{1}{2}[1-\cos(2x)]=\sum_{n=1}^{\infty}\frac{(-1)^{n-1}2^{2n-1}}{(2n)!}x^{2n}, \quad |x|<+\infty.$$

(3) 将函数视为e^x乘以$\dfrac{1}{1-x}$, 再利用Cauchy乘积(见定理1.3.3(2)).

$$\begin{aligned}\frac{\mathrm{e}^x}{1-x} &= \Big(\sum_{n=0}^{\infty}\frac{x^n}{n!}\Big)\Big(\sum_{n=0}^{\infty}x^n\Big)=\sum_{n=0}^{\infty}\sum_{k=0}^{n}1\cdot\frac{1}{k!}x^n\\ &= 1+\sum_{n=1}^{\infty}\Big(1+1+\frac{1}{2!}+\cdots+\frac{1}{n!}\Big)x^n, \quad |x|<1.\end{aligned}$$

□

例 1.3.5　给出下列函数在指定点的Taylor展开式:

(1) $\ln x,\ x_0=3$;　　　　(2) $\dfrac{1}{x^2},\ x_0=2$.

解　要求展开成$\sum a_n(x-x_0)^n$的形式.

(1) $\ln x=\ln[3+(x-3)]=\ln 3+\displaystyle\sum_{n=1}^{\infty}\frac{(-1)^{n-1}}{n3^n}(x-3)^n,\quad 0<x\leqslant 6.$

(2) $\dfrac{1}{x^2}=\dfrac{1}{[(x-2)+2]^2}=\dfrac{1}{4}\dfrac{1}{\left(1+\dfrac{x-2}{2}\right)^2}$,

再利用

$$\frac{1}{(1-t)^2}=\frac{\mathrm{d}}{\mathrm{d}t}\left(\frac{1}{1-t}\right)=\sum_{n=0}^{\infty}(n+1)t^n,\quad |t|<1$$

得到

$$\frac{1}{x^2}=\frac{1}{4}\frac{1}{\left(1+\dfrac{x-2}{2}\right)^2}=\sum_{n=0}^{\infty}(-1)^n\frac{n+1}{2^{n+2}}(x-2)^n,\quad |x-2|<2.$$ □

1.3.3　幂级数求和

以前我们是写出级数的部分和(函数)再取极限得到级数的和(函数), 有时是有效的, 如对几何级数. 但这种方法有很大的局限性，因为级数的部分和(函数)往往不易用一个式子表出. 现在我们可以利用幂级数求出一些级数的和(函数). 关键是记住几个幂级数的展开式, 如前述, 它们是$\dfrac{1}{1\pm x}$, $\mathrm{e}^x, \sin x,\ \cos x,\ \ln(1\pm x)$等.

基本方法是“先求导后积分”或“先积分后求导”. 下面的例1.3.6即用此方法, 未必简洁, 不过展示基本方法而已. 基本方法的掌握和熟练运用始终是我们的要求.

注意, 求幂级数的和函数必要求相应的收敛域.

例 1.3.6　求下列级数的和函数:

(1) $\displaystyle\sum_{n=1}^{\infty}nx^n$;　　　　(2) $\displaystyle\sum_{n=1}^{\infty}\frac{x^n}{n}$.

解　这是两个简单的级数, (2) 更是我们要求的基本级数. 利用$\displaystyle\sum_{n=0}^{\infty}x^n=\frac{1}{1-x}$, 设法“去掉”所考虑级数中$x^n$前的$n$或$\dfrac{1}{n}$, 对其积分或求导就行.

(1) 求收敛域. 由 $\sqrt[n]{|a_n|}=\sqrt[n]{n}\to 1\ (n\to\infty)$和$\sum(\pm 1)^n n$发散, 可知收敛域为$(-1,1)$.

求和函数. 设$S(x)=\displaystyle\sum_{n=1}^{\infty}nx^n=x\sum_{n=1}^{\infty}nx^{n-1}$, 并记$S_1(x)=\displaystyle\sum_{n=1}^{\infty}nx^{n-1}$, 则

$$\int_0^x S_1(t)\mathrm{d}t=\int_0^x\sum_{n=1}^{\infty}nt^{n-1}\mathrm{d}t=\sum_{n=1}^{\infty}\int_0^x nt^{n-1}\mathrm{d}t=\sum_{n=1}^{\infty}x^n=\frac{1}{1-x}-1.$$

于是

$$S_1(x)=\frac{\mathrm{d}}{\mathrm{d}x}\left(\frac{1}{1-x}-1\right)=\frac{1}{(1-x)^2}.$$

故

$$S(x) = \frac{x}{(1-x)^2}.$$

(2) 容易得到收敛域是$[-1,1)$. 设$S(x) = \sum_{n=1}^{\infty} \frac{x^n}{n}$, 则$S(0) = 0$, 所以

$$S(x) = \int_0^x S'(t)\mathrm{d}t + S(0) = \int_0^x \sum_{n=1}^{\infty} t^{n-1}\mathrm{d}t = \int_0^x \frac{1}{1-t}\mathrm{d}t = -\ln(1-x).$$ □

说明 对$\sum_{n=1}^{\infty} nx^n$的和函数, 有下面简洁做法.

$$\sum_{n=1}^{\infty} nx^n = x\sum_{n=1}^{\infty} nx^{n-1} = x\sum_{n=1}^{\infty}(x^n)' = x\Big(\sum_{n=1}^{\infty} x^n\Big)' = x\Big(\frac{1}{1-x} - 1\Big)' = \frac{x}{(1-x)^2},$$

借此, 有

$$\sum_{n=1}^{\infty} n^2x^n = x\sum_{n=1}^{\infty} n^2x^{n-1} = x\Big(\sum_{n=1}^{\infty} nx^n\Big)' = x\Big(\frac{x}{(1-x)^2}\Big)' = \frac{x(1+x)}{(1-x)^3}, \quad |x| < 1.$$

或利用$n^2 = n(n-1) + n$, 得

$$\begin{aligned}
\sum_{n=1}^{\infty} n^2x^n &= \sum_{n=1}^{\infty} n(n-1)x^n + \sum_{n=1}^{\infty} nx^n \\
&= x^2\sum_{n=1}^{\infty}(x^n)'' + x\sum_{n=1}^{\infty}(x^n)' = x^2(\sum_{n=1}^{\infty} x^n)'' + x(\sum_{n=1}^{\infty} x^n)' \\
&= x^2 \cdot \Big(\frac{1}{1-x} - 1\Big)'' + x \cdot \Big(\frac{1}{1-x} - 1\Big)' \\
&= \frac{2x^2}{(1-x)^3} + \frac{x}{(1-x)^2} = \frac{x(1+x)}{(1-x)^3}, \quad |x| < 1.
\end{aligned}$$

例 1.3.7 求下列幂级数的和函数:

(1) $\sum_{n=0}^{\infty} \frac{n^2+1}{2^n n!}x^n$; (2) $\sum_{n=1}^{\infty} \frac{n}{2n-1}x^{2n}$; (3) $\sum_{n=1}^{\infty} \Big(1 + \frac{1}{2} + \cdots + \frac{1}{n}\Big)x^n$.

解 (1) 收敛域为$(-\infty, +\infty)$. 利用$n^2 = n(n-1) + n$, 有

$$\begin{aligned}
\sum_{n=0}^{\infty} \frac{n^2+1}{2^n n!}x^n &= \sum_{n=2}^{\infty} \frac{1}{(n-2)!}\Big(\frac{x}{2}\Big)^n + \sum_{n=1}^{\infty} \frac{1}{(n-1)!}\Big(\frac{x}{2}\Big)^n + \sum_{n=0}^{\infty} \frac{1}{n!}\Big(\frac{x}{2}\Big)^n \\
&\quad \text{(注意初始下标的变化, 想想为什么?)} \\
&= \Big(1 + \frac{x}{2} + \frac{x^2}{4}\Big)\mathrm{e}^{x/2}.
\end{aligned}$$

(2) 容易得到收敛域为$(-1,1)$. 因为

$$\sum_{n=1}^{\infty} \frac{n}{2n-1}x^{2n} = \frac{1}{2}\sum_{n=1}^{\infty}(1 + \frac{1}{2n-1})x^{2n} = \frac{1}{2}\Big(\frac{1}{1-x^2} - 1\Big) + \frac{1}{2}\sum_{n=1}^{\infty} \frac{x^{2n}}{2n-1},$$

$$S_1(x) = \sum_{n=1}^{\infty} \frac{x^{2n-1}}{2n-1} = \int_0^x S_1'(t)\mathrm{d}t + S_1(0) = \int_0^x \sum_{n=0}^{\infty} t^{2n}\mathrm{d}t = \int_0^x \frac{\mathrm{d}t}{1-t^2},$$

所以

$$\sum_{n=1}^{\infty}\frac{n}{2n-1}x^{2n}=\frac{x^2}{2(1-x^2)}+\frac{x}{4}\ln\frac{1+x}{1-x}.$$

(3) 收敛域为$(-1,1)$. 利用Cauchy乘积得到和函数. 因为

$$1+\frac{1}{2}+\cdots+\frac{1}{n}=\sum_{k=1}^{n}\frac{1}{k}\cdot 1,$$

所以对比式(1.1.11)处的Cauchy乘积可知

$$\sum_{n=1}^{\infty}\Big(1+\frac{1}{2}+\cdots+\frac{1}{n}\Big)x^n=\Big(\sum_{n=0}^{\infty}x^n\Big)\Big(\sum_{n=1}^{\infty}\frac{x^n}{n}\Big)=\frac{\ln(1-x)}{x-1}.$$ □

也许我们多少有点厌烦于纯数学的推导和演算了, 下面看一个生活中的例子.

例 1.3.8 设年利率为r, 依复利计算, 想要在第一年末提取1元, 第二年末提取4元, $\cdots$, 第n年末提取n^2元, 要能永远如此提取, 问至少需要多少本金?

解 n年后要提取1元(本利和), 该项本金应为$(1+r)^{-n}$元, 要提取n^2元(本利和), 该项本金应为$n^2(1+r)^{-n}$元, 所以本金总数为$\sum\limits_{n=1}^{\infty}n^2(1+r)^{-n}$. 利用前面得到的结果, 有

$$\sum_{n=1}^{\infty}n^2x^n=\frac{x(1+x)}{(1-x)^3},$$

$$\sum_{n=1}^{\infty}n^2(1+r)^{-n}=\frac{(1+r)(2+r)}{r^3}.$$

例如, 若年利率依次为6%与4%, 则本金依次至少应为10109.26元与33150元. □

下面是数项级数求和的例子.

例 1.3.9 令$a_n=\sum\limits_{k=1}^{n}\dfrac{(-1)^{k-1}}{k}-\ln 2$, 证明级数$\sum\limits_{n=1}^{\infty}a_n$收敛, 并求其和.

证 因为

$$\begin{aligned}a_n &= \int_0^1(1-x+x^2-\cdots+(-1)^{n-1}x^{n-1})\mathrm{d}x-\int_0^1\frac{\mathrm{d}x}{1+x}\\ &= \int_0^1\frac{1+(-1)^{n-1}x^n}{1+x}\,\mathrm{d}x-\int_0^1\frac{\mathrm{d}x}{1+x}\\ &= \int_0^1\frac{(-1)^{n-1}x^n}{1+x}\,\mathrm{d}x,\end{aligned}$$

所以对$m\geqslant 1$, 有

$$\begin{aligned}\sum_{n=1}^{m}a_n &= \sum_{n=1}^{m}\int_0^1\frac{(-1)^{n-1}x^n}{1+x}\,\mathrm{d}x=\int_0^1\frac{1}{1+x}\sum_{n=1}^{m}(-1)^{n-1}x^n\,\mathrm{d}x\\ &= \int_0^1\frac{x+(-1)^{m+1}x^{m+1}}{(1+x)^2}\,\mathrm{d}x\\ &= \int_0^1\frac{x}{(1+x)^2}\,\mathrm{d}x+(-1)^{m+1}\int_0^1\frac{x^{m+1}}{(1+x)^2}\,\mathrm{d}x.\end{aligned}$$

故

$$\Big|\sum_{n=1}^{m} a_n - \int_0^1 \frac{x}{(1+x)^2}\,\mathrm{d}x\Big| = \int_0^1 \frac{x^{m+1}}{(1+x)^2}\,\mathrm{d}x \leqslant \int_0^1 x^{m+1}\mathrm{d}x = \frac{1}{m+2},$$

令$m\to\infty$, 即知$\sum\limits_{n=1}^{\infty} a_n$收敛, 其和为

$$\int_0^1 \frac{x}{(1+x)^2}\,\mathrm{d}x = \int_0^1 \Big(\frac{1}{1+x} - \frac{1}{(1+x)^2}\Big) = \ln 2 - \frac{1}{2}.$$ □

最后, 我们以常微分方程的幂级数解法结束本节.

***高阶线性微分方程的幂级数解法**

我们知道, 除了那些很特殊的线性微分方程外, 即使二阶变系数线性微分方程, 它的求解问题也是很困难的. 既然微分方程的解是函数, 而函数在一定条件下可用幂级数来表示, 我们自然就想到会有一种新的求解方法, 即**幂级数解法**. 这种解法就是将微分方程的解用收敛的幂级数表达出来, 我们仅就二阶线性微分方程为例对它作简要介绍.

定理 1.3.7 设有二阶线性微分方程

$$\ddot{x} + a_1(t)\dot{x} + a_2(t)x = f(t), \tag{1.3.9}$$

若$a_1(t), a_2(t)$与$f(t)$均可展开为$(t-t_0)$的幂级数, 而且都在$|t-t_0|<R$内收敛, 则对任意给定的初值条件:

$$x(t_0) = x_0, \quad \dot{x}(t_0) = x_1, \tag{1.3.10}$$

式(1.3.9)存在满足该初值条件的唯一的解, 且其解可在$|t-t_0|<R$内展开成$(t-t_0)$的幂级数.

证明从略, 下面只举例说明它的应用.

例 1.3.10 求Legendre微分方程

$$(1-t^2)\ddot{x} - 2t\dot{x} + k(k+1)x = 0 \tag{1.3.11}$$

在$t=0$附近的幂级数解.

解 与式(1.3.9)对照, 显见

$$a_1(t) = -\frac{2t}{1-t^2}, \quad a_2(t) = \frac{k(k+1)}{1-t^2}, \quad f(t) = 0,$$

且$a_1(t), a_2(t)$均在$|t|<1$内可展开为收敛的幂级数. 由定理可知, 对任意初值条件, 式(1.3.11)均存在唯一的解, 且它在$|t|<1$内可展成幂级数

$$x = \sum_{n=0}^{\infty} a_n t^n. \tag{1.3.12}$$

下面用待定系数法来定出其中的系数$a_n (n=0,1,\cdots)$.

将式(1.3.12)逐次求导后代入式(1.3.11),得

$$(1-t^2)\sum_{n=2}^{\infty} n(n-1)a_n t^{n-2} - 2t\sum_{n=1}^{\infty} n a_n t^{n-1} + k(k+1)\sum_{n=0}^{\infty} a_n t^n \equiv 0,$$

即

$$\sum_{n=2}^{\infty} n(n-1)a_n t^{n-2} - \sum_{n=2}^{\infty} n(n-1)a_n t^n - \sum_{n=1}^{\infty} 2na_n t^n + \sum_{n=0}^{\infty} k(k+1)a_n t^n \equiv 0. \tag{1.3.13}$$

在式(1.3.13)左端的第一个和式中令$n-2=m$, 从而得

$$\sum_{n=2}^{\infty} n(n-1)a_n t^{n-2} = \sum_{m=0}^{\infty} (m+2)(m+1)a_{m+2} t^m.$$

注意到式(1.3.13)左端的第二个与第三个和式中分别有因式$n(n-1)$ 与n, 故不妨把它们都从$n=0$开始相加, 从而式(1.3.13)可合并写成

$$\sum_{n=0}^{\infty} [(n+2)(n+1)a_{n+2} - n(n-1)a_n - 2na_n + k(k+1)a_n] t^n \equiv 0,$$

或

$$\sum_{n=0}^{\infty} [(n+2)(n+1)a_{n+2} - (n-k)(n+k+1)a_n] t^n \equiv 0, \qquad t \in (-1,1).$$

于是上式中每一项的系数均应为0, 即

$$(n+2)(n+1)a_{n+2} - (n-k)(n+k+1)a_n = 0, \quad n = 0, 1, \cdots. \tag{1.3.14}$$

利用式(1.3.14), 可以把一切a_{2n}表示为a_0的倍数, 把一切a_{2n+1}表示为a_1的倍数:

$$\begin{aligned}
a_2 &= \frac{-k(k+1)}{2} a_0, \\
a_4 &= \frac{(-k+2)(k+3)}{4 \cdot 3} a_2 = \frac{-k(-k+2)(k+1)(k+3)}{4!} a_0, \\
&\vdots \\
a_3 &= \frac{(-k+1)(k+2)}{3 \cdot 2} a_1, \\
a_5 &= \frac{(-k+3)(k+4)}{5 \cdot 4} a_3 = \frac{(-k+1)(-k+3)(k+2)(k+4)}{5!} a_1, \\
&\vdots
\end{aligned}$$

代入式(1.3.12), 得

$$\begin{aligned}
x = a_0 &\left[1 - \frac{k(k+1)}{2!} t^2 + \frac{(k-2)k(k+1)(k+3)}{4!} t^4 - \cdots\right] \\
&+ a_1 \left[t - \frac{(k-1)(k+2)}{3!} t^3 + \frac{(k-3)(k-1)(k+2)(k+4)}{5!} t^5 - \cdots\right], t \in (-1,1).
\end{aligned}$$

容易看出, 把a_0, a_1视为两个任意常数, 上式就是Legendre微分式(1.3.11)的通解. 事实上, 由于a_0与a_1的任意性, 取$a_0 = 0, a_1 = 1$和$a_0 = 1, a_1 = 0$, 分别可得式(1.3.11)的解x_1和x_2, 由它们的幂级数表达式易见, 它们是线性无关的. □

习题 1.3

(A)

1.3.1 幂级数$\sum a_n(x+3)^n$在$x=-5$处发散, 在$x=0$处收敛, 这可能吗? 若该幂级数在$x=-1$处条件收敛, 求其收敛区间.

1.3.2 求下列幂级数的收敛半径与收敛域:

(1) $\sum \frac{n!}{2n+1}x^n$;　(2) $\sum \frac{n^2}{n!}x^n$;　(3) $\sum \frac{(-1)^{n-1}}{n+\sqrt{n}}x^n$;

(4) $\sum \frac{1}{2^n}x^{n^2}$;　(5) $\sum \frac{(n!)^2}{(2n)!}x^n$;　(6) $\sum \frac{3^n+(-2)^n}{n}(2x+1)^n$;

(7) $\sum \frac{(x+1)^n}{4^n+(-2)^n}$;　(8) $\sum n!\left(\frac{x^2}{n}\right)^n$;　(9) $\sum(\sqrt{n+1}-\sqrt{n})2^n x^{2n}$.

1.3.3 求下列函数的Maclaurin展开式:

(1) xe^{-x^2};　(2) $\sin^3 x$;　(3) $\cosh\frac{x}{2}$;　(4) $\ln(1-3x+2x^2)$;

(5) $\frac{1}{\sqrt{2-x}}$;　(6) $(1+x)e^{-x}$;　(7) $\frac{x}{1+x-2x^2}$;　(8) $\ln(x+\sqrt{1+x^2})$;

(9) $\sqrt[3]{27-x^3}$;　(10) $\int_0^x \cos t^2 \mathrm{d}t$.

1.3.4 求函数$f(x)=2+3x-4x^2+5x^3$在$x=-1$处的Taylor展开式.

1.3.5 证明: $y=\sum_{n=0}^{\infty}\frac{x^n}{(n!)^2}$满足方程$xy''+y'-y=0$.

1.3.6 求下列幂级数的和函数:

(1) $\sum_{n=0}^{\infty}\frac{x^n}{n(n+1)}$;　(2) $\sum_{n=1}^{\infty}(-1)^n n^2 x^n$;　(3) $\sum_{n=1}^{\infty}(n+1)(n+2)x^n$;

(4) $\sum_{n=1}^{\infty}(2n+1)x^n$;　(5) $\sum_{n=1}^{\infty}\frac{1}{n2^n}x^{n-1}$;　(6) $\sum_{n=1}^{\infty}\frac{(-1)^{n-1}x^{2n}}{(2n-1)3^{2n-1}}$.

1.3.7 设在$(-R,R)$内有$f(x)=\sum_{n=0}^{\infty}a_n x^n$. 证明: 若$f(x)$为奇函数, 则$a_{2n}=0$; 若$f(x)$为偶函数, 则$a_{2n+1}=0$, 其中$n\in\mathbf{N}$.

1.3.8 利用幂级数求下列数项级数的和:

(1) $\sum_{n=1}^{\infty}\frac{1}{(2n-1)2^{n-1}}$;　(2) $\sum_{n=0}^{\infty}(-1)^n(n^2-n+1)2^{-n}$;

(3) $\sum_{n=3}^{\infty}\frac{1}{(n-2)n2^n}$;　(4) $\sum_{n=1}^{\infty}\frac{n(n+1)}{2^{n+1}}$.

1.3.9 设$f(x)=\sum_{n=1}^{\infty}n3^{n-1}x^{n-1}$.

(1) 证明$f(x)$在$(-1/3,1/3)$内连续;　(2) 计算$\int_0^{1/8}f(x)\mathrm{d}x$.

1.3.10 求下列各数的近似值, 精确到10^{-4}:

(1) e; (2) $\cos 10°$; (3) $\int_0^1 \cos\sqrt{x}\mathrm{d}x$; (4) $\int_0^{1/4}\sqrt{1+x^3}\mathrm{d}x$.

1.3.11 证明下列算式是正确的:

(1) $\int_0^1 \frac{\ln x}{1-x}\mathrm{d}x=\sum_{n=0}^{\infty}\int_0^1 x^n\ln x\mathrm{d}x=-\sum_{n=0}^{\infty}\frac{1}{(n+1)^2}$;

(2) $\int_0^1 \ln\left(\frac{1+x}{1-x}\right)\frac{\mathrm{d}x}{x}=2\sum_{n=1}^{\infty}\frac{1}{(2n-1)^2}$.

1.3.12 对$|x|<1$, 证明$x+\frac{2}{3}x^3+\frac{2}{3}\cdot\frac{4}{5}x^5+\frac{2}{3}\cdot\frac{4}{5}\cdot\frac{6}{7}x^7+\cdots=\frac{\arcsin x}{\sqrt{1-x^2}}$.

1.3.13 设$C(\alpha)$为$(1+x)^\alpha$在$x=0$处的幂级数展开式中x^{2010}的系数, 求

$$I=\int_0^1 C(-y-1)\Big(\frac{1}{y+1}+\frac{1}{y+2}+\frac{1}{y+3}+\cdots+\frac{1}{y+2010}\Big)\mathrm{d}y.$$

1.3.14 求下列微分方程在$t=0$附近幂级数形式的通解:

(1) $\ddot{x}+t\,\dot{x}+x=0$; (2) $(x^3+1)y''+x^2y'-4xy=0$.

(B)

1.3.1 求下列幂级数的收敛域:

(1) $\sum\frac{x^n}{a^n+b^n}\ (a>0,\ b>0)$; (2) $\sum\left(1+\frac{1}{n}\right)^{n^2}x^n$.

1.3.2 证明: 若幂级数$\sum_{n=1}^{\infty}a_n(x-a)^n$的和函数在$x=a$的邻域内恒等于零, 则它的所有系数$a_n$都等于零.

1.3.3 证明: (1) 若级数$\sum_{n=0}^{\infty}a_n$收敛, 则$f(x)=\sum_{n=0}^{\infty}a_nx^n$在$[0,1]$上一致收敛;

(2) 若级数$\sum_{n=0}^{\infty}a_n$收敛于S, 则$\lim_{x\to1^-}\sum_{n=0}^{\infty}a_nx^n=S$.

1.3.4 设对$x\in(-1,1)$有$f(x)=\sum_{n=0}^{\infty}a_nx^n$, 并且$\lim_{n\to\infty}na_n=0$. 证明: 若极限$\lim_{x\to1^-}f(x)=A$, 则$\sum_{n=0}^{\infty}a_n$收敛且其和为$A$.

1.3.5 设$\sum a_n$为正项级数, S_n为其部分和, 且极限$\lim_{n\to\infty}\frac{a_n}{a_{n+1}}$存在. 若$S_n\to+\infty$, $\frac{a_n}{S_n}\to0\ (n\to\infty)$, 求级数$\sum a_nx^n$的收敛半径.

1.3.6 求无穷级数的和:

$$S=1-\frac{1}{4}+\frac{1}{7}-\frac{1}{10}+\cdots+\frac{(-1)^{n+1}}{3n-2}+\cdots.$$

提示: 利用$\dfrac{1}{1+t^3}=\displaystyle\sum_{n=1}^{k}(-1)^{n+1}t^{3n-3}+\frac{(-1)^k t^{3k}}{1+t^3}$, 再参考例1.3.9.

1.3.7 设正整数$n>1$, 证明$\dfrac{1}{2n\mathrm{e}}<\dfrac{1}{\mathrm{e}}-\left(1-\dfrac{1}{n}\right)^n<\dfrac{1}{n\mathrm{e}}$.

1.4 *Weierstrass逼近定理

函数的Taylor展开式告诉我们, 如果函数充分光滑, 它极有可能由多项式序列来一致逼近, 此时这个多项式就是Taylor多项式. 在实际应用中, 函数充分光滑这个条件是很强的. 在本节, 我们仅要求函数是连续的, 介绍著名的Weierstrass逼近定理.

定义 1.4.1 设函数f定义在闭区间$[a,b]$上, 若存在多项式序列$\{P_n(x)\}$在$[a,b]$上一致收敛于$f(x)$, 则称$f(x)$在$[a,b]$上可用**多项式一致逼近**. 用分析语言, 可等价表述为: $\forall\varepsilon>0$, 存在多项式$P(x)$, 使得对一切$x\in[a,b]$, 有

$$|P(x)-f(x)|<\varepsilon.$$

下面陆续介绍Weierstrass逼近定理的证明, 并给出一个应用例题.

定义 1.4.2 设函数$f(x)$定义在$[0,1]$上. 由

$$B_n(f;x)=\sum_{k=0}^{n}f\left(\frac{k}{n}\right)\mathrm{C}_n^k x^k(1-x)^{n-k},\quad x\in[0,1]$$

定义的函数$B_n(f)$称为函数f的n阶Bernstein**多项式**.

$B_n(f)$是次数不超过n的多项式. 显然, Bernstein多项式有如下简单性质:

(1) 关于函数f是线性的: 设α,β是常数, $f=\alpha f_1+\beta f_2$, 则

$$B_n(f)=\alpha B_n(f_1)+\beta B_n(f_2).$$

(2) 若在$[0,1]$上有$m\leqslant f(x)\leqslant M$, 则在$[0,1]$上有$m\leqslant B_n(f;x)\leqslant M$.

引理 对所有实数x, 有

$$\sum_{k=0}^{n}(k-nx)^2\mathrm{C}_n^k x^k(1-x)^{n-k}\leqslant\frac{n}{4}. \tag{1.4.1}$$

证 对二项式$(x+y)^n=\displaystyle\sum_{k=0}^{n}\mathrm{C}_n^k x^k y^{n-k}$关于$x$求导, 再乘以$x$, 得

$$nx(x+y)^{n-1}=\sum_{k=0}^{n}k\mathrm{C}_n^k x^k y^{n-k}.$$

类似地, 在二项式中对x求导两次, 再乘以x^2, 得

$$n(n-1)x^2(x+y)^{n-2}=\sum_{k=0}^{n}k(k-1)\mathrm{C}_n^k x^k y^{n-k}.$$

为方便, 记$q_k(x)=\mathrm{C}_n^k x^k(1-x)^{n-k}$, 则

$$\sum_{k=0}^{n} q_k(x)=1,\quad \sum_{k=0}^{n} kq_k(x)=nx,\quad \sum_{k=0}^{n} k(k-1)q_k(x)=n(n-1)x^2.$$

于是, 有

$$\begin{aligned}\sum_{k=0}^{n}(k-nx)^2q_k(x) &= n^2x^2\sum_{k=0}^{n}q_k(x)-2nx\sum_{k=0}^{n}kq_k(x)+\sum_{k=0}^{n}k^2q_k(x)\\ &= n^2x^2-2nx\cdot nx+nx+n(n-1)x^2\\ &= nx(1-x)\leqslant\frac{n}{4}.\end{aligned}$$

□

定理 1.4.1 (Bernstein逼近定理) 设$f\in\mathbf{C}[0,1]$, 则$B_n(f)\rightrightarrows f\ (n\to\infty),\ x\in[0,1]$.

证 因为函数f在$[0,1]$上连续, 所以存在正常数M, 使得在$[0,1]$上有$|f(x)|\leqslant M$; 同时, 由Cantor定理, f在$[0,1]$上一致连续, 于是$\forall\varepsilon>0$, $\exists\delta>0$, 使当$|x-y|<\delta$时有$|f(x)-f(y)|<\dfrac{\varepsilon}{2}$.

任取$x\in[0,1]$, 注意到$\sum\limits_{k=0}^{n}\mathrm{C}_n^k x^k(1-x)^{n-k}=1$, 有

$$|B_n(f;x)-f(x)|\leqslant\sum_{k=0}^{n}\left|f\left(\frac{k}{n}\right)-f(x)\right|\mathrm{C}_n^k x^k(1-x)^{n-k}. \tag{1.4.2}$$

把数$k=0,1,2,\cdots$分成A, B两类: 当$\left|\dfrac{k}{n}-x\right|<\delta$时, $k\in A$; 否则$k\in B$.

于是, 当$k\in A$时, 有

$$\left|f\left(\frac{k}{n}\right)-f(x)\right|<\frac{\varepsilon}{2}.$$

因此

$$\sum_{k\in A}\left|f\left(\frac{k}{n}\right)-f(x)\right|\mathrm{C}_n^k x^k(1-x)^{n-k}<\frac{\varepsilon}{2}\sum_{k\in A}\mathrm{C}_n^k x^k(1-x)^{n-k}\leqslant\frac{\varepsilon}{2}. \tag{1.4.3}$$

当$k\in B$时, 有$(k-nx)^2\geqslant n^2\delta^2$, 从而由引理得

$$\begin{aligned}\sum_{k\in B}\left|f\left(\frac{k}{n}\right)-f(x)\right|\mathrm{C}_n^k x^k(1-x)^{n-k} &\leqslant \frac{2M}{n^2\delta^2}\sum_{k\in B}(k-nx)^2\mathrm{C}_n^k x^k(1-x)^{n-k}\\ &\leqslant \frac{2M}{n^2\delta^2}\sum_{k=0}^{n}(k-nx)^2\mathrm{C}_n^k x^k(1-x)^{n-k}\\ &\leqslant \frac{M}{2n\delta^2}.\end{aligned} \tag{1.4.4}$$

结合式(1.4.2)～式(1.4.4)知, 对任一$x\in[0,1]$, 有

$$|B_n(f;x)-f(x)|<\frac{\varepsilon}{2}+\frac{M}{2n\delta^2}.$$

因此, 只要$n>\dfrac{M}{2\varepsilon\delta^2}$, 就有$|B_n(f;x)-f(x)|<\varepsilon$. □

定理 1.4.2 (Weierstrass逼近定理) 设$f \in \mathbf{C}[a,b]$, 则$\forall \varepsilon > 0$, 存在多项式$P(x)$使对一切$x \in [a,b]$, 有

$$|P(x) - f(x)| < \varepsilon.$$

证 若$[a,b] = [0,1]$, 则它是定理1.4.1的直接结果. 设$[a,b] \neq [0,1]$, 考虑函数

$$g(y) = f(a + y(b-a)),$$

它在$[0,1]$上连续, 由定理1.4.1可知, 存在多项式$Q(y)$使对一切$y \in [0,1]$有

$$|g(y) - Q(y)| < \varepsilon.$$

注意到当$x \in [a,b]$时, 满足

$$\frac{x-a}{b-a} \in [0,1],$$

有

$$\left| f(x) - Q\left(\frac{x-a}{b-a}\right) \right| < \varepsilon.$$

故多项式$P(x) = Q\left(\dfrac{x-a}{b-a}\right)$即为所求. □

注 若$0 < a < b < 1$, 则定理1.4.2中的多项式$P(x)$可取为整系数的. 因为

$$P(x) = \sum_{k=1}^{n-1} \left[f\left(\frac{k}{n}\right) \mathrm{C}_n^k \right] x^k (1-x)^{n-k}$$

是整系数的(其中$[\cdot]$是取整函数), 它与$B_n(f;x)$的差小于

$$M(x^n + (1-x)^n) + \sum_{k=1}^{n-1} x^k (1-x)^{n-k}. \tag{1.4.5}$$

又因为

$$\frac{1}{n} \sum_{k=1}^{n-1} \mathrm{C}_n^k x^k (1-x)^{n-k} \leqslant \frac{1}{n},$$

于是式(1.4.5)在$[a,b]$上一致收敛于零. □

例 设$f \in \mathbf{C}[a,b]$, 且对$n = 0,1,2,\cdots$, 有

$$\int_a^b x^n f(x) \mathrm{d}x = 0,$$

则在$[a,b]$上, $f \equiv 0$.

证 由函数的连续性与极限的局部保号性知, 仅须证明$\displaystyle\int_a^b f^2(x)\mathrm{d}x = 0$成立. 若$\displaystyle\int_a^b |f(x)|\mathrm{d}x = 0$, 则结论为真. 设$\displaystyle\int_a^b |f(x)|\mathrm{d}x > 0$, 由Weierstrass逼近定理, 存在多项式$P(x)$, 对一切$x \in [a,b]$, 有

$$f(x) = P(x) + \varepsilon r(x),$$

其中ε是任意正数, $|r(x)|<1$ $(x\in[a,b])$. 于是有

$$\int_a^b f^2(x)\mathrm{d}x=\int_a^b f(x)(P(x)+\varepsilon r(x))\mathrm{d}x=\varepsilon\int_a^b f(x)r(x)\mathrm{d}x,$$

故$\int_a^b f^2(x)\mathrm{d}x<\varepsilon\int_a^b |f(x)|\mathrm{d}x$. 由$\varepsilon$的任意性知, $\int_a^b f^2(x)\mathrm{d}x=0$. □

习题 1.4

1.4.1 设$f\in\mathbf{C}[a,b]$, 则$\forall\varepsilon>0$, 证明存在有理系数多项式$Q(x)$对一切$x\in[a,b]$, 有$|Q(x)-f(x)|<\varepsilon$成立.

1.4.2 设$f(x)$是区间$[-1,1]$上的连续函数. 证明:

(1) $f(x)$是奇函数的充要条件是$\int_0^1 f(x)x^{2n}\mathrm{d}x=0$, $n=0,1,2,\cdots$;

(2) $f(x)$是偶函数的充要条件是$\int_0^1 f(x)x^{2n-1}\mathrm{d}x=0$, $n=1,2,\cdots$.

1.5 Fourier级数

用幂级数表示性态好的函数, 这是刚学习过的Taylor级数, 涉及的函数无穷次可微. Taylor级数在求极限、近似计算及函数表示等方面展现了强有力的作用.可以说, Taylor级数是微积分学(乃至整个函数论)的重要工具之一, 但是Taylor级数在实际应用中却经常受到限制, 因为实际问题中的函数常不具备展开为Taylor级数的条件, 有间断点的情形比比皆是, 更遑论可微. 信息技术中的矩形波$f(x)=\begin{cases}1, & x\in(-1,0]\\ 0, & x\in(0,1]\end{cases}$是典型例子. 这个函数貌似很简单, 但从分析的角度来说, 由于间断点的存在, 其性态并不好, 在$x=0$的附近写不出Taylor展开式.

在发现了许多不可导甚至不连续的重要函数之后, 理论上也要求寻找函数新的级数表示. 法国数学家和工程师Fourier于19世纪初在研究热传导问题时, 找到了在有限区间上用三角级数表示一般周期函数$f(x)$的方法, 即把$f(x)$展开成Fourier**级数**. 所谓**三角级数**是指形如

$$\frac{a_0}{2}+\sum_{n=1}^{\infty}(a_n\cos(nx)+b_n\sin(nx)) \tag{1.5.1}$$

的函数项级数, 其中系数a_0, a_n, $b_n(n=1,2,\cdots)$与x无关.

我们很快将会明白, 与Taylor级数展开式相比, Fourier级数展开式对函数$f(x)$的要求要宽泛得多, 并且它的部分和在整个区间都与$f(x)$吻合得较为理想(注意, 通过Taylor级数展开式将函数化为幂级数的形式, 这表明可用Taylor多项式来近似替代复杂函数. Taylor多项式通常仅在点x_0附近与$f(x)$吻合得较为理想, 也即它只有局部性质). 因此, 从这个意义上来说, Fourier级数是比Taylor级数适用性更广并且更有力的工具, 它在电学、光学、声学、热力学及信息技术等研究领域极具价值，在数学本身的微分方程求解方面更是起着基本的作用. Fourier级数理论(包含各类空间上的Fourier变换)在整个现代分析中占有核心的地位.

总之, Taylor级数和Fourier级数都是表示函数的常用工具, 分别是利用人们最熟悉的两类简单函数——幂函数与三角函数, 近似替代较复杂函数. 能用Fourier级数表示的函数范围相当宽泛, 但其性质更为复杂, 对于它不能建立如同Taylor级数般的简洁理论.

在本节, 我们主要学习周期函数的Fourier级数展开, 包括Fourier级数收敛的充分条件. 1.5.1小节介绍周期为2π的周期函数的Fourier级数展开, 它是本节的主要内容; 1.5.2小节介绍任意周期的周期函数的Fourier级数展开, 它仅需一个伸缩变换就化为1.5.1小节的翻版；1.5.3小节介绍Fourier级数的性质, 包括重要的Riemann引理、Bessel不等式和Parseval等式等.

1.5.1 周期为2π的周期函数的Fourier级数展开

以下总是假设函数$f(x)$在$[-\pi,\pi]$上可积或在反常积分意义下绝对可积[①](为方便计, 以下简称为“可积或绝对可积”), 然后按$f(x)$在$[-\pi,\pi)$上的值周期延拓到整个$\mathbf{R}$上. 即$f(x)$是定义在整个$\mathbf{R}$上的以2π为周期的周期函数. 除特别申明外, 在本节对其他周期函数也总是如此假定, 但在实际计算时, 对$f(x)$的延拓可以仅仅是观念上的, 并不表述具体的延拓过程.

1. 周期函数与Fourier级数

在实际应用中遇到的周期现象在数学上可用周期函数来描述. 正弦函数是简单的周期函数, 它描述了物理中的正弦波或谐波

$$y=A\sin(\omega x+\varphi)=A\sin\varphi\cos(\omega x)+A\cos\varphi\sin(\omega x),$$

其中A,ω和φ分别称为振幅、频率和初相位. 它的周期$T=2\pi/\omega$, 当$\omega=1$时, $T=2\pi$.

显然, 多个正弦波的叠加仍然是周期为T的周期函数(未必为正弦波了). 为方便, 我们考虑以下一列有共同周期2π的正弦波:

$$A_1\sin(x+\varphi_1),\ A_2\sin(2x+\varphi_2),\ \cdots,\ A_n\sin(nx+\varphi_n),\ \cdots.$$

记$S_n(x)=A_0+\sum\limits_{k=1}^{n}A_k\sin(kx+\varphi_k)$, 则$S_n(x)$也是一个以2π为周期的周期函数. 若$\{S_n(x)\}$收敛, 记$\lim\limits_{n\to\infty}S_n(x)=S(x)$, 即级数

$$A_0+\sum_{n=1}^{\infty}A_n\sin(nx+\varphi_n)=A_0+\sum_{n=1}^{\infty}[(A_n\sin\varphi_n)\cos(nx)+(A_n\cos\varphi_n)\sin(nx)]$$

收敛于$S(x)$, 则从形式上看, 这无穷多个正弦波叠加后得到一个形如式(1.5.1)的三角级数, 其和函数$S(x)$(如果级数收敛的话)是一个以2π为周期的周期函数.

反之, 给定一个以2π为周期的周期函数f, 它是否能表达成三角级数呢? 如果能, 就可以通过简单的谐波叠加来研究较复杂的周期现象, 这是很有意义的工作.

① 这意味着$f(x)$在$[-\pi,\pi]$上至多有有限个瑕点且积分$\int_{-\pi}^{\pi}|f(x)|\,\mathrm{d}x$收敛.

我们探讨下去, 容易验证下列积分等式：对正整数k, n, m有

$$\int_{-\pi}^{\pi} 1\cdot\cos(nx)\,\mathrm{d}x = 0 = \int_{-\pi}^{\pi} 1\cdot\sin(nx)\,\mathrm{d}x; \tag{1.5.2}$$

$$\int_{-\pi}^{\pi}\cos(mx)\cos(nx)\,\mathrm{d}x = \int_{-\pi}^{\pi}\sin(mx)\sin(nx)\,\mathrm{d}x = \begin{cases} 0, & m\neq n, \\ \pi, & m=n; \end{cases} \tag{1.5.3}$$

$$\int_{-\pi}^{\pi}\cos(mx)\sin(nx)\,\mathrm{d}x = 0; \quad \int_{-\pi}^{\pi} 1^2\,\mathrm{d}x = 2\pi. \tag{1.5.4}$$

式(1.5.2)～式(1.5.4)表明三角函数系

$$\{1,\ \cos x,\ \sin x,\ \cos(2x),\ \sin(2x),\ \cdots,\ \cos(nx),\ \sin(nx),\ \cdots\}$$

是$[-\pi,\pi]$上的**正交函数系**[①]. 鉴于周期函数的积分特性, 积分区间可换为$[a, a+2\pi]$, 其中a是常数.

现在假设f在$[-\pi,\pi]$上能展开为三角级数式(1.5.1), 即

$$f(x) = \frac{a_0}{2} + \sum_{n=1}^{\infty}(a_n\cos(nx) + b_n\sin(nx)), \tag{1.5.5}$$

且右端级数在$[-\pi,\pi]$上一致收敛于f. 为寻求级数的系数a_n和b_n与函数f的关系, 在式(1.5.5)两端同乘以$\cos(kx)$ $(k\in\mathbf{N})$, 并在$[-\pi,\pi]$上逐项积分, 得

$$\begin{aligned}&\int_{-\pi}^{\pi} f(x)\cos(kx)\,\mathrm{d}x \\ &= \frac{a_0}{2}\int_{-\pi}^{\pi}\cos(kx)\,\mathrm{d}x + \sum_{n=1}^{\infty}\left(a_n\int_{-\pi}^{\pi}\cos(nx)\cos(kx)\,\mathrm{d}x + b_n\int_{-\pi}^{\pi}\sin(nx)\cos(kx)\,\mathrm{d}x\right).\end{aligned}$$

根据三角函数系的正交性, 即利用式(1.5.2)～式(1.5.4), 当$k=0$ 时, 有

$$\int_{-\pi}^{\pi} f(x)\,\mathrm{d}x = \frac{a_0}{2}\int_{-\pi}^{\pi}\,\mathrm{d}x = \pi a_0,$$

从而

$$a_0 = \frac{1}{\pi}\int_{-\pi}^{\pi} f(x)\,\mathrm{d}x\ ;$$

当$k\neq 0$时, 有

$$\int_{-\pi}^{\pi} f(x)\cos(kx)\,\mathrm{d}x = a_k\int_{-\pi}^{\pi}\cos^2(kx)\,\mathrm{d}x = \pi a_k,$$

从而

$$a_k = \frac{1}{\pi}\int_{-\pi}^{\pi} f(x)\cos(kx)\,\mathrm{d}x, \quad k=1,2,\cdots.$$

类似地, 在式(1.5.5)两端同时乘以$\sin(kx)$, 并在$[-\pi,\pi]$上逐项积分, 可得

$$b_k = \frac{1}{\pi}\int_{-\pi}^{\pi} f(x)\sin(kx)\,\mathrm{d}x, \quad k=1,2,\cdots.$$

---

① 对函数$f, g\in\mathbf{R}[a,b]$, 定义内积$\langle f,g\rangle = \int_a^b f(x)g(x)\,\mathrm{d}x$. 若$\langle f,g\rangle = 0$, 则称$f$与$g$在$[a,b]$上**正交**. 设$\{f_n\}$是区间$[a,b]$上的一个函数列, 若其任意两个不同的函数在$[a,b]$上正交, 且$\langle f_n,f_n\rangle\neq 0$ $(n\in\mathbf{N}_+)$, 则称$\{f_n\}$为$[a,b]$上的**正交函数系**.

定义 1.5.1 设f是定义在$\mathbf{R}$上的周期为2π的周期函数, 又设f在长度为2π的区间上可积或绝对可积. 由下式定义的

$$a_n=\frac{1}{\pi}\int_{-\pi}^{\pi}f(x)\cos(nx)\,\mathrm{d}x\ (n\in\mathbf{N}),\quad b_n=\frac{1}{\pi}\int_{-\pi}^{\pi}f(x)\sin(nx)\,\mathrm{d}x\ (n\in\mathbf{N}_+)\tag{1.5.6}$$

称为函数f的**Fourier系数**; 由函数f的Fourier 系数确定的三角级数

$$\frac{a_0}{2}+\sum_{n=1}^{\infty}(a_n\cos(nx)+b_n\sin(nx))$$

称为函数f的**Fourier级数**, 表示为

$$f(x)\sim\frac{a_0}{2}+\sum_{n=1}^{\infty}(a_n\cos(nx)+b_n\sin(nx)).\tag{1.5.7}$$

式(1.5.7)之所以用"$\sim$"而不写"$=$", 是因为f的Fourier级数未必收敛; 即使收敛, 也未必收敛于f本身(这与Taylor级数类似). 例如, 考虑定义在$\mathbf{R}$上的周期为2π的周期函数f, 其在区间$[-\pi,\pi)$上的定义是

$$f(x)=\begin{cases}1, & -\pi\leqslant x<0,\\ 0, & 0\leqslant x<\pi.\end{cases}$$

利用系数式(1.5.6)不难得到(见下面例1.5.1)

$$f(x)\sim\frac{1}{2}-\frac{2}{\pi}\left(\frac{\sin x}{1}+\frac{\sin 3x}{3}+\frac{\sin 5x}{5}+\cdots\right).$$

显然本身$f(0)=0$, 但是当$x=0$时f的Fourier级数的值是$\frac{1}{2}$.

2. 周期函数Fourier级数的收敛条件

系数式(1.5.6)是在f能展开为式(1.5.5)且右端的三角级数一致收敛于f的条件下推得的, 但从公式本身来看, 只要f在$[-\pi,\pi]$上可积或绝对可积, 就可以按此公式计算出系数a_n和b_n, 并唯一地写出f的Fourier级数表达式(1.5.7). 我们接下来关心这个级数的收敛问题. 必须指出的是, 尽管给定一个周期函数(只要可积或绝对可积)能方便地写出它的Fourier级数, 但其级数的敛散性问题是一个很复杂的理论问题, 迄今为止还没有便于应用的判别敛散性的等价刻画. 不过不必过于担心这个问题, 因为现有的判别敛散性的一些充分条件已能满足学习者的需要.

定义 1.5.2 设函数f定义在区间$[a,b]$上. 如果在$[a,b]$内存在$n-1$个分点

$$a=x_0<x_1<x_2<\cdots<x_{n-1}<x_n=b,$$

使得f在每个子区间(x_{k-1},x_k)内都单调, 则称f在$[a,b]$上**分段单调**. 类似可给出**分段可微**的定义.

下面不加证明地给出一个应用较为广泛的充分条件.

定理 1.5.1 (Dirichlet收敛定理) 设f在$[-\pi,\pi]$上分段单调或分段可微, 并且除有限个第一类间断点外都是连续的, 则它的Fourier级数在$[-\pi,\pi]$上收敛, 且其和函数为$\frac{f(x^-)+f(x^+)}{2}$, 即

$$S(x)=\begin{cases}f(x), & x\in(-\pi,\pi),\text{ 且}x\text{是}f\text{的连续点},\\ \dfrac{f(x^-)+f(x^+)}{2}, & x\in(-\pi,\pi),\text{ 且}x\text{是}f\text{的间断点},\\ \dfrac{f(\pi^-)+f(-\pi^+)}{2}, & x=\pm\pi.\end{cases}\tag{1.5.8}$$

定理中的条件称为Dirichlet**条件**, 实际应用中的函数大多能满足这个条件, 因此定理1.5.1已能满足通常应用的需要. 在后面的例子中, 相应函数明显满足Dirichlet条件, 除例1.5.1外, 不再提及验证收敛条件而直接写出收敛结论. 但应指出的是, 仅假定$f(x)$连续不足以保证$f(x)$的Fourier级数在$[-\pi,\pi]$上收敛.

例 1.5.1 求$f(x)=\begin{cases}1, & x\in[-\pi,0)\\ 0, & x\in[0,\pi)\end{cases}$ 的Fourier展开式.

解 先求出f的Fourier级数, 再给出该级数的敛散性(和函数).

(1) $a_0=\dfrac{1}{\pi}\displaystyle\int_{-\pi}^{\pi}f(x)\,\mathrm{d}x=\dfrac{1}{\pi}\int_{-\pi}^{0}\mathrm{d}x=1$. 对$n\in\mathbf{N}_+$, 有

$$\begin{aligned}a_n &= \frac{1}{\pi}\int_{-\pi}^{\pi}f(x)\cos(nx)\,\mathrm{d}x=\frac{1}{\pi}\int_{-\pi}^{0}\cos(nx)\,\mathrm{d}x=\frac{\sin(n\pi)}{n\pi}=0.\\ b_n &= \frac{1}{\pi}\int_{-\pi}^{\pi}f(x)\sin(nx)\,\mathrm{d}x=\frac{1}{\pi}\int_{-\pi}^{0}\sin(nx)\,\mathrm{d}x=\frac{\cos(n\pi)-1}{n\pi}=\frac{(-1)^n-1}{n\pi}.\end{aligned}$$

所以

$$f(x)\sim\frac{1}{2}+\sum_{n=1}^{\infty}\frac{(-1)^n-1}{n\pi}\sin(nx)=\frac{1}{2}-\frac{2}{\pi}\sum_{k=0}^{\infty}\frac{\sin(2k+1)x}{2k+1}.$$

(2) f在$[-\pi,\pi]$上仅在$x=0$间断, 显然满足Dirichlet条件, 因此, 由Dirichlet收敛定理1.5.1得f的Fourier级数的和函数为

$$S(x)=\begin{cases}f(x), & x\in(-\pi,0)\cup(0,\pi),\\ 1/2, & x=0,\pm\pi.\end{cases}$$

注意, 后面不必如此分步, 在第一步后写出和函数即可. □

该例中若令$x=\dfrac{\pi}{2}$, 则得

$$\frac{\pi}{4}=1-\frac{1}{3}+\frac{1}{5}-\cdots+(-1)^k\frac{1}{2k+1}+\cdots.$$

事实上, 利用Fourier级数求数项级数的和是Fourier级数的一个附带应用.

思考: 对例1.5.1中的函数$f(x)$及$S(x)$, 分别作图并比较它们, 看看它们有什么关系.

3. 正弦级数与余弦级数

如果f为$[-\pi,\pi]$上的奇函数, 则$f(x)\cos(nx)$与$f(x)\sin(nx)$分别为奇函数与偶函数, 于是有

$$a_n=0\ (n\in\mathbf{N});\quad b_n=\frac{2}{\pi}\int_0^{\pi}f(x)\sin(nx)\ \mathrm{d}x\ (n\in\mathbf{N}_+).$$

故若f在$[-\pi,\pi]$上满足Dirichlet条件(考虑级数敛散性所用), 则

$$f(x)\sim\sum_{n=1}^{\infty}b_n\sin(nx)=\begin{cases}f(x), & x\in(-\pi,\pi)\text{且}x\text{为}f\text{的连续点},\\ \dfrac{f(x^-)+f(x^+)}{2}, & x\in(-\pi,\pi)\text{且}x\text{为}f\text{的间断点},\\ 0, & x=\pm\pi,\end{cases}$$

这种级数称为f的Fourier**正弦级数**.

类似地, 如果函数f为$[-\pi,\pi]$上的偶函数, 并且f在$[-\pi,\pi]$上满足Dirichlet条件, 则$f(x)\sin(nx)$与$f(x)\cos(nx)$ 分别为奇函数与偶函数, 于是有

$$b_n=0\ (n\in\mathbf{N}_+);\quad a_n=\frac{2}{\pi}\int_0^\pi f(x)\cos(nx)\ \mathrm{d}x\ (n\in\mathbf{N}).$$

故

$$f(x)\sim\frac{a_0}{2}+\sum_{n=1}^{\infty}a_n\cos(nx)=\begin{cases}f(x), & x\in(-\pi,\pi)\text{且}x\text{为}f\text{的连续点},\\ \dfrac{f(x^-)+f(x^+)}{2}, & x\in(-\pi,\pi)\text{且}x\text{为}f\text{的间断点},\\ f(\pi^-), & x=\pm\pi,\end{cases}$$

称这种级数为f的Fourier**余弦级数**. 特别地, 在满足Dirichlet条件下, 若f又在$[-\pi,\pi]$上连续, 则f的余弦级数就收敛于f本身, 即有

$$f(x)=\frac{a_0}{2}+\sum_{n=1}^{\infty}a_n\cos(nx).$$

另一方面, 仅给出f在$[0,\pi]$上的定义, 分别进行奇延拓与偶延拓便可分别得到其正弦与余弦级数. 延拓过程是观念上的, 可不写出.

例 1.5.2 将$f(x)=x\ (x\in[0,\pi])$分别展开为余弦级数、正弦级数, 并写出相应的和函数.

解 (1) 考虑余弦级数. 按理说, 应对函数进行偶延拓

$$\tilde{f}(x)=\begin{cases}x, & x\in[0,\pi),\\ -x, & x\in[-\pi,0).\end{cases}$$

但这一步同样只需在观念上进行, 不必写出, 因为只要按余弦级数的情况计算Fourier系数, 所得的自然就是偶延拓后的函数$\tilde{f}(x)$的Fourier级数. 正弦级数同理.

$$\begin{aligned}a_0&=\frac{2}{\pi}\int_0^\pi f(x)\ \mathrm{d}x=\frac{2}{\pi}\int_0^\pi x\ \mathrm{d}x=\frac{2}{\pi}\cdot\frac{1}{2}\pi^2=\pi,\\ a_n&=\frac{2}{\pi}\int_0^\pi f(x)\cos(nx)\ \mathrm{d}x=\frac{2}{\pi}\int_0^\pi x\cos(nx)\ \mathrm{d}x\\ &=\frac{2}{n\pi}\int_0^\pi x\mathrm{d}\sin(nx)=\frac{2}{n^2\pi}((-1)^n-1),\quad n\in\mathbf{N}_+,\end{aligned}$$

因此

$$f(x)\sim\frac{\pi}{2}-\frac{4}{\pi}\sum_{k=1}^{\infty}\frac{\cos(2k-1)x}{(2k-1)^2}=x,\quad x\in[0,\pi].\tag{1.5.9}$$

(2) 对正弦级数的情况, 有

$$b_n=\frac{2}{\pi}\int_0^\pi f(x)\sin(nx)\ \mathrm{d}x=(-1)^{n-1}\cdot\frac{2}{n},$$

因此

$$f(x)\sim 2\sum_{n=1}^{\infty}\frac{(-1)^{n-1}}{n}\sin(nx)=\begin{cases}x, & x\in[0,\pi),\\ 0, & x=\pi.\end{cases}$$ □

利用例1.5.2得到的余弦级数式(1.5.9), 令$x=\pi$, 得

$$\frac{4}{\pi}\sum_{n=1}^{\infty}\frac{1}{(2n-1)^2}=\pi-\frac{\pi}{2}=\frac{\pi}{2},$$

即

$$\frac{\pi^2}{8}=1+\frac{1}{3^2}+\frac{1}{5^2}+\cdots=\sum_{n=1}^{\infty}\frac{1}{(2n-1)^2}.$$

下例的函数在$(0,2\pi]$上给出, 由周期性, Fourier系数公式中的积分区间换为$[0,2\pi]$, Dirichlet收敛定理作相应改动即可.

例 1.5.3 把$f(x)=\begin{cases} x^2, & x\in(0,\pi), \\ 0, & x=\pi, \\ -x^2, & x\in(\pi,2\pi] \end{cases}$ 展成Fourier级数, 并写出和函数.

解 $a_0=\frac{1}{\pi}\left(\int_0^{\pi}x^2\,\mathrm{d}x-\int_{\pi}^{2\pi}x^2\,\mathrm{d}x\right)=\frac{\pi^2}{3}-\frac{7\pi^2}{3}=-2\pi^2$, 对$n\in\mathbf{N}_+$有

$$\begin{aligned} a_n &= \frac{1}{\pi}\left(\int_0^{\pi}x^2\cos(nx)\mathrm{d}x-\int_{\pi}^{2\pi}x^2\cos(nx)\,\mathrm{d}x\right) \\ &= \frac{4}{n^2}((-1)^n-1), \end{aligned}$$

$$\begin{aligned} b_n &= \frac{1}{\pi}\left(\int_0^{\pi}x^2\sin(nx)\mathrm{d}x-\int_{\pi}^{2\pi}x^2\sin(nx)\,\mathrm{d}x\right) \\ &= \frac{2}{\pi}\left[\frac{\pi^2}{n}+\left(\frac{\pi^2}{n}-\frac{2}{n^3}\right)(1-(-1)^n)\right], \end{aligned}$$

因此

$$\begin{aligned} f(x) \sim & -\pi^2-8\left(\cos x+\frac{1}{3^2}\cos(3x)+\frac{1}{5^2}\cos(5x)+\cdots\right) \\ & +\frac{2}{\pi}\left[(3\pi^2-4)\sin x+\frac{\pi^2}{2}\sin(2x)+\left(\frac{3\pi^2}{8}-\frac{4}{3^3}\right)\sin(3x)+\frac{\pi^2}{4}\sin(4x)+\cdots\right] \\ = & \begin{cases} f(x), & x\in(0,\pi)\cup(\pi,2\pi), \\ 0, & x=\pi, \\ -2\pi^2, & x=0,\ 2\pi. \end{cases} \end{aligned}$$

和函数后两值的获得: 在$x=\pi$处, 和函数值为$(f(\pi^-)+f(\pi^+))/2=(\pi^2-\pi^2)/2=0$, 在$x=0$与$2\pi$处, 和函数值为$(f(0^+)+f(2\pi^-))/2=(-4\pi^2+0)/2=-2\pi^2$. □

例 1.5.4 写出$f(x)=4\sin^2 x(1+\sin x)$在$[-\pi,\pi]$上的Fourier展开式.

解 由于f仅与正弦函数和常数有关, 已包含Fourier展开式的元素, 所以不必利用Fourier系数公式而直接按三角函数的诱导公式给出所需展开式.

$$\begin{aligned} f(x) &= 2[1-\cos(2x)](1+\sin x) \\ &= 2[1+\sin x-\cos(2x)]-[\sin(3x)-\sin x] \\ &= 2+3\sin x-2\cos(2x)-\sin(3x). \end{aligned}$$

1.5.2 任意周期的周期函数的Fourier级数展开

1. 在$[-L,L]$上展开函数f为Fourier级数

设$L>0$, $f(x)$以$2L$为周期. 我们给出$f(x)$在$[-L,L]$上的Fourier展开式.

令$x=\dfrac{L}{\pi}t$, 则x从$-L$变化到L时, t从$-\pi$变化到π. 记

$$g(t)=f(\frac{L}{\pi}t)\quad (=f(x)),$$

则$g(t)$以2π为周期, 且对应$f(x)$的$x\in[-L,L]$有$g(t)$的$t\in[-\pi,\pi]$. 于是

$$\begin{aligned} a_n &= \frac{1}{\pi}\int_{-\pi}^{\pi}g(t)\cos(nt)\,\mathrm{d}t=\frac{1}{L}\int_{-L}^{L}f(x)\cos\frac{n\pi x}{L}\,\mathrm{d}x,\quad n\in\mathbf{N};\\ b_n &= \frac{1}{\pi}\int_{-\pi}^{\pi}g(t)\sin(nt)\,\mathrm{d}t=\frac{1}{L}\int_{-L}^{L}f(x)\sin\frac{n\pi x}{L}\,\mathrm{d}x,\quad n\in\mathbf{N}_+. \end{aligned}$$

由此得到f的Fourier级数

$$f(x)\sim\frac{a_0}{2}+\sum_{n=1}^{\infty}\Big(a_n\cos\frac{n\pi x}{L}+b_n\sin\frac{n\pi x}{L}\Big).$$

如果函数f在$[-L,L]$上满足Dirichlet条件, 则对应于定理1.5.1, 级数在连续点x收敛于$f(x)$, 在间断点x收敛于$\dfrac{f(x^-)+f(x^+)}{2}$, 在端点$\pm L$收敛于$\dfrac{f(-L^+)+f(L^-)}{2}$.

对$[-L,L]$上的奇函数或偶函数, 也有相应结果, 可以自行对照写出, 参考下面的例1.5.6.

例 1.5.5 将$f(x)=\begin{cases}0, & x\in[-2,0),\\ 1, & x\in[0,2)\end{cases}$ 在$[-2,2]$上展成Fourier级数.

解 $L=2$, 于是对$n\in\mathbf{N}_+$, 有

$$\begin{aligned} a_0 &= \frac{1}{2}\int_{-2}^{2}f(x)\,\mathrm{d}x=\frac{1}{2}\int_{0}^{2}1\cdot\,\mathrm{d}x=1,\\ a_n &= \frac{1}{2}\int_{-2}^{2}f(x)\cos\frac{n\pi x}{2}\,\mathrm{d}x=\frac{1}{2}\int_{0}^{2}\cos\frac{n\pi x}{2}\,\mathrm{d}x=0,\\ b_n &= \frac{1}{2}\int_{-2}^{2}f(x)\sin\frac{n\pi x}{2}\,\mathrm{d}x=\frac{1}{2}\int_{0}^{2}\sin\frac{n\pi x}{2}\,\mathrm{d}x\\ &= \frac{1}{n\pi}[1-(-1)^n]=\begin{cases}\dfrac{2}{n\pi}, & n\text{为奇数},\\ 0, & n\text{为偶数}.\end{cases} \end{aligned}$$

故

$$f(x)\sim\frac{1}{2}+\frac{2}{\pi}\sum_{n=1}^{\infty}\frac{1}{2n-1}\sin\frac{(2n-1)\pi x}{2}=\begin{cases}f(x), & x\in(-2,0)\cup(0,2),\\ \dfrac{1}{2}, & x=0,\ \pm2.\end{cases}$$ □

例 1.5.6 将$f(x)=\begin{cases}x, & x\in[0,1),\\ 2-x, & x\in[1,2)\end{cases}$ 在$[0,2]$上展成正弦级数.

解 $L=2$, 于是对$n\in\mathbf{N}_+$, 有

$$\begin{aligned}b_n &= \frac{2}{L}\int_0^L f(x)\sin\frac{n\pi x}{L}\,\mathrm{d}x\\&= \int_0^1 x\sin\frac{n\pi x}{2}\,\mathrm{d}x+\int_1^2(2-x)\sin\frac{n\pi x}{2}\,\mathrm{d}x=\frac{8}{n^2\pi^2}\sin\frac{n\pi}{2}.\end{aligned}$$

故

$$f(x)\sim\frac{8}{\pi^2}\sum_{n=1}^{\infty}\frac{(-1)^{n-1}}{(2n-1)^2}\sin\frac{(2n-1)\pi x}{2}=f(x),\quad x\in[0,2].$$ □

2. 在$[a,b]$上展开函数f为Fourier级数

下面面对的是仅在一个有限区间$[a,b]$上有定义的可积或绝对可积函数. 从观念上, 令$2L=b-a$, 则$f(x)$能以唯一的方式延拓为$\mathbf{R}$上的周期函数$F(x)$, 周期为$2L$. 因此, 有

$$f(x)\sim\frac{a_0}{2}+\sum_{n=1}^{\infty}\Big(a_n\cos\frac{n\pi x}{L}+b_n\sin\frac{n\pi x}{L}\Big).$$

利用周期函数的积分特性, 并注意到$L=(b-a)/2$, 有

$$\begin{aligned}a_n &= \frac{2}{b-a}\int_a^b f(x)\cos\frac{2n\pi x}{b-a}\,\mathrm{d}x,\quad n\in\mathbf{N},\\b_n &= \frac{2}{b-a}\int_a^b f(x)\sin\frac{2n\pi x}{b-a}\,\mathrm{d}x,\quad n\in\mathbf{N}_+.\end{aligned}$$

于是, 在$[a,b]$上, 有

$$f(x)\sim\frac{a_0}{2}+\sum_{n=1}^{\infty}\Big(a_n\cos\frac{2n\pi x}{b-a}+b_n\sin\frac{2n\pi x}{b-a}\Big).$$

例 1.5.7 在区间$[1,3]$上展开$f(x)=x$为Fourier级数.

解 $a_0=\dfrac{2}{3-1}\displaystyle\int_1^3 x\,\mathrm{d}x=4$, 并且对$n\in\mathbf{N}_+$, 有

$$a_n=\int_1^3 x\cos(n\pi x)\,\mathrm{d}x=0,\qquad b_n=\int_1^3 x\sin(n\pi x)\mathrm{d}x=(-1)^{n-1}\frac{2}{n\pi}.$$

故

$$f(x)\sim 2+\frac{2}{\pi}\sum_{n=1}^{\infty}\frac{(-1)^{n-1}\sin(n\pi x)}{n}=\begin{cases}x, & x\in(1,3),\\ \dfrac{3+1}{2}=2, & x=1,\ 3.\end{cases}$$ □

1.5.3 Fourier级数的性质

1. Riemann引理

定理 1.5.2 (Riemann引理) 设函数$\varphi(x)$在$[a,b]$上可积或绝对可积, 则

$$\lim_{r\to+\infty}\int_a^b\varphi(x)\sin(rx)\,\mathrm{d}x=\lim_{r\to+\infty}\int_a^b\varphi(x)\cos(rx)\,\mathrm{d}x=0.\tag{1.5.10}$$

*__证__ (1) 假设$\varphi(x)$为$[a,b]$上的有界函数, 由定理条件, 此时$\varphi(x)$可积.

由定积分存在的充分必要条件可知, $\forall\varepsilon>0$, 存在$[a,b]$的一种划分$a=x_0<x_1<x_2<\cdots<x_{n-1}<x_n=b$, 满足

$$\sum_{k=1}^{n}\omega_k\Delta x_k<\frac{\varepsilon}{2},$$

其中$\Delta x_k=x_k-x_{k-1}$, ω_k是$\varphi(x)$在$[x_{k-1},x_k]$上的振幅.

记$m_k=\inf\limits_{x\in[x_{k-1},x_k]}\varphi(x)$, 并取$R=\dfrac{4}{\varepsilon}\sum\limits_{k=1}^{n}|m_k|>0$, 则当$r>R$时, 有

$$\frac{2}{r}\sum_{k=1}^{n}|m_k|<\frac{\varepsilon}{2}.$$

于是, 对任意给定的正数ε, 存在$R>0$, 当$r>R$时, 有

$$\begin{aligned}\left|\int_a^b\varphi(x)\sin(rx)\,\mathrm{d}x\right| &= \left|\sum_{k=1}^{n}\int_{x_{k-1}}^{x_k}\varphi(x)\sin(rx)\,\mathrm{d}x\right|\\ &= \left|\sum_{k=1}^{n}\int_{x_{k-1}}^{x_k}(\varphi(x)-m_k)\sin(rx)\,\mathrm{d}x+\sum_{k=1}^{n}m_k\int_{x_{k-1}}^{x_k}\sin(rx)\,\mathrm{d}x\right|\\ &\leqslant \sum_{k=1}^{n}\int_{x_{k-1}}^{x_k}|\varphi(x)-m_k||\sin(rx)|\,\mathrm{d}x+\sum_{k=1}^{n}|m_k|\left|\int_{x_{k-1}}^{x_k}\sin(rx)\,\mathrm{d}x\right|\\ &\leqslant \sum_{k=1}^{n}\int_{x_{k-1}}^{x_k}|\varphi(x)-m_k|\,\mathrm{d}x+\frac{2}{r}\sum_{k=1}^{n}|m_k|\\ &\leqslant \sum_{k=1}^{n}\omega_k\Delta x_k+\frac{2}{r}\sum_{k=1}^{n}|m_k|<\varepsilon.\end{aligned}$$

(2) 假设$\varphi(x)$无界, 此时对应定理条件中的$\varphi(x)$绝对可积.

不妨假设b是$\varphi(x)$的唯一瑕点. 由无界函数反常积分绝对收敛的定义, $\forall\ \varepsilon>0$, $\exists\delta>0$, 当$\eta<\delta$时, 有

$$\int_{b-\eta}^{b}|\varphi(x)|\,\mathrm{d}x<\frac{\varepsilon}{2}. \tag{1.5.11}$$

固定η, 则$\varphi(x)$在$[a,b-\eta]$上可积, 由(1)的结论知, 存在$R>0$, 当$r>R$时, 有

$$\left|\int_a^{b-\eta}\varphi(x)\sin(rx)\,\mathrm{d}x\right|<\frac{\varepsilon}{2}. \tag{1.5.12}$$

于是, 结合式(1.5.11)及式(1.5.12), 得

$$\left|\int_a^b\varphi(x)\sin(rx)\,\mathrm{d}x\right|<\varepsilon.$$

综上所述, 对在$[a,b]$上可积或绝对可积的函数$\varphi(x)$, 有

$$\lim_{r\to+\infty}\int_a^b\varphi(x)\sin(rx)\,\mathrm{d}x=0.$$

同理可证

$$\lim_{r\to+\infty}\int_a^b\varphi(x)\cos(rx)\,\mathrm{d}x=0.$$

故式(1.5.10)成立. □

由Riemann引理直接得到如下推论.

推论 1.5.1 设函数$f(x)$在$[-\pi,\pi]$上可积或绝对可积, 则对于$f(x)$的Fourier系数a_n和b_n, 有$a_n \to 0,\ b_n \to 0\ (n \to \infty)$.

2. Bessel不等式与Parseval等式

本段介绍的Bessel不等式与Parseval等式在理论和实际问题中都具有重要的作用.

定理 1.5.3 (Bessel不等式与Parseval等式) 设函数f 在$[-\pi,\pi]$上可积或平方可积[①], 则f的Fourier系数a_n及b_n满足不等式

$$\frac{a_0^2}{2}+\sum_{n=1}^{\infty}(a_n^2+b_n^2) \leqslant \frac{1}{\pi}\int_{-\pi}^{\pi} f^2(x)\,\mathrm{d}x. \quad \text{(Bessel不等式)}$$

进而, 上面的不等式其实是一个等式, 即有

$$\frac{a_0^2}{2}+\sum_{n=1}^{\infty}(a_n^2+b_n^2) = \frac{1}{\pi}\int_{-\pi}^{\pi} f^2(x)\,\mathrm{d}x. \quad \text{(Parseval等式)}$$

证 我们仅证明Bessel不等式, Parseval等式的证明较复杂, 这里从略. 记

$$s_n(x)=\frac{a_0}{2}+\sum_{k=1}^{n}(a_k\cos(kx)+b_k\sin(kx)),$$

并将s_n的表达式代入下式

$$\int_{-\pi}^{\pi}(f(x)-s_n(x))^2\,\mathrm{d}x=\int_{-\pi}^{\pi}f^2(x)\,\mathrm{d}x-2\int_{-\pi}^{\pi}f(x)s_n(x)\,\mathrm{d}x+\int_{-\pi}^{\pi}s_n^2(x)\,\mathrm{d}x$$

的右端, 得

$$\int_{-\pi}^{\pi}(f(x)-s_n(x))^2\,\mathrm{d}x=\int_{-\pi}^{\pi}f^2(x)\,\mathrm{d}x-2\pi\Big[\frac{a_0^2}{2}+\sum_{k=1}^{n}(a_k^2+b_k^2)\Big]+\pi\Big[\frac{a_0^2}{2}+\sum_{k=1}^{n}(a_k^2+b_k^2)\Big],$$

因此, 有

$$\frac{1}{\pi}\int_{-\pi}^{\pi}(f(x)-s_n(x))^2\,\mathrm{d}x=\frac{1}{\pi}\int_{-\pi}^{\pi}f^2(x)\,\mathrm{d}x-\Big[\frac{a_0^2}{2}+\sum_{k=1}^{n}(a_k^2+b_k^2)\Big].$$

注意到上式左端非负, 得到

$$\frac{a_0^2}{2}+\sum_{k=1}^{n}(a_k^2+b_k^2) \leqslant \frac{1}{\pi}\int_{-\pi}^{\pi}f^2(x)\,\mathrm{d}x,$$

令$n\to\infty$, 得证Bessel不等式(上式表明其左端的单调增数列是有界的). □

由Parseval等式立即得到如下推论.

推论 1.5.2 设f为$\mathbf{R}$上以2π为周期的连续函数. 若f的Fourier系数全为零, 则$f\equiv 0$.

① 称f在$[-\pi,\pi]$ 上平方可积是指$\int_{-\pi}^{\pi}f^2(x)\,\mathrm{d}x<+\infty$.

例 1.5.8 利用$f(x)=\begin{cases} x, & x\in[0,\pi), \\ -x, & x\in[-\pi,0) \end{cases} \sim \frac{\pi}{2}+\frac{2}{\pi}\sum_{n=1}^{\infty}\frac{(-1)^n-1}{n^2}\cos(nx)$和Parseval等式, 求级数$\sum_{n=1}^{\infty}\frac{1}{(2n-1)^4}$的和.

解 因为$f\in R[-\pi,\pi]$, 由Parseval等式, 得

$$\frac{1}{\pi}\int_{-\pi}^{\pi} f^2(x)\ \mathrm{d}x=\frac{2}{\pi}\int_0^{\pi} x^2\ \mathrm{d}x=\frac{2}{3}\pi^2=\frac{\pi^2}{2}+\sum_{n=1}^{\infty}\left[\frac{4}{\pi(2n-1)^2}\right]^2,$$

所以

$$\sum_{n=1}^{\infty}\frac{1}{(2n-1)^4}=\left(\frac{2}{3}\pi^2-\frac{\pi^2}{2}\right)\cdot\left(\frac{\pi}{4}\right)^2=\frac{\pi^4}{96}.$$

□

对数项级数求和是Fourier级数与Parseval等式颇有价值的应用.

3. Fourier级数的分析性质

我们不加证明地给出Fourier级数的逐项积分与逐项求导性质. 为简单计, 假定f的周期为2π.

定理 1.5.4 设函数$f(x)$在$[-\pi,\pi]$上可积或绝对可积, 且

$$f(x)\sim\frac{a_0}{2}+\sum_{n=1}^{\infty}(a_n\cos(nx)+b_n\sin(nx)),$$

则$f(x)$的Fourier级数可以逐项积分, 即$\forall\ c,\ x\in[-\pi,\pi]$, 有

$$\int_c^x f(t)\ \mathrm{d}t=\int_c^x\frac{a_0}{2}\ \mathrm{d}t+\sum_{n=1}^{\infty}\int_c^x(a_n\cos(nt)+b_n\sin(nt))\mathrm{d}t.$$

这是一个非常好的性质. 它说明: 只要函数f能展成Fourier级数(其条件很宽泛), 即使该级数并不表示函数f本身, 甚至根本不收敛, 它的逐项积分也一定能收敛于f的积分.

Fourier级数一定是三角级数, 但下面的推论说明: 一个收敛的三角级数不一定是某个函数的Fourier级数.

推论 1.5.3 三角级数$\frac{a_0}{2}+\sum_{n=1}^{\infty}(a_n\cos(nx)+b_n\sin(nx))$是某个在$[-\pi,\pi]$上可积或绝对可积函数的Fourier级数的必要条件是$\sum_{n=1}^{\infty}\frac{b_n}{n}$收敛.

证 设$f(x)\sim\frac{a_0}{2}+\sum_{n=1}^{\infty}(a_n\cos(nx)+b_n\sin(nx))$, 并对$x,\ c\in[-\pi,\pi]$, 令

$$F(x)=\int_c^x\left(f(t)-\frac{a_0}{2}\right)\ \mathrm{d}t,$$

则由定理1.5.4, 有(其中A_0为某常数)

$$F(x)=\frac{A_0}{2}+\sum_{n=1}^{\infty}\left(-\frac{b_n}{n}\cos(nx)+\frac{a_n}{n}\sin(nx)\right),\quad x\in[-\pi,\pi].$$

令$x=0$, 则得到$F(0)=\dfrac{A_0}{2}-\sum\limits_{n=1}^{\infty}\dfrac{b_n}{n}$, 即级数$\sum\limits_{n=1}^{\infty}\dfrac{b_n}{n}$收敛. □

例如, 三角级数$\sum\limits_{n=2}^{\infty}\dfrac{\sin(nx)}{\ln n}$是逐点收敛的(由Dirichlet判别法即知), 但$\sum\limits_{n=2}^{\infty}\dfrac{b_n}{n}=\sum\limits_{n=2}^{\infty}\dfrac{1}{n\ln n}$是发散的(由级数的积分判别法可知), 因此, 它不可能是某个可积或绝对可积函数的Fourier级数.

我们可以利用定理1.5.4来间接得到函数的Fourier级数. 例如, 已知

$$x\sim 2\sum_{n=1}^{\infty}\frac{(-1)^{n-1}}{n}\sin(nx),\quad x\in(-\pi,\pi),\tag{1.5.13}$$

则由于$f(x)=x$在$[-\pi,\pi]$上可积, 所以

$$\begin{aligned}
x^2&=2\int_0^x t\,\mathrm{d}t=4\sum_{n=1}^{\infty}\frac{(-1)^{n-1}}{n}\int_0^x\sin(nt)\,\mathrm{d}t\\
&=4\sum_{n=1}^{\infty}\frac{(-1)^{n-1}}{n^2}(1-\cos(nx))\\
&=4\sum_{n=1}^{\infty}\frac{(-1)^{n-1}}{n^2}+4\sum_{n=1}^{\infty}\frac{(-1)^{n}}{n^2}\cos(nx)\\
&=\frac{\pi^2}{3}+4\sum_{n=1}^{\infty}\frac{(-1)^{n}}{n^2}\cos(nx),\quad x\in[-\pi,\pi];
\end{aligned}$$

$$\begin{aligned}
x^3&=3\int_0^x t^2\,\mathrm{d}t=3\int_0^x\frac{\pi^2}{3}\,\mathrm{d}t+12\sum_{n=1}^{\infty}\frac{(-1)^{n}}{n^2}\int_0^x\cos(nt)\,\mathrm{d}t\\
&=\pi^2x+12\sum_{n=1}^{\infty}\frac{(-1)^{n}}{n^3}\sin(nx)\quad(\text{由式(1.5.13)推得})\\
&=2\sum_{n=1}^{\infty}\frac{(-1)^{n}(6-\pi^2n^2)}{n^3}\sin(nx),\quad x\in(-\pi,\pi).
\end{aligned}$$

由上面x^2的Fourier展开式知, 令$x=0,\ \pi$, 分别得到

$$\sum_{n=1}^{\infty}\frac{(-1)^{n-1}}{n^2}=\frac{\pi^2}{12},\qquad\sum_{n=1}^{\infty}\frac{1}{n^2}=\frac{\pi^2}{6}.$$

现在转到逐项求导问题. 一般地, Fourier级数是不能逐项求导的, 除非附加一些条件.

定理 1.5.5 设$[-\pi,\pi]$上的连续函数

$$f(x)\sim\frac{a_0}{2}+\sum_{n=1}^{\infty}(a_n\cos(nx)+b_n\sin(nx)),$$

满足$f(-\pi)=f(\pi)$, 并且除了有限个点外f可导. 又假设f'在$[-\pi,\pi]$上可积或绝对可积. 则f'的Fourier级数可由f的Fourier级数逐项求导得到, 即

$$\begin{aligned}
f'(x)&\sim\frac{\mathrm{d}}{\mathrm{d}x}\left(\frac{a_0}{2}\right)+\sum_{n=1}^{\infty}\frac{\mathrm{d}}{\mathrm{d}x}(a_n\cos(nx)+b_n\sin(nx))\\
&=\sum_{n=1}^{\infty}(-na_n\sin(nx)+nb_n\cos(nx)).
\end{aligned}$$

注 定理中f'可能在$[-\pi,\pi]$的有限个点无定义, 但这并不影响f'的可积性.

例 1.5.9 设$f \in \mathbf{C}^1[0,\pi]$, 并且$\int_0^\pi f(x)\,\mathrm{d}x = 0$, 则

$$\int_0^\pi f^2(x)\,\mathrm{d}x \leqslant \int_0^\pi (f'(x))^2\,\mathrm{d}x.$$

证 逐项求导定理1.5.5要求$f(-\pi) = f(\pi)$, 所以我们将函数f延拓为偶函数, 并记a_n为其Fourier系数, 则$a_0 = 0$. 由Parseval等式可知

$$\int_0^\pi f^2(x)\,\mathrm{d}x = \frac{\pi}{2}\sum_{n=1}^{\infty} a_n^2.$$

再由定理1.5.5及对f'的Fourier级数用Parseval等式, 得

$$\int_0^\pi (f'(x))^2\,\mathrm{d}x = \frac{\pi}{2}\sum_{n=1}^{\infty} n^2 a_n^2,$$

从而得证所需不等式. □

习题 1.5

(A)

1.5.1 函数f满足什么条件就存在相应的Fourier级数? f的Fourier级数一定收敛吗? 若收敛, 一定收敛于f本身吗?

1.5.2 设函数f在区间$[a,b]$上满足Dirichlet条件, 如何求f在$[a,b]$上的Fourier展开式? 试写出它的Fourier系数公式.

1.5.3 设$S(x)$是周期为2π的函数$f(x)$的Fourier级数的和函数. f在一个周期内的表达式为

$$f(x) = \begin{cases} 0, & 2 < |x| \leqslant \pi, \\ x, & |x| \leqslant 2, \end{cases}$$

写出$S(x)$在$[-\pi,\pi]$上的表达式, 并求$S(\pi)$, $S(3\pi/2)$与$S(-10)$.

1.5.4 求下列函数的Fourier展开式:

(1) $f(x) = \dfrac{x^2}{2} - \pi^2,\ -\pi < x \leqslant \pi$;　(2) $f(x) = 2\sin\dfrac{x}{3},\ -\pi \leqslant x < \pi$;

(3) $f(x) = \mathrm{e}^x + 1,\ -\pi \leqslant x < \pi$;　(4) $f(x) = |\cos x|,\ -\pi \leqslant x \leqslant \pi$;

(5) $f(x) = \begin{cases} 1, & 0 \leqslant x \leqslant \pi, \\ 0, & -\pi < x \leqslant 0; \end{cases}$　(6) $f(x) = \begin{cases} ax, & -\pi \leqslant x < 0, \\ bx, & 0 \leqslant x < \pi; \end{cases}$

(7) $f(x) = x^2,\ x \in [0, 2\pi)$;　(8) $f(x) = \begin{cases} \pi x - x^2, & 0 \leqslant x < \pi, \\ \pi x + x^2, & -\pi \leqslant x < 0. \end{cases}$

1.5.5 将下列函数展开为正弦级数:

(1) $f(x)=\dfrac{\pi-x}{2},\ x\in[0,\pi]$; (2) $f(x)=\mathrm{e}^{-2x},\ x\in[0,\pi]$;

(3) $f(x)=\begin{cases}3x/2, & 0\leqslant x\leqslant \pi/3,\\ \pi/2, & \pi/3<x\leqslant 2\pi/3,\\ 3(\pi-x)/2, & 2\pi/3<x\leqslant\pi;\end{cases}$

(4) $f(x)=\begin{cases}\cos\dfrac{\pi x}{2}, & 0\leqslant x<1,\\ 0, & 1\leqslant x\leqslant 2.\end{cases}$

1.5.6 将下列函数展开为余弦级数:

(1) $f(x)=\mathrm{e}^{x},\ x\in[0,\pi]$; (2) $f(x)=x-1,\ x\in[0,2]$, 并求$\sum\limits_{n=1}^{\infty}n^{-2}$的和;

(3) $f(x)=\begin{cases}0, & 0\leqslant x<\pi/2,\\ \pi-x, & \pi/2\leqslant x\leqslant\pi;\end{cases}$ (4) $f(x)=\begin{cases}\sin(2x), & 0\leqslant x<\pi/4,\\ 1, & \pi/4\leqslant x\leqslant \pi/2.\end{cases}$

1.5.7 将下列函数展开为Fourier级数, 它们在一个周期内的定义分别为:

(1) $f(x)=x(l-x),\ x\in[-l,l)$; (2) $f(x)=1-|x|,\ x\in[-1,1)$;

(3) $f(x)=\begin{cases}2-x, & x\in[0,4],\\ x-6, & x\in(4,8);\end{cases}$ (4) $f(x)=\begin{cases}1+\cos(\pi x), & x\in(-1,1),\\ 0, & x\in[-2,-1]\cup[1,2].\end{cases}$

1.5.8 求$\sin x$全部非零点的倒数的平方和.

1.5.9 证明在$[0,\pi]$上下列展开式成立:

(1) $x(\pi-x)=\dfrac{\pi^2}{6}-\sum\limits_{n=1}^{\infty}\dfrac{\cos(2nx)}{n^2}$; (2) $x(\pi-x)=\dfrac{8}{\pi}\sum\limits_{n=1}^{\infty}\dfrac{\sin[(2n-1)x]}{(2n-1)^3}$.

1.5.10 利用上题的结论证明:

(1) $\sum\limits_{n=1}^{\infty}\dfrac{(-1)^{n-1}}{n^2}=\dfrac{\pi^2}{12}$; (2) $\sum\limits_{n=1}^{\infty}\dfrac{(-1)^{n-1}}{(2n-1)^3}=\dfrac{\pi^3}{32}$.

1.5.11 写出定义在任意一个长度为2π的区间$[a,a+2\pi]$上的函数f的Fourier级数及其系数的计算公式.

1.5.12 证明下列关系式:

(1) 对$x\in(0,2\pi)$且$a\neq 0$, 有

$$\pi\mathrm{e}^{ax}=(e^{2a\pi}-1)\Big[\frac{1}{2a}+\sum_{n=1}^{\infty}\frac{a\cos(nx)-n\sin(nx)}{a^2+n^2}\Big];$$

(2) 对$x\in(0,2\pi)$且a不是自然数, 有

$$\pi\cos(ax)=\frac{\sin(2a\pi)}{2a}+\sum_{n=1}^{\infty}\frac{a\sin(2a\pi)\cos(nx)+n[\cos(2a\pi)-1]\sin(nx)}{a^2-n^2};$$

(3) 对(2), 令$x=\pi$, 有

$$\frac{a\pi}{\sin(a\pi)}=1+2a^2\sum_{n=1}^{\infty}\frac{(-1)^n}{a^2-n^2}.$$

(B)

1.5.1 设$f(x)$在$[-\pi,\pi]$上可积或绝对可积, 证明:

(1) 若$\forall x\in[-\pi,\pi]$, $f(x)=f(x+\pi)$, 则$a_{2n-1}=b_{2n-1}=0$;

(2) 若$\forall x\in[-\pi,\pi]$, $f(x)=-f(x+\pi)$, 则$a_{2n}=b_{2n}=0$;

(3) 若f为偶函数, 且$\forall x\in[-\pi,\pi]$成立, $f(\frac{\pi}{2}+x)=-f(\frac{\pi}{2}-x)$, 则$a_{2n}=0$.

1.5.2 设$f(x)$在$(0,\pi/2)$上可积或绝对可积, 应分别对它进行怎样的延拓, 才能使它在$[-\pi,\pi]$上的Fourier级数的形式为

(1) $f(x)\sim\sum\limits_{n=1}^{\infty}a_n\cos(2n-1)x$;　　(2) $f(x)\sim\sum\limits_{n=1}^{\infty}b_n\sin(2nx)$.

1.5.3 设周期为2π的函数$f(x)$在$[-\pi,\pi]$上的Fourier系数为a_n及b_n, 求下列函数的Fourier系数$\tilde{a}_n$与$\tilde{b}_n$:

(1) $g(x)=f(-x)$;

(2) $h(x)=f(x+c)$ (c是常数);

(3) $F(x)=\frac{1}{\pi}\int_{-\pi}^{\pi}f(t)f(x-t)\,\mathrm{d}t$ (假定积分次序可以交换).

1.5.4 设f,g在$(-\pi,\pi)$内可积, a_n, b_n与α_n, β_n分别是f与g的Fourier系数, 利用Parseval等式证明

$$\frac{1}{\pi}\int_{\pi}^{\pi}f(x)g(x)\,\mathrm{d}x=\frac{a_0\alpha_0}{2}+\sum_{n=1}^{\infty}(a_n\alpha_n+b_n\beta_n).$$

1.5.5 利用Fourier级数$-\ln(2\sin\frac{x}{2})=\sum\limits_{n=1}^{\infty}\frac{\cos(nx)}{n}$ $(0<x<2\pi)$和Parseval等式, 证明

$$\int_0^{\frac{\pi}{2}}(\ln(2\sin x))^2\mathrm{d}x=\frac{\pi^3}{24}.$$

第1章习题解答及提示

第 2 章　向量代数与空间解析几何

“一元分析学”是建立在平面解析几何的基础上. 本书转向“多元分析学”, 为此, 空间解析几何的知识不可缺少. 鉴于向量用于表达几何与分析概念都具有特殊的便利, 而且已成为现代科学中的通用工具, 本章着重介绍向量代数的基本内容, 并且将其应用于解析几何问题的研究.

2.1　空间直角坐标系

在空间取定点O, 过点O作三条两两垂直的数轴: x轴(横轴)、y轴(纵轴)与z轴(竖轴), 它们统称为坐标轴, O称为坐标原点.规定x轴、y轴与z轴的正向构成**右手系** (当右手握拳的方向是从x轴正向到y轴正向时, 大拇指的指向就是z轴的正向), 如图2.1.1所示. 将这样的空间直角坐标系记作$Oxyz$.

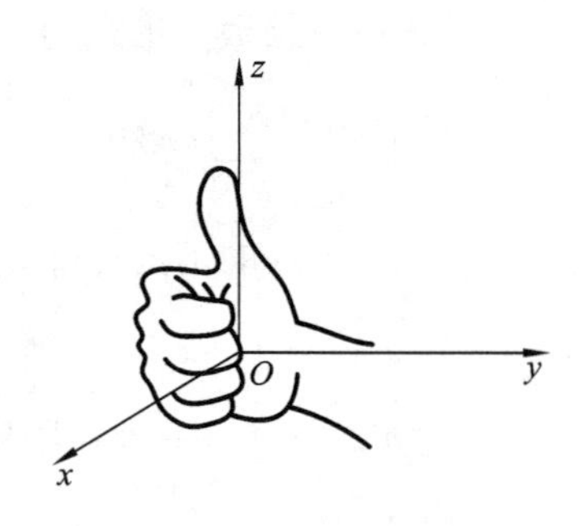

图2.1.1

由任意两条坐标轴所确定的平面称为**坐标平面**. 包含x轴及y轴的坐标平面称为Oxy坐标平面, 简称Oxy平面. Oyz平面与Oxz平面的意义仿此. 三个坐标平面两两相互垂直, 且把空间分成八个部分, 每一部分称为**卦限**. 位于Oxy平面上的一、二、三、四象限上方(假设z轴朝上)的四个卦限依次称为Ⅰ、Ⅱ、Ⅲ、Ⅳ卦限, 与之对应的Oxy平面下方的四个卦限依次称为Ⅴ、Ⅵ、Ⅶ、Ⅷ卦限, 如图2.1.2所示.

任给空间一点M, 过M作三个平面分别垂直于x轴、y轴与z轴, 它们与x轴、y轴、z轴的交点依次为A、B、C(见图2.1.3), 这三点在各坐标轴上的坐标分别为x, y, z. 这样, 点M唯一地对应了三元有序数组(x, y, z), 称其为点M在坐标系$Oxyz$中的坐标, 记为$M(x, y, z)$, 依次称x, y, z为M的横坐标、纵坐标、竖坐标.

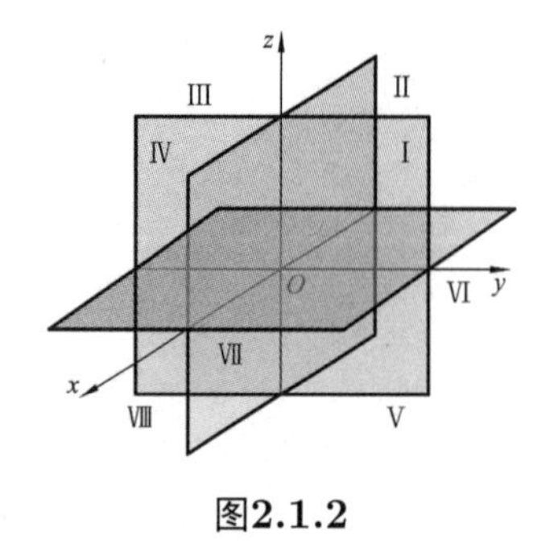

图2.1.2

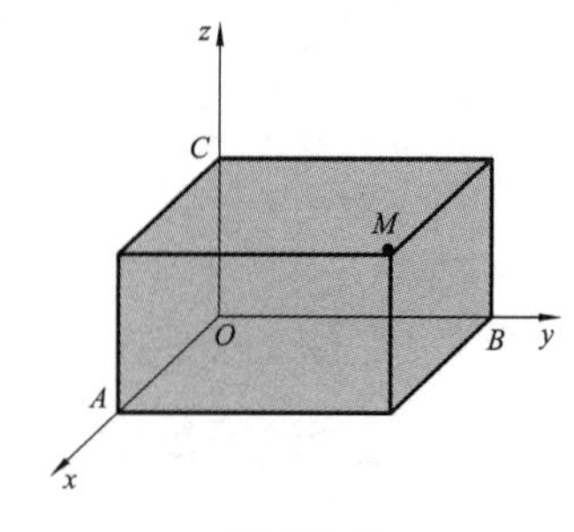

图2.1.3

反之, 任给一有序数组(x, y, z), 在x轴、y轴与z轴上分别取点A, B, C, 使其坐标分别为x, y, z, 然后通过点A, B, C分别作x轴、y轴、z轴的垂直平面, 这三个平面的交点就是以点(x, y, z)为其坐标的唯一的点. 这样, 就建立了空间的点与三元有序数组之间一一对应的关系.

坐标面与坐标轴上的点, 其坐标各有一定的特点. 例如, Oxy平面上的点的坐标形如$(x,y,0)$, x轴上的点的坐标形如$(x,0,0)$, 原点的坐标为(0,0,0).

给定点$M(x,y,z)$. M关于Oxy平面的对称点的坐标为$(x,y,-z)$; 关于x轴的对称点的坐标为$(x,-y,-z)$; 关于原点的对称点的坐标为$(-x,-y,-z)$. M 在Oxy 平面上的投影点的坐标为$(x,y,0)$; 在x轴上的投影点的坐标为$(x,0,0)$(一点在一平面(直线)上的投影是由该点向该平面(直线)所引垂线之垂足). 其余情况类推.

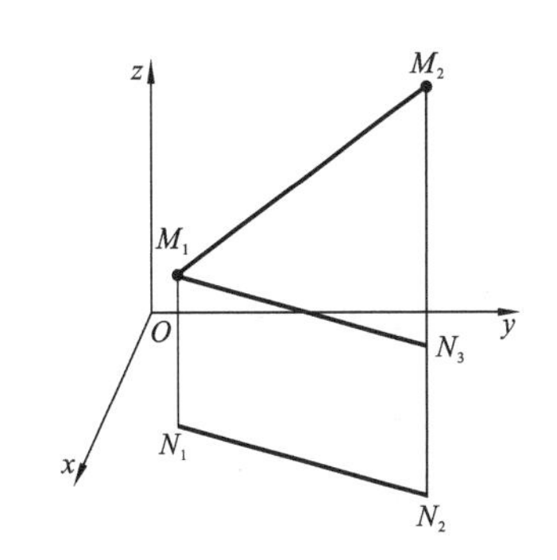

图2.1.4

给定点点$M_1(x_1,y_1,z_1)$、点$M_2(x_2,y_2,z_2)$, 现求该两点间的距离d.

将M_1, M_2投影到Oxy平面上, 投影点依次为$N_1(x_1,y_1,0)$, $N_2(x_2,y_2,0)$, 过M_1作M_1N_3平行于N_1N_2(见图2.1.4), 则四边形$M_1N_1N_2N_3$ 为矩形, 三角形$M_1N_3M_2$为直角三角形, 且

$$|M_2N_3|=|z_2-z_1|,$$

由平面上两点间的距离公式有

$$|N_1N_2|=\sqrt{(x_2-x_1)^2+(y_2-y_1)^2}=|M_1N_3|,$$

于是利用勾股定理, 得

$$d=|M_1M_2|=\sqrt{(M_1N_3)^2+(M_2N_3)^2}=\sqrt{(x_2-x_1)^2+(y_2-y_1)^2+(z_2-z_1)^2}\ . \tag{2.1.1}$$

特殊地, 点$M(x,y,z)$与原点$O(0,0,0)$的距离为

$$d=|OM|=\sqrt{x^2+y^2+z^2}\ . \tag{2.1.2}$$

例 在Oyz平面上求一点P, 使P与点$A(3,1,2)$、点$B(4,-2,-2)$、点$C(0,5,1)$距离相等.

解 设点P的坐标为$(0,y,z)$. 依式(2.1.1)有

$$|AP|^2=9+(y-1)^2+(z-2)^2,$$

$$|BP|^2=16+(y+2)^2+(z+2)^2,\qquad |CP|^2=(y-5)^2+(z-1)^2.$$

由距离相等, 整理得$\begin{cases}3y+4z+5=0,\\4y-z-6=0,\end{cases}$ 解得$y=1,z=-2$, 即所求点为$P(0,1,-2)$.

习题 2.1

2.1.1 求点$M(3,-4,5)$关于各坐标面的对称点的坐标.

2.1.2 求点$M(3,-4,5)$关于各坐标轴的对称点的坐标.

2.1.3 求点$A(4,-3,5)$到坐标原点及各坐标轴的距离.

2.1.4 在z轴上求一点, 使它到点$M(-4,1,7)$和点$N(3,5,-2)$的距离相等.

2.1.5 已知三角形三个顶点的坐标分别为$A(4,1,9),B(10,-1,6),C(2,4,3)$, 求该三角形的三边长度, 此三角形有何特点?

2.2　向量及其线性运算

2.2.1　向量的概念

在物理学以及其他应用科学中有两类性质的量, 一类量只有大小, 称为**数量**(也称**纯量**或**标量**), 如质量、距离、面积等; 另一类量既有大小又有方向, 称为**向量** (也称**矢量**), 如力、位移、速度等.

在数学上, 常用有向线段来表示向量. 对空间中任意两点A,B, 称从A到B的有向线段为一个向量, 记为$\overrightarrow{AB}$或$\boldsymbol{a}$(手写时用$\vec{a}$)(见图2.2.1). 向量$\overrightarrow{AB}$的大小是线段AB的长度, 称为向量$\overrightarrow{AB}$的模, 记为$|\overrightarrow{AB}|$ 或$|\boldsymbol{a}|$, 向量$\overrightarrow{AB}$的方向是箭头所指的方向.

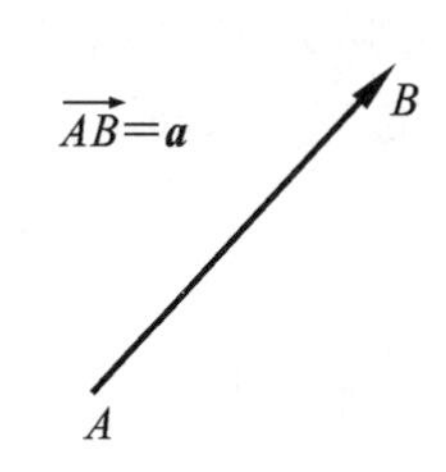

图2.2.1

若向量$\boldsymbol{a}$的模为0, 则称$\boldsymbol{a}$为零向量, 记作$\mathbf{0}$, 零向量的起点与终点重合, 因此可认为其方向是任意的; 若向量$\boldsymbol{a}$的模为1, 则称$\boldsymbol{a}$为单位向量; 称向量$\overrightarrow{BA}$为向量$\overrightarrow{AB}$的负向量, 写作$\overrightarrow{BA}=-\overrightarrow{AB}$, 它们的模相等, 方向相反.

给定向量$\boldsymbol{a},\boldsymbol{b}$, 若$\boldsymbol{a}$经平行移动后可与$\boldsymbol{b}$重合(即$\boldsymbol{a},\boldsymbol{b}$的起点与终点分别重合), 则规定$\boldsymbol{a}=\boldsymbol{b}$. 在这个意义上, 向量并无固定的起点与终点, 因此称为**自由向量**. 固定了起点的向量称为**固定向量**. 本课程中研究的向量是自由向量.

任给向量$\boldsymbol{a}$, 必有唯一点M, 使得$\boldsymbol{a}=\overrightarrow{OM}$($O$是坐标原点). 反之, 任给空间中一点$M$, 确定唯一向量$\overrightarrow{OM}$, 称为点$M$ 的**向径**. 通过点M与向量$\overrightarrow{OM}$的对应, 得到空间中点的全体与向量的全体之间的一一对应. 这种对应对于向量的研究与应用都非常重要.

给定向量$\boldsymbol{a}=\overrightarrow{OA},\boldsymbol{b}=\overrightarrow{OB}$, 若$O,A,B$三点共线, 则说向量$\boldsymbol{a}$与$\boldsymbol{b}$共线(或平行), 且当$A,B$在点$O$的同侧时, 说$\boldsymbol{a}$与$\boldsymbol{b}$同向, 当$A,B$在点$O$的异侧时, 说$\boldsymbol{a}$与$\boldsymbol{b}$反向.由于零向量方向任意, 因此与任何向量共线.

2.2.2　向量的线性运算

1.　向量的加法

向量的加法服从平行四边形法则: 设$\boldsymbol{a},\boldsymbol{b}$是任意两个不共线的向量, 用$\overrightarrow{AB}$表示$\boldsymbol{a}$, 将$\boldsymbol{b}$的起点移至$A$, 并用$\overrightarrow{AD}$表示$\boldsymbol{b}$, 然后以$\overrightarrow{AB}$和$\overrightarrow{AD}$为邻边作平行四边形$ABCD$(见图2.2.2), 该平行四边形的对角线$\overrightarrow{AC}$就是$\boldsymbol{a}$与$\boldsymbol{b}$的和$\boldsymbol{a}+\boldsymbol{b}$.

也可以用三角形法则说明向量的加法: 设$\boldsymbol{a}$为向量$\overrightarrow{AB}$, 将向量$\boldsymbol{b}$的起点移至$\boldsymbol{a}$的终点B, 此时$\boldsymbol{b}$的终点为C, 那么向量$\overrightarrow{AC}$就是$\boldsymbol{a}+\boldsymbol{b}$(见图2.2.3). 这种方式定义的向量加法与平行四边形法则是一致的.

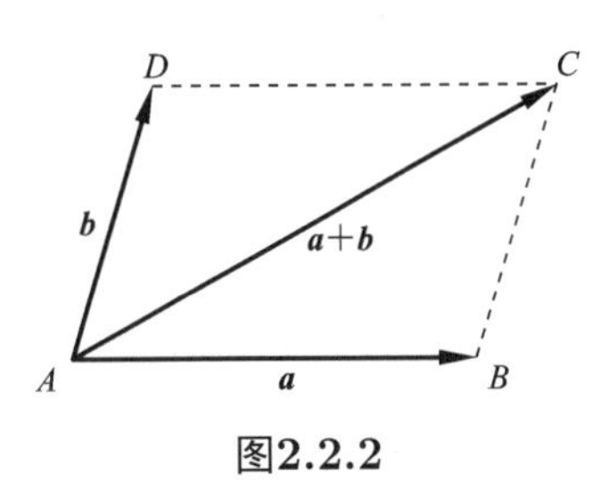

图2.2.2

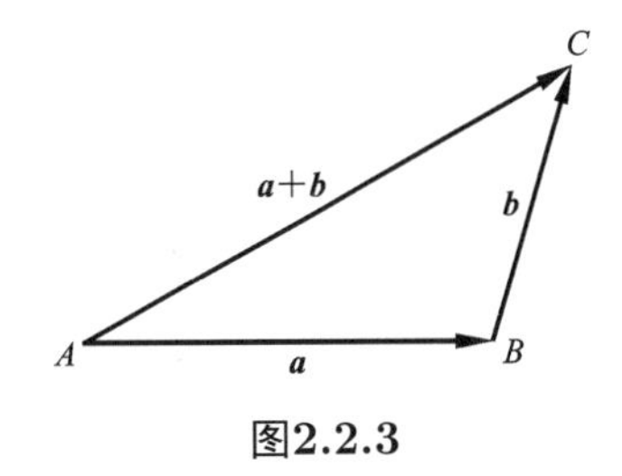

图2.2.3

若$\boldsymbol{a},\boldsymbol{b}$共线且同向, 则规定$\boldsymbol{a}+\boldsymbol{b}$是一个与$\boldsymbol{a},\boldsymbol{b}$同向的向量, 且$|\boldsymbol{a}+\boldsymbol{b}|=|\boldsymbol{a}|+|\boldsymbol{b}|$; 若$\boldsymbol{a},\boldsymbol{b}$反向, 且$|\boldsymbol{a}|\geqslant|\boldsymbol{b}|$, 则规定$\boldsymbol{a}+\boldsymbol{b}$是一个与$\boldsymbol{a}$同向的向量, 且$|\boldsymbol{a}+\boldsymbol{b}|=|\boldsymbol{a}|-|\boldsymbol{b}|$.

容易验证向量的加法有以下性质.

(1) 交换律: $\boldsymbol{a}+\boldsymbol{b}=\boldsymbol{b}+\boldsymbol{a}$;

(2) 结合律: $(\boldsymbol{a}+\boldsymbol{b})+\boldsymbol{c}=\boldsymbol{a}+(\boldsymbol{b}+\boldsymbol{c})$;

(3) 零向量的作用: $\boldsymbol{a}+\boldsymbol{0}=\boldsymbol{a}$;

(4) 负向量的作用: $\boldsymbol{a}+(-\boldsymbol{a})=\boldsymbol{0}$.

图2.2.4说明了结合律的正确性.

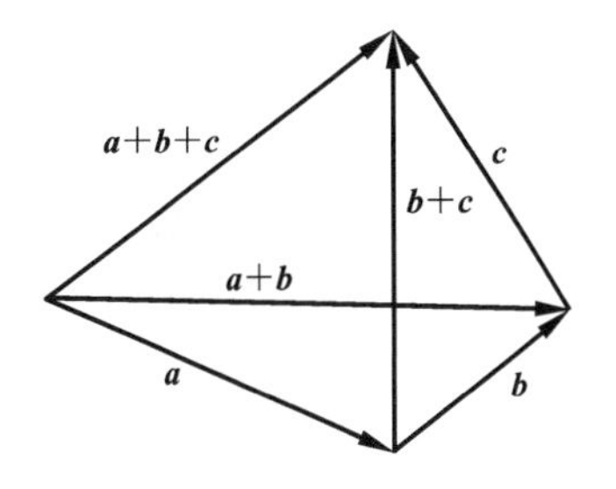

图2.2.4

记$-\boldsymbol{b}$是$\boldsymbol{b}$的负向量, 规定$\boldsymbol{a}-\boldsymbol{b}=\boldsymbol{a}+(-\boldsymbol{b})$. 读者可以根据平行四边形法则或三角形法则说明$\boldsymbol{a}-\boldsymbol{b}$的直观意义.

2. 向量的数乘

定义 给定向量$\boldsymbol{a}$与实数λ, 规定λ与$\boldsymbol{a}$的乘积为一向量, 记为$\lambda\boldsymbol{a}$, 其模为$|\lambda||\boldsymbol{a}|$, 当$\lambda>0$ 时, $\lambda\boldsymbol{a}$与$\boldsymbol{a}$同向, 当$\lambda<0$时, $\lambda\boldsymbol{a}$与$\boldsymbol{a}$反向.

称如上定义的运算为数量与向量的乘积, 或简称**向量的数乘**, 向量的加法与数乘统称为向量的**线性运算**.

容易验证向量的数乘有以下性质.

(1) 结合律: $\lambda(\mu\boldsymbol{a})=(\lambda\mu)\boldsymbol{a}=\mu(\lambda\boldsymbol{a})$;

(2) 分配律: $(\lambda+\mu)\boldsymbol{a}=\lambda\boldsymbol{a}+\mu\boldsymbol{a},\lambda(\boldsymbol{a}+\boldsymbol{b})=\lambda\boldsymbol{a}+\lambda\boldsymbol{b}$(正确性可由图2.2.5看出);

(3) $1\boldsymbol{a}=\boldsymbol{a},(-1)\boldsymbol{a}=-\boldsymbol{a},0\boldsymbol{a}=\boldsymbol{0}$;

(4) 任给非零向量$\boldsymbol{a}$, 记$\boldsymbol{e}_a$为与$\boldsymbol{a}$同向的单位向量, 则

$$\boldsymbol{e}_a=\frac{1}{|\boldsymbol{a}|}\boldsymbol{a} \quad \text{或} \quad \boldsymbol{a}=|\boldsymbol{a}|\boldsymbol{e}_a.$$

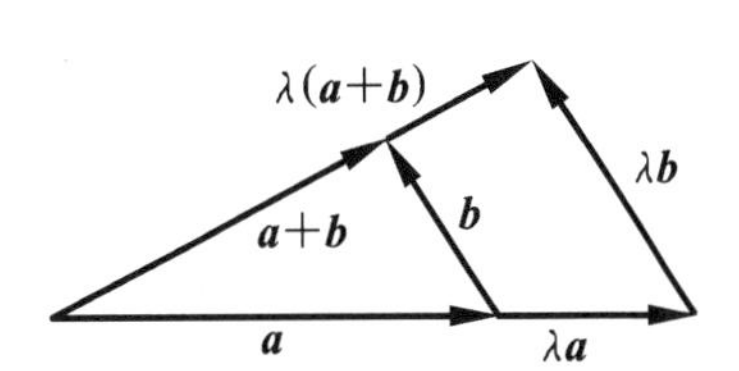

图2.2.5

通常以$\boldsymbol{e}_a$表示$\boldsymbol{a}$的方向.

向量的线性运算可用来解决某些几何问题.

例 2.2.1　$ABCD$是等腰梯形, $\overrightarrow{AB}=\boldsymbol{a},\overrightarrow{AD}=\boldsymbol{b},\angle A=60^\circ$. 试用$\boldsymbol{a},\boldsymbol{b}$表示$\overrightarrow{BC},\overrightarrow{CD},\overrightarrow{AC}$与$\overrightarrow{BD}$.

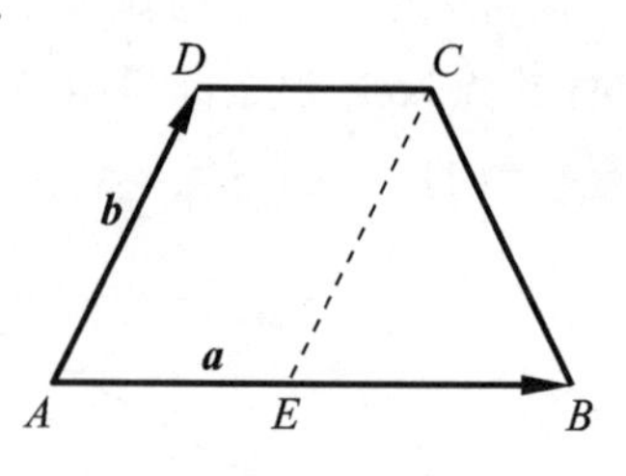

图2.2.6

解　过点C作$CE//DA$, 交AB于E(见图2.2.6), 由条件

$$|\overrightarrow{EB}|=|\boldsymbol{b}|,\quad \overrightarrow{EC}=\boldsymbol{b},$$

得

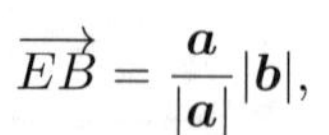

$$\overrightarrow{EB}=\frac{\boldsymbol{a}}{|\boldsymbol{a}|}|\boldsymbol{b}|,$$

从而$\overrightarrow{BC}=\overrightarrow{BE}+\overrightarrow{EC}=-\dfrac{\boldsymbol{a}}{|\boldsymbol{a}|}|\boldsymbol{b}|+\boldsymbol{b};\overrightarrow{AC}=\overrightarrow{AB}+\overrightarrow{BC}=\boldsymbol{a}-\dfrac{\boldsymbol{a}}{|\boldsymbol{a}|}|\boldsymbol{b}|+\boldsymbol{b};$

$$\overrightarrow{CD}=\overrightarrow{EA}=-\overrightarrow{AE}=-(\boldsymbol{a}-\frac{\boldsymbol{a}}{|\boldsymbol{a}|}|\boldsymbol{b}|)=-\boldsymbol{a}+\frac{\boldsymbol{a}}{|\boldsymbol{a}|}|\boldsymbol{b}|;\qquad \overrightarrow{BD}=\overrightarrow{BA}+\overrightarrow{AD}=-\boldsymbol{a}+\boldsymbol{b}.$$

2.2.3　向量的坐标

1.　向量间的夹角与向量在数轴上的投影

设有两个非零向量$\boldsymbol{a}$和$\boldsymbol{b}$, 任取空间一点O, 作$\overrightarrow{OA}=\boldsymbol{a},\overrightarrow{OB}=\boldsymbol{b}$, 规定不超过$\pi$的$\angle AOB$ 称为向量$\boldsymbol{a}$和$\boldsymbol{b}$的夹角(见图2.2.7), 记为$\langle\boldsymbol{a},\boldsymbol{b}\rangle$.

由此可得, 向量与数轴之间的夹角是向量与同该轴正向一致的向量间的夹角.

设已知向量$\overrightarrow{AB}$的起点A和终点B在u轴上的投影分别为点A'和B', 那么u轴上的有向线段的值$A'B'$叫作向量$\overrightarrow{AB}$ 在u轴上的投影(见图2.2.8), 记作$\mathrm{proj}_u\overrightarrow{AB}$. 即

$$\mathrm{proj}_u\,\overrightarrow{AB}=\begin{cases}|\overrightarrow{AB}| & \text{若}\overrightarrow{A'B'}\text{与}u\text{同向},\\ -|\overrightarrow{AB}| & \text{若}\overrightarrow{A'B'}\text{与}u\text{反向},\\ 0 & \text{若}\overrightarrow{A'B'}=\boldsymbol{0}.\end{cases}$$

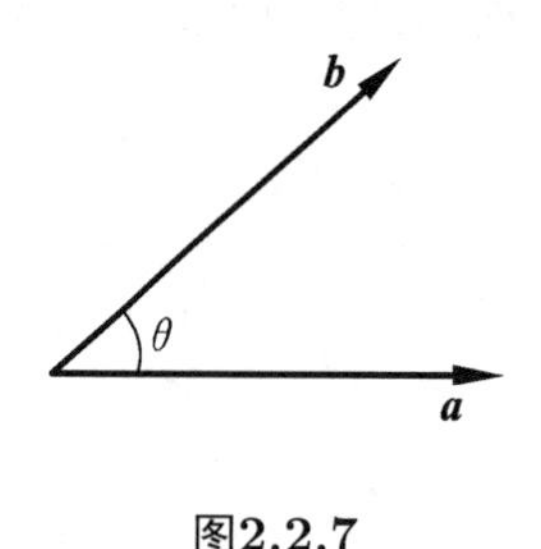

图2.2.7

图2.2.8

2.　向量的坐标

前面已经指出, 空间中任一点$M\longleftrightarrow$三元数组$(x,y,z)\longleftrightarrow$向径$\overrightarrow{OM}$. 因此, 称$(x,y,z)$ 为向径$\overrightarrow{OM}$的坐标, 记为$\overrightarrow{OM}=\{x,y,z\}$.

特别地, 记$\boldsymbol{i},\boldsymbol{j},\boldsymbol{k}$分别表示沿$x$轴, y轴,z轴正向的单位向量, 则$\boldsymbol{i},\boldsymbol{j},\boldsymbol{k}$均为向径, 且$\boldsymbol{i}=\{1,0,0\}$, $\boldsymbol{j}=\{0,1,0\},\boldsymbol{k}=\{0,0,1\}$, 并称它们为这一坐标系的基本向量或坐标向量.

设$\boldsymbol{a}=\overrightarrow{M_1M_2}$是以$M_1(x_1,y_1,z_1)$为起点, $M_2(x_2,y_2,z_2)$为终点的向量, 由图2.2.9, 并应用向量的加法规则知

$$\overrightarrow{M_1M_2}=\overrightarrow{M_1P}+\overrightarrow{M_1Q}+\overrightarrow{M_1R},$$

而

$$\overrightarrow{M_1P}=\overrightarrow{P_1P_2}=(x_2-x_1)\boldsymbol{i},$$

$$\overrightarrow{M_1Q}=\overrightarrow{Q_1Q_2}=(y_2-y_1)\boldsymbol{j},$$

$$\overrightarrow{M_1R}=\overrightarrow{R_1R_2}=(z_2-z_1)\boldsymbol{k},$$

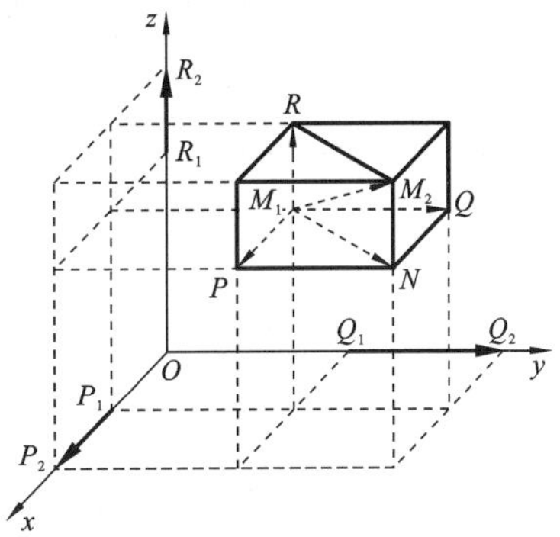

图2.2.9

称它们分别为$\overrightarrow{M_1M_2}$在x轴、y轴与z轴上的分向量, 因此

$$\begin{aligned}\boldsymbol{a}=\overrightarrow{M_1M_2}&=(x_2-x_1)\boldsymbol{i}+(y_2-y_1)\boldsymbol{j}+(z_2-z_1)\boldsymbol{k}\\&=a_x\boldsymbol{i}+a_y\boldsymbol{j}+a_z\boldsymbol{k},\end{aligned}\tag{2.2.1}$$

其中$a_x=x_2-x_1, a_y=y_2-y_1, a_z=z_2-z_1$分别称为$\overrightarrow{M_1M_2}$在$x$ 轴、y轴、z轴上的投影, 也称为向量$\boldsymbol{a}=\overrightarrow{M_1M_2}$ 的坐标, 显然向量$\boldsymbol{a}$与有序数组a_x,a_y,a_z一一对应, 式(2.2.1)称为向量$\boldsymbol{a}$的坐标表达式, 也可以记为

$$\boldsymbol{a}=\{a_x,a_y,a_z\}\quad 或\quad \overrightarrow{M_1M_2}=\{x_2-x_1,y_2-y_1,z_2-z_1\}.$$

利用向量的坐标, 可将向量的加法与数乘归结为其坐标的相应运算.

设$\boldsymbol{a}=a_x\boldsymbol{i}+a_y\boldsymbol{j}+a_z\boldsymbol{k}=\{a_x,a_y,a_z\},\boldsymbol{b}=b_x\boldsymbol{i}+b_y\boldsymbol{j}+b_z\boldsymbol{k}=\{b_x,b_y,b_z\}$, 则

$$\boldsymbol{a}+\boldsymbol{b}=(a_x+b_x)\boldsymbol{i}+(a_y+b_y)\boldsymbol{j}+(a_z+b_z)\boldsymbol{k}=\{a_x+b_x,a_y+b_y,a_z+b_z\};$$

$$\boldsymbol{a}-\boldsymbol{b}=(a_x-b_x)\boldsymbol{i}+(a_y-b_y)\boldsymbol{j}+(a_z-b_z)\boldsymbol{k}=\{a_x-b_x,a_y-b_y,a_z-b_z\};$$

$$\lambda\boldsymbol{a}=(\lambda a_x)\boldsymbol{i}+(\lambda a_y)\boldsymbol{j}+(\lambda a_z)\boldsymbol{k}=\{\lambda a_x,\lambda a_y,\lambda a_z\}.$$

例 2.2.2 设点$A(x_1,y_1,z_1)$, 点$B(x_2,y_2,z_2)$为两已知点, $\lambda\neq-1$为已知数. 在线段AB上的点C将AB分成有定比$\dfrac{AC}{CB}=\lambda$的两段, 求分点C的坐标.

解 由向量坐标的定义, 只需求向量$\overrightarrow{OC}$的坐标. 因为$\overrightarrow{AC}$与$\overrightarrow{CB}$在一直线上(见图2.2.10), 所以由题设有

$$\overrightarrow{AC}=\lambda\overrightarrow{CB},\overrightarrow{AB}=\overrightarrow{AC}+\overrightarrow{CB}=\lambda\overrightarrow{CB}+\overrightarrow{CB}=(1+\lambda)\overrightarrow{CB}.$$

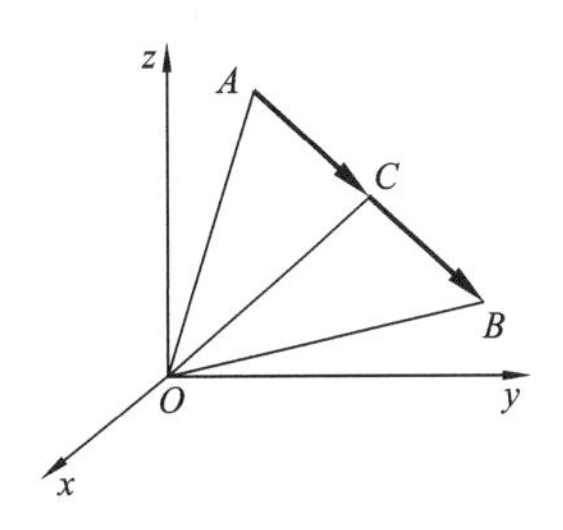

图2.2.10

另一方面, $\overrightarrow{OC}=\overrightarrow{OB}-\overrightarrow{CB}$, 于是

$$\begin{aligned}\overrightarrow{OC}&=\overrightarrow{OB}-\frac{1}{1+\lambda}\overrightarrow{AB}\\&=\{x_2,y_2,z_2\}-\left\{\frac{x_2-x_1}{1+\lambda},\frac{y_2-y_1}{1+\lambda},\frac{z_2-z_1}{1+\lambda}\right\}\\&=\left\{\frac{x_1+\lambda x_2}{1+\lambda},\frac{y_1+\lambda y_2}{1+\lambda},\frac{z_1+\lambda z_2}{1+\lambda}\right\},\end{aligned}$$

所以点C的坐标为$\left(\dfrac{x_1+\lambda x_2}{1+\lambda},\dfrac{y_1+\lambda y_2}{1+\lambda},\dfrac{z_1+\lambda z_2}{1+\lambda}\right)$, 这就是**定比分点公式**.

利用数乘与向量的坐标, 可对"共线"这一几何关系给出一种代数刻画.

定理　设$\boldsymbol{a}$与$\boldsymbol{b}$是两个非零向量, 则$\boldsymbol{a}$与$\boldsymbol{b}$共线$\Longleftrightarrow$存在实数λ使

$$\boldsymbol{a}=\lambda\boldsymbol{b}\Longleftrightarrow\frac{a_x}{b_x}=\frac{a_y}{b_y}=\frac{a_z}{b_z}.$$

证　设$\boldsymbol{a}$与$\boldsymbol{b}$共线, 则$\boldsymbol{e}_a=\pm\boldsymbol{e}_b$(同向时取正号, 反向时取负号), 于是有

$$\boldsymbol{a}=|\boldsymbol{a}|\boldsymbol{e}_a=\pm|\boldsymbol{a}|\boldsymbol{e}_b=\pm(|\boldsymbol{a}|/|\boldsymbol{b}|)\boldsymbol{b}=\lambda\boldsymbol{b}.$$

其中$\lambda=\pm(\dfrac{|\boldsymbol{a}|}{|\boldsymbol{b}|})$. 反之, 若$\boldsymbol{a}=\lambda\boldsymbol{b}$, 则直接看出$\boldsymbol{a}$与$\boldsymbol{b}$共线. 其次, 易知$\boldsymbol{a}=\lambda\boldsymbol{b}\Longleftrightarrow\dfrac{a_x}{b_x}=\dfrac{a_y}{b_y}=\dfrac{a_z}{b_z}=\lambda$. □

3.　向量的模与方向余弦的坐标表达式

设$\boldsymbol{a}=\{a_x,a_y,a_z\}$, 它与三个坐标轴的夹角$\alpha,\beta,\gamma(0\leqslant\alpha,\beta,\gamma\leqslant\pi)$, 称$\alpha,\beta,\gamma$为非零向量$\boldsymbol{a}$的方向角(见图2.2.11).

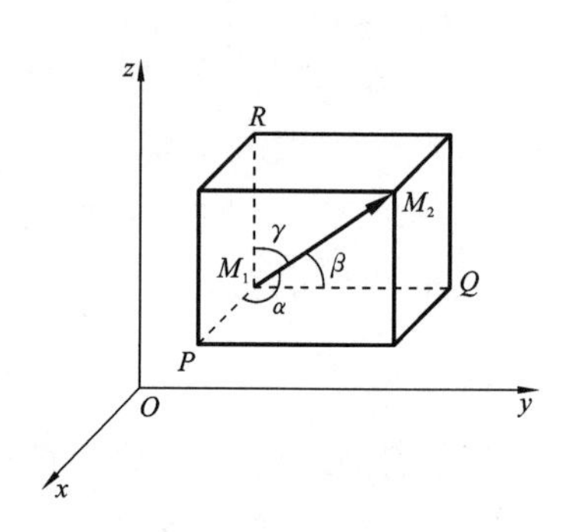

图2.2.11

由式(2.1.2)得向量$\boldsymbol{a}$的模为

$$|\boldsymbol{a}|=\sqrt{a_x^2+a_y^2+a_z^2},$$

因为向量的坐标是向量在坐标轴上的投影, 所以

$$a_x=|\boldsymbol{a}|\cos\alpha,\quad a_y=|\boldsymbol{a}|\cos\beta,\quad a_z=|\boldsymbol{a}|\cos\gamma.$$

当$|\boldsymbol{a}|=\sqrt{a_x^2+a_y^2+a_z^2}\neq0$时, 有

$$\cos\alpha=\frac{a_x}{|\boldsymbol{a}|},\quad\cos\beta=\frac{a_y}{|\boldsymbol{a}|},\quad\cos\gamma=\frac{a_z}{|\boldsymbol{a}|}$$

以及与单位向量$\boldsymbol{e}_a$的关系式

$$\boldsymbol{e}_a=\frac{\boldsymbol{a}}{|\boldsymbol{a}|}=\frac{1}{|\boldsymbol{a}|}\{a_x,a_y,a_z\}=\{\cos\alpha,\cos\beta,\cos\gamma\}$$

和性质

$$\cos^2\alpha+\cos^2\beta+\cos^2\gamma=1.$$

称$\cos\alpha,\cos\beta,\cos\gamma$为向量$\boldsymbol{a}$的方向余弦.

例 2.2.3　已知两点$M_1(2,2,\sqrt{2}),M_2(1,3,0)$, 计算向量$\overrightarrow{M_1M_2}$的模、方向余弦、方向角, 以及与$\overrightarrow{M_1M_2}$同向的单位向量.

解　$\overrightarrow{M_1M_2}=\{1-2,3-2,0-\sqrt{2}\}=\{-1,1,-\sqrt{2}\}$,

$$|\overrightarrow{M_1M_2}|=\sqrt{(-1)^2+1^2+(-\sqrt{2})^2}=2,$$

$$\cos\alpha=-\frac{1}{2},\cos\beta=\frac{1}{2},\cos\gamma=-\frac{\sqrt{2}}{2},\qquad\alpha=\frac{2\pi}{3},\beta=\frac{\pi}{3},\gamma=\frac{3\pi}{4}.$$

记$\boldsymbol{e}_a$为与$\overrightarrow{M_1M_2}$同向的单位向量, 由于$\boldsymbol{e}_a=\{\cos\alpha,\cos\beta,\cos\gamma\}$, 故

$$\boldsymbol{e}_a=\left\{-\frac{1}{2},\frac{1}{2},-\frac{\sqrt{2}}{2}\right\}.$$

习题 2.2

2.2.1 设M是平行四边形$ABCD$两对角线的交点, 用$\boldsymbol{a}=\overrightarrow{AB}$和$\boldsymbol{b}=\overrightarrow{AD}$表示向量$\overrightarrow{MA},\overrightarrow{MB},\overrightarrow{MC},\overrightarrow{MD}$.

2.2.2 给定点$M_1(1,-3,3)$, 点$M_2(4,2,-1)$, 求$|\overrightarrow{M_1M_2}|$, $\overrightarrow{M_1M_2}$的方向余弦及与$\overrightarrow{M_1M_2}$同方向的单位向量.

2.2.3 已知向量$\boldsymbol{a}$与x轴, y轴正向的夹角分别为$\dfrac{\pi}{6},\dfrac{\pi}{3}$, 且$|\boldsymbol{a}|=6$, 求向量$\boldsymbol{a}$.

2.2.4 设$\overrightarrow{M_1M_2}=8\boldsymbol{i}+9\boldsymbol{j}-12\boldsymbol{k}$, 点$M_1$的坐标为$(2,-1,7)$, 求点$M_2$的坐标.

2.2.5 求各坐标平面分点$A(2,-1,7)$和点$B(4,5,-2)$之间的线段之比, 并求其分点的坐标.

2.2.6 给定力$\boldsymbol{F}_1=\{1,2,3\},\boldsymbol{F}_2=\{-2,3,-4\},\boldsymbol{F}_3=\{3,-4,5\}$, 三力同时作用于一点, 求合力的大小和方向余弦.

2.3 向量的乘积

2.3.1 数量积

力学中有如下熟悉的事实, 若物体在常力$\boldsymbol{F}$作用下从点A移动到点B, 则力$\boldsymbol{F}$ 所做的功为

$$W=|\boldsymbol{F}||\overrightarrow{AB}|\cos\theta, \tag{2.3.1}$$

其中θ为$\boldsymbol{F}$与$\overrightarrow{AB}$的夹角(见图2.3.1). 类似于式(2.3.1)的算式还出现于许多其他科学问题中, 因此抽象成如下概念.

定义 2.3.1 任给向量$\boldsymbol{a},\boldsymbol{b}$, 记$\theta=\langle\boldsymbol{a},\boldsymbol{b}\rangle$, 称$|\boldsymbol{a}||\boldsymbol{b}|\cos\theta$为$\boldsymbol{a}$与$\boldsymbol{b}$ 的**数量积** (也称**内积**或**点积**), 记为$\boldsymbol{a}\cdot\boldsymbol{b}$, 即

$$\boldsymbol{a}\cdot\boldsymbol{b}=|\boldsymbol{a}||\boldsymbol{b}|\cos\theta. \tag{2.3.2}$$

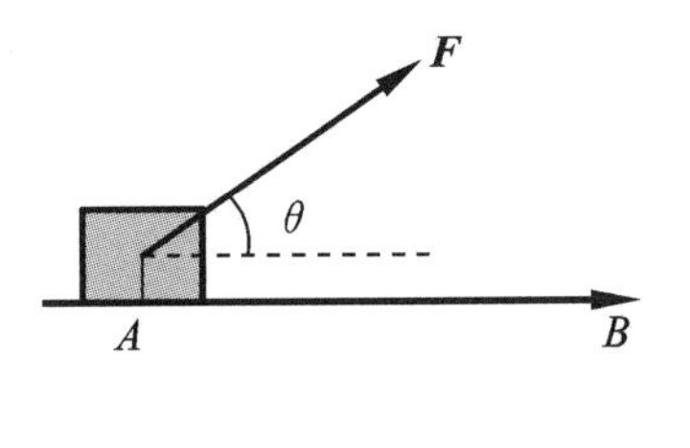

图2.3.1

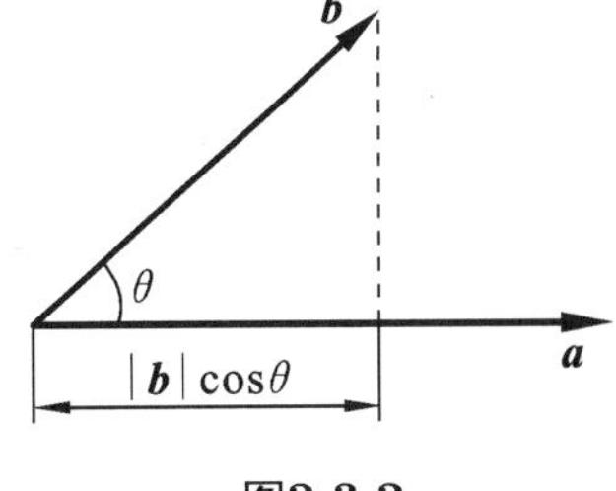

图2.3.2

依投影的定义, 容易得到, 当$\boldsymbol{a}\neq\boldsymbol{0}$时, 式(2.3.2)中的因子$|\boldsymbol{b}|\cos\theta$为向量$\boldsymbol{b}$在向量$\boldsymbol{a}$上的投影(见图2.3.2), 即

$$\boldsymbol{a}\cdot\boldsymbol{b}=|\boldsymbol{a}|\mathrm{proj}_a\boldsymbol{b}. \tag{2.3.3}$$

利用定义2.3.1, 式(2.3.1)可缩写为$W=\boldsymbol{F}\cdot\overrightarrow{AB}$.

利用式(2.3.2), 容易验证数量积有如下性质.

(1) $\boldsymbol{a}\cdot\boldsymbol{a}=|\boldsymbol{a}|^2$, 通常记为$\boldsymbol{a}^2=|\boldsymbol{a}|^2$;

(2) 交换律: $\boldsymbol{a}\cdot\boldsymbol{b}=\boldsymbol{b}\cdot\boldsymbol{a}$;

(3) 结合律: $\lambda(\boldsymbol{a}\cdot\boldsymbol{b})=(\lambda\boldsymbol{a})\cdot\boldsymbol{b}=(\lambda\boldsymbol{b})\cdot\boldsymbol{a}$, λ为实数;

(4) 分配律: $(\boldsymbol{a}+\boldsymbol{b})\cdot\boldsymbol{c}=\boldsymbol{a}\cdot\boldsymbol{c}+\boldsymbol{b}\cdot\boldsymbol{c}$;

(5) $\boldsymbol{a}\cdot\boldsymbol{b}=0\Longleftrightarrow\boldsymbol{a}\perp\boldsymbol{b}$, 即$\boldsymbol{a}$与$\boldsymbol{b}$垂直(约定零向量与任何向量垂直).

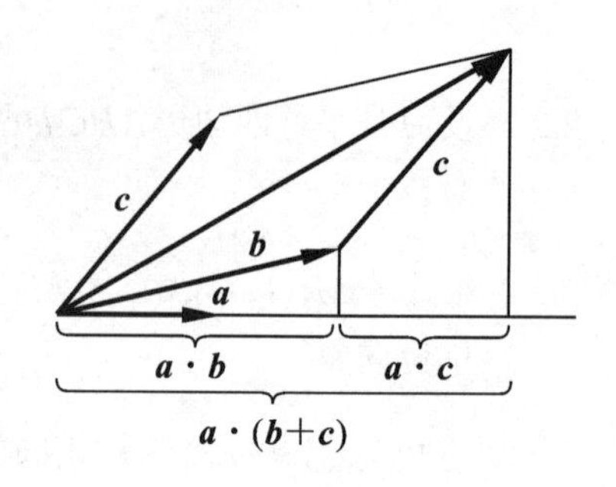

图2.3.3

图2.3.3说明了分配律的正确性, 其中假定了$|\boldsymbol{a}|=1$(这不失一般性, 否则用$\lambda\boldsymbol{e}_a$代替$\boldsymbol{a}$, $\lambda=\pm|\boldsymbol{a}|$结论显然成立).

由性质(1)与(5)得

$$\boldsymbol{i}\cdot\boldsymbol{i}=\boldsymbol{j}\cdot\boldsymbol{j}=\boldsymbol{k}\cdot\boldsymbol{k}=1, \boldsymbol{i}\cdot\boldsymbol{j}=\boldsymbol{j}\cdot\boldsymbol{k}=\boldsymbol{k}\cdot\boldsymbol{i}=0. \tag{2.3.4}$$

设$\boldsymbol{a}=\{a_x,a_y,a_z\}$, $\boldsymbol{b}=\{b_x,b_y,b_z\}$, 由式(2.3.4)及性质(2)～(4)可得

$$\boldsymbol{a}\cdot\boldsymbol{b}=a_xb_x+a_yb_y+a_zb_z, \tag{2.3.5}$$

若$|\boldsymbol{a}||\boldsymbol{b}|\neq 0$, 则由式(2.3.2)并结合式(2.3.5)可得

$$\cos\theta=\frac{\boldsymbol{a}\cdot\boldsymbol{b}}{|\boldsymbol{a}||\boldsymbol{b}|}=\frac{a_xb_x+a_yb_y+a_zb_z}{\sqrt{a_x^2+a_y^2+a_z^2}\sqrt{b_x^2+b_y^2+b_z^2}} \tag{2.3.6}$$

例 2.3.1 给定点$A(1,1,1)$, 点$B(2,2,1)$与点$C(2,1,2)$, 求$\theta=\angle BAC$.

解 因为$\overrightarrow{AB}=\{1,1,0\}$, $\overrightarrow{AC}=\{1,0,1\}$, 于是有

$$\cos\theta=\frac{1\times1+1\times0+0\times1}{\sqrt{(1^2+1^2+0^2)(1^2+0^2+1^2)}}=\frac{1}{2},$$

因此$\theta=\dfrac{\pi}{3}$.

例 2.3.2 设$\boldsymbol{u}=3\boldsymbol{a}-4\boldsymbol{b}$, $\boldsymbol{v}=\boldsymbol{a}+2\boldsymbol{b}$, $|\boldsymbol{a}|=2$, $|\boldsymbol{b}|=3$, $\langle\boldsymbol{a},\boldsymbol{b}\rangle=\dfrac{\pi}{3}$, 求以$\boldsymbol{u},\boldsymbol{v}$为相邻边的平行四边形的周长$l$.

解 周长$l=2(|\boldsymbol{u}|+|\boldsymbol{v}|)$. 依性质(1)～(4)有

$$\begin{aligned}|\boldsymbol{u}|^2 &= (3\boldsymbol{a}-4\boldsymbol{b})^2=9\boldsymbol{a}^2-24\boldsymbol{a}\cdot\boldsymbol{b}+16\boldsymbol{b}^2\\ &= 9\times4-24\times2\times3\times\cos\frac{\pi}{3}+16\times9=108,\end{aligned}$$

故得$|\boldsymbol{u}|=6\sqrt{3}$. 类似地算出$|\boldsymbol{v}|=2\sqrt{13}$. 于是$l=12\sqrt{3}+4\sqrt{13}$.

例 2.3.3 设在$\triangle ABC$中, $\angle BCA=\theta$, $|BC|=a$, $|AC|=b$, $|AB|=c$, 证明

$$c^2=a^2+b^2-2ab\cos\theta(\text{余弦定理}).$$

证 因为$a=|\overrightarrow{BC}|$, $b=|\overrightarrow{AC}|$, $c=|\overrightarrow{AB}|$, 所以

$$\begin{aligned}c^2 &= \overrightarrow{AB}\cdot\overrightarrow{AB}=(\overrightarrow{CB}-\overrightarrow{CA})^2\\ &= |\overrightarrow{CB}|^2+|\overrightarrow{CA}|^2-2\overrightarrow{CB}\cdot\overrightarrow{CA}\\ &= a^2+b^2-2ab\cos\theta.\end{aligned}$$

2.3.2 向量积

考虑如下力学问题: 设定点O为杠杆的支点,力$\boldsymbol{F}$作用于杠杆上点P处, $\boldsymbol{F}$与$\overrightarrow{OP}$的夹角为θ(见图2.3.4), 求力$\boldsymbol{F}$ 对支点O的力矩.

由力学知识得, 力$\boldsymbol{F}$对支点O的力矩为一向量$\boldsymbol{M}$, 其模为

$$|\boldsymbol{M}| = |\boldsymbol{F}||\overrightarrow{OP}|\sin\theta.$$

$\boldsymbol{M}$的方向垂直于$\overrightarrow{OP}$与$\boldsymbol{F}$所确定的平面, 并且$\overrightarrow{OP}, \boldsymbol{F}, \boldsymbol{M}$的方向构成右手系(即右手的四指从$\overrightarrow{OP}$的方向往$\boldsymbol{F}$方向握拳, 则大拇指的指向即为$\boldsymbol{M}$的方向)(见图2.3.5), 因此$\boldsymbol{M}$可由$\overrightarrow{OP}$与$\boldsymbol{F}$ 完全确定. 由两个已知向量构成第三个向量的如上方法具有普遍意义, 因此有必要抽象成一种运算.

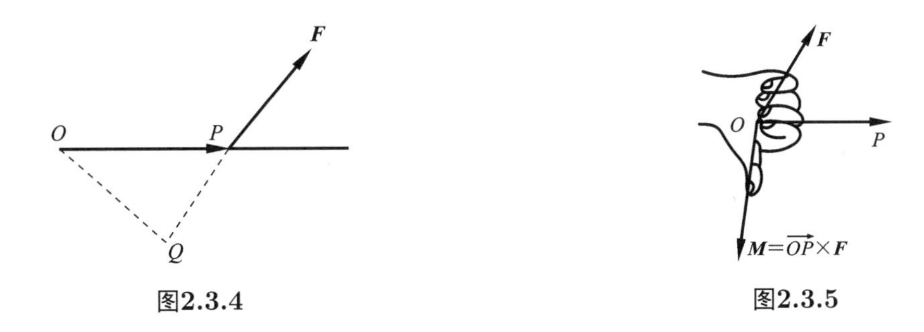

图2.3.4　　图2.3.5

定义 2.3.2　任给向量$\boldsymbol{a}, \boldsymbol{b}$, 记$\theta = \langle \boldsymbol{a}, \boldsymbol{b} \rangle$, 依如下方法确定一向量$\boldsymbol{c}$: $|\boldsymbol{c}| = |\boldsymbol{a}||\boldsymbol{b}|\sin\theta$; $\boldsymbol{c}$同时垂直于$\boldsymbol{a}, \boldsymbol{b}$, 且当$\boldsymbol{a}, \boldsymbol{b}$不共线时$\boldsymbol{a}, \boldsymbol{b}, \boldsymbol{c}$构成右手系, 称向量$\boldsymbol{c}$为$\boldsymbol{a}$与$\boldsymbol{b}$ 的**向量积**(也称**外积**或**叉积**), 记为$\boldsymbol{a} \times \boldsymbol{b}$.

依定义2.3.2有

$$|\boldsymbol{a} \times \boldsymbol{b}| = |\boldsymbol{a}||\boldsymbol{b}|\sin\theta. \tag{2.3.7}$$

利用定义2.3.2, 前面的力矩$\boldsymbol{M}$可表示为$\boldsymbol{M} = \boldsymbol{F} \times \overrightarrow{OP}$.

利用定义2.3.2, 容易验证向量积有如下性质.

(1) 反交换律: $\boldsymbol{a} \times \boldsymbol{b} = -\boldsymbol{b} \times \boldsymbol{a}$;

(2) 结合律: $(\lambda\boldsymbol{a}) \times \boldsymbol{b} = \lambda(\boldsymbol{a} \times \boldsymbol{b}) = \boldsymbol{a} \times (\lambda\boldsymbol{b})$, λ为实数;

(3) 分配律: $(\boldsymbol{a} + \boldsymbol{b}) \times \boldsymbol{c} = \boldsymbol{a} \times \boldsymbol{c} + \boldsymbol{b} \times \boldsymbol{c}$;

(4) $\boldsymbol{a} \times \boldsymbol{b} = \boldsymbol{0} \Longleftrightarrow \boldsymbol{a}$与$\boldsymbol{b}$共线, 特别地, $\boldsymbol{a} \times \boldsymbol{a} = \boldsymbol{0}$;

(5) $|\boldsymbol{a} \times \boldsymbol{b}| = S$, S是以$\boldsymbol{a}, \boldsymbol{b}$为邻边的平行四边形的面积.

直接由定义2.3.1得

$$\boldsymbol{i} \times \boldsymbol{i} = \boldsymbol{j} \times \boldsymbol{j} = \boldsymbol{k} \times \boldsymbol{k} = \boldsymbol{0}, \boldsymbol{i} \times \boldsymbol{j} = \boldsymbol{k}, \boldsymbol{j} \times \boldsymbol{k} = \boldsymbol{i}, \boldsymbol{k} \times \boldsymbol{i} = \boldsymbol{j}. \tag{2.3.8}$$

设$\boldsymbol{a}=\{a_x,a_y,a_z\},\boldsymbol{b}=\{b_x,b_y,b_z\}$, 利用式(2.3.8)和性质(1)～(3), 得

$$\begin{aligned}\boldsymbol{a}\times\boldsymbol{b} &= (a_x\boldsymbol{i}+a_y\boldsymbol{j}+a_z\boldsymbol{k})\times(b_x\boldsymbol{i}+b_y\boldsymbol{j}+b_z\boldsymbol{k})\\ &= a_xb_x(\boldsymbol{i}\times\boldsymbol{i})+a_xb_y(\boldsymbol{i}\times\boldsymbol{j})+a_xb_z(\boldsymbol{i}\times\boldsymbol{k})\\ &\quad +a_yb_x(\boldsymbol{j}\times\boldsymbol{i})+a_yb_y(\boldsymbol{j}\times\boldsymbol{j})+a_yb_z(\boldsymbol{j}\times\boldsymbol{k})\\ &\quad +a_zb_x(\boldsymbol{k}\times\boldsymbol{i})+a_zb_y(\boldsymbol{k}\times\boldsymbol{j})+a_zb_z(\boldsymbol{k}\times\boldsymbol{k})\\ &= (a_yb_z-a_zb_y)\boldsymbol{i}+(a_zb_x-a_xb_z)\boldsymbol{j}+(a_xb_y-a_yb_x)\boldsymbol{k},\end{aligned}$$

即$\boldsymbol{a}$与$\boldsymbol{b}$的向量积的坐标表达式为

$$\boldsymbol{a}\times\boldsymbol{b}=\{a_yb_z-a_zb_y,a_zb_x-a_xb_z,a_xb_y-a_yb_x\},$$

利用行列式的记号, $\boldsymbol{a}$与$\boldsymbol{b}$的向量积又可以表示成

$$\boldsymbol{a}\times\boldsymbol{b}=\left\{\begin{vmatrix}a_y & a_z\\ b_y & b_z\end{vmatrix},\begin{vmatrix}a_z & a_x\\ b_z & b_x\end{vmatrix},\begin{vmatrix}a_x & a_y\\ b_x & b_y\end{vmatrix}\right\}\quad 或\quad \boldsymbol{a}\times\boldsymbol{b}=\begin{vmatrix}\boldsymbol{i} & \boldsymbol{j} & \boldsymbol{k}\\ a_x & a_y & a_z\\ b_x & b_y & b_z\end{vmatrix}. \tag{2.3.9}$$

例 2.3.4 求同时垂直于$\boldsymbol{a}=\{2,2,1\}$和$\boldsymbol{b}=\{4,5,3\}$的单位向量.

解 由定义2.3.2知, 所求向量为$\pm\boldsymbol{e}_a\times\boldsymbol{e}_b$. 由式(2.3.9)有

$$\boldsymbol{a}\times\boldsymbol{b}=\begin{vmatrix}\boldsymbol{i} & \boldsymbol{j} & \boldsymbol{k}\\ 2 & 2 & 1\\ 4 & 5 & 3\end{vmatrix}=\boldsymbol{i}-2\boldsymbol{j}+2\boldsymbol{k},$$

于是$|\boldsymbol{a}\times\boldsymbol{b}|=3$, 从而$\pm\boldsymbol{e}_a\times\boldsymbol{e}_b=\pm\frac{1}{3}(\boldsymbol{i}-2\boldsymbol{j}+2\boldsymbol{k})$.

例 2.3.5 已知三角形ABC的顶点分别为$A(1,2,3),B(3,4,5)$和$C(2,4,7)$, 求三角形ABC的面积和$\sin\angle A$.

解 根据向量积的几何意义, $S_{\triangle ABC}=\frac{1}{2}|\overrightarrow{AB}\times\overrightarrow{AC}|$, 由于$\overrightarrow{AB}=\{2,2,2\},\overrightarrow{AC}=\{1,2,4\}$, 因此

$$\overrightarrow{AB}\times\overrightarrow{AC}=\begin{vmatrix}\boldsymbol{i} & \boldsymbol{j} & \boldsymbol{k}\\ 2 & 2 & 2\\ 1 & 2 & 4\end{vmatrix}=4\boldsymbol{i}-6\boldsymbol{j}+2\boldsymbol{k}.$$

于是

$$S_{\triangle ABC}=\frac{1}{2}|\overrightarrow{AB}\times\overrightarrow{AC}|=\frac{1}{2}\sqrt{4^2+(-6)^2+2^2}=\sqrt{14},$$

$$\sin\angle A=\frac{|\overrightarrow{AB}\times\overrightarrow{AC}|}{|\overrightarrow{AB}|\times|\overrightarrow{AC}|}=\frac{2\sqrt{14}}{\sqrt{12\times 21}}=\frac{\sqrt{2}}{3}.$$

例 2.3.6 已知$\boldsymbol{a}+\boldsymbol{b}+\boldsymbol{c}=\boldsymbol{0}$, 证明$\boldsymbol{a}\times\boldsymbol{b}=\boldsymbol{b}\times\boldsymbol{c}=\boldsymbol{c}\times\boldsymbol{a}$.

证 由$(\boldsymbol{a}+\boldsymbol{b}+\boldsymbol{c})\times\boldsymbol{a}=\boldsymbol{0}$, 可得

$$\boldsymbol{a}\times\boldsymbol{a}+\boldsymbol{b}\times\boldsymbol{a}+\boldsymbol{c}\times\boldsymbol{a}=\boldsymbol{0},$$

从而$\boldsymbol{a}\times\boldsymbol{b}=\boldsymbol{c}\times\boldsymbol{a}$. 其他同理可证.

2.3.3 混合积

定义 2.3.3 对任意向量$\boldsymbol{a},\boldsymbol{b},\boldsymbol{c}$, 称$\boldsymbol{a}\cdot(\boldsymbol{b}\times\boldsymbol{c})$为$\boldsymbol{a},\boldsymbol{b},\boldsymbol{c}$的**混合积**, 记为$[\boldsymbol{abc}]$, 即

$$[\boldsymbol{abc}]=\boldsymbol{a}\cdot(\boldsymbol{b}\times\boldsymbol{c}).\tag{2.3.10}$$

可见混合积并非独立的向量运算, 它不过是数量积与向量积的“混合”而已. 混合积的性质与计算公式可由数量积与向量积的相应结论推演出来. 首先, 结合式(2.3.2)与式(2.3.10)得

$$[\boldsymbol{abc}]=|\boldsymbol{b}\times\boldsymbol{c}||\boldsymbol{a}|\cos\langle\boldsymbol{a},\boldsymbol{b}\times\boldsymbol{c}\rangle.\tag{2.3.11}$$

因为$|\boldsymbol{b}\times\boldsymbol{c}|$是以$\boldsymbol{b},\boldsymbol{c}$为邻边的平行四边形的面积, 且易看出$|\boldsymbol{a}|\cos\langle\boldsymbol{a},\boldsymbol{b}\times\boldsymbol{c}\rangle$是以$\boldsymbol{a},\boldsymbol{b},\boldsymbol{c}$为棱的平行六面体的高(见图2.3.6), 故式(2.3.11)表明混合积的绝对值$|[\boldsymbol{abc}]|$是以$\boldsymbol{a},\boldsymbol{b},\boldsymbol{c}$为棱的平行六面体的体积$V$.

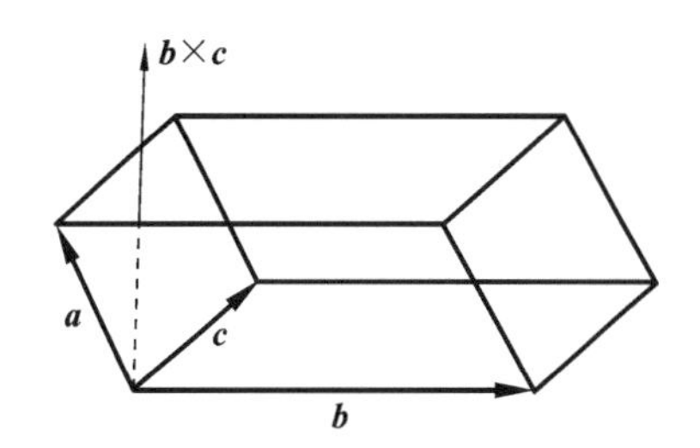

图2.3.6

其次, 设$\boldsymbol{a}=\{a_x,a_y,a_z\},\boldsymbol{b}=\{b_x,b_y,b_z\},\boldsymbol{c}=\{c_x,c_y,c_z\}$, 由式(2.3.5)与式(2.3.9)有

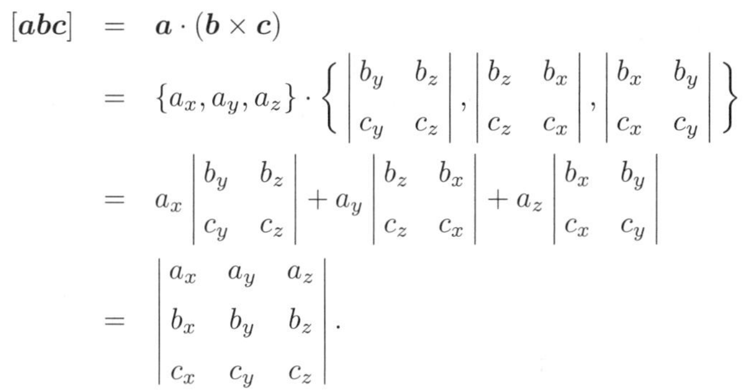

$$\begin{aligned}[\boldsymbol{abc}]&=\boldsymbol{a}\cdot(\boldsymbol{b}\times\boldsymbol{c})\\&=\{a_x,a_y,a_z\}\cdot\left\{\begin{vmatrix}b_y&b_z\\c_y&c_z\end{vmatrix},\begin{vmatrix}b_z&b_x\\c_z&c_x\end{vmatrix},\begin{vmatrix}b_x&b_y\\c_x&c_y\end{vmatrix}\right\}\\&=a_x\begin{vmatrix}b_y&b_z\\c_y&c_z\end{vmatrix}+a_y\begin{vmatrix}b_z&b_x\\c_z&c_x\end{vmatrix}+a_z\begin{vmatrix}b_x&b_y\\c_x&c_y\end{vmatrix}\\&=\begin{vmatrix}a_x&a_y&a_z\\b_x&b_y&b_z\\c_x&c_y&c_z\end{vmatrix}.\end{aligned}$$

故得混合积的计算公式:

$$[\boldsymbol{abc}]=\begin{vmatrix}a_x&a_y&a_z\\b_x&b_y&b_z\\c_x&c_y&c_z\end{vmatrix}.\tag{2.3.12}$$

利用式(2.3.11)和式(2.3.12)容易验证, 混合积有如下的性质.

(1) 轮换性:$[\boldsymbol{abc}]=[\boldsymbol{bca}]=[\boldsymbol{cab}]$;

(2) 反对称性:$[\boldsymbol{abc}]=-[\boldsymbol{bac}]=-[\boldsymbol{cba}]=-[\boldsymbol{acb}]$;

(3) $[\boldsymbol{abc}]=0\Longleftrightarrow$以$\boldsymbol{a},\boldsymbol{b},\boldsymbol{c}$为棱的平行六面体的体积$V$为零$\Longleftrightarrow$三条棱落在同一平面上$\Longleftrightarrow$三向量$\boldsymbol{a},\boldsymbol{b},\boldsymbol{c}$共面; 特别, 当$\boldsymbol{a},\boldsymbol{b},\boldsymbol{c}$中任两个共线时, $[\boldsymbol{abc}]=0$.

例 2.3.7 求以点$A(1,2,2)$, 点$B(2,2,3)$, 点$C(3,1,5)$与点$D(5,5,2)$为顶点的四面体的体积V.

解 首先指出$V=\dfrac{1}{6}[\overrightarrow{AB}\overrightarrow{AC}\overrightarrow{AD}]$. 因$\overrightarrow{AB}=\{1,0,1\},\overrightarrow{AC}=\{2,-1,3\},\overrightarrow{AD}=\{4,3,0\}$, 故

$$[\overrightarrow{AB}\overrightarrow{AC}\overrightarrow{AD}]=\begin{vmatrix}1&0&1\\2&-1&3\\4&3&0\end{vmatrix}=1,$$

于是$V=\dfrac{1}{6}$.

例 2.3.8 求四点$A_i(x_i,y_i,z_i)(i=1,2,3,4)$共面的条件.

解 四点A_1,A_2,A_3,A_4共面$\Longleftrightarrow$三向量$\overrightarrow{A_1A_2},\overrightarrow{A_1A_3},\overrightarrow{A_1A_4}$共面$\Longleftrightarrow$ $[\overrightarrow{A_1A_2}\overrightarrow{A_1A_3}\overrightarrow{A_1A_4}]=0$. 于是由式(2.3.12) 得出, 四点$A_1,A_2,A_3,A_4$共面的充分必要条件是

$$\begin{vmatrix} x_2-x_1 & y_2-y_1 & z_2-z_1 \\ x_3-x_1 & y_3-y_1 & z_3-z_1 \\ x_4-x_1 & y_4-y_1 & z_4-z_1 \end{vmatrix}=0.$$

习题 2.3

2.3.1 设$\boldsymbol{u}=4\boldsymbol{i}-2\boldsymbol{j},\boldsymbol{v}=-\dfrac{1}{2}\boldsymbol{i}-\boldsymbol{j}+\boldsymbol{k}$, 求$\boldsymbol{u}\cdot\boldsymbol{v}$和$\cos\langle\boldsymbol{u},\boldsymbol{v}\rangle$.

2.3.2 已知$\boldsymbol{a}=2\boldsymbol{i}+\boldsymbol{j}-\boldsymbol{k},\boldsymbol{b}=3\boldsymbol{i}+7\boldsymbol{j}+13\boldsymbol{k},\boldsymbol{c}=20\boldsymbol{i}-29\boldsymbol{i}+11\boldsymbol{k}$, 证明这三个向量两两互相垂直.

2.3.3 已知$\boldsymbol{a}=\{3,2,-1\},\boldsymbol{b}=\{1,-1,2\}$, 求$\boldsymbol{a}\cdot\boldsymbol{b}$与$(5\boldsymbol{a})\cdot(3\boldsymbol{b})$.

2.3.4 设有一质点开始位于点$A(1,2,-1)$处, 今有一方向角分别为$60^\circ,60^\circ,45^\circ$且大小为100N的力$\boldsymbol{F}$作用于此质点, 质点自点$A$作直线运动至点$B(2,5,-1+3\sqrt{2})$, 求力$\boldsymbol{F}$所做的功(长度单位: m).

2.3.5 已知$|\boldsymbol{a}|=3,|\boldsymbol{b}|=5,\boldsymbol{a}+\lambda\boldsymbol{b}$与$\boldsymbol{a}-\lambda\boldsymbol{b}$ 垂直, 求实数λ.

2.3.6 求平行于$\boldsymbol{a}=\{2,-1,2\}$且满足$\boldsymbol{a}\cdot\boldsymbol{x}=-18$的向量$\boldsymbol{x}$.

2.3.7 证明$|\boldsymbol{a}\cdot\boldsymbol{b}|\leqslant|\boldsymbol{a}||\boldsymbol{b}|$, 并由此推出对任何实数$a_1,a_2,a_3$有

$$[(a_1+a_2+a_3)/3]^2\leqslant(a_1^2+a_2^2+a_3^2)/3.$$

2.3.8 已知$\boldsymbol{a}=\{2,3,-1\},\boldsymbol{b}=\{1,2,1\}$, 求$\boldsymbol{a}\times\boldsymbol{b}$和$\boldsymbol{b}\times\boldsymbol{a}$.

2.3.9 已知$\boldsymbol{a}=2\boldsymbol{i}-\boldsymbol{j}+\boldsymbol{k},\boldsymbol{b}=\boldsymbol{i}+2\boldsymbol{j}-\boldsymbol{k}$, 求同时垂直于$\boldsymbol{a}$和$\boldsymbol{b}$的单位向量.

2.3.10 求一单位向量, 使它同时垂直于x轴和$\boldsymbol{a}=\{3,6,8\}$.

2.3.11 求顶点位于$A(-2,3,1),B(1,-3,4),C(1,2,1)$的三角形的面积.

2.3.12 已知$\boldsymbol{a}\times\boldsymbol{b}=\boldsymbol{c}\times\boldsymbol{d},\boldsymbol{a}\times\boldsymbol{c}=\boldsymbol{b}\times\boldsymbol{d}$. 证明$\boldsymbol{a}-\boldsymbol{d}$与$\boldsymbol{b}-\boldsymbol{c}$共线.

2.3.13 已知向量$\boldsymbol{a},\boldsymbol{b},\boldsymbol{c}$两两垂直, 且$|\boldsymbol{a}|=1,|\boldsymbol{b}|=2,|\boldsymbol{c}|=3$, 求$\boldsymbol{s}=\boldsymbol{a}+\boldsymbol{b}+\boldsymbol{c}$的长度和它与$\boldsymbol{a},\boldsymbol{b},\boldsymbol{c}$的夹角.

2.3.14 证明$(\boldsymbol{a}\times\boldsymbol{b})\cdot(\boldsymbol{a}\times\boldsymbol{b})+(\boldsymbol{a}\cdot\boldsymbol{b})(\boldsymbol{a}\cdot\boldsymbol{b})=(\boldsymbol{a}\cdot\boldsymbol{a})(\boldsymbol{b}\cdot\boldsymbol{b})$.

2.3.15 已知$\boldsymbol{a}=\{3,4,2\},\boldsymbol{b}=\{3,5,-1\},\boldsymbol{c}=\{2,3,5\}$, 求$[\boldsymbol{abc}]$.

2.3.16 证明三向量$\boldsymbol{u}=\{2,-4,5\},\boldsymbol{v}=\{2,6,4\},\boldsymbol{w}=\{1,13,1\}$在同一平面上, 并将$\boldsymbol{w}$分解成平行于$\boldsymbol{u}$和$\boldsymbol{v}$的向量之和.

2.3.17 给定四点$A(-1,2,4),B(6,3,2),C(1,4,-1)$和$D(-1,-2,3)$, 求四面体$ABCD$的体积.

2.3.18 三向量$\overrightarrow{OA},\overrightarrow{OB},\overrightarrow{OC}$满足$\overrightarrow{OA}\times\overrightarrow{OB}+\overrightarrow{OB}\times\overrightarrow{OC}+\overrightarrow{OC}\times\overrightarrow{OA}=\mathbf{0}$, 且$O,B,C$不共线. 求证:

(1) $\overrightarrow{OA},\overrightarrow{OB},\overrightarrow{OC}$共面;

(2) A,B,C共线.

2.4 平面与直线

本节以向量为工具, 在空间直角坐标系中讨论平面与直线的基本几何性质.

2.4.1 平面方程

1. 点法式方程

设$M_0(x_0,y_0,z_0)$是平面π上的已知点, 非零向量$\boldsymbol{n}=\{A,B,C\}$垂直于平面π, 称$\boldsymbol{n}$为平面π的**法向量**. 平面π由点M_0和法向量$\boldsymbol{n}$唯一确定.下面建立平面π的方程.

设$M(x,y,z)$是平面π上的任一点, 显然$\overrightarrow{M_0M}$在平面π上,
因此$\overrightarrow{M_0M}\perp\boldsymbol{n}$(见图2.4.1), 即

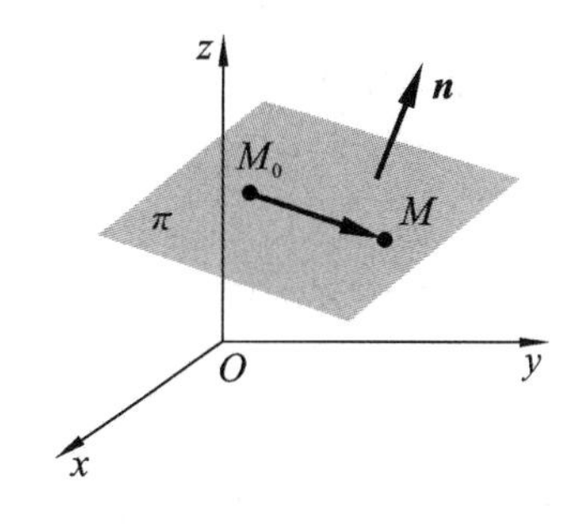

图2.4.1

$$\boldsymbol{n}\cdot\overrightarrow{M_0M}=0. \tag{2.4.1}$$

由于$\overrightarrow{M_0M}=\{x-x_0,y-y_0,z-z_0\}$, 代入坐标式, 得

$$A(x-x_0)+B(y-y_0)+C(z-z_0)=0. \tag{2.4.2}$$

式(2.4.1)和式(2.4.2)就是平面π的方程, 称式(2.4.1)为平面π的**向量方程**, 而称式(2.4.2)为**平面点法式方程**.

例 2.4.1 已知$|\overrightarrow{OM_0}|=1,\overrightarrow{OM_0}$的方向角分别为$\alpha,\beta,\gamma$, 求过点$M_0$且垂直于$\overrightarrow{OM_0}$的平面$\pi$的方程.

解 依题意, $\overrightarrow{OM_0}=\{\cos\alpha,\cos\beta,\cos\gamma\}$, 且$M_0$点的坐标为$(\cos\alpha,\cos\beta,\cos\gamma)$,因此, 平面π的方程为

$$\cos\alpha(x-\cos\alpha)+\cos\beta(y-\cos\beta)+\cos\gamma(z-\cos\gamma)=0,$$

即

$$x\cos(\alpha)+y\cos(\beta)+z\cos(\gamma)=1.$$

2. 一般方程

将式(2.4.2)改写为$Ax+By+Cz-(Ax_0+By_0+Cz_0)=0$. 令$D=-(Ax_0+By_0+Cz_0)$, 则式(2.4.2)化为

$$Ax+By+Cz+D=0. \tag{2.4.3}$$

这里的系数A,B,C不同时为零. 这表明平面方程为x,y,z的三元一次方程, 反之也成立, 即有以下定理.

定理 任何关于x,y,z的三元一次方程(2.4.3)都表示一个平面.

证 对于方程(2.4.3), 因系数A,B,C不同时为零, 不妨设$A\neq 0$, 则方程(2.4.3)化为

$$A\left[x-\left(-\frac{D}{A}\right)\right]+B(y-0)+C(z-0)=0,$$

这正是过点$\left(-\dfrac{D}{A},0,0\right)$并以$\boldsymbol{n}=\{A,B,C\}\neq\mathbf{0}$为法向量的平面. 即方程(2.4.3)表示一个平面. 称方程(2.4.3)为**平面一般方程**, 要求系数A,B,C不同时为零.

容易得到, 平面过原点$\Longleftrightarrow D=0$; 平面平行于x轴$\Longleftrightarrow A=0$; 平面平行于Oxy平面$\Longleftrightarrow A=B=0$; 平面过$x$轴$\Longleftrightarrow A=D=0$, 其余类推.

例 2.4.2 求过y轴和点$M(1,2,-1)$的平面π的方程.

解 因为平面过y轴, 故可设平面方程为$Ax+Cz=0$, 将$x=1,z=-1$代入, 得$C=A$, 取$A=1$, 则$C=1$, 于是平面π的方程为$x+z=0$.

3. 截距式方程

设平面π过点$P(a,0,0)$, 点$Q(0,b,0)$, 点$R(0,0,c)$(见图2.4.2), 其中$abc\neq 0$. 又设平面π的方程为$Ax+By+Cz+D=0$, 由于点P,Q,R在平面π上, 所以这三点的坐标都满足平面π的方程, 即有

$$\begin{cases} aA+D=0,\\ bB+D=0,\\ cC+D=0.\end{cases}$$

从而$A=-\dfrac{D}{a},B=-\dfrac{D}{b},C=-\dfrac{D}{c}$.

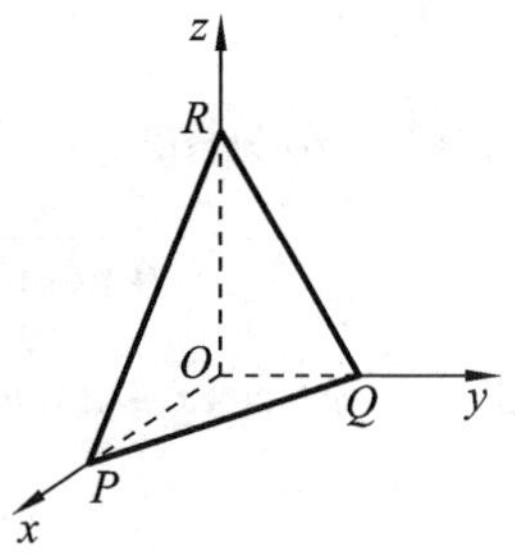

图2.4.2

代入所设方程, 消去$D(D\neq 0)$, 即得平面π的方程为

$$\frac{x}{a}+\frac{y}{b}+\frac{z}{c}=1. \tag{2.4.4}$$

式(2.4.4)称为**平面截距式方程**, 其中a,b,c分别称为平面在x轴, y轴, z轴上的截距.

2.4.2 直线方程

1. 一般方程

空间直线L可视为两个不平行平面的交线(见图2.4.3). 如果平面π_1与平面π_2的方程分别为

$$A_1x+B_1y+C_1z+D_1=0 \quad 和 \quad A_2x+B_2y+C_2z+D_2=0,$$

由于π_1与π_2不平行, 即$\{A_1, B_1, C_1\} \times \{A_2, B_2, C_2\} \neq 0$, 因此点$M(x, y, z)$在直线$L$上的充分必要条件是$(x, y, z)$ 满足方程组

$$\begin{cases} A_1x + B_1y + C_1z + D_1 = 0, \\ A_2x + B_2y + C_2z + D_2 = 0. \end{cases} \tag{2.4.5}$$

式(2.4.5)称为**直线一般方程**.

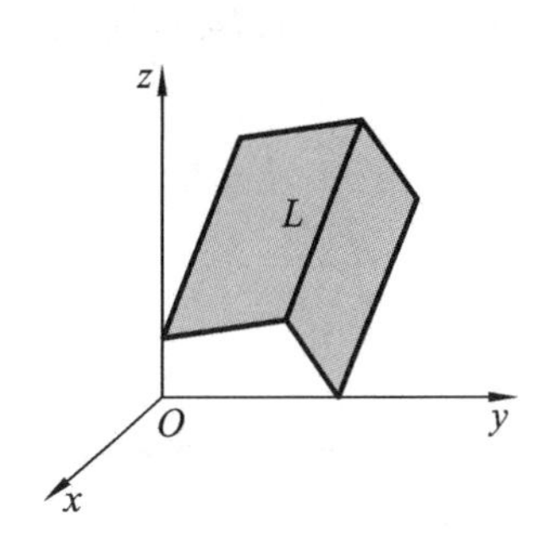

图2.4.3

2. 点向式方程

设点$M_0(x_0, y_0, z_0)$是直线L上的已知点, 非零向量$\boldsymbol{s} = \{m, n, p\}$平行于$L$, $\boldsymbol{s}$称为**直线方向向量**. 容易得到, 点$M(x, y, z)$ 在直线L上的充分必要条件是$\overrightarrow{M_0M}$与$\boldsymbol{s}$共线(见图2.4.4), 又$\overrightarrow{M_0M} = \{x - x_0, y - y_0, z - z_0\}$, 从而有

$$\frac{x - x_0}{m} = \frac{y - y_0}{n} = \frac{z - z_0}{p}, \tag{2.4.6}$$

式(2.4.6)称为**直线点向式方程**(**或标准方程或对称式方程**).

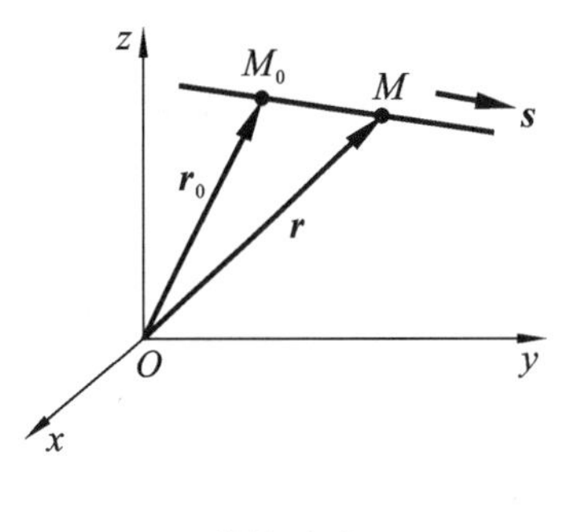

图2.4.4

注意, 若$m = 0$, 意味着$x = x_0$, 此时式(2.4.6)为

$$\begin{cases} x = x_0, \\ \dfrac{y - y_0}{n} = \dfrac{z - z_0}{p}. \end{cases}$$

若$m = n = 0$, 则式(2.4.6)为

$$\begin{cases} x = x_0, \\ y = y_0. \end{cases}$$

其他类似.

若给定直线L上两相异点$M_1(x_1, y_1, z_1)$与$M_2(x_2, y_2, z_2)$, 则$\boldsymbol{s} = \overrightarrow{M_1M_2}$是$L$的方向向量. 套用式(2.4.6)可得$L$的方程为

$$\frac{x - x_1}{x_2 - x_1} = \frac{y - y_1}{y_2 - y_1} = \frac{z - z_1}{z_2 - z_1}.$$

3. 参数方程

设

$$\frac{x - x_0}{m} = \frac{y - y_0}{n} = \frac{z - z_0}{p} = t,$$

则有

$$\begin{cases} x = x_0 + mt, \\ y = y_0 + nt, \quad (-\infty < t < +\infty). \\ z = z_0 + pt \end{cases} \tag{2.4.7}$$

因式(2.4.7)含有参数t, 故称它是**直线参数方程**.

记$\boldsymbol{r}=\overrightarrow{OM},\boldsymbol{r}_0=\overrightarrow{OM_0}$, 由于

$$\overrightarrow{M_0M}\text{与}\boldsymbol{s}\text{共线}\Longleftrightarrow\overrightarrow{M_0M}=t\boldsymbol{s},$$

故有

$$\boldsymbol{r}-\boldsymbol{r}_0=t\boldsymbol{s}\quad\text{或}\quad\boldsymbol{r}=\boldsymbol{r}_0+t\boldsymbol{s}(-\infty<t<+\infty).\tag{2.4.8}$$

式(2.4.8)称为**直线向量方程**. 直线L的参数方程(2.4.7)是直线L的向量方程(2.4.8)的坐标形式而已.

将方程(2.4.6)～方程(2.4.8)化为一般方程是容易的, 下面举例说明将一般方程化为其他形式方程.

例 2.4.3 用点向式方程及参数方程表示直线$\begin{cases}x+y+z+1=0,\\2x-y+3z+4=0.\end{cases}$

解法一 将$x_0=1$代入所给方程组, 得$\begin{cases}y+z+2=0,\\y-3z-6=0,\end{cases}$ 解出$y=0,z=-2$, 可见点$(1,0,-2)$在直线上.

因直线与两平面的法向量$\boldsymbol{n}_1=\{1,1,1\},\boldsymbol{n}_2=\{2,-1,3\}$都垂直, 故$\boldsymbol{s}=\boldsymbol{n}_1\times\boldsymbol{n}_2=\{4,-1,-3\}$是直线的方向向量. 套用式(2.4.6) 与式(2.4.7), 得直线的点向式方程与参数方程分别为

$$\frac{x-1}{4}=\frac{y-0}{-1}=\frac{z+2}{-3},\qquad\begin{cases}x=1+4t,\\y=-t,\\z=-2-3t\end{cases}\quad(-\infty<t<+\infty).$$

解法二 解关于y,z的线性方程组

$$\begin{cases}y+z=-1-x,\\y-3z=4+2x,\end{cases}$$

得$4y=1-x,4z=-5-3x$, 这相当于

$$\frac{x-1}{4}=\frac{y-0}{-1}=\frac{z+2}{-3},$$

这就是所给直线的点向式方程, 相应的参数方程为

$$\begin{cases}x=1+4t,\\y=-t,\\z=-2-3t\end{cases}\quad(-\infty<t<+\infty).$$

2.4.3 关于平面与直线的基本问题

1. 距离问题

1) 平面外一点到该平面的距离

设平面π的方程为

$$Ax+By+Cz+D=0.$$

点$P_1(x_1,y_1,z_1)$是平面π外的一点(见图2.4.5), 从P_1向平面π引垂线, 设垂足为点P, 则$|\overrightarrow{PP_1}|$即为P_1到平面π 的距离d.

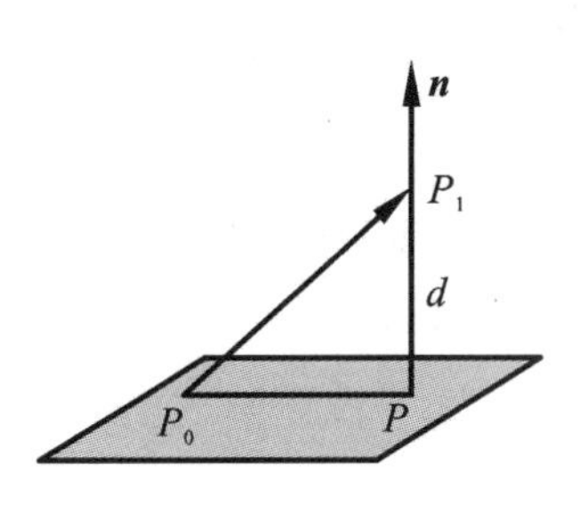

图2.4.5

在平面π上任取一点$P_0(x_0,y_0,z_0)$, 则有

$$Ax_0+By_0+Cz_0+D=0,$$

记平面π的法向量为$\boldsymbol{n}=\{A,B,C\}$, 则d是$\overrightarrow{P_0P_1}$在$\boldsymbol{n}$上的投影的绝对值, 即

$$\begin{aligned} d= &\ |\overrightarrow{PP_0}|=|\mathrm{proj}_{\boldsymbol{n}}\overrightarrow{P_0P_1}| \\ = &\ \frac{|P_0P_1\cdot\boldsymbol{n}|}{|\boldsymbol{n}|} \\ = &\ \frac{|A(x_1-x_0)+B(y_1-y_0)+C(z_1-z_0)|}{\sqrt{A^2+B^2+C^2}}, \end{aligned}$$

由P_0在平面π上, 可得

$$d=\frac{|Ax_1+By_1+Cz_1+D|}{\sqrt{A^2+B^2+C^2}}. \tag{2.4.9}$$

例 2.4.4 在y轴上求一点, 使它到平面$x-2y-2z-2=0$的距离为6.

解 设所求点为$(0,y,0)$, 套用式(2.4.9), 得

$$\frac{|-2y-2|}{\sqrt{1+4+4}}=6,$$

即

$$|y+1|=9,$$

故$y=-10$或$y=8$, 因此, 所求点为(0, −10, 0)或(0, 8, 0).

2) 直线外一点到该直线的距离

设直线L的方程为

$$\frac{x-x_0}{m}=\frac{y-y_0}{n}=\frac{z-z_0}{p}.$$

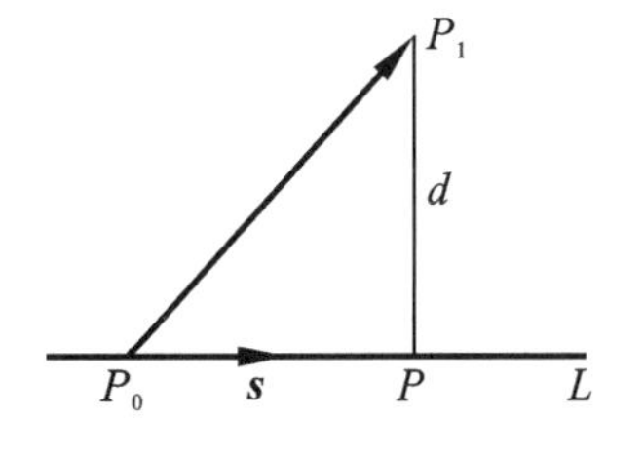

图2.4.6

点$P_1(x_1,y_1,z_1)$是直线L外的一点(见图2.4.6), 求点P_1到直线L的距离d.

在直线L上任取一点$P_0(x_0,y_0,z_0)$, 记直线L的方向向量为$\boldsymbol{s}=\{m,n,p\}$, 则d是以$\overrightarrow{P_0P_1}$与$\boldsymbol{s}$为邻边的平行四边形的高, 从而

$$d=\frac{|\overrightarrow{P_0P_1}\times\boldsymbol{s}|}{|\boldsymbol{s}|}, \tag{2.4.10}$$

其中$\overrightarrow{P_0P_1}=\{x_1-x_0,y_1-y_0,z_1-z_0\}$.

例 2.4.5 求点$P(2,-1,3)$到直线$L:\dfrac{x-2}{3}=\dfrac{y+1}{4}=\dfrac{z}{5}$的距离.

解 取直线L上的点$P_0(2,-1,0)$, 则$\overrightarrow{P_0P}=\{0,0,3\}$, 直线$L$的方向向量$\boldsymbol{s}=\{3,4,5\}$, 所以

$$\overrightarrow{P_0P}\times\boldsymbol{s}=\begin{vmatrix}\boldsymbol{i}&\boldsymbol{j}&\boldsymbol{k}\\0&0&3\\3&4&5\end{vmatrix}=\{-12,9,0\},$$

套用式(2.4.9), 得

$$d=\frac{|\overrightarrow{P_0P}\times\boldsymbol{s}|}{|\boldsymbol{s}|}=\frac{\sqrt{(-12)^2+9^2+0^2}}{\sqrt{3^2+4^2+5^2}}=\frac{3}{2}\sqrt{2}.$$

2.　两平面的相互关系

设平面π_1与π_2的方程分别是

$$\pi_1: A_1x+B_1y+C_1z+D_1=0,$$

$$\pi_2: A_2x+B_2y+C_2z+D_2=0,$$

则它们的法向量分别是

$$\boldsymbol{n}_1=\{A_1,B_1,C_1\},\quad \boldsymbol{n}_2=\{A_2,B_2,C_2\}.$$

称$\boldsymbol{n}_1$与$\boldsymbol{n}_2$的夹角θ(取锐角)(见图2.4.7)为平面π_1与π_2 的夹角,

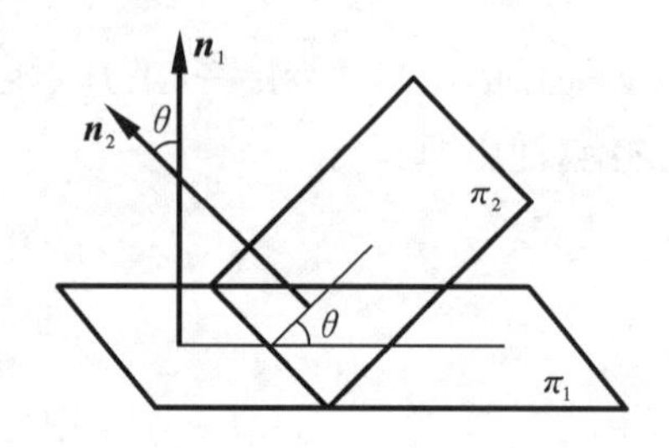

图2.4.7

$$\cos\theta=\frac{|\boldsymbol{n}_1\cdot\boldsymbol{n}_2|}{|\boldsymbol{n}_1||\boldsymbol{n}_2|}=\frac{|A_1A_2+B_1B_2+C_1C_2|}{\sqrt{A_1^2+B_1^2+C_1^2}\cdot\sqrt{A_2^2+B_2^2+C_2^2}}.\tag{2.4.11}$$

容易得到如下性质.

(1) 平面π_1垂直于$\pi_2\iff\boldsymbol{n}_1\perp\boldsymbol{n}_2\iff A_1A_2+B_1B_2+C_1C_2=0$;

(2) 平面π_1平行于$\pi_2\iff\boldsymbol{n}_1//\boldsymbol{n}_2\iff\dfrac{A_1}{A_2}=\dfrac{B_1}{B_2}=\dfrac{C_1}{C_2}$.

例 2.4.6　设平面过原点及点$(6,-3,2)$, 且与平面$4x-y+2z=8$垂直, 求此平面方程.

解　因平面过原点, 故可设平面方程为$Ax+By+Cz=0$. 由平面过点$(6,-3,2)$, 得

$$6A-3B+2C=0,$$

又由平面垂直于已知平面$4x-y+2z=8$, 得$4A-B+2C=0$. 解方程组$\begin{cases}6A-3B+2C=0,\\4A-B+2C=0,\end{cases}$ 得$A=B=-\dfrac{2}{3}C$, 因此所求平面方程为$2x+2y-3z=0$.

例 2.4.7　求通过点$(3,0,0)$和点$(0,0,1)$且与Oxy平面的夹角为$\dfrac{\pi}{3}$的平面的方程.

解　设平面的截距式方程为$\dfrac{x}{3}+\dfrac{y}{b}+\dfrac{z}{1}=1$, 即$bx+3y+3bz=3b$. 此平面的法向量为$\{b,3,3b\}$, 又$Oxy$平面的法向量为$\{0,0,1\}$, 利用式(2.4.11)及题设得

$$\cos\frac{\pi}{3}=\frac{|\boldsymbol{n}_1\cdot\boldsymbol{n}_2|}{|\boldsymbol{n}_1||\boldsymbol{n}_2|}=\frac{|3b|}{\sqrt{b^2+3^2+9b^2}},$$

即$b=\pm\dfrac{3}{\sqrt{26}}$, 故所求平面为

$$x+\sqrt{26}y+3z-3=0\quad 或\quad x-\sqrt{26}y+3z-3=0.$$

3.　直线与平面的关系

1) 直线与平面的夹角

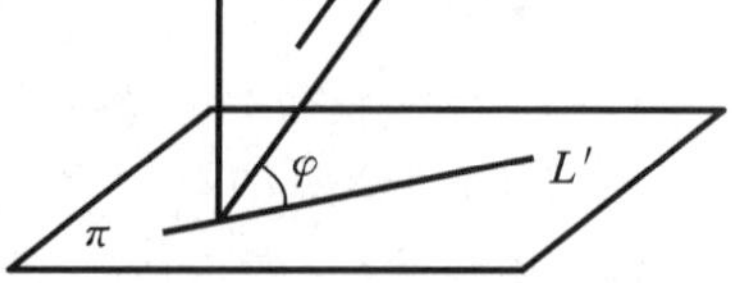

当直线L与平面π不垂直时, 直线L与它在平面π上的投影直线L'的夹角$\varphi\left(0\leqslant\varphi\leqslant\dfrac{\pi}{2}\right)$(见图2.4.8)称为直线$L$ 与平面π的夹角, 当直线L与平面π垂直时, 规定直线L与平面π的夹角为$\dfrac{\pi}{2}$.

图2.4.8

设直线L的方向向量为$\boldsymbol{s}=\{m,n,p\}$, 平面π的方程为$Ax+By+Cz+D=0$, 其法向量为$\boldsymbol{n}$, 则直线L与平面π的夹角为$\varphi=|\frac{\pi}{2}-\langle\boldsymbol{s},\boldsymbol{n}\rangle|$, 因此$\sin\varphi=|\cos\langle\boldsymbol{s},\boldsymbol{n}\rangle|$, 故有

$$\sin\varphi=\frac{|Am+Bn+Cp|}{\sqrt{A^2+B^2+C^2}\cdot\sqrt{m^2+n^2+p^2}}. \tag{2.4.12}$$

容易得到如下性质.

(1) $L\perp$平面$\pi\iff\frac{A}{m}=\frac{B}{n}=\frac{C}{p}$; (2.4.13)

(2) $L//$平面$\pi\iff\boldsymbol{n}_1//\boldsymbol{n}_2\iff Am+Bn+Cp=0$; (2.4.14)

(3) L在平面π内$\iff Am+Bn+Cp=0$且有$Ax_0+By_0+Cz_0+D=0$, 其中$(x_0,y_0,z_0)\in L$.

例 2.4.8 求直线$L:\frac{x-2}{1}=\frac{y-3}{1}=\frac{z-4}{2}$与平面$\pi:2x+y+z-6=0$的夹角$\varphi$.

解 L的方向向量为$\boldsymbol{s}=\{1,1,2\}$, 平面π的法向量为$\boldsymbol{n}=\{2,1,1\}$, 套用式(2.4.12), 得

$$\sin\varphi=\frac{|1\times2+1\times1+2\times1|}{\sqrt{1^2+1^2+2^2}\cdot\sqrt{2^2+1^2+1^2}}=\frac{5}{6},$$

故$\varphi=\arcsin\frac{5}{6}$.

2) 直线与平面的交点

求直线$L:\frac{x-x_0}{m}=\frac{y-y_0}{n}=\frac{z-z_0}{p}$与平面$\pi:Ax+By+Cz+D=0$的交点, 可将直线方程写成参数形式代入平面方程, 求出交点处的参数值, 再代入参数式方程求得交点坐标.

例 2.4.9 求直线$L:\frac{x+1}{3}=\frac{y-1}{2}=\frac{z}{-1}$与平面$\pi:3x+2y-z-5=0$的交点.

解 将直线方程化为参数式:$\begin{cases}x=-1+3t,\\ y=1+2t,\\ z=-t,\end{cases}$

代入平面方程得

$$3(-1+3t)+2(1+2t)-(-t)-5=0,$$

解得$t=\frac{3}{7}$, 从而求得交点为$(\frac{2}{7},\frac{13}{7},-\frac{3}{7})$.

4. 直线与直线的关系

设两直线方程是

$$L_1:\frac{x-x_1}{m_1}=\frac{y-y_1}{n_1}=\frac{z-z_1}{p_1},$$

$$L_2:\frac{x-x_2}{m_2}=\frac{y-y_2}{n_2}=\frac{z-z_2}{p_2},$$

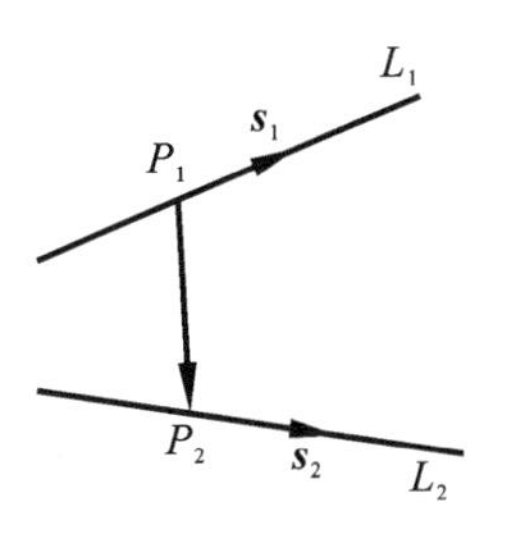

图2.4.9

它们分别过点$P_1(x_1,y_1,z_1)$和$P_2(x_2,y_2,z_2)$(见图2.4.9), 其方向向量分别是$\boldsymbol{s}_1=\{m_1,n_1,p_1\}$和$\boldsymbol{s}_2=\{m_2,n_2,p_2\}$.

1) 两直线共面的条件

L_1与L_2共面, 即$\overrightarrow{P_1P_2}, \boldsymbol{s}_1, \boldsymbol{s}_2$三向量共面, 其充分必要条件是$\overrightarrow{P_1P_2}\cdot(\boldsymbol{s}_1\times\boldsymbol{s}_2)=0$, 即

$$\begin{vmatrix} x_2-x_1 & y_2-y_1 & z_2-z_1 \\ m_1 & n_1 & p_1 \\ m_2 & n_2 & p_2 \end{vmatrix}=0. \tag{2.4.15}$$

2) 两直线的夹角

称$\boldsymbol{s}_1$与$\boldsymbol{s}_2$之间的夹角φ(取锐角)为平面L_1与L_2的夹角. 于是有

$$\cos\varphi=\frac{|m_1m_2+n_1n_2+p_1p_2|}{\sqrt{m_1^2+n_1^2+p_1^2}\cdot\sqrt{m_2^2+n_2^2+p_2^2}}. \tag{2.4.16}$$

容易得到如下性质.

(1) $L_1//L_2 \Longleftrightarrow \boldsymbol{s}_1//\boldsymbol{s}_2 \Longleftrightarrow \dfrac{m_1}{m_2}=\dfrac{n_1}{n_2}=\dfrac{p_1}{p_2}$; (2.4.17)

(2) $L_1\perp L_2 \Longleftrightarrow \boldsymbol{s}_1\perp\boldsymbol{s}_2 \Longleftrightarrow m_1m_2+n_1n_2+p_1p_2=0.$ (2.4.18)

3) 两异面直线之间的距离

设异面直线L_1与L_2的公垂线为l, 则l的方向向量为$\boldsymbol{s}_1\times\boldsymbol{s}_2$(见图2.4.10), 而异面直线$L_1$与$L_2$之间的距离$d$是$\overrightarrow{P_1P_2}$在$\boldsymbol{s}_1\times\boldsymbol{s}_2$上的投影的绝对值, 即

$$d=|\mathrm{proj}_{\boldsymbol{s}_1\times\boldsymbol{s}_2}\overrightarrow{P_1P_2}|=\frac{|\overrightarrow{P_1P_2}\cdot(\boldsymbol{s}_1\times\boldsymbol{s}_2)|}{|\boldsymbol{s}_1\times\boldsymbol{s}_2|}. \tag{2.4.19}$$

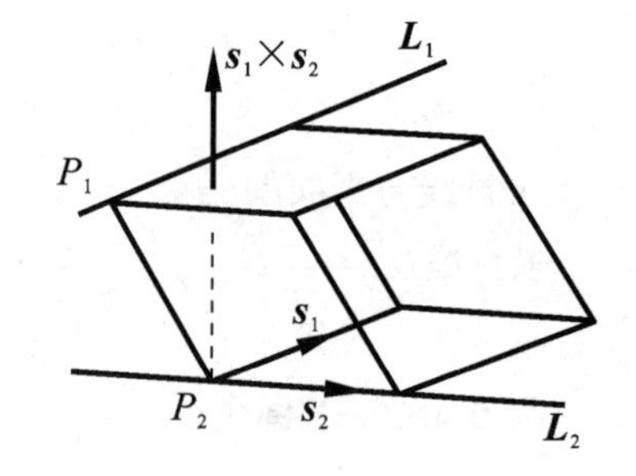

图2.4.10

式(2.4.19)的另一种解释: $|\overrightarrow{P_1P_2}\cdot(\boldsymbol{s}_1\times\boldsymbol{s}_2)|$是以$\overrightarrow{P_1P_2}$, $\boldsymbol{s}_1, \boldsymbol{s}_2$为棱的平行六面体的体积, $|\boldsymbol{s}_1\times\boldsymbol{s}_2|$是平行六面体的底面积, 则该平行六面体的高就是所要求的异面直线L_1与L_2之间的距离d.

例 2.4.10　设直线L_1与L_2的方程分别是$\dfrac{x-1}{1}=\dfrac{y}{1}=\dfrac{z-1}{2}$与$\dfrac{x}{1}=\dfrac{y+1}{3}=\dfrac{z-2}{4}$. (1) 验证$L_1$与$L_2$是异面直线; (2) 求$L_1$与$L_2$的夹角; (3) 求$L_1$与$L_2$的距离.

解　(1) 由直线方程知直线L_1与L_2的方向向量分别是$\boldsymbol{s}_1=\{1,1,2\}, \boldsymbol{s}_2=\{1,3,4\}$, 且点$P_1(-1,0,1)$和$P_2(0,-1,2)$ 分别是L_1与L_2上的点, 因

$$\overrightarrow{P_1P_2}\cdot(\boldsymbol{s}_1\times\boldsymbol{s}_2)=\begin{vmatrix} 1 & -1 & 1 \\ 1 & 1 & 2 \\ 1 & 3 & 4 \end{vmatrix}=2\neq 0,$$

故L_1与L_2为异面直线.

(2) 设L_1与L_2的夹角φ, 则

$$\cos\varphi=\frac{|1\times1+1\times3+2\times4|}{\sqrt{1^2+1^2+2^2}\cdot\sqrt{1^2+3^2+4^2}}=\frac{2}{13}\sqrt{39},$$

故$\varphi=\arccos\dfrac{2}{13}\sqrt{39}$.

(3) 因为$\boldsymbol{s}_1 \times \boldsymbol{s}_2 = \begin{vmatrix} \boldsymbol{i} & \boldsymbol{j} & \boldsymbol{k} \\ 1 & 1 & 2 \\ 1 & 3 & 4 \end{vmatrix} = \{-2,-2,2\}, |\boldsymbol{s}_1 \times \boldsymbol{s}_2| = 2\sqrt{3}$, 套用式(2.4.19)得$L_1$与$L_2$的距离$d = \dfrac{\sqrt{3}}{3}$.

5. 平面束方程

设直线L的方程为

$$\begin{cases} A_1x + B_1y + C_1z + D_1 = 0, \\ A_2x + B_2y + C_2z + D_2 = 0 \end{cases} \qquad (\{A_1, B_1, C_1\} \times \{A_2, B_2, C_2\} \neq 0),$$

即L是不相互平行的平面$\pi_1 : A_1x + B_1y + C_1z + D_1 = 0$与$\pi_2 : A_2x + B_2y + C_2z + D_2 = 0$ 的交线. 考察含双参数$\lambda, \mu(\lambda, \mu$不同时为零)的平面方程

$$\lambda(A_1x + B_1y + C_1z + D_1) + \mu(A_2x + B_2y + C_2z + D_2) = 0, \tag{2.4.20}$$

若点$M_0(x_0, y_0, z_0)$在直线L上, 则其坐标必定同时满足平面π_1和平面π_2的方程, 从而满足方程(2.4.20), 这说明方程(2.4.20) 所代表的平面是过直线L的平面. 当λ, μ固定, 方程(2.4.20)表示一个平面, 当λ, μ变化时, 方程(2.4.20)表示一族平面, 故称方程(2.4.20) 为过直线L的双参数**平面束方程**. 若取$\lambda = 1, \mu = 0$, 则得到平面π_1 的方程; 若$\lambda = 0, \mu = 1$, 则得到平面π_2的方程. 若平面π过直线L且其既不是π_1也不是π_2, 则存在点$M_1(x_1, y_1, z_1) \in \pi$, 使得$M_1 \notin \pi_1, M_1 \notin \pi_2$, 即

$$A_1x_1 + B_1y_1 + C_1z_1 + D_1 = a \neq 0, \qquad A_2x_1 + B_2y_1 + C_2z_1 + D_2 = b \neq 0,$$

取$\lambda = b, \mu = -a$, 则方程

$$b(A_1x + B_1y + C_1z + D_1) - a(A_2x + B_2y + C_2z + D_2) = 0$$

表示的平面过直线L与直线L外一点$M_1(x_1, y_1, z_1)$, 故它就是平面π的方程.

终上所述, 任何过直线L的平面都包含于平面束方程(2.4.20)中, 只要适当选取参数λ, μ即可. 由于λ, μ不同时为零, 因此平面束也可以用如下的**单参数方程**表示:

$$(A_1x + B_1y + C_1z) + D_1 + \lambda(A_2x + B_2y + C_2z + D_2) = 0. \tag{2.4.21}$$

除π_2外, 任一过直线L的平面都包含于单参数平面束方程(2.4.21)中. 在具体应用时, 大多选择单参数.

例 2.4.11 求过直线$L : \begin{cases} x + y - z - 1 = 0, \\ x - y + z + 1 = 0 \end{cases}$ 且与平面$\pi : x + y + z = 0$垂直的平面方程.

解 注意到$\pi_2 : x - y + z + 1 = 0$与平面$\pi$不垂直, 因而$\pi_2$不是所求平面, 因此, 设过$L$的平面束方程为

$$(x + y - z - 1) + \lambda(x - y + z + 1) = 0,$$

即

$$(1 + \lambda)x + (1 - \lambda)y + (-1 + \lambda)z + \lambda - 1 = 0,$$

其方向矢量$\boldsymbol{n} = \{1 + \lambda, 1 - \lambda, -1 + \lambda\}, \lambda$为待定常数. 由于所求平面与$\pi$垂直, 故

$$1 + \lambda + (1 - \lambda) + 1 + \lambda = 0,$$

由此解出$\lambda = -1$, 从而所求平面方程为$y - z - 1 = 0$.

习题 2.4

2.4.1 求满足下列条件的平面方程:

(1) 平行于平面$3x-7y+5z-12=0$且过点$(4,-7,1)$;

(2) 过两点$A(8,-3,1)$与$B(4,7,2)$且垂直于平面$3x+5y-7z-21=0$;

(3) 过三点$A(7,6,7),B(5,10,5),C(-1,8,9)$;

(4) 过原点且垂直于两平面$x-y+z-7=0$及$3x-2y-12z+5=0$;

(5) 与各坐标轴的截距相等且过点$(6,2,-4)$;

(6) 平行于平面$5x+3y+2z+7=0$且与各坐标轴的截距的总和为31;

(7) 平面法向量的方向数为$6,-2,3$, 且原点到此平面的距离为3.

2.4.2 求两平面$3x+6y-2z-21=0$和$3x+6y-2z+35=0$之间的距离.

2.4.3 在x轴上求一点, 使这点与两平面$2x-y+2z-5=0$和 $x+2y-2z+7=0$的距离相等.

2.4.4 设a,b,c分别为平面在三坐标轴上的截距, d为原点与平面之间的距离, 证明$a^{-2}+b^{-2}+c^{-2}=d^{-2}$.

2.4.5 求满足下列条件的直线方程:

(1) 过点(2, 3, 4)且垂直于平面$3x-5y+7z+6=0$;

(2) 过点(2, −3, 8)且平行于z轴;

(3) 过原点和点(a,b,c);

(4) 过点(1, 2, 3)且与z轴相交, 与直线$x=y=z$垂直.

2.4.6 求一点, 使其与原点关于平面$6x+2y-9z+121=0$对称.

2.4.7 求点$A(1,2,3)$到直线$\begin{cases}x+y-z=1,\\2x+z=3\end{cases}$的距离.

2.4.8 求直线$\begin{cases}x-y+z-1=0,\\2x+3y-z-7=0\end{cases}$的点向式方程.

2.4.9 过直线$\dfrac{x-2}{5}=\dfrac{y-3}{1}=\dfrac{z+1}{2}$作平面$x+4y-3z+7=0$的垂直平面, 写出它的方程.

2.4.10 求直线$\begin{cases}x-y+z+1=0,\\x-y-z-1=0\end{cases}$在平面$x+y+z=0$上的投影方程.

2.4.11 写出点$A(2,3,1)$到直线$\dfrac{x+1}{2}=\dfrac{y}{-1}=\dfrac{z-2}{3}$的垂线的方程.

2.4.12 已知直线$L_1:\dfrac{x}{3}=\dfrac{y-1}{2}=\dfrac{z+2}{-2}$和$L_2:\dfrac{x+3}{1}=\dfrac{y+1}{6}=\dfrac{z}{6}$. (1) 证明$L_1$与$L_2$相交; (2) 求由$L_1$与$L_2$所确定的平面的方程.

2.4.13 求满足下列条件的平面方程:

(1) 过点(2, 1, 1)且垂直于直线$\begin{cases} x+2y-z-1=0, \\ 2x+y-z=0; \end{cases}$

(2) 过点(3, 1, −2)和直线$\dfrac{x-4}{5}=\dfrac{y+3}{2}=\dfrac{z}{1}$;

(3) 过直线$\begin{cases} x+y+z=0, \\ 2x-y+3z=0 \end{cases}$且平行于直线$\dfrac{x}{6}=\dfrac{y}{3}=\dfrac{z-1}{2}$.

2.4.14 求一平面, 使它通过两平面$3x+y-z+5=0$与$x-y+z-2=0$的交线, 且与平面$y-z=0$成45°角.

2.5 曲面与曲线

2.5.1 曲面

在2.4节, 我们已经知道, 三元一次方程表示空间中一个平面. 一般地, 满足三元方程

$$F(x,y,z)=0 \tag{2.5.1}$$

的点(x,y,z)的集合$S=\{(x,y,z)|F(x,y,z)=0\}$在空间中构成一曲面, 称方程(2.5.1)为曲面S的方程, 通常称"曲面$F(x,y,z)=0$".

关于曲面的两个基本问题如下:

(1) 已知曲面S的点满足的几何条件, 建立曲面S的方程;

(2) 已知曲面S的方程, 研究曲面的几何形状.

1. 几种常见曲面

1) 球面

到一定点$M_0(x_0,y_0,z_0)$的距离恒为常数R的点的集合称为球面, M_0称为球心、R称为半径, 求此球面S的方程.

点$M(x,y,z)$在球面上的充要条件是$|M_0M|=R$, 即

$$\sqrt{(x-x_0)^2+(y-y_0)^2+(z-z_0)^2}=R,$$

两边平方, 得

$$(x-x_0)^2+(y-y_0)^2+(z-z_0)^2=R^2, \tag{2.5.2}$$

方程(2.5.2)就是球面S的方程.

特别地, 如果球心在坐标原点, 则球面方程为$x^2+y^2+z^2=R^2$. 方程(2.5.2)可以改写成

$$x^2+y^2+z^2+Ax+By+Cz+D=0. \tag{2.5.3}$$

反之, 给定一个形如方程(2.5.3)的方程, 总可以通过"配方法"化为

$$\left(x+\frac{A}{2}\right)^2+\left(y+\frac{B}{2}\right)^2+\left(z+\frac{C}{2}\right)^2=\rho,$$

其中

$$\rho=\frac{1}{4}(A^2+B^2+C^2)-D.$$

当$\rho>0$时, 方程表示以$(-\frac{A}{2},-\frac{B}{2},-\frac{C}{2})$为球心、以$\sqrt{\rho}$为半径的球面.

2) 柱面

平行于定直线L并且沿定曲线C移动形成的曲面称为柱面, 定曲线C称为柱面的**准线**, 动直线L称为母线.

设柱面S的母线平行于z轴, S的准线是Oxy平面上的曲线$C: f(x,y)=0$, 求此柱面S的方程.

点$M(x,y,z)$在柱面上的充要条件是点M在Oxy平面上的投影$N(x,y,0)$在曲线C上(见图2.5.1), 这说明$f(x,y)=0$为所求柱面S的方程.

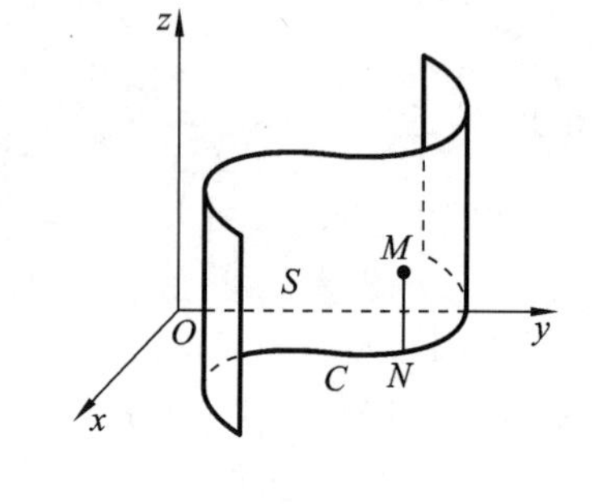

图2.5.1

注意到柱面方程在形式上与准线方程一样, 因此应区分对方程$f(x,y)=0$的两种不同理解. 在Oxy平面上, $f(x,y)=0$表示曲线方程, 而在空间中, $f(x,y)=0$表示一个柱面且母线平行于z轴. 类似地, 母线平行于x轴或y轴的柱面方程可以表示为

$$f(y,z)=0 \quad 或 \quad f(x,z)=0.$$

下面是几个常见的母线平行于z轴的柱面方程.

椭圆柱面: $\frac{x^2}{a^2}+\frac{y^2}{b^2}=1$ (见图2.5.2);

双曲柱面: $\frac{x^2}{a^2}-\frac{y^2}{b^2}=1$ (见图2.5.3);

抛物柱面: $y^2=2px(p>0)$(见图2.5.4).

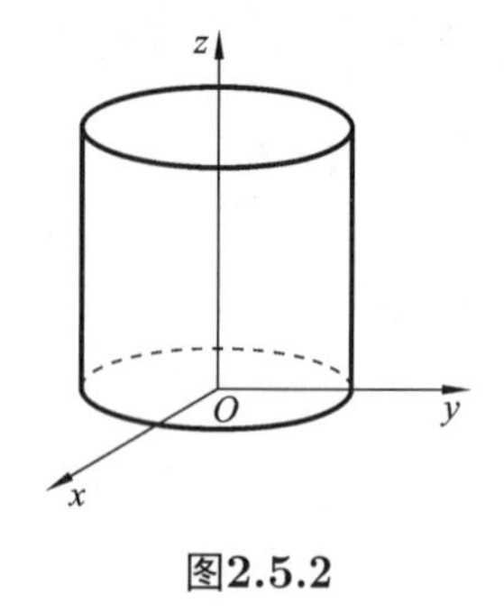

图2.5.2

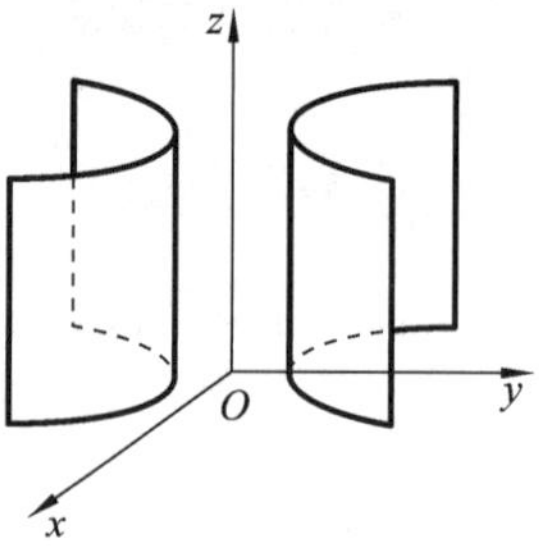

图2.5.3

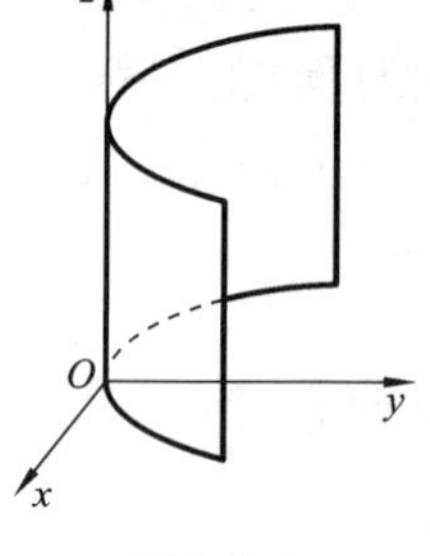

图2.5.4

3) 旋转曲面

平面曲线C绕该平面内的一条直线L旋转一周所形成的曲面称为**旋转曲面**, 平面曲线C称为旋转曲面的母线, 定直线L称为旋转曲面的旋转轴.

设旋转曲面S由Oyz平面上的曲线$C: f(y,z)=0$绕z轴旋转而成, 求此旋转曲面S的方程.

点$M(x,y,z)$在旋转曲面上的充要条件是曲线C上存在一点$M_0(0,y_0,z_0)$, M 在M_0绕z轴旋转所形成的圆周上(见图2.5.5), 这意味着

$$f(y_0,z_0)=0,\quad \sqrt{x^2+y^2}=|y_0|,\quad z=z_0,$$

将$z=z_0, y_0=\pm\sqrt{x^2+y^2}$代入$f(y_0,z_0)=0$中, 得

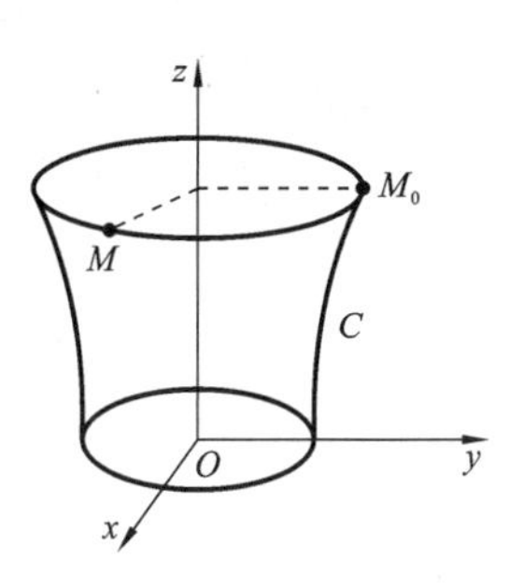

图2.5.5

$$f(\pm\sqrt{x^2+y^2},z)=0, \tag{2.5.4}$$

这就是旋转曲面C的方程.

类似地, Oyz平面上的曲线$C: f(y,z)=0$绕y轴旋转而成的曲面S的方程是$f(y,\pm\sqrt{x^2+z^2})=0$; Oxy平面上的曲线$C: f(x,y)=0$绕x轴(或y轴)旋转而成的曲面S的方程是$f(x,\pm\sqrt{y^2+z^2})=0$(或$f(\pm\sqrt{x^2+z^2},y)=0$)等.

如Oyz平面上的椭圆: $\dfrac{y^2}{a^2}+\dfrac{z^2}{b^2}=1$绕$z$轴旋转而成的旋转曲面(称为**旋转椭球面**, 见图2.5.6)S的方程是

$$\frac{x^2+y^2}{a^2}+\frac{z^2}{b^2}=1.$$

特别地, 平面直线L绕同一平面内的另一条与L相交的定直线旋转一周所形成的旋转曲面称为**圆锥面**. 两直线的交点称为圆锥面的**顶点**, 两直线的夹角$\alpha(0<\alpha<\dfrac{\pi}{2})$称为圆锥面的**半顶角**.

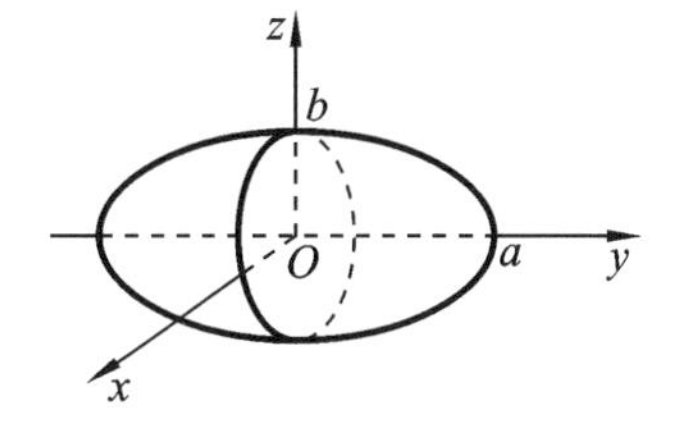

图2.5.6

当顶点在坐标原点, 旋转轴为z轴, 半顶角为α时(见图2.5.7), 由于Oyz 平面上直线L的方程为$z=y\cot\alpha$, 因此圆锥面的方程为

$$z=\pm\sqrt{x^2+y^2}\cot\alpha$$

或

$$z^2=a^2(x^2+y^2),$$

其中$a=\cot\alpha$.

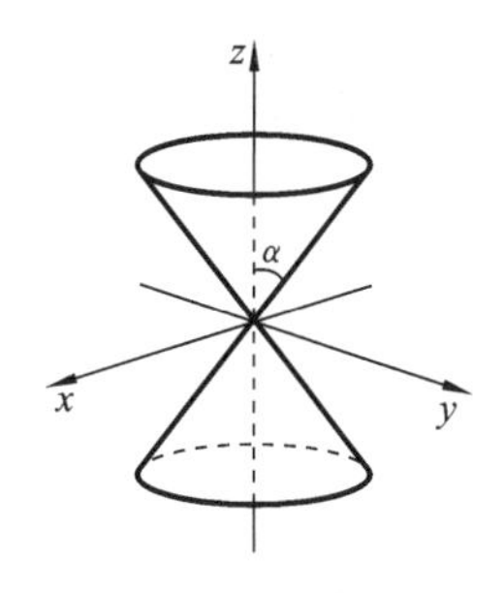

图2.5.7

类似地, 顶点在坐标原点, 旋转轴为y轴(或x轴), 半顶角为α圆锥面的方程为$y^2=a^2(x^2+z^2)$(或$x^2=a^2(y^2+z^2)$).

2. 曲面的参数方程

曲面还可以用参数方程表示. 设有方程组

$$\begin{cases} x=x(u,v),\\ y=y(u,v), \qquad u\in I, v\in J,\\ z=z(u,v), \end{cases} \tag{2.5.5}$$

其中$x(u,v),y(u,v)$和$z(u,v)$均是u,v的函数, I和J是两个区间. 若曲面$S=\{(x,y,z)|x=x(u,v), y=y(u,v),z=z(u,v),u\in I,v\in J\}$, 则称方程(2.5.5)是**曲面参数方程**, 它的向量方程为

$$\boldsymbol{r}(u,v)=x(u,v)\boldsymbol{i}+y(u,v)\boldsymbol{j}+z(u,v)\boldsymbol{k},\quad u\in I,v\in J. \tag{2.5.6}$$

例如, 平面$Ax+By+Cz+D=0(C\neq 0)$可用参数方程表示为

$$x=u,\quad y=v,\quad z=-\frac{A}{C}u-\frac{B}{C}v-\frac{D}{C},$$

圆锥面$z=\sqrt{x^2+y^2},0\leqslant z\leqslant 1$的向量方程为

$$\boldsymbol{r}(r,\theta)=(r\cos\theta)\boldsymbol{i}+(r\sin\theta)\boldsymbol{j}+r\boldsymbol{k},\quad 0\leqslant r\leqslant 1,0\leqslant\theta\leqslant 2\pi.$$

2.5.2 空间曲线

依给定条件不同, 空间曲线有不同的形式, 主要形式有如下两种.

1. 一般式方程

空间曲线L可以看作两个曲面的交线. 设两曲面的方程是$F(x,y,z)=0$和$G(x,y,z)=0$, 则空间中的点$M(x,y,z)$在曲线L上的充分必要条件是(x,y,z) 满足方程组

$$\begin{cases}F(x,y,z)=0,\\ G(x,y,z)=0.\end{cases} \tag{2.5.7}$$

式(2.5.7)称为**曲线一般式方程**(可与直线的一般式方程对照). 例如, 方程组

$$\begin{cases}x^2+y^2=a^2,\\ z=x\end{cases}\quad (a>0),$$

表示圆柱面$x^2+y^2=a^2(a>0)$与平面$z=x$的交线. 注意该曲线也可以表示为

$$\begin{cases}z^2+y^2=a^2,\\ z=x\end{cases}\quad (a>0).$$

可见, 空间曲线的表示方法不唯一.

2. 参数方程

空间曲线L可以看作支点运动的轨迹. 若动点$M(x,y,z)$对时间t的依赖关系为

$$\begin{cases}x=x(t),\\ y=y(y),\qquad t\in I,\\ z=z(t),\end{cases} \tag{2.5.8}$$

则方程组(2.5.8)完全确定了曲线L上每一点的位置.

一般地, 若曲线L上动点的坐标(x,y,z)能表示为式(2.5.8), 其中t为参数(不一定表示时间), 则称式(2.5.8)为**空间曲线参数方程**. 它的向量方程为

$$\boldsymbol{r}=\boldsymbol{r}(t)=x(t)\boldsymbol{i}+y(t)\boldsymbol{j}+z(t)\boldsymbol{k},\quad t\in I, \tag{2.5.9}$$

称$\boldsymbol{r}(t)$为**向量函数**(见图2.5.8). 借助坐标函数, 可以定义向量函数的极限、连续、导数和积分, 例如, $\boldsymbol{r}(t)$连续即$x(t)$, $y(t), z(t)$均连续; $\boldsymbol{r}(t)$可导即$x(t), y(t), z(t)$均可导, 且

$$\boldsymbol{r}'(t)=x'(t)\boldsymbol{i}+y'(t)\boldsymbol{j}+z'(t)\boldsymbol{k}.$$

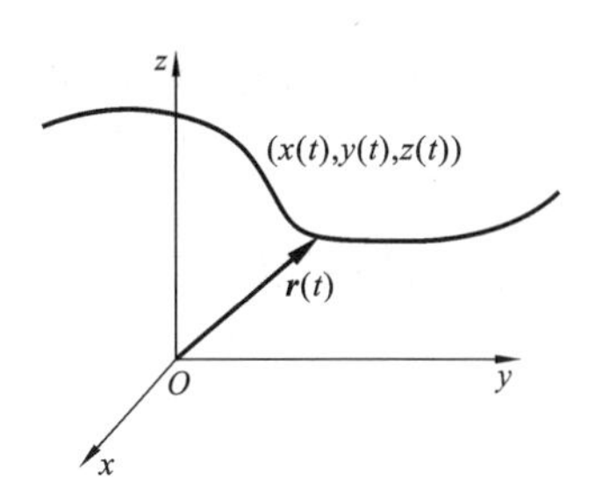

图2.5.8

例 2.5.1 设一质点从点$A(a,0,0)(a>0)$出发, 在圆柱面$x^2+y^2=a^2$以常角速度ω绕z轴旋转, 同时以匀速v沿平行于z轴的正方向上升, 求质点的轨迹方程.

解 取时间t为参数, 以(x,y,z)记为动点M的坐标, 则点M在Oxy 平面上的投影点为$M_1(x,y,0)$.

由于质点以常角速度ω绕z轴旋转, 因此, 在时间t时, $\angle AOM_1=\omega t$, 故$\begin{cases}x=a\cos(\omega t),\\ y=a\sin(\omega t).\end{cases}$ 再由质点以匀速v沿平行于z轴的正方向上升, 得$z=vt$. 因此, 质点的轨迹方程为

$$\begin{cases}x=a\cos(\omega t),\\ y=a\sin(\omega t), \qquad t\geqslant 0.\\ z=vt,\end{cases}\tag{2.5.10}$$

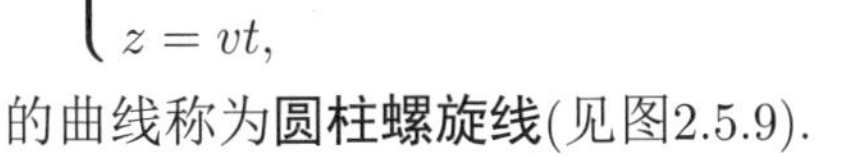

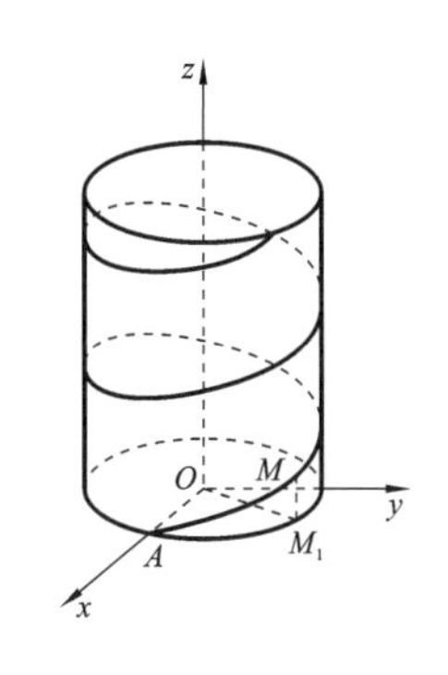

图2.5.9

例2.5.1中的曲线称为**圆柱螺旋线**(见图2.5.9).

3. 空间曲线的投影柱面与投影曲线

设L是一空间曲线, L上每点$M(x,y,z)$在Oxy平面上有一投影$(x,y,0)$, 这样的点$(x,y,0)$通常构成Oxy平面上的一条曲线l(有时可能退化为一点), 称l为L在Oxy平面上的**投影曲线**(见图2.5.10).

现过曲线L作母线平行于z轴的柱面S, 称S为L对Oxy平面的**投影柱面**. 于是投影曲线l是投影柱面S与Oxy平面的交线.

设空间曲线L的方程为

$$\begin{cases}F(x,y,z)=0,\\ G(x,y,z)=0.\end{cases}\tag{2.5.11}$$

从式(2.5.11)中消去z, 得到方程$H(x,y)=0$, 则

$$\begin{cases}H(x,y)=0,\\ z=0\end{cases}$$

就是投影曲线l的方程.

图2.5.10

同理, 从式(2.5.11)中消去x或y, 然后与$x=0$或$y=0$联立, 即可得到L在Oyz平面或Ozx平面上的投影曲线

$$\begin{cases}P(y,z)=0,\\ x=0\end{cases} \quad 或 \quad \begin{cases}Q(x,z)=0,\\ y=0.\end{cases}$$

例 2.5.2　求旋转椭球面$x^2+y^2+4z^2=4$与平面$y+z=1$的交线在三坐标平面上的投影曲线.

解　旋转椭球面与平面$y+z=1$的交线为$L:\begin{cases}x^2+y^2+4z^2=4,\\ y+z=1.\end{cases}$在$L$中消去$z$, 得母线平行于$z$轴的投影柱面$x^2+5y^2-8y=0$, 于是$L$在$Oxy$平面上的投影曲线为

$$\begin{cases}x^2+5y^2-8y=0,\\ z=0,\end{cases}$$

这是Oxy平面上的椭圆.

(2) 同理可得L在Oxz平面以及Oyz平面上的投影曲线分别为

$$\begin{cases}x^2+5z^2-2z=3,\\ y=0\end{cases}\quad 或 \quad\begin{cases}y+z=1,\\ x=0\end{cases}\quad\left(-\frac{3}{5}\leqslant z\leqslant 1\right).$$

2.5.3　二次曲面

关于x,y,z的二次方程所表示的曲面称为**二次曲面**, 如球面、圆锥面都是二次曲面. 下面再介绍几类特殊的二次曲面, 并利用二次曲面的标准方程讨论其几何形状, 所用方法为**平面截痕法**, 即用坐标面和平行于坐标面的平面截割二次曲面, 通过对所得交线(即截痕)的考察, 得二次曲面的形状.

以下假设$a,b,c>0$.

1.　椭球面

由方程

$$\frac{x^2}{a^2}+\frac{y^2}{b^2}+\frac{z^2}{c^2}=1 \tag{2.5.12}$$

所表示的曲面称为**椭球面**, a,b,c称为椭球面的半轴. 容易得到椭球面既关于三坐标平面对称, 又关于坐标原点对称, 且由

$$|x|\leqslant a,|y|\leqslant b,|z|\leqslant c$$

知椭球面在由平面$x=\pm a,y=\pm b,z=\pm c$所界定的长方体内, 即椭球面是有界的.

用平面$z=h(|h|\leqslant c)$截割椭球面. 若$|h|<c$, 则截痕为椭圆

$$\begin{cases}\dfrac{x^2}{\dfrac{a^2}{c^2}(c^2-h^2)}+\dfrac{y^2}{\dfrac{b^2}{c^2}(c^2-h^2)}=1,\\ z=h.\end{cases}$$

若$h=\pm c$, 则截痕退化为孤立点$(0,0,\pm c)$. 用平面$x=h(|h|\leqslant a)$或$y=h(|h|\leqslant b)$截椭球面的情况可类推. 由以上分析可知, 式(2.5.12)所表示的椭球面的形状如图2.5.11所示.

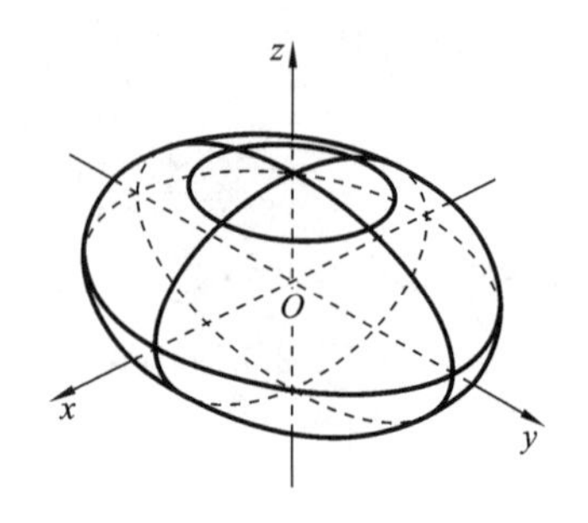

图2.5.11

特别地, 当a,b,c中有两个相等时, 式(2.5.12)表示一旋转椭球面; 当$a=b=c$时, 式(2.5.12)表示一球面.

2. 单叶双曲面

由方程

$$\frac{x^2}{a^2}+\frac{y^2}{b^2}-\frac{z^2}{c^2}=1 \tag{2.5.13}$$

所表示的曲面称为**单叶双曲面**, 它关于三坐标面以及坐标原点对称.

用平面$z=h(|h|<+\infty)$截此曲面, 截痕为椭圆

$$\begin{cases}\dfrac{x^2}{\dfrac{a^2}{c^2}(c^2+h^2)}+\dfrac{y^2}{\dfrac{b^2}{c^2}(c^2+h^2)}=1,\\ z=h.\end{cases}$$

当$h=0$时, 椭圆$\begin{cases}\dfrac{x^2}{a^2}+\dfrac{y^2}{b^2}=1,\\ z=0\end{cases}$在$Oxy$平面上, 这是最小的一个椭圆, 称为"腰椭圆". 用平面$y=h(|h|<+\infty)$截曲面, 截痕为双曲线

$$\begin{cases}\dfrac{x^2}{a^2}-\dfrac{z^2}{c^2}=1-\dfrac{h^2}{b^2},\\ y=h.\end{cases}$$

当$|h|<b$时, 双曲线的实轴与x轴同向; 当$|h|>b$时, 双曲线的实轴与z轴同向; 当$|h|=b$时, 双曲线退化为一对相交直线. 用平面$x=h(|h|<+\infty)$截曲面的情况可类推. 由以上分析可知, 式(2.5.13)所表示的单叶双曲面的形状如图2.5.12所示.

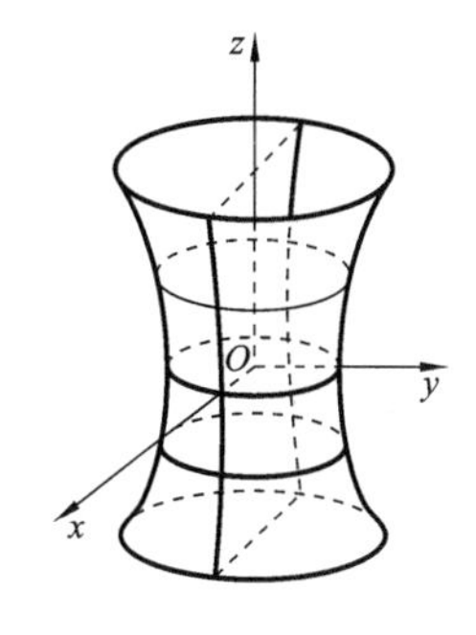

图2.5.12

特别地, 当$a=b$时, 式(2.5.13)表示一单叶转椭双曲面.

3. 双叶双曲面

由方程

$$-\frac{x^2}{a^2}-\frac{y^2}{b^2}+\frac{z^2}{c^2}=1 \tag{2.5.14}$$

所表示的曲面称为**双叶双曲面**, 它也关于三坐标平面以及坐标原点对称.

用平面$z=h$截此曲面, 当$|h|<c$时, 无截痕; 当$|h|>c$时, 截痕为椭圆

$$\begin{cases}\dfrac{x^2}{\dfrac{a^2}{c^2}(h^2-c^2)}+\dfrac{y^2}{\dfrac{b^2}{c^2}(h^2-c^2)}=1,\\ z=h.\end{cases}$$

当$h=\pm c$, 则截痕退化为孤立点$(0,0,\pm c)$. 因此, 双叶双曲面由分别位于Oxy平面上下两侧的两叶组成. 用平面$x=h$或$y=h(|h|<+\infty)$截曲面所得的截痕均为双曲线, 其实轴平行于z轴. 式(2.5.14)所表示的双叶双曲面的形状如图2.5.13所示.

4. 椭圆抛物面

由方程

$$z=\frac{x^2}{a^2}+\frac{y^2}{b^2} \tag{2.5.15}$$

所表示的曲面称为**椭圆抛物面**, 它位于Oxy平面上方, 且关于Ozx平面以及Oyz平面对称, 当$a=b$时, 式(2.5.15)表示一旋转椭圆抛物面.

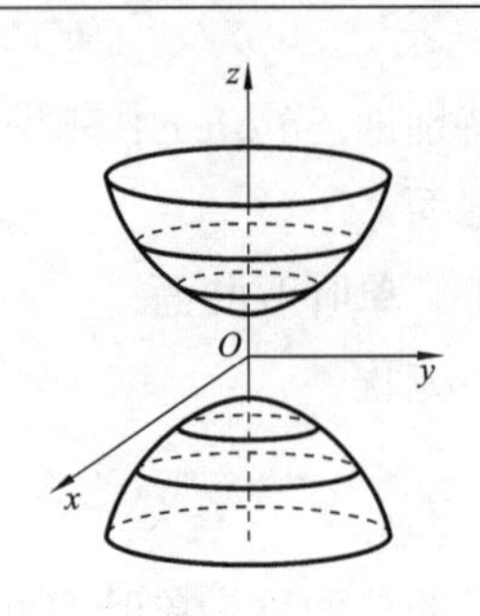

图2.5.13

用平面$z=h$截此曲面, 当$h>0$时, 截痕为椭圆

$$\begin{cases}\dfrac{x^2}{a^2h}+\dfrac{y^2}{b^2h}=1,\\ z=h.\end{cases}$$

当$h=0$时, 截痕退化为孤立点(0,0,0). 用平面$y=h(|h|<+\infty)$截此曲面, 截痕为抛物线

$$\begin{cases}z-\dfrac{h^2}{b^2}=\dfrac{x^2}{a^2},\\ y=h.\end{cases}$$

用平面$x=h(|h|<+\infty)$截曲面的情况可类推. 式(2.5.15)所表示的椭圆抛物面的形状如图2.5.14所示.

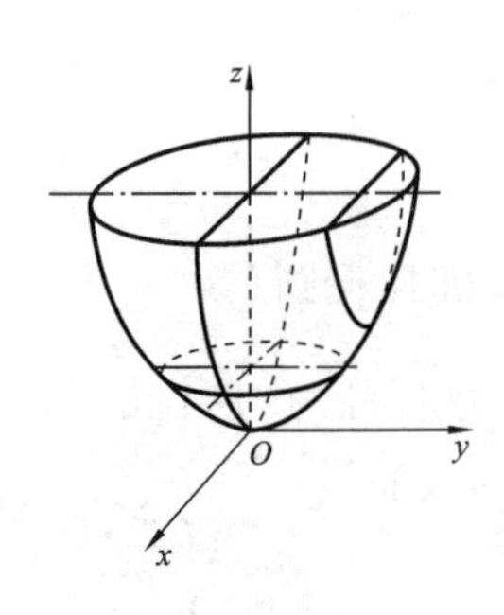

图2.5.14

5. 双曲抛物面

由方程

$$z=-\frac{x^2}{a^2}+\frac{y^2}{b^2} \tag{2.5.16}$$

所表示的曲面称为**双曲抛物面**, 也称为**马鞍面**.

用平面$z=h$截此曲面, 截痕为

$$\begin{cases}-\dfrac{x^2}{a^2h}+\dfrac{y^2}{b^2h}=1,\\ z=h.\end{cases}$$

当$h>0$时, 截痕为双曲线, 其实轴平行于y轴; 当$h<0$时, 截痕也为双曲线, 其实轴平行于x轴; 当$h=0$时, 截痕是Oxy平面上两条相交于原点的直线.

用平面$x=h(|h|<+\infty)$截此曲面, 截痕为开口向上的抛物线

$$\begin{cases}z+\dfrac{h^2}{a^2}=\dfrac{y^2}{b^2},\\ x=h.\end{cases}$$

用平面$y=h(|h|<+\infty)$截此曲面的情况可类推. 式(2.5.16)所表示的双曲抛物面的形状如图2.5.15所示.

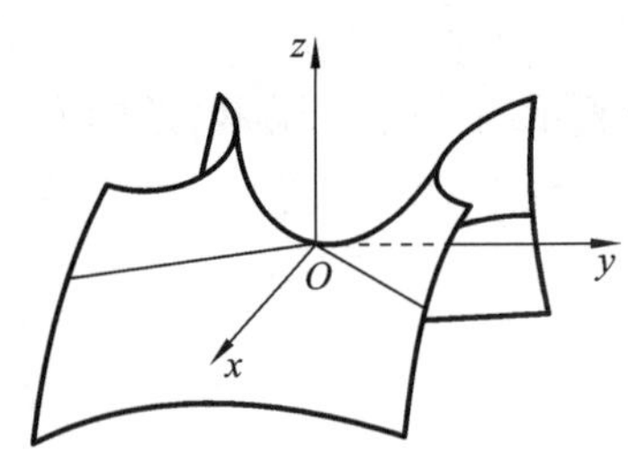

图2.5.15

6. 椭圆锥面

由方程

$$\frac{x^2}{a^2}+\frac{y^2}{b^2}=\frac{z^2}{c^2} \tag{2.5.17}$$

所表示的曲面称为**椭圆锥面**, 它关于三坐标平面以及坐标原点对称. 当$a=b$时为圆锥面.

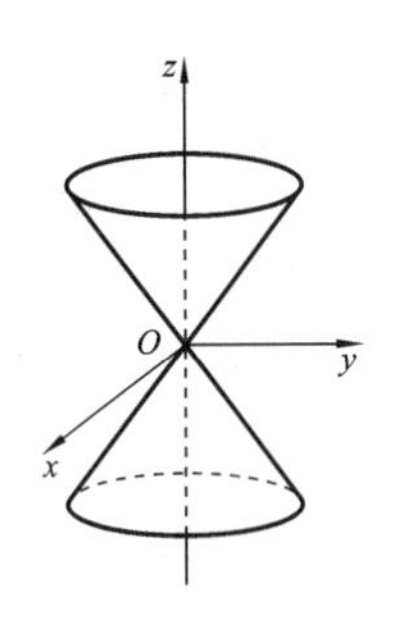

图2.5.16

在此曲面上任取一点$M_0(x_0,y_0,z_0)$, 设它不是原点, 显然, 对任何实数t, 点(tx_0,ty_0,tz_0)也在曲面上. 这表明曲面包含过原点与点M_0的直线(见图2.5.16). 取定$h\neq 0$, 用平面$z=h$截此曲面, 截痕为椭圆.

$$\frac{x^2}{\frac{a^2h^2}{c^2}}+\frac{y^2}{\frac{b^2h^2}{c^2}}=1,\qquad z=h.$$

令点M_0沿此椭圆运行一周, 则连结原点与点M_0的动直线恰好扫过整个曲面.

一般地, 给定平面π上的曲线C以及π外一定点V, 所有过点V且与C相交的直线构成一曲面, 称此曲面为以点V为顶点, 以C为准线的锥面, 且称每条过点V并于C相交的直线为锥面的母线.

习题 2.5

2.5.1 求到点(−5,0,0)和点(5,0,0)的距离之和等于20的点的轨迹方程.

2.5.2 设动点到z轴的距离的平方等于此点到Oyz平面的距离的2倍, 求此动点的轨迹方程.

2.5.3 求满足下列条件的球面方程:

(1) 球心在点(1,4,−7)且与平面$6x+6y-7z+42=0$相切;

(2) 球心在点(6,−8,3)且与z轴相切;

(3) 过点$(2,-4,5)$并包含圆$\begin{cases}x^2+y^2=5,\\ z=0;\end{cases}$

(4) 过点(0,0,0),(4,0,0),(1,3,0),(0,0,−4).

2.5.4 写出与直线$\dfrac{x-1}{3}=\dfrac{y+4}{6}=\dfrac{z-6}{4}$在点(1,−4,6)相切, 并与直线$\dfrac{x-4}{2}=\dfrac{y+3}{1}=\dfrac{z-2}{-6}$在点(4,−3,2) 相切的球面的方程.

2.5.5 过x轴作球面$(x+5)^2+(y-8)^2+(z-1)^2=16$的切平面.

2.5.6 指明下列方程所表示的曲线:

(1) $\begin{cases}x^2+y^2+z^2=25,\\ x=3;\end{cases}$ (2) $\begin{cases}x^2+4y^2+9z^2=36,\\ y=1;\end{cases}$

(3) $\begin{cases}x^2-4y+z^2=25,\\ x=-3.\end{cases}$

2.5.7 求曲线$\begin{cases}x^2+y^2=z,\\ z=x+1\end{cases}$在$Oxy$平面上的投影曲线的方程.

2.5.8 求曲线$\begin{cases}x^2+y^2+z^2=a^2,\\ x^2+y^2-ax=0\end{cases}$在$Oxy$平面上的投影曲线的方程.

2.5.9 将曲线$\begin{cases} 2y^2+z^2-4z+4x=0, \\ y^2+3z^2-12z-8x=0 \end{cases}$表示为母线平行于$x$轴的柱面和母线平行于$z$轴的柱面的交线.

2.5.10 求下列曲线绕给定坐标轴旋转所成曲面的方程:

(1) $\begin{cases} y=kx, \\ z=0 \end{cases}$ 绕x轴; (2) $\begin{cases} x^2+z^2=9, \\ y=0 \end{cases}$ 绕z轴;

(3) $\begin{cases} 4x^2-9y^2=36, \\ z=0 \end{cases}$ 绕y轴; (4) $\begin{cases} (y-4)^2+z^2=9, \\ x=0 \end{cases}$ 绕z轴.

2.5.11 指出下列方程所表示的曲面, 并绘出草图:

(1) $x^2+2y^2+3z^2=9$; (2) $\dfrac{x^2}{4}+\dfrac{y^2}{9}=3z$;

(3) $x^2+y^2-z^2=1$; (4) $x^2-y^2-z^2=1$;

(5) $x^2+y^2=z^2$; (6) $x^2-y^2=4z$.

2.5.12 已知曲面$\dfrac{x^2}{4}+\dfrac{y^2}{9}-\dfrac{z^2}{4}=1$, 求一平行于$Oyz$平面的平面, 使它与曲面的交线是一对直线.

2.5.13 绘出下列各组曲面所围立体的图形:

(1) $\dfrac{x}{3}+\dfrac{y}{2}+z=1$与三坐标面;

(2) $z=x^2+y^2, z=0, x^2+y^2=2x$;

(3) $x^2+y^2+z^2=1, z=x^2+y^2$;

(4) $z=\sqrt{x^2+y^2}, z=\sqrt{a^2-x^2-y^2}$;

(5) $x^2+y^2+z^2=1, x^2+y^2=y$;

(6) $y=0, z=0, 3x+y=6, 3x+2y=12, x+y+z=6$;

(7) $2y^2=x, \dfrac{x}{4}+\dfrac{y}{2}+\dfrac{z}{2}=1, z=0$.

第2章习题解答及提示

第 3 章　多元函数微分学

现在将一元函数的理论与研究方法推广到多元函数. 多元函数保留着一元函数的许多性质, 但由于多元函数不再只有一个自变量了, 它也会产生一些新的性质, 某些性质甚至与一元函数有本质的不同, 因此, 读者在学习多元函数理论和方法的时候, 要善于比较, 注意它们的共同点和相互联系, 特别要注意它们之间的区别. 一般来说, 在掌握了二元函数的理论与研究方法后, 可以将其推广到三元函数或更多元函数中去. 因此, 我们在本章的叙述中往往以二元函数的情形为主.

本章主要讨论多元函数微分学, 它涵盖n维Euclid空间、多元函数的极限与连续性、多元函数的偏导数与全微分、方向导数与梯度、多元函数的极值问题、多元函数微分学在几何上的简单应用、空间曲线的曲率及多元向量值函数的导数与微分等8个方面的内容.

一元函数$y=f(x)$的定义域是$\mathbf{R}$的一个子集, 即将学习的n元函数的定义域是n维欧氏空间$\mathbf{R}^n$的一个子集. 因此, 必须先了解$\mathbf{R}^n$空间及其相关知识.

3.1　n维Euclid空间

集合$\mathbf{R}^n$为n个$\mathbf{R}$的Descartes乘积集(简称Descartes集):

$$\mathbf{R}^n=\mathbf{R}\times\mathbf{R}\times\cdots\times\mathbf{R}=\{(x_1,x_2,\cdots,x_n)|\ x_j\in\mathbf{R},\ j=1,2,\cdots,n\}.$$

$\mathbf{R}^n$的元$\boldsymbol{x}=(x_1,\ x_2,\cdots,x_n)$称为**向量**或**点**; x_j为$\boldsymbol{x}$的第j个坐标; $\mathbf{0}$或$(0,0,\cdots,0)$为其零元.

3.1.1　$\mathbf{R}^n$中的运算和距离

设$\boldsymbol{x}=(x_1,x_2,\cdots,x_n)\in\mathbf{R}^n$, $\boldsymbol{y}=(y_1,y_2,\cdots,y_n)\in\mathbf{R}^n$, 定义两个向量的加法、数$\alpha\in\mathbf{R}$与向量的乘法, 以及两个向量的距离$d(\boldsymbol{x},\boldsymbol{y})$依次如下:

$$\boldsymbol{x}+\boldsymbol{y}=(x_1+y_1,x_2+y_2,\cdots,x_n+y_n);\tag{3.1.1}$$

$$\alpha\boldsymbol{x}=(\alpha x_1,\alpha x_2,\cdots,\alpha x_n);\tag{3.1.2}$$

$$d(\boldsymbol{x},\boldsymbol{y})=|x-y|=\sqrt{\sum_{j=1}^{n}(x_j-y_j)^2}.\tag{3.1.3}$$

后面就用向量$x-y$的模$|x-y|$表示$\mathbf{R}^n$中点x与y的距离.

在本书中, 记号$\mathbf{R}^n$就是n维Euclid空间(也称n维欧氏空间), 它不仅仅是集合$\mathbf{R}^n$, 而且在其中定义了加法、数乘和距离.

3.1.2　$\mathbf{R}^n$中点列的极限

有了距离, 就可以定义$\mathbf{R}^n$中点列的极限.

定义 3.1.1 设$\{\boldsymbol{x}_k\}$是$\mathbf{R}^n$中的一个点列, 点$\boldsymbol{a}\in\mathbf{R}^n$. 若$\lim\limits_{k\to\infty}|\boldsymbol{x}_k-\boldsymbol{a}|=0$, 则称当$k\to\infty$时点列$\{\boldsymbol{x}_k\}$以$\boldsymbol{a}$为极限, 或称当$k\to\infty$时点列$\{\boldsymbol{x}_k\}$收敛于$\boldsymbol{a}$, 记作

$$\lim_{k\to\infty}\boldsymbol{x}_k=\boldsymbol{a} \quad 或 \quad \boldsymbol{x}_k\to\boldsymbol{a}\ (k\to\infty).$$

用$\varepsilon-N$的语言, $\lim\limits_{k\to\infty}\boldsymbol{x}_k=\boldsymbol{a}$是指

$$\forall\varepsilon>0,\exists N\in\mathbf{N}_+, 使得\ \forall k>N, 恒有|\boldsymbol{x}_k-\boldsymbol{a}|<\varepsilon. \tag{3.1.4}$$

$\mathbf{R}$中数列极限的基本性质：唯一性、有界性、四则运算法则等都可平移到$\mathbf{R}^n$中点列的极限上来, 但保序性和迫敛性不再成立, 因为$\mathbf{R}^n$中的点不再有大小关系. 此外, 致密性定理也成立, 即$\mathbf{R}^n$中有界点列必有收敛子列.

下面的定理3.1.1表明$\mathbf{R}^n$中点列的收敛等价于按坐标收敛.

定理 3.1.1 设$\{\boldsymbol{x}_k\}$是$\mathbf{R}^n$中的一个点列, $\boldsymbol{x}_k=(x_{k,1},x_{k,2},\cdots,x_{k,n})$, 点$\boldsymbol{a}\in\mathbf{R}^n$, $\boldsymbol{a}=(a_1,a_2,\cdots,a_n)$. 则$\lim\limits_{k\to\infty}\boldsymbol{x}_k=\boldsymbol{a}$的充要条件是$\lim\limits_{k\to\infty}x_{k,i}=a_i(\forall\ i\in\{1,2,\cdots,n\})$.

证 必要性 注意到对每一个$i\in\{1,2,\cdots,n\}$, 都有

$$|x_{k,i}-x_i|\leqslant|\boldsymbol{x}_k-\boldsymbol{a}|,$$

由$\lim\limits_{k\to\infty}\boldsymbol{x}_k=\boldsymbol{a}$得

$$\lim_{k\to\infty}\boldsymbol{x}_{k,i}=\boldsymbol{a}_i.$$

充分性 设$\forall\ i\in\{1,2,\cdots,n\}$, 都有$\lim\limits_{k\to\infty}x_{k,i}=a_i$, 则

$$\forall\ \varepsilon>0,\ \exists N_i\in\mathbf{N}_+,\ 使得\ \forall k>N_i,\ 恒有\ |x_{k,i}-a_i|<\frac{\varepsilon}{\sqrt{n}}.$$

令$N=\max\{N_1,N_2,\cdots,N_n\}$, 则$\forall k>N$, 必有

$$|x_{k,i}-a_i|<\frac{\varepsilon}{\sqrt{n}}, \qquad i=1,2,\cdots,n.$$

从而$\forall k>N$, 有

$$|\boldsymbol{x}_k-\boldsymbol{a}|=\sqrt{\sum_{i=1}^{n}(x_{k,i}-a_i)^2}<\varepsilon,$$

故

$$\lim_{k\to\infty}\boldsymbol{x}_k=\boldsymbol{a}.$$

□

由定理3.1.1和$\mathbf{R}$中数列的Cauchy收敛原理, 可得如下定理.

定理 3.1.2 (Cauchy收敛原理) $\mathbf{R}^n$中点列$\{\boldsymbol{x}_k\}$在$\mathbf{R}^n$中收敛的充要条件为$\forall\varepsilon>0$, $\exists N\in\mathbf{N}_+$, 使得$\forall k,m>N$有$|\boldsymbol{x}_k-\boldsymbol{x}_m|<\varepsilon$.

3.1.3 $\mathbf{R}^n$中的点集

设集$E \subseteq \mathbf{R}^n$. 若存在正常数M, 使得$\forall\ \boldsymbol{x} \in E$有$|\boldsymbol{x}| \leqslant M$, 则称$E$为**有界集**.

定义 3.1.2 (邻域与去心邻域、方邻域) 设点$\boldsymbol{a} \in \mathbf{R}^n$, $\delta > 0$, 则$\boldsymbol{a}$的δ**邻域**(或称**开球**)与**去心邻域**分别为

$$N(\boldsymbol{a},\delta) = \{\boldsymbol{x} \in \mathbf{R}^n |\ |\boldsymbol{x}-\boldsymbol{a}| < \delta\};$$

$$N^0(\boldsymbol{a},\delta) = N(\boldsymbol{a},\delta) \setminus \{\boldsymbol{a}\} = \{\boldsymbol{x} \in \mathbf{R}^n |\ 0 < |\boldsymbol{x}-\boldsymbol{a}| < \delta\}.$$

方邻域为

$$N(\boldsymbol{a},\delta) = \{\boldsymbol{x} \in \mathbf{R}^n |\ |x_j - a_j| < \delta,\ j = 1,2,\cdots,n\}.$$

不关心半径的大小时, $\boldsymbol{a}$的邻域可简记为$N(\boldsymbol{a})$.

思考 去心方邻域如何表达?

在讨论实际问题中也常使用方邻域, 因为方邻域与圆邻域可以互相包含.

1. 内点、开集

定义 3.1.3 设$E \subseteq \mathbf{R}^n$, $\boldsymbol{x}_0 \in E$. 如果存在某邻域$N(\boldsymbol{x}_0) \subseteq E$, 则称$\boldsymbol{x}_0$为$E$的一个**内点**. 由$E$的所有内点构成的集合称为$E$的**内部**, 记作$E^\circ$或$\mathrm{int}E$. 如果$E$中每一点都是$E$的内点, 则称$E$是$\mathbf{R}^n$的**开集**. 规定空集为开集.

显然, 邻域$N(\boldsymbol{x}_0,\delta)$为$\mathbf{R}^n$的开集. 下面的定理刻画了开集的特征.

定理 3.1.3 在空间$\mathbf{R}^n$中, 开集有如下性质:

(1) 任意多个开集的并集是开集; (2) 有限多个开集的交集是开集.

证 (1) 设E_α ($\alpha \in \Lambda, \Lambda$称为指标集)是$\mathbf{R}^n$的任意一族开集. 任取$\boldsymbol{x} \in \bigcup\limits_{\alpha\in\Lambda} E_\alpha = E$, 则必$\exists\alpha_0 \in \Lambda$使$\boldsymbol{x} \in E_{\alpha_0}$. 由于$E_{\alpha_0}$是开集, 所以$\exists\delta > 0$, 使$N(\boldsymbol{x},\delta) \subseteq E_{\alpha_0} \subseteq E$, 即$\boldsymbol{x}$是$E$的内点, 故$E$, 也即$\bigcup\limits_{\alpha\in\Lambda} E_\alpha$是开集.

(2) 设E_k $(k = 1,2,\cdots,m)$是$\mathbf{R}^n$的有限个开集, 任取$\boldsymbol{x} \in \bigcap\limits_{k=1}^{m} E_k$, 则$\boldsymbol{x} \in E_k (k = 1,2,\cdots,m)$. 由于$E_k$是开集, 所以$\forall k \in \{1,2,\cdots,m\}, \exists\delta_k > 0$,使$N(\boldsymbol{x},\delta_k) \subseteq E_k$. 取$\delta = \min\{\delta_1,\delta_2,\cdots,\delta_m\}$, 则

$$N(\boldsymbol{x},\delta) \subseteq N(\boldsymbol{x},\delta_k) \subseteq E_k (k = 1,2,\cdots,m).$$

因此$N(\boldsymbol{x},\delta) \subset \bigcap\limits_{k=1}^{m} E_k$, 即$\boldsymbol{x}$是$\bigcap\limits_{k=1}^{m} E_k$的内点, 故$\bigcap\limits_{k=1}^{m} E_k$是开集. □

2. 聚点、闭集

定义 3.1.4 设$E \subseteq \mathbf{R}^n$, $\boldsymbol{x}_0 \in \mathbf{R}^n$. 若$\boldsymbol{x}_0$的任意邻域中含有$E$的无穷多个点, 则称$\boldsymbol{x}_0$为$E$的**聚点**, 也称**极限点**. 若$\boldsymbol{x}_0 \in E$, 并且存在某邻域$N(\boldsymbol{x}_0)$, 使得$N(\boldsymbol{x}_0) \cap E = \{\boldsymbol{x}_0\}$, 则称$\boldsymbol{x}_0$为$E$的**孤立点**.

注 3.1.1 下列结论等价:

(1) $\boldsymbol{x}_0$为E的聚点;

(2) 对$\boldsymbol{x}_0$的任意邻域$N(\boldsymbol{x}_0)$, 成立$(N(\boldsymbol{x}_0)\setminus\{\boldsymbol{x}_0\})\cap E\neq\varnothing$;

(3) 存在E中互不相同的点所成点列$\{\boldsymbol{x}_n\}$, $\boldsymbol{x}_n\neq\boldsymbol{x}_0$, 满足$\boldsymbol{x}_n\to\boldsymbol{x}_0\ (n\to\infty)$.

定义 3.1.5 E的所有聚点之集称为E的**导集**, 记为E'; 称$\overline{E}=E\cup E'$为E的**闭包**. 若$E'\subseteq E$, 则称E为**闭集**.

注 3.1.2 (1) 关于闭包, 有如下等价刻画, 即下列结论等价:

① $\boldsymbol{x}\in\overline{E}$;

② 对$\boldsymbol{x}$的任意邻域$N(\boldsymbol{x})$, 成立$N(\boldsymbol{x})\cap E\neq\varnothing$;

③ 存在E中点列$\{\boldsymbol{x}_n\}$, 满足$\boldsymbol{x}_n\to\boldsymbol{x}\ (n\to\infty)$.

(2) 关于闭集, 有如下等价刻画:

E闭$\Leftrightarrow E=\overline{E}\Leftrightarrow E$中任一收敛点列必收敛于$E$中的一点.

下面的定理刻画了开集与闭集的关系.

定理 3.1.4 设$E\subseteq\mathbf{R}^n$, 则E是开集的充要条件为其余集E^c是闭集.

证 记E的所有内点全体为E°.

必要性 设E是开集, 则$E^\circ=E$. 为了证明E^c是闭集, 只要证明$(E^c)'\subseteq E^c$即可. 若$(E^c)'=\varnothing$, 则显然有$(E^c)'\subseteq E^c$. 若$(E^c)'\neq\varnothing$, 设$\boldsymbol{x}\in(E^c)'$, 则$\forall\varepsilon>0$, 有

$$N(\boldsymbol{x},\varepsilon)\cap E^c\neq\varnothing.$$

由内点的定义知$\boldsymbol{x}\notin E^\circ=E$, 即$\boldsymbol{x}\in E^c$, 故$(E^c)'\subseteq E^c$.

充分性 设E^c是闭集, 则$(E^c)'\subseteq E^c$. 为了证明E是开集, 由于$E^\circ\subseteq E$, 所以只要证明$E\subseteq E^\circ$. 设$\boldsymbol{x}\in E$, 则$\boldsymbol{x}\notin E^c$. 又因E^c是闭集, 故有$(E^c)'\subseteq E^c$, 所以有$\boldsymbol{x}\notin(E^c)'$. 根据注3.1.1, 必$\exists\delta_0>0$, 使$N(\boldsymbol{x},\delta_0)\cap E^c=\varnothing$, 故$N(\boldsymbol{x},\delta_0)\subseteq E$, 即$\boldsymbol{x}\in E^\circ$, 所以$E\subseteq E^\circ$. □

注 3.1.3 (1) 开集与闭集是常常碰到的两类点集, 但是还存在着其他类型的点集. 例如, 直线$\mathbf{R}^1$上的有理点集与无理点集既不是开集, 也不是闭集, 因为它们都没有内点, 而且实数都是它们的聚点. 因此, 不能说一个点集“非开即闭”.

(2) 对应定理3.1.3, 利用定理3.1.4和集合的De Morgen对偶公式 ① 我们可以证明闭集的两个基本性质:

① 任意多个闭集的交是闭集;

② 有限多个闭集的并是闭集.

(3) 在$\mathbf{R}^n$中, 仅有空集$\varnothing$和全集X既是开集又是闭集.

定义 3.1.6 设$A\subseteq\mathbf{R}^n$, $\boldsymbol{a}\in\mathbf{R}^n$.

(1) 若存在$\delta>0$使$N(\boldsymbol{a},\delta)\cap A=\varnothing$, 则称$\boldsymbol{a}$是集$A$的**外点**. 由$A$的所有外点构成的集合称为$A$的外部, 记作$\mathrm{ext}A$;

(2) 若对任何$\delta>0$, $N(\boldsymbol{a},\delta)$中既含有A中的点, 也含有A的余集A^c中的点, 则称$\boldsymbol{a}$是集A的**边界点**. 由A的所有边界点构成的集合称为A的**边界**, 记作∂A.

① De Morgen对偶公式: $\left(\bigcup\limits_{\alpha\in\Lambda}S_\alpha\right)^c=\bigcap\limits_{\alpha\in\Lambda}S_\alpha^c$, $\left(\bigcap\limits_{\alpha\in\Lambda}S_\alpha\right)^c=\bigcup\limits_{\alpha\in\Lambda}S_\alpha^c$, 其中$\Lambda$为指标集.

由定义易见, $\mathbf{R}^n$中的任一点是且仅是A的内点、外点与边界点中的一种, 即

$$\mathbf{R}^n = A^\circ \cup \partial A \cup \mathrm{ext} A,$$

且右端三个点集互不相交. 此外, 对于$\mathbf{R}^n$中的任一点集A, 必有$\overline{A} = A \cup \partial A$.

例 3.1.1 设$A = \{(x,y) \in \mathbf{R}^2 | (x-x_0)^2 + (y-y_0)^2 < \delta^2\}$, 证明$A^\circ = A, \partial A = \{(x,y) \in \mathbf{R}^2 | (x-x_0)^2 + (y-y_0)^2 = \delta^2\}, \overline{A} = A \cup \partial A = \{(x,y) \in \mathbf{R}^2 | (x-x_0)^2 + (y-y_0)^2 \leqslant \delta^2\}$.

证 题中关于边界∂A和闭包的结论是显然的, 下面证明$A^\circ = A$. 由定义知$A^\circ \subseteq A$, 因此只要证明$A \subseteq A^\circ$. 设$(\widetilde{x}, \widetilde{y}) \in A$, 取$\varepsilon < \delta - \sqrt{(\widetilde{x}-x_0)^2 + (\widetilde{y}-y_0)^2}$, 则点$(\widetilde{x}, \widetilde{y})$的$\varepsilon$邻域$N((\widetilde{x}, \widetilde{y}), \varepsilon) \subseteq A$, 因而$(\widetilde{x}, \widetilde{y})$是$A$的内点, 故$A \subseteq A^\circ$. □

例 3.1.2 设$A = \left\{\left(\dfrac{1}{k}, \dfrac{1}{k}\right) \middle| k \in \mathbf{N}_+\right\}$是一平面点集, 则点$(0,0)$是$A$的唯一聚点, 它不属于$A$, 并且$A' = \{(0,0)\}$, $\overline{A} = A \cup \{(0,0)\}$, A中所有点都是它的孤立点. A不是闭集, 但$\overline{A} = A \cup \{(0,0)\}$是闭集.

例 3.1.3 设$A = \{(x,y) \in \mathbf{R}^2 | x^2 + y^2 = 0, 1 < x^2 + y^2 \leqslant 4\}$, 则$A^\circ = \{(x,y) \in \mathbf{R}^2 | 1 < x^2 + y^2 < 4\}$, $\mathrm{ext} A = \{(x,y) \in \mathbf{R}^2 | 0 < x^2 + y^2 < 1, x^2 + y^2 > 4\}$, $\partial A = \{(x,y) \in \mathbf{R}^2 | x^2 + y^2 = 1, x^2 + y^2 = 4\} \cup \{(0,0)\}$, 原点$(0,0)$是$A$的孤立点, $\overline{A} = A \cup \partial A = \{(x,y) \in \mathbf{R}^2 | x^2 + y^2 = 0, 1 \leqslant x^2 + y^2 \leqslant 4\}$.

注 3.1.4 任意多个开集的交集未必仍是开集; 任意多个闭集的并集未必是闭集. 例如,

$$\bigcup_{n=2}^{\infty} \left[\frac{1}{n}, 1 - \frac{1}{n}\right] = (0,1), \qquad \bigcap_{n=1}^{\infty} \left(-\frac{1}{n}, \frac{1}{n}\right) = \{0\}.$$

事实上, 显然有左边集$\subseteq (0,1)$. 现设$x \in (0,1)$, 分以下三种情况:

(1) $x = \dfrac{1}{2}$时, 取$n = 2$即可;

(2) $\dfrac{1}{2} < x < 1$时, 取n满足$n > 1/(1-x)$即可;

(3) $0 < x < \dfrac{1}{2}$时, 记$[\dfrac{1}{x}] = n - 1$, 则$n \geqslant 3$, 并且

$$\frac{1}{n} < x \leqslant \frac{1}{n-1} = 1 - \left(1 - \frac{1}{n-1}\right) \leqslant 1 - \frac{1}{n}.$$

(2)的证明是简单的.

3.1.4 区域

定义 3.1.7 设点集$E \subseteq \mathbf{R}^n$. 如果E中的任意两点$\boldsymbol{x}$与$\boldsymbol{y}$都能用完全属于E的有限个线段连接起来, 则称E是**连通集**. 连通的开集称为**区域**, 也称为开区域. 区域与它的边界之并称为**闭区域**.

定义 3.1.8 设$E \subseteq \mathbf{R}^n$. 若E中的任意两点的线段都属于E, 即$\forall \boldsymbol{x}, \boldsymbol{y} \in E$, 都有$t\boldsymbol{x} + (1-t)\boldsymbol{y} \in E$ $(\forall t \in [0,1])$, 则称E是$\mathbf{R}^n$中的**凸集**.

显然, 任何凸集都是连通的, 因而任何凸开集都是区域. $\mathbf{R}^2$中的开圆盘是区域, 闭圆盘是闭区域.

在开圆盘中去掉任意一条直径后所得到的集合不是区域, 因为它破坏了集合的连通性. 为简便, 今后谈到区域可以是开区域、闭区域或开区域连同其部分边界.

例 3.1.4 (1) 整个$\mathbf{R}^n$是最大的开区域, 也是最大的闭区域;

(2) 点集$\{(x,y)|x+y>0\}$与$\{(x,y)|1<x^2+y^2<4\}$都是开区域;

(3) 点集$\{(x,y)|x+y\geqslant 0\}$与$\{(x,y)|1\leqslant x^2+y^2\leqslant 4\}$都是闭区域;

(4) 点集$\{(x,y)||x|>1\}$是开集, 但不是区域.

定义 3.1.9 对区域E, 若存在正常数M, 使$\forall \boldsymbol{x}\in E$都有$\|\boldsymbol{x}\|\leqslant M$, 则称$E$为**有界区域**; 否则称为**无界区域**.

习题 3.1

3.1.1 设E为$\mathbf{R}^n$的点集, 证明E为闭集的充要条件是$E=\overline{E}$.

3.1.2 设$E,F\subset\mathbf{R}^n$为有界闭集, 证明$E\cap F$和$E\cup F$都为有界闭集.

3.1.3 设$E,F\subset\mathbf{R}^n$. 若E为开集, F为闭集, 证明$E\setminus F$为开集, $F\setminus E$为闭集(提示: $E\setminus F=E\cap F^c$).

3.1.4 求下列平面点集的导集, 闭包, 并说明是否为闭集:

(1) $E=\{(x,y)|\ x^2+y^2>3\}$;

(2) $E=\{(x,y)|\ x,\ y$ 为有理数 $\}$;

(3) $E=\left\{\left(\cos\dfrac{2k\pi}{5},\sin\dfrac{2k\pi}{5}\right)\Big|\ k=1,2,\cdots\right\}$;

(4) $E=\{(x,y)|\ (x^2+y^2)(y^2-x^2+1)\leqslant 0\}$;

(5) $E=\{(x,y)|\ y=\sin(1/x),\ x\in(0,1]\}$.

3.1.5 设$\boldsymbol{x}=(x_1,\cdots,x_n)\in\mathbf{R}^n$, $\boldsymbol{y}=(y_1,\cdots,y_n)\in\mathbf{R}^n$, $1\leqslant p<\infty$. 定义两距离:

$$\rho_1(\boldsymbol{x},\boldsymbol{y})=\max\{|x_j-y_j|:\ 1\leqslant j\leqslant n\},\qquad \rho_2(\boldsymbol{x},\boldsymbol{y})=\left(\sum_{j=1}^n|x_j-y_j|^p\right)^{1/p}.$$

证明: $\rho_1(\boldsymbol{x},\boldsymbol{y})\leqslant\rho_2(\boldsymbol{x},\boldsymbol{y})$, $\rho_2(\boldsymbol{x},\boldsymbol{y})\leqslant\sqrt[p]{n}\rho_1(\boldsymbol{x},\boldsymbol{y})$.

3.1.6 设A是n维欧氏空间的有界闭集, 映射$F:A\to A$满足如下条件: $\forall\boldsymbol{x},\boldsymbol{y}\in A\ (\boldsymbol{x}\neq\boldsymbol{y})$, 有$|F\boldsymbol{x}-F\boldsymbol{y}|<|\boldsymbol{x}-\boldsymbol{y}|$. 证明: 存在常数$a$使得$\forall\boldsymbol{x},\boldsymbol{y}\in A\ (\boldsymbol{x}\neq\boldsymbol{y})$, 有$|F\boldsymbol{x}-F\boldsymbol{y}|<a|\boldsymbol{x}-\boldsymbol{y}|$.

3.2 多元函数的极限与连续性

本节首先介绍多元函数的概念, 然后将极限和连续性概念推广到多元函数, 并讨论多元连续函数的性质.

3.2.1 多元函数的概念

在实际问题中常常要研究多个变量之间的关系. 例如, 理想气体状态方程式$P=RT/V$(R为常数)表示气体的压强P对体积V与绝对温度T的依赖关系, 可以看成两个自变量V和T与一个因变量P之间的关系. 又如, 平行四边形的面积A由相邻两边的长x和y以及夹角θ所决定, 即$A=xy\sin\theta$, 也就是说A是x、y及θ的三元函数. 再如, 在直流电路中, 电流I、电压U与电阻R应满足$I=U/R$. 当电压U和电阻R在某个范围内变化时, 电流I将随之变化, 给定了U,R的值, I的值也就确定了. 因此, 电流I是电压U和电阻R的二元函数.

定义 3.2.1 (n元函数) 设$D\subseteq\mathbf{R}^n$是一个非空点集, 称映射$f:D\to\mathbf{R}$是定义在D上的一个n元函数, 也可记作

$$w=f(\boldsymbol{x})=f(x_1,x_2,\cdots,x_n),$$

其中$\boldsymbol{x}=(x_1,x_2,\cdots,x_n)\in D$称为自变量, $D(f)=D$称为f的定义域, w称为因变量, $R(f)=\{w|w=f(\boldsymbol{x}),\ \boldsymbol{x}\in D(f)\}$称为$f$的值域.

习惯上, 二元函数常记成$z=f(x,y)$, $(x,y)\in D\subseteq\mathbf{R}^2$, 三元函数常记成$u=f(x,y,z)$, $(x,y,z)\in D\subseteq\mathbf{R}^3$.

我们习惯将一元函数$y=f(x)$视作是一个$\mathbf{R}^2$中的图形, 相应平面图象为$\{(x,y)|y=f(x),\ x\in D\subseteq\mathbf{R}\}$. 类似地, 二元函数$z=f(x,y)$的图象$\{(x,y,z)|(x,y)\in D\subseteq\mathbf{R}^2,\ z=f(x,y)\}$ 是空间$\mathbf{R}^3$中的曲面. 一般n元函数$w=f(x_1,x_2,\cdots,x_n)$的图象$\{(x_1,x_2,\cdots,x_n,w)|(x_1,x_2,\cdots,x_n)\in D\subseteq\mathbf{R}^n,\ w=f(x_1,x_2,\cdots,x_n)\}$ 是$\mathbf{R}^{n+1}$中的超曲面.

例如, 函数$z=-\sqrt{a^2-x^2-y^2}$的定义域是Oxy平面上的圆:

$$D=\{(x,y)|x^2+y^2\leqslant a^2\}.$$

函数的图象是位于Oxy平面下方的半个球面.

3.2.2 多元函数的极限与连续性

与一元函数一样, 为了建立多元函数微积分, 必须引入多元函数的极限概念. 本节将极限与连续性概念推广到多元函数.

定义 3.2.2 (二重极限) 设非空点集$D\subseteq\mathbf{R}^2$, $f:D\to\mathbf{R}$是一个二元函数, (x_0,y_0) 是D的一个聚点, $a\in\mathbf{R}$是常数. 若

$$\forall\,\varepsilon>0,\exists\,\delta>0,\text{使得}\forall(x,y)\in N^\circ((x_0,y_0),\delta)\cap D,\text{恒有}|f(x,y)-a|<\varepsilon,\tag{3.2.1}$$

则称函数$f(x,y)$在D上当$(x,y)\to(x_0,y_0)$时以a为**极限**. 当不致产生混淆时, 去掉字眼“在D上”, 并记作

$$\lim_{(x,y)\to(x_0,y_0)}f(x,y)=a\quad\text{或}\quad f(x,y)\to a\,((x,y)\to(x_0,y_0)).$$

这个极限也称为**二重极限**. 否则, 称当$(x,y)\to(x_0,y_0)$时$f(x,y)$没有极限.

在上面的定义中, f的定义域是集合D, 因此, 在式(3.2.1)中要求$(x,y)\in N^\circ((x_0,y_0),\delta)\cap D$. 为了简便, 常将它简写为$(x,y)\in N^\circ((x_0,y_0),\delta)$, 不强调$(x,y)\in D$, 在需要强调时再给出.

二元函数的极限概念可以很容易地推广到$n(n>2)$元函数，简要叙述如下.

设$D\subseteq\mathbf{R}^n$是一点集，$f:D\to\mathbf{R}$是一个n元函数. $\boldsymbol{x}_0$是D的聚点，$a\in\mathbf{R}$是一个常数. 若

$$\forall\varepsilon>0,\exists\,\delta>0,\text{使得}\forall\boldsymbol{x}\in N^\circ(\boldsymbol{x}_0,\delta),\text{恒有}|f(\boldsymbol{x})-a|<\varepsilon,\tag{3.2.2}$$

则称$f(\boldsymbol{x})$当$\boldsymbol{x}\to\boldsymbol{x}_0$时以$a$为极限，记作

$$\lim_{\boldsymbol{x}\to\boldsymbol{x}_0}f(\boldsymbol{x})=a,\quad\text{或}\quad f(\boldsymbol{x})\to a(\boldsymbol{x}\to\boldsymbol{x}_0).$$

这个极限也称为n**重极限**.

例 3.2.1 设$f(x,y)=(x^2+y^2)\cos\dfrac{xy}{x^2+y^2}$，证明$\lim\limits_{(x,y)\to(0,0)}f(x,y)=0$.

证 因为对$(x,y)\neq(0,0)$，有

$$|f(x,y)-0|=\left|(x^2+y^2)\cos\frac{xy}{x^2+y^2}\right|\leqslant x^2+y^2,$$

所以$\forall\,\varepsilon>0$，取$\delta=\sqrt{\varepsilon}$，则当$0<\sqrt{(x-0)^2+(y-0)^2}<\delta$时，有

$$|f(x,y)-0|\leqslant x^2+y^2<\varepsilon.$$

故

$$\lim_{(x,y)\to(0,0)}f(x,y)=0.$$

例 3.2.2 求极限$\lim\limits_{(x,y)\to(0,0)}\dfrac{xy^2}{x^2+y^2+y^4}$.

解 设$x=r\cos\theta,y=r\sin\theta$，其中$r=\sqrt{x^2+y^2}$，而$(x,y)\to(0,0)$等价于$r\to0$. 因为

$$0\leqslant\left|\frac{xy^2}{x^2+y^2+y^4}\right|=\left|\frac{r^3\cos\theta\sin^2\theta}{r^2+r^4\sin^4\theta}\right|=r\left|\frac{\cos\theta\sin^2\theta}{1+r^2\sin^4\theta}\right|\leqslant r,$$

而$\lim\limits_{r\to0}r=0$，故

$$\lim_{(x,y)\to(0,0)}\frac{xy^2}{x^2+y^2+y^4}=0.$$

注 3.2.1 (1) $\lim\limits_{(x,y)\to(x_0,y_0)}f(x,y)=a$是指当$(x,y)$在集$D\subseteq\mathbf{R}^2$中以可能有的任何方式和任何路径趋于$(x_0,y_0)$时，$f(x,y)$都趋于同一个常数$a$，而在一元函数极限中，点$x$只能在数轴上从$x_0$左右趋近于$x_0$.

(2) 如果(x,y)以两种不同方式或路径趋于(x_0,y_0)时$f(x,y)$趋于不同的数，或者(x,y)按某一方式或路径趋于(x_0,y_0)时$f(x,y)$不趋于一个确定的数，那么就可以断定$f(x,y)$在(x_0,y_0)的极限不存在.

例 3.2.3 设$f(x,y)=\dfrac{y^2}{x^2+y^2}$，讨论二重极限$\lim\limits_{(x,y)\to(0,0)}f(x,y)$是否存在.

解 设点(x,y)沿着直线$y=kx$趋向于$(0,0)$(k为某数)，则

$$\lim_{\substack{(x,y)\to(0,0)\\y=kx}}f(x,y)=\lim_{x\to0}\frac{k^2x^2}{(1+k^2)x^2}=\frac{k^2}{1+k^2}.$$

上式说明，若k不同，即当(x,y)沿着不同的直线$y=kx$趋向于$(0,0)$时，$f(x,y)$趋于不同的数，因此$\lim\limits_{(x,y)\to(0,0)}f(x,y)$不存在.

注 3.2.2 (1) 一元函数的极限性质对多元函数依然成立, 它们包括唯一性、局部有界性、局部保号性、不等式性质、局部迫敛性, 以及四则运算法则、复合法则等. 请自行整理并加以证明.

(2) 计算多元函数的极限通常利用不等式, 然后运用迫敛定理或者变量代换化为一元函数求极限, 再或者利用极坐标将极限式放大为与θ无关的式子求极限. 无穷小等价替换定理也是常用的工具, 还可利用连续性来求极限.

例如, 因为

$$0 < \frac{xy}{x^2+y^2} \leqslant \frac{1}{2}\ (x>0,\ y>0),$$

所以

$$0 < \left(\frac{xy}{x^2+y^2}\right)^{x^2} \leqslant \left(\frac{1}{2}\right)^{x^2} \to 0\ (x\to+\infty) \Longrightarrow \lim_{(x,y)\to(+\infty,+\infty)} \left(\frac{xy}{x^2+y^2}\right)^{x^2} = 0.$$

又如, 注意到无穷小等价替换与

$$0 < \left|\frac{x^4+y^4}{x^2+y^2}\right| < |x|^2+|y|^2 \to 0\ ((x,y)\to(0,0)),$$

有

$$\lim_{(x,y)\to(0,0)} \frac{\sin(x^4+y^4)}{x^2+y^2} = \lim_{(x,y)\to(0,0)} \frac{x^4+y^4}{x^2+y^2} = 0.$$

例 3.2.4 计算极限 $\lim\limits_{(x,y)\to(0,0)} \dfrac{\ln(x^2+\mathrm{e}^{y^2})}{x^2+y^2}$.

解 利用无限小等价替换与Taylor公式, 得

$$\lim_{(x,y)\to(0,0)} \frac{\ln(x^2+\mathrm{e}^{y^2})}{x^2+y^2} = \lim_{(x,y)\to(0,0)} \frac{x^2+\mathrm{e}^{y^2}-1}{x^2+y^2} = \lim_{(x,y)\to(0,0)} \frac{x^2+y^2+o(y^2)}{x^2+y^2} = 1.$$

与一元函数的连续性类似, 可以利用二元函数的极限来定义二元函数的连续性.

定义 3.2.3 设点集$D\subseteq\mathbf{R}^2$, $f:D\to\mathbf{R}$是一个二元函数, (x_0,y_0)是D的聚点, 并且$(x_0,y_0)\in D$. 若当$(x,y)\in D$时, 有

$$\lim_{(x,y)\to(x_0,y_0)} f(x,y) = f(x_0,y_0), \tag{3.2.3}$$

则称f关于集合D在点(x_0,y_0)处**连续**; 否则, 称f在点(x_0,y_0)处**间断**. 若f在D中的每一点处都连续, 则称f在集合D上连续. 此时, 我们说f是D上的连续函数.

函数的连续性也可用$\varepsilon-\delta$语言来描述. 若

$$\forall\varepsilon>0, \exists\delta>0, \text{使得}\forall(x,y)\in N((x_0,y_0),\delta), \text{恒有}\ |f(x,y)-f(x_0,y_0)|<\varepsilon,$$

则称f在点(x_0,y_0)处连续.

例 3.2.5 讨论二元函数

$$f(x,y) = \begin{cases} (x+y)\sin\dfrac{1}{x}, & x\neq 0,\ y\text{任意}, \\ 0, & x=0,\ y\text{任意} \end{cases}$$

在点$(0,0)$处的连续性.

解　当$x \neq 0$时, 有

$$|f(x,y)| = |(x+y)\sin\frac{1}{x}| \leqslant |x+y|;$$

当$x=0$时, 有

$$|f(x,y)| = 0.$$

因此, 不论x,y为何值, 都有

$$|f(x,y)| \leqslant |x+y|.$$

于是由$\lim\limits_{(x,y)\to(0,0)}(x+y)=0$可得

$$\lim_{(x,y)\to(0,0)} f(x,y) = 0 = f(0,0).$$

故函数$f(x,y)$在点$(0,0)$是连续的. □

象一元函数一样, 二元连续函数的和、差、积、商(除去分母为零的点)与复合函数仍为二元连续函数.

例 3.2.6　计算极限$\lim\limits_{(x,y)\to(0,1)}\dfrac{5-xy}{x^2+y^2}$.

解　利用连续性, 得

$$\lim_{(x,y)\to(0,1)}\frac{5-xy}{x^2+y^2} = \frac{5-0}{1} = 5.$$

3.2.3　多元连续函数的性质

在有界闭区间上的一元连续函数有许多很好的性质, 本小节将这些性质推广到多元函数. 这些性质的证明方法与一元函数类似, 省略证明过程, 读者可参照一元函数的情形自己证明.

定理 3.2.1 (有界性与最值定理)　设$D\subseteq \mathbf{R}^n$是有界闭集, $f: D\to \mathbf{R}$是连续函数, 则

(1) f在D上有界;

(2) f在D上能取到它的最大值与最小值.

定理 3.2.2 (一致连续性)　设$D\subseteq \mathbf{R}^n$是一个有界闭集, $f: D\to \mathbf{R}$是连续函数, 则f在D上一致连续, 即$\forall \varepsilon>0, \exists \delta=\delta(\varepsilon)>0$, 使得$\forall \boldsymbol{x}_1, \boldsymbol{x}_2\in D$, 当$d(\boldsymbol{x}_1,\boldsymbol{x}_2)<\delta$时, 恒有$|f(\boldsymbol{x}_1)-f(\boldsymbol{x}_2)|<\varepsilon$.

定理 3.2.3 (介值定理)　设$D\subseteq \mathbf{R}^n$是一个连通的有界闭集, $f: D\to \mathbf{R}$在D上连续, m和M分别是f在D上的最小值与最大值, $m<M$. 如果常数μ是介于m与M之间的任一数: $m<\mu<M$, 则必$\exists x_0\in D$使$f(x_0)=\mu$.

习题 3.2

(A)

3.2.1 确定下列函数的定义域:

(1) $z=\arccos\dfrac{y}{x}$;　　　　(2) $u=\mathrm{e}^z+\ln(x^2+y^2-1)$;

(3) $z=\sqrt{\dfrac{2x-x^2-y^2}{x^2+y^2-x}}$;　　　(4) $z=\dfrac{1}{\sqrt{x^2+y^2-1}}$.

3.2.2 求下列函数极限:

(1) $\lim\limits_{(x,y)\to(0,1)}\dfrac{x+\mathrm{e}^y}{x^2+y^2}$;　　　(2) $\lim\limits_{(x,y)\to(2,0)}\dfrac{1}{x^2+y^2}$;

(3) $\lim\limits_{(x,y)\to(0,0)}\dfrac{\sin(xy)}{x}$;　　　(4) $\lim\limits_{(x,y)\to(+\infty,+\infty)}(x^2+y^2)\mathrm{e}^{-(x+y)}$.

3.2.3 讨论函数$f(x,y)=\begin{cases}\dfrac{\sin(xy)}{\sqrt{x^2+y^2}}, & x^2+y^2\neq 0,\\ 0, & x^2+y^2=0\end{cases}$ 的连续性.

3.2.4 设函数$f(x,y)=\begin{cases}\dfrac{x^2y}{x^4+y^2}, & x^2+y^2\neq 0,\\ 0, & x^2+y^2=0,\end{cases}$ 证明当(x,y)沿过点$(0,0)$的每一条射线$x=t\cos\alpha, y=t\sin\alpha(0<t<+\infty)$趋于点$(0,0)$时, $f(x,y)$的极限等于$f(0,0)$, 即$\lim\limits_{t\to 0}f(t\cos\alpha, t\sin\alpha)=f(0,0)$, 但$f(x,y)$在点$(0,0)$处不连续.

3.2.5 设$f:D\subseteq\mathbf{R}^2\to\mathbf{R}$, 若$f(x,y)$在区域$D$内对变量$x$ 连续, 变量y满足Lipschitz条件, 即对D

内任意两点$(x,y_1),(x,y_2)$, 有

$$|f(x,y_1)-f(x,y_2)|\leqslant L|y_1-y_2|,$$

其中L为常数, 证明$f(x,y)$在区域D内连续.

3.2.6 证明下列极限不存在:

(1) $\lim\limits_{(x,y)\to(0,0)}\dfrac{xy}{x+y}$;　　　(2) $\lim\limits_{(x,y)\to(0,0)}\dfrac{x^2-y^2}{x^2+y^2}$;

(3) $\lim\limits_{(x,y)\to(0,0)}\dfrac{x^3y}{x^6+y^2}$;　　　(4) $\lim\limits_{(x,y)\to(0,0)}\dfrac{x^2y^2}{x^3+y^3}$.

(B)

3.2.1 设二元函数

$$f(x,y)=\begin{cases}\dfrac{x^2y^2}{x^2+y^2}, & x^2+y^2\neq 0,\\ 0, & x^2+y^2=0,\end{cases}$$

证明$f(x,y)$在$\mathbf{R}^2$上不一致连续.

3.2.2 用定义证明下列二重极限:

(1) $\lim\limits_{(x,y)\to(1,1)}(x^2+y^2)=2$;　　　(2) $\lim\limits_{(x,y)\to(0,0)}\dfrac{1}{\sqrt{xy+1}-1}=\dfrac{1}{2}$.

3.2.3 讨论极限 $\lim\limits_{(x,y)\to\infty}\dfrac{\sqrt{|x|}}{3x+2y}$ 的存在性. 若存在则求此极限, 若不存在则说明理由.

3.3 多元函数的偏导数与全微分

本节将把一元函数的导数与微分推广到多元函数. 先介绍多元函数的偏导数、全微分、高阶偏导数和高阶全微分, 然后介绍复合函数的偏导数和全微分、一阶全微分形式的不变性, 最后介绍隐函数存在性定理及隐函数的微分法.

3.3.1 偏导数

定义 3.3.1 设函数$z=f(x,y)$在点(x_0,y_0)的邻域$N(x_0,y_0)$内有定义. 若极限

$$\lim_{\Delta x\to 0}\frac{f(x_0+\Delta x,y_0)-f(x_0,y_0)}{\Delta x}$$

存在, 则称此极限为函数$f(x,y)$在点(x_0,y_0)处对x的**偏导数**. 记作$\dfrac{\partial f(x_0,y_0)}{\partial x}$或$\dfrac{\partial z(x_0,y_0)}{\partial x}$, 也可记作$\left.\dfrac{\partial f}{\partial x}\right|_{(x_0,y_0)}$或$\left.\dfrac{\partial z}{\partial x}\right|_{(x_0,y_0)}$, 还可简记为$f_x(x_0,y_0)$或$z_x(x_0,y_0)$. 函数$f$在点$(x_0,y_0)$处对$y$的偏导数可类似定义. 于是

$$f_x(x_0,y_0)=\frac{\partial f(x_0,y_0)}{\partial x}=\lim_{\Delta x\to 0}\frac{f(x_0+\Delta x,y_0)-f(x_0,y_0)}{\Delta x},\tag{3.3.1}$$

$$f_y(x_0,y_0)=\frac{\partial f(x_0,y_0)}{\partial y}=\lim_{\Delta y\to 0}\frac{f(x_0,y_0+\Delta y)-f(x_0,y_0)}{\Delta y}.\tag{3.3.2}$$

由定义可知, 偏导数的实质是一元函数的导数, 满足

$$f_x(x_0,y_0)=\left.\frac{\mathrm{d}}{\mathrm{d}x}f(x,y_0)\right|_{x=x_0},\qquad f_y(x_0,y_0)=\left.\frac{\mathrm{d}}{\mathrm{d}y}f(x_0,y)\right|_{y=y_0},$$

即$f_x(x_0,y_0)$是一元函数$f(x,y_0)$在$x=x_0$处的导数, $f_y(x_0,y_0)$是一元函数$f(x_0,y)$在$y=y_0$处的导数. 于是$z=f(x,y)$在点(x_0,y_0)处对x的偏导数的几何意义就是曲面$z=f(x,y)$与平面$y=y_0$的交线

$$C_x:\begin{cases}z=f(x,y),\\ y=y_0\end{cases}$$

在点$M(x_0,y_0,f(x_0,y_0))$处切线T_x的斜率. 同理可得$z=f(x,y)$在点(x_0,y_0)处对y的偏导数的几何意义.

若f在区域$D\subseteq\mathbf{R}^2$内每一点都有偏导数, 则得到**偏导函数**, 记为$f_x(x,y)$, $f_y(x,y)$或$\dfrac{\partial f(x,y)}{\partial x}$, $\dfrac{\partial f(x,y)}{\partial y}$, 甚至简记为$f_x$, f_y之类. 也可将上述记号中的f换为z.

例 3.3.1 设二元函数$z=\mathrm{e}^{-x}\sin\dfrac{x}{y}$, 求$\dfrac{\partial z}{\partial x}$, $\dfrac{\partial z}{\partial y}$.

解 把y看作常数, 对x求导得

$$\frac{\partial z}{\partial x}=-\mathrm{e}^{-x}\sin\frac{x}{y}+\frac{1}{y}\mathrm{e}^{-x}\cos\frac{x}{y}.$$

把x看作常数, 对y求导得

$$\frac{\partial z}{\partial y}=-\frac{x}{y^2}\mathrm{e}^{-x}\cos\frac{x}{y}.$$

偏导数的概念可直接推广到n元函数.

例 3.3.2 设三元函数$u(x,y,z)=x^{y^z}$, 求u对各个变量的偏导数及$\left.\dfrac{\partial u}{\partial y}\right|_{(\mathrm{e},2,1)}$.

解 $\dfrac{\partial u}{\partial x}=y^z x^{y^z-1}$; $\dfrac{\partial u}{\partial y}=x^{y^z}zy^{z-1}\ln x$; $\dfrac{\partial u}{\partial z}=x^{y^z}y^z\ln x\ln y$.

$$\left.\frac{\partial u}{\partial y}\right|_{(\mathrm{e},2,1)}=\left.x^{y^z}zy^{z-1}\ln x\right|_{(\mathrm{e},2,1)}=\mathrm{e}^2.$$

或

$$\left.\frac{\partial u}{\partial y}\right|_{(\mathrm{e},2,1)}=\left.\frac{\mathrm{d}}{\mathrm{d}y}u(\mathrm{e},y,1)\right|_{y=2}=\left.\frac{\mathrm{d}}{\mathrm{d}y}\left(\mathrm{e}^y\right)\right|_{y=2}=\mathrm{e}^2.$$

3.3.2 全微分

回顾一元函数$y=f(x)$的微分, 它具有两个特性: ①它与自变量的改变量成正比例; ②当自变量的改变量趋于零时, 它与函数的改变量Δy之差是较自变量的改变量更高阶的无穷小. 现在, 对二元函数$z=f(x,y)$也从同样的思想出发, 引进如下定义.

定义 3.3.2 (全微分) 设二元函数$z=f(x,y)$在点(x_0,y_0)的某邻域$N(x_0,y_0)$内有定义. 如果对于$(x_0+\Delta x,y_0+\Delta y)\in N(x_0,y_0)$, 函数$f$在点$(x_0,y_0)$处的**全增量**

$$\Delta z=f(x_0+\Delta x,y_0+\Delta y)-f(x_0,y_0)$$

可表示为

$$\Delta z=\alpha\Delta x+\beta\Delta y+o(\rho),$$

其中α,β是与$\Delta x,\Delta y$无关的常数(但一般与点(x_0,y_0)有关), $\rho=|(\Delta x,\Delta y)|=\sqrt{(\Delta x)^2+(\Delta y)^2}$, $o(\rho)$是当$\rho\to 0$(即$(\Delta x,\Delta y)\to(0,0)$)时关于$\rho$的高阶无穷小, 则称函数$f$在点$(x_0,y_0)$处**可微**, 并称$\alpha\Delta x+\beta\Delta y$为函数$f$在点$(x_0,y_0)$处的**全微分**, 记作$\mathrm{d}z|_{(x_0,y_0)}$或$\mathrm{d}f(x_0,y_0)$, 即

$$\mathrm{d}z|_{(x_0,y_0)}=\alpha\Delta x+\beta\Delta y.$$

由全微分的定义容易看出: 当$f(x,y)$在点(x_0,y_0)处可微时, 有

$$f_x(x_0,y_0)=\lim_{\Delta x\to 0}\frac{f(x_0+\Delta x,y_0)-f(x_0,y_0)}{\Delta x}=\lim_{\Delta x\to 0}\frac{\alpha\Delta x+o(\sqrt{\Delta x^2})}{\Delta x}=\alpha.$$

这说明, 若函数f在点(x_0,y_0)处可微, 则$f_x(x_0,y_0)$存在且等于α. 同理可证此时$f_y(x_0,y_0)$ 存在且等于β, 故**可微推出偏导数存在**, 且有

$$\mathrm{d}z|_{(x_0,y_0)}=f_x(x_0,y_0)\Delta x+f_y(x_0,y_0)\Delta y.$$

由全微分的定义易得: 当$f(x,y)$在点(x_0,y_0)处可微时, $f(x,y)$在点(x_0,y_0)处连续.

习惯上, 将自变量的改变量Δx与Δy分别写成$\mathrm{d}x$与$\mathrm{d}y$, 并分别称为自变量x与y的微分, 所以函数f的全微分也常写成

$$\mathrm{d}z|_{(x_0,y_0)}=f_x(x_0,y_0)\mathrm{d}x+f_y(x_0,y_0)\mathrm{d}y.$$

若$z=f(x,y)$在$D\subset\mathbf{R}^2$上可微, 则全微分为

$$\mathrm{d}z=f_x(x,y)\mathrm{d}x+f_y(x,y)\mathrm{d}y. \tag{3.3.3}$$

例 3.3.3 求$f(x,y)=\mathrm{e}^{(x+1)}\sin(x+y)$的全微分.

解

$$f_x=\mathrm{e}^{(x+1)}[\sin(x+y)+\cos(x+y)],$$

$$f_y=\mathrm{e}^{(x+1)}\cos(x+y).$$

由全微分的表达式(3.3.3)知

$$\mathrm{d}f=\mathrm{e}^{(x+1)}[\sin(x+y)+\cos(x+y)]\mathrm{d}x+\mathrm{e}^{(x+1)}\cos(x+y)\mathrm{d}y.$$

推广到一般多元函数, 有以下定义.

定义 3.3.3 设n元函数$u=f(\boldsymbol{x})=f(x_1,\cdots,x_n)$在点$\boldsymbol{x}_0$的邻域$N(\boldsymbol{x}_0)\subseteq\mathbf{R}^n$内有定义, 如果$\forall\boldsymbol{x}=\boldsymbol{x}_0+\Delta\boldsymbol{x}\in N(\boldsymbol{x}_0)$, 存在一关于$\Delta\boldsymbol{x}$的线性函数$\alpha_1\Delta x_1+\cdots+\alpha_n\Delta x_n$, 其中$\boldsymbol{\alpha}=(\alpha_1,\cdots,\alpha_n)$是与$\Delta\boldsymbol{x}$无关的常向量, $\Delta\boldsymbol{x}=(\Delta x_1,\cdots,\Delta x_n)$, 使得$f$在点$\boldsymbol{x}_0$的改变量$\Delta u$可以表示为

$$\begin{aligned}\Delta u&=f(\boldsymbol{x})-f(\boldsymbol{x}_0)\\&=\alpha_1\Delta x_1+\cdots+\alpha_n\Delta x_n+o(\rho),\end{aligned}$$

其中$\rho=|\Delta\boldsymbol{x}|=\sqrt{\Delta x_1^2+\cdots+\Delta x_n^2}$, $o(\rho)$是当$\rho\to0$时ρ的高阶无穷小, 那么称f在点$\boldsymbol{x}$处可微, 且称$\alpha_1\Delta x_1+\cdots+\alpha_n\Delta x_n$是$f$在点$\boldsymbol{x}_0$处的全微分, 记作

$$\mathrm{d}f(\boldsymbol{x}_0)=\alpha_1\Delta x_1+\cdots+\alpha_n\Delta x_n\quad\text{或}\quad\mathrm{d}u|_{\boldsymbol{x}=\boldsymbol{x}_0}=\alpha_1\Delta x_1+\cdots+\alpha_n\Delta x_n.$$

定理 3.3.1 (可微的必要条件) 若函数$u=f(\boldsymbol{x})=f(x_1,\cdots,x_n)$在点$\boldsymbol{x}_0$处可微, 则$f$在点$\boldsymbol{x}_0$处连续且所有偏导数均存在. 进而, f在点$\boldsymbol{x}_0$处的全微分为

$$\mathrm{d}f(\boldsymbol{x}_0)=\sum_{i=1}^{n}f_{x_i}(\boldsymbol{x}_0)\Delta x_i.$$

对在一个区域上可微的n元函数$u=f(\boldsymbol{x})=f(x_1,\cdots,x_n)$, 其全微分表达式为

$$\mathrm{d}u=\frac{\partial u}{\partial x_1}\,\mathrm{d}x_1+\frac{\partial u}{\partial x_2}\,\mathrm{d}x_2+\cdots+\frac{\partial u}{\partial x_n}\,\mathrm{d}x_n.\tag{3.3.4}$$

例 3.3.4 求函数$u=2x+\cos y+\mathrm{e}^{yz}$的全微分.

解 因为

$$\frac{\partial u}{\partial x}=2,\quad\frac{\partial u}{\partial y}=-\sin y+z\mathrm{e}^{yz},\quad\frac{\partial u}{\partial z}=y\mathrm{e}^{yz},$$

所以

$$\mathrm{d}u=2\mathrm{d}x+(-\sin y+z\mathrm{e}^{yz})\mathrm{d}y+y\mathrm{e}^{yz}\mathrm{d}z.$$

在一元函数中, 可导与可微是等价的. 对于多元函数, 函数在一点的所有偏导数都存在是否一定在此点可微呢? 下面给出一个例子.

例 3.3.5 证明: 函数

$$f(x,y)=\begin{cases}\dfrac{x^2y}{x^2+y^2}, & x^2+y^2\neq 0,\\ 0, & x^2+y^2=0\end{cases}$$

在点$O(0,0)$处存在偏导数但却不可微.

证 由于

$$f_x(0,0)=\lim_{\Delta x\to 0}\frac{f(0+\Delta x,0)-f(0,0)}{\Delta x}=0,$$

同理可得$f_y(0,0)=0$, 所以f在点$O(0,0)$处的两个偏导数均存在.

假定$f(x,y)$在点$O(0,0)$处可微, 则由可微的定义与必要条件可知

$$\Delta f=\mathrm{d}f(0,0)+o(\rho)=f_x(0,0)\Delta x+f_y(0,0)\Delta y+o(\rho)=o(\rho),$$

其中$o(\rho)$是当$\rho\to 0$时关于ρ的高阶无穷小. 因此, 极限$\lim\limits_{\rho\to 0}\dfrac{\Delta f}{\rho}$存在且为0. 但

$$\Delta f=f(0+\Delta x,0+\Delta y)-f(0,0)=\frac{\Delta x^2\Delta y}{\Delta x^2+\Delta y^2},$$

而当沿$\Delta y=k\Delta x\ (\Delta x>0)$趋于原点时, 可得到极限$\lim\limits_{\rho\to 0}\dfrac{\Delta f}{\rho}=\lim\limits_{\rho\to 0}\dfrac{\Delta x^2\Delta y}{(\Delta x^2+\Delta y^2)^{3/2}}$不存在. 矛盾, 故原函数在点$O$处不可微. □

既然偏导数存在时函数未必可微, 那么怎样加强条件才能保证函数可微呢?下面的定理给出了一个充分条件.

定理 3.3.2 (可微的充分条件) 设$u=f(\boldsymbol{x})=f(x_1,\cdots,x_n)$的偏导数在点$\boldsymbol{x}_0$的某邻域内均存在, 且至多有一个偏导数在点$\boldsymbol{x}_0$处不连续, 则$f$在点$\boldsymbol{x}_0$处可微.

证 为书写简明起见, 仅就$n=3$的情况加以证明. 一般情形的证明与此类似.

证明的思想是通过插项的方法把三元函数化为一元函数来处理. 不妨设f_x与f_y在点(x_0,y_0,z_0)处连续, f_z存在但在点(x_0,y_0,z_0)处不连续.

记$\Delta x=x-x_0$, $\Delta y,\Delta z$类似. $u=f(x,y,z)$在点(x_0,y_0,z_0)处的全增量可写成

$$\begin{aligned}\Delta u&=f(x,y,z)-f(x_0,y_0,z_0)\\&=[f(x,y,z)-f(x_0,y,z)]+[f(x_0,y,z)-f(x_0,y_0,z)]+[f(x_0,y_0,z)-f(x_0,y_0,z_0)],\end{aligned}$$

上式中每一方括号内都是一元函数的改变量, 利用偏导数可将其中第一个写成

$$f(x,y,z)-f(x_0,y,z)=f_x(x_0,y,z)\Delta x+o(\Delta x).$$

因为f_x在点(x_0,y_0,z_0)处连续, 所以

$$f_x(x_0,y,z)=f_x(x_0,y_0,z_0)+\alpha(\Delta y,\Delta z).$$

其中α是当$\rho=|(\Delta x,\Delta y,\Delta z)|\to 0$时$\rho$的无穷小. 于是

$$f(x,y,z)-f(x_0,y,z)=f_x(x_0,y_0,z_0)\Delta x+o_1(\rho),\tag{3.3.5}$$

其中$o_1(\rho)=\alpha\Delta x+o(\Delta x)$是当$\rho\to 0$时$\rho$的高阶无穷小. 同理可得

$$f(x_0,y,z)-f(x_0,y_0,z)=f_y(x_0,y_0,z_0)\Delta y+o_2(\rho), \tag{3.3.6}$$

其中$o_2(\rho)=o(\rho)\ (\rho\to 0)$.

对于第三个方括号, 有

$$f(x_0,y_0,z)-f(x_0,y_0,z_0)=f_z(x_0,y_0,z_0)\Delta z+o(\Delta z). \tag{3.3.7}$$

把式(3.3.5)～式(3.3.7)式相加, 并注意$o(\Delta z)=o(\rho)\ (\rho\to 0)$, 得

$$\Delta u=f_x(x_0,y_0,z_0)\Delta x+f_y(x_0,y_0,z_0)\Delta y+f_z(x_0,y_0,z_0)\Delta z+\beta,$$

其中$\beta=o_1(\rho)+o_2(\rho)+o(\Delta z)$是当$\rho\to 0$时$\rho$的高阶无穷小. 由定义可知$f$在点$(x_0,y_0,z_0)$处可微. □

推论 设$u=f(\boldsymbol{x})=f(x_1,\cdots,x_n)$的偏导数在点$\boldsymbol{x}_0$的某邻域内均存在, 且所有的偏导数均在点$\boldsymbol{x}_0$处连续, 则$f$在点$\boldsymbol{x}_0$处可微.

上面的推论是显然的. 应当指出, 我们这里给出的仅是可微的充分条件, 并不是必要的. 即函数可微时, 可能没有一个偏导数是连续的.

例 3.3.6 证明: 函数

$$f(x,y)=\begin{cases}(x^2+y^2)\sin\dfrac{1}{x^2+y^2}, & x^2+y^2\neq 0,\\ 0, & x^2+y^2=0\end{cases}$$

在点$O(0,0)$处可微, 但$f_x(x,y)$及$f_y(x,y)$在点$O(0,0)$处间断.

证 容易求得$f_x(0,0)=f_y(0,0)=0$. 因为

$$\begin{aligned}\Delta f-[f_x(0,0)\Delta x+f_y(0,0)\Delta y] &= f(\Delta x,\Delta y)-f(0,0)\\ &= (\Delta x^2+\Delta y^2)\sin\frac{1}{\Delta x^2+\Delta y^2}\\ &= \rho^2\sin\frac{1}{\rho^2}=o(\rho),\end{aligned}$$

所以f在点$O(0,0)$处可微.

当$x^2+y^2\neq 0$时, 有

$$f_x(x,y)=2x\sin\frac{1}{x^2+y^2}-\frac{2x}{x^2+y^2}\cos\frac{1}{x^2+y^2}.$$

由于$\lim\limits_{(x,y)\to(0,0)}2x\sin\dfrac{1}{x^2+y^2}=0$, 而

$$\lim_{\substack{(x,y)\to(0,0)\\ y=x}}\frac{2x}{x^2+y^2}\cos\frac{1}{x^2+y^2}=\lim_{x\to 0}\frac{1}{x}\cos\frac{1}{2x^2}$$

不存在, 所以$f_x(x,y)$在点$O(0,0)$处间断. 同理可证$f_y(x,y)$在点$O(0,0)$处也间断. □

注 3.3.1 二元函数在一点处连续、偏导数存在、偏导数连续和可微四者之间的联系: ①可微⇒连续和偏导数存在; ②偏导数存在且连续⇒可微. 其他无任何必然联系.

例 3.3.7 设$f(x,y)$在区域D内可微, 且$\sqrt{f_x^2+f_y^2}\leqslant M$, $A(x_1,y_1)$和$B(x_2,y_2)$是 D内两点, 线段AB 包含在D内. 证明: $|f(x_1,y_1)-f(x_2,y_2)|\leqslant M|AB|$, 其中$|AB|$表示线段$AB$的长.

证 作辅助函数$\varphi(t)=f(x_1+t(x_2-x_1),y_1+t(y_2-y_1))$, 则$\varphi(t)$在$[0,1]$上可微. 由Lagrange中值定理, 存在$c\in(0,1)$ 使得

$$\varphi(1)-\varphi(0)=\varphi'(c)=f_x(x_c,y_c)(x_2-x_1)+f_y(x_c,y_c)(y_2-y_1),$$

其中$x_c=x_1+c(x_2-x_1), y_c=y_1+c(y_2-y_1)$. 于是由Cauchy-Schwarz不等式, 有

$$\begin{aligned}|f(x_1,y_1)-f(x_2,y_2)| &= |\varphi(1)-\varphi(0)|\\ &= |f_x(x_c,y_c)(x_2-x_1)+f_y(x_c,y_c)(y_2-y_1)|\\ &\leqslant \sqrt{f_x^2+f_y^2}\cdot\sqrt{(x_2-x_1)^2+(y_2-y_1)^2}\\ &\leqslant M|AB|.\end{aligned}$$

下面介绍全微分在近似计算中的应用.

当f在点$\boldsymbol{x}_0$处可微时, 有

$$\Delta f=f(\boldsymbol{x}_0+\Delta\boldsymbol{x})-f(\boldsymbol{x}_0)=\mathrm{d}f(\boldsymbol{x}_0)+o(\rho),$$

从而当$\rho=|\Delta\boldsymbol{x}|\ll 1$时, 有

$$f(\boldsymbol{x}_0+\Delta\boldsymbol{x})-f(\boldsymbol{x}_0)\approx\mathrm{d}f(\boldsymbol{x}_0)=\sum_{i=1}^n f_{x_i}(\boldsymbol{x}_0)\Delta x_i,$$

或

$$f(\boldsymbol{x})\approx f(\boldsymbol{x}_0)+\sum_{i=1}^n f_{x_i}(x_0)(x_i-x_{0,i}). \tag{3.3.8}$$

例 3.3.8 计算$(1.03)^{1.98}$的近似值.

解 根据问题的特点, 设函数为$f(x,y)=x^y$. 由$1.03=1+0.03, 1.98=2-0.02$, 取$x_0=1$, $y_0=2$, $\Delta x=0.03, \Delta y=-0.02$. 由式(3.3.8), 即

$$f(x_0+\Delta x,y_0+\Delta y)\approx f(x_0,y_0)+f_x(x_0,y_0)\Delta x+f_y(x_0,y_0)\Delta y,$$

得到

$$(x_0+\Delta x)^{y_0+\Delta y}\approx x_0^{y_0}+y_0x_0^{y_0-1}\Delta x+x_0^{y_0}\ln x_0\Delta y,$$

将$x_0,y_0,\Delta x,\Delta y$的值代入上式, 有

$$(1.03)^{1.98}\approx 1^2+2\times0.03+0\times(-0.02)=1.06. \qquad \square$$

例 3.3.9 设测定圆柱的底半径$R=(2.5\pm0.1)$m, 高$H=(4.0\pm0.2)$m, 试求圆柱体体积的绝对误差和相对误差.

解 圆柱体的体积$V=\pi R^2H$, $\mathrm{d}V=2\pi RH\Delta R+\pi R^2\Delta H$, 其中

$$R=2.5, H=4.0, \Delta R=0.1, \Delta H=0.2.$$

于是由$|\Delta V| \approx |\mathrm{d}V|$得绝对误差

$$|\Delta V| \approx |2 \times 3.14 \times 2.5 \times 4 \times 0.1 + 3.14 \times 2.5^2 \times 0.2|\mathrm{m}^3 = 10.205\mathrm{m}^3.$$

相对误差

$$\begin{aligned}\frac{|\Delta V|}{V} \approx \frac{|\mathrm{d}V|}{V} &= \frac{|2\pi RH\Delta R + \pi R^2\Delta H|}{\pi R^2 H} \\ &\leqslant \frac{2}{R}|\Delta R| + \frac{1}{H}|\Delta H| = \frac{2}{2.5} \times 0.1 + \frac{1}{4} \times 0.2 = 0.13 = 13\%. \end{aligned}$$ □

3.3.3 高阶偏导数和高阶全微分

1. 高阶偏导数

如果n元函数$u = f(\boldsymbol{x})$的偏导数$\dfrac{\partial f(\boldsymbol{x})}{\partial x_i}$在点$\boldsymbol{x}_0$处对变量$x_j$的偏导数存在, 则称这个偏导数为$f$在点$\boldsymbol{x}_0$先对变量$x_i$再对变量$x_j$的二阶偏导数, 记为

$$\frac{\partial^2 f(\boldsymbol{x})}{\partial x_j \partial x_i} = \frac{\partial}{\partial x_j}\left(\frac{\partial f}{\partial x_i}\right)\bigg|_{\boldsymbol{x}=\boldsymbol{x}_0} \quad \text{或} \quad f_{x_i x_j}(\boldsymbol{x}_0) \quad \text{或} \quad f_{ij}(\boldsymbol{x}_0),$$

其中$1 \leqslant i \leqslant n,\ 1 \leqslant j \leqslant n$.

例如, 二元函数$z = f(x, y)$的二阶偏导数共有四个:

$$\frac{\partial}{\partial x}\left(\frac{\partial f}{\partial x}\right) = \frac{\partial^2 f}{\partial x^2} = f_{xx}, \quad \frac{\partial}{\partial y}\left(\frac{\partial f}{\partial x}\right) = \frac{\partial^2 f}{\partial y \partial x} = f_{xy},$$

$$\frac{\partial}{\partial x}\left(\frac{\partial f}{\partial y}\right) = \frac{\partial^2 f}{\partial x \partial y} = f_{yx}, \quad \frac{\partial}{\partial y}\left(\frac{\partial f}{\partial y}\right) = \frac{\partial^2 f}{\partial y^2} = f_{yy},$$

并称f_{xx}和f_{yy}为**二阶纯偏导数**, f_{xy}和f_{yx}为**二阶混合偏导数**.

类似地, 可由$n-1$阶偏导函数的偏导数来定义n阶偏导数, 例如,

$$f_{x_i x_j x_k} = \frac{\partial}{\partial x_k}\left(\frac{\partial^2 f}{\partial x_j \partial x_i}\right).$$

二阶以上的偏导数统称为**高阶偏导数**. 容易看出, 高阶偏导数的运算实质上是一元函数的导数运算.

例 3.3.10 求二元函数$u(x, y) = x\mathrm{e}^x \sin y$的所有二阶偏导数.

解 由

$$\frac{\partial u}{\partial x} = \mathrm{e}^x \sin y + x\mathrm{e}^x \sin y = (x+1)\mathrm{e}^x \sin y, \qquad \frac{\partial u}{\partial y} = x\mathrm{e}^x \cos y,$$

再分别关于变量x, y求偏导数, 得

$$\frac{\partial^2 u}{\partial x^2} = \frac{\partial}{\partial x}\left(\frac{\partial u}{\partial x}\right) = (x+2)\mathrm{e}^x \sin y, \qquad \frac{\partial^2 u}{\partial y \partial x} = \frac{\partial}{\partial y}\left(\frac{\partial u}{\partial x}\right) = (x+1)\mathrm{e}^x \cos y,$$

$$\frac{\partial^2 u}{\partial x \partial y} = \frac{\partial}{\partial x}\left(\frac{\partial u}{\partial y}\right) = (x+1)\mathrm{e}^x \cos y, \qquad \frac{\partial^2 u}{\partial y^2} = \frac{\partial}{\partial y}\left(\frac{\partial u}{\partial y}\right) = -x\mathrm{e}^x \sin y.$$ □

值得注意的是, 该例的两个混合偏导数都相等, 即$u_{xy} = u_{yx}$, 但是这个结论并不是对任意的函数都成立.

例 3.3.11 设二元函数

$$f(x,y)=\begin{cases} xy\dfrac{x^2-y^2}{x^2+y^2}, & x^2+y^2\neq 0,\\ 0, & x^2+y^2=0, \end{cases}$$

证明$f_{xy}(0,0)\neq f_{yx}(0,0)$.

证 当$x^2+y^2\neq 0$时利用求导法则, 当$x^2+y^2=0$时根据偏导数定义, 可得

$$f_x(x,y)=\begin{cases} y\Big(\dfrac{x^2-y^2}{x^2+y^2}+\dfrac{4x^2y^2}{(x^2+y^2)^2}\Big), & x^2+y^2\neq 0,\\ 0, & x^2+y^2=0; \end{cases}$$

$$f_y(x,y)=\begin{cases} x\Big(\dfrac{x^2-y^2}{x^2+y^2}-\dfrac{4x^2y^2}{(x^2+y^2)^2}\Big), & x^2+y^2\neq 0,\\ 0, & x^2+y^2=0. \end{cases}$$

因此有$f_x(0,y)=-y$, $f_y(x,0)=x$. 再由偏导数定义可得

$$f_{xy}(0,0)=\lim_{\Delta y\to 0}\frac{f_x(0,\Delta y)-f_x(0,0)}{\Delta y}=\lim_{\Delta y\to\ 0}\frac{-\Delta y}{\Delta y}=-1,$$

$$f_{yx}(0,0)=\lim_{\Delta x\to 0}\frac{f_y(\Delta x,0)-f_y(0,0)}{\Delta y}=\lim_{\Delta x\to\ 0}\frac{\Delta x}{\Delta x}=1.$$

所以

$$f_{xy}(0,0)\neq f_{yx}(0,0).$$

□

定理 3.3.3 若f_{xy}和f_{yx}都在点(x,y)处连续, 则在点(x,y)处有$f_{xy}=f_{yx}$.

证 由混合偏导数的定义知, f_{xy}与f_{yx}均与

$$\varPhi=f(x+\Delta x,y+\Delta y)-f(x,y+\Delta y)-f(x+\Delta x,y)+f(x,y)$$

有关. 于是若令$\varphi(x,y)=f(x+\Delta x,y)-f(x,y)$, 则有

$$\varPhi=\varphi(x,y+\Delta y)-\varphi(x,y).$$

由于x是固定的, 所以对y应用微分中值定理, 有

$$\varPhi=\varphi_y(x,y+\theta_1\Delta y)\Delta y=f_y(x+\Delta x,y+\theta_1\Delta y)-f_y(x,y+\theta_1\Delta y),\ 0<\theta_1<1.$$

然后对x再应用一次微分中值定理, 得

$$\varPhi=f_{yx}(x+\theta_2\Delta x,y+\theta_1\Delta y)\Delta x\Delta y,\quad 0<\theta_1,\ \theta_2<1.$$

如果在上述过程中改变关于x,y的顺序, 即先对x再对y进行同样的求导, 可得

$$\begin{aligned}\varPhi=&[f(x+\Delta x,y+\Delta y)-f(x+\Delta x,y)]-[f(x,y+\Delta y)-f(x,y)]\\ =&f_{xy}\left(x+\theta_3\Delta x,y+\theta_4\Delta y\right)\Delta x\Delta y,\quad 0<\theta_3,\ \theta_4<1.\end{aligned}$$

于是有

$$f_{yx}(x+\theta_2\Delta x, y+\theta_1\Delta y) = f_{xy}(x+\theta_3\Delta x, y+\theta_{4\Delta y}).$$

由f_{yx}与f_{xy}的连续性, 对上式取极限$(\Delta x, \Delta y) \to (0,0)$, 即得$f_{xy} = f_{yx}$. □

一般地, 对于高阶偏导数, 可以证明: 如果$f(x,y)$在点(x,y)处有直到n阶的连续偏导数, 则偏导数$\dfrac{\partial^k f}{\partial x^\lambda \partial y^{k-\lambda}}$ $(2 \leqslant k \leqslant n, 0 < \lambda < k)$不论求导数的顺序如何, 只要对$x$求导$\lambda$次, 对$y$求导$k-\lambda$次即可, 与求导次序无关.

为今后的方便, 下面介绍C^m类函数的概念.

定义 3.3.4 (C^m类函数) 设$f(\boldsymbol{x})$是定义在区域$\Omega \subset \mathbf{R}^n$内的$n$元函数. 若$f$在$\Omega$内连续, 则称$f$是$\Omega$上的$C^0$类函数, 记为$f \in C^0(\Omega)$, 或$f \in C(\Omega)$; 若$f$在$\Omega$内有连续的$m$阶偏导数, 则称$f$是$\Omega$上的$C^m$类函数, 记为$f \in C^m(\Omega)$.

2. 高阶全微分

前面已定义了$u = f(x,y)$的全微分, 且有

$$\mathrm{d}u = f_x \mathrm{d}x + f_y \mathrm{d}y$$

再求全微分可得

$$\begin{aligned} \mathrm{d}^2 u =& \mathrm{d}(\mathrm{d}u) = \frac{\partial}{\partial x}(f_x \mathrm{d}x + f_y \mathrm{d}y)\mathrm{d}x + \frac{\partial}{\partial y}(f_x \mathrm{d}x + f_y \mathrm{d}y)\mathrm{d}y \\ =& f_{xx}\mathrm{d}x^2 + 2f_{xy}\mathrm{d}x\mathrm{d}y + f_{yy}\mathrm{d}y^2. \end{aligned}$$

类似地可以定义

$$\mathrm{d}^3 u = \mathrm{d}(\mathrm{d}^2 u), \quad \mathrm{d}^n u = \mathrm{d}(\mathrm{d}^{n-1}u).$$

由数学归纳法可以推得

$$\mathrm{d}^n u = \sum_{k=0}^{n} \mathrm{C}_n^k \frac{\partial^n f}{\partial x^{n-k}\partial y^k}\, \mathrm{d}x^{n-k}\mathrm{d}y^k. \tag{3.3.9}$$

为方便记忆, 引进运算符号

$$\left(\frac{\partial}{\partial x}\,\mathrm{d}x + \frac{\partial}{\partial y}\,\mathrm{d}y\right)^2 = \frac{\partial^2}{\partial x^2}\,\mathrm{d}x^2 + 2\frac{\partial^2}{\partial x \partial y}\,\mathrm{d}x\mathrm{d}y + \frac{\partial^2}{\partial y^2}\,\mathrm{d}y^2,$$

其等式右端相当于按二项式公式形式展开, 并注意$(\dfrac{\partial}{\partial x})^2 = \dfrac{\partial^2}{\partial x^2}$, $(\dfrac{\partial}{\partial y})^2 = \dfrac{\partial^2}{\partial y^2}$, $(\dfrac{\partial}{\partial x})(\dfrac{\partial}{\partial y}) = \dfrac{\partial^2}{\partial x \partial y}$. 于是, 二阶全微分可简洁地写成

$$\mathrm{d}^2 u = \left(\frac{\partial}{\partial x}\,\mathrm{d}x + \frac{\partial}{\partial y}\,\mathrm{d}y\right)^2 f,$$

n阶全微分式(3.3.9)也可简洁地写成

$$\mathrm{d}^n u = \left(\frac{\partial}{\partial x}\,\mathrm{d}x + \frac{\partial}{\partial y}\,\mathrm{d}y\right)^n f, \tag{3.3.10}$$

其中$\left(\dfrac{\partial}{\partial x}\,\mathrm{d}x + \dfrac{\partial}{\partial y}\,\mathrm{d}y\right)^n f$表示将算符$\left(\dfrac{\partial}{\partial x}\,\mathrm{d}x + \dfrac{\partial}{\partial y}\,\mathrm{d}y\right)$自乘$n$次后再作用到$f$上.

例 3.3.12 设$f(x,y)=x^2\mathrm{e}^y$, 求$\mathrm{d}^3 f$.

解 根据式(3.3.10), 有

$$\mathrm{d}^3 f=\frac{\partial^3 f}{\partial x^3}\,\mathrm{d}x^3+3\frac{\partial^3 f}{\partial x^2\partial y}\,\mathrm{d}x^2\mathrm{d}y+3\frac{\partial^3 f}{\partial x\partial^2 y}\,\mathrm{d}x\mathrm{d}y^2+\frac{\partial^3 f}{\partial y^3}\,\mathrm{d}y^3.$$

容易得到

$$\frac{\partial^3 f}{\partial x^3}=0,\quad \frac{\partial^3 f}{\partial x^2\partial y}=2\mathrm{e}^y,\quad \frac{\partial^3 f}{\partial x\partial^2 y}=2x\mathrm{e}^y,\quad \frac{\partial^3 f}{\partial y^3}=x^2\mathrm{e}^y,$$

所以

$$\mathrm{d}^3 f=6\mathrm{e}^y\mathrm{d}x^2\mathrm{d}y+6x\mathrm{e}^y\mathrm{d}x\mathrm{d}y^2+x^2\mathrm{e}^y\mathrm{d}y^3.$$ □

3.3.4 复合函数的偏导数和全微分

本小节把一元复合函数的链式法则推广到多元函数. 为了论述简洁, 先讨论三元函数与三个二元函数的复合情形.

定理 3.3.4 设$u=\varphi(x,y), v=\psi(x,y), w=\chi(x,y)$均在点$(x,y)$处可微, 而$z=f(u,v,w)$在对应的点$(u,v,w)$处可微, 则复合函数$z=f[\varphi(x,y),\psi(x,y),\chi(x,y)]$在点$(x,y)$处也必可微, 且其全微分为

$$\mathrm{d}z=\left(\frac{\partial z}{\partial u}\frac{\partial u}{\partial x}+\frac{\partial z}{\partial v}\frac{\partial v}{\partial x}+\frac{\partial z}{\partial w}\frac{\partial w}{\partial x}\right)\mathrm{d}x+\left(\frac{\partial z}{\partial u}\frac{\partial u}{\partial y}+\frac{\partial z}{\partial v}\frac{\partial v}{\partial y}+\frac{\partial z}{\partial w}\frac{\partial w}{\partial y}\right)\mathrm{d}y. \tag{3.3.11}$$

证 让自变量x, y分别有改变量Δx, Δy, 相应地, 函数φ, ψ, χ分别有改变量Δu, Δv, Δw, 从而函数f有改变量Δz. 由于φ,ψ,χ均在点(x,y)处可微, 故有

$$\Delta u=\frac{\partial u}{\partial x}\Delta x+\frac{\partial u}{\partial y}\Delta y+o_1(\rho), \tag{3.3.12}$$

$$\Delta v=\frac{\partial v}{\partial x}\Delta x+\frac{\partial v}{\partial y}\Delta y+o_2(\rho), \tag{3.3.13}$$

$$\Delta w=\frac{\partial w}{\partial x}\Delta x+\frac{\partial w}{\partial y}\Delta y+o_3(\rho), \tag{3.3.14}$$

其中$\rho=\sqrt{\Delta x^2+\Delta y^2}$, $o_j(\rho)$ $(j=1,2,3)$是ρ的高阶无穷小($\rho\to 0$时). 又由于函数f在(x,y) 所对应的点(u,v,w)处可微, 所以

$$\Delta z=\frac{\partial z}{\partial u}\Delta u+\frac{\partial z}{\partial v}\Delta v+\frac{\partial z}{\partial w}\Delta w+o(\sqrt{\Delta u^2+\Delta v^2+\Delta w^2}\ ). \tag{3.3.15}$$

将式(3.3.12)～式(3.3.14)代入式(3.3.15)并加以整理, 则复合函数

$$z=f[\varphi(x,y),\psi(x,y),\chi(x,y)]$$

的改变量可以写成

$$\Delta z=\left(\frac{\partial z}{\partial u}\frac{\partial u}{\partial x}+\frac{\partial z}{\partial v}\frac{\partial v}{\partial x}+\frac{\partial z}{\partial w}\frac{\partial w}{\partial x}\right)\Delta x+\left(\frac{\partial z}{\partial u}\frac{\partial u}{\partial y}+\frac{\partial z}{\partial v}\frac{\partial v}{\partial y}+\frac{\partial z}{\partial w}\frac{\partial w}{\partial y}\right)\Delta y+\alpha,$$

其中

$$\alpha=\frac{\partial z}{\partial u}o_1(\rho)+\frac{\partial z}{\partial v}o_2(\rho)+\frac{\partial z}{\partial w}o_3(\rho)+o(\sqrt{\Delta u^2+\Delta v^2+\Delta w^2}\ ).$$

要证明复合函数z在点(x,y)处可微, 且式(3.3.11)成立, 只需证明

$$\lim_{\rho\to 0}\frac{\alpha}{\rho}=0. \tag{3.3.16}$$

由于

$$\frac{o(\sqrt{\Delta u^2+\Delta v^2+\Delta w^2}\,)}{\rho}=\frac{o(\sqrt{\Delta u^2+\Delta v^2+\Delta w^2}\,)}{\sqrt{\Delta u^2+\Delta v^2+\Delta w^2}}\cdot\frac{\sqrt{\Delta u^2+\Delta v^2+\Delta w^2}}{\rho},$$

而且ρ充分小时由式(3.3.12)可知

$$\frac{|\Delta u|}{\rho}\leqslant\left|\frac{\partial u}{\partial x}\right|\frac{|\Delta x|}{\rho}+\left|\frac{\partial u}{\partial y}\right|\frac{|\Delta y|}{\rho}+\frac{|o_1(\rho)|}{\rho}<\left|\frac{\partial u}{\partial x}\right|+\left|\frac{\partial u}{\partial y}\right|+1,$$

故$\dfrac{\Delta u}{\rho}$有界. 同理$\dfrac{\Delta v}{\rho}$与$\dfrac{\Delta w}{\rho}$也有界. 于是

$$\lim_{\rho\to 0}\frac{o(\sqrt{\Delta u^2+\Delta v^2+\Delta w^2}\,)}{\rho}=0.$$

再注意到$\dfrac{\partial z}{\partial u}$, $\dfrac{\partial z}{\partial v}$, $\dfrac{\partial z}{\partial w}$均与$\rho$无关, 式(3.3.16)成立, 从而定理得证. □

由复合函数的全微分表达式(3.3.11)可知, 复合函数有下列链式法则:

$$\begin{cases}\dfrac{\partial z}{\partial x}=\dfrac{\partial z}{\partial u}\dfrac{\partial u}{\partial x}+\dfrac{\partial z}{\partial v}\dfrac{\partial v}{\partial x}+\dfrac{\partial z}{\partial w}\dfrac{\partial w}{\partial x},\\[2mm] \dfrac{\partial z}{\partial y}=\dfrac{\partial z}{\partial u}\dfrac{\partial u}{\partial y}+\dfrac{\partial z}{\partial v}\dfrac{\partial v}{\partial y}+\dfrac{\partial z}{\partial w}\dfrac{\partial w}{\partial y}.\end{cases} \tag{3.3.17}$$

例 3.3.13 设函数$z=f(\sin x,\cos y,\mathrm{e}^{x+y})$有连续的偏导数, 求函数$z$对$x$与$y$的偏导数.

解 令$u=\sin x$, $v=\cos y$, $w=\mathrm{e}^{x+y}$, 则$z=f(u,v,w)$, 这是由三个中间变量和两个自变量构成的复合函数. 应用公式(3.3.17)得

$$\frac{\partial z}{\partial x}=f_1\cos x+f_3\mathrm{e}^{x+y},\qquad \frac{\partial z}{\partial y}=-f_2\sin y+f_3\mathrm{e}^{x+y},$$

其中f_1表示f对第一个分量$\sin x$求偏导数, f_2表示f对第二个分量$\cos y$求偏导数, f_3表示f对第三个分量e^{x+y}求偏导数.

对于形如本例的多元复合函数的偏导数(包括高阶情形, 见后面的例3.3.18), 这种记号是常用的, 显得很简洁.

定理3.3.4的可微性与链式法则均不难推广到一般多元函数.

设$\boldsymbol{x}=(x_1,\cdots,x_n)\in\mathbf{R}^n$, n元函数$u_i=\varphi_i(\boldsymbol{x})$在$\boldsymbol{x}$处可微$(i=1,\cdots,m)$, 而函数$y=f(\boldsymbol{u})$在对应的$\boldsymbol{u}=\boldsymbol{u}(\boldsymbol{x})=(\varphi_1(\boldsymbol{x}),\cdots,\varphi_m(\boldsymbol{x}))$处可微, 则复合函数$y=F(\boldsymbol{x}):=f[\boldsymbol{u}(\boldsymbol{x})]$在$\boldsymbol{x}$处也必可微, 从而$F(\boldsymbol{x})$关于各个变量$x_1,\cdots,x_n$的偏导数均存在, 且有链式法则

$$\frac{\partial y}{\partial x_i}=\sum_{j=1}^{m}\frac{\partial f}{\partial u_j}\frac{\partial u_j}{\partial x_i},\quad i=1,\cdots,n$$

和全微分

$$\mathrm{d}y=\left(\sum_{j=1}^{m}\frac{\partial f}{\partial u_j}\frac{\partial u_j}{\partial x_1}\right)\mathrm{d}x_1+\cdots+\left(\sum_{j=1}^{m}\frac{\partial f}{\partial u_j}\frac{\partial u_j}{\partial x_n}\right)\mathrm{d}x_n.$$

由于多元函数的复合可以有多种不同情况, 读者在使用链式法则时, 切记:**关键的步骤是先分清中间变量和自变量.**

例 3.3.14 设$z=y\sin x$, $x=t^3$, $y=5t+2$, 求$\dfrac{\mathrm{d}z}{\mathrm{d}t}$.

解 这是由两个中间变量和一个自变量构成的复合函数. 应用链式法则, 得

$$\frac{\mathrm{d}z}{\mathrm{d}t}=\frac{\partial z}{\partial x}\frac{\mathrm{d}x}{\mathrm{d}t}+\frac{\partial z}{\partial y}\frac{\mathrm{d}y}{\mathrm{d}t}=(y\cos x)(3t^2)+\sin x\cdot 5=3t^2(5t+2)\cos t^3+5\sin t^3.$$ □

例 3.3.15 设$\omega=x^2\mathrm{e}^y$, $x=4u$, $y=3u^2-2v$, 求$\dfrac{\partial\omega}{\partial u}$与$\dfrac{\partial\omega}{\partial v}$.

解 这是由两个中间变量和两个自变量构成的复合函数.

$$\begin{aligned}\frac{\partial\omega}{\partial u}&=\frac{\partial\omega}{\partial x}\frac{\partial x}{\partial u}+\frac{\partial\omega}{\partial y}\frac{\partial y}{\partial u}\\&=2x\mathrm{e}^y\cdot 4+x^2\mathrm{e}^y\cdot 6u=(8x+6x^2u)\mathrm{e}^y\\&=(32u+96u^3)\mathrm{e}^{3u^2-2v},\end{aligned}$$

$$\frac{\partial\omega}{\partial v}=\frac{\partial\omega}{\partial x}\frac{\partial x}{\partial v}+\frac{\partial\omega}{\partial y}\frac{\partial y}{\partial v}=2x\mathrm{e}^y\cdot 0+x^2\mathrm{e}^y\cdot(-2)=-2x^2\mathrm{e}^y=-32u^2\mathrm{e}^{3u^2-2v}.$$ □

例 3.3.16 设$z=f(r^2\cos(2\theta),r^2\sin^2\theta\cos^2\theta)$, 求$\dfrac{\partial z}{\partial r}$, $\dfrac{\partial z}{\partial\theta}$.

解 由于$u=r^2\cos(2\theta)$, $v=r^2\sin^2\theta\cos^2\theta$, 应用公式(3.3.17)得

$$\begin{aligned}\frac{\partial z}{\partial r}&=\frac{\partial f}{\partial u}\frac{\partial u}{\partial r}+\frac{\partial f}{\partial v}\frac{\partial v}{\partial r}\\&=\frac{\partial f}{\partial u}\cdot 2r\cos(2\theta)+\frac{\partial f}{\partial v}\cdot 2r\sin^2\theta\cos^2\theta\\&=2rf_1\cos(2\theta)+2rf_2\sin^2\theta\cos^2\theta,\\ \frac{\partial z}{\partial\theta}&=\frac{\partial f}{\partial u}\frac{\partial u}{\partial\theta}+\frac{\partial f}{\partial v}\frac{\partial v}{\partial\theta}\\&=\frac{\partial f}{\partial u}\cdot(-2r^2\sin(2\theta))+\frac{\partial f}{\partial v}\cdot(\frac{1}{2}r^2\sin(4\theta))\\&=-2r^2f_1\sin(2\theta)+\frac{1}{2}r^2f_2\sin(4\theta),\end{aligned}$$

式中, 函数$f(r^2\cos(2\theta),r^2\sin^2\theta\cos^2\theta)$对第一个变量$r^2\cos(2\theta)$求偏导数记作$f_1$, 对第二个变量$r^2\sin^2\theta\cos^2\theta$求偏导数记作$f_2$. □

例 3.3.17 设$u=\ln\sqrt{x^2+y^2+z^2}$, 求u_x,u_y,u_z.

解 这是由一个中间变量和三个自变量构成的复合函数. 令$v=x^2+y^2+z^2$, 则$u=\dfrac{1}{2}\ln v$. 于是

$$u_x=\frac{\mathrm{d}u}{\mathrm{d}v}\frac{\partial v}{\partial x}=\frac{1}{2}\cdot(x^2+y^2+z^2)\frac{\partial v}{\partial x}=\frac{1}{2(x^2+y^2+z^2)}\cdot 2x=\frac{x}{x^2+y^2+z^2}.$$

同理可得$u_y=\dfrac{y}{x^2+y^2+z^2}$, $u_z=\dfrac{z}{x^2+y^2+z^2}$. □

为了方便读者更好地理解和掌握链式法则, 现将几种特殊情形总结如下.

注 3.3.2 (1) 设$z=f(u,v)$, $u=\varphi(x)$, $v=\psi(x)$均分别可微, 则复合以后是x的一元函数$z=f[\varphi(x),\psi(x)]$, 有链式法则如下:

$$\frac{\mathrm{d}z}{\mathrm{d}x}=\frac{\partial z}{\partial u}\cdot\frac{\mathrm{d}u}{\mathrm{d}x}+\frac{\partial z}{\partial v}\cdot\frac{\mathrm{d}v}{\mathrm{d}x},$$

称它为复合函数z对x的**全导数**. 如例3.3.14.

(2) 设$w=f(u)$, $u=\varphi(x,y,z)$均可微, 有链式法则如下:

$$\frac{\partial w}{\partial x}=\frac{\mathrm{d}w}{\mathrm{d}u}\cdot\frac{\partial u}{\partial x},\quad \frac{\partial w}{\partial y}=\frac{\mathrm{d}w}{\mathrm{d}u}\cdot\frac{\partial u}{\partial y},\quad \frac{\partial w}{\partial z}=\frac{\mathrm{d}w}{\mathrm{d}u}\cdot\frac{\partial u}{\partial z}.$$

(3) 设$u=f(x,y,z)$, $z=\varphi(x,y)$均可微, 有链式法则如下:

$$\frac{\partial u}{\partial x}=\frac{\partial f}{\partial x}+\frac{\partial f}{\partial z}\cdot\frac{\partial z}{\partial x},\quad \frac{\partial u}{\partial y}=\frac{\partial f}{\partial y}+\frac{\partial f}{\partial z}\cdot\frac{\partial z}{\partial y}.$$ □

在链式法则的应用中, 最困难之处在于求复合函数的高阶偏导数, 特别是函数以抽象形式出现的时候, 下面给出一个例子具体说明.

例 3.3.18 设$z=f(xy,\dfrac{x}{y})$, f具有二阶连续偏导数, 求$\dfrac{\partial^2 z}{\partial x^2}$, $\dfrac{\partial^2 z}{\partial y^2}$, $\dfrac{\partial^2 z}{\partial x\partial y}$.

解 因为$\dfrac{\partial z}{\partial x}=yf_1+\dfrac{1}{y}f_2$, $\dfrac{\partial z}{\partial y}=xf_1-\dfrac{x}{y^2}f_2$, 所以

$$\frac{\partial^2 z}{\partial x^2}=y\big(f_{11}\cdot y+f_{12}\cdot\frac{1}{y}\big)+\frac{1}{y}\big(f_{21}\cdot y+f_{22}\cdot\frac{1}{y}\big)=y^2f_{11}+2f_{12}+\frac{1}{y^2}f_{22},$$

其中f_{12}表示$f_1(xy,\dfrac{x}{y})$对其第二个变量$v=\dfrac{x}{y}$求偏导, 其他记号类似.

$$\begin{aligned}\frac{\partial^2 z}{\partial x\partial y}&=\frac{\partial}{\partial x}\big(xf_1-\frac{x}{y^2}f_2\big)\\&=f_1+x\big(f_{11}\cdot y+f_{12}\cdot\frac{1}{y}\big)-\frac{1}{y^2}f_2-\frac{x}{y^2}\big(f_{21}\cdot y+f_{22}\cdot\frac{1}{y}\big)\\&=xyf_{11}-\frac{x}{y^3}f_{22}+f_1-\frac{1}{y^2}f_2,\end{aligned}$$

$$\begin{aligned}\frac{\partial^2 z}{\partial y^2}&=x\big[f_{11}\cdot x+f_{12}\cdot(-\frac{x}{y^2})\big]-\frac{x}{y^2}\big[f_{21}\cdot x+f_{22}\cdot(-\frac{x}{y^2})\big]+\frac{2x}{y^3}f_2\\&=x^2f_{11}-2\frac{x^2}{y^2}f_{12}+\frac{x^2}{y^4}f_{22}+\frac{2x}{y^3}f_2.\end{aligned}$$

另外, 在解决物理、力学等问题时, 常常需要通过坐标变换把在一种坐标系下的偏导数关系式, 通过复合函数的链式法则, 变成另一种坐标系下的表达式.

例 3.3.19 求$\left(\dfrac{\partial u}{\partial x}\right)^2+\left(\dfrac{\partial u}{\partial y}\right)^2$与$\dfrac{\partial^2 u}{\partial x^2}+\dfrac{\partial^2 u}{\partial y^2}$在极坐标系中的表达式, 其中$u=F(x,y)$具有连续的二阶偏导数.

解 令$x=\rho\cos\varphi, y=\rho\sin\varphi$, 则

$$\rho=\sqrt{x^2+y^2},\quad \varphi=\arctan\frac{y}{x},\tag{3.3.18}$$

于是

$$u=F(x,y)=F(\rho\cos\varphi,\rho\sin\varphi)=G(\rho,\varphi)=G\left(\sqrt{x^2+y^2},\arctan\frac{y}{x}\right).$$

这样一来, 就可以把$u=F(x,y)$看作是由$u=G(\rho,\varphi), \rho=\sqrt{x^2+y^2}$, $\varphi=\arctan\dfrac{y}{x}$复合而成的. 显然$G(\rho,\varphi)$同样具有连续的二阶偏导数. 应用链式法则得

$$\frac{\partial u}{\partial x}=\frac{\partial u}{\partial\rho}\frac{\partial\rho}{\partial x}+\frac{\partial u}{\partial\varphi}\frac{\partial\varphi}{\partial x},\quad \frac{\partial u}{\partial y}=\frac{\partial u}{\partial\rho}\frac{\partial\rho}{\partial y}+\frac{\partial u}{\partial\varphi}\frac{\partial\varphi}{\partial y}.\tag{3.3.19}$$

由式(3.3.18), 有

$$\begin{cases} \dfrac{\partial \rho}{\partial x} = \dfrac{x}{\sqrt{x^2+y^2}} = \dfrac{x}{\rho} = \cos\varphi, & \dfrac{\partial \rho}{\partial y} = \dfrac{y}{\sqrt{x^2+y^2}} = \dfrac{y}{\rho} = \sin\varphi, \\ \dfrac{\partial \varphi}{\partial x} = -\dfrac{y}{x^2+y^2} = -\dfrac{\sin\varphi}{\rho}, & \dfrac{\partial \varphi}{\partial y} = \dfrac{x}{x^2+y^2} = \dfrac{\cos\varphi}{\rho}. \end{cases} \tag{3.3.20}$$

把式(3.3.20)代入式(3.3.19), 得

$$\frac{\partial u}{\partial x} = \frac{\partial u}{\partial \rho}\cos\varphi - \frac{\partial u}{\partial \varphi}\frac{\sin\varphi}{\rho}, \tag{3.3.21}$$

$$\frac{\partial u}{\partial y} = \frac{\partial u}{\partial \rho}\sin\varphi + \frac{\partial u}{\partial \varphi}\frac{\cos\varphi}{\rho}. \tag{3.3.22}$$

上面两式平方后相加得

$$\left(\frac{\partial u}{\partial x}\right)^2 + \left(\frac{\partial u}{\partial y}\right)^2 = \left(\frac{\partial u}{\partial \rho}\right)^2 + \frac{1}{\rho^2}\left(\frac{\partial u}{\partial \varphi}\right)^2.$$

将式(3.3.21)两端对x求偏导数, 应用链式法则, 得

$$\frac{\partial^2 u}{\partial x^2} = \frac{\partial}{\partial \rho}\left(\frac{\partial u}{\partial \rho}\cos\varphi - \frac{\partial u}{\partial \varphi}\frac{\sin\varphi}{\rho}\right)\frac{\partial \rho}{\partial x} + \frac{\partial}{\partial \varphi}\left(\frac{\partial u}{\partial \rho}\cos\varphi - \frac{\partial u}{\partial \varphi}\frac{\sin\varphi}{\rho}\right)\frac{\partial \varphi}{\partial x}.$$

把式(3.3.20)中有关表达式代入上式并化简后得

$$\frac{\partial^2 u}{\partial x^2} = \frac{\partial^2 u}{\partial \rho^2}\cos^2\varphi - 2\frac{1}{\rho}\frac{\partial^2 u}{\partial \rho \partial \varphi}\sin\varphi\cos\varphi + 2\frac{\partial u}{\partial \varphi}\frac{\sin\varphi\cos\varphi}{\rho^2} + \frac{\partial^2 u}{\partial \varphi^2}\frac{\sin^2\varphi}{\rho^2} + \frac{\partial u}{\partial \rho}\frac{\sin^2\varphi}{\rho}.$$

类似地,将式(3.3.22)两端对y求偏导并化简后得

$$\frac{\partial^2 u}{\partial y^2} = \frac{\partial^2 u}{\partial \rho^2}\sin^2\varphi + 2\frac{1}{\rho}\frac{\partial^2 u}{\partial \rho \partial \varphi}\sin\varphi\cos\varphi - 2\frac{\partial u}{\partial \varphi}\frac{\sin\varphi\cos\varphi}{\rho^2} + \frac{\partial^2 u}{\partial \varphi^2}\frac{\cos^2\varphi}{\rho^2} + \frac{\partial u}{\partial \rho}\frac{\cos^2\varphi}{\rho}.$$

于是

$$\frac{\partial^2 u}{\partial x^2} + \frac{\partial^2 u}{\partial y^2} = \frac{\partial^2 u}{\partial \rho^2} + \frac{1}{\rho^2}\frac{\partial^2 u}{\partial \varphi^2} + \frac{1}{\rho}\frac{\partial u}{\partial \rho}.$$

□

3.3.5 一阶全微分形式的不变性

一元函数的一阶微分具有形式不变性, 这可推广到多元函数. 下面考察二元函数. 设有二元函数$z = f(x, y)$, 当x, y为自变量时, 函数的全微分式为

$$\mathrm{d}z = \frac{\partial f}{\partial x}\mathrm{d}x + \frac{\partial f}{\partial y}\mathrm{d}y.$$

设x, y是u, v的函数: $x = x(u, v), \quad y = y(u, v)$, 复合后得到关于$u, v$的二元函数

$$z = f(x(u, v), y(u, v)).$$

它的全微分式为

$$\mathrm{d}z = \frac{\partial z}{\partial u}\mathrm{d}u + \frac{\partial z}{\partial v}\mathrm{d}v.$$

由链式法则知

$$\begin{cases} \dfrac{\partial z}{\partial u} = \dfrac{\partial f}{\partial x}\dfrac{\partial x}{\partial u} + \dfrac{\partial f}{\partial y}\dfrac{\partial y}{\partial u}, \\ \dfrac{\partial z}{\partial v} = \dfrac{\partial f}{\partial x}\dfrac{\partial x}{\partial v} + \dfrac{\partial f}{\partial y}\dfrac{\partial y}{\partial v}, \end{cases}$$

即有

$$\mathrm{d}z=\frac{\partial f}{\partial x}(\frac{\partial x}{\partial u}\mathrm{d}u+\frac{\partial x}{\partial v}\mathrm{d}v)+\frac{\partial f}{\partial y}(\frac{\partial y}{\partial u}\mathrm{d}u+\frac{\partial y}{\partial v}\mathrm{d}v).$$

上式中的圆括号内的量正是函数$x=x(u,v),y=y(u,v)$的全微分, 所以

$$\mathrm{d}z=\frac{\partial f}{\partial x}\mathrm{d}x+\frac{\partial f}{\partial y}\mathrm{d}y.$$

因此, 不管x,y为自变量还是中间变量, 函数z的全微分形式是一样的. 这个性质称为**一阶全微分形式的不变性**.

对于m元函数$y=f(u_1,\cdots,u_m)$来说, 无论$u_i(i=1,\cdots,m)$是自变量还是中间变量, 其一阶全微分(若存在的话)同样具有形式不变性, 即

$$\mathrm{d}y=\frac{\partial f}{\partial u_1}\,\mathrm{d}u_1+\cdots+\frac{\partial f}{\partial u_m}\,\mathrm{d}u_m. \tag{3.3.23}$$

由一阶全微分形式的不变性, 容易得到全微分的有理运算法则:

(1) $\mathrm{d}(u\pm v)=\mathrm{d}u\pm\mathrm{d}v$; (2) $\mathrm{d}(uv)=v\mathrm{d}u+u\mathrm{d}v$; (3) $\mathrm{d}\left(\dfrac{u}{v}\right)=\dfrac{1}{v^2}(v\mathrm{d}u-u\mathrm{d}v),v\neq 0$.

例 3.3.20 设$z^3-3xyz=a^3$, 求z_x, z_y.

解 利用一阶全微分形式的不变性得

$$\mathrm{d}(z^3)-\mathrm{d}(3xyz)=\mathrm{d}(a^3),$$

即

$$3z^2\mathrm{d}z-3(yz\mathrm{d}x+xz\mathrm{d}y+xy\mathrm{d}z)=0.$$

解得

$$\mathrm{d}z=\frac{yz}{z^2-xy}\,\mathrm{d}x+\frac{xz}{z^2-xy}\,\mathrm{d}y,$$

由此可得

$$z_x=\frac{yz}{z^2-xy},\quad z_y=\frac{xz}{z^2-xy}.$$ □

例 3.3.21 设$f(u,v)$可微, 求$z=f\left(\dfrac{x^2}{y},3y\right)$的偏导数.

解 利用一阶全微分形式的不变性得

$$\begin{aligned}\mathrm{d}z&=f_1\mathrm{d}\left(\frac{x^2}{y}\right)+f_2\mathrm{d}(3y)\\&=f_1\frac{y2x\mathrm{d}x-x^2\mathrm{d}y}{y^2}+3f_2\mathrm{d}y\\&=\frac{2x}{y}f_1\mathrm{d}x+\left(-\frac{x^2}{y^2}f_1+3f_2\right)\mathrm{d}y,\end{aligned}$$

从而

$$\frac{\partial z}{\partial x}=\frac{2x}{y}f_1,\quad \frac{\partial z}{\partial y}=-\frac{x^2}{y^2}f_1+3f_2.$$ □

注 3.3.3 高阶全微分不具有微分形式的不变性. 例如, 设$u = x\sin y$, 当x, y为自变量时, 二阶全微分

$$\mathrm{d}^2u = 2\cos y\mathrm{d}x\mathrm{d}y - x\sin y\mathrm{d}y^2;$$

当$x = \varphi(s,t), y = \psi(s,t)$时, 二阶全微分

$$\mathrm{d}^2u = 2\cos y\mathrm{d}x\mathrm{d}y - x\sin y\mathrm{d}y^2 + \sin y\mathrm{d}^2x + x\cos y\mathrm{d}^2y.$$

3.3.6 隐函数存在性定理及隐函数的微分法

我们常常会碰到一些函数, 其因变量与自变量的关系是以方程形式联系起来的. 一般地, 设有方程

$$F(x_1, \cdots, x_n, y) = 0, \tag{3.3.24}$$

如果存在一个n元函数$y = \varphi(\boldsymbol{x})$, $\boldsymbol{x} = (x_1, \cdots, x_n) \in \Omega \subseteq \mathbf{R}^n$($\Omega$为一集合)使得将$y = \varphi(\boldsymbol{x})$代入式(3.3.24)后成为恒等式

$$F(x_1, \cdots, x_n, \varphi(x_1, \cdots, x_n)) \equiv 0,$$

则称$y = \varphi(\boldsymbol{x})$是由方程式(3.3.24)所确定的**隐函数**. 显然, 从方程$x^2 + y^2 = -1$不能确定任何形式的实函数. 什么条件下可由方程确定出隐函数是一个有趣的问题, 下面的定理给出了隐函数存在的充分条件.

定理 3.3.5 (隐函数存在定理) 如果二元函数$F(x, y)$满足:

(1) $F(x_0, y_0) = 0$;

(2) 在点(x_0, y_0)的某邻域U中有连续的偏导数;

(3) $F_y(x_0, y_0) \neq 0$,

则方程$F(x, y) = 0$在点(x_0, y_0)的某一邻域$N((x_0, y_0), \delta)$ 中确定了一个连续函数$y = f(x)$, 它满足$y_0 = f(x_0)$及$F[x, f(x)] \equiv 0$. 此外, $y = f(x)$在$(x_0 - \delta, x_0 + \delta)$中有连续的导函数, 且

$$\frac{\mathrm{d}y}{\mathrm{d}x} = -\frac{F_x}{F_y}. \tag{3.3.25}$$

证明从略, 式(3.3.25)可由对等式$F(x, y) = 0$两边取全微分得到的式子$F_x\mathrm{d}x + F_y\mathrm{d}y = 0$推出.

读者可仿此给出n元情形的隐函数存在定理, 我们仅写出有关偏导数的结果.

若方程$F(x_1, x_2, \cdots, x_n, u) = 0$确定了一个可微函数$u = u(x_1, x_2, \cdots, x_n)$, 则对方程$F = 0$两边求微分, 得

$$F_{x_1}\mathrm{d}x_1 + F_{x_2}\mathrm{d}x_2 + \cdots + F_{x_n}\mathrm{d}x_n + F_u\mathrm{d}u = 0,$$

从而有

$$\frac{\partial u}{\partial x_j} = -\frac{F_{x_j}}{F_u}, \qquad j = 1, 2, \cdots, n. \tag{3.3.26}$$

例 3.3.22 方程$\sin(xy)+\sin(yz)+\sin(zx)=0$确定了函数$z=z(x,y)$, 求$z_x,z_y$.

解 令$F(x,y,z)=\sin(xy)+\sin(yz)+\sin(zx)$, 则$F$对$x,y,z$具有连续的偏导数. 由隐函数求导公式得

$$z_x=-\frac{F_x}{F_z}=-\frac{y\cos(xy)+z\cos(xz)}{y\cos(yz)+x\cos(xz)},\quad z_y=-\frac{F_y}{F_z}=-\frac{x\cos(xy)+z\cos(yz)}{y\cos(yz)+x\cos(xz)}.\qquad\square$$

例 3.3.23 设F有连续的偏导数, $F\left(\frac{x}{z},\frac{y}{z}\right)=0$确定函数$z=z(x,y)$, 求$z_y$.

解法一 利用复合函数求导公式. 设$u=\frac{x}{z}$, $v=\frac{y}{z}$, 得$F(u,v)=0$. 记$G(x,y,z)=F(u,v)$, 则

$$G_y=F_uu_y+F_vv_y=\frac{1}{z}F_v,$$

$$G_z=F_uu_z+F_vv_z=-\frac{1}{z^2}(xF_u+yF_v),$$

所以

$$z_y=-\frac{G_y}{G_z}=\frac{zF_v}{xF_u+yF_v}.$$

解法二 直接法. 方程两边对y求偏导, 注意x,y相互独立, z是x和y的函数, 得

$$F_u\frac{-xz_y}{z^2}+F_v\frac{z-yz_y}{z^2}=0,$$

解得

$$z_y=\frac{zF_v}{xF_u+yF_v}.$$

解法三 全微分法. 方程$F(u,v)=0$两边求全微分, 得$F_u\mathrm{d}u+F_v\mathrm{d}v=0$, 其中设$u=\frac{x}{z},v=\frac{y}{z}$. 而

$$\mathrm{d}u=\frac{z\mathrm{d}x-x\mathrm{d}z}{z^2},\ \mathrm{d}v=\frac{z\mathrm{d}y-y\mathrm{d}z}{z^2},$$

于是

$$F_u\frac{z\mathrm{d}x-x\mathrm{d}z}{z^2}+F_v\frac{z\mathrm{d}y-y\mathrm{d}z}{z^2}=0.$$

整理得

$$\mathrm{d}z=\frac{zF_u}{xF_u+yF_v}\ \mathrm{d}x+\frac{zF_v}{xF_u+yF_v}\ \mathrm{d}y,$$

从而有

$$z_x=\frac{zF_u}{xF_u+yF_v},\ z_y=\frac{zF_v}{xF_u+yF_v}.\qquad\square$$

下面讨论由方程组确定的隐函数组存在定理.

一般来说, n个方程可以确定n个函数, 例如, 方程组

$$\begin{cases}F_1(x,y,z)=0,\\F_2(x,y,z)=0\end{cases}$$

确定两个隐函数$y=y(x)$, $z=z(x)$, 而方程组

$$\begin{cases} F(x,y,u,v)=0, \\ G(x,y,u,v)=0 \end{cases}$$

确定两个二元的隐函数$u=u(x,y),v=v(x,y)$. 下面仿照一个方程的情形给出如上方程组所确定的隐函数组存在定理, 其证明从略.

定理 3.3.6 (隐函数组存在定理) 设有函数方程组$\begin{cases} F(x,y,u,v)=0, \\ G(x,y,u,v)=0, \end{cases}$ 给定一个点$P_0(x_0, y_0,u_0,v_0)\in D(F)\cap D(G)$, $N(P_0)$是P_0的一个邻域. 如果函数F,G满足:

(1) $F,G\in C^1(N(P_0))$;

(2) $F(P_0)=0,\ G(P_0)=0$;

(3) Jacobian行列式

$$J=\frac{\partial(F,G)}{\partial(u,v)}\bigg|_{P_0}=\begin{vmatrix} F_u & F_v \\ G_u & G_v \end{vmatrix}_{P_0}\neq 0,$$

则在点P_0的某邻域$\widetilde{N}(P_0)\subseteq N(P_0)$内由方程组唯一确定了两个有连续偏导数的二元函数$u=u(x,y),v=v(x,y)$, 满足$u_0=u(x_0,y_0),\ v_0=v(x_0,y_0)$ 及

$$F(x,y,u(x,y),v(x,y))\equiv 0,\quad G(x,y,u(x,y),v(x,y))\equiv 0,$$

其中(x,y)属于$\widetilde{N}(P_0)$所对应的点(x_0,y_0)的某邻域. 进而, 有隐函数求导公式

$$\begin{cases} \dfrac{\partial u}{\partial x}\bigg|_{P_0}=-\dfrac{1}{J}\dfrac{\partial(F,G)}{\partial(x,v)}\bigg|_{P_0}, \\ \dfrac{\partial v}{\partial x}\bigg|_{P_0}=-\dfrac{1}{J}\dfrac{\partial(F,G)}{\partial(u,x)}\bigg|_{P_0}; \end{cases}\qquad \begin{cases} \dfrac{\partial u}{\partial y}\bigg|_{P_0}=-\dfrac{1}{J}\dfrac{\partial(F,G)}{\partial(y,v)}\bigg|_{P_0}, \\ \dfrac{\partial v}{\partial y}\bigg|_{P_0}=-\dfrac{1}{J}\dfrac{\partial(F,G)}{\partial(u,y)}\bigg|_{P_0}. \end{cases}\tag{3.3.27}$$

例 3.3.24 设方程组$\begin{cases} \mathrm{e}^x+\mathrm{e}^y-uv=0, \\ 3\mathrm{e}^{x+2y}+u^2-v^2=0 \end{cases}$ 确定两个可微函数$u=u(x,y)$及$v=v(x,y)$, 求这两个函数的偏导数.

解 令$F(x,y,u,v)=\mathrm{e}^x+\mathrm{e}^y-uv,\ G(x,y,u,v)=3\mathrm{e}^{x+2y}+u^2-v^2$, 则计算出$F,\ G$的所有偏导数后, 由式(3.3.27)得

$$\begin{cases} \dfrac{\partial u}{\partial x}=\dfrac{2v\mathrm{e}^x-3u\mathrm{e}^{x+2y}}{2(u^2+v^2)}, \\ \dfrac{\partial v}{\partial x}=\dfrac{2u\mathrm{e}^x+3v\mathrm{e}^{x+2y}}{2(u^2+v^2)}; \end{cases}\qquad \begin{cases} \dfrac{\partial u}{\partial y}=\dfrac{2v\mathrm{e}^y-6u\mathrm{e}^{x+2y}}{2(u^2+v^2)}, \\ \dfrac{\partial v}{\partial y}=\dfrac{2u\mathrm{e}^y+6v\mathrm{e}^{x+2y}}{2(u^2+v^2)}. \end{cases}$$

不必专门记忆公式(3.3.27), 只要对方程组$\begin{cases} F(x,y,u,v)=0, \\ G(x,y,u,v)=0 \end{cases}$ 两边取全微分即可得到它们, 如同例3.3.23. 下例给出了对多个隐函数求偏导数的非公式方法.

例 3.3.25 设$\begin{cases} x=-u^2+v+z, \\ y=u+vz \end{cases}$确定了函数$u$, v, 求u_x, v_x, u_z.

解法一 直接法. 这是由一个方程组所确定的隐函数的求导问题, u, v是因变量, x, y, z是自变量. 对方程组的每个方程关于x求偏导, 得

$$\begin{cases} 1=-2uu_x+v_x, \\ 0=u_x+zv_x, \end{cases}$$

解得

$$u_x=-\frac{z}{2uz+1}, \quad v_x=\frac{1}{2uz+1}.$$

同理可求得

$$u_z=\frac{z-v}{2uz+1}.$$

解法二 全微分法. 对$\begin{cases} x=-u^2+v+z, \\ y=u+vz \end{cases}$的两边求全微分, 得

$$\begin{cases} \mathrm{d}x=-2u\mathrm{d}u+\mathrm{d}v+\mathrm{d}z, \\ \mathrm{d}y=\mathrm{d}u+z\mathrm{d}v+v\mathrm{d}z, \end{cases} \Longrightarrow \begin{cases} 2u\mathrm{d}u-\mathrm{d}v=-\mathrm{d}x+\mathrm{d}z, \\ \mathrm{d}u+z\mathrm{d}v=\mathrm{d}y-v\mathrm{d}z, \end{cases}$$

解得

$$\mathrm{d}u=\frac{-z\mathrm{d}x+\mathrm{d}y+(z-v)\mathrm{d}z}{2uz+1}, \quad \mathrm{d}v=\frac{\mathrm{d}x+2u\mathrm{d}y-(1+2uv)\mathrm{d}z}{2uz+1}.$$

所以

$$u_x=-\frac{z}{2uz+1}, \ v_x=\frac{1}{2uz+1}, \ u_z=\frac{z-v}{2uz+1}.$$

□

例 3.3.26 设$u=x+y$, $v=x-y$, $w=xy-z$, 变换方程

$$\frac{\partial^2 z}{\partial x^2}+2\frac{\partial^2 z}{\partial x\partial y}+\frac{\partial^2 z}{\partial y^2}=0.$$

解 函数$z=z(x,y)$通过变换变为函数$w=w(u,v)$, 由自变量的变换$u=x+y, v=x-y$可以求得

$$\frac{\partial u}{\partial x}=\frac{\partial v}{\partial x}=\frac{\partial u}{\partial y}=1, \quad \frac{\partial v}{\partial y}=-1.$$

从而所有u, v关于x, y的各二阶偏导数都等于零.

由因变量的变换$w=xy-z$, 即$z=xy-w$求偏导数, 有

$$\frac{\partial z}{\partial x}=y-\frac{\partial w}{\partial u}\frac{\partial u}{\partial x}-\frac{\partial w}{\partial v}\frac{\partial v}{\partial x}=y-\frac{\partial w}{\partial u}-\frac{\partial w}{\partial v},$$
$$\frac{\partial z}{\partial y}=x-\frac{\partial w}{\partial u}\frac{\partial u}{\partial y}-\frac{\partial w}{\partial v}\frac{\partial v}{\partial y}=x-\frac{\partial w}{\partial u}+\frac{\partial w}{\partial v},$$

再求导, 有

$$\begin{aligned} \frac{\partial^2 z}{\partial x^2} &= -\frac{\partial^2 w}{\partial u^2}\frac{\partial u}{\partial x}-\frac{\partial^2 w}{\partial v\partial u}\frac{\partial v}{\partial x}-\frac{\partial^2 w}{\partial u\partial v}\frac{\partial u}{\partial x}-\frac{\partial^2 w}{\partial v^2}\frac{\partial v}{\partial x} \\ &= -\frac{\partial^2 w}{\partial u^2}-2\frac{\partial^2 w}{\partial u\partial v}-\frac{\partial^2 w}{\partial v^2}. \end{aligned}$$

同理可得

$$\frac{\partial^2 z}{\partial x\partial y}=1-\frac{\partial^2 w}{\partial u^2}+\frac{\partial^2 w}{\partial v^2},$$

$$\frac{\partial^2 z}{\partial y^2}=-\frac{\partial^2 w}{\partial u^2}+2\frac{\partial^2 w}{\partial u\partial v}-\frac{\partial^2 w}{\partial v^2}.$$

于是代入原方程左边, 得

$$\frac{\partial^2 z}{\partial x^2}+2\frac{\partial^2 z}{\partial x\partial y}+\frac{\partial^2 z}{\partial y^2}=2-4\frac{\partial^2 w}{\partial u^2}.$$

由此即可知道通过变换, 原方程变为$2\frac{\partial^2 w}{\partial u^2}=1.$ □

例 3.3.27 设函数$x=x(u,v),y=y(u,v)$在点(u,v)的某一邻域内有连续的偏导数, 且$\frac{\partial(x,y)}{\partial(u,v)}\neq 0.$

(1) 证明:方程组

$$\begin{cases} x=x(u,v),\\ y=y(u,v)\end{cases}$$

在点(x,y)的某一邻域内唯一确定一组单值连续且有连续偏导数的反函数$u=u(x,y),v=v(x,y)$;

(2) 求反函数$u=u(x,y),\ v=v(x,y)$对x,y的偏导数;

(3) 证明$\frac{\partial(x,y)}{\partial(u,v)}\cdot\frac{\partial(u,v)}{\partial(x,y)}=1.$

解 (1) 将方程组改写成下面的形式

$$\begin{cases} F(x,y,u,v)\equiv x-x(u,v)=0,\\ G(x,y,u,v)\equiv y-y(u,v)=0.\end{cases}$$

按假设, $J=\frac{\partial(F,G)}{\partial(u,v)}=\frac{\partial(x,y)}{\partial(u,v)}\neq 0$, 由隐函数存在定理, 即得所要证的结论.

(2) 将反函数$u=u(x,y),v=v(x,y)$代入给定的方程组, 得恒等式

$$\begin{cases} x=x[u(x,y),v=v(x,y)],\\ y=y[u(x,y),v=v(x,y)].\end{cases}$$

将上述两式两端分别对x求偏导数, 得

$$\begin{cases} 1=\frac{\partial x}{\partial u}\frac{\partial u}{\partial x}+\frac{\partial x}{\partial v}\frac{\partial v}{\partial x},\\ 0=\frac{\partial y}{\partial u}\frac{\partial u}{\partial x}+\frac{\partial y}{\partial v}\frac{\partial v}{\partial x}.\end{cases}$$

由于$J\neq 0$, 解此方程组得

$$\frac{\partial u}{\partial x}=\frac{1}{J}\frac{\partial y}{\partial v},\quad \frac{\partial v}{\partial x}=-\frac{1}{J}\frac{\partial y}{\partial u}. \tag{3.3.28}$$

同理可求得

$$\frac{\partial u}{\partial y}=-\frac{1}{J}\frac{\partial x}{\partial v},\quad \frac{\partial v}{\partial y}=\frac{1}{J}\frac{\partial x}{\partial u}. \tag{3.3.29}$$

(3) 由式(3.3.28)和式(3.3.29), 有

$$\frac{\partial(x,y)}{\partial(u,v)}\frac{\partial(u,v)}{\partial(x,y)}=J\cdot\begin{vmatrix}\frac{1}{J}y_v & -\frac{1}{J}x_v\\ -\frac{1}{J}y_u & \frac{1}{J}x_u\end{vmatrix}=\frac{1}{J}\begin{vmatrix}y_v & -x_v\\ -y_u & x_u\end{vmatrix}=1.$$ □

习题 3.3

(A)

3.3.1 求下列函数的偏导数:

(1) $z=x^2y-y^2x$; (2) $z=x^yy^x$; (3) $f(x,y)=xy+\dfrac{x}{y}$;

(4) $z=\dfrac{x}{y^2}$; (5) $z=\dfrac{\cos(x^2)}{y}$; (6) $z=\tan\dfrac{x^2}{y}$;

(7) $z=x^y$; (8) $z=\ln\sqrt{x^2+y^2}$; (9) $u=\dfrac{1}{x^2+y^2+z^2}$;

(10) $u=z^{xy}$; (11) $u=(xy)^z$; (12) $u=x^{y/x}$;

(13) $z=\arcsin\dfrac{x}{\sqrt{x^2+y^2}}$; (14) $u=xy\mathrm{e}^{\sin(yz)}$; (15) $u=\dfrac{y}{x}+\dfrac{z}{y}-\dfrac{x}{z}$.

3.3.2 求下列函数在指定点的各偏导数:

(1) $z=\dfrac{x}{\sqrt{x^2+y^2}}$, 在$(1,0),(0,1)$处;

(2) $z=\mathrm{e}^{-x}\sin(x+2y)$, 在$(0,\dfrac{\pi}{4})$ 处;

(3) $f(x,y,z)=\sqrt[z]{\dfrac{x}{y}}$, 在$(1,1,1)$处;

(4) $z=\sin x\ln(y+1)+\cos y\ln(1-x)$, 在$(0,0)$处.

3.3.3 求下列函数的全微分:

(1) $z=\mathrm{e}^{-x}\cos y$; (2) $f(x,y)=\sin(xy)$; (3) $g(x,y)=x^2+xy$;

(4) $u=x^{yz}$; (5) $z=\dfrac{y}{\sqrt{x^2+y^2}}$; (6) $z=x^2y+\dfrac{x}{y}$.

3.3.4 求下列函数在指定点的的全微分:

(1) $f(x,y)=x\mathrm{e}^{-y}$, 在$(1,0)$处;

(2) $g(x,t)=x^2\sin 2t$, 在$(2,\dfrac{\pi}{4})$处;

(3) $F(m,r)=\dfrac{Gm}{r^2}$, 在$(100,10)$处;

(4) $f(x,y)=\ln(1+x^2+y^2)$, 在$(1,0)$处.

3.3.5 (1) 研究$f(x,y)=\begin{cases} x\sin\dfrac{1}{x^2+y^2}, & x^2+y^2\neq 0 \\ 0, & x^2+y^2=0 \end{cases}$ 在点$(0,0)$处是否存在偏导数$f_x(0,0)$及$f_y(0,0)$;

(2)设函数$f(x,y)=|x-y|g(x,y)$, 其中函数$g(x,y)$在点$(0,0)$的某邻域内连续, 试问$g(0,0)$为何值时, f在点$(0,0)$处的两个偏导数均存在? $g(0,0)$为何值时, f在点$(0,0)$处可微?

3.3.6 设x,y的绝对值都很小, 利用全微分概念推出下列各式的近似计算公式:

(1) $(1+x)^m(1+y)^n$; (2) $\arctan\dfrac{x+y}{1+xy}$.

3.3.7 近似计算下列数值:

(1) $\sin 29^\circ \tan 46^\circ$; (2) $0.97^{1.05}$.

3.3.8 设函数$f(t)$有二阶连续导数, $r=\sqrt{x^2+y^2}$, $g(x,y)=f(\dfrac{1}{r})$, 求$\dfrac{\partial^2 g}{\partial x^2}+\dfrac{\partial^2 g}{\partial y^2}$.

3.3.9 求下列函数的高阶偏导数(假设函数f具有二阶连续偏导数或二阶连续导数, 函数g具有二阶连续导数):

(1) $z=\mathrm{e}^x(\cos y+x\sin y)$, 所有二阶偏导数;

(2) $z=x\ln(xy)$, $\dfrac{\partial^3 z}{\partial x^2\partial y}$, $\dfrac{\partial^3 z}{\partial x\partial y^2}$;

(3) $z=f(xy^2,x^2y)$, 所有二阶偏导数;

(4) $u=f(x^2+y^2+z^2)$, 所有二阶偏导数;

(5) $z=f\big(xy,\dfrac{x}{y}\big)+g(\dfrac{y}{x})$, $\dfrac{\partial^2 z}{\partial x\partial y}$;

(6) $z=yf(\dfrac{x}{y})+xg(\dfrac{y}{x})$, $\dfrac{\partial^2 z}{\partial x^2}$, $\dfrac{\partial^2 z}{\partial x\partial y}$;

(7) $z=f(x^2-y^2,xy)$, $\dfrac{\partial^2 z}{\partial x\partial y}$.

3.3.10 利用一阶全微分形式不变性和微分运算法则, 求下列函数的全微分和偏导数(设φ与f均可微):

(1) $z=\varphi(xy)+\varphi(\dfrac{x}{y})$; (2) $z=\mathrm{e}^{xy}\sin(x+y)$;

(3) $u=\ln\sqrt{x^2+y^2+z^2}$; (4) $u=f(x^2-y^2,\mathrm{e}^{xy},z)$.

3.3.11 设函数$u=u(x,y)$具有二阶连续偏导数. 试求常数a和b, 使得在变换$\xi=x+ay,\eta=x+by$下, 可将方程$\dfrac{\partial^2 u}{\partial x^2}+4\dfrac{\partial^2 u}{\partial x\partial y}+3\dfrac{\partial^2 u}{\partial y^2}=0$ 化为$\dfrac{\partial^2 u}{\partial\xi\partial\eta}=0$.

3.3.12 设$f(x,y)$具有一阶连续偏导数, 且$f(1,1)=1$, $f_1(1,1)=a$, $f_2(1,1)=b$, 又函数$F(x)=f(x,f(x,f(x,x)))$, 求$F(1),F'(1)$.

3.3.13 已知函数$z=z(x,y)$满足$x^2\dfrac{\partial z}{\partial x}+y^2\dfrac{\partial z}{\partial y}=z^2$, 设$\begin{cases}u=x,\\ v=\dfrac{1}{y}-\dfrac{1}{x},\\ \varphi=\dfrac{1}{z}-\dfrac{1}{x},\end{cases}$ 函数$\varphi=\varphi(u,v)$, 求证$\dfrac{\partial\varphi}{\partial u}=0$.

3.3.14 设$u=u(\sqrt{x^2+y^2})$具有二阶连续偏导数, 且满足$\dfrac{\partial^2 u}{\partial x^2}+\dfrac{\partial^2 u}{\partial y^2}-\dfrac{1}{x}\dfrac{\partial u}{\partial x}+u=x^2+y^2$, 试求函数$u$的表达式.

3.3.15 设一元函数$u=f(r)$当$0<r<+\infty$时有连续的二阶导数, 且$f(1)=0, f'(1)=1$, 又$u=f(\sqrt{x^2+y^2+z^2})$ 满足$\dfrac{\partial^2 u}{\partial x^2}+\dfrac{\partial^2 u}{\partial y^2}+\dfrac{\partial^2 u}{\partial z^2}=0$, 试求$f(r)$的表达式.

3.3.16 函数$f(x,y)$具有二阶连续偏导数, 满足$\dfrac{\partial^2 f}{\partial x\partial y}=0$, 且在极坐标系下可表示成$f(x,y)=h(r)$, 其中$r=\sqrt{x^2+y^2}$, 求$f(x,y)$的表达式.

3.3.17 若$u=f(xyz)$, $f(0)=0$, $f'(1)=1$, 且$\dfrac{\partial^3 u}{\partial x\partial y\partial z}=x^2y^2z^2f'''(xyz)$, 求$u$.

3.3.18 设函数$u=f(\ln\sqrt{x^2+y^2})$满足$\dfrac{\partial^2 u}{\partial x^2}+\dfrac{\partial^2 u}{\partial y^2}=(x^2+y^2)^{\frac{3}{2}}$, 试求函数$f$的表达式.

3.3.19 求由方程组$\begin{cases}xu+yv=0,\\ yu+xv=1\end{cases}$ 所确定的隐函数的导数$\dfrac{\partial u}{\partial x}$, $\dfrac{\partial v}{\partial y}$.

3.3.20 求由方程组$\begin{cases}u+v+w=x,\\ uv+vw+wu=y,\\ uvw=z\end{cases}$ 所确定的隐函数的导数$\dfrac{\partial u}{\partial x}$, $\dfrac{\partial u}{\partial y}$, $\dfrac{\partial u}{\partial z}$.

3.3.21 设函数$f(x,y)$有二阶连续偏导数, 满足$f_y\neq 0$, 且

$$f_x^2f_{yy}-f_xf_yf_{xy}+f_y^2f_{xx}=0,$$

$y=y(x,z)$是由方程$z=f(x,y)$所确定的函数, 求$\dfrac{\partial^2 y}{\partial x^2}$.

(B)

3.3.1 验证函数$u=x^nf(\dfrac{y}{x^2})$满足方程$x\dfrac{\partial u}{\partial x}+2y\dfrac{\partial u}{\partial y}=nu$.

3.3.2 设$z=z(x,y)$是由方程$F(z+x^{-1},z-y^{-1})=0$确定的隐函数, 其中F有连续的二阶偏导数, 且$F_u(u,v)=F_v(u,v)\neq 0$. 证明: $x^2z_x+y^2z_y=0$ 和$x^3z_{xx}+xy(x+y)z_{xy}+y^3z_{yy}=0$.

3.3.3 若函数$f(x,y)$对任意正实数t满足关系$f(tx,ty)=t^n f(x,y)$, 则称$f(x,y)$ 为n次齐次函数. 设$f(x,y)$可微, 试证明$f(x,y)$为n次齐次函数的充要条件是

$$x\frac{\partial f}{\partial x}+y\frac{\partial f}{\partial y}=nf(x,y).$$

3.3.4 设$u=f(x,y,z)$, f是可微函数, 若$\dfrac{f_x}{x}=\dfrac{f_y}{y}=\dfrac{f_z}{z}$, 证明$u$仅为$r$的函数, 其中

$$r=\sqrt{x^2+y^2+z^2}.$$

3.4 方向导数与梯度

在许多实际问题中, 知道函数在一点沿某个方向的变化率是很必要的. 例如, 设$f(P)$表示物体内点P的温度, 那么这物体的热传导就依赖于温度沿各方向下降的速率; 要预报某地的风力和风向, 就必须知道气压在该处沿某些方向的变化率. 前面我们已经讨论了动点沿坐标轴正向函数值的变化率, 即偏导数. 本节将讨论函数沿任意方向的变化率, 即方向导数, 并且还将引进梯度的概念, 它将刻画函数在一点的附近是如何变化的.

3.4.1 方向导数

定义 3.4.1 (方向导数) 设函数$f(x,y)$定义在点$P_0(x_0,y_0)$的邻域$N(P_0)$内, 平面上向量$\boldsymbol{l}$的单位向量为$\boldsymbol{e}_l=(\cos\alpha,\cos\beta)$, 其中$\alpha$, β为向量$\boldsymbol{l}$的方向角. 若极限

$$\lim_{t\to0^+}\frac{f(x_0+t\cos\alpha,y_0+t\cos\beta)-f(x_0,y_0)}{t}$$

存在, 则称此极限为$f(x,y)$在点$P_0(x_0,y_0)$沿$\boldsymbol{l}$方向的**方向导数**, 记作$\left.\dfrac{\partial f}{\partial\boldsymbol{l}}\right|_{(x_0,y_0)}$, 即

$$\left.\frac{\partial f}{\partial\boldsymbol{l}}\right|_{(x_0,y_0)}=\lim_{t\to0^+}\frac{f(\boldsymbol{x}_0+t\boldsymbol{e}_l)-f(\boldsymbol{x}_0)}{t},\tag{3.4.1}$$

其中$\boldsymbol{x}_0$是向量(x_0,y_0).

方向导数$\left.\dfrac{\partial f}{\partial\boldsymbol{l}}\right|_{(x_0,y_0)}$就是$f(x,y)$在点$P_0$沿方向$\boldsymbol{l}$的变化率. 若偏导数存在, 则偏导数就是一类特殊的方向导数, 即沿坐标轴正向的方向导数.

从点P_0出发且以向量$\boldsymbol{l}$为方向的射线L方程是: $x=x_0+t\cos\alpha$, $y=y_0+t\cos\beta$, $t\geqslant0$. 过射线L作平行于z 轴的平面π, 它与曲面$z=f(x,y)$ 所交的曲线记作C. 方向导数$\left.\dfrac{\partial f}{\partial\boldsymbol{l}}\right|_{(x_0,y_0)}$的**几何意义**是: 曲线$C$在点$P_0$的切线$T$关于$\boldsymbol{l}$ 方向的斜率.

方向导数的概念可直接推广到n元函数. 设$\boldsymbol{e}_l$是$\mathbf{R}^n$中的一个单位向量, 用方向余弦可表示为$\boldsymbol{e}_l=(\cos\theta_1,\cos\theta_2,\cdots,\cos\theta_n)$, 其模为1, 即

$$|\boldsymbol{e}_l|=\sqrt{\cos^2\theta_1+\cos^2\theta_2+\cdots+\cos^2\theta_n}=1.$$

$\boldsymbol{e}_1(1,0,\cdots,0)$, $\boldsymbol{e}_2(0,1,0,\cdots,0),\cdots$, $\boldsymbol{e}_n(0,\cdots,0,1)$是$\mathbf{R}^n$的一个标准正交基; $\boldsymbol{x}_0\in\mathbf{R}^n$, $f:N(\boldsymbol{x}_0)\subseteq\mathbf{R}^n\to\mathbf{R}$, 则$u=f(\boldsymbol{x})$在点$\boldsymbol{x}_0$处沿$\boldsymbol{l}$方向的方向导数形式仍形如式(3.4.1)所示. 特别地, 若偏导数存在, 则$\dfrac{\partial f(\boldsymbol{x}_0)}{\partial\boldsymbol{e}_j}=\left.\dfrac{\partial f}{\partial x_j}\right|_{\boldsymbol{x}_0}$.

例 3.4.1 求二元函数$f(x,y)=x^2+xy$在点$P_0(1,2)$沿单位向量$\boldsymbol{u}=(\frac{1}{\sqrt{2}})\boldsymbol{i}+(\frac{1}{\sqrt{2}})\boldsymbol{j}$方向的方向导数.

解 由方向导数的定义

$$\begin{aligned}\left.\frac{\partial f}{\partial \boldsymbol{l}}\right|_{(1,2)} &= \lim_{t\to0^+}\frac{f(1+t\cdot\frac{1}{\sqrt{2}},2+t\cdot\frac{1}{\sqrt{2}})-f(1,2)}{t}\\ &= \lim_{t\to0^+}\frac{(1+t/\sqrt{2})^2+(1+t/\sqrt{2})(2+t/\sqrt{2})-(1^2+1\cdot2)}{t}\\ &= \lim_{t\to0^+}\frac{5t/\sqrt{2}+t^2}{t}=\lim_{t\to0^+}(\frac{5}{\sqrt{2}}+t)=\frac{5}{\sqrt{2}}=\frac{5\sqrt{2}}{2}.\end{aligned}$$ □

使用定义直接计算方向导数通常比较麻烦, 但若函数f在点$\boldsymbol{x}_0$可微, 则有如下定理.

定理 3.4.1 若函数f在点$\boldsymbol{x}_0$可微, 则f在点$\boldsymbol{x}_0$沿任意方向$\boldsymbol{l}$的方向导数都存在. 进而, 若设$\boldsymbol{l}$的单位向量$\boldsymbol{e}_l=(\cos\theta_1,\cdots,\cos\theta_n)$, 则

$$\left.\frac{\partial f}{\partial \boldsymbol{l}}\right|_{\boldsymbol{x}_0}=\sum_{i=1}^{n}\frac{\partial f(\boldsymbol{x}_0)}{\partial x_i}\cos\theta_i, \tag{3.4.2}$$

证 由方向导数和可微的定义有

$$\begin{aligned}\left.\frac{\partial f}{\partial \boldsymbol{l}}\right|_{\boldsymbol{x}_0} &= \lim_{t\to0^+}\frac{f(\boldsymbol{x}_0+t\boldsymbol{e}_l)-f(\boldsymbol{x}_0)}{t}\\ &= \lim_{t\to0^+}\frac{\sum\limits_{i=1}^{n}\frac{\partial f(\boldsymbol{x}_0)}{\partial x_i}t\cos\theta_i+o(|t|)}{t}\\ &= \sum_{i=1}^{n}\frac{\partial f(\boldsymbol{x}_0)}{\partial x_i}\cos\theta_i.\end{aligned}$$

例 3.4.2 设$u=\ln(x^2+y^2)$, P_0为$(1,1)$, 求$\left.\frac{\partial u}{\partial \boldsymbol{l}}\right|_{P_0}$, 其中向量$\boldsymbol{l}$与$x$轴正向的夹角为$60°$.

解 先求出$\boldsymbol{l}$的单位向量$\boldsymbol{e}_l$:

$$\boldsymbol{e}_l=(\cos60°,\sin60°)=\left(\frac{1}{2},\frac{\sqrt{3}}{2}\right).$$

由于所给函数可微, 且可计算得到

$$\frac{\partial u}{\partial x}=\frac{2x}{x^2+y^2},\quad \left.\frac{\partial u}{\partial x}\right|_{(1,1)}=1,\quad \frac{\partial u}{\partial y}=\frac{2y}{x^2+y^2},\quad \left.\frac{\partial u}{\partial y}\right|_{(1,1)}=1,$$

所以

$$\left.\frac{\partial u}{\partial \boldsymbol{l}}\right|_{(1,1)}=1\cdot\frac{1}{2}+1\cdot\frac{\sqrt{3}}{2}=\frac{1+\sqrt{3}}{2}.$$ □

例 3.4.3 求函数$u=\ln(x+\sqrt{y^2+z^2})$在点$A(1,0,1)$处沿点A指向点$B(3,-2,2)$方向的方向导数.

解 向量$\overrightarrow{AB}$为$(3-1,-2-0,2-1)=(2,-2,1)$, 其单位向量$\boldsymbol{e}_l=\frac{1}{3}(2,-2,1)$. 由于所给函数可微, 且

$$\frac{\partial u}{\partial x}=\frac{1}{x+\sqrt{y^2+z^2}},\quad \left.\frac{\partial u}{\partial x}\right|_{(1,0,1)}=\frac{1}{2};$$

$$\frac{\partial u}{\partial y}=\frac{y}{(x+\sqrt{y^2+z^2})\sqrt{y^2+z^2}},\qquad \frac{\partial u}{\partial y}\Big|_{(1,0,1)}=0;$$

$$\frac{\partial u}{\partial z}=\frac{z}{(x+\sqrt{y^2+z^2})\sqrt{y^2+z^2}},\qquad \frac{\partial u}{\partial z}\Big|_{(1,0,1)}=\frac{1}{2},$$

所以

$$\frac{\partial u}{\partial \boldsymbol{l}}\Big|_{(1,0,1)}=\frac{1}{2}\cdot\frac{2}{3}+0\cdot(-\frac{2}{3})+\frac{1}{2}\cdot\frac{1}{3}=\frac{1}{2}.$$ □

例 3.4.4 设$f(x,y)=\begin{cases}\dfrac{xy^2}{x^2+y^4}, & x^2+y^2\neq 0,\\ 0, & x^2+y^2=0,\end{cases}$ 讨论函数$f(x,y)$在原点处的连续性和在原点沿任一方向的方向导数的存在性.

解 由极限

$$\lim_{y\to 0}f(ky^2,y)=\lim_{y\to 0}\frac{ky^4}{k^2y^4+y^4}=\frac{k}{k^2+1}$$

与k有关知, 函数$f(x,y)$在原点的极限不存在, 从而不连续, 不可微. 因此, 不能用式(3.4.2)计算方向导数. 设$\boldsymbol{l}=(\cos\alpha,\sin\alpha)$, 由方向导数的定义, 因为当$\cos\alpha\neq 0$时有

$$\lim_{t\to 0^+}\frac{f(t\cos\alpha,t\sin\alpha)-f(0,0)}{t}=\lim_{t\to 0^+}\frac{\cos\alpha\sin^2\alpha}{\cos^2\alpha+t^1\sin^4\alpha}=\frac{\sin^2\alpha}{\cos\alpha},$$

而当$\cos\alpha=0$时该极限为零, 所以函数$f(x,y)$在原点沿任意$\boldsymbol{l}$的方向导数都存在. □

3.4.2 梯度

定义 3.4.2 (梯度) 设函数$u=f(\boldsymbol{x})=f(x_1,\cdots,x_n)$在点$\boldsymbol{x}_0$处存在对所有自变量的偏导数, 则称向量$\left(\dfrac{\partial f(\boldsymbol{x}_0)}{\partial x_1},\cdots,\dfrac{\partial f(\boldsymbol{x}_0)}{\partial x_n}\right)$为函数$f$在点$\boldsymbol{x}_0$的梯度向量, 简称为**梯度**, 记为$\mathbf{grad}f(\boldsymbol{x}_0)$或$\boldsymbol{\nabla}f(\boldsymbol{x}_0)$, 即

$$\mathbf{grad}f(\boldsymbol{x}_0)=\boldsymbol{\nabla}f(\boldsymbol{x}_0)=\left(\frac{\partial f(\boldsymbol{x}_0)}{\partial x_1},\cdots,\frac{\partial f(\boldsymbol{x}_0)}{\partial x_n}\right),$$

其中**grad**是英文gradient的简写, $\boldsymbol{\nabla}$读作nabla, 称为**向量微分算子**:

$$\boldsymbol{\nabla}=\left(\frac{\partial}{\partial x_1},\cdots,\frac{\partial}{\partial x_n}\right).$$

将$\boldsymbol{\nabla}$作用于函数f就得到一向量, 其意义为

$$\boldsymbol{\nabla}f(\boldsymbol{x}_0)=\left(\frac{\partial f(\boldsymbol{x}_0)}{\partial x_1},\cdots,\frac{\partial f(\boldsymbol{x}_0)}{\partial x_n}\right).$$

若函数f在点$\boldsymbol{x}_0$处可微, 则由本节定理, 方向导数可以表成梯度与$\boldsymbol{e}_l$的内积

$$\frac{\partial f(\boldsymbol{x}_0)}{\partial l}=\langle\mathbf{grad}f(\boldsymbol{x}_0),\boldsymbol{e}_l\rangle=\langle\boldsymbol{\nabla}f(\boldsymbol{x}_0),\boldsymbol{e}_l\rangle=|\boldsymbol{\nabla}f(\boldsymbol{x}_0)|\cos(\boldsymbol{\nabla}f(\boldsymbol{x}_0),\boldsymbol{e}_l).$$

因此, 当$\boldsymbol{e}_l$与$\boldsymbol{\nabla}f(\boldsymbol{x}_0)$的方向一致时, $\cos(\boldsymbol{\nabla}f(\boldsymbol{x}_0),\boldsymbol{e}_l)=1$, 方向导数将取得最大值, 其值为$|\boldsymbol{\nabla}f(\boldsymbol{x}_0)|$. 换句话说, f的值在点$\boldsymbol{x}_0$沿梯度$\boldsymbol{\nabla}f(\boldsymbol{x}_0)$的方向增大得最快, 其变化率就是$|\boldsymbol{\nabla}f(\boldsymbol{x}_0)|$. 研究变化率最大的方向及其值在自然科学和实际问题中是非常重要的一个问题. 例如, 当热由热源向四

周扩散时, 往往需要知道温度变化最快的方向, 以及此方向上温度的变化率. 因此梯度向量有着特别重要的意义.

记$\mathrm{d}\boldsymbol{x}=(\mathrm{d}x_1,\cdots,\mathrm{d}x_n)$, 则利用梯度可将$f(\boldsymbol{x})$在点$\boldsymbol{x}$处的全微分写成

$$\mathrm{d}f(\boldsymbol{x})=\langle\boldsymbol{\nabla}f(\boldsymbol{x}),\mathrm{d}\boldsymbol{x}\rangle.$$

例 3.4.5 求函数$f(x,y)=x\mathrm{e}^y$在点$(1,1)$处的梯度, 并利用这个梯度求函数f在向量$\boldsymbol{i}-\boldsymbol{j}$的方向上的变化率.

解 二元函数$f(x,y)$的梯度是

$$\mathbf{grad}f=\frac{\partial f}{\partial x}\boldsymbol{i}+\frac{\partial f}{\partial y}\boldsymbol{j}=\mathrm{e}^y\boldsymbol{i}+x\mathrm{e}^y\boldsymbol{j}.$$

在点$(1,1)$处有

$$\mathbf{grad}f(1,1)=\mathrm{e}\boldsymbol{i}+\mathrm{e}\boldsymbol{j}.$$

与向量$\boldsymbol{i}-\boldsymbol{j}$同向的单位向量是$\boldsymbol{e}_l=\dfrac{1}{\sqrt{2}}\boldsymbol{i}-\dfrac{1}{\sqrt{2}}\boldsymbol{j}$, 所以方向导数

$$\left.\frac{\partial f}{\partial \boldsymbol{l}}\right|_{(1,1)}=\mathbf{grad}f(1,1)\cdot\boldsymbol{e}_l=(\mathrm{e}\boldsymbol{i}+\mathrm{e}\boldsymbol{j})\cdot(\frac{1}{\sqrt{2}}\boldsymbol{i}-\frac{1}{\sqrt{2}}\boldsymbol{j})=0.$$

例 3.4.6 求二元函数$u=(x^2/2)+(y^2/2)$在点$(1,1)$沿哪个方向的方向导数最大? 这个最大的方向导数值是多少? u沿哪个方向减小得最快? 沿哪个方向u的值不变化?

解

$$\left.\boldsymbol{\nabla}u\right|_{(1,1)}=\left.\left(\frac{\partial u}{\partial x},\frac{\partial u}{\partial y}\right)\right|_{(1,1)}=\left.(x,y)\right|_{(1,1)}=(1,1).$$

方向导数取得最大值的方向即梯度方向为$\dfrac{1}{\sqrt{2}}(1,1)$, 其最大值即$|\boldsymbol{\nabla}u|_{(1,1)}|=\sqrt{2}$. u沿梯度的负向, 即$\dfrac{1}{\sqrt{2}}(-1,-1)$的方向减小得最快. 为求使$u$的变化率为零, 令$\boldsymbol{e}_l=(\cos\theta,\sin\theta)$, 则

$$\left.\frac{\partial u}{\partial \boldsymbol{l}}\right|_{(1,1)}=\langle\left.\boldsymbol{\nabla}u\right|_{(1,1)},\boldsymbol{e}_l\rangle=\cos\theta+\sin\theta=\sqrt{2}\sin\left(\theta+\frac{\pi}{4}\right).$$

令$\dfrac{\partial u}{\partial \boldsymbol{l}}=0$, 故在点$(1,1)$沿$\dfrac{1}{\sqrt{2}}(1,-1)$和$\dfrac{1}{\sqrt{2}}(-1,1)$的方向, 函数$u$的值不变. □

梯度的运算法则如下.

根据梯度的定义, 求函数$u=f(\boldsymbol{x})$的梯度实际上是求偏导数. 故由已知的求导法则, 可以得知梯度具有类似于求导法则的一些简单运算法则(其中的C_1,C_2为任意常数, 函数u,v及f均可微):

(1) $\mathbf{grad}(C_1u+C_2v)=C_1\mathbf{grad}u+C_2\mathbf{grad}v$, 或

$$\boldsymbol{\nabla}(C_1u+C_2v)=C_1\boldsymbol{\nabla}u+C_2\boldsymbol{\nabla}v;$$

(2) $\mathbf{grad}(uv)=u\mathbf{grad}v+v\mathbf{grad}u$, 或

$$\boldsymbol{\nabla}(uv)=u\boldsymbol{\nabla}v+v\boldsymbol{\nabla}u;$$

(3) $\mathbf{grad}\left(\dfrac{u}{v}\right)=\dfrac{1}{v^2}[v\mathbf{grad}-u\mathbf{grad}v]$, 或

$$\nabla\left(\frac{u}{v}\right)=\frac{1}{v^2}[v\nabla u-u\nabla v]\quad(v\neq 0);$$

(4) $\mathbf{grad}f(u)=f'(u)\mathbf{grad}u$, 或

$$\nabla f(u)=f'(u)\nabla u.$$

现证(4), 其余法则的证明留给读者. 设$u=u(\boldsymbol{x})=u(x_1,\cdots,x_n)$, 由一元函数的链式法则, 有

$$\begin{aligned}\nabla f(u)&=\left(\frac{\partial f(u)}{\partial x_1},\cdots,\frac{\partial f(u)}{\partial x_n}\right)=\left(f'(u)\frac{\partial u}{\partial x_1},\cdots,f'(u)\frac{\partial u}{\partial x_n}\right)\\&=f'(u)\left(\frac{\partial u}{\partial x_1},\cdots,\frac{\partial u}{\partial x_n}\right)=f'(u)\nabla u.\end{aligned}$$

习题 3.4

(A)

3.4.1 求函数$f(x,y,z)=x^3y^2z$在点$(1,1,1)$沿下列方向的方向导数:

(1) $\boldsymbol{i}$; (2) $\boldsymbol{j}$; (3) $\boldsymbol{k}$; (4) $-\boldsymbol{i}$; (5) $\boldsymbol{i}+\boldsymbol{j}+\boldsymbol{k}$.

3.4.2 (1) 设$f_x(a,b,c)=2, f_y(a,b,c)=3, f_z(a,b,c)=1$, 求三个不同的单位向量$\boldsymbol{l}$, 使得$\dfrac{\partial f(a,b,c)}{\partial \boldsymbol{l}}$为零. (2) 有多少个单位向量$\boldsymbol{l}$使$\dfrac{\partial f}{\partial l}$在点$(a,b,c)$的值为零?

3.4.3 计算下列函数在指定点的∇f:

(1) $f(x,y)=x^2y$,在$(2,5),(3,1)$处; (2) $f(x,y)=\dfrac{1}{\sqrt{x^2+y^2}}$,在$(1,2),(3,0)$处.

3.4.4 求下列函数在指定点处函数值增加最快的方向:

(1) $f(x,y)=\mathrm{e}^x(\cos y+\sin y),(0,0)$; (2) $f(x,y,z)=\ln(x^2+y^2+z^2),(2,0,1)$;

(3) $f(x,y,z)=\cos(xyz),(\dfrac{1}{3},\dfrac{1}{2},\pi)$; (4) $f(x,y)=3x^2+4y^2,(-1,1)$.

3.4.5 求下列函数在指定点处函数值减小最快的方向:

(1) $f(x,y)=\sin(\pi xy),(\dfrac{1}{2},\dfrac{2}{3})$; (2) $f(x,y,z)=\dfrac{x-z}{y+z},(-1,1,3)$.

3.4.6 在椭球面$2x^2+2y^2+z^2=1$上求一点, 使函数$f(x,y,z)=x^2+y^2+z^2$ 在该点沿方向$\boldsymbol{l}=\boldsymbol{i}-\boldsymbol{j}$的方向导数最大.

3.4.7 设向量$\boldsymbol{u}=3\boldsymbol{i}-4\boldsymbol{j},\boldsymbol{v}=4\boldsymbol{i}+3\boldsymbol{j}$, 且二元可微函数在点$p$处有$\dfrac{\partial f}{\partial \boldsymbol{u}}|_p=-6,\dfrac{\partial f}{\partial \boldsymbol{v}}|_p=17$, 求$\mathrm{d}f|_p$.

(B)

3.4.1 设$\boldsymbol{l}_j$, $j=1,2,\cdots,n$是平面上点P_0处的n个单位向量, $n\geqslant 2$, 相邻两个向量之间的夹角为$\dfrac{2\pi}{n}$. 证明: 若函数$f(x,y)$ 在点P_0 有连续偏导数, 则$\displaystyle\sum_{j=0}^{n}\frac{\partial f(P_0)}{\partial l_j}=0$.

3.4.2 顶点位于$(1,1),(5,1),(1,3)$和$(5,3)$的金属盘被来自于原点的火焰加热, 盘上各点的温度反比于此点到原点的距离. 试问点$(3,2)$处的蚂蚁应朝那个方向爬行, 才能最快到达凉爽处?

3.4.3 设山峰可由曲面$z=5-x^2-2y^2$表示. 位于点$(\frac{1}{2},-\frac{1}{2},\frac{17}{4})$处的登山者发现其供氧面具漏气, 他应沿哪个方向才能最快到达山底?

3.5 多元函数的极值问题

在生产实践中, 我们总是希望用料最省、时间最短、效益最大、质量最好等, 这类问题的数学模型往往就可归结为多元函数的极值问题. 为了讨论这类问题, 本节把一元函数极值的概念推广到多元函数中, 并建立多元函数取得极值的条件, 并讨论最大值、最小值问题. 而极值条件的推导需要建立多元函数的Taylor公式, 即讨论如何用二元或二元以上线性函数来逼近. 本节的向量均写成列向量.

3.5.1 多元函数的Taylor公式

回顾一元函数的Taylor公式, 它是用$x-x_0$的n次多项式去逼近函数$f(x)$, 即

$$f(x)=\sum_{k=0}^{n}\frac{f^{(k)}(x_0)}{k!}(x-x_0)^k+R_n,$$

其中R_n可以写成Lagrange余项, 也可以写成Peano余项.

对二元函数$f(x,y)$, 希望能用一个二元n次多项式去逼近. 由二元函数的可微性知, 函数$f(x,y)$在点(a,b)附近线性近似为

$$f(x,y)\approx f(a,b)+f_x(a,b)(x-a)+f_y(a,b)(y-b),$$

但这个一次近似的精确度不高, 正如一元函数一样, 希望找到一个n次多项式使它在点(a,b)处的逼近是精确的, 那就意味着这个n次多项式与二元函数$f(x,y)$不仅在点(a,b)的函数值相等, 而且它们在点(a,b)的各阶偏导数也相等, 从而来构造这个n次多项式.

定理 3.5.1 (Taylor**公式**) 设$z=f(x,y)$在点(a,b)的某一邻域内连续, 且有直到$n+1$阶的连续偏导数, $(a+h,b+k)$为此邻域内一点, 则有Taylor公式成立:

$$\begin{aligned}f(a+h,b+k) &= f(a,b)+(h\frac{\partial}{\partial x}+k\frac{\partial}{\partial y})f(a,b)\\&\quad+\frac{1}{2!}(h\frac{\partial}{\partial x}+k\frac{\partial}{\partial y})^2f(a,b)+\cdots+\frac{1}{n!}(h\frac{\partial}{\partial x}+k\frac{\partial}{\partial y})^nf(a,b)\\&\quad+\frac{1}{(n+1)!}(h\frac{\partial}{\partial x}+k\frac{\partial}{\partial y})^{n+1}f(a+\theta h,b+\theta k),\quad 0<\theta<1,\end{aligned}$$

其中$(h\frac{\partial}{\partial x}+k\frac{\partial}{\partial y})f(a,b)$表示$hf_x(a,b)+kf_y(a,b)$; $(h\frac{\partial}{\partial x}+k\frac{\partial}{\partial y})^2f(a,b)$表示$h^2f_{xx}(a,b)+2hkf_{xy}(a,b)+k^2f_{yy}(a,b)$; $(h\frac{\partial}{\partial x}+k\frac{\partial}{\partial y})^mf(a,b)$表示$\sum\limits_{p=0}^{m}\mathrm{C}_m^p h^pk^{m-p}\frac{\partial^m f(a,b)}{\partial x^p\partial y^{m-p}}$.

证 令$g(t)=f(a+th,b+tk)$,则有$g(1)=f(a+h,b+k)$. 因为$f(x,y)$在点(a,b)处有直到$n+1$阶的连续偏导数, 所以

$$g'(t)=f_x(a+th,b+tk)h+f_y(a+th,b+tk)k,$$

$$g''(t)=f_{xx}(a+th,b+tk)h^2+2f_{xy}(a+th,b+tk)hk+f_{yy}(a+th,b+tk)k^2,$$

$$\vdots$$

当$t=0$时, 得

$$g'(0)=f_x(a,b)h+f_y(a,b)k,$$

$$g''(0)=f_{xx}(a,b)h^2+2f_{xy}(a,b)hk+f_{yy}(a,b)k^2=(h\frac{\partial}{\partial x}+k\frac{\partial}{\partial y})^2f(a,b),$$

$$\vdots$$

由归纳法得

$$g^{(n)}(0)=(h\frac{\partial}{\partial x}+k\frac{\partial}{\partial y})^nf(a,b),\quad n=1,2,\cdots.$$

然后对一元函数$g(t)$运用Taylor公式得

$$g(t)=g(0)+g'(0)t+\frac{1}{2!}g''(0)t^2+\cdots+\frac{1}{n!}g^{(n)}(0)t^n+\frac{1}{(n+1)!}g^{(n+1)}(\theta t)t^{n+1},$$

其中$0<\theta<1$. 再令$t=1$, 则有

$$\begin{aligned}g(1) &= f(a+h,b+k)=f(a,b)+(h\frac{\partial}{\partial x}+k\frac{\partial}{\partial y})f(a,b)\\ &\quad+\frac{1}{2!}(h\frac{\partial}{\partial x}+k\frac{\partial}{\partial y})^2f(a,b)+\cdots+\frac{1}{n!}(h\frac{\partial}{\partial x}+k\frac{\partial}{\partial y})^nf(a,b)\\ &\quad+\frac{1}{(n+1)!}(h\frac{\partial}{\partial x}+k\frac{\partial}{\partial y})^{n+1}f(a+\theta h,b+\theta k),\end{aligned}$$

这样就完成了定理的证明. □

下面将Taylor公式推广到一般的多元函数, 为简便起见, 仅就常用的一阶形式加以论述.

定理 3.5.2 设n元函数$f\in C^2(N(\boldsymbol{x}_0))$, $\boldsymbol{x}_0+\Delta\boldsymbol{x}\in N(\boldsymbol{x}_0)$, 则$\exists\theta\in(0,1)$, 使得

$$f(\boldsymbol{x}_0+\Delta\boldsymbol{x})=f(\boldsymbol{x}_0)+\sum_{i=1}^{n}\frac{\partial f(\boldsymbol{x}_0)}{\partial x_i}\Delta x_i+R_1,\tag{3.5.1}$$

其中

$$R_1=\frac{1}{2!}\sum_{i=1}^{n}\sum_{j=1}^{n}\frac{\partial^2 f(\boldsymbol{x}_0+\theta\Delta\boldsymbol{x})}{\partial x_i\partial x_j}\Delta x_i\Delta x_j$$

称为Lagrange余项.

证明略.

容易看出, 式(3.5.1)等号右端第二项是f在$\boldsymbol{x}_0$的梯度

$$\boldsymbol{\nabla} f(\boldsymbol{x}_0)=\left(\frac{\partial f(\boldsymbol{x}_0)}{x_1},\frac{\partial f(\boldsymbol{x}_0)}{x_2},\cdots,\frac{\partial f(\boldsymbol{x}_0)}{x_n}\right)^{\mathrm{T}}$$

与$\Delta\boldsymbol{x}=(\Delta x_1,\Delta x_2,\cdots,\Delta x_n)^{\mathrm{T}}$的点积, 余项$R_1$是关于$\Delta\boldsymbol{x}$的$n$次二次型, 所以利用矩阵乘法, 式(3.5.1)也可以写成

$$f(\boldsymbol{x}_0+\Delta\boldsymbol{x})=f(\boldsymbol{x}_0)+\langle\boldsymbol{\nabla} f(\boldsymbol{x}_0),\Delta\boldsymbol{x}\rangle+\frac{1}{2!}(\Delta\boldsymbol{x})^{\mathrm{T}}\boldsymbol{H}_f(\boldsymbol{x}_0+\theta\Delta\boldsymbol{x})\Delta\boldsymbol{x},$$

其中, 实对称矩阵

$$\boldsymbol{H}_f(\boldsymbol{x})=\begin{pmatrix}\dfrac{\partial^2 f(\boldsymbol{x})}{\partial x_1^2} & \dfrac{\partial^2 f(\boldsymbol{x})}{\partial x_1\partial x_2} & \cdots & \dfrac{\partial^2 f(\boldsymbol{x})}{\partial x_1\partial x_n}\\ \dfrac{\partial^2 f(\boldsymbol{x})}{\partial x_2\partial x_1} & \dfrac{\partial^2 f(\boldsymbol{x})}{\partial x_2^2} & \cdots & \dfrac{\partial^2 f(\boldsymbol{x})}{\partial x_2\partial x_n}\\ \vdots & \vdots & & \vdots\\ \dfrac{\partial^2 f(\boldsymbol{x})}{\partial x_n\partial x_1} & \dfrac{\partial^2 f(\boldsymbol{x})}{\partial x_n\partial x_2} & \cdots & \dfrac{\partial^2 f(\boldsymbol{x})}{\partial x_n^2}\end{pmatrix}$$

称为$f(\boldsymbol{x})$在点$\boldsymbol{x}$的Hesse**矩阵**.

二元函数$f(x,y)$在点(x_0,y_0)处带Peano型余项的二阶Taylor公式可写成

$$\begin{aligned}f(x,y)\;=\;&f(x_0,y_0)+f_x(x_0,y_0)(x-x_0)+f_y(x_0,y_0)(y-y_0)\\&+\frac{1}{2!}(x-x_0,y-y_0)\begin{pmatrix}f_{xx}(x_0,y_0) & f_{xy}(x_0,y_0)\\ f_{yx}(x_0,y_0) & f_{yy}(x_0,y_0)\end{pmatrix}\begin{pmatrix}x-x_0\\ y-y_0\end{pmatrix}+o(\rho^2),\end{aligned}\tag{3.5.2}$$

其中$\rho=\sqrt{(x-x_0)^2+(y-y_0)^2}$.

例 3.5.1 设$f(x,y)$在点$(0,0)$的邻域U内有连续的二阶偏导数, $f(0,0)=0$, 且满足$f_{xx}^2+2f_{xy}^2+f_{yy}^2\leqslant M$($M$ 为正常数). 若$f_x(0,0)=f_y(0,0)=0$, 证明在U内有

$$|f(x,y)|\leqslant\frac{\sqrt{M}}{2}(x^2+y^2).$$

证 由Taylor公式(定理4.1.1, 取$n=1$), $\forall(x,y)\in U$, 存在$\theta\in(0,1)$使得

$$f(x,y)=\frac{1}{2}\left(x\frac{\partial}{\partial x}+y\frac{\partial}{\partial y}\right)^2 f(\theta x,\theta y)=\frac{1}{2}\left(x^2\frac{\partial^2}{\partial x^2}+2xy\frac{\partial^2}{\partial x\partial y}+y^2\frac{\partial^2}{\partial y^2}\right)f(\theta x,\theta y).$$

记$(u,v,w)=\left(\dfrac{\partial^2}{\partial x^2},\dfrac{\partial^2}{\partial x\partial y},\dfrac{\partial^2}{\partial y^2}\right)f(\theta x,\theta y)$, 则

$$f(x,y)=\frac{1}{2}(ux^2+2vxy+wy^2).$$

由Cauchy-Schwarz不等式, 有

$$|f(x,y)|=\frac{1}{2}|(u,\sqrt{2}v,w)\cdot(x^2,\sqrt{2}xy,y^2)|\leqslant\frac{\sqrt{M}}{2}(x^2+y^2).$$ □

例 3.5.2 求$z(x,y)=\sqrt{x+2y+1}$在点$(0,0)$处带有Peano余项的二阶Taylor公式.

解 容易得到

$$z_x=\frac{1}{2}(x+2y+1)^{\frac{1}{2}},\quad z_y=(x+2y+1)^{\frac{1}{2}}. \tag{3.5.3}$$

注意到$z(0,0)=1$, 于是

$$z_x|_{(0,0)}=\frac{1}{2},\quad z_y|_{(0,0)}=1. \tag{3.5.4}$$

由式(3.5.3)得

$$z_{xx}=-\frac{1}{4}(x+2y+1)^{-\frac{3}{2}},\quad z_{xy}=-\frac{1}{2}(x+2y+1)^{-\frac{3}{2}},$$

$$z_{yy}=-(x+2y+1)^{-\frac{3}{2}}.$$

注意到式(3.5.4), 得

$$z_{xx}|_{(0,0)}=-\frac{1}{4},\quad z_{xy}|_{(0,0)}=-\frac{1}{2},\quad z_{yy}|_{(0,0)}=-1. \tag{3.5.5}$$

把式(3.5.5)代入式(3.5.2), 其中$(x_0,y_0)=(0,0)$, 有

$$z(x,y)=1+\frac{1}{2}x+y-\frac{1}{8}x^2-\frac{1}{2}xy-\frac{1}{2}y^2+o(\rho^2),$$

其中$\rho^2=x^2+y^2$. □

3.5.2 极值与最大(小)值

1. 极值

定义 3.5.1 (极值) 设$f:\ N(\boldsymbol{x}_0)\subset\mathbf{R}^n\to\mathbf{R}$. 若$\forall\boldsymbol{x}\in N(\boldsymbol{x}_0)$, 恒有不等式

$$f(\boldsymbol{x})\leqslant f(\boldsymbol{x}_0)\ (f(\boldsymbol{x})\geqslant f(\boldsymbol{x}_0))$$

成立, 则称f在点$\boldsymbol{x}_0$取得**极大值(极小值)**$f(\boldsymbol{x}_0)$, 点$\boldsymbol{x}_0$称为f的**极大值点(极小值点)**, 极大值与极小值统称为**极值**, 极大值点与极小值点统称为**极值点**.

如果二元函数$z=f(x,y)$在点(x_0,y_0)的偏导数存在, 且点(x_0,y_0)为f的极值点, 则一元函数$f(x,y_0)$在x_0处取得极值. 由一元函数极值的必要条件, 必有$f_x(x_0,y_0)=0$, 同理有$f_y(x_0,y_0)=0$. 这就是说, f在(x_0,y_0)取得极值的必要条件是

$$\nabla f(x_0,y_0)=(f_x,f_y)|_{(x_0,y_0)}=(0,0).$$

一般地, 容易得到以下定理.

定理 3.5.3 (极值的必要条件) 设n元函数f在点$\boldsymbol{x}_0$处的偏导数存在, 且$\boldsymbol{x}_0$为f的极值点, 则必有$\nabla f(\boldsymbol{x}_0)=\mathbf{0}$.

我们称满足$\nabla f(\boldsymbol{x}_0)=\mathbf{0}$的点$\boldsymbol{x}_0$为$f$的**驻点**. 因此, 定理3.5.3可叙述为: 偏导数存在的函数f的极值点必是f的驻点. 但是, 同一元函数一样, 驻点未必是极值点.

下面利用Taylor公式来建立n元函数极值的充分条件.

定理 3.5.4 (极值的充分条件) 设n元函数$f \in C^2(N(\boldsymbol{x}_0)), \boldsymbol{\nabla} f(\boldsymbol{x}_0) = \boldsymbol{0}, \boldsymbol{H}_f(\boldsymbol{x}_0)$ 为f在点$\boldsymbol{x}_0$的Hesse矩阵. 若$\boldsymbol{H}_f(\boldsymbol{x}_0)$正定(负定), 则$f(\boldsymbol{x}_0)$为$f$的极小值(极大值).

证 因为$\boldsymbol{\nabla} f(\boldsymbol{x}_0) = \boldsymbol{0}$, 所以由Taylor 公式, 有

$$f(\boldsymbol{x}_0 + \Delta \boldsymbol{x}) = f(\boldsymbol{x}_0) + \frac{1}{2}(\Delta \boldsymbol{x})^{\mathrm{T}} \boldsymbol{H}_f(\boldsymbol{x}_0 + \theta \Delta \boldsymbol{x}) \Delta \boldsymbol{x}, \quad 0 < \theta < 1.$$

因为$f \in C^2(N(\boldsymbol{x}_0))$, 所以

$$F(\boldsymbol{x}) : (\Delta \boldsymbol{x})^{\mathrm{T}} \boldsymbol{H}_f(\boldsymbol{x}) \Delta \boldsymbol{x} = \sum_{i=1}^{n} \sum_{j=1}^{n} \frac{\partial^2 f(\boldsymbol{x})}{\partial x_i \partial x_j} \Delta x_i \Delta x_j$$

在$N(\boldsymbol{x}_0)$连续. 当$\boldsymbol{H}_f(\boldsymbol{x}_0)$正定时, $\forall \Delta \boldsymbol{x} \neq \boldsymbol{0}$, 恒有

$$F(\boldsymbol{x}_0) = (\Delta \boldsymbol{x})^{\mathrm{T}} \boldsymbol{H}_f(\boldsymbol{x}_0) \Delta \boldsymbol{x} > 0,$$

由连续函数的性质, 存在$\boldsymbol{x}_0$的某邻域$N_1(\boldsymbol{x}_0)(N_1(\boldsymbol{x}_0) \subset N(\boldsymbol{x}_0))$, 使当$\boldsymbol{x}_0 + \Delta \boldsymbol{x} \in N_1^{\circ}(\boldsymbol{x}_0)$时, 有

$$f(\boldsymbol{x}_0 + \Delta \boldsymbol{x}) - f(\boldsymbol{x}_0) = \frac{1}{2}(\Delta \boldsymbol{x})^{\mathrm{T}} \boldsymbol{H}_f(\boldsymbol{x}_0 + \theta \Delta \boldsymbol{x}) \Delta \boldsymbol{x} > 0,$$

即

$$f(\boldsymbol{x}_0 + \Delta \boldsymbol{x}) > f(\boldsymbol{x}_0),$$

因此$f(\boldsymbol{x}_0)$为f的极小值. 类似可证$\boldsymbol{H}_f(\boldsymbol{x}_0)$负定情形. □

例 3.5.3 设二元函数$f(x,y)$在全平面上有连续的二阶偏导数. 对任意角度α, 定义一元函数$g_\alpha(t) = f(t\cos\alpha, t\sin\alpha)$. 若对任意$\alpha$都有$g_\alpha'(0) = 0$且$g_\alpha''(0) > 0$, 证明$f(0,0)$是$f(x,y)$ 的极小值.

证 因为$g_\alpha'(0) = f_x(0,0)\cos\alpha + f_y(0,0)\sin\alpha = 0$对一切$\alpha$成立, 所以$f_x(0,0) = f_y(0,0) = 0$, 即$(0,0)$是$f(x,y)$的驻点. 注意到对任意单位向量$(\cos\alpha, \sin\alpha)$, 有

$$g_\alpha''(0) = (\cos\alpha, \sin\alpha) \boldsymbol{H}_f(0,0) \begin{pmatrix} \cos\alpha \\ \sin\alpha \end{pmatrix} > 0$$

成立, 从而$\boldsymbol{H}_f(0,0)$是正定的, 因此$f(0,0)$是$f(x,y)$的极小值. □

对于二元函数, 定理3.5.4有一个好用形式. 为此设

$$A = f_{xx}(x_0, y_0), \quad B = f_{xy}(x_0, y_0), \quad C = f_{yy}(x_0, y_0),$$

并记$\Delta = \Delta(x_0, y_0) = AC - B^2$, 则有如下推论.

推论(二元函数极值的充分条件) 设二元函数$f \in C^2(N(x_0, y_0))$, (x_0, y_0) 为$f(x,y)$的驻点.

(1) 若$\varDelta > 0$, 则$f(x_0, y_0)$为极值. 进而, 若$A > 0$, 则$f(x_0, y_0)$为极小值; 若$A < 0$, 则$f(x_0, y_0)$为极大值.

(2) 若$\varDelta < 0$, 则$f(x_0, y_0)$不是极值. 此时, 称点(x_0, y_0)为鞍点.

(3) 当$\varDelta = 0$时, 称为临界情况. 这时, 不能确定点P_0是不是f的极值点.

推论的证明容易从定理3.5.4得到. 事实上, 因为f在点$P_0(x_0,y_0)$的Hesse矩阵为

$$\boldsymbol{H}_f(\boldsymbol{P}_0)=\begin{pmatrix} A & B \\ B & C \end{pmatrix},$$

若$A>0,\ AC-B^2>0$,则$\boldsymbol{H}_f(\boldsymbol{P}_0)$正定, 故$f(P_0)$为极小值; 若$A<0,\ AC-B^2>0$,则$\boldsymbol{H}_f(\boldsymbol{P}_0)$负定, 故$f(P_0)$为极大值; 若$AC-B^2<0$,则$\boldsymbol{H}_f(\boldsymbol{P}_0)$不定, 故$f(P_0)$不是极值. $AC-B^2=0$称为临界情况.

注 3.5.1 求C^2类函数f的极值的步骤: 首先求出f的所有驻点, 然后求出f在各个驻点的Hesse矩阵, 最后判定Hesse矩阵的类型, 确定出f的极值点. 对二元函数, 求出f的所有驻点后, 由上述推论确定出f的极值点.

例 3.5.4 求二元函数$f(x,y)=\dfrac{1}{2}x^2+3y^3+9y^2-3xy+9y-9x$的极值.

解 由

$$\begin{cases} f_x=x-3y-9=0, \\ f_y=9y^2+18y-3x+9=0, \end{cases}$$

求出f的驻点有两个: $(3,-2)$, $(12,1)$. 再求二阶偏导数, 得

$$f_{xx}=1,\quad f_{xy}=-3,\quad f_{yy}=18+18y,$$

从而有

$$f_{xx}f_{yy}-f_{xy}^2=18y+9.$$

因为$\varDelta(3,-2)=-36+9<0$, 故$(3,-2)$是鞍点. 因为$\varDelta(12,1)=18+9>0$, $f_{xx}(12,1)=1>0$, 故$(12,1)$是极小值点, 极小值$f(12,1)=-51$. □

例 3.5.5 设$z=z(x,y)$是由$x^2-6xy+10y^2-2yz-z^2+18=0$确定的函数, 求$z=z(x,y)$的极值点和极值.

解 先求$z=z(x,y)$的驻点, 涉及隐函数求导. 方程两边分别对x,y求导得

$$2x-6y-2y\frac{\partial z}{\partial x}-2z\frac{\partial z}{\partial x}=0,\quad -6x+20y-2z-2y\frac{\partial z}{\partial y}-2z\frac{\partial z}{\partial y}=0. \tag{3.5.6}$$

由$\dfrac{\partial z}{\partial x}=0,\quad \dfrac{\partial z}{\partial y}=0$得

$$\begin{cases} x-3y=0, \\ -3x+10y-z=0, \end{cases} \Longrightarrow \begin{cases} x=3y, \\ z=y. \end{cases}$$

代入原方程得$9y^2-18y^2+10y^2-2y^2-y^2+18=0\Longrightarrow y=\pm3$. 由此得驻点$(9,3)$, $(-9,-3)$, 相应的函数值为3, -3.

为求驻点处的二阶偏导数. 将式(3.5.6)的两边分别对x,y求导, 得

$$1-y\frac{\partial^2 z}{\partial x^2}-(\frac{\partial z}{\partial x})^2-z\frac{\partial^2 z}{\partial x^2}=0,$$

$$-3-\frac{\partial z}{\partial x}-y\frac{\partial^2 z}{\partial xy}-\frac{\partial z}{\partial y}\cdot\frac{\partial z}{\partial x}-z\frac{\partial^2 z}{\partial xy}=0,$$

$$10-\frac{\partial z}{\partial y}-\frac{\partial z}{\partial y}-y\frac{\partial^2 z}{\partial y^2}-(\frac{\partial z}{\partial y})^2-z\frac{\partial^2 z}{\partial y^2}=0.$$

在驻点$(9,3)$处

$$A=\frac{\partial^2 z}{\partial x^2}\Big|_{(9,3,3)}=\frac{1}{6},\quad B=\frac{\partial^2 z}{\partial xy}\Big|_{(9,3,3)}=-\frac{1}{2},\qquad C=\frac{\partial^2 z}{\partial y^2}\Big|_{(9,3,3)}=\frac{5}{3},$$

$$\Longrightarrow \Delta=AC-B^2=\frac{1}{36}>0,\ A>0.$$

由极值的充分判别法知, 点$(9,3)$是$z=z(x,y)$的极小值点, 极小值为$z(9,3)=3$.

类似地, 可以算出在驻点$(-9,-3)$, 也即在$P_0(-9,-3,-3)$处, 有

$$A=\frac{\partial^2 z}{\partial x^2}\Big|_{P_0}=-\frac{1}{6},\quad B=\frac{\partial^2 z}{\partial xy}\Big|_{P_0}=-\frac{1}{2},\quad C=\frac{\partial^2 z}{\partial y^2}\Big|_{P_0}=-\frac{5}{3},$$

$$\Longrightarrow \Delta=AC-B^2=\frac{1}{36}>0,\ A<0.$$

所以点$(-9,-3)$是$z=z(x,y)$的极大值点, 极大值为$z(-9,-3)=-3$. □

2. 最大值与最小值

设f在有界闭区域Ω上连续, 则f在Ω上必能取到最大值与最小值. 如果最大值(最小值)在Ω的内部取到, 则这个最大值(最小值)就是f的极值, 当f的偏导数均存在时, 它必在Ω内的某个驻点处取到. 因此, 同一元函数一样, 要求函数f在有界闭区域Ω上的最大值(最小值), 可以先求出f在Ω内部的一切驻点处的函数值、偏导数不存在处的函数值及f在Ω的边界上的最大值(最小值), 这些数中最大(最小)的一个便是所求的最大(最小)值.

例 3.5.6 求$f(x,y)=x^2+2y^2-x^2y^2$在区域$D=\{(x,y)|x^2+y^2\leqslant 4,\ y\geqslant 0\}$上的最大值与最小值.

解 由

$$\begin{cases} f_x=2x-2xy^2=0,\\ f_y=4y-2x^2y=0\end{cases}$$

可求出函数f在D内有两个驻点: $M_1(\sqrt{2},1), M_2(-\sqrt{2},1)$, 且$f(M_1)=f(M_2)=2$.

接下来求在边界上的最大与最小值. D的边界由两部分组成, 一部分是线段$\Gamma_1: y=0,-2\leqslant x\leqslant 2$; 另一部分是上半圆周$\Gamma_2: y^2=4-x^2,-2\leqslant x\leqslant 2$.

在Γ_1上, 有$f(x,y)=x^2,-2\leqslant x\leqslant 2$, 最小值为0, 最大值为4.

在Γ_2上, 有

$$\begin{aligned} f(x,y) &= x^2+2(4-x^2)-x^2(4-x^2)=8-5x^2+x^4\\ &= (x^2-\frac{5}{2})^2+\frac{7}{4},\quad -2\leqslant x\leqslant 2,\end{aligned}$$

记$h(x)=(x^2-\frac{5}{2})^2+\frac{7}{4}$, 则$h'(x)=2(x^2-\frac{5}{2})\cdot 2x$, 由$h'(x)=0$得$x=0,\ x^2=\frac{5}{2}$.

又$h(0)=8, h(\pm\sqrt{\frac{5}{2}})=\frac{7}{4},\ h(\pm 2)=4$, 于是$f(x,y)$在$D$的边界上的最大值为8, 最小值为0.

最后通过比较知, $f(x,y)$在D上的最大值为8, 最小值为0. □

例 3.5.7 求内接于球$x^2+y^2+z^2=a^2$的长方体的最大体积.

证 设内接长方体在第一卦限的三边长分别为x,y,z $(x>0,y>0,z>0)$, 则由体积公式可得目标函数为

$$v=8xyz.$$

由所给条件可知$z=\sqrt{a^2-x^2-y^2}$, 代入上式可将目标函数化为

$$v=8xy\sqrt{a^2-x^2-y^2}.$$

于是问题就成为求函数v在区域$D=\{(x,y)|0<x<a,0<y<a\}$上的最大值. 由

$$\begin{cases} v_x=8y\sqrt{a^2-x^2-y^2}-\dfrac{8x^2y}{\sqrt{a^2-x^2-y^2}}=0, \\ v_y=8x\sqrt{a^2-x^2-y^2}-\dfrac{8xy^2}{\sqrt{a^2-x^2-y^2}}=0, \end{cases}$$

得$x=\pm y$, 可求出v在D内的唯一有意义的驻点$M(\frac{a}{\sqrt{3}},\frac{a}{\sqrt{3}})$. 而在实际问题中最大值必定存在, 且驻点唯一, 所以最大值必在驻点M处取到, 即v在D的最大值

$$\max_{(x,y)\in D} v(x,y)=v(\frac{a}{\sqrt{3}},\frac{a}{\sqrt{3}})=\frac{8\sqrt{3}a^3}{9},$$

这时$x=y=z=\dfrac{a}{\sqrt{3}}=\dfrac{\sqrt{3}a}{3}$. □

***3. 最小二乘法**

最小二乘法是测量工作和科学实验中常用的一种数据处理方法. 例如, 根据观测或实验得到的自变量x和因变量y之间的一组数据$(x_1,y_1),(x_2,y_2),\cdots,(x_n,y_n)$, 要求寻找一个适当类型的函数$y=f(x)$(如线性函数$y=ax+b$, 或二次函数$y=ax^2+bx+c$等), 使它在观测点$x_1,x_2,\cdots,x_n$处所取的值$f(x_1),f(x_2),\cdots,f(x_n)$与观测值$y_1,y_2,\cdots,y_n$在某种尺度下最接近, 从而可用$y=f(x)$作为变量$x$与$y$之间函数关系的近似表达式. 常用的一种尺度和处理方法是: 确定函数$f(x)$中的参数(如前述中的参数a和b, 或a、b和c), 使得在各点处偏差

$$r_i=f(x_i)-y_i \quad (i=1,2,\cdots,n)$$

的平方和$\sum\limits_{i=1}^{n}r_i^2$达到最小. 这种根据偏差平方和为最小的条件来确定参数的方法就称为**最小二乘法**或**最小平方法**.

假设所给的数据点(x_i,y_i)的分布大致呈一条直线, 设它的方程为

$$y=ax+b,$$

其中系数a,b待定. 将x_i代入直线方程, 得

$$\tilde{y_i}=ax_i+b \quad (i=1,2,\cdots,n),$$

这与实测到的值y_i有偏差

$$\varepsilon_i=y_i-\tilde{y_i}=y_i-(ax_i+b) \quad (i=1,2,\cdots,n).$$

作偏差的平方和

$$\varepsilon^2=\varepsilon_1^2+\varepsilon_2^2+\cdots+\varepsilon_n^2=\sum_{i=1}^{n}(y_i-ax_i-b)^2,$$

称$\varepsilon=\varepsilon(a,b)$为**平方总偏差**. 现在求$a,b$, 使得平方总偏差$\varepsilon$达到最小, 则所得直线$y=ax+b$就是所给数据的最佳拟合直线. 由极值的必要条件, 有

$$\begin{aligned}\frac{\partial(\varepsilon^2)}{\partial a}&=-2\sum_{i=1}^{n}(y_i-ax_i-b)x_i=2\Big(a\sum_{i=1}^{n}x_i^2+b\sum_{i=1}^{n}x_i-\sum_{i=1}^{n}x_iy_i\Big)=0,\\ \frac{\partial(\varepsilon^2)}{\partial b}&=-2\sum_{i=1}^{n}(y_i-ax_i-b)=2\Big(a\sum_{i=1}^{n}x_i+nb-\sum_{i=1}^{n}y_i\Big)=0.\end{aligned}$$

于是得到a, b所满足的方程组

$$\begin{cases}(\sum\limits_{i=1}^{n}x_i^2)a+(\sum\limits_{i=1}^{n}x_i)b=\sum\limits_{i=1}^{n}x_iy_i,\\ (\sum\limits_{i=1}^{n}x_i)a+nb=\sum\limits_{i=1}^{n}y_i.\end{cases}$$

由此方程组解出a,b, 则$y=ax+b$就是所要求的直线方程.

3.5.3 条件极值问题与Lagrange乘数法

前面讨论的极值问题, 目标函数中各个自变量是独立变化的, 没有附加什么约束条件, 寻求函数极值点的范围是目标函数的定义域.

但是, 大量的极值问题, 对目标函数的自变量往往还附加有某些约束条件. 这类附有约束条件的极值问题, 称为**条件极值问题**.

条件极值问题一种常见形式是在条件组

$$\varphi_k(x_1,x_2,\cdots,x_n)=0\quad(k=1,\cdots,m,\ m<n) \tag{3.5.7}$$

的限制下, 求目标函数

$$u=f(x_1,x_2,\cdots,x_n) \tag{3.5.8}$$

的极值.

在某些情况下, 这种条件极值问题可以化成无条件极值问题来求解. 例如例3.5.7中, 从约束条件中解出$z=\sqrt{a^2-x^2-y^2}$, 代入目标函数后, 问题便化成求$v=8xy\sqrt{a^2-x^2-y^2}$的无条件极值问题. 我们称这种方法为**解条件极值问题的消元法**.

然而, 对于一般的条件极值问题式(3.5.7)、式(3.5.8), 要从隐函数方程式(3.5.7)中解出m个变量往往比较麻烦, 甚至解不出来, 因此需要寻求其他处理方法. 下面介绍的Lagrange乘数法就是一种不直接依赖消元而求解有约束极值的有效方法. 我们以一种简单情形来说明这种方法.

考虑求目标函数

$$z=f(x,y) \tag{3.5.9}$$

在约束条件

$$\varphi(x,y)=0 \tag{3.5.10}$$

下的极值.

Lagrange乘数法的标准流程如下: 作Lagrange函数

$$L(x,y,\lambda)=f(x,y)+\lambda\varphi(x,y), \tag{3.5.11}$$

这样就将求二元函数的条件极值问题转化为求三元函数$L(x,y,\lambda)$的无条件极值问题, 其中的λ称为Lagrange**乘数**. 接着由$\nabla L=(L_x,L_y,L_\lambda)=\mathbf{0}$求出所有(条件)驻点$(x_0,y_0,\lambda_0)$, 条件极值点就在其对应的点$(x_0,y_0)$中. 这就是Lagrange**乘数法**.

在用Lagrange乘数法处理实际问题的最值问题时, 若驻点唯一, 且能根据问题本身的性质判定最值的存在性(如稍后的例子), 则得到的点(x_0,y_0)往往就是所需的条件极值点, 也是最值点; 如果有多个驻点, 将对应点的函数值加以比较, 就得到最大值与最小值.

在看例子之前, 先了解一下Lagrange函数的由来, 这是从寻求点(x_0,y_0)为条件极值点的必要条件自然得到的.

设点(x_0,y_0)为函数$z=f(x,y)$在约束条件$\varphi(x,y)=0$下的条件极值点, $f,\varphi\in C^1(N(x_0,y_0))$, 且$\varphi_y(x_0,y_0)\neq 0$. 于是有$\varphi(x_0,y_0)=0$, 且由隐函数存在定理可知, 式(3.5.10)确定了一可导函数$y=y(x)$, 它满足$\varphi(x,y(x))\equiv 0$且$y_0=y(x_0)$, 把它代入目标函数式(3.5.9)得

$$z=f(x,y(x)). \tag{3.5.12}$$

如此, 便把式(3.5.9)的目标函数在式(3.5.10)下的条件极值问题化成了式(3.5.12)的一元函数的无条件极值问题, 而且$x=x_0$就是函数式(3.5.12)的极值点. 由一元可导函数取得极值的必要条件可知

$$\left.\frac{\mathrm{d}z}{\mathrm{d}x}\right|_{x=x_0}=f_x(x_0,y_0)+f_y(x_0,y_0)\left.\frac{\mathrm{d}y}{\mathrm{d}x}\right|_{x=x_0}. \tag{3.5.13}$$

对式(3.5.10), 运用隐函数求导法则, 得

$$\left.\frac{\mathrm{d}y}{\mathrm{d}x}\right|_{x=x_0}=-\frac{\varphi_x(x_0,y_0)}{\varphi_y(x_0,y_0)},$$

代入式(3.5.13), 得

$$f_x(x_0,y_0)-f_y(x_0,y_0)\frac{\varphi_x(x_0,y_0)}{\varphi_y(x_0,y_0)}=0. \tag{3.5.14}$$

于是式(3.5.13)与式(3.5.14)就是有条件极值的必要条件. 从这两式中解出的(x_0,y_0)就可能是所求条件极值的极值点.

为了使式(3.5.14)的形式更加对称, 我们利用行列式把它写成

$$\begin{vmatrix} f_x(x_0,y_0) & f_y(x_0,y_0) \\ \varphi_x(x_0,y_0) & \varphi_y(x_0,y_0) \end{vmatrix}=0.$$

由行列式的性质知, 其两行的对应元素成比例, 令比例系数为$-\lambda_0$, 于是上述有约束极值的必要条件可写成

$$\begin{cases} f_x(x_0,y_0)+\lambda_0\varphi_x(x_0,y_0)=0,\\ f_y(x_0,y_0)+\lambda_0\varphi_y(x_0,y_0)=0,\\ \varphi(x_0,y_0)=0. \end{cases} \tag{3.5.15}$$

容易看出, 式(3.5.15)就是三元函数

$$L(x,y,\lambda)=f(x,y)+\lambda\varphi(x,y) \tag{3.5.16}$$

在(x_0,y_0,λ_0)取得无约束极值的必要条件, 并得到Lagrange函数. □

注 3.5.2 Lagrange乘数法可推广到更复杂的情形.

(1) 求$f(x,y,z)$在条件$g(x,y,z)=0$下的极值.

(2) 求$f(x,y,z)$在条件$\begin{cases} g_1(x,y,z)=0,\\ g_2(x,y,z)=0 \end{cases}$下的极值.

解 (1) 作Lagrange函数

$$L(x,y,z,\lambda)=f(x,y,z)+\lambda g(x,y,z).$$

由方程组

$$\begin{cases} L_x(x,y,z,\lambda)=f_x(x,y,z)+\lambda g_x(x,y,z)=0,\\ L_y(x,y,z,\lambda)=f_y(x,y,z)+\lambda g_y(x,y,z)=0,\\ L_z(x,y,z,\lambda)=f_z(x,y,z)+\lambda g_z(x,y,z)=0,\\ L_\lambda(x,y,z,\lambda)=g(x,y,z)=0 \end{cases}$$

求出可能极值点.

(2) 有两个约束条件, 因而引进两个Lagrange乘数λ和μ, 作Lagrange函数

$$L(x,y,z,\lambda,\mu)=f(x,y,z)+\lambda g_1(x,y,z)+\mu g_2(x,y,z).$$

由方程组

$$\frac{\partial L}{\partial x}=0,\ \frac{\partial L}{\partial y}=0,\ \frac{\partial L}{\partial z}=0,\ \frac{\partial L}{\partial \lambda}=0,\ \frac{\partial L}{\partial \mu}=0$$

求出可能极值点.

例 3.5.8 求曲面$4z=3x^2-2xy+3y^2$与平面$x+y-4z=1$之间的最短距离.

解 以曲面上动点的坐标x, y, z为变元, 由点到平面的距离公式可得

$$d=|x+y-4z-1|/\sqrt{18}.$$

求最短距离d, 转化为求$18d^2$的最小值. 于是问题就是求目标函数

$$f(x,y,z)=(x+y-4z-1)^2$$

在约束条件

$$4z-3x^2+2xy-3y^2=0$$

下的最小值. 应用Lagrange乘数法, 令

$$L(x,y,z,\lambda)=(x+y-4z-1)^2+\lambda(4z-3x^2+2xy-3y^2).$$

求L对各个变量的偏导数, 并令它们都等于0, 有

$$\begin{cases} L_x=2(x+y-4z-1)+\lambda(-6x+2y)=0,\\ L_y=2(x+y-4z-1)+\lambda(2x-6y)=0,\\ L_z=-8(x+y-4z-1)+4\lambda=0,\\ L_\lambda=4z-3x^2+2xy-3y^2=0. \end{cases}$$

得唯一解

$$x=y=1/4,\quad z=1/16.$$

于是Lagrange函数L有唯一的驻点, 它是使函数f可能取得条件极值的唯一一组解. 又因为最短距离一定存在, 故最短距离为$d=|x+y-4z-1|/\sqrt{18}=\sqrt{2}/8$. □

例 3.5.9 设$a>b>0$, 曲面$\Sigma_1:\dfrac{x^2}{a^2}+\dfrac{y^2+z^2}{b^2}=1$, $\Sigma_2:z^2=x^2+y^2$, Γ为Σ_1 与Σ_2 的交线. 求曲面Σ_1 在Γ上各点的切平面到原点距离的最大值和最小值.

解 曲面Σ_1上任意一点$P(x,y,z)$处的切平面方程为

$$\frac{x}{a^2}(X-x)+\frac{y}{b^2}(Y-y)+\frac{z}{b^2}(Z-z)=0.$$

注意到$P(x,y,z)\in\Sigma_1$, 上式就是$\dfrac{x}{a^2}X+\dfrac{y}{b^2}Y+\dfrac{z}{b^2}Z=1$, 它到原点的距离

$$d(x,y,z)=1/\sqrt{\frac{x^2}{a^4}+\frac{y^2+z^2}{b^4}}.$$

作Lagrange函数

$$L(x,y,z,\lambda,\mu)=\frac{x^2}{a^4}+\frac{y^2+z^2}{b^4}+\lambda\Big(\frac{x^2}{a^2}+\frac{y^2+z^2}{b^2}-1\Big)+\mu(x^2+y^2-z^2).$$

令$\boldsymbol{\nabla}L(x,y,z,\lambda,\mu)=\mathbf{0}$, 得

$$\begin{cases} L_x=2\Big(\dfrac{1}{a^4}+\dfrac{\lambda}{a^2}+\mu\Big)x=0,\\ L_y=2\Big(\dfrac{1}{b^4}+\dfrac{\lambda}{b^2}+\mu\Big)y=0,\\ L_z=2\Big(\dfrac{1}{b^4}+\dfrac{\lambda}{b^2}-\mu\Big)z=0,\\ L_\lambda=\dfrac{x^2}{a^2}+\dfrac{y^2+z^2}{b^2}-1=0,\\ L_\mu=x^2+y^2-z^2=0. \end{cases}$$

解得

$$\begin{cases} x = 0, \\ y = \pm z = \pm b/\sqrt{2}, \\ x = \pm z = \pm ab/\sqrt{a^2+b^2}, \end{cases}$$

且

$$\frac{x^2}{a^4}+\frac{y^2+z^2}{b^4}\bigg|_{(0,\frac{b}{\sqrt{2}},\pm\frac{b}{\sqrt{2}})}=\frac{1}{b^2},\quad \frac{x^2}{a^4}+\frac{y^2+z^2}{b^4}\bigg|_{(\frac{ab}{\sqrt{a^2+b^2}},0\pm\frac{ab}{\sqrt{a^2+b^2}})}=\frac{a^4+b^4}{a^2b^2(a^2+b^2)}.$$

由$a>b$能得出这两个值的大小, 从而得距离$d(x,y,z)$的最小值为b, 最大值为$ab\sqrt{\dfrac{a^2+b^2}{a^4+b^4}}$. □

习题 3.5

(A)

3.5.1 写出$f(x,y)=2x^2-xy-y^2-6x-3y+5$在点$(1,-2)$的Taylor公式.

3.5.2 求$f(x,y)=\sin x\sin y$在点$(\dfrac{\pi}{4},\dfrac{\pi}{4})$的二阶Taylor 公式.

3.5.3 试利用一阶Taylor多项式求$\sqrt{3.012^2+3.997^2}$的近似值.

3.5.4 求下列函数的极值:

(1) $f(x,y)=(x+y)(xy+1)$;

(2) $f(x,y)=\mathrm{e}^x(x+y^2+2y)$;

(3) $f(x,y)=x^3+y^3-3(x^2+y^2)$;

(4) $f(x,y)=\sin x+\sin y+\sin(x+y), 0<x<\pi, 0<y<\pi$.

3.5.5 求下列函数在指定区域D上的最大值与最小值:

(1) $z=x^2y(4-x-y),\quad D=\{(x,y)|x\geqslant 0, y\geqslant 0, x+y\leqslant 4\}$;

(2) $z=x^3+y^3-3xy,\quad D=\{(x,y)||x|\leqslant 2,|y|\leqslant 2\}$;

(3) $z=x^2+y^2-12x+16y,\quad D=\{(x,y)|x^2+y^2\leqslant 25\}$.

3.5.6 求原点到曲线$\begin{cases} x^2+y^2=z, \\ x+y+z=1 \end{cases}$的最长和最短距离.

3.5.7 将周长为$2p$的矩形绕它的一边旋转构成一圆柱体, 问矩形的边长各为多少时圆柱体的体积最大?

3.5.8 求椭圆$x^2+3y^2=12$的内接等腰三角形, 使其底边平行于椭圆的长轴, 而且面积最大.

3.5.9 求函数$f(x,y,z)=x+2y+3z$在圆柱$x^2+y^2=2$与平面$y+z=1$的椭圆交线上的最大值与最小值.

(B)

3.5.1 求曲线$\begin{cases} z=\sqrt{x}, \\ y=0 \end{cases}$与曲线$\begin{cases} x+2y-3=0, \\ z=0 \end{cases}$之间的距离.

3.5.2 设椭球面$\dfrac{x^2}{a^2}+\dfrac{y^2}{b^2}+\dfrac{z^2}{c^2}=1$被通过原点的平面$lx+my+nz=0$截成一个椭圆, 求这个椭圆的面积.

3.5.3 过椭圆$3x^2+2xy+3y^2=1$上任意点作椭圆的切线, 试求各切线与坐标轴所围三角形面积的最小值.

3.5.4 从已知$\triangle ABC$的内部的点P向三边作三条垂线, 求使此三条垂线长的乘积为最大的点P的位置.

3.5.5 设函数$f(x)$在$[1,+\infty)$内有二阶连续导数, $f(1)=0, f'(1)=1$ 且$z=(x^2+y^2)f(x^2+y^2)$满足$\dfrac{\partial^2 z}{\partial x^2}+\dfrac{\partial^2 z}{\partial y^2}=0$, 求$f(x)$在$[1,+\infty)$上的最大值.

3.6 多元函数微分学在几何上的简单应用

本节介绍多元函数微分学在几何上的简单应用, 包括求空间曲线的切线与法平面、求空间曲面的切平面与法线以及求空间曲线的弧长. 我们从空间曲线和曲面的参数方程出发, 利用多元函数微分学的知识, 以向量为工具来分别研究这些问题.

3.6.1 空间曲线的切线与法平面

1. 曲线的参数方程

平面曲线可以用参数方程$x=x(t),\ y=y(t)\ (\alpha\leqslant t\leqslant\beta)$来表示.

对于一般的空间曲线$\varGamma$, 它的方程可表示为

$$\boldsymbol{r}=\boldsymbol{r}(t)=(x(t),y(t),z(t)),\quad \alpha\leqslant t\leqslant\beta, \tag{3.6.1}$$

或

$$x=x(t),\ y=y(t),\ z=z(t),\quad \alpha\leqslant t\leqslant\beta, \tag{3.6.2}$$

式(3.6.1)或式(3.6.2)称为空间曲线$\varGamma$的参数方程.

例 3.6.1 设某建筑物的屋顶为椭球面$z=\sqrt{1-\dfrac{x^2}{4}-\dfrac{y^2}{9}}$, 表面光滑无摩擦, 在无风的雨天, 雨水落在上面向下流, 问雨滴沿什么曲线向下流, 求此曲线方程.

解 由于重力作用, 雨水会沿着z变化最快的方向流下, 也就是沿着与z的方向导数取得最大值的方向流下. 从平面Oxy上看, 即沿着平行于函数z的梯度方向运行, 从而可求得流下线路

在坐标平面Oxy上的投影曲线, 以此曲线为准线, 母线平行z轴的柱面与椭球面的交线即为所求. 由于

$$\mathbf{grad}z=\frac{\partial z}{\partial x}\boldsymbol{i}+\frac{\partial z}{\partial y}\boldsymbol{j}=\frac{1}{z}(-\frac{x}{4}\boldsymbol{i}-\frac{y}{9}\boldsymbol{j})$$

与切线矢量$(\mathrm{d}x,\mathrm{d}y)$平行, 有

$$\frac{\mathrm{d}y}{\mathrm{d}x}=\frac{\dfrac{\partial z}{\partial y}}{\dfrac{\partial z}{\partial x}}=\frac{4}{9}\frac{y}{x},$$

解得在Oxy面上曲线方程为$y=Cx^{4/9}$,所以雨滴下流曲线为

$$\begin{cases}z=\sqrt{1-\dfrac{1}{4}x^2-\dfrac{1}{9}y^2},\\ y=Cx^{4/9},\end{cases}$$

或写成参数方程形式

$$\begin{cases}x=t,\\ y=Ct^{4/9},\\ z=\sqrt{1-\dfrac{1}{4}t^2-\dfrac{1}{9}C^2t^{8/9}}.\end{cases}$$

注 3.6.1 规定参数t增大的方向为Γ的正向, 自然地, t减小的方向, 为Γ的负向. 例如, 螺旋线$\boldsymbol{r}=(\alpha\cos\theta,\alpha\sin\theta,k\theta)(k>0)$的正向为上升的方向. 对于规定了正向的曲线, 称其为有向曲线.

2. 空间曲线的切线与法平面

(1) 设空间曲线Γ的方程为

$$\boldsymbol{r}=\boldsymbol{r}(t)=(x(t),y(t),z(t)),\quad \alpha\leqslant t\leqslant\beta,$$

其中向量值函数$\boldsymbol{r}(t)$在$[\alpha,\beta]$上可导, 其导数记作$\boldsymbol{r}'(t)$, 且有

$$\boldsymbol{r}'=(x'(t),y'(t),z'(t))\neq\mathbf{0},\quad \alpha\leqslant t\leqslant\beta.$$

向径$\boldsymbol{r}(t)$的导数$\boldsymbol{r}'(t_0)$在几何上就表示曲线Γ在相应点P_0的切线的一个方向向量, 而且它的方向与Γ的正向一致, 称它为Γ在点P_0处的切向量.

熟知, $\boldsymbol{r}(t_0)$是曲线Γ上点P_0的向径, 而$\boldsymbol{r}'(t_0)$是Γ在点P_0的切向量, 利用直线方程的向量形式, 可将曲线Γ在$P=\boldsymbol{r}(t_0)$处切线的向量方程写为

$$\boldsymbol{\rho}=\boldsymbol{r}(t_0)+t\boldsymbol{r}'(t_0),\tag{3.6.3}$$

其中$\boldsymbol{\rho}=(x,y,z)$为切线上动点$M(x,y,z)$的向径, $t\in\mathbf{R}$为参数. 消去参数t, 即得该切线的对称式方程

$$\frac{x-x(t_0)}{x'(t_0)}=\frac{y-y(t_0)}{y'(t_0)}=\frac{z-z(t_0)}{z'(t_0)}.\tag{3.6.4}$$

定义 当函数$\boldsymbol{r}(t)$ 在$[\alpha,\beta]$上有连续的导数且$\boldsymbol{r}'(t)\neq\boldsymbol{0}$ $(\alpha\leqslant t\leqslant\beta)$时，称曲线$\boldsymbol{r}=\boldsymbol{r}(t)$为**光滑曲线**. 如果$\Gamma$不是光滑曲线，但将$\Gamma$分成若干段后，每段都是光滑曲线，则称$\Gamma$为**分段光滑曲线**.

过曲线Γ上点P_0且与点P_0处的切线垂直的任一直线称为此曲线Γ在P_0处的法线，这些法线显然位于同一平面内，此平面称为Γ在点P_0的**法平面**. 显然$\boldsymbol{r}'(t_0)$是法平面的一个法线向量，于是法平面的方程是

$$\boldsymbol{r}'(t_0)\cdot(\boldsymbol{\rho}-\boldsymbol{r}(t_0))=0 \tag{3.6.5}$$

或

$$x'(t_0)\cdot(x-x(t_0))+y'(t_0)\cdot(y-y(t_0))+z'(t_0)\cdot(z-z(t_0))=0. \tag{3.6.6}$$

(2) 如果曲线Γ是两柱面的交线，设它的方程为

$$y=y(x),\quad z=z(x)\quad (a\leqslant x\leqslant b).$$

把x看作是参数，上式也可写成参数方程形式:

$$x=x,\quad y=y(x),\quad z=z(x)\quad (a\leqslant x\leqslant b).$$

于是，Γ上与参数$x=x_0$相对应的点处的切线方程是

$$\frac{x-x_0}{1}=\frac{y-y_0}{y'(x_0)}=\frac{z-z_0}{z'(x_0)}, \tag{3.6.7}$$

法平面方程是

$$x-x_0+y'(x_0)\cdot(y-y(x_0))+z'(x_0)\cdot(z-z(x_0))=0. \tag{3.6.8}$$

(3) 如果Γ的方程由一般式方程

$$\begin{cases}F(x,y,z)=0,\\ G(x,y,z)=0\end{cases} \tag{3.6.9}$$

给出，且在点P_0的某邻域由式(3.6.9)确定了两个具有连续导数的一元隐函数$y=y(x)$ 和$z=z(x)$. 由隐函数求导法求出$y'(x_0)$和$z'(x_0)$:

$$y'(x_0)=-\frac{\partial(F,G)}{\partial(x,z)}\Big/\frac{\partial(F,G)}{\partial(y,z)},\qquad z'(x_0)=-\frac{\partial(F,G)}{\partial(y,x)}\Big/\frac{\partial(F,G)}{\partial(y,z)},$$

然后代入式(3.6.7)和式(3.6.8). 若令

$$A=\frac{\partial(F,G)}{\partial(y,z)}\Big|_{P_0},\quad B=\frac{\partial(F,G)}{\partial(z,x)}\Big|_{P_0},\quad C=\frac{\partial(F,G)}{\partial(x,y)}\Big|_{P_0},$$

则曲线Γ在点P_0处的切线方程和法平面方程分别为

$$\frac{x-x_0}{A}=\frac{y-y_0}{B}=\frac{z-z_0}{C},$$

$$A(x-x_0)+B(y-y_0)+C(z-z_0)=0.$$

例 3.6.2 求两柱面

$$\begin{cases} x^2+y^2=a^2, \\ x^2+z^2=a^2 \end{cases}$$

在点$P_0(\frac{a}{\sqrt{2}},\frac{a}{\sqrt{2}},\frac{a}{\sqrt{2}})$ 处的切线方程与法平面方程.

解 改写曲线方程为

$$\begin{cases} F(x,y,z)\equiv x^2+y^2-a^2=0, \\ G(x,y,z)\equiv x^2+z^2-a^2=0. \end{cases}$$

因为

$$A=\frac{\partial(F,G)}{\partial(y,z)}\Big|_{P_0}=\left|\begin{matrix} 2y & 0 \\ 0 & 2z \end{matrix}\right|\Big|_{P_0}=2a^2,$$

$$B=\frac{\partial(F,G)}{\partial(z,x)}\Big|_{P_0}=\left|\begin{matrix} 0 & 2x \\ 2z & 2x \end{matrix}\right|\Big|_{P_0}=-2a^2,$$

$$C=\frac{\partial(F,G)}{\partial(x,y)}\Big|_{P_0}=\left|\begin{matrix} 2x & 2y \\ 2x & 0 \end{matrix}\right|\Big|_{P_0}=-2a^2,$$

故曲线在点P_0处的切线方程是

$$\frac{x-a/\sqrt{2}}{2a^2}=\frac{y-a/\sqrt{2}}{-2a^2}=\frac{z-a/\sqrt{2}}{-2a^2},$$

法平面方程是

$$2a^2(x-a/\sqrt{2})-2a^2(y-a/\sqrt{2})-2a^2(z-a/\sqrt{2})=0$$

或

$$x-y-z+\frac{\sqrt{2}}{2}a=0. \qquad \square$$

3.6.2 曲面的切平面与法线

1. 曲面的参数形式

曲面的参数形式表示为

$$x=x(u,v),\quad y=y(u,v),\quad z=z(u,v),\quad (u,v)\in D, \tag{3.6.10}$$

或写成向量形式

$$\boldsymbol{r}=(x(u,v),y(u,v),z(u,v)),\quad (u,v)\in D. \tag{3.6.11}$$

一般地, 空间曲线$\varGamma:\boldsymbol{r}=(\varphi(t),\psi(t),\omega(t))$绕$z$轴旋转所得曲面参数方程为

$$\boldsymbol{r}=(\sqrt{\varphi^2(t)+\psi^2(t)}\cos\theta,\sqrt{\varphi^2(t)+\psi^2(t)}\sin\theta,\omega(t)).$$

绕其他轴类似, 看下例的绕x轴情形.

例 3.6.3 求直线$x=t,\ y=1,\ z=2t$绕x轴旋转的曲面方程.

解 旋转曲面的参数方程为$\boldsymbol{r}=(t,\sqrt{1+4t^2}\cos\theta,\sqrt{1+4t^2}\sin\theta)$, 即

$$x=t,\quad y=\sqrt{1+4t^2}\cos\theta,\quad z=\sqrt{1+4t^2}\sin\theta.$$

消除参数t和θ, 得

$$y^2+z^2=1+4x^2.$$

此曲面为旋转单叶双曲面. □

2. 曲面的切平面与法线

(1) 设曲面S的参数方程为

$$\boldsymbol{r}=\boldsymbol{r}(u,v)=(x(u,v),y(u,v),z(u,v)),\quad (u,v)\in D\subseteq \mathbf{R}^2,$$

其中$\boldsymbol{r}$在D内连续, 在点$(u_0,v_0)\in D$存在偏导数

$$\boldsymbol{r}_u(u_0,v_0)=\left(\frac{\partial x}{\partial u},\frac{\partial y}{\partial u},\frac{\partial z}{\partial u}\right)\bigg|_{(u_0,v_0)},\quad \boldsymbol{r}_v(u_0,v_0)=\left(\frac{\partial x}{\partial v},\frac{\partial y}{\partial v},\frac{\partial z}{\partial v}\right)\bigg|_{(u_0,v_0)},$$

且$\boldsymbol{r}_u(u_0,v_0)\times\boldsymbol{r}_v(u_0,v_0)\neq\mathbf{0}$. 曲面$S$上过点$\boldsymbol{r}(u_0,v_0)$的曲线$u$为$\boldsymbol{r}=\boldsymbol{r}(u,v_0)$, 它是以$u$为参数的空间曲线的参数方程. 曲线$u$在点$\boldsymbol{r}_0=\boldsymbol{r}(u_0,v_0)$的切向量为$\boldsymbol{r}_u(u_0,v_0)$; 同理可得曲线$v$在点$\boldsymbol{r}_0$的切向量为$\boldsymbol{r}_v(u_0,v_0)$. 上述曲线$u$与曲线$v$的切线确定了平面$\pi$, 它是过点$\boldsymbol{r}_0$且以$\boldsymbol{r}_u(u_0,v_0)\times\boldsymbol{r}_v(u_0,v_0)$为法线方向的向量平面. 我们把由曲线$u$的切向量$\boldsymbol{r}_u(u_0,v_0)$与曲线$v$的切向量$\boldsymbol{r}_v(u_0,v_0)$所确定的平面称为曲面$S$在点$\boldsymbol{r}_0$ 的切平面. 显然, 法向量可取为

$$(\boldsymbol{r}_u\times\boldsymbol{r}_v)_{(u_0,v_0)}=\left(\frac{\partial(y,z)}{\partial(u,v)},\frac{\partial(z,x)}{\partial(u,v)},\frac{\partial(x,y)}{\partial(u,v)}\right)_{(u_0,v_0)}=(A,B,C).$$

于是S在点$\boldsymbol{r}_0$的**切平面方程**为

$$A(x-x_0)+B(y-y_0)+C(z-z_0)=0,$$

法线方程为

$$\frac{x-x_0}{A}=\frac{y-y_0}{B}=\frac{z-z_0}{C},$$

其中$x_0=x(u_0,v_0),y_0=y(u_0,v_0),z_0=z(u_0,v_0)$.

(2) 若曲面S的方程为$F(x,y,z)=0$, F对各个变量有连续偏导数, 且$(F_x,F_y,F_z)\neq\mathbf{0}$, 不妨设$F_z\neq0$, 则由隐函数存在定理, 方程$F(x,y,z)=0$确定了一个有连续偏导数的二元函数$z=z(x,y)$. 把$x$和$y$看作是参数, 于是曲面$S$的参数方程为

$$\boldsymbol{r}(x,y)=(x,y,z(x,y)).$$

由于

$$\boldsymbol{r}_x=(1,0,z_x)=(1,0,-F_x/F_z),\qquad \boldsymbol{r}_y=(0,1,z_y)=(0,1,-F_y/F_z),$$

从而

$$\boldsymbol{r}_x\times\boldsymbol{r}_y=(F_x/F_z,F_y/F_z,1),$$

故可取$\boldsymbol{n}=(F_x,F_y,F_z)$作为法向量. 于是曲面在点$P_0(x_0,y_0,z_0)$的切平面方程为

$$F_x(P_0)(x-x_0)+F_y(P_0)(y-y_0)+F_z(P_0)(z-z_0)=0; \tag{3.6.12}$$

法线方程为

$$\frac{x-x_0}{F_x(P_0)}=\frac{y-y_0}{F_y(P_0)}=\frac{z-z_0}{F_z(P_0)}. \tag{3.6.13}$$

(3) 若曲面方程为$z=f(x,y)$(或写为$F(x,y,z)=f(x,y)-z=0$), 则由式(3.6.12)与式(3.6.13)可得曲面在点(x_0,y_0,z_0) 处的切平面与法线方程分别为

$$z-z_0=f_x(x_0,y_0)(x-x_0)+f_y(x_0,y_0)(y-y_0), \tag{3.6.14}$$

$$\frac{x-x_0}{f_x(x_0,y_0)}=\frac{y-y_0}{f_y(x_0,y_0)}=\frac{z-z_0}{-1}, \tag{3.6.15}$$

其中$z_0=f(x_0,y_0)$.

注 3.6.2 方程(3.6.14)的右端恰好是函数$z=f(x,y)$在点(x_0,y_0)的全微分, 几何上常用曲面在点P_0的切平面去近似代替曲面. 因为当$|x-x_0|$与$|y-y_0|$充分小时, 用全微分$\mathrm{d}z$去近似代替函数的变量Δz, 也就是用

$$f(x_0,y_0)+f_x(x_0,y_0)(x-x_0)+f_y(x_0,y_0)(y-y_0)$$

去近似代替$f(x,y)$. 由此可得全微分的几何意义, 请自行给出.

例 3.6.4 求$x=\rho\cos\varphi, y=\rho\sin\varphi, z=\rho\cot\alpha$在点$(\varphi_0,\rho_0)$处的切平面与法线方程, 其中$\alpha$为常数.

解 由于$\boldsymbol{r}=(\rho\cos\varphi,\rho\sin\varphi,\rho\cot\alpha)$, 所以

$$\boldsymbol{r}_\varphi(\varphi_0,\rho_0)=(x_\varphi,y_\varphi,z_\varphi)\Big|_{(\varphi_0,\rho_0)}=\rho_0(-\sin\varphi_0,\cos\varphi_0,0),$$

$$\boldsymbol{r}_\rho(\varphi_0,\rho_0)=(x_\rho,y_\rho,z_\rho)\Big|_{(\varphi_0,\rho_0)}(\cos\varphi_0,\sin\varphi_0,\cot\alpha),$$

法线向量可取为

$$\boldsymbol{n}=\boldsymbol{r}_\varphi\times\boldsymbol{r}_\rho\Big|_{(\varphi_0,\rho_0)}=\rho_0(\cos\varphi_0\cot\alpha,\sin\varphi_0\cot\alpha,-1).$$

从而可得所求切平面方程为

$$x\cos\varphi_0+y\sin\varphi_0-z\tan\alpha=0;$$

法线方程为

$$\frac{x-\rho_0\cos\varphi_0}{\cos\varphi_0}=\frac{y-\rho_0\sin\varphi_0}{\sin\varphi_0}=\frac{z-\rho_0\cot\alpha}{-\tan\alpha}.$$ □

例 3.6.5 设直线$L:\begin{cases}x+y+b=0,\\ x+ay-z-3=0\end{cases}$在平面$\pi$上, 且平面$\pi$又与曲面$z=x^2+y^2$相切于点$(1,-2,5)$, 求$a,b$的值.

解 求出曲面$S: x^2+y^2-z=0$在点$M_0(1,-2,5)$处的切平面方程, 再写出L的参数方程, L上点的坐标应满足切平面方程, 由此求出参数a,b. S在点M_0的法向量为

$$\boldsymbol{n}=(2x,2y,-1)\Big|_{M_0}=(2,-4,-1).$$

切平面π的方程为

$$2(x-1)-4(y+2)-(z-5)=0,$$

即$2x-4y-z-5=0$. 将直线L的方程改写成参数方程

$$\begin{cases} y=-x-b, \\ z=(1-a)x-ab-3, \end{cases}$$

将它代入平面π的方程中得$2x-4(-x-b)-(1-a)x+ab+3-5=0$, 即$(5+a)x+4b+ab-2=0$. 解得$a=-5$, $b=-2$.

例 3.6.6 设函数$F(x,y,z)$和$G(x,y,z)$有连续偏导数, $\dfrac{\partial(F,G)}{\partial(x,z)}\neq 0$, 曲线$\Gamma:\begin{cases} F(x,y,z)=0 \\ G(x,y,z)=0 \end{cases}$过点$P_0(x_0,y_0,z_0)$. 记$\Gamma$在$Oxy$平面上的投影曲线为$C$, 求曲线$C$上过点$(x_0,y_0)$的切线方程.

解 曲面$F(x,y,z)=0$和$G(x,y,z)=0$在点P_0的切线方程依次为

$$F_x(P_0)(x-x_0)+F_y(P_0)(y-y_0)+F_z(P_0)(z-z_0)=0,$$
$$G_x(P_0)(x-x_0)+G_y(P_0)(y-y_0)+G_z(P_0)(z-z_0)=0.$$

这两个切平面的交线就是曲线Γ在点P_0的切线, 该切线在Oxy平面上的投影就是平面曲线C过点(x_0,y_0)的切线. 消去$z-z_0$, 得

$$(F_xG_z-G_xF_z)_{P_0}(x-x_0)+(F_yG_z-G_yF_z)_{P_0}(y-y_0)=0.$$

由$\dfrac{\partial(F,G)}{\partial(x,z)}\neq 0$知$x-x_0$的系数不为0, 上式就是所求的切线. □

3.6.3 弧长的计算公式

定理 (弧长的计算公式) 设在$[\alpha,\beta]$上$\boldsymbol{r}'(t)$连续且$\boldsymbol{r}'(t)\neq\boldsymbol{0}$, 则曲线$\boldsymbol{r}=\boldsymbol{r}(t)(\alpha\leqslant t\leqslant\beta)$是可求长曲线, 且$\Gamma$的长度为

$$s=\int_\alpha^\beta|\boldsymbol{r}'(t)|\mathrm{d}t=\int_\alpha^\beta\sqrt{[x'(t)]^2+[y'(t)]^2+[z'(t)]^2}\ \mathrm{d}t. \tag{3.6.16}$$

*证 设分点P_i对应于参数$t_i(i=0,1,\cdots,n)$, 其中$t_0=\alpha,t_n=\beta$. 这样便有

$$\alpha=t_0<t_1<\cdots<t_{n-1}<t_n=\beta.$$

求$|\overrightarrow{P_{i-1}P_i}|$的表达式. 由于

$$\begin{aligned} |\overrightarrow{P_{i-1}P_i}| &= |\boldsymbol{r}(t_i)-\boldsymbol{r}(t_{i-1})| \\ &= \sqrt{(x(t_i)-x(t_{i-1}))^2+(y(t_i)-y(t_{i-1}))^2+(z(t_i)-z(t_{i-1}))^2}, \end{aligned}$$

利用Lagrange微分中值公式得

$$|\overrightarrow{P_{i-1}P_i}| = \sqrt{[x'(\xi_i)]^2 + [y'(\eta_i)]^2 + [z'(\zeta_i)]^2}\Delta t_i,$$

其中

$$\Delta t_i = t_i - t_{i-1}, \quad \xi_i,\ \eta_i,\ \zeta_i \in (t_{i-1}, t_i),\ i = 1, 2, \cdots, n.$$

变形得

$$\begin{aligned}|\overrightarrow{P_{i-1}P_i}| &= \sqrt{[x'(\xi_i)]^2 + [y'(\xi_i)]^2 + [z'(\xi_i)]^2}\Delta t_i + R_i\Delta t_i \\ &= \|\boldsymbol{r}'(\xi_i)\|\Delta t_i + R_i \cdot \Delta t_i,\end{aligned}$$

其中

$$R_i = \sqrt{[x'(\xi_i)]^2 + [y'(\eta_i)]^2 + [z'(\zeta_i)]^2} - \sqrt{[x'(\xi_i)]^2 + [y'(\xi_i)]^2 + [z'(\xi_i)]^2}. \tag{3.6.17}$$

于是

$$s_n = \sum_{i=1}^n |\overrightarrow{P_{i-1}P_i}| = \sum_{i=1}^n |\boldsymbol{r}'(\xi_i)|\Delta t_i + \sum_{i=1}^n R_i \cdot \Delta t_i. \tag{3.6.18}$$

令$\lambda = \max\limits_{1\leqslant i\leqslant n} \Delta t_i$, 由定积分的定义和存在定理, 易知

$$\lim_{\lambda\to 0}\sum_{i=1}^n |\boldsymbol{r}'(\xi_i)|\Delta t_i = \int_\alpha^\beta |\boldsymbol{r}'(t)|\ \mathrm{d}t. \tag{3.6.19}$$

这样, 由式(3.6.17)和式(3.6.18)便知, 要证明式(3.6.16)成立, 只要证明

$$\lim_{\lambda\to 0}\sum_{i=1}^n R_i \cdot \Delta t_i = 0 \tag{3.6.20}$$

即可. 为此, 下面估计R_i. 利用不等式

$$\left|\sqrt{a^2 + b_1^2 + c_1^2} - \sqrt{a^2 + b_2^2 + c_2^2}\right| \leqslant |b_1 - b_2| + |c_1 - c_2|,$$

由式(3.6.17)便得

$$|R_i| \leqslant |y'(\eta_i) - y'(\xi_i)| + |z'(\zeta_i) - z'(\xi_i)|.$$

因为$y'(t), z'(t)$在$[\alpha, \beta]$上一致连续, 所以$\forall\varepsilon > 0, \exists\delta = \delta(\varepsilon) > 0$, 只要$t_1, t_2 \in [\alpha, \beta]$, $|t_1 - t_2| < \delta$, 就有

$$|y'(t_1) - y'(t_2)| < \varepsilon, \quad |z'(t_1) - z'(t_2)| < \varepsilon.$$

特别当$\lambda = \max\limits_{1\leqslant i\leqslant n} \Delta t_i < \delta$时, 有

$$|R_i| < 2\varepsilon, \qquad |\sum_{i=1}^n R_i \cdot \Delta t_i| < 2\varepsilon(\beta - \alpha),$$

从而式(3.6.20)成立. □

注 3.6.3 (1) 平面曲线是空间曲线的特例, 当取$z=0$ 时空间曲线的弧长公式就是平面曲线的弧长公式, 这与一元分析学中所讲的一致.

(2) 由式(3.6.16)可得弧微分公式

$$\mathrm{d}s=|\boldsymbol{r}'(t)|\mathrm{d}t=\sqrt{[x'(t)]^2+[y'(t)]^2+[z'(t)]^2}\ \mathrm{d}t. \tag{3.6.21}$$

(3) 当空间曲线Γ以弧长s为参数时, 切向量为单位向量. 这是因为$\Gamma:\boldsymbol{r}=\boldsymbol{r}(s)(a\leqslant s\leqslant b)$, 而$(\mathrm{d}s)^2=(\mathrm{d}x)^2+(\mathrm{d}y)^2+(\mathrm{d}z)^2$, 故$\left(\dfrac{\mathrm{d}x}{\mathrm{d}s}\right)^2+\left(\dfrac{\mathrm{d}y}{\mathrm{d}s}\right)^2+\left(\dfrac{\mathrm{d}z}{\mathrm{d}s}\right)^2=1$. 因此, $\dfrac{\mathrm{d}\boldsymbol{r}}{\mathrm{d}s}=\dot{\boldsymbol{r}}(s)=\left(\dfrac{\mathrm{d}x}{\mathrm{d}s},\dfrac{\mathrm{d}y}{\mathrm{d}s},\dfrac{\mathrm{d}z}{\mathrm{d}s}\right)$是一个单位切向量. 弧长$s$称为**自然参数**.

例 3.6.7 计算曲线

$$x=\cos t,\quad y=\sin t,\quad z=t$$

从点$(1,0,0)$到点$(1,0,2)$的弧长.

解 因为

$$\sqrt{[x'(t)]^2+[y'(t)]^2+[z'(t)]^2}=\sqrt{(-\sin t)^2+\cos^2 t+1}=\sqrt{2},$$

所以

$$s=\int_0^{2\pi}\sqrt{2}\mathrm{d}t=2\sqrt{2}\pi.$$

□

习题 3.6

(A)

3.6.1 求下列曲线在给定点的切线和法平面方程:

(1) $\boldsymbol{r}=(t,2t^2,t^2)$, 在$t=1$处;

(2) $\boldsymbol{r}=(3\cos\theta,3\sin\theta,4\theta)$,在点$(\dfrac{3}{\sqrt{2}},\dfrac{3}{\sqrt{2}},\pi)$处;

(3) $\begin{cases}x^2+y^2=1,\\ y^2+z^2=1,\end{cases}$ 在点(1,0,1)处.

3.6.2 求下列平面曲线的弧长:

(1) $x^{2/3}+y^{2/3}=a^{2/3}(a>0)$的全长;

(2) $\rho=a(1+\cos\theta)$的全长;

(3) $y=\dfrac{1}{2p}x^2$由顶点到点$(\sqrt{2}p,p)$的一段弧长.

3.6.3 求下列空间曲线的弧长:

(1) $\boldsymbol{r}=(\mathrm{e}^t\cos t,\mathrm{e}^t\sin t,\mathrm{e}^t)$介于点(1,0,1)与点$(0,\sqrt{\mathrm{e}^\pi},\sqrt{\mathrm{e}^\pi})$ 之间的弧长;

(2) $\boldsymbol{r}=(2t,t^2-2,1-t^2)(0\leqslant t\leqslant 2)$;

(3) $\begin{cases} x^2 = 3y, \\ 2xy = 9z \end{cases}$ 介于点$(0,0,0)$与点$(3,3,2)$之间的弧长.

3.6.4 求下列曲面在给定点的切平面与法线方程:

(1) $\boldsymbol{r} = (a\cos\theta\cos\varphi, a\cos\theta\sin\varphi, a\sin\theta)$在点$(\theta_0, \varphi_0)$处;

(2) $z^2 = \dfrac{x^2}{4} + \dfrac{y^2}{9}$在点$(6,12,5)$处;

(3) $x^3 + y^3 + z^3 + xyz - 6 = 0$在点$(1,2,-1)$处;

(4) $\mathrm{e}^{x/z} + \mathrm{e}^{y/z} = 4$在点$(\ln 2, \ln 2, 1)$处.

3.6.5 试求一平面, 使它通过曲线$\begin{cases} y^2 = x, \\ z = 3(y-1) \end{cases}$在$y = 1$处的切线, 且与曲面$x^2 + y^2 = 4z$相切.

3.6.6 (1) 求曲面$x^2+y^2+z^2 = x$的切平面, 使它垂直于平面$x-y-\dfrac{1}{2}z = 2$ 和平面$x-y-z = 2$;

(2) 过直线$\begin{cases} 10x + 2y - 2z = 27, \\ x + y - z = 0 \end{cases}$作曲面$3x^2 + y^2 - z^2 = 27$的切平面, 求此切平面的方程.

3.6.7 求曲面$z = xy$的法线, 使它与平面$x + 3y + z + 9 = 0$垂直.

3.6.8 求曲面$x^2 + 2y^2 + z^2 = 22$的法线, 使它与直线$\begin{cases} x + 3y + z = 3, \\ x + y = 0 \end{cases}$平行.

3.6.9 求旋转抛物面$S: z = x^2 + y^2$与平面$\pi: x + y - 2z = 2$平行的切平面的方程.

3.6.10 求直线$\dfrac{x-1}{0} = \dfrac{y-1}{1} = \dfrac{z-1}{1}$绕$z$轴旋转的旋转曲面方程.

(B)

3.6.1 证明旋转曲面$z = f(\sqrt{x^2+y^2})$的法线与旋转轴相交(f可微且$f' \neq 0$).

3.6.2 若可微函数$f(x,y)$对任意x, y, t满足$f(tx, ty) = t^2 f(x,y)$, 点$P_0(1,-2,2)$是曲面$z = f(x,y)$上的点, 且$f'_x(1,-2) = 4$, 求曲面在点P_0 处的切平面方程.

3.6.3 设函数$f(u,v)$在全平面上有连续的偏导数, 且S由方程$f(\dfrac{x-a}{z-c}, \dfrac{y-b}{z-c}) = 0$确定. 证明: 该曲面的所有切平面都过点$(a,b,c)$.

3.7 空间曲线的曲率

本节属于微分几何的内容, 我们仅作简单介绍, 有兴趣的读者可参阅本科层次的微分几何教材. 本节主要介绍曲线的曲率、曲率半径、曲率圆.

3.7.1 曲率

曲率, 通俗地讲, 就是指曲线的弯曲程度, 这在工程技术、生产实践和自然科学中常常遇到. 例如, 在铁路转弯处, 铁道的外轨要比内轨高, 而且转弯愈急, 也即"弯曲"愈大处, 内、外轨的高度差也就愈大, 这是由于作转动的列车在"弯曲"较大处所受的向心力愈大的缘故. 再如, 车床的主轴由于自重总会发生弯曲变形, 如果弯曲过大, 就影响车床的精度和正常运行. 为此, 我们引入曲线在一点处的曲率概念.

定义(曲率) 设空间曲线$\varGamma$的方程为$\boldsymbol{r}=\boldsymbol{r}(s)(a\leqslant s\leqslant b)$, 其中$s$为自然参数. 若$\varGamma$上点$M$对应的参数为$s$, $\varGamma$上点M附近点N对应的参数为$s+\Delta s$, $\varGamma$在点M处的切向量$\boldsymbol{r}'(s)$与点N处的切向量$\boldsymbol{r}'(s+\Delta s)$的夹角为$\Delta\theta$, 则称极限值

$$\lim_{\Delta s\to 0}\left|\frac{\Delta\theta}{\Delta s}\right|$$

为$\varGamma$在点M处的**曲率**, 记为κ(读作kappa), 即

$$\kappa=\lim_{\Delta s\to 0}\left|\frac{\Delta\theta}{\Delta s}\right|. \tag{3.7.1}$$

有了曲率的定义, 那么如何计算曲线的曲率呢? 我们直接给出下面的定理, 证明过程省略.

定理 设空间曲线$\varGamma$的方程为$\boldsymbol{r}=\boldsymbol{r}(s)$, s 为自然参数, 则$\boldsymbol{r}(s)$的曲率为

$$\kappa(s)=|\ddot{\boldsymbol{r}}(s)|, \tag{3.7.2}$$

其中"$\dot{\boldsymbol{r}}$"表示对自然参数求导.

从这个定理可以看出, 曲率实际上反映切线方向对弧长的转动率, 转动越快则曲率越大.

推论 设空间曲线$\varGamma$由一般的参数方程$\boldsymbol{r}=\boldsymbol{r}(t)$给定, $\boldsymbol{r}'(t)\neq\boldsymbol{0}$, 则$\varGamma$在点$\boldsymbol{r}(t)$的曲率为

$$\kappa(t)=\frac{|\boldsymbol{r}'(t)\times\boldsymbol{r}''(t)|}{|\boldsymbol{r}'(t)|^3}. \tag{3.7.3}$$

注 (1)对于平面曲线$\boldsymbol{r}=(x(t),y(t),0)$, 由式(3.7.3)得

$$\kappa=\frac{|x'y''-y'x''|}{[(x')^2+(y')^2]^{3/2}}. \tag{3.7.4}$$

(2)对于平面曲线$y=y(x)$, 即$\boldsymbol{r}=(x,y(x),0)$, 由式(3.7.4)得

$$\kappa=\frac{|y''|}{[1+(y')^2]^{3/2}}. \tag{3.7.5}$$

(3)对于极坐标下平面曲线$\rho=\rho(\theta)$, 即$\boldsymbol{r}=(\rho(\theta)\cos\theta,\rho(\theta)\sin\theta,0)$, 由式(3.7.3)得

$$\kappa=\frac{|\rho^2-\rho\rho''+2(\rho')^2|}{[\rho^2+(\rho')^2]^{3/2}}. \tag{3.7.6}$$

例 3.7.1 证明曲率$\kappa\equiv 0\Leftrightarrow L$是直线.

证 充分性 设L为直线, 取其长度s为参数, 得其方程为$\boldsymbol{r}=\boldsymbol{r}_0+s\boldsymbol{e}_l$($\boldsymbol{e}_l$为直线$L$的单位方向向量). 于是$\dot{\boldsymbol{r}}=\boldsymbol{e}_l, \ddot{\boldsymbol{r}}=0$, 故由式(3.7.2)知$\kappa(s)\equiv 0$.

必要性 设L的曲率$\kappa \equiv 0$, 即$|\ddot{\boldsymbol{r}}(s)| \equiv 0$, 从而 $\ddot{\boldsymbol{r}}(s) = 0$. 令$\boldsymbol{r}(s) = (x(s), y(s), z(s))$, 便有$\ddot{x}(s) = 0, \ddot{y}(s) = 0, \ddot{z}(s) = 0$. 积分两次得

$$x(s) = c_1 s + \bar{c}_1, \quad y(s) = c_2 s + \bar{c}_2, \quad z(s) = c_3 s + \bar{c}_3,$$

这就是以s为参数的空间直线的参数方程. □

例 3.7.2 计算曲线$\boldsymbol{r}(t) = (t, \sin t)$的曲率.

解 由式(3.7.4), 有

$$\kappa = \frac{|x'y'' - y'x''|}{[(x')^2 + (y')^2]^{3/2}} = \frac{|1 \cdot (-\sin t) - 0 \cdot \cos t|}{(1^2 + \cos^2 t)^{3/2}} = |\sin t|(1 + \cos^2 t)^{-3/2}.$$

例 3.7.3 求螺旋线$\boldsymbol{r} = (2\cos t, 2\sin t, 3t)$的曲率.

解 由于$\boldsymbol{r}'(t) = (-2\sin t, 2\cos t, 3)$, $\boldsymbol{r}''(t) = (-2\cos t, -2\sin t, 0)$, 从而

$$|\boldsymbol{r}'| = \sqrt{13}, \quad \boldsymbol{r}' \times \boldsymbol{r}'' = (6\sin t, -6\cos t, 4), \quad |\boldsymbol{r}' \times \boldsymbol{r}''| = 2\sqrt{13}.$$

于是由式(3.7.3)得$\kappa = 2/13$. □

3.7.2 曲率半径与曲率圆

如上所述, 曲率是曲线的弯曲程度的度量. 曲线在不同的点处其弯曲程度可能不同, 为了更形象地表示出曲线在一点处的弯曲程度, 下面引入曲率圆的概念.

对于平面曲线Γ, 过其中一点P在Γ所在的平面上作此曲线的法线, 再在曲线凹向一侧的法线上取点Q使$|\overrightarrow{PQ}| = 1/\kappa$, 其中$\kappa$是$\Gamma$在点$P$处的曲率. 以点$Q$为圆心、$|\overrightarrow{PQ}|$为半径的圆称为曲线$\Gamma$ 在点P处的**曲率圆**, 它的弯曲程度形象地表示了Γ在点P的弯曲程度.

此曲率圆的圆心Q与半径R分别称为曲线Γ在点P处的**曲率中心**与**曲率半径**, 且

$$R = \frac{1}{\kappa}. \tag{3.7.7}$$

习题 3.7

(A)

3.7.1 求下列平面曲线在给定点的曲率:

(1) $y = 4x - x^2$, 在其顶点处;

(2) $y = \sin x$,在点$(\frac{\pi}{2}, 1)$处;

(3) $\boldsymbol{r} = (a\cos t^3, a\sin t^3)$, 在点$t = t_0$处;

(4) $\boldsymbol{r} = (a(t - \sin t), a(1 - \cos t))$, 在点$t = t_0$处.

3.7.2 求下列平面曲线的曲率:

(1) $y = ax^2$;

(2) $\frac{x^2}{a^2} + \frac{y^2}{b^2} = 1$;

(3) $\boldsymbol{r}=(a\cosh t, a\sinh t)$;

(4) $\boldsymbol{r}=(t, a\cosh\dfrac{t}{a})(a>0)$.

3.7.3 求下列曲线的曲率:

(1) $\boldsymbol{r}=(a\cosh t, a\sinh t, bt)(a>0)$;

(2) $\boldsymbol{r}=(3t-t^2, 3t^2, 3t+t^2)$;

(3) $\boldsymbol{r}=(a(1-\sin t), a(1-\cos t), bt)(a>0)$;

(4) $\boldsymbol{r}=(at, \sqrt{2}a\ln t, \dfrac{a}{t})(a>0)$.

3.7.4 曲线$y=\ln x$上哪一点处的曲率半径最小? 求出该点处的曲率半径.

3.7.5 求曲线$y=\mathrm{e}^x$在点$(0,1)$处的曲率圆方程.

(B)

3.7.1 求曲率$\kappa(s)=\dfrac{a}{a^2+s^2}$的平面曲线($s$是弧长参数).

3.7.2 求曲率$\kappa(s)=\dfrac{1}{\sqrt{a^2-s^2}}$的平面曲线($s$ 是弧长参数).

3.7.3 设$\boldsymbol{r}(t)$是空间曲线, 曲率为$\kappa(t)$, 求曲线$\tilde{\boldsymbol{r}}=\boldsymbol{r}(-t)$的曲率.

3.8 多元向量值函数的导数与微分

本节将多元函数的导数与微分的概念以及它们的运算法则推广到向量值函数.

3.8.1 多元向量值函数的极限与连续

定义 3.8.1 (多元向量值函数) 设$E\subseteq\mathbf{R}^n$是一个点集, 称映射$\boldsymbol{f}:E\to\mathbf{R}^m(m\geqslant 2)$是定义在$E$上的一个 n**元向量值函数**, 也可记作$\boldsymbol{y}=\boldsymbol{f}(\boldsymbol{x}), \boldsymbol{x}\in E$, 其中自变量$\boldsymbol{x}=(x_1,x_2,\cdots,x_n)\in E$, 因变量$\boldsymbol{y}=(y_1,y_2,\cdots,y_m)\in\mathbf{R}^m$, 且$\boldsymbol{f}=(f_1,f_2,\cdots,f_m)$.

显然, 一个n元向量值函数$\boldsymbol{y}=\boldsymbol{f}(\boldsymbol{x})$对应于$m$个$n$元数量值函数:

$$\begin{cases} y_1=f_1(x_1,x_2,\cdots,x_n),\\ y_2=f_2(x_1,x_2,\cdots,x_n),\\ \vdots\\ y_m=f_m(x_1,x_2,\cdots,x_n). \end{cases}$$

为了运算方便, 有时把$\mathbf{R}^n$与$\mathbf{R}^m$中的向量写成列向量. 在这种情况下, 可把n元向量值函数写成如下形式:

$$\boldsymbol{y}=\begin{pmatrix} y_1 \\ y_2 \\ \vdots \\ y_m \end{pmatrix}=\begin{pmatrix} f_1(x) \\ f_2(x) \\ \vdots \\ f_m(x) \end{pmatrix}=\begin{pmatrix} f_1(x_1,x_2,\cdots,x_n) \\ f_2(x_1,x_2,\cdots,x_n) \\ \vdots \\ f_m(x_1,x_2,\cdots,x_n) \end{pmatrix},$$

其中$\boldsymbol{x}=(x_1,x_2,\cdots,x_n)^{\mathrm{T}}$, $\boldsymbol{y}=(y_1,y_2,\cdots,y_n)^{\mathrm{T}}$, $\boldsymbol{f}=(f_1,f_2,\cdots,f_n)^{\mathrm{T}}$.

与数量值函数极限的定义类似, 我们给出下面的n元向量值函数极限的定义.

定义 3.8.2 设$E\subseteq\mathbf{R}^n$为一点集, $\boldsymbol{f}=(f_1,f_2,\cdots,f_m):E\to\mathbf{R}^m$是一个$n$元向量值函数, $\boldsymbol{x}_0=(x_{0,1},x_{0,2},\cdots,x_{0,n})$是$E$的一个聚点, $\boldsymbol{a}=(a_1,a_2,\cdots,a_m)\in\mathbf{R}^m$是一个常向量. 若

$$\forall\varepsilon>0,\exists\delta>0,\text{使得}\forall\boldsymbol{x}=(x_1,x_2,\cdots,x_n)\in N^{\circ}(\boldsymbol{x}_0,\delta)\cap E,\text{恒有 }|\boldsymbol{f}(\boldsymbol{x})-\boldsymbol{a}|<\varepsilon,$$

则$\boldsymbol{a}$称为当$\boldsymbol{x}\to\boldsymbol{x}_0$时$\boldsymbol{f}(\boldsymbol{x})$的极限, 记作

$$\lim_{\boldsymbol{x}\to\boldsymbol{x}_0}\boldsymbol{f}(\boldsymbol{x})=\boldsymbol{a},\quad\text{或}\quad\boldsymbol{f}(\boldsymbol{x})\to\boldsymbol{a}\ (\boldsymbol{x}\to\boldsymbol{x}_0).$$

不难证明

$$\lim_{\boldsymbol{x}\to\boldsymbol{x}_0}\boldsymbol{f}(\boldsymbol{x})=\boldsymbol{a}\Longleftrightarrow\lim_{\boldsymbol{x}\to\boldsymbol{x}_0}f_k(\boldsymbol{x})=a_k(k=1,2,\cdots,m).\tag{3.8.1}$$

这就是说, 当$\boldsymbol{x}\to\boldsymbol{x}_0$时, $\boldsymbol{f}(\boldsymbol{x})$的极限等于$\boldsymbol{a}$的充要条件是: 当$\boldsymbol{x}\to\boldsymbol{x}_0$时, 它的每个分量$f_k(\boldsymbol{x})$的极限等于向量$\boldsymbol{a}$的对应分量$a_k(k=1,2,\cdots,m)$. 因此, 研究向量值函数的极限与研究它的各个分量(数量值函数)的极限可以相互转换.

关于n元向量值函数连续性的定义由读者自己写出来, 并且基于转换思想容易证明: n元向量值函数$\boldsymbol{f}:E\subseteq\mathbf{R}^n\to\mathbf{R}^m$在点$\boldsymbol{x}_0$处连续的充要条件是它的每个分量$f_k$在点$\boldsymbol{x}_0$处连续($k=1,2,\cdots,m$). 因此, 研究向量值函数的连续性可以转换为研究它的各个分量(数量值函数)的连续性.

3.8.2 多元向量值函数的方向导数与偏导数

数量值函数的偏导数与方向导数的定义几乎可以逐字逐句移植到向量值函数中来.

设$\mathbf{R}^n$的标准正交基为(其中1在第j位):

$$\boldsymbol{\tau}_j=(0,\cdots,0,1,0,\cdots,0)^{\mathrm{T}},\quad j=1,2,\cdots,n,$$

又设$\boldsymbol{f}:N(\boldsymbol{x}_0)\subseteq\mathbf{R}^n\to\mathbf{R}^m$是一个向量值函数. 若极限

$$\lim_{t\to0}\frac{\boldsymbol{f}(\boldsymbol{x}_0+t\boldsymbol{\tau}_j)-\boldsymbol{f}(\boldsymbol{x}_0)}{t}$$

存在, 则它称为$\boldsymbol{f}$在点$\boldsymbol{x}_0$处关于x_j的**偏导数**, 记作$D_j\boldsymbol{f}(\boldsymbol{x}_0)$或$\dfrac{\partial\boldsymbol{f}(\boldsymbol{x}_0)}{\partial x_j}$, 即

$$D_j\boldsymbol{f}(\boldsymbol{x}_0)=\frac{\partial\boldsymbol{f}(\boldsymbol{x}_0)}{\partial x_j}=\lim_{t\to0}\frac{\boldsymbol{f}(\boldsymbol{x}_0+t\boldsymbol{\tau}_j)-\boldsymbol{f}(\boldsymbol{x}_0)}{t}.\tag{3.8.2}$$

设$\boldsymbol{l}$是$N(\boldsymbol{x}_0)$中的一个向量, $\boldsymbol{e}_l$是$\boldsymbol{l}$的单位向量. 若极限

$$\lim_{t\to 0^+}\frac{\boldsymbol{f}(\boldsymbol{x}_0+t\boldsymbol{e}_l)-\boldsymbol{f}(\boldsymbol{x}_0)}{t}$$

存在, 则它称为$\boldsymbol{f}$在点$\boldsymbol{x}_0$处沿$\boldsymbol{l}$方向的**方向导数**, 记作$D_l\boldsymbol{f}(\boldsymbol{x}_0)$或$\dfrac{\partial \boldsymbol{f}(\boldsymbol{x}_0)}{\partial l}$. 即

$$D_l\boldsymbol{f}(\boldsymbol{x}_0)=\frac{\partial \boldsymbol{f}(\boldsymbol{x}_0)}{\partial l}=\lim_{t\to 0^+}\frac{\boldsymbol{f}(\boldsymbol{x}_0+t\boldsymbol{e}_l)-\boldsymbol{f}(\boldsymbol{x}_0)}{t}. \tag{3.8.3}$$

设$\boldsymbol{f}=(f_1,f_2,\cdots,f_m)^{\mathrm{T}}$, 且$D_l\boldsymbol{f}(\boldsymbol{x}_0)$存在, 则

$$\lim_{t\to 0^+}\frac{f_i(\boldsymbol{x}_0+t\boldsymbol{e}_l)-f_i(\boldsymbol{x}_0)}{t},\quad i=1,2,\cdots,m$$

存在, 根据定义, 它们就是函数f_i在点$\boldsymbol{x}_0$处沿$\boldsymbol{l}$方向的方向导数

$$\frac{\partial f_i(\boldsymbol{x}_0)}{\partial l}=\lim_{t\to 0^+}\frac{f_i(\boldsymbol{x}_0+t\boldsymbol{e}_l)-f_i(\boldsymbol{x}_0)}{t},\quad i=1,2,\cdots,m.$$

因此, 向量值函数$\boldsymbol{f}$在点$\boldsymbol{x}_0$沿$\boldsymbol{l}$方向的方向导数存在的充要条件为$\boldsymbol{f}$的每个分量f_i在点$\boldsymbol{x}_0$沿$\boldsymbol{l}$方向的方向导数存在, 并且此时有

$$\frac{\partial \boldsymbol{f}(\boldsymbol{x}_0)}{\partial l}=\left(\frac{\partial f_1(\boldsymbol{x}_0)}{\partial l},\frac{\partial f_2(\boldsymbol{x}_0)}{\partial l},\cdots,\frac{\partial f_m(\boldsymbol{x}_0)}{\partial l}\right)^{\mathrm{T}}.$$

关于偏导数自然也有类似的结论, 这里不再赘述, 读者不妨将它补写出来.

3.8.3 多元向量值函数的导数和微分

回顾, 一元函数f在点x_0处的导数定义为

$$f'(x_0)=\lim_{\Delta x\to 0}\frac{f(x_0+\Delta x)-f(x_0)}{\Delta x}.$$

能否用与上述类似的极限来定义n元向量值函数$\boldsymbol{f}:E\subseteq\mathbf{R}^n\to\mathbf{R}^m$在点$\boldsymbol{x}_0\in E$处的导数呢? 回答是否定的. 因为此时$\Delta\boldsymbol{x}=\boldsymbol{x}-\boldsymbol{x}_0=(\Delta x_1,\Delta x_2,\cdots,\Delta x_n)^{\mathrm{T}}$是一个$n$维向量, $\boldsymbol{f}(\boldsymbol{x}_0+\Delta\boldsymbol{x})-\boldsymbol{f}(\boldsymbol{x}_0)$是一个$m$维向量, 两个向量相除是没有意义的. 但是, 可以仿照一元函数中可微的概念以及在本章第三节中关于n元数量值函数的可微性与全微分的概念给出向量值函数的可微性和微分的定义.

定义 3.8.3 (多元向量值函数的可微) 设$\boldsymbol{f}:N(\boldsymbol{x}_0)\subseteq\mathbf{R}^n\to\mathbf{R}^m$是$n$元向量值函数, $\boldsymbol{x}_0$, $\boldsymbol{x}_0+\Delta\boldsymbol{x}\in N(\boldsymbol{x}_0)\subseteq\mathbf{R}^n$. 若存在一个与$\Delta\boldsymbol{x}$无关的$m\times n$阶矩阵$\boldsymbol{T}$使

$$\boldsymbol{f}(\boldsymbol{x}_0+\Delta\boldsymbol{x})-\boldsymbol{f}(\boldsymbol{x}_0)=\boldsymbol{T}(\Delta\boldsymbol{x})+\boldsymbol{o}(\rho)\quad(\rho=|\Delta\boldsymbol{x}|), \tag{3.8.4}$$

则称$\boldsymbol{f}$在点$\boldsymbol{x}_0$处**可微**, 并称$\boldsymbol{T}(\Delta\boldsymbol{x})$为$\boldsymbol{f}$在点$\boldsymbol{x}_0$处的**(全)微分**, 记作$\mathrm{d}\boldsymbol{f}(\boldsymbol{x}_0)=\boldsymbol{T}(\Delta\boldsymbol{x})$. 称矩阵$\boldsymbol{T}$为$\boldsymbol{f}$在点$\boldsymbol{x}_0$处的**导数**, 记作$\mathrm{D}\boldsymbol{f}(\boldsymbol{x}_0)$或$\boldsymbol{f}'(\boldsymbol{x}_0)$.

若记$\mathrm{d}\boldsymbol{x}=\Delta\boldsymbol{x}$, 则向量值函数$\boldsymbol{f}$在点$\boldsymbol{x}_0$处的微分可以表示为

$$\mathrm{d}\boldsymbol{f}(\boldsymbol{x}_0)=\mathrm{D}\boldsymbol{f}(\boldsymbol{x}_0)\mathrm{d}\boldsymbol{x}.$$

下面的定理说明, 判断向量值函数的可微性可以转化为判断它的各个分量(数量值函数)的可微性.

定理 3.8.1　向量值函数$\boldsymbol{f}: E\subseteq \mathbf{R}^n\to \mathbf{R}^m$在点$\boldsymbol{x}_0\in E$处可微的充要条件为$\boldsymbol{f}$的每个分量$f_i\ (i=1,2,\cdots,m)$在$\boldsymbol{x}_0$处可微. 此时$\boldsymbol{f}$在$\boldsymbol{x}_0$处的导数为

$$\mathrm{D}\boldsymbol{f}(\boldsymbol{x}_0)=\begin{pmatrix} \dfrac{\partial f_1(\boldsymbol{x}_0)}{\partial x_1} & \dfrac{\partial f_1(\boldsymbol{x}_0)}{\partial x_2} & \cdots & \dfrac{\partial f_1(\boldsymbol{x}_0)}{\partial x_n} \\ \dfrac{\partial f_2(\boldsymbol{x}_0)}{\partial x_1} & \dfrac{\partial f_2(\boldsymbol{x}_0)}{\partial x_2} & \cdots & \dfrac{\partial f_2(\boldsymbol{x}_0)}{\partial x_n} \\ \vdots & \vdots & & \vdots \\ \dfrac{\partial f_m(\boldsymbol{x}_0)}{\partial x_1} & \dfrac{\partial f_m(\boldsymbol{x}_0)}{\partial x_2} & \cdots & \dfrac{\partial f_m(\boldsymbol{x}_0)}{\partial x_n} \end{pmatrix}. \tag{3.8.5}$$

证　设向量值函数$\boldsymbol{f}$在$\boldsymbol{x}_0$处可微, 记高阶无穷小向量$\boldsymbol{o}(\rho)=(o_1(\rho),\cdots,o_m(\rho))^{\mathrm{T}}$, $\rho=|\Delta\boldsymbol{x}|$, 将式(3.8.4)写成分量的形式得

$$f_i(\boldsymbol{x}_0+\Delta\boldsymbol{x})-f_i(\boldsymbol{x}_0)=a_{i1}\Delta x_1+\cdots+a_{in}\Delta x_n+o_i(\rho),\quad i=1,2,\cdots,m.$$

根据数量值函数可微的定义即知$\boldsymbol{f}$的每个分量$f_i(i=1,2,\cdots,m)$在$\boldsymbol{x}_0$处可微. 易见, 上述推理过程反过来也成立, 故$\boldsymbol{f}$在$\boldsymbol{x}_0$处可微. 此时, 由数量值全微分的表达式得

$$(a_{i1},\cdots,a_{in})=\left(\frac{\partial f_i(\boldsymbol{x}_0)}{\partial x_1},\cdots,\frac{\partial f_i(\boldsymbol{x}_0)}{\partial x_n}\right)=\boldsymbol{\nabla} f_i(\boldsymbol{x}_0)^{\mathrm{T}},\quad i=1,2\cdots,m.$$

故$\mathrm{D}\boldsymbol{f}(\boldsymbol{x}_0)=\left(\dfrac{\partial f_i(\boldsymbol{x}_0)}{\partial x_j}\right)_{m\times n}$. 定理得证. □

式(3.8.5)右端的矩阵称为$\boldsymbol{f}$在$\boldsymbol{x}_0$处的Jacobi矩阵. 定理3.8.1表明: 向量值函数在$\boldsymbol{x}_0$处的导数就是它在该点的Jacobi矩阵. 它是一元函数导数或多元数量值函数梯度概念的推广. 例如, 当$m=1$时, f为数量值函数, 由式(3.8.5)知其导数

$$\mathrm{D}f(\boldsymbol{x}_0)=\left(\frac{\partial f(\boldsymbol{x}_0)}{\partial x_1},\cdots,\frac{\partial f(\boldsymbol{x}_0)}{\partial x_n}\right),$$

它就是f在$\boldsymbol{x}_0$处的梯度向量$\boldsymbol{\nabla} f(\boldsymbol{x}_0)$.

当$m=n$时, 该方阵的行列式称为$\boldsymbol{f}$在$\boldsymbol{x}_0$处的Jacobi行列式, 习惯上记成

$$J_{\boldsymbol{f}}(\boldsymbol{x}_0)=\frac{\partial(f_1,\cdots,f_n)}{\partial(x_1,\cdots,x_n)}\Big|_{\boldsymbol{x}=\boldsymbol{x}_0}.$$

例 3.8.1　设二元向量值函数$\boldsymbol{f}(x,y)=\begin{pmatrix} x^2+y^2 \\ 3xy \end{pmatrix}$, 试求$\boldsymbol{f}$的导数与微分.

解　设$f_1(x,y)=x^2+y^2,\ f_2(x,y)=3xy$, 则

$$\mathrm{D}\boldsymbol{f}(x,y)=\begin{pmatrix} \dfrac{\partial f_1(x,y)}{\partial x} & \dfrac{\partial f_1(x,y)}{\partial y} \\ \dfrac{\partial f_2(x,y)}{\partial x} & \dfrac{\partial f_2(x,y)}{\partial y} \end{pmatrix}=\begin{pmatrix} 2x & 2y \\ 3y & 3x \end{pmatrix},$$

$$\mathrm{d}\boldsymbol{f}=\begin{pmatrix} 2x & 2y \\ 3y & 3x \end{pmatrix}\begin{pmatrix} \mathrm{d}x \\ \mathrm{d}y \end{pmatrix}=\begin{pmatrix} 2x\mathrm{d}x+2y\mathrm{d}y \\ 3y\mathrm{d}x+3x\mathrm{d}y \end{pmatrix}.$$ □

例 3.8.2 设向量值函数$\boldsymbol{f}(x,y,z)=\begin{pmatrix}3x+\mathrm{e}^y z\\ x^3+y^2\sin z\end{pmatrix}$, 试求$\boldsymbol{f}$在点$(\frac{1}{2},1,\pi)^{\mathrm{T}}$处的导数.

解 设$f_1(x,y,z)=3x+\mathrm{e}^y z, f_2(x,y,z)=x^3+y^2\sin z$, 则

$$
\begin{aligned}
\mathrm{D}\boldsymbol{f}(x,y,z) &= \begin{pmatrix} \dfrac{\partial f_1(x,y,z)}{\partial x} & \dfrac{\partial f_1(x,y,z)}{\partial y} & \dfrac{\partial f_1(x,y,z)}{\partial z} \\ \dfrac{\partial f_2(x,y,z)}{\partial x} & \dfrac{\partial f_2(x,y,z)}{\partial y} & \dfrac{\partial f_2(x,y,z)}{\partial z} \end{pmatrix} \\
&= \begin{pmatrix} 3 & \mathrm{e}^y z & \mathrm{e}^y \\ 3x^2 & 2y\sin z & y^2\cos z \end{pmatrix}.
\end{aligned}
$$

所以

$$
\mathrm{D}\boldsymbol{f}(\frac{1}{2},1,\pi)=\begin{pmatrix} 3 & \mathrm{e}\pi & \mathrm{e} \\ \dfrac{3}{4} & 0 & -1 \end{pmatrix}. \qquad \square
$$

3.8.4 微分运算法则

定理 3.8.2 设相同维数的向量值函数$\boldsymbol{f}$与$\boldsymbol{g}$都在点$\boldsymbol{x}$ 处可微, u是在$\boldsymbol{x}$处可微的数量值函数, 则有

(1) $\boldsymbol{f}+\boldsymbol{g}$, $\boldsymbol{f}\cdot\boldsymbol{g}$在点$\boldsymbol{x}$处可微, 并且

$$
\mathrm{D}(\boldsymbol{f}+\boldsymbol{g})(\boldsymbol{x})=\mathrm{D}\boldsymbol{f}(\boldsymbol{x})+\mathrm{D}\boldsymbol{g}(\boldsymbol{x}),
$$

$$
\mathrm{D}(\boldsymbol{f}\cdot\boldsymbol{g})(\boldsymbol{x})=(\boldsymbol{f}(\boldsymbol{x}))^{\mathrm{T}}\mathrm{D}\boldsymbol{g}(\boldsymbol{x})+(\boldsymbol{g}(\boldsymbol{x}))^{\mathrm{T}}\mathrm{D}\boldsymbol{f}(\boldsymbol{x});
$$

(2) $u\boldsymbol{f}$在点$\boldsymbol{x}$处可微, 并且

$$
\mathrm{D}(u\boldsymbol{f})(\boldsymbol{x})=u\mathrm{D}\boldsymbol{f}(\boldsymbol{x})+\boldsymbol{f}(\boldsymbol{x})\cdot\boldsymbol{\nabla}u(\boldsymbol{x});
$$

(3) 若$\boldsymbol{f}:\mathbf{R}\to\mathbf{R}^3,\boldsymbol{g}:\mathbf{R}\to\mathbf{R}^3$, 则向量积$\boldsymbol{f}\times\boldsymbol{g}$在点$\boldsymbol{x}$处可微, 并且

$$
\mathrm{D}(\boldsymbol{f}\times\boldsymbol{g})=\mathrm{D}\boldsymbol{f}(\boldsymbol{x})\times\boldsymbol{g}(\boldsymbol{x})+\boldsymbol{f}(\boldsymbol{x})\times\mathrm{D}\boldsymbol{g}(\boldsymbol{x}).
$$

证明略.

定理 3.8.3 (向量值函数的链式法则) 设向量值函数$\boldsymbol{g}=(g_1,g_2,\cdots,g_p)^{\mathrm{T}}$在点$\boldsymbol{x}_0\in\mathbf{R}^n$处可微, 向量值函数$\boldsymbol{f}=(f_1,f_2,\cdots,f_m)^{\mathrm{T}}$在点$\boldsymbol{u}_0=\boldsymbol{g}(\boldsymbol{x}_0)\in\mathbf{R}^p$处可微, 则复合函数$\boldsymbol{w}=\boldsymbol{f}\circ\boldsymbol{g}$在点$\boldsymbol{x}_0$处可微, 并且

$$
\mathrm{D}\boldsymbol{w}(\boldsymbol{x}_0)=\mathrm{D}\boldsymbol{f}(\boldsymbol{u}_0)|_{\boldsymbol{u}_0=\boldsymbol{g}(\boldsymbol{x}_0)}\mathrm{D}\boldsymbol{g}(\boldsymbol{x}_0)=\mathrm{D}\boldsymbol{f}(\boldsymbol{g}(\boldsymbol{x}_0))\mathrm{D}\boldsymbol{g}(\boldsymbol{x}_0). \tag{3.8.6}
$$

证 已知向量值函数$\boldsymbol{f}$与$\boldsymbol{g}$分别在点$\boldsymbol{u}_0$和$\boldsymbol{x}_0$处可微, 则它们的各个分量(数量值函数)分别在点$\boldsymbol{u}_0$和点$\boldsymbol{x}_0$处必可微. 根据多元函数复合函数的可微性定理及其链式法则, 复合向量值函数$\boldsymbol{w}=\boldsymbol{f}\circ\boldsymbol{g}$的各分量$w_j$在$\boldsymbol{x}_0$处可微, 并且

$$
\left.\frac{\partial w_j}{\partial x_i}\right|_{\boldsymbol{x}=\boldsymbol{x}_0}=\sum_{k=1}^{p}\left.\frac{\partial f_j}{\partial u_k}\right|_{\boldsymbol{u}=\boldsymbol{u}_0}\left.\frac{\partial u_k}{\partial x_i}\right|_{\boldsymbol{x}=\boldsymbol{x}_0}, i=1,2,\cdots,n,\ j=1,2,\cdots,m. \tag{3.8.7}
$$

因此, 向量值函数$\boldsymbol{w}=\boldsymbol{f}\circ\boldsymbol{g}$在点$\boldsymbol{x}_0$处可微, 并且式(3.8.7)可以写成矩阵形式 :

$$\begin{pmatrix} \dfrac{\partial w_1}{\partial x_1} & \dfrac{\partial w_1}{\partial x_2} & \cdots & \dfrac{\partial w_1}{\partial x_n} \\ \dfrac{\partial w_2}{\partial x_1} & \dfrac{\partial w_2}{\partial x_2} & \cdots & \dfrac{\partial w_2}{\partial x_n} \\ \vdots & \vdots & & \vdots \\ \dfrac{\partial w_m}{\partial x_1} & \dfrac{\partial w_m}{\partial x_2} & \cdots & \dfrac{\partial w_m}{\partial x_n} \end{pmatrix}_{\boldsymbol{x}=\boldsymbol{x}_0}$$

$$= \begin{pmatrix} \dfrac{\partial f_1}{\partial u_1} & \dfrac{\partial f_1}{\partial u_2} & \cdots & \dfrac{\partial f_1}{\partial u_p} \\ \dfrac{\partial f_2}{\partial u_1} & \dfrac{\partial f_2}{\partial u_2} & \cdots & \dfrac{\partial f_2}{\partial u_p} \\ \vdots & \vdots & & \vdots \\ \dfrac{\partial f_m}{\partial u_1} & \dfrac{\partial f_m}{\partial u_2} & \cdots & \dfrac{\partial f_m}{\partial u_p} \end{pmatrix}_{\boldsymbol{u}=\boldsymbol{u}_0} \begin{pmatrix} \dfrac{\partial g_1}{\partial x_1} & \dfrac{\partial g_1}{\partial x_2} & \cdots & \dfrac{\partial g_1}{\partial x_n} \\ \dfrac{\partial g_2}{\partial x_1} & \dfrac{\partial g_2}{\partial x_2} & \cdots & \dfrac{\partial g_2}{\partial x_n} \\ \vdots & \vdots & & \vdots \\ \dfrac{\partial g_p}{\partial x_1} & \dfrac{\partial g_p}{\partial x_2} & \cdots & \dfrac{\partial g_p}{\partial x_n} \end{pmatrix}_{\boldsymbol{x}=\boldsymbol{x}_0},$$

从而得到式(3.8.6). □

例 3.8.3 设有向量值函数

$$\boldsymbol{w}=\boldsymbol{f}(\boldsymbol{u})=\begin{pmatrix} u_1^2-u_2u_3 \\ u_1u_3-u_2^2 \end{pmatrix}, \quad \boldsymbol{u}=\boldsymbol{g}(\boldsymbol{x})=\begin{pmatrix} x_1\cos x_2+x_2 \\ x_2\sin x_1+x_1 \\ x_1^2\mathrm{e}^{x_2} \end{pmatrix},$$

其中$\boldsymbol{x}=(x_1,x_2)^{\mathrm{T}},\boldsymbol{u}=(u_1,u_2,u_3)^{\mathrm{T}},\boldsymbol{w}=(w_1,w_2)^{\mathrm{T}}$, 试求$\mathrm{D}(\boldsymbol{f}\circ\boldsymbol{g})|_{(1,0)^{\mathrm{T}}}$.

解 由式(3.8.6)可得

$$\mathrm{D}(\boldsymbol{f}\circ\boldsymbol{g})(\boldsymbol{x})=\begin{pmatrix} 2u_1 & -u_3 & -u_2 \\ u_3 & -2u_2 & u_1 \end{pmatrix}\begin{pmatrix} \cos x_2 & -x_1\sin x_2+1 \\ x_2\cos x_1+1 & \sin x_1 \\ 2x_1\mathrm{e}^{x_2} & x_1^2\mathrm{e}^{x_2} \end{pmatrix}.$$

因为当$(x_1,x_2)^{\mathrm{T}}=(1,0)^{\mathrm{T}}$时, $(u_1,u_2,u_3)^{\mathrm{T}}=(1,1,1)^{\mathrm{T}}$, 故

$$\mathrm{D}(\boldsymbol{f}\circ\boldsymbol{g})|_{(1,0)^{\mathrm{T}}}=\begin{pmatrix} 2 & -1 & -1 \\ 1 & -2 & 1 \end{pmatrix}\begin{pmatrix} 1 & 1 \\ 1 & \sin 1 \\ 2 & 1 \end{pmatrix}=\begin{pmatrix} -1 & 1-\sin 1 \\ 1 & 2-2\sin 1 \end{pmatrix}. \quad □$$

习题 3.8

(A)

3.8.1 求下列向量值函数的Jacobi矩阵:

(1) $\boldsymbol{f}(x,y)=(x^2+\sin y,2xy)^{\mathrm{T}}$;

(2) $\boldsymbol{f}(x,y)=(x^2,xy,y^2)^{\mathrm{T}}$;

(3) $\boldsymbol{f}(x,y,z)=(x\cos y,y\mathrm{e}^x,\sin(xz))^{\mathrm{T}}$.

3.8.2 求向量值函数$\boldsymbol{f}(x,y)=(x^2-y^2,y\tan x)^{\mathrm{T}}$在点$(1,0)$处的导数.

3.8.3 求向量值函数$\boldsymbol{f}(x,y)=(\arctan x,\mathrm{e}^{xy})^{\mathrm{T}}$的导数$D\boldsymbol{f}(x,y)$.

3.8.4 设向量值函数$\boldsymbol{f}(x,y,z)=(x^2y,\dfrac{1}{y^2+z^2})^{\mathrm{T}}$, 求$\mathrm{D}\boldsymbol{f}(1,1,1)$.

3.8.5 设向量值函数$\boldsymbol{f}(x,y,z)=(\sin(x^2-y^2),\ln(x^2+z^2),\dfrac{1}{\sqrt{y^2+z^2}})^{\mathrm{T}}$, 求$\mathrm{D}\boldsymbol{f}(1,1,1)$.

3.8.6 设向量值函数$\boldsymbol{f}(x,y,z)=(\mathrm{e}^x\cos y+\mathrm{e}^y z^2,2x\sin y-3yz^3)^{\mathrm{T}}$, 求$\mathrm{D}\boldsymbol{f}(0,\dfrac{\pi}{2},1)$.

(B)

3.8.1 设$\boldsymbol{f}:N(\boldsymbol{x}_0)\subseteq\mathbf{R}^n\to\mathbf{R}^m$, 其中$\boldsymbol{f}=(f_1,f_2,\cdots,f_m)^{\mathrm{T}},\boldsymbol{x}_0\in\mathbf{R}^n,\boldsymbol{x}=(x_1,x_2,\cdots,x_n)^{\mathrm{T}}\in\mathbf{R}^n$. 若$\dfrac{\partial f_i(\boldsymbol{x}_0)}{\partial x_j}(i=1,2,\cdots,m,j=1,2,\cdots,n)$在$\boldsymbol{x}_0$的某邻域内存在, 且在$\boldsymbol{x}_0$处连续, 证明$\boldsymbol{f}$在$\boldsymbol{x}_0$处可微.

3.8.2 设$\boldsymbol{x}_0,\boldsymbol{y}_0\in\mathbf{R}^n$, S是连接$\boldsymbol{x}_0,\boldsymbol{y}_0$的线段, Ω是包含S的区域, $\boldsymbol{f}=(f_1,f_2,\cdots,f_m)^{\mathrm{T}}:\Omega\to\mathbf{R}^m$连续, $\boldsymbol{f}$在S上($\boldsymbol{x}_0,\boldsymbol{y}_0$可以除外)可微, 则存在$\xi_1,\xi_2,\cdots,\xi_m\in S$, 使

$$\boldsymbol{f}(\boldsymbol{y}_0)-\boldsymbol{f}(\boldsymbol{x}_0)=\left(\frac{\partial f_i(\xi_i)}{\partial x_j}\right)_{m\times n}(\boldsymbol{y}_0-\boldsymbol{x}_0)$$

(向量值函数的Lagrange公式).

第3章习题解答及提示

第 4 章　多元数量值函数积分学及其应用

在一元函数的定积分中, 积分范围是区间, 它一般用来研究分布在某一区间上量的求和问题, 如曲边梯形的面积、直线细棒的质量等. 但是在实际中, 还会遇到许多求不均匀分布在平面或空间中某种几何形体上的量的大小问题, 如平面有界区域的面积、空间有界区域的体积、曲面的面积、曲线或曲面型构件的质量和转动惯量、变力做功, 以及流体的流量问题等. 这时就需要把定积分的概念加以推广, 将被积函数从一元函数推广到多元函数, 将积分的范围从区间推广到平面或空间中某一几何形体上, 如平面区域、空间立体、空间曲线, 以及空间曲面，从而得到多元函数的积分.

多元函数积分的种类较多, 我们主要将它们分为两大类型: 多元数量值函数的积分和多元向量值函数的积分. 本章主要介绍多元数量值函数积分, 下一章主要介绍向量值函数积分. 本章首先比照一元函数定积分的定义, 在三维空间中的几何形体上建立多元数量值函数积分的统一概念, 并简要介绍其性质, 然后根据几何形体的具体形状将积分分为四种类型, 即平面区域上的二重积分、空间立体上的三重积分、平面或空间曲线上的第一型曲线积分以及空间曲面上的第一型曲面积分, 并分别介绍它们的计算方法和在几何或物理上的应用.

4.1　多元数量值函数积分的概念与性质

4.1.1　引例

设有一密度不均匀分布的几何体, 其占据的空间区域为Ω,其密度是点 P 的函数$\mu(P)$, 如何求该几何体的质量呢?

在定积分中, 我们已经知道, 一根密度为$\mu(x), x\in[a,b]$ 的直细棒, 它的质量 M 可通过“分割、近似、求和、取极限”四个步骤化为下述定积分

$$M=\lim_{\lambda\to 0}\sum_{i=1}^{n}\mu(\xi_i)\Delta x_i=\int_a^b\mu(x)\mathrm{d}x, \tag{4.1.1}$$

其中$\lambda=\max\limits_{1\leqslant i\leqslant n}\{\Delta x_i\}$.

对于平面或空间内的物体Ω, 当其密度函数 $\mu=\mu(P)$, $P\in\Omega$ 已知时, 其质量也可通过“分割、近似、求和、取极限”四个步骤来得到.

平面薄片的质量问题

假设平面薄片所占的区域为 D(见图4.1.1), 其面密度 $\mu(P)$ (点$P(x,y)\in D$) 在 D 上连续, 我们可按下述步骤来计算它的质量M.

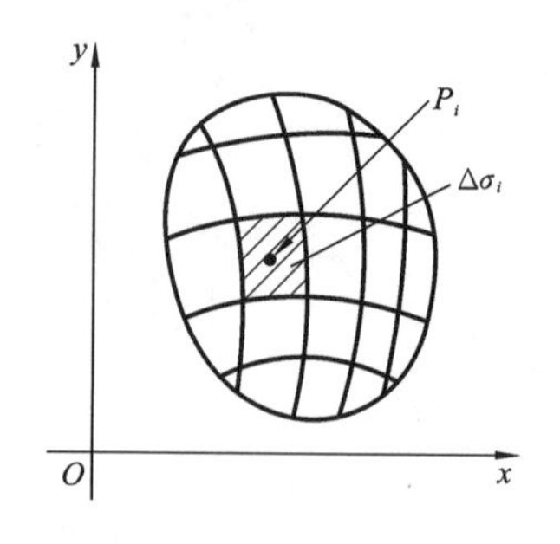

图4.1.1

(1) **分割** 把薄片所在的区域任意地划分为 n 个子区域 $\Delta\sigma_i(i=1,2,\cdots,n)$, 它们的面积也记作 $\Delta\sigma_i$(见图4.1.1).

(2) **近似** 当子区域 $\Delta\sigma_i$ 很小时, 其上的薄片可以近似地看成是均匀分布的, 也就是说, 密度函数 $\mu(P)$ 在 $\Delta\sigma_i$ 上可以近似地看作是常数, 即等于$\Delta\sigma_i$内的任一点 P_i 的值 $\mu(P_i)$, 从而 $\Delta\sigma_i$ 上薄片质量的近似值为

$$\Delta M_i \approx \mu(P_i)\Delta\sigma_i.$$

(3) **求和** 把所有 ΔM_i 的近似值加起来, 就得到薄片质量 M 的近似值为

$$M=\sum_{i=1}^{n}\Delta M_i \approx \sum_{i=1}^{n}\mu(P_i)\Delta\sigma_i.$$

(4) **取极限** D的所有子区域 $\Delta\sigma_i(i=1,2,\cdots,n)$ 被划分得越小, 上述近似值的近似程度就越高. 设 λ 为这 n 个子区域 $\Delta\sigma_i$ 的直径中的最大者, 即

$$\lambda=\max_{1\leqslant i\leqslant n}\{d(\Delta x_i)\},$$

其中$d(\Delta x_i)$表示Δx_i的直径. 当子区域的数目 n 无限增大, 而且 λ 趋向零时, 每一个子区域都无限缩小, 我们把上述近似值的极限规定为薄片质量M, 即

$$M=\lim_{\lambda\to 0}\sum_{i=1}^{n}\mu(P_i)\Delta\sigma_i. \tag{4.1.2}$$

可见, 薄片质量也可由一个和式的极限来确定. 式(4.1.2) 与式(4.1.1) 中的和式极限在形式上完全一样.

一般地, 设有一质量非均匀分布在某一几何形体 Ω 上的物体 (Ω 可以是直线段、曲线段、平面区域或空间区域等), 其密度函数 $\mu=\mu(P)$ 在 Ω 上连续, 则可以完全依照上面的四个步骤来计算其质量. 仿照定积分的定义和上述求质量的方法,我们可以给出定义在空间几何形体 Ω 上的多元函数 $f(P)$ 的积分.

4.1.2 多元数量值函数积分的概念

定义 4.1.1 (多元数量值函数的积分) 设 Ω是三维欧氏空间$\mathbf{R}^3$中的一个有界的可度量的几何形体[①], 函数 $f(P)(P\in\Omega)$ 是定义在 Ω 上的数量值函数. 将 Ω 任意地划分为 n 个小部分 $\Delta\Omega_i(i=1,\ 2,\ \cdots,n)$, 同时也用 $\Delta\Omega_i$ 表示 $\Delta\Omega_i$ 的度量. 任取点 $P_i\in\Delta\Omega_i$, 作乘积

$$f(P_i)\Delta\Omega_i,\quad i=1,2,\cdots,n,$$

作和式

$$\sum_{i=1}^{n}f(P_i)\Delta\Omega_i,$$

① Ω 若是线形结构, 则是可求长度的(见定积分部分), 若是面形结构, 则是可求面积的, 若是空间立体,则是可求体积的. 高维几何形体度量的定义与曲线可求长的定义相仿, 以后除特别说明外, 所给出的几何形体都是可度量的.

上述和式称为 $f(P)$ 在 Ω 上的积分和. 记 $d(\Delta\Omega_i)$ 为 $\Delta\Omega_i$ 的直径, 并记

$$\lambda=\max_{1\leqslant i\leqslant n}\{d(\Delta\Omega_i)\},$$

如果无论 Ω 怎样划分, 以及无论点 P_i 在 $\Delta\Omega_i$ 中怎样选取, 极限

$$\lim_{\lambda\to 0}\sum_{i=1}^{n}f(P_i)\Delta\Omega_i \tag{4.1.3}$$

都存在,则称函数 $f(P)$ 在 Ω 上**可积**, 此极限值称为函数 $f(P)$ 在几何形体 Ω 上的**积分**, 在不致混淆的情况下, 也简称为函数 f 在 Ω 上的积分, 记为

$$\int_{\Omega}f(P)\mathrm{d}\Omega=\lim_{\lambda\to 0}\sum_{i=1}^{n}f(P_i)\Delta\Omega_i, \tag{4.1.4}$$

其中 Ω 称为**积分区域**, f 称为**被积函数**, $f(\Omega)\mathrm{d}\Omega$ 称为**被积表达式**, $\mathrm{d}\Omega$称为**微分元素**或**微元**.

若极限 $\lim\limits_{\lambda\to 0}\sum\limits_{i=1}^{n}f(P_i)\Delta\Omega_i$ 不存在,则称函数 f 在 Ω 上不可积.

上述定义也可用 "ε - δ" 语言描述: 若存在常数 I, 使得对 $\forall\varepsilon>0,\exists\delta>0$, 当 $\lambda<\delta$ 时, 对 $\forall P_i\in\Delta\Omega_i$ 均有

$$\left|\sum_{i=1}^{n}f(P_i)\Delta\Omega_i-I\right|<\varepsilon \tag{4.1.5}$$

成立, 则称 I 是函数 f 在 Ω 上的积分.

在上述多元数量值函数积分的定义中, 要求无论 Ω 怎样划分, 无论点 P_i 在 $\Delta\Omega_i$中怎样选取, 当所有 $\Delta\Omega_i$ 的直径的最大值 $\lambda\to 0$时, 和式均趋向于同一常数. 这时, 我们才说积分存在或 f 在 Ω上可积.

关于可积性, 类似于定积分, 有如下定理.

定理 4.1.1 (可积的必要条件) 若函数 $f(P)$ 在可度量的有界几何形体 Ω 上可积,则 $f(P)$ 在 Ω 上有界.

设区域Ω为有界闭几何形体, 函数$f(P)$在区域Ω上有界, 将 Ω任意地划分为 n个小部分 $\Delta\Omega_i(i=1,\ 2,\ \cdots,n)$, 称之为$\Omega$的一个分割, 记为 T, 令

$$M_i=\sup_{P\in\Delta\Omega_i}f(P),$$

$$m_i=\inf_{P\in\Delta\Omega_i}f(P)\quad(i=1,2,\cdots,n),$$

作和式

$$S(T)=\sum_{i=1}^{n}M_i\Delta\Omega_i,\quad s(T)=\sum_{i=1}^{n}m_i\Delta\Omega_i,$$

称它们分别为f关于划分T的**上和**与**下和**, 其性质与一元函数的上和与下和的性质相同, 这里不再赘述. 下面列出有关可积性的定理, 其证明与定积分可积性的证明相仿, 由读者自行完成.

定理 4.1.2 f在Ω上可积的充要条件是:

$$\lim_{\lambda\to 0} S(T) = \lim_{\lambda\to 0} s(T).$$

定理 4.1.3 f在Ω上可积的充要条件是: 对于任给的正数ε, 存在Ω的某个分割T, 使得$S(T)-s(T)<\varepsilon$.

定理 4.1.4 (可积的充分条件) 若函数 $f(P)$在有界闭几何形体 Ω上连续,则 $f(P)$ 在 Ω 上可积.

注 4.1.1 由定义可知, 当被积函数$f(P)\equiv 1$时, 它在Ω上的积分等于Ω的度量, 即

$$\int_{\Omega} \mathrm{d}\Omega = \Omega.$$

利用上式可以求几何形体Ω的大小, 如长度、面积和体积.

4.1.3 多元数量值函数积分的分类

在$\mathbf{R}^3$中,根据几何形体 (积分区域)Ω 的不同类型, 可将多元数量值函数积分式(4.1.4) 分为以下四种类型.

1. 二重积分

当几何形体 Ω 为 Oxy 平面上的区域 D 时, f 就是定义在 D 上的二元函数 $f(x,y)$, $\Delta\Omega_i$ 就是子区域的面积 $\Delta\sigma_i$, 积分式 (4.1.4) 可写成

$$\iint_D f(P)\mathrm{d}\sigma = \lim_{\lambda\to 0}\sum_{i=1}^{n} f(\xi_i,\eta_i)\Delta\sigma_i,$$

称为 f 在区域 D 上的**二重积分**, 其中 (ξ_i,η_i) 就是点 P_i 的直角坐标. 为了明确显示二重积分的积分区域是平面区域 D, 常用两个积分符号把二重积分表示为

$$\iint_D f(x,y)\mathrm{d}\sigma = \lim_{\lambda\to 0}\sum_{i=1}^{n} f(\xi_i,\eta_i)\Delta\sigma_i,$$

其中 D 就是二重积分的积分区域, $\mathrm{d}\sigma$ 称为**面积微元** .

注 4.1.2 由二重积分的概念可知, 式(4.1.2)所表示的薄片质量又可写成二重积分的形式:

$$M = \lim_{\lambda\to 0}\sum_{i=1}^{n}\mu(P_i)\Delta\sigma_i = \iint_D \mu(x,y)\mathrm{d}\sigma.$$

2. 三重积分

当几何形体 Ω 为三维空间 $Oxyz$ 上的闭区域 V 时, f 就是定义在 V 上的三元函数 $f(x,y,z)$, $\Delta\Omega_i$ 就是子区域的体积 ΔV_i, 积分式 (4.1.4)可写成

$$\iiint_V f(x,y,z)\mathrm{d}V = \lim_{\lambda\to 0}\sum_{i=1}^{n} f(\xi_i,\eta_i,\zeta_i)\Delta V_i,$$

称为 f 在区域 V 上的**三重积分**, 其中 (ξ_i,η_i,ζ_i) 就是点 P_i 的直角坐标, V 就是三重积分的积分区域, $\mathrm{d}V$ 称为**体积微元**.

3. 第一型曲线积分

当几何形体 Ω 为一条平面（或空间）曲线弧段 L 时, f 就是定义在 L 上的二元（或三元）函数, $\Delta\Omega_i$ 就是小弧段的弧长 Δs_i, 积分式 (4.1.4)可写成

$$\int_L f(x,y)\mathrm{d}s = \lim_{\lambda\to 0}\sum_{i=1}^{n} f(\xi_i,\eta_i)\Delta s_i$$

或

$$\int_L f(x,y,z)\mathrm{d}s = \lim_{\lambda\to 0}\sum_{i=1}^{n} f(\xi_i,\eta_i,\zeta_i)\Delta s_i,$$

称为 f 在曲线段 L 上**对弧长的曲线积分**, 或称为**第一型曲线积分**, 其中 L 称为**积分弧段**, $\mathrm{d}s$ 称为**弧长微元**. 被积函数形式上是二元（或三元）函数, 但是由于点 P 在曲线段 L 上变动, 它的坐标受到 L 的方程的限制, 所以本质上只有一个独立变量, 因此用一个积分符号来表示这类积分. 若L是封闭曲线, 则积分号用$\oint$表示, 以示强调.

4. 第一型曲面积分

当几何形体 Ω 为空间曲面片 S 时, f 就是定义在 S 上的三元函数 $f(x,y,z)$, $\Delta\Omega_i$ 就是小曲面的面积 ΔS_i. 积分式 (4.1.4)可写为

$$\iint_S f(x,y,z)\mathrm{d}S = \lim_{\lambda\to 0}\sum_{i=1}^{n} f(\xi_i,\eta_i,\zeta_i)\Delta S_i,$$

称为 f 在曲面 S 上**对面积的曲面积分**, 或称为**第一型曲面积分**, 其中 S 称为**积分曲面**, $\mathrm{d}S$ 称为**面积微元**. 由于点 P 在曲面 S 上变化, 它的坐标 x,y,z 中只有两个是独立的, 因此用两个积分符号来表示这类积分.

注 4.1.3 读者不难看出, 定义4.1.1也适用于$n(n>3)$维欧氏空间$\mathbf{R}^n$的情形, 即我们可在$\mathbf{R}^n$中定义n重积分. 设V是$\mathbf{R}^n$中可度量的区域, $f(x_1,x_2,\cdots,x_n)$是定义在V上的n元函数, 仿照定义4.1.1可得f在V上的n重积分:

$$I = \overbrace{\int\cdots\int_V}^{n\text{个}} f(x_1,x_2,\cdots,x_n)\mathrm{d}x_1\cdots\mathrm{d}x_n.$$

上述积分是定积分、二重积分和三重积分在高维空间上的自然推广, 它与低维积分有类似的结论, 若$f(x_1,x_2,\cdots,x_n)$在n维有界闭区域V上连续, 则f在V上的n重积分必存在.

4.1.4 多元数量值函数积分的性质

下面假设几何形体 Ω 是闭的且是可度量的,被积函数在 Ω上可积,在此前提下给出多元数量值函数积分的主要性质, 其证明与定积分中相应性质的证明类似.

1. 线性性质

设k_1,k_2为常数, 则

$$\int_\Omega [k_1 f(P)+k_2 g(P)]\mathrm{d}\Omega = k_1\int_\Omega f(P)\mathrm{d}\Omega + k_2\int_\Omega g(P)\mathrm{d}\Omega.$$

2. 积分区域的可加性

设 $\Omega = \Omega_1 \cup \Omega_2$, 且 Ω_1 与 Ω_2 除边界点外无公共部分, 则

$$\int_\Omega f(P)\mathrm{d}\Omega = \int_{\Omega_1} f(P)\mathrm{d}\Omega + \int_{\Omega_2} f(P)\mathrm{d}\Omega.$$

3. 比较性质

若 $f(P) \leqslant g(P), \forall P \in \Omega$, 则

$$\int_\Omega f(P)\mathrm{d}\Omega \leqslant \int_\Omega g(P)\mathrm{d}\Omega.$$

4. 绝对值性质

$$\left|\int_\Omega f(P)\mathrm{d}\Omega\right| \leqslant \int_\Omega |f(P)|\mathrm{d}\Omega.$$

5. 估值定理

若 m 和 M 分别是 $f(P)$ 在几何形体 Ω 上的最小值和最大值, 则

$$m\Omega \leqslant \int_\Omega f(P)\mathrm{d}\Omega \leqslant M\Omega.$$

6. 积分中值定理

设 f 在 Ω 上连续, 则在 Ω 上至少存在一点 P_0, 使得

$$\int_\Omega f(P)\mathrm{d}\Omega = f(P_0)\Omega.$$

习题 4.1

(A)

4.1.1 以二重积分为例, 证明积分对区域的可加性.

4.1.2 用定义求二重积分 $\iint_D xy\mathrm{d}\sigma$, 其中 $D = [0,1] \times [0,1]$.

4.1.3 指出下列积分的值:

(1) $\int_L (x^2+y^2)\mathrm{d}s$, L为圆周$x^2+y^2=R^2$;

(2) $\iint_S (x^2+y^2+z^2)\mathrm{d}S$, S为球面$x^2+y^2+z^2=R^2$第一卦限部分.

4.1.4 比较下列各组积分的大小:

(1) $\iint_D (x+y)^2\mathrm{d}\sigma$与$\iint_D (x+y)^3\mathrm{d}\sigma$, 其中$D:(x-2)^2+(y-2)^2 \leqslant 2$;

(2) $\iint_D \ln(x+y)\mathrm{d}\sigma$与$\iint_D xy\mathrm{d}\sigma$, 其中$D$是由直线$x=0$, $y=0$, $x+y=\dfrac{1}{2}$, $x+y=1$围成的区域;

(3) $\iiint_{V_1} (x^2+2y^2+3z^2)\mathrm{d}V$与$\iiint_{V_2} (x^2+2y^2+3z^2)\mathrm{d}V$, 其中

$$V_1 = \{(x,y,z)|x^2+y^2+z^2 \leqslant R^2\}, V_2 = \{(x,y,z)|x^2+y^2+z^2 \leqslant R^2, z \geqslant 0\}.$$

4.1.5 估计下列积分的大小:

(1) $\iint_D (x+xy-x^2-y^2)\mathrm{d}\sigma$, $D: 0 \leqslant x \leqslant 1, 0 \leqslant y \leqslant 2$;

(2) $\int_L (x+y)\mathrm{d}s$, L为圆周$x^2+y^2=1$在第一象限的部分.

(B)

4.1.1 设Ω是有界闭的且可度量的几何形体, f在Ω上连续, 且$f \geqslant 0$, 但f不恒为零, 证明

$$\int_\Omega f\mathrm{d}\Omega > 0.$$

4.1.2 设Ω是有界闭的且可度量的几何形体, f, g在Ω上连续, 且g 在Ω上不变号, 证明至少存在一点$P \in \Omega$, 使得

$$\int_\Omega f \cdot g\mathrm{d}\Omega = f(P)\int_\Omega g\mathrm{d}\Omega.$$

4.2 二重积分的计算

从本节开始, 我们陆续介绍各类数量值函数积分的计算方法. 本节介绍二重积分的计算方法,首先介绍二重积分的几何意义, 再给出二重积分的计算公式.

4.2.1 二重积分的几何意义

设 D 是平面上的有界闭区域, f 在 D 上连续, 则f 在 D 上的二重积分就是下列和式的极限:

$$\iint_D f(x,y)\mathrm{d}\sigma = \lim_{\lambda \to 0}\sum_{i=1}^{n} f(\xi_i,\eta_i)\Delta\sigma_i.$$

假设 $f(x,y) \geqslant 0$, 则二元函数 $z=f(x,y)$ 在几何上就表示位于区域 D 上方的曲面 $S: z=f(x,y)$ (见图4.2.1), 它在 Oxy 坐标面上的投影就是闭区域 D. 再作以 D 的边界为准线, 母线平行于 z 轴的柱面, 便得以 D为底、曲面 S 为顶的**曲顶柱体**. 下面来说明: 二重积分 $\iint_D f(x,y)\mathrm{d}\sigma$ 的几何意义就是以 D 为底, 曲面 S 为顶的曲顶柱体的体积. 为简便计, 假设其中的函数f在D上连续.

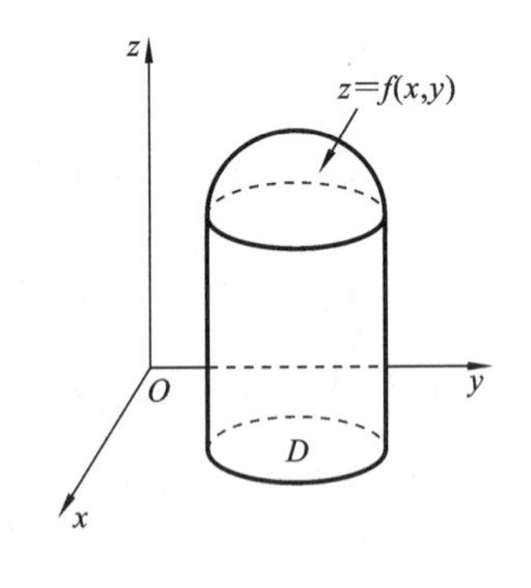

图4.2.1

在二重积分的定义中, 把区域 D 任意地划分为 n 个子区域 $\Delta\sigma_i$ $(i=1,2,\cdots,n)$, $\Delta\sigma_i$ 的面积也记为 $\Delta\sigma_i$. 以每一个子区域 $\Delta\sigma_i$ 的边界为准线, 作母线平行于 z 轴的柱面, 把整个曲顶柱体划分为 n 个小曲顶柱体.

当子区域 $\Delta\sigma_i$ 的面积很小时, 以它为底的小曲顶柱体的高变化也很小, 可以近似地看作常数, 该常数可取为子区域 $\Delta\sigma_i$ 内任一点 $P_i(\xi_i,\eta_i)$ 处的函数值 $f(\xi_i,\eta_i)$. 从而这一小曲顶柱体体

积 ΔV_i 可以近似地表示为

$$\Delta V_i = f(\xi_i, \eta_i)\Delta\sigma_i.$$

把各小曲顶柱体体积的近似值加起来, 就得到整个曲顶柱体体积 V 的近似值:

$$V \approx \sum_{i=1}^{n} f(\xi_i, \eta_i)\Delta\sigma_i.$$

再令各子区域 $\Delta\sigma_i$ 直径的最大值 $\lambda \to 0$, 取极限便得到体积 V 的精确值:

$$V = \lim_{\lambda\to 0}\sum_{i=1}^{n} f(\xi_i, \eta_i)\Delta\sigma_i = \iint_D f(x,y)\mathrm{d}\sigma,$$

即二重积分等于曲顶柱体的体积, 这就是当 $f(x,y) \geqslant 0$ 时二重积分的几何意义.

当 $f(x,y) \leqslant 0$ 时, 曲顶柱体位于 Oxy平面的下方, 二重积分的值小于零, 这时曲顶柱体体积等于二重积分的负值. 当 $f(x,y)$ 在区域 D 上有正有负时, 二重积分的值等于曲顶柱体位于 Oxy平面上方和下方体积的代数和.

4.2.2 直角坐标系下二重积分的计算

我们利用二重积分的几何意义来讨论它的计算方法. 在二重积分 $\iint_D f(x,y)\mathrm{d}\sigma$ 中, $\mathrm{d}\sigma$ 表示面积微元, 在定义中对应于 $\Delta\sigma_i$, 且在定义中对区域 D 的划分是任意的. 在直角坐标系中我们用平行于坐标轴的两组平行线划分区域 D, 因而又把面积微元 $\mathrm{d}\sigma$ 写成 $\mathrm{d}x\mathrm{d}y$, 即把二重积分写为 $\iint_D f(x,y)\mathrm{d}x\mathrm{d}y$.

为方便起见, 我们设 $f(x,y)$ 在 D 上连续, 且 $f(x,y) \geqslant 0$. 先考虑区域 D 的两种基本类型.

若Oxy平面上的区域 D 可表示为

$$D: y_1(x) \leqslant y \leqslant y_2(x),\ a \leqslant x \leqslant b, \tag{4.2.1}$$

其中 $y_1(x), y_2(x)$ 均在 $[a,b]$ 上连续 (见图4.2.2), 则称 D 为x-**型区域**.

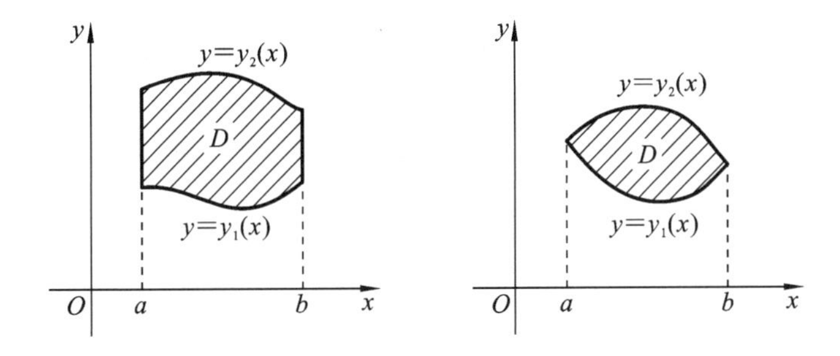

图4.2.2

若Oxy平面上的区域 D 可表示为

$$D: x_1(y) \leqslant x \leqslant x_2(y),\ c \leqslant y \leqslant d, \tag{4.2.2}$$

其中 $x_1(y), x_2(y)$ 均在 $[c,d]$ 上连续 (见图4.2.3), 则称 D为y-**型区域**.

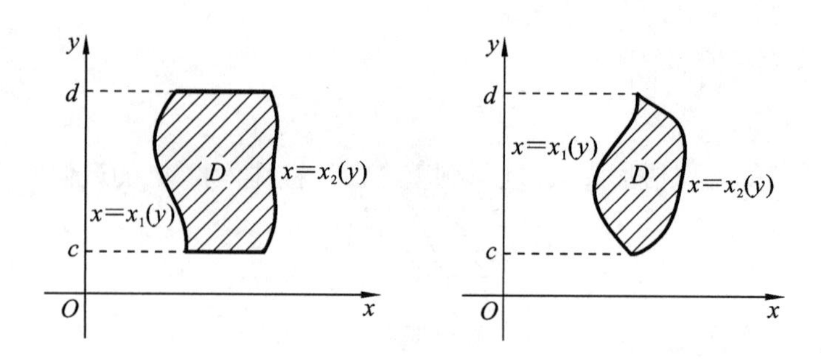

图4.2.3

定理 4.2.1 设平面区域D由式(4.2.1)给定, $f(x,y)$在D上连续, 则有

$$V=\iint_D f(x,y)\mathrm{d}x\mathrm{d}y=\int_a^b\Big[\int_{y_1(x)}^{y_2(x)} f(x,y)\mathrm{d}y\Big]\mathrm{d}x. \tag{4.2.3}$$

下面给出式(4.2.3)的粗略推导(严格证明从略).

不妨设$f(x,y)\geqslant 0$, 因区域D是x-型区域, 由几何意义可知, 二重积分$\iint_D f(x,y)\mathrm{d}x\mathrm{d}y$表示以$D$为底, 曲面$z=f(x,y)$为顶的曲顶柱体体积 (见图4.2.4). 在定积分应用中, 这个体积V也可用定积分应用中的求平行截面体的体积的方法来计算. 为此, 在区间$[a,b]$上任意取点x, 再用过点x且垂直于x轴的平面去截曲顶柱体, 对每个固定的点x, 该截面为曲边梯形 (见图4.2.4), 设其面积为$A(x)$, 可用定积分表示为

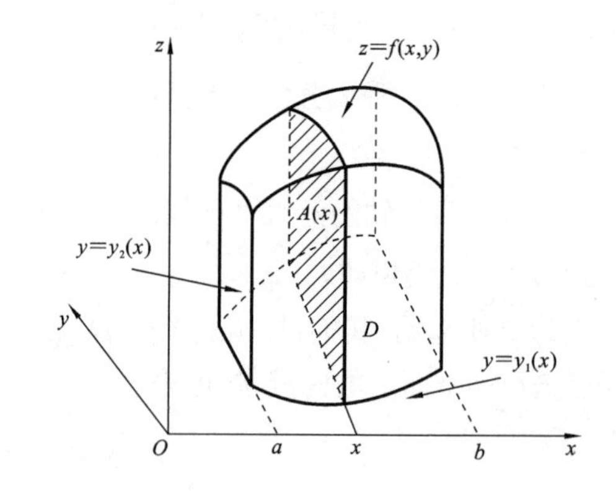

图4.2.4

$$A(x)=\int_{y_1(x)}^{y_2(x)} f(x,y)\mathrm{d}y.$$

当x在a与b之间变动时, 截面积$A(x)$也将随之变动. 注意, 在求上述积分时, x应看作是常量, 积分变量是y. 在求得了$A(x)$之后, 再利用定积分的微元法, 便可得所求曲顶柱体体积

$$V=\int_a^b A(x)\mathrm{d}x=\int_a^b\Big[\int_{y_1(x)}^{y_2(x)} f(x,y)\mathrm{d}y\Big]\mathrm{d}x,$$

即

$$V=\iint_D f(x,y)\mathrm{d}x\mathrm{d}y=\int_a^b\Big[\int_{y_1(x)}^{y_2(x)} f(x,y)\mathrm{d}y\Big]\mathrm{d}x.$$

由式(4.2.3)可知, 计算二重积分时, 是将其化成接连两次一元函数的定积分: 先固定x, 把函数$f(x,y)$看作是关于y的一元函数, 对y从区域D的边界$y_1(x)$至$y_2(x)$作定积分; 再将积分后所得的一元函数$A(x)$在区间$[a,b]$上关于x作定积分. 这样, 把二重积分化成由接连两

次定积分所构成的积分式称为**累次积分**或**二次积分**, 也可把其中的方括号去掉写成

$$\int_a^b \int_{y_1(x)}^{y_2(x)} f(x,y)\mathrm{d}y\mathrm{d}x \quad 或 \quad \int_a^b \mathrm{d}x \int_{y_1(x)}^{y_2(x)} f(x,y)\mathrm{d}y. \qquad \square$$

应当指出, 在推导式 (4.2.3) 时, 我们假定了在 D 上 $f(x,y) \geqslant 0$. 实际上, 式 (4.2.3) 的成立并不受这一条件的限制.

类似地, 如果积分区域 D 是 y-型区域, 用不等式 (4.2.2) 表示 (见图4.2.3), 则有

$$\begin{aligned}\iint_D f(x,y)\mathrm{d}x\mathrm{d}y &= \int_c^d \int_{x_1(y)}^{x_2(y)} f(x,y)\mathrm{d}x\mathrm{d}y \\ &= \int_c^d \mathrm{d}y \int_{x_1(y)}^{x_2(y)} f(x,y)\mathrm{d}x. \qquad (4.2.4)\end{aligned}$$

这里的累次积分是先固定 y, 再对 x 计算出 $x_1(y)$ 到 $x_2(y)$ 的定积分, 然后再将积分后所得的函数对 y 在区间 $[c,d]$ 上求定积分.

如果积分区域 D 既是 x-型区域又是 y-型区域, 即区域 D 既可用不等式 (4.2.1) 表示又可用不等式(4.2.2)表示, 则由式(4.2.3)和式(4.2.4)可知

$$\int_a^b \int_{y_1(x)}^{y_2(x)} f(x,y)\mathrm{d}y\mathrm{d}x = \int_c^d \int_{x_1(y)}^{x_2(y)} f(x,y)\mathrm{d}x\mathrm{d}y. \qquad (4.2.5)$$

这就是说, 当 $f(x,y)$ 在积分区域 D 上连续时, 累次积分可以交换积分顺序. 但一般来说, 在交换累次积分的积分顺序时, 上、下限都将随之改变.

当积分区域 D(见图4.2.5) 既不是 x-型区域又不是 y-型区域, 即区域 D 既不能用不等式 (4.2.1) 表示, 又不能用不等式 (4.2.2) 表示时, 可以用平行于坐标轴的直线把 D 分成几个小区域, 使得每一个小区域或者是x-型区域, 或者是y-型区域, 这时将区域 D 上的二重积分化为这些小区域上的二重积分之和即可.

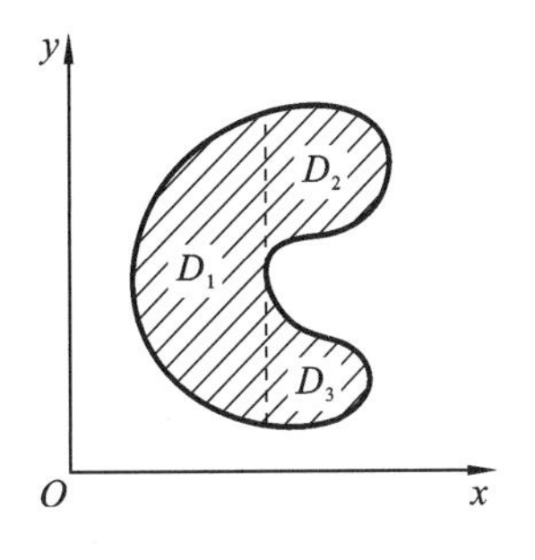

图4.2.5

例 4.2.1 计算二重积分

$$I = \iint_D xy\mathrm{d}\sigma,$$

其中 D 是由 $y = x^2, x = 1$和 x 轴围成的区域 (见图4.2.6).

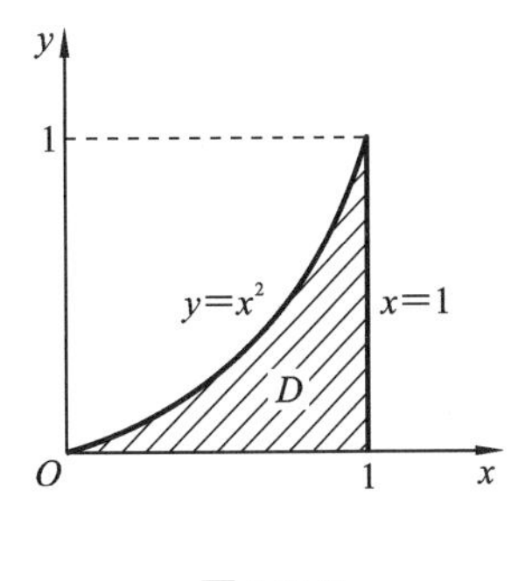

图4.2.6

解法一 将区域 D 表示为 x-型区域 $D: 0 \leqslant y \leqslant x^2,\ 0 \leqslant x \leqslant 1$, 先对 y 再对 x 积分, 得

$$\begin{aligned}I &= \iint_D xy\mathrm{d}\sigma = \int_0^1 \mathrm{d}x \int_0^{x^2} xy\mathrm{d}y \\ &= \int_0^1 x\left(\frac{y^2}{2}\right)\Big|_0^{x^2} \mathrm{d}x = \frac{1}{2}\int_0^1 x^5\mathrm{d}x \\ &= \frac{1}{12}x^6\Big|_0^1 = \frac{1}{12}.\end{aligned}$$

解法二 将区域 D 表示为 y-型区域 $D:\sqrt{y}\leqslant x\leqslant 1,\ 0\leqslant y\leqslant 1$, 先对 x后对 y 积分, 得

$$\begin{aligned} I &= \iint_D xy\mathrm{d}\sigma=\int_0^1\mathrm{d}y\int_{\sqrt{y}}^1 xy\mathrm{d}x=\int_0^1\left(y\frac{x^2}{2}\right)\Big|_{\sqrt{y}}^1\mathrm{d}x \\ &= \frac{1}{2}\int_0^1 y(1-y)\mathrm{d}y=\frac{1}{2}\left(\frac{y^2}{2}-\frac{y^3}{3}\right)\Big|_0^1=\frac{1}{12}. \end{aligned}$$

例 4.2.2 计算 $\iint_D xy\mathrm{d}\sigma$, 其中 D 为抛物线 $y^2=x$ 与直线 $y=x-2$ 所围成的区域.

解 画出积分域 D, 如图4.2.7所示. 直线与抛物线的交点为 $A(4,2)$ 与 $B(1,-1)$, 将区域 D 表示为 y-型区域 $D:-1\leqslant y\leqslant 2,\ y^2\leqslant x\leqslant y+2$, 先对 x 再对 y 积分, 得

$$\iint_D xy\mathrm{d}\sigma=\int_{-1}^2\mathrm{d}y\int_{y^2}^{y+2}xy\mathrm{d}x=\frac{1}{2}\int_{-1}^2 y[(y+2)^2-y^4]\mathrm{d}y=\frac{45}{8}.$$

如果先对y再对x积分, 须将区域D表示为x-型区域(见图4.2.8), 则要用直线$x=1$把区域D分成两部分, 即$D=D_1\cup D_2$, 其中$D_1:-\sqrt{x}\leqslant y\leqslant\sqrt{x},\ 0\leqslant x\leqslant 1$; $D_2:x-2\leqslant y\leqslant\sqrt{x},\ 1\leqslant x\leqslant 4$, 于是

$$\iint_D xy\mathrm{d}\sigma=\iint_{D_1}xy\mathrm{d}\sigma+\iint_{D_2}xy\mathrm{d}\sigma=\int_0^1\mathrm{d}x\int_{-\sqrt{x}}^{\sqrt{x}}xy\mathrm{d}y+\int_1^4\mathrm{d}x\int_{x-2}^{\sqrt{x}}xy\mathrm{d}y.$$

由上式同样可以算出结果, 但这种积分次序的计算显然要麻烦些.

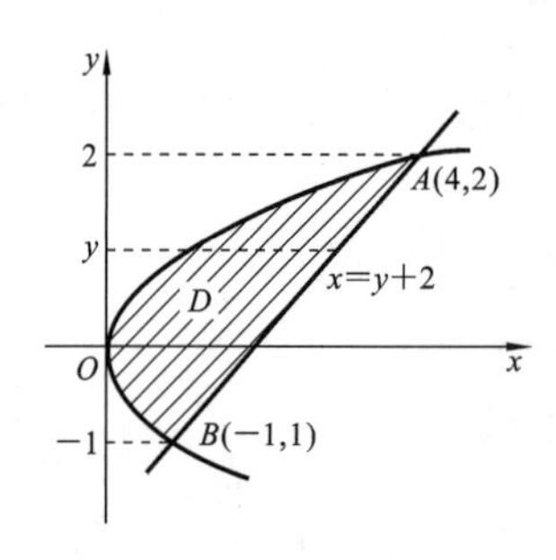

图4.2.7

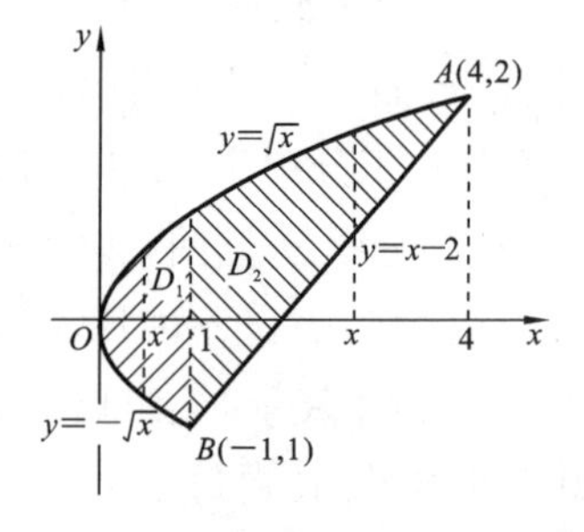

图4.2.8

例 4.2.3 计算 $\iint_D\frac{\sin y}{y}\mathrm{d}\sigma$, 其中 D 为直线 $y=x$ 和抛物线 $y^2=x$ 所围成的区域.

解 画出积分区域 D, 如图4.2.9所示. 若把 D 看作 x-型区域,先对 y 再对 x 积分, 则有

$$\iint_D\frac{\sin y}{y}\mathrm{d}\sigma=\int_0^1\mathrm{d}x\int_x^{\sqrt{x}}\frac{\sin y}{y}\mathrm{d}y.$$

由于 $\frac{\sin y}{y}$ 的原函数不能用初等函数表示, 因而计算无法继续进行下去, 须改换积分次序. 把 D 看作 y-型区域,先对 x 再对 y 积分, 则有

$$\begin{aligned} \iint_D\frac{\sin y}{y}\mathrm{d}\sigma &= \int_0^1\mathrm{d}y\int_{y^2}^{y}\frac{\sin y}{y}\mathrm{d}x \\ &= \int_0^1\frac{\sin y}{y}(y-y^2)\mathrm{d}y=1-\sin 1. \end{aligned}$$

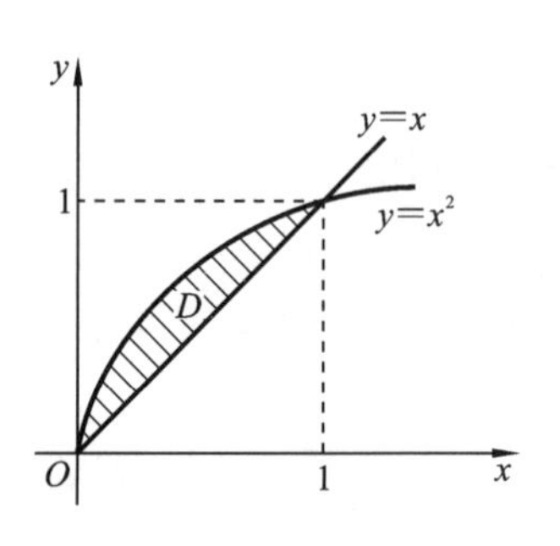

图4.2.9

由例4.2.2和例4.2.3可以看出, 将二重积分化为累次积分时, 应注意选取适当的积分次序, 如果积分次序选取不当, 不仅可能引起计算上的麻烦, 而且可能导致积分无法算出. 选取积分的次序时, 既要考虑被积函数 $f(x,y)$ 的特点, 又要考虑积分区域 D 的形状.

例 4.2.4 交换累次积分

$$I=\int_0^1 \mathrm{d}x\int_{1-x}^1 f(x,y)\mathrm{d}y+\int_1^2 \mathrm{d}x\int_{(x-1)^2}^1 f(x,y)\mathrm{d}y$$

的积分次序.

解 首先由累次积分来确定相应的二重积分的积分区域. 累次积分的次序是先对 y 再对 x 积分, 即将积分区域看作两个 x-型区域 D_1 和 D_2, 由所给出的上、下限可知

$$D_1: 1-x\leqslant y\leqslant 2,\ 0\leqslant x\leqslant 1;$$

$$D_2: (x-1)^2\leqslant y\leqslant 1,\ 1\leqslant x\leqslant 2.$$

由这些不等式可画出积分区域 D_1 和 D_2, 如图4.2.10所示. 然后将原积分还原为 $f(x,y)$ 在区域 D_1 和 D_2 上的积分的和. 由图可知 $D_1\cup D_2=D$, 因此原积分可化为

$$I=\iint_{D_1} f(x,y)\mathrm{d}\sigma+\iint_{D_2} f(x,y)\mathrm{d}\sigma=\iint_D f(x,y)\mathrm{d}\sigma.$$

再将原积分化为先对 x 再对 y 的累次积分, 将积分区域 D 改写为 y-型区域

$$D: 1-\sqrt{y}\leqslant x\leqslant 1+\sqrt{y},\ 0\leqslant y\leqslant 1;$$

故有

$$I=\int_0^1 \mathrm{d}y\int_{1-\sqrt{y}}^{1+\sqrt{y}} f(x,y)\mathrm{d}x.$$

上述交换累次积分次序的步骤可表为

$$\text{累次积分}\xrightarrow{\text{还原}}\text{二重积分}\xrightarrow{\text{换序}}\text{累次积分}.$$

利用交换累次积分的次序可以简化某些二重积分的计算, 还可以用来证明关于积分的恒等式. 请看下例.

例 4.2.5 设 $f(x)$ 在区间 $[a,b]$ 上连续, 证明

$$\int_a^b \mathrm{d}x\int_a^x f(y)\mathrm{d}y=\int_a^b (b-x)f(x)\mathrm{d}x. \tag{4.2.6}$$

证 记式 (4.2.6) 的左边为 I, 则

$$I=\iint_D f(y)\mathrm{d}x\mathrm{d}y,$$

其中 $D: a\leqslant y\leqslant x,\ a\leqslant x\leqslant b$是三角形区域, 如图4.2.11所示. 将 D 改为$y\leqslant x\leqslant b,\ a\leqslant y\leqslant b$, 再交换积分次序,得

$$I=\int_a^b f(y)\mathrm{d}y\int_y^b \mathrm{d}x=\int_a^b f(y)(b-y)\mathrm{d}y=\int_a^b (b-x)f(x)\mathrm{d}x.$$

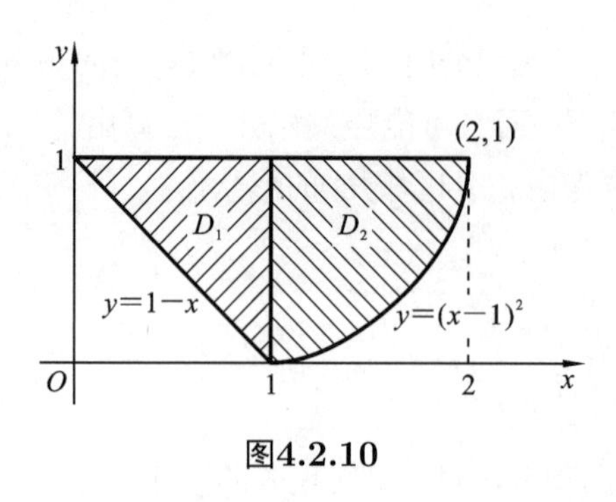

图4.2.10

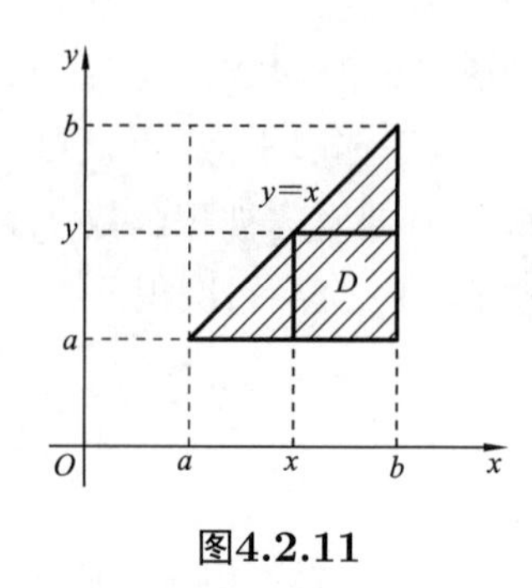

图4.2.11

4.2.3 二重积分的换元法

与定积分的换元法一样, 二重积分也有换元法, 即通过平面上的坐标变换将直角坐标系中不易计算的二重积分变换为新坐标系下的二重积分, 使得计算简化. 下面介绍在一般的坐标变换下二重积分 $\iint_D f(x,y)\mathrm{d}\sigma$ 的计算方法.

定理 4.2.2 (二重积分的换元法) 设变换

$$x=x(u,v),\ y=y(u,v) \tag{4.2.7}$$

将 Ouv 平面上的有界区域 D'一一地变换到 Oxy 平面上的有界区域 D, 且$x=x(u,v)$, $y=y(u,v)$在D'上有连续的一阶偏导数. 又设Jacobi行列式

$$J=\frac{\partial(x,y)}{\partial(u,v)}=\begin{vmatrix} x_u & x_v \\ y_u & y_v \end{vmatrix}\neq 0. \tag{4.2.8}$$

若函数$f(x,y)$在D上连续, 则有

$$\iint_D f(x,y)\mathrm{d}\sigma=\iint_{D'} f[x(u,v),y(u,v)]|J|\ \mathrm{d}u\mathrm{d}v. \tag{4.2.9}$$

这里仅给出其推导思路(严格证明从略). 由隐函数存在定理可知, 变换式(4.2.7) 在(x,y) 变化的区域 D 中唯一地确定了两个连续可微函数

$$u=u(x,y),\ v=v(x,y), \tag{4.2.10}$$

即变换式(4.2.7) 在区域 D' 与 D 之间建立了一一对应关系.

在D' 中取一小矩形(面积微元), 其顶点坐标为$M'(u,v)$, $N'(u+\mathrm{d}u,v)$, $P'(u+\mathrm{d}u,v+\mathrm{d}v)$, $Q'(u,v+\mathrm{d}v)$, 其面积为$\mathrm{d}u\mathrm{d}v$. 变换式(4.2.7) 将该小矩形变换为D 中的曲边四边形$MNPQ$ (面积微元)如图4.2.12所示.

当 $\mathrm{d}u$, $\mathrm{d}v$ 很小时, 曲边四边形 $MNPQ$ 的面积可以近似地看作是以 $\overrightarrow{MN}$ 与 $\overrightarrow{MQ}$ 为边所构成的平行四边形.

由变换式(4.2.7)可知

$$\overrightarrow{MN}=(x(u+\mathrm{d}u,v)-x(u,v))\boldsymbol{i}+(y(u+\mathrm{d}u,v)-y(u,v))\boldsymbol{j}.$$

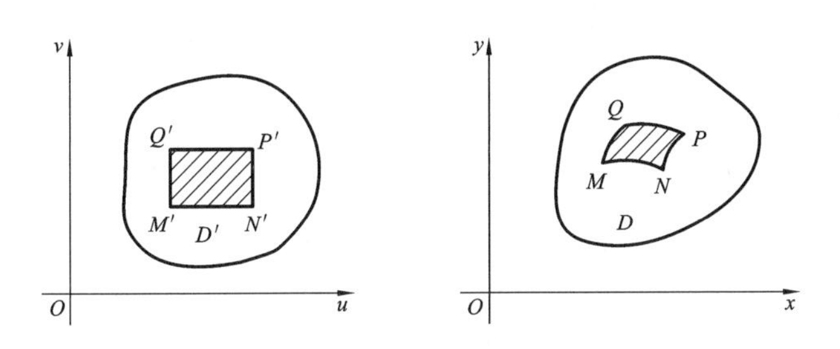

图4.2.12

对上式右端向量的两个坐标分别用一元函数的微分去近似替代, 得

$$\overrightarrow{MN}=(x_u\mathrm{d}u)\boldsymbol{i}+(y_u\mathrm{d}u)\boldsymbol{j}.$$

同理可得

$$\overrightarrow{MQ}=(x_v\mathrm{d}v)\boldsymbol{i}+(y_v\mathrm{d}v)\boldsymbol{j}.$$

于是小曲边四边形 $MNPQ$ 的面积可近似地用 $|\overrightarrow{MN}\times\overrightarrow{MQ}|$ 代替, 其大小为

$$\mathrm{d}\sigma=\left|(x_u\mathrm{d}u,y_u\mathrm{d}u,0)\times(x_v\mathrm{d}v,y_v\mathrm{d}v,0)\right|=\left|\frac{\partial(x,y)}{\partial(u,v)}\right|\mathrm{d}u\mathrm{d}v,$$

即

$$\mathrm{d}\sigma=\mathrm{d}x\mathrm{d}y=\left|\frac{\partial(x,y)}{\partial(u,v)}\right|\mathrm{d}u\mathrm{d}v=|J|\,\mathrm{d}u\mathrm{d}v. \tag{4.2.11}$$

将式(4.2.11)代入 $\iint_D f(x,y)\mathrm{d}\sigma$ 即得二重积分的换元公式

$$\iint_D f(x,y)\mathrm{d}\sigma=\iint_{D'} f[x(u,v),y(u,v)]|J|\,\mathrm{d}u\mathrm{d}v.$$

式(4.2.11)表示变换后两个不同坐标系中面积微元的伸缩关系.

类似于在 Oxy 坐标系中把二重积分化为累次积分的方法, 可把式(4.2.9)右端的二重积分化为 Ouv 坐标系中的累次积分.

例 4.2.6 求由曲线 $y=ax,\ y=bx,\ xy=c,\ xy=d\ (0<a<b,0<c<d)$ 所围成的闭区域 D(见图4.2.13)的面积.

解 所求面积为

$$A=\iint_D \mathrm{d}x\mathrm{d}y.$$

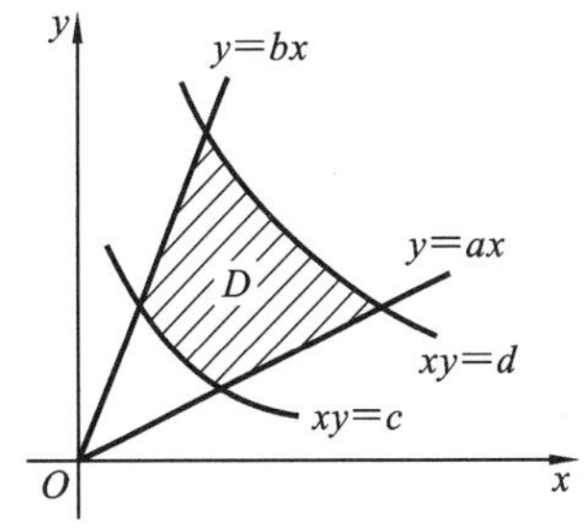

图4.2.13

由图4.2.13可知, 如果直接将二重积分化为累次积分, 计算比较麻烦. 为了使二重积分容易计算, 我们采用坐标变换:

$$u=\frac{y}{x},\quad v=xy. \tag{4.2.12}$$

在此变换下, D 的边界线依次变成了 $u=a,u=b,v=c,v=d$. 对应于 D 的 Ouv 平面上的区域为 $D':a\leqslant u\leqslant b,\ c\leqslant v\leqslant d$,

由变换式(4.2.12), 得

$$x = \sqrt{uv}, \quad y = \sqrt{\frac{v}{u}},$$

从而

$$J = \frac{\partial(x,y)}{\partial(u,v)} = \begin{vmatrix} \dfrac{\sqrt{v}}{2\sqrt{u^3}} & \dfrac{1}{2\sqrt{uv}} \\ \dfrac{\sqrt{v}}{2\sqrt{u}} & \dfrac{\sqrt{u}}{2\sqrt{v}} \end{vmatrix} = \frac{1}{2u}.$$

再由二重积分的变换式 (4.2.9) 可得所求面积为

$$A = \iint_D \mathrm{d}x\mathrm{d}y = \iint_{D'} \frac{1}{2u}\,\mathrm{d}u\mathrm{d}v = \int_a^b \frac{1}{2u}\,\mathrm{d}u \int_c^d \mathrm{d}v = \frac{d-c}{2}\ln\frac{b}{a}.$$

例 4.2.7 设平面区域 D 关于 y 轴对称, $f(x,y)$ 在 D 上连续, 证明

$$\iint_D f(x,y)\mathrm{d}x\mathrm{d}y = \iint_{D^+} [f(x,y) + f(-x,y)]\mathrm{d}x\mathrm{d}y. \tag{4.2.13}$$

其中 D^+ 为 D 在 y 轴的右半部分.

证 记 D^- 为 D 在 y 轴的左半部分, 则

$$\iint_D f(x,y)\mathrm{d}x\mathrm{d}y = \iint_{D^+} f(x,y)\mathrm{d}x\mathrm{d}y + \iint_{D^-} f(x,y)\mathrm{d}x\mathrm{d}y.$$

将上式与式 (4.2.13) 比较, 可知式 (4.2.13) 等价于

$$\iint_{D^-} f(x,y)\mathrm{d}x\mathrm{d}y = \iint_{D^+} f(-x,y)\mathrm{d}x\mathrm{d}y. \tag{4.2.14}$$

易知变换 $x=-u,\ y=v$ 将区域 D^+ 一一对应地变换到 D^-, 且 $J=-1$, 于是由二重积分的换元式 (4.2.9) 有

$$\iint_{D^-} f(x,y)\mathrm{d}x\mathrm{d}y = \iint_{D^+} f(-u,v)\mathrm{d}u\mathrm{d}v = \iint_{D^+} f(-x,y)\mathrm{d}x\mathrm{d}y.$$

上式表明式(4.2.14)成立, 从而式(4.2.13)成立. □

注 4.2.1 由式(4.2.13)得到对称区域上二重积分的性质:

若区域 D 关于 y 轴对称, 则有

$$\iint_D f(x,y)\mathrm{d}x\mathrm{d}y = \begin{cases} 0, & f(x,y)\text{关于}x\text{为奇函数}, \\ 2\displaystyle\iint_{D^+} f(x,y)\mathrm{d}x\mathrm{d}y, & f(x,y)\text{关于}x\text{为偶函数}, \end{cases}$$

其中 D^+ 为 D 在 y 轴的右半部分.

类似地, 若区域 D 关于 x 轴对称, 则有

$$\iint_D f(x,y)\mathrm{d}x\mathrm{d}y = \begin{cases} 0, & f(x,y)\text{关于}y\text{为奇函数}, \\ 2\displaystyle\iint_{D^+} f(x,y)\mathrm{d}x\mathrm{d}y, & f(x,y)\text{关于}y\text{为偶函数}, \end{cases}$$

其中 D^+ 为 D 在 x 轴的上半部分.

在二重积分的计算中, 若能充分利用上述性质, 则可达到简化计算的目的.

4.2.4 极坐标系下二重积分的计算

对于二重积分$\iint_D f(x,y)\mathrm{d}\sigma$, 当积分区域 D 的边界曲线用极坐标表示比较方便或被积函数 $f(x,y)$ 用极坐标表示比较简单时, 可考虑用极坐标系来计算二重积分, 以达到简化计算的目的.

建立极坐标系让极点与 Oxy 直角坐标系的原点重合, x 轴正向取为极轴. 在二重积分的换元式(4.2.9)中, 利用直角坐标与极坐标的变换, 作如下换元:

$$\begin{cases} x = r\cos\theta, \\ y = r\sin\theta, \end{cases} \quad 0 \leqslant r < +\infty,\ 0 \leqslant \theta \leqslant 2\pi. \tag{4.2.15}$$

上述变换把 D 的边界曲线化成极坐标表示, 并将被积函数变换为

$$f(x,y) = f(r\cos\theta, r\sin\theta).$$

由式(4.2.11)可得面积微元为

$$\mathrm{d}\sigma = \left|\frac{\partial(x,y)}{\partial(r,\theta)}\right| = \left\|\begin{matrix} \cos\theta & -r\sin\theta \\ \sin\theta & r\cos\theta \end{matrix}\right\| = r\ \mathrm{d}r\mathrm{d}\theta. \tag{4.2.16}$$

将以上三式代入式(4.2.9)可得极坐标系下二重积分的计算公式:

$$\iint_D f(x,y)\mathrm{d}\sigma = \iint_D f(r\cos\theta, r\sin\theta)r\ \mathrm{d}r\mathrm{d}\theta, \tag{4.2.17}$$

其中等式右边的区域D的边界曲线由极坐标方程给出.

下面把式(4.2.17)中的等号右端极坐标系下的二重积分化成累次积分. 设在极坐标变换式(4.2.15)下区域D可表示为(见图4.2.14)

$$D:\ r_1(\theta) \leqslant r \leqslant r_2(\theta), \quad \alpha \leqslant \theta \leqslant \beta, \tag{4.2.18}$$

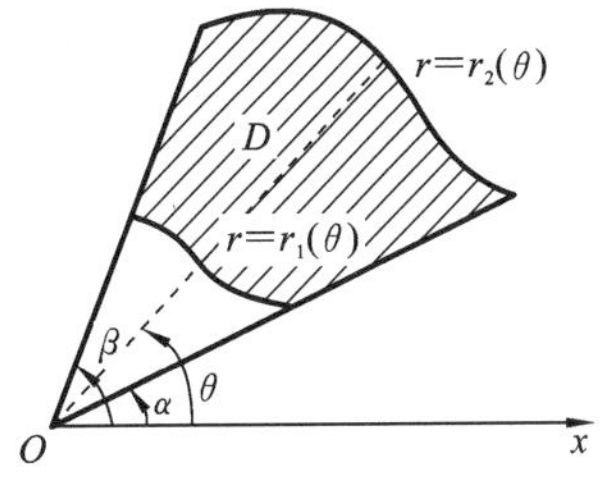

图4.2.14

其中$r_1(\theta)$和$r_2(\theta)$是定义在$[\alpha,\beta]$上的连续函数, 且有$0 \leqslant r_1(\theta) \leqslant r_2(\theta)(\alpha \leqslant \theta \leqslant \beta)$. 式(4.2.18)表示$D$是$O\theta r$平面上由射线$\theta=\alpha$, $\theta=\beta$和曲线$r=r_1(\theta), r=r_2(\theta)$所围成的区域, 我们称这种类型的区域为$\theta$-**型区域**. 类似于在直角坐标系中将二重积分化为累次积分的方法, 可将式(4.2.17)的等号右端化为累次积分, 即

$$\iint_D f(r\cos\theta, r\sin\theta)r\mathrm{d}r\mathrm{d}\theta = \int_\alpha^\beta \mathrm{d}\theta \int_{r_1(\theta)}^{r_2(\theta)} f(r\cos\theta, r\sin\theta)r\mathrm{d}r. \tag{4.2.19}$$

特别地, 若原点在区域D的边界上(见图4.2.15), 则D可表为$D: 0 \leqslant r \leqslant r(\theta),\ \alpha \leqslant \theta \leqslant \beta$, 且

$$\iint_D f(r\cos\theta, r\sin\theta)r\mathrm{d}r\mathrm{d}\theta = \int_\alpha^\beta \mathrm{d}\theta \int_0^{r(\theta)} f(r\cos\theta, r\sin\theta)r\mathrm{d}r. \tag{4.2.20}$$

若原点在区域D的内部(见图4.2.16), 则D可表为$D: 0 \leqslant r \leqslant r(\theta)$, $0 \leqslant \theta \leqslant 2\pi$, 且

$$\iint_D f(r\cos\theta, r\sin\theta) r\mathrm{d}r\mathrm{d}\theta = \int_0^{2\pi} \mathrm{d}\theta \int_0^{r(\theta)} f(r\cos\theta, r\sin\theta) r\mathrm{d}r. \tag{4.2.21}$$

图4.2.15　　图4.2.16

注 4.2.2 若区域D不是θ-型区域, 即不能直接用式(4.2.18)表示, 则须用从原点出发的射线对D进行适当分割, 将D划分成一些子区域, 使各子区域能用式(4.2.18)表示, 再在各子区域上应用式(4.2.19).

例 4.2.8 计算 $I = \iint_D (x^2 + y^2)\mathrm{d}\sigma$, 其中 D 为不等式 $a^2 \leqslant x^2 + y^2 \leqslant b^2$ 所确定的区域.

解 把 D 用极坐标表示为 $a \leqslant r \leqslant b$, $0 \leqslant \theta \leqslant 2\pi$, 将被积表达式化为$r, \theta$的函数, 由式(4.2.19)容易得

$$I = \iint_D r^2 \cdot r\mathrm{d}r\mathrm{d}\theta = \int_0^{2\pi} \mathrm{d}\theta \int_a^b r^3 \mathrm{d}r = \frac{\pi}{2}(b^4 - a^4).$$

不难看出, 如果用直角坐标系来计算上面的积分, 将会麻烦很多.

例 4.2.9 求球体$x^2 + y^2 + z^2 \leqslant R^2$ 含在圆柱面$x^2 + y^2 \leqslant Rx (R > 0)$内部的立体体积$V$.

解 由对称性可知, 所求立体体积是它在第一卦限中那部分的体积的4倍(见图4.2.17). 在第一卦限内的这个立体是以球面 $z = \sqrt{R^2 - x^2 - y^2}$ 为顶, 以 Oxy 平面上的半圆区域 $D = \{(x, y) | x^2 + y^2 \leqslant Rx,\ y \geqslant 0\}$ 为底的曲顶柱体. 所求立体体积为

$$V = 4\iint_D \sqrt{R^2 - x^2 - y^2}\,\mathrm{d}\sigma.$$

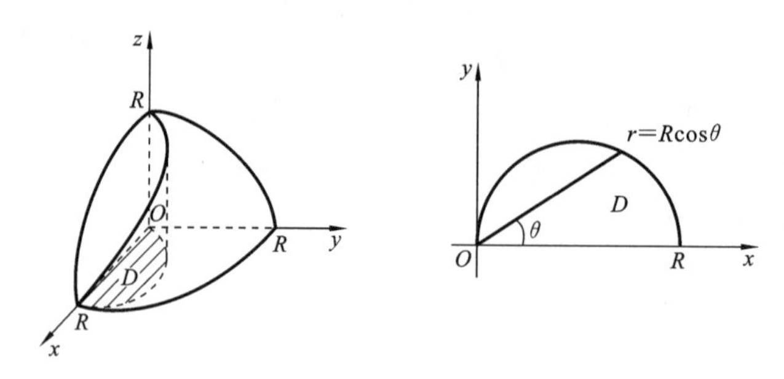

图4.2.17

在极坐标系下区域 D可表示为

$$D: 0 \leqslant r \leqslant R\cos\theta,\ 0 \leqslant \theta \leqslant \frac{\pi}{2}.$$

于是应用式 (4.2.20)可得

$$\begin{aligned} V &= 4\iint_D \sqrt{R^2-r^2}\,r\mathrm{d}r\mathrm{d}\theta = 4\int_0^{\pi/2}\mathrm{d}\theta\int_0^{R\cos\theta}\sqrt{R^2-r^2}\,r\mathrm{d}r \\ &= \frac{4R^3}{3}\int_0^{\pi/2}(1-\sin^3\theta)\mathrm{d}\theta = \frac{(6\pi-8)R^3}{9}. \end{aligned}$$

例 4.2.10 计算$I(a)=\iint_D \mathrm{e}^{-x^2-y^2}\mathrm{d}x\mathrm{d}y$, 其中$D: x^2+y^2\leqslant a^2\ (a>0)$.

解 在极坐标系中, 将区域D表示为

$$0\leqslant r\leqslant a,\quad 0\leqslant\theta\leqslant 2\pi.$$

由式(4.2.17)和式(4.2.21)可得

$$\begin{aligned} I(a) &= \iint_D \mathrm{e}^{-r^2}\cdot r\mathrm{d}r\mathrm{d}\theta = \int_0^{2\pi}\mathrm{d}\theta\int_0^a r\mathrm{e}^{-r^2}\mathrm{d}r \\ &= \int_0^{2\pi}\left[-\frac{1}{2}\mathrm{e}^{-r^2}\right]_{r=0}^{r=a}\mathrm{d}\theta = \pi(1-\mathrm{e}^{-a^2}). \end{aligned}$$

注 4.2.3 如果直接用直角坐标系计算本题, 会遇到积分$\int \mathrm{e}^{-x^2}\mathrm{d}x$, 而它不能用初等函数表示, 所以无法算出. 另外, 还可以用本题的结果来计算工程上常用的Poisson积分$\int_0^{+\infty}\mathrm{e}^{-x^2}\mathrm{d}x$.

例 4.2.11 计算$I=\int_0^{+\infty}\mathrm{e}^{-x^2}\mathrm{d}x$.

解 记

$$\begin{aligned} D_1 &= \{(x,y)|x^2+y^2\leqslant R^2,\ x\geqslant 0,\ y\geqslant 0\}, \\ D_2 &= \{(x,y)|x^2+y^2\leqslant 2R^2,\ x\geqslant 0,\ y\geqslant 0\}, \\ S &= \{(x,y)|0\leqslant x\leqslant 0,\ 0\leqslant y\leqslant 0\}. \end{aligned}$$

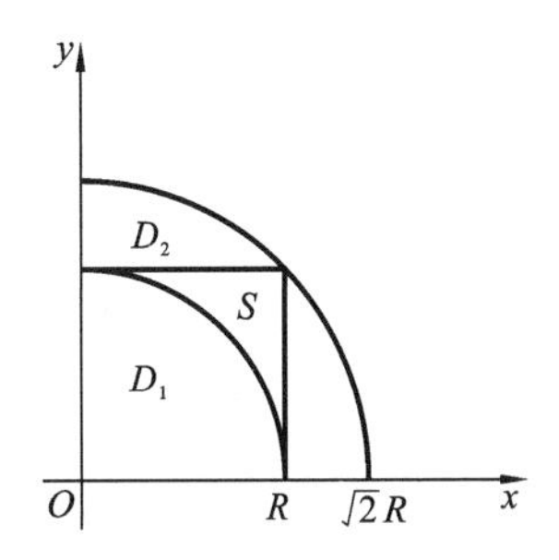

图4.2.18

则有$D_1\subseteq D_2\subseteq S$(见图4.2.18).

因为$\mathrm{e}^{(-x^2-y^2)}>0$, 所以有

$$\begin{aligned} \iint_{D_1}\mathrm{e}^{-x^2-y^2}\mathrm{d}x\mathrm{d}y &< \iint_S \mathrm{e}^{-x^2-y^2}\mathrm{d}x\mathrm{d}y \\ &< \iint_{D_2}\mathrm{e}^{-x^2-y^2}\mathrm{d}x\mathrm{d}y. \end{aligned}$$

又

$$\iint_S \mathrm{e}^{-x^2-y^2}\mathrm{d}x\mathrm{d}y = \int_0^R \mathrm{e}^{-x^2}\mathrm{d}x\int_0^R \mathrm{e}^{-y^2}\mathrm{d}y = \left(\int_0^R \mathrm{e}^{-x^2}\mathrm{d}x\right)^2,$$

由例4.2.10 的结果可得

$$\iint_{D_1}\mathrm{e}^{-x^2-y^2}\mathrm{d}x\mathrm{d}y = \frac{\pi}{4}(1-\mathrm{e}^{-R^2}),$$

$$\iint_{D_2}\mathrm{e}^{-x^2-y^2}\mathrm{d}x\mathrm{d}y = \frac{\pi}{4}(1-\mathrm{e}^{-2R^2}),$$

于是上面的不等式可改写为

$$\frac{\pi}{4}(1-e^{-R^2}) < \left(\int_0^R e^{-x^2}dx\right)^2 < \frac{\pi}{4}(1-e^{-2R^2}).$$

令$R\to+\infty$, 上式两边同趋于$\frac{\pi}{4}$, 从而可得

$$\int_0^{+\infty} e^{-x^2}dx = \frac{\sqrt{\pi}}{2}.$$

例 4.2.12 求位于双纽线$r^2=2a^2\sin(2\theta)$内部和圆$r=a(a>0)$ 外部那部分区域的面积.

解 如图4.2.19所示, 由对称性, 只需考虑第一象限内的部分. 设区域在第一象限的部分为D, 则所求面积为

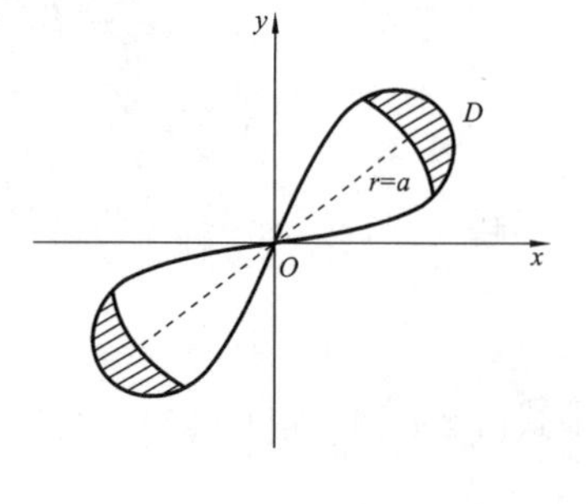

图4.2.19

$$A=2\iint_D d\sigma.$$

由$2a^2\sin(2\theta)=a^2$ 解出两曲线的交点对应的极角为$\theta=\frac{\pi}{12}$和$\theta=\frac{5\pi}{12}$. 因此区域D可表示为

$$\frac{\pi}{12}\leqslant\theta\leqslant\frac{5\pi}{12}, a\leqslant r\leqslant\sqrt{2a^2\sin(2\theta)}.$$

故所求面积

$$\begin{aligned}A &= 2\iint_D d\sigma = 2\iint_D r dr d\theta = 2\int_{\pi/12}^{5\pi/12}d\theta\int_a^{\sqrt{2a^2\sin(2\theta)}} r dr\\ &= \int_{\pi/12}^{5\pi/12}(2a^2\sin(2\theta)-a^2)d\theta = \frac{3\sqrt{3}-\pi}{3}a^2.\end{aligned}$$

例 4.2.13 计算 $I=\iint_D(x^2+y^2)d\sigma$, 其中 D 为椭圆 $\frac{x^2}{a^2}+\frac{y^2}{b^2}\leqslant 1(a>0,b>0)$.

解 积分区域是椭圆, 如果直接采用极坐标变换, 积分区域D的边界曲线方程比较复杂, 积分难以计算. 为使积分区域的边界曲线方程较简单, 我们采用**广义极坐标变换**:

$$x=ar\cos\theta,\ y=br\sin\theta \quad (0\leqslant r<+\infty,\ 0\leqslant\theta\leqslant 2\pi),$$

则区域D变换为矩形区域$D'=\{(r,\theta)|0\leqslant r\leqslant 1, 0\leqslant\theta\leqslant 2\pi\}$, 且有

$$d\sigma=|J|drd\theta=\left|\frac{\partial(x,y)}{\partial(r,\theta)}\right|drd\theta=\left\|\begin{matrix}a\cos\theta & -br\sin\theta\\ a\sin\theta & br\cos\theta\end{matrix}\right\|drd\theta=abrdrd\theta,$$

从而由式(4.2.17)和式(4.2.21)可得

$$\begin{aligned}I &= \iint_{D'}(a^2r^2\cos^2\theta+b^2r^2\cos^2\theta)ab\ rdrd\theta\\ &= ab\int_0^{2\pi}(a^2\cos^2\theta+b^2\sin^2\theta)d\theta\int_0^1 r^3dr=\frac{\pi}{4}ab(a^2+b^2).\end{aligned}$$

习题 4.2

(A)

4.2.1 计算下列二重积分:

(1) $\iint_D \sqrt{x+y}\mathrm{d}\sigma,\ D: 0 \leqslant x \leqslant 1,\ 0 \leqslant y \leqslant 2$;

(2) $\iint_D y\mathrm{e}^{xy}\mathrm{d}\sigma,\ D: 0 \leqslant x \leqslant 1, -1 \leqslant y \leqslant 0$;

(3) $\iint_D (5x^2+1)\sin(3y)\mathrm{d}\sigma,\ D: -1 \leqslant x \leqslant 1,\ 0 \leqslant y \leqslant \dfrac{\pi}{3}$;

(4) $\iint_D (2x+3y)^2\mathrm{d}\sigma$, 其中$D$是以$(-1,0)$,$(0,1)$和$(1,0)$为顶点的三角形区域;

(5) $\iint_D \dfrac{x^2}{y^2}\mathrm{d}\sigma$, 其中$D$是由$y=2, y=x, xy=1$所围区域;

(6) $\iint_D \sqrt{1-\sin^2(x+y)}\mathrm{d}\sigma,\ D: 0 \leqslant x \leqslant \pi, 0 \leqslant y \leqslant \pi$;

(7) $\iint_D \operatorname{sgn}(xy-1)\mathrm{d}\sigma,\ D: 0 \leqslant x \leqslant 2, 0 \leqslant y \leqslant 2$;

(8) $\iint_D \dfrac{x\sin y}{y}\mathrm{d}\sigma$, D是由$y=x$及$y=x^2$所围区域.

4.2.2 交换下列累次积分的次序:

(1) $\int_0^1 \mathrm{d}x \int_{x^2}^{x} f(x,y)\mathrm{d}y$; (2) $\int_0^{\pi} \mathrm{d}x \int_{-\sin(x/2)}^{\sin x} f(x,y)\mathrm{d}y$;

(3) $\int_1^2 \mathrm{d}x \int_{1/x}^{x} f(x,y)\mathrm{d}y$;

(4) $\int_0^{a/2} \mathrm{d}x \int_{\sqrt{a^2-2ax}}^{\sqrt{a^2-x^2}} f(x,y)\mathrm{d}y + \int_{a/2}^{a} \mathrm{d}x \int_0^{\sqrt{a^2-x^2}} f(x,y)\mathrm{d}y (a>0)$.

4.2.3 计算下列累次积分:

(1) $\int_0^1 \mathrm{d}y \int_{2y}^{2} 4\cos(x^2)\mathrm{d}x$; (2) $\int_0^1 \mathrm{d}y \int_{y/2}^{1} \mathrm{e}^{x^2}\mathrm{d}x$;

(3) $\int_0^8 \mathrm{d}y \int_{\sqrt[3]{y}}^{2} \dfrac{1}{x^4+1}\mathrm{d}x$; (4) $\int_0^1 \mathrm{d}y \int_{\sqrt[3]{y}}^{1} \dfrac{2\pi\sin(\pi x^2)}{x^2}\mathrm{d}x$.

4.2.4 求$\iint_D |y-x^2|\mathrm{d}\sigma$, 其中$D: -1 \leqslant x \leqslant 1,\ 0 \leqslant y \leqslant 1$.

4.2.5 求 $\iint_D |xy|\mathrm{d}\sigma$, 其中$D: x^2+y^2 \leqslant a^2 (a>0)$.

4.2.6 利用对称性求下列积分:

(1) $\iint_D y(1+x\mathrm{e}^{\sqrt{x^2+y^2}})\mathrm{d}x\mathrm{d}y$, 其中D是由$y=x, y=-1$及$x=1$所围区域;

(2) $\iint_D \frac{a\sqrt{f(x)}+b\sqrt{f(y)}}{\sqrt{f(x)}+\sqrt{f(y)}}\mathrm{d}x\mathrm{d}y$，其中$D: x^2+y^2 \leqslant 4,\ x \geqslant 0,\ y \geqslant 0$; a,b为常数, $f(x)>0$且在D内连续;

(3) $\iint_D (\frac{x^2}{a^2}+\frac{y^2}{b^2})\mathrm{d}x\mathrm{d}y$, 其中$D: x^2+y^2 \leqslant R^2\ (R>0)$；

(4) $\iint_D \mathrm{e}^{\max\{x^2,y^2\}}\mathrm{d}x\mathrm{d}y$，其中$D=\{(x,y)|0 \leqslant x \leqslant 1,\ 0 \leqslant y \leqslant 1\}$.

4.2.7 计算 $\iint_D x(1+yf(x^2+y^2))\mathrm{d}\sigma$，其中$D$是由$y=x^3,\ y=1,\ x=-1$所围区域, f是连续函数.

4.2.8 利用极坐标计算下列二重积分:

(1) $\iint_D (x^2+y^2)\mathrm{d}\sigma, D: x^2+y^2 \leqslant 1, x^2+y^2 \leqslant 2y$;

(2) $\iint_D |x^2+y^2-1|\mathrm{d}\sigma, D: x^2+y^2 \leqslant 4$;

(3) $\iint_D \ln(1+x^2+y^2)\mathrm{d}\sigma$，$D: x^2+y^2 \leqslant 1, x \geqslant 0, y \geqslant 0$;

(4) $\iint_D \arctan\frac{y}{x}\mathrm{d}\sigma$，$D: 1 \leqslant x^2+y^2 \leqslant 4, 0 \leqslant y \leqslant x$;

(5) $\iint_D (x+y)\mathrm{d}\sigma$，$D: x^2+y^2 \leqslant x+y$;

(6) $\iint_D (x^2+y^2)\mathrm{d}\sigma$，$D: (x^2+y^2)^2 \leqslant 2a^2(x^2-y^2)(a>0)$.

4.2.9 将累次积分$I=\int_0^1 \mathrm{d}x\int_{1-x}^{\sqrt{1-x^2}} f(x^2+y^2)\mathrm{d}y$ 化为极坐标系中的累次积分.

4.2.10 求心形线$r=a(1+\cos\theta)$ 与圆$r=2a\cos\theta(a>0)$ 所围公共部分的面积.

4.2.11 求下列各组曲面所围立体的体积:

(1) $z=x^2+y^2,\ y=x^2,\ y=1,\ z=0$;

(2) $z=\sqrt{x^2+y^2},\ x^2+y^2=2ax\ (a>0), z=0$.

4.2.12 计算 $I=\iint_D \mathrm{e}^{\max\{b^2x^2,a^2y^2\}}\mathrm{d}x\mathrm{d}y$, $D: 0 \leqslant x \leqslant a, 0 \leqslant y \leqslant b(a>0, b>0)$.

4.2.13 证明下列等式成立:

$$I=\int_0^x\int_0^u \mathrm{e}^{m(x-t)}f(t)\mathrm{d}t\mathrm{d}u=\int_0^x (x-t)\mathrm{e}^{m(x-t)}f(t)\mathrm{d}t.$$

4.2.14 设函数$f(x)$在区间$[0,1]$上连续, 并设$\int_0^1 f(x)\mathrm{d}x=A$, 求$\int_0^1 \mathrm{d}x\int_x^1 f(x)f(y)\mathrm{d}y$.

4.2.15 设$f(x)$在$[a,b]$上连续, 试利用二重积分证明

$$\left[\int_a^b f(x)\mathrm{d}x\right]^2 \leqslant (a-b)\int_a^b f^2(x)\mathrm{d}x.$$

4.2.16 设$f(x,y)$是连续函数, $D: x^2+y^2\leqslant\rho^2$, 求

$$\lim_{\rho\to 0^+}\frac{1}{\pi\rho}\iint_D f(x,y)\mathrm{d}\sigma.$$

4.2.17 设f是连续函数, $D: x^2+y^2\leqslant t^2$, $F(t)=\iint_D f(x,y)\mathrm{d}\sigma$, 求$F'(t)$.

4.2.18 设$D: x^2+y^2\leqslant 1$, 计算二重积分$I=\iint_D |x^2+y^2-x-y|\mathrm{d}\sigma$.

4.2.19 设$f(x,y)$是$D: x^2+y^2\leqslant 1$上的二次连续可微函数, 满足$\dfrac{\partial^2 f}{\partial x^2}+\dfrac{\partial^2 f}{\partial y^2}=x^2y^2$, 计算积分

$$I=\iint_D\Big(\frac{x}{\sqrt{x^2+y^2}}\frac{\partial f}{\partial x}+\frac{y}{\sqrt{x^2+y^2}}\frac{\partial f}{\partial y}\Big)\mathrm{d}\sigma.$$

4.2.20 设$D: 0\leqslant x\leqslant 1, 0\leqslant y\leqslant 1$. $I=\iint_D f(x,y)\mathrm{d}x\mathrm{d}y$, 其中函数$f(x,y)$在$D$上有连续的二阶偏导数. 若对任意$x,y$有$f(x,0)=f(0,y)=0$, 且$\dfrac{\partial^2 f}{\partial x\partial y}\leqslant A$. 证明: $I\leqslant\dfrac{A}{4}$.

(B)

4.2.1 计算二重积分 $\iint_D y^2\mathrm{d}\sigma$, 其中D是x轴与摆线$\begin{cases} x=a(t-\sin t), \\ y=a(1-\cos t) \end{cases}$ $(0\leqslant t\leqslant 2\pi,\ a>0)$ 所围区域.

4.2.2 试求曲线$(a_1x+b_1y+c_1)^2+(a_2x+b_2y+c_2)^2=1$ $(a_1b_2-a_2b_1\neq 0)$ 所围区域的面积.

4.2.3 求由抛物线 $y^2=px,\ y^2=qx\ (0<p<q)$以及双曲线$xy=a,\ xy=b\ (0<a<b)$ 所围区域的面积.

4.2.4 设$f(x,y)$为连续函数, 且$f(x,y)=f(y,x)$, 证明

$$\int_0^1\mathrm{d}x\int_0^x f(x,y)\mathrm{d}y=\int_0^1\mathrm{d}x\int_0^x f(1-x,1-y)\mathrm{d}y.$$

4.2.5 设f为连续函数, $D: |x|+|y|\leqslant 1$,证明

$$\iint_D f(x+y)\mathrm{d}x\mathrm{d}y=\int_{-1}^1 f(t)\mathrm{d}t.$$

4.2.6 设f为连续函数, $D: x^2+y^2\leqslant 1$, 且$a^2+b^2\neq 0$, 证明

$$\iint_D f(ax+by+c)\mathrm{d}x\mathrm{d}y=2\int_{-1}^1\sqrt{1-u^2}f(u\sqrt{a^2+b^2}+c)\mathrm{d}u.$$

4.2.7 设D为直线$x+y=1$与两坐标轴所围三角形区域, 计算积分

$$I=\iint_D \frac{(x+y)\ln(1+\frac{y}{x})}{\sqrt{1-x-y}}\mathrm{d}x\mathrm{d}y.$$

4.2.8 设$f(x,y)$在$D:x^2+y^2\leqslant 1$上有连续的二阶偏导数, 且$f_{xx}^2+2f_{xy}^2+f_{yy}^2\leqslant M$. 若$f(0,0)=0$, $f_x(0,0)=f_y(0,0)=0$, 证明

$$\left|\iint_D f(x,y)\mathrm{d}x\mathrm{d}y\right|\leqslant \frac{\pi\sqrt{M}}{4}.$$

4.3 三重积分的计算

在4.1节中我们已经知道, 三元函数 $u=f(x,y,z)$ 在空间有界闭区域 V 上的三重积分就是下列和式极限:

$$\iiint_V f(x,y,z)\mathrm{d}V=\lim_{\lambda\to 0}\sum_{i=1}^{n} f(\xi_i,\eta_i,\zeta_i)\Delta V_i.$$

而且当 $f(x,y,z)$在V上连续时, 三重积分一定存在. 不特别申明的话, 今后我们总假定V为空间有界闭区域, 被积函数$f(x,y,z)$在V上连续. 与二重积分的计算类似, 可将三重积分化为累次积分(三次定积分)来计算. 本节分别介绍在直角坐标系、柱面坐标系和球面坐标系下三重积分的计算方法.

4.3.1 直角坐标系下三重积分的计算

在直角坐标系中,如果用平行于坐标面的面去划分积分区域V, 则除了包含V的边界点的一些不规则的小闭区域外, 得到的小闭区域是一些长方体, 其边长分别为$\Delta x,\Delta y,\Delta z$, 其体积为$\Delta V=\Delta x\Delta y\Delta z$. 因此在直角坐标系中, 也把体积微元表示为

$$\mathrm{d}V=\mathrm{d}x\mathrm{d}y\mathrm{d}z,$$

从而三重积分也记为

$$\iiint_V f(x,y,z)\mathrm{d}V=\iiint_V f(x,y,z)\mathrm{d}x\mathrm{d}y\mathrm{d}z.$$

在直角坐标系下计算三重积分通常又有两个次序, 即“先一后二”法(先算一个定积分,再算一个二重积分)和“先二后一”法(先算一个二重积分,再算一个定积分).

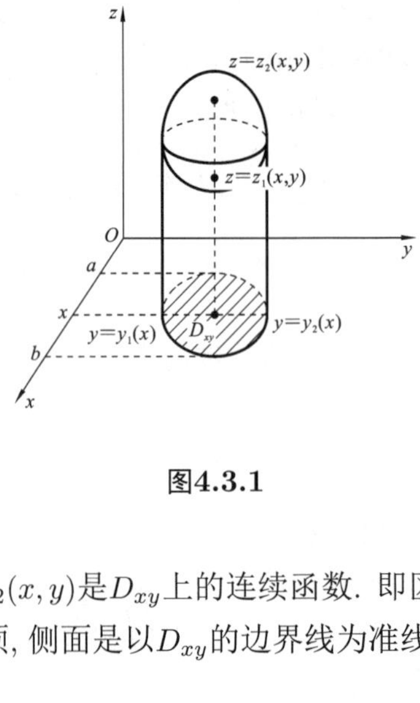

1. “先一后二”法

“先一后二”法又称**“坐标面投影”法**. 设积分区域V可表为

图4.3.1

$$V=\{(x,y,z)|z_1(x,y)\leqslant z\leqslant z_2(x,y),\ (x,y)\in D_{xy}\},$$

其中D_{xy}是V在Oxy平面的投影区域(见图4.3.1), 且$z_1(x,y)$和$z_2(x,y)$是D_{xy}上的连续函数. 即区域V是以曲面$S_1:z=z_1(x,y)$为底, 以曲面$S_2:z=z_2(x,y)$为顶, 侧面是以D_{xy}的边界线为准线,

母线平行于z轴的柱面所围的立体. 我们称这种类型的空间区域为xy-**型区域**. 其特点是任一条平行于z轴且穿过该区域内部的直线与区域的边界曲面相交不多于两点(见图4.3.1).

下面给出三重积分的计算公式.

在D_{xy}内任取一点(x,y), 过(x,y)作一直线平行于z轴, 该直线通过曲面S_1 穿入V 的内部, 再通过曲面S_2 穿出v外, 穿入点与穿出点的竖坐标分别为$z_1(x,y)$ 和$z_2(x,y)$. 先固定点(x,y), 将被积函数$f(x,y,z)$ 只看做z的函数, 在区间$[z_1(x,y),z_2(x,y)]$ 上对z 作定积分, 积分的结果是x,y的函数, 记为$F(x,y)$, 即

$$F(x,y)=\int_{z_1(x,y)}^{z_2(x,y)}f(x,y,z)\mathrm{d}z.$$

再将点(x,y)看作动点, 在D_{xy}内计算$F(x,y)$的二重积分, 即得

$$\iiint_V f(x,y,z)\mathrm{d}V=\iint_{D_{xy}}F(x,y)\mathrm{d}\sigma=\iint_{D_{xy}}\left[\int_{z_1(x,y)}^{z_2(x,y)}f(x,y,z)\mathrm{d}z\right]\mathrm{d}\sigma. \tag{4.3.1}$$

这样, 就把三重积分化成了定积分与二重积分的累次积分, 这种积分顺序简称为“先一后二”. 上述公式又常记为

$$\iiint_V f(x,y,z)\mathrm{d}V=\iint_{D_{xy}}\mathrm{d}\sigma\int_{z_1(x,y)}^{z_2(x,y)}f(x,y,z)\mathrm{d}z. \tag{4.3.2}$$

在计算式(4.3.2)中内层的定积分时, 把x 与 y 视为常数, 积分变量是 z, 求出原函数后根据Newton-Leibnitz 公式, 把 z 用上下限代入, 从而得到一个关于x,y的二元函数, 再按第二节中所讲的方法计算二重积分. 如若平面区域D_{xy}是 x-型区域, 可表为

$$D_{xy}=\{(x,y)|y_1(x)\leqslant y\leqslant y_2(x),a\leqslant x\leqslant b\},$$

则积分区域V又可具体表示为

$$V=\{(x,y,z)|z_1(x,y)\leqslant z\leqslant z_2(x,y),\ y_1(x)\leqslant y\leqslant y_2(x),\ a\leqslant x\leqslant b\},$$

于是式(4.3.2)又可进一步写为

$$\iiint_V f(x,y,z)\mathrm{d}V=\int_a^b\mathrm{d}x\int_{y_1(x)}^{y_2(x)}\mathrm{d}y\int_{z_1(x,y)}^{z_2(x,y)}f(x,y,z)\mathrm{d}z. \tag{4.3.3}$$

这样, 就把三重积分化为先对z再对y后对x积分的三次积分了.

若平行于x轴或y轴且穿过区域V的直线与V的边界曲面相交不多于两点, 可类似定义yz-**型区域**和zx-**型区域**, 上面的计算公式有相应的结果, 读者可自行写出其他次序的三次积分公式.

若区域V不是上述三种类型的区域, 则应适当地将区域V分成若干小区域, 使得各小区域是上述三种类型之一, 以便应用式(4.3.3)或类似公式.

2. “先二后一”法

“先二后一”法又称**“坐标轴投影”法**或**“截面”法**, 是先计算一个二重积分, 再计算一个定积分.

设区域V在z轴上的投影是区间$[a,b]$, 即V介于平面$z=a$和$z=b$之间. 任取一点$z\in[a,b]$, 过z作平面垂直于z轴, 该平面截V所得截面为D_z(见图4.3.2). 则V可表示为

$$V=\{(x,y,z)|(x,y)\in D_z,\ a\leqslant z\leqslant b\}.$$

于是有

$$\iiint_V f(x,y,z)\mathrm{d}V = \int_a^b \mathrm{d}z\iint_{D_z} f(x,y,z)\mathrm{d}x\mathrm{d}y. \qquad (4.3.4)$$

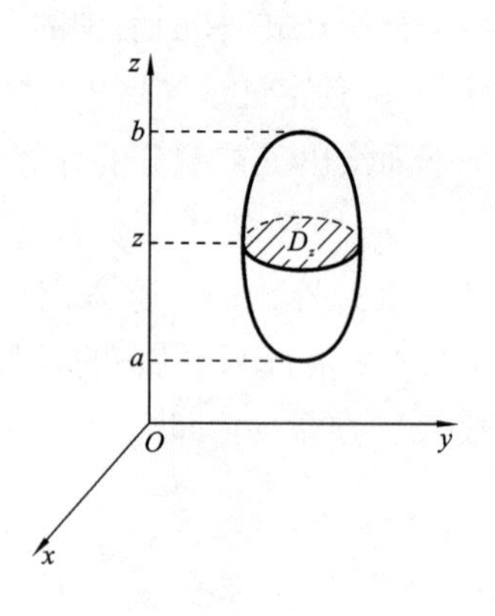

图4.3.2

在计算上述积分时, 先把z看作常数, 在D_z上计算$f(x,y,z)$关于变量x,y的二重积分, 其结果是z的函数, 然后再在$[a,b]$上计算关于z的定积分.

若将区域V分别投影到x轴和y轴上, 可得类似于式(4.3.4)的另外两个公式, 读者可自行写出.

“先二后一”法尤其适用于以下情形:

(1) 区域D_z的截面积容易通过几何方法算出;

(2) 被积函数$f(x,y,z)$对x,y的依赖关系比较简单, 或f与x,y无关.

例 4.3.1　计算积分 $I=\iiint_V x\mathrm{d}x\mathrm{d}y\mathrm{d}z$, 其中积分区域$V$是由坐标 $x=0,\ y=0,\ z=0$ 和平面 $x+y+z=1$ 所围立体.

解　积分域 V 如图4.3.3所示. 容易看出 V 在 Oxy 平面上的投影区域 D_{xy} 为三角形区域:

$$D_{xy}=\{(x,y)|x+y\leqslant 1,\ x\geqslant 0,\ y\geqslant 0\}.$$

于是由式(4.3.1)得

$$\begin{aligned} I &= \iint_{D_{xy}}\Big(\int_0^{1-x-y} x\mathrm{d}z\Big)\mathrm{d}\sigma \\ &= \iint_{D_{xy}} x(1-x-y)\mathrm{d}\sigma \\ &= \int_0^1\mathrm{d}x\int_0^{1-x} x(1-x-y)\mathrm{d}y=\frac{1}{24}. \end{aligned}$$

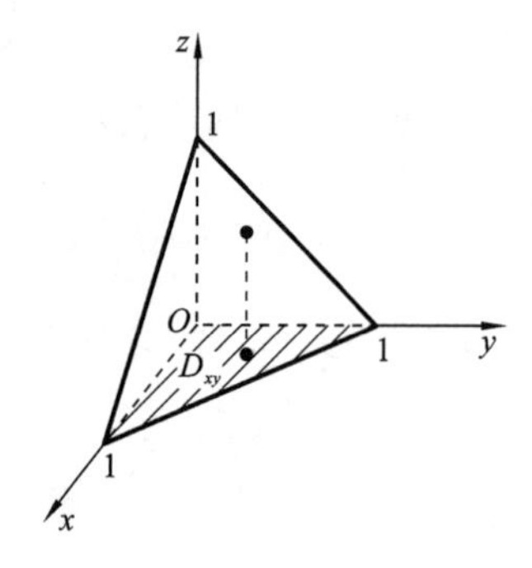

图4.3.3

例 4.3.2　将三重积分$I=\iiint_V f(x,y,z)\mathrm{d}V$化为三次积分, 其中积分区域$V$是由曲面$y=x^2+z^2,\ y=0,\ z=1,\ z=x^2,\ x=0$所围立体.

解　将V投影到Oxz面上, 得投影区域

$$D_{xz}=\{(x,z)|x^2\leqslant z\leqslant 1,\ 0\leqslant x\leqslant 1\}.$$

过D_{xz}内任一点(x,z)作平行于y轴的直线, 此直线与V的表面只有两个交点, 因而可将V表示成xz-型区域:

$$V=\{(x,y,z)|0\leqslant y\leqslant x^2+z^2,\ x^2\leqslant z\leqslant 1,\ 0\leqslant x\leqslant 1\}.$$

于是, 类似于式(4.3.2), 可得

$$\begin{aligned}I&=\iint_{D_{xz}}\Big(\int_0^{x^2+z^2}f(x,y,z)\mathrm{d}y\Big)\mathrm{d}x\mathrm{d}z\\&=\int_0^1\mathrm{d}x\int_{x^2}^1\mathrm{d}z\int_0^{x^2+z^2}f(x,y,z)\mathrm{d}y.\end{aligned}$$

例 4.3.3 计算$I=\iiint_V z^2\mathrm{d}V$, 其中$V=\left\{(x,y,z)\Big|\dfrac{x^2}{a^2}+\dfrac{y^2}{b^2}+\dfrac{z^2}{c^2}\leqslant 1\right\}$.

解 采用"先二后一"法计算该积分. 将V向z轴投影, 可将V表示为

$$V=\left\{(x,y,z)\Big|\frac{x^2}{a^2}+\frac{y^2}{b^2}\leqslant 1-\frac{z^2}{c^2},\ -c\leqslant z\leqslant c\right\}.$$

由式(4.3.4)可得

$$I=\int_{-c}^{c}\mathrm{d}z\iint_{D_z}z^2\mathrm{d}\sigma=\int_{-c}^{c}\Big(z^2\iint_{D_z}\mathrm{d}\sigma\Big)\mathrm{d}z,$$

其中 D_z 为椭球体V被平行于 Oxy 平面的平面所截得的截面, 它是一个椭圆

$$D_z=\left\{(x,y)\Big|\frac{x^2}{a^2(1-\frac{z^2}{c^2})}+\frac{y^2}{b^2(1-\frac{z^2}{c^2})}\leqslant 1\right\},\quad -c\leqslant z\leqslant c$$

其面积为

$$\iint_{D_z}\mathrm{d}\sigma=\pi ab\big(1-\frac{z^2}{c^2}\big).$$

于是

$$I=\int_{-c}^{c}\pi ab\big(1-\frac{z^2}{c^2}\big)z^2\mathrm{d}z=\frac{4}{15}\pi abc^3.$$

4.3.2 柱面坐标系和球面坐标系下三重积分的计算

1. 三重积分的换元法

与二重积分类似, 三重积分也有一般的换元公式. 通过适当的变量代换可将某些三重积分的计算变得十分简单.

定理 设变换

$$T:x=x(u,v,w),\quad y=y(u,v,w),\quad z=z(u,v,w)\tag{4.3.5}$$

将空间$Ouvw$中的有界闭区域V'一一地变换到空间$Oxyz$中的有界闭区域V, 并设函数$x=x(u,v,w)$, $y=y(u,v,w)$, $z=z(u,v,w)$ 在V'上有一阶连续偏导数, 且Jacobi行列式

$$J=\frac{\partial(x,y,z)}{\partial(u,v,w)}=\begin{vmatrix}x_u&x_v&x_w\\y_u&y_v&y_w\\z_u&z_v&z_w\end{vmatrix}\neq 0,\quad (u,v,w)\in V'.\tag{4.3.6}$$

若$f(x,y,z)$在V上连续, 则有换元公式:

$$\iiint_V f(x,y,z)\mathrm{d}V = \iiint_{V'} f[x(u,v,w),y(u,v,w),z(u,v,w)]\left|J(u,v,w)\right| \mathrm{d}u\mathrm{d}v\mathrm{d}w. \tag{4.3.7}$$

式(4.3.7)称为**三重积分的换元公式**, 其证明从略. 但要注意, 若Jacobi行列式只在V'的有限个点、有限条曲线或有限块曲面上为零, 式(4.3.7)仍然成立. 用u,v,w表示的体积微元公式为

$$\mathrm{d}x\mathrm{d}y\mathrm{d}z = \left|J(u,v,w)\right| \mathrm{d}u\mathrm{d}v\mathrm{d}w. \tag{4.3.8}$$

例 4.3.4 计算 $I = \iiint_V (x+y+z)\cos(x+y+z)^2\mathrm{d}V$, 其中

$$V = \{(x,y,z)|0 \leqslant x-y \leqslant 1,\ 0 \leqslant x-z \leqslant 1,\ 0 \leqslant x+y+z \leqslant 1\}.$$

解 为了使积分域 V 变得简单, 作坐标变换:

$$\begin{cases} u = x-y, \\ v = x-z, \\ w = x+y+z, \end{cases}$$

则区域V变为$V' = \{(u,v,w)|0 \leqslant u \leqslant 1,\ 0 \leqslant v \leqslant 1,\ 0 \leqslant w \leqslant 1\}$. 因为

$$\frac{\partial(u,v,w)}{\partial(x,y,z)} = \begin{vmatrix} 1 & -1 & 0 \\ 1 & 0 & -1 \\ 1 & 1 & 1 \end{vmatrix} = 3,$$

所以

$$J(u,v,w) = \frac{\partial(x,y,z)}{\partial(u,v,w)} = \frac{1}{3}.$$

于是由式(4.3.7)得

$$\begin{aligned} I &= \iiint_{V'} w\cos(w^2)\left|\frac{\partial(x,y,z)}{\partial(u,v,w)}\right| \mathrm{d}u\mathrm{d}v\mathrm{d}w = \frac{1}{3}\iiint_{V'} w\cos(w^2)\ \mathrm{d}u\mathrm{d}v\mathrm{d}w \\ &= \int_0^1 \mathrm{d}u\int_0^1 \mathrm{d}v\int_0^1 \frac{1}{3}w\cos(w^2)\ \mathrm{d}w = \frac{1}{6}\sin 1. \end{aligned}$$

下面介绍最常用的两种换元公式, 它们可看作式(4.3.7)的特例.

2. 柱面坐标系下三重积分的计算

设$M(x,y,z)$为空间直角坐标系$Oxyz$中的一点, 并设M在Oxy平面上的投影M'的极坐标为(r,θ), 则(r,θ,z)称为点M的**柱面坐标**(见图4.3.4), 相应的坐标系称为**柱面坐标系**. 这里规定$r,\ \theta,\ z$的变化范围为

$$0 \leqslant r < \infty,\ 0 \leqslant \theta \leqslant 2\pi,\ -\infty < z < +\infty.$$

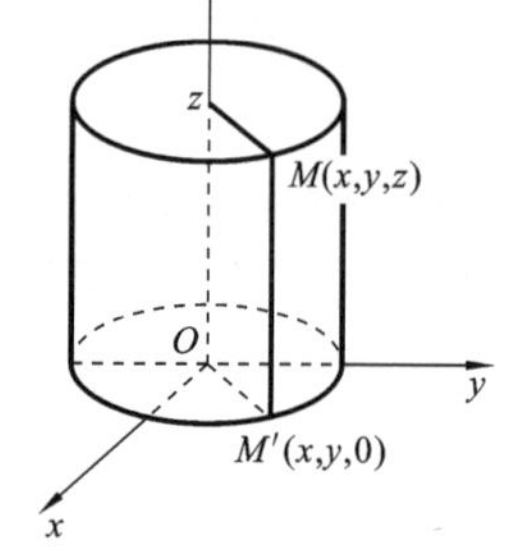

图4.3.4

作坐标变换

$$\begin{cases} x = r\cos\theta, \\ y = r\sin\theta, \\ z = z. \end{cases} \tag{4.3.9}$$

上述变换的Jacobi行列式为

$$J(r,\theta,z) = \frac{\partial(x,y,z)}{\partial(r,\theta,z)} = \begin{vmatrix} \cos\theta & -r\sin\theta & 0 \\ \sin\theta & r\cos\theta & 0 \\ 0 & 0 & 1 \end{vmatrix} = r, \tag{4.3.10}$$

从而由式(4.3.7)知, 三重积分在坐标变换式(4.3.9)下的换元公式为

$$\iiint_V f(x,y,z)\mathrm{d}V = \iiint_{V'} f[x(r,\theta,z), y(r,\theta,z), z(r,\theta,z)]r\mathrm{d}r\mathrm{d}\theta\mathrm{d}z, \tag{4.3.11}$$

其中V'为V在坐标变换式(4.3.9)下的原象.

坐标变换式(4.3.9)把空间直角坐标系$Oxyz$中的点$M(x,y,z)$映射到柱面坐标系$Or\theta z$中的点(r,θ,z), 称为**柱面坐标变换**.

与极坐标变换一样, 柱面坐标变换不是一一变换, 并且当$r=0$时, $J=0$, 但式(4.3.11)仍然是成立的.

在柱面坐标系中坐标r,θ,z的几何意义为: 用三组平面$r=$常数, $\theta=$常数, $z=$常数分割V'时, 变换后在直角坐标系中, $r=$常数, 表示以z轴为对称轴的圆柱面, $\theta=$常数, 表示过z轴的半平面, $z=$常数, 表示垂直于z轴的平面(见图4.3.5). 点$M(x,y,z)$是这三个曲面的交点. 点(r,θ,z)处的微元体可近似看作三边分别为$\mathrm{d}r, r\mathrm{d}\theta, \mathrm{d}z$的长方体, 在式(4.3.11)中对应的体积微元是

$$\mathrm{d}V = r\mathrm{d}r\mathrm{d}\theta\mathrm{d}z. \tag{4.3.12}$$

如果积分区域 V 在 Oxy 平面上的投影区域为 D, 且 V 的边界曲面关于 z 被分成两个单值曲面 $z=z_1(x,y)$, $z=z_2(x,y)$, $(x,y)\in D$, 那么把式(4.3.11)右端的三重积分化成对 z 的定积分和关于 σ 的二重积分的累次积分得

$$\iiint_{V'} f(r\cos\theta, r\sin\theta, z)r\mathrm{d}r\mathrm{d}\theta\mathrm{d}z = \iint_D r\mathrm{d}r\mathrm{d}\theta \int_{z_1(r\cos\theta, r\sin\theta)}^{z_2(r\cos\theta, r\sin\theta)} f(r\cos\theta, r\sin\theta, z)\mathrm{d}z. \tag{4.3.13}$$

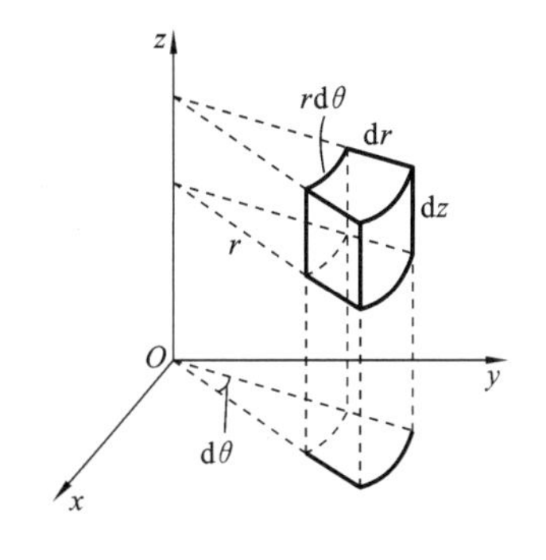

图4.3.5

在柱面坐标下计算三重积分, 实际上就是先对 z 求定积分再在 D 上用极坐标计算二重积分.

进一步地, 若V在柱面坐标系下可表示为

$$V' = \{(r,\theta,z)|z_1(r,\theta) \leqslant z \leqslant z_2(r,\theta),\ r_1(\theta) \leqslant r \leqslant r_2(\theta),\ \alpha \leqslant \theta \leqslant \beta\}, \tag{4.3.14}$$

则可把三重积分化为先对z再对r后对θ积分的三次积分:

$$\iiint_{V'} f(r\cos\theta, r\sin\theta, z)r\mathrm{d}r\mathrm{d}\theta\mathrm{d}z = \int_\alpha^\beta \mathrm{d}\theta \int_{r_1(\theta)}^{r_2(\theta)} r\mathrm{d}r \int_{z_1(r,\theta)}^{z_2(r,\theta)} f(r\cos\theta, r\sin\theta, z)\mathrm{d}z. \tag{4.3.15}$$

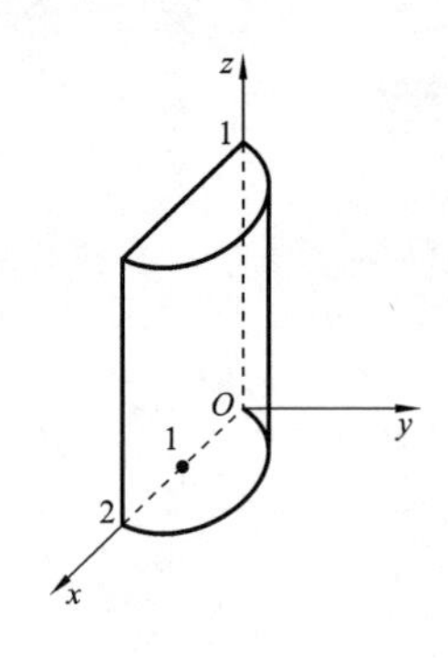

图4.3.6

一般地, 当三重积分的积分区域为旋转体, 它在坐标面上的投影区域的边界曲线与圆有关, 或边界曲线方便用极坐标表示, 或被积函数f中含有x^2+y^2, y^2+z^2, z^2+x^2, x/y等之一者, 用柱坐标计算该积分比较方便.

例 4.3.5 计算$I=\iiint_V z\sqrt{x^2+y^2}\mathrm{d}V$, 其中$V$为半圆柱面$x^2+y^2-2x=0\ (y\geqslant 0)$和平面$y=0$, $z=0$, $z=1$所围区域.

解 易知积分区域如图4.3.6所示, 用柱面坐标表示为

$$V'=\{(r,\theta,z)|0\leqslant z\leqslant 1,0\leqslant r\leqslant 2\cos\theta,0\leqslant\theta\leqslant\pi/2\}.$$

从而有

$$\begin{aligned}\iiint_{V'} z\sqrt{x^2+y^2}\,\mathrm{d}V &= \iiint_{V'} zr^2\mathrm{d}r\mathrm{d}\theta\mathrm{d}z\\ &= \int_0^{\pi/2}\mathrm{d}\theta\int_0^{2\cos\theta} r^2\mathrm{d}r\int_0^1\mathrm{d}z=\frac{8}{9}.\end{aligned}$$

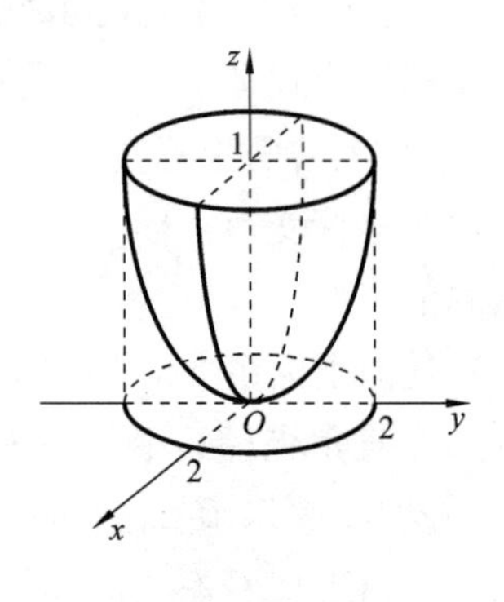

图4.3.7

例 4.3.6 计算 $I=\iiint_V(x^2+y^2)\mathrm{d}V$, 其中 V 由曲面$x^2+y^2=4z$ 与平面$z=1$所围成.

解 积分区域 V 如图4.3.7所示. 两曲面的交线方程为

$$\begin{cases}x^2+y^2=4z,\\ z=1,\end{cases}$$

区域V 在 Oxy 平面上的投影区域为圆域

$$D=\{(x,y)|x^2+y^2\leqslant 4\}=\{(r,\theta)|0\leqslant\theta\leqslant 2\pi,\ 0\leqslant r\leqslant 2\}.$$

因此用柱面坐标计算比较方便. 在柱面坐标系下, 将 V 的边界曲面方程$x^2+y^2=4z$化为柱面坐标得$z=r^2/4$, 因而可将V表示为

$$V'=\{(r,\theta,z)|r^2/4\leqslant z\leqslant 1,\ 0\leqslant r\leqslant 2,\ 0\leqslant\theta\leqslant 2\pi\}.$$

于是

$$\begin{aligned}I &= \iiint_{V'} r^3\mathrm{d}r\mathrm{d}\theta\mathrm{d}z\\ &= \int_0^{2\pi}\mathrm{d}\theta\int_0^2 r^3\mathrm{d}r\int_{r^2/4}^1\mathrm{d}z\\ &= 2\pi\int_0^2 r^3(1-\frac{r^2}{4})=\frac{8\pi}{3}.\end{aligned}$$

例 4.3.7 把三重积分 $I=\iiint_V f(x,y,z)\mathrm{d}V$ 化为柱面坐标下的累次积分, 其中 V 由锥面 $z=\sqrt{x^2+y^2}$, 圆柱面 $x^2+y^2=2x$ 及平面 $z=0$围成.

解 容易看出, 所围区域V是侧面为柱面 $x^2+y^2=2x$, 顶面为锥面$z=\sqrt{x^2+y^2}$, 底面是V在 Oxy 平面上的投影区域$D_{xy}=\{(x,y)|x^2+y^2\leqslant 2x\}$的一个曲顶柱体. 利用直角坐标和柱面坐标的变换关系式 (4.3.9) 把区域 V 的边界曲面方程化成柱面坐标得

$$z=r,\quad r=2\cos\theta,\quad z=0,$$

因而, 在柱面坐标系下, 区域V可表示为

$$V'=\{(r,\theta,z)|0\leqslant z\leqslant r,0\leqslant r\leqslant 2\cos\theta,-\pi/2\leqslant\theta\leqslant\pi/2\}.$$

于是

$$\begin{aligned}I&=\iiint_{V'}f(r\cos\theta,r\sin\theta,z)r\mathrm{d}r\mathrm{d}\theta\mathrm{d}z\\&=\iint_{\sigma}r\mathrm{d}r\mathrm{d}\theta\int_0^r f(r\cos\theta,r\sin\theta,z)\mathrm{d}z\\&=\int_{-\frac{\pi}{2}}^{\frac{\pi}{2}}\mathrm{d}\theta\int_0^{2\cos\theta}r\mathrm{d}r\int_0^r f(r\cos\theta,r\sin\theta,z)\mathrm{d}z.\end{aligned}$$

3. 球面坐标系下三重积分的计算

空间中的点 $M(x,y,z)$ 还可以用有序数组(r,φ,θ)来确定, 其中r 为M 到原点O 的距离, φ为向量$\overrightarrow{OM}$ 与z 轴正向的夹角, θ 为$\overrightarrow{OM}$ 在Oxy 面上的投影$\overrightarrow{OM'}$ 与x 正向的夹角. (r,φ,θ)称为M的**球面坐标**(见图4.3.8), 相应的坐标系$Or\varphi\theta$称为**球面坐标系**. 这里规定

$$0\leqslant r<+\infty,\quad 0\leqslant\varphi\leqslant\pi,\quad 0\leqslant\theta\leqslant 2\pi.$$

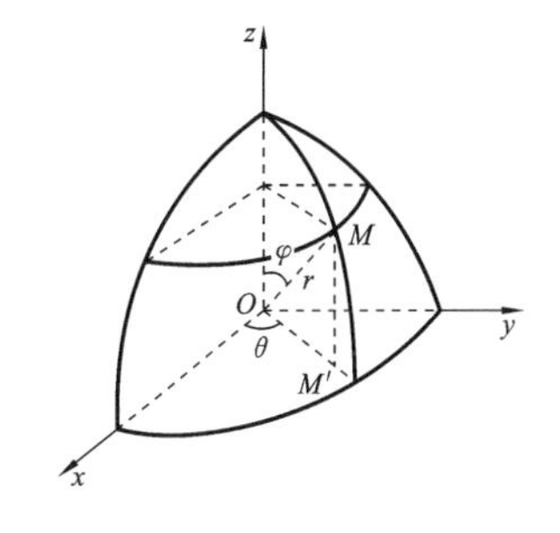

图4.3.8

作变换坐标

$$\begin{cases}x=r\sin\varphi\cos\theta,\\y=r\sin\varphi\sin\theta,\\z=r\cos\varphi,\end{cases}\tag{4.3.16}$$

则上述变换的Jacobi行列式为

$$J(r,\varphi,\theta)=\begin{vmatrix}\sin\varphi\cos\theta & r\cos\varphi\cos\theta & -r\sin\varphi\sin\theta\\ \sin\varphi\sin\theta & r\cos\varphi\sin\theta & -r\sin\varphi\cos\theta\\ \cos\varphi & -r\sin\varphi & 0\end{vmatrix}=r^2\sin\varphi.\tag{4.3.17}$$

于是由式(4.3.7), 三重积分在坐标变换式(4.3.16)下的换元公式为

$$\iiint_V f(x,y,z)\mathrm{d}V=\iiint_{V'}f(r\sin\varphi\cos\theta,r\sin\varphi\sin\theta,r\cos\varphi)r^2\sin\varphi\ \mathrm{d}r\mathrm{d}\varphi\mathrm{d}\theta,\tag{4.3.18}$$

其中V'为V在坐标变换式(4.3.16)下的原象.

球面坐标变换也不是一一变换, 并且当$r=0,\varphi=0$或π时, $J=0$, 但式(4.3.18)也仍然是成立的.

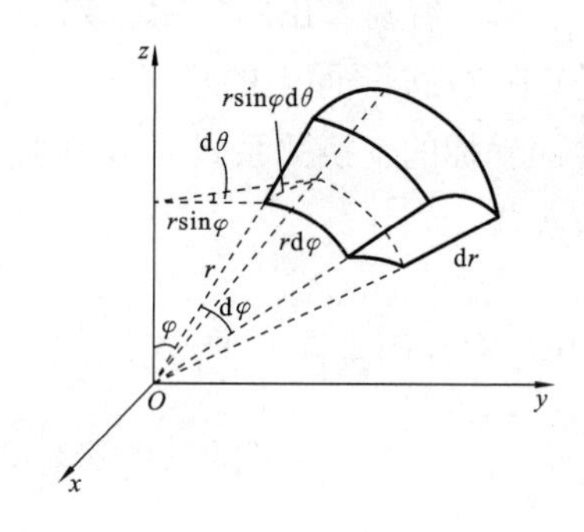

图4.3.9

在球面坐标系中坐标r,φ,θ的几何意义为: 用三组平面$r=$常数, $\varphi=$常数, $\theta=$常数, 分割V'时, 变换后在直角坐标系中, $r=$常数, 表示以原点为球心的球面; $\varphi=$常数, 表示原点为顶点, z轴为对称轴的圆锥面; $\theta=$常数, 表示过z轴的半平面. 点$M(x,y,z)$是这三个曲面的交点. 点(r,φ,θ)处的微元体可近似看作三边分别为$\mathrm{d}r, r\mathrm{d}\varphi, r\sin\varphi\mathrm{d}\theta$的长方体(见图4.3.9), 在公式(4.3.18)中对应的体积微元是

$$\mathrm{d}V=r^2\sin\varphi\ \mathrm{d}r\mathrm{d}\varphi\mathrm{d}\theta. \tag{4.3.19}$$

要计算球坐标变换后式(4.3.18)右端的三重积分, 一般可把它化为先对r再对φ后对θ积分的三次积分.

若V在球面坐标系下可表示为

$$V'=\{(r,\varphi,\theta)|r_1(\varphi,\theta)\leqslant r\leqslant r_2(\varphi,\theta),\ \varphi_1(\theta)\leqslant\varphi\leqslant\varphi_2(\theta),\ \alpha\leqslant\theta\leqslant\beta\}. \tag{4.3.20}$$

则可把三重积分化为三次积分:

$$\begin{aligned}&\iiint_{V'}f(r\sin\varphi\cos\theta,r\sin\varphi\sin\theta,r\cos\varphi)r^2\sin\varphi\ \mathrm{d}r\mathrm{d}\varphi\mathrm{d}\theta\\ =&\int_\alpha^\beta\mathrm{d}\theta\int_{\varphi_1(\theta)}^{\varphi_2(\theta)}\sin\varphi\ \mathrm{d}\varphi\int_{r_1(\varphi,\theta)}^{r_2(\varphi,\theta)}f(r\sin\varphi\cos\theta,r\sin\varphi\sin\theta,r\cos\varphi)r^2\mathrm{d}r.\end{aligned} \tag{4.3.21}$$

一般地, 当三重积分的积分区域V为球心在原点的球体, 或球心在坐标轴上二球面过原点的球体, 或前述球体的一部分, 或顶点在原点对称轴为坐标轴的锥体, 或被积函数f中含有$x^2+y^2+z^2$时, 用球坐标计算该积分比较方便.

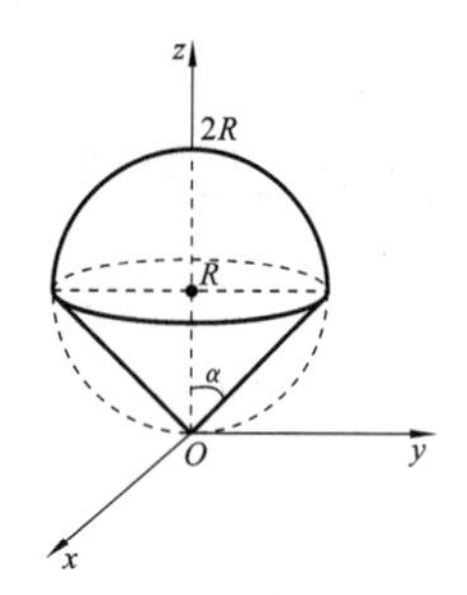

图4.3.10

例 4.3.8 设V为球体$x^2+y^2+z^2\leqslant 2Rz\ (R>0)$和锥体$z\geqslant\sqrt{x^2+y^2}\cot\alpha$所确定的空间区域(见图4.3.10), 求$V$的体积.

解 在球坐标变换下, 所给球面的方程为$r=2R\cos\varphi$, 所给圆锥面的方程为$\varphi=\alpha$. 不难知道, 所给区域 V 可表示为

$$V'=\{(r,\varphi,\theta)|0\leqslant r\leqslant 2R\cos\varphi,\ 0\leqslant\varphi\leqslant\alpha,\ 0\leqslant\theta<2\pi\}.$$

于是区域V的体积为

$$\begin{aligned} V &= \iiint_V \mathrm{d}V = \iiint_{V'} r^2 \sin\varphi \, \mathrm{d}r\mathrm{d}\varphi\mathrm{d}\theta \\ &= \int_0^{2\pi} \mathrm{d}\theta \int_0^{\alpha} \sin\varphi \, \mathrm{d}\varphi \int_0^{2R\cos\varphi} r^2 \mathrm{d}r \\ &= \frac{16}{3}\pi R^3 \int_0^{\alpha} \cos^3\varphi \sin\varphi \, \mathrm{d}\varphi \\ &= \frac{4\pi R^3}{3}(1-\cos^4\alpha). \end{aligned}$$

例 4.3.9 计算 $I = \iiint_V z\mathrm{d}V$, 其中

$$V = \{(x,y,z)|x^2+y^2+z^2 \leqslant R^2,\ x^2+y^2+(z-R)^2 \leqslant R^2\}.$$

解法一 利用柱坐标变换. 把 V 的边界曲面方程化成柱坐标形式(见图4.3.11), 得

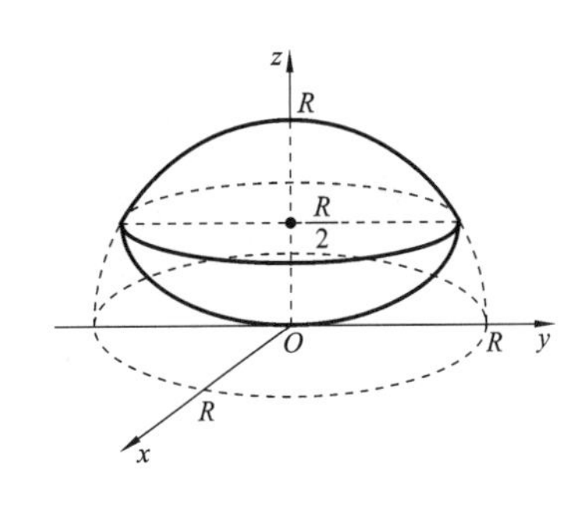

图4.3.11

$$z = \sqrt{R^2-r^2}, \quad z = R - \sqrt{R^2-r^2}.$$

它们的交线在 Oxy 平面上的投影方程为

$$\begin{cases} r = \dfrac{\sqrt{3}}{2}R, \\ z = 0. \end{cases}$$

于是

$$\begin{aligned} I &= \iiint_V zr\mathrm{d}\varphi\mathrm{d}r\mathrm{d}z = \int_0^{2\pi} \mathrm{d}\varphi \int_0^{\sqrt{3}R/2} r\mathrm{d}r \int_{R-\sqrt{R^2-r^2}}^{\sqrt{R^2-r^2}} z\mathrm{d}z \\ &= \pi \int_0^{\sqrt{3}R/2} r[(R^2-r^2)-(R-\sqrt{R^2-r^2})^2]\mathrm{d}r \\ &= \pi[-R^2\frac{r^2}{2} - \frac{2R}{3}(R^2-r^2)^{3/2}]\Big|_0^{\sqrt{3}R/2} \\ &= \frac{5\pi R^4}{24}. \end{aligned}$$

解法二 利用球面坐标. 把 V 的边界曲面方程化成球面坐标, 得

$$r = R, \quad r = 2R\cos\varphi,$$

它们的交线为圆

$$\begin{cases} r = R, \\ \varphi = \dfrac{\pi}{3}. \end{cases}$$

因此, V 的边界曲面由

$$r = 2R\cos\varphi \quad (\frac{\pi}{3} \leqslant \varphi \leqslant \frac{\pi}{2}) \quad 与 \quad r = R \quad (0 \leqslant \varphi \leqslant \frac{\pi}{3})$$

组成. 于是

$$\begin{aligned} I &= \iiint_{V'} r\cos\varphi r^2\sin\varphi\,\mathrm{d}r\mathrm{d}\varphi\mathrm{d}\theta \\ &= \int_0^{2\pi}\mathrm{d}\theta\int_0^{\pi/3}\cos\varphi\sin\varphi\,\mathrm{d}\varphi\int_0^R r^3\mathrm{d}r + \int_0^{2\pi}\mathrm{d}\theta\int_{\pi/3}^{\pi/2}\cos\varphi\sin\varphi\,\mathrm{d}\varphi\int_0^{2R\cos\varphi} r^3\mathrm{d}r \\ &= 2\pi\frac{R^4}{4}\frac{1}{2}\sin^2\varphi\Big|_0^{\pi/3} + 2\pi\frac{16R^4}{4}\int_{\pi/3}^{\pi/2}\cos^5\varphi\sin\varphi\mathrm{d}\varphi = \frac{5\pi R^4}{24}. \end{aligned}$$

解法三 利用“先二后一”法. 用平行于 Oxy平面的平面去截区域 V, 所得的圆域记为 D_z, 于是有

$$D_z = \begin{cases} \{(x,y)|x^2+y^2\leqslant R^2-(z-R)^2\}, & 0\leqslant z\leqslant R/2, \\ \{(x,y)|x^2+y^2\leqslant R^2-z^2\}, & R/2<z\leqslant R. \end{cases}$$

因此

$$\begin{aligned} I &= \int_0^{R/2} z\mathrm{d}z\iint_{D_z}\mathrm{d}\sigma + \int_{R/2}^{R} z\mathrm{d}z\iint_{D_z}\mathrm{d}\sigma \\ &= \int_0^{R/2} z[R^2-(z-R)^2]\mathrm{d}z + \int_{R/2}^{R} z\pi(R^2-z^2)\mathrm{d}z = \frac{5\pi R^4}{24}. \end{aligned}$$

例 4.3.10 计算 $I=\iiint_V z^2\mathrm{d}V$, 其中$V$是由椭球体$\dfrac{x^2}{a^2}+\dfrac{y^2}{b^2}+\dfrac{z^2}{c^2}\leqslant 1$与$z\geqslant 0$ 所围区域.

解 作广义球坐标变换

$$\begin{cases} x = ar\sin\varphi\cos\theta, \\ y = br\sin\varphi\sin\theta, \\ z = cr\cos\varphi, \end{cases}$$

则由式(4.3.6), 有

$$J(r,\varphi,\theta) = \frac{\partial(x,y,z)}{\partial(r,\varphi,\theta)} = \begin{vmatrix} a\sin\varphi\cos\theta & ar\cos\varphi\cos\theta & -ar\sin\varphi\sin\theta \\ b\sin\varphi\sin\theta & br\cos\varphi\sin\theta & -br\sin\varphi\cos\theta \\ c\cos\varphi & -cr\sin\varphi & 0 \end{vmatrix} = abcr^2\sin\varphi.$$

在上述广义球坐标变换下, V的原象为

$$V' = \{(r,\varphi,\theta)|0\leqslant r\leqslant 1,\ 0\leqslant\varphi\leqslant\frac{\pi}{2},\ 0\leqslant\theta\leqslant 2\pi\}.$$

再由式(4.3.21)有

$$\begin{aligned} I &= \iiint_V z^2\mathrm{d}V = \iiint_{V'} abc^3r^4\sin\varphi\cos^2\varphi\,\mathrm{d}r\mathrm{d}\varphi\mathrm{d}\theta \\ &= \int_0^{2\pi}\mathrm{d}\theta\int_0^{\pi/2}\mathrm{d}\varphi\int_0^1 abc^3r^4\sin\varphi\cos^2\varphi\,\mathrm{d}r \\ &= \frac{\pi abc^3}{2}\int_0^{\pi/2}\sin\varphi\cos^2\varphi\,\mathrm{d}\varphi \\ &= \frac{2\pi abc^3}{15}. \end{aligned}$$

习题 4.3

(A)

4.3.1 计算下列三重积分:

(1) $\iiint_\Omega (x+y)z\mathrm{d}V$, 其中Ω由曲面$y=x,\ y=-x,\ x=1,\ z=0,z=1$围成;

(2) $\iiint_\Omega xy^2z^3\mathrm{d}V$, 其中Ω由曲面$z=xy,y=x,\ x=1,\ z=0$围成;

(3) $\iiint_\Omega \sqrt{x^2-y}\mathrm{d}V$, 其中Ω由$y=0,\ z=0,\ x+z=1,\ x=\sqrt{y}$围成;

(4) $\iiint_\Omega x\mathrm{e}^{y+z}\mathrm{d}V$, 其中Ω由$y=x,\ y=x^2,\ x+y+z=2,\ z=0$围成;

4.3.2 利用柱坐标计算下列三重积分:

(1) $\iiint_\Omega (x^2+y^2)z\mathrm{d}V$, 其中Ω由锥面$\sqrt{x^2+y^2}=z$与柱面$x^2+y^2=1$以及$z=0$所围成的空间区域;

(2) $\iiint_\Omega (1+z)^5\mathrm{d}V$, 其中Ω由平面$4x+3y-12z=12$和三坐标面所围成的空间闭区域;

(3) $\iiint_\Omega (x^2+y^2+z)\mathrm{d}x\mathrm{d}y\mathrm{d}z$, 其中Ω由第一卦限中由旋转抛物面$z=x^2+y^2$与圆柱面$x^2+y^2=1$及三坐标面所围成的区域;

(4) $\iiint_\Omega z\mathrm{d}V$, 其中Ω由$y^2=2z,x=0$绕z轴旋转一周形成的曲面与平面$z=1,\ z=2$所围成的区域.

4.3.3 利用球坐标计算下列三重积分:

(1) 计算 $\iiint_\Omega z\mathrm{d}V$, 其中 Ω是以原点为中心, R 为半径的上半球体.

(2) $\iiint_V \sqrt{x^2+y^2+z^2}\mathrm{d}V$, V是由球面$z=\sqrt{R^2-x^2-y^2}(R>0)$与锥面$z=\sqrt{x^2+y^2}$所围区域;

(3) $\iiint_\Omega (x+z)\mathrm{e}^{-(x^2+y^2+z^2)}\mathrm{d}x\mathrm{d}y\mathrm{d}z$, 其中$\Omega:1\leqslant x^2+y^2+z^2\leqslant 4,x\geqslant 0,y\geqslant 0,z\geqslant 0$;

(4) $\iiint_\Omega \dfrac{z\ln(x^2+y^2+z^2+1)}{x^2+y^2+z^2+1}\mathrm{d}V$, 其中$\Omega:x^2+y^2+z^2\leqslant 1$;

(5) $\iiint_\Omega \sqrt{x^2+y^2+z^2}\mathrm{d}V$, 其中Ω 由曲面$z=\sqrt{x^2+y^2}$及平面$z=1$所围区域.

4.3.4 用适当的方法计算下列累次积分:

(1) $\int_{-2}^{2}\mathrm{d}x\int_{-\sqrt{4-x^2}}^{\sqrt{4-x^2}}\mathrm{d}y\int_{(x^2+y^2)^2}^{16}x^2\mathrm{d}z$;

(2) $\int_{-1}^{1}\mathrm{d}x\int_{0}^{\sqrt{1-x^2}}\mathrm{d}y\int_{1}^{1+\sqrt{1-x^2-y^2}}\dfrac{1}{\sqrt{x^2+y^2+z^2}}\mathrm{d}z$.

4.3.5 利用对称性计算下列三重积分:

(1) $\iiint_\Omega (e^{z^3}\tan(x^2y^3)+3)dV$, 其中$\Omega: x^2+y^2\leqslant R^2,\ 0\leqslant z\leqslant H$;

(2) $\iiint_\Omega x^2 dV$, 其中$\Omega: x^2+y^2+z^2\leqslant R^2,\ R>0$;

(3) $\iiint_\Omega (\frac{x}{a}+\frac{y}{b}+\frac{z}{c})^2 dV$, 其中$\Omega: \frac{x^2}{a^2}+\frac{y^2}{b^2}+\frac{z^2}{c^2}\leqslant 1$;

(4) $\iiint_\Omega (3x^2+5y^2+7z^2)dV$, 其中$\Omega: 0\leqslant \sqrt{R^2-x^2-y^2}\ (R>0)$ (提示:可将积分区域扩展到整个球域).

4.3.6 利用变量代换计算 $\iiint_\Omega x^2 dV$, 其中$\Omega: \frac{x^2}{a^2}+\frac{y^2}{b^2}+\frac{z^2}{c^2}\leqslant 1\ (a,b,c>0)$.

4.3.7 计算下列三重积分:

(1) $\iiint_\Omega |\sqrt{x^2+y^2+z^2}-1|dV$, 其中Ω由$z=\sqrt{x^2+y^2}$与$z=1$ 所围成;

(2) $\iiint_\Omega \sqrt{1-\frac{x^2}{a^2}-\frac{y^2}{b^2}-\frac{z^2}{c^2}}dV$, 其中$\Omega=\{(x,y,z)\mid \frac{x^2}{a^2}+\frac{y^2}{b^2}+\frac{z^2}{c^2}\leqslant 1,\ a>0,b>0,c>0\}$.

4.3.8 证明下列公式成立:

$$\int_0^x\int_0^v\int_0^u e^{m(x-t)}f(t)dtdudv=\int_0^x\frac{1}{2}(x-t)^2e^{m(x-t)}f(t)dt.$$

4.3.9 设f为连续函数, $\Omega: x^2+y^2+z^2\leqslant r^2$. 求极限$\lim\limits_{r\to 0^+}\frac{1}{r^3}\iiint_\Omega f(x,y,z)dV$.

4.3.10 设$f(x)$连续, $\Omega=\{(x,y,z)\mid 0\leqslant z\leqslant h,\ x^2+y^2\leqslant t^2\}$, $F(t)=\iiint_\Omega (z^2+f(x^2+y^2))dV$, 求$\frac{dF}{dt}$和$\lim\limits_{t\to 0^+}\frac{F(t)}{t^2}$.

4.3.11 计算三重积分$\iiint_\Omega (x^2+y^2)dV$, 其中$\Omega$是由$x^2+y^2+(z-2)^2\geqslant 4$, $x^2+y^2+(z-1)^2\leqslant 9$及$z\geqslant 0$所围成的空间图形.

4.3.12 设$f(x)$为连续函数, $t>0$. 区域Ω是由抛物面$z=x^2+y^2$和球面$x^2+y^2+z^2=t^2(t>0)$所围部分. 定义三重积分$F(t)=\iiint_\Omega f(x^2+y^2+z^2)dV$. 求$F'(t)$.

(B)

4.3.1 求曲面$(x^2+y^2+z^2)^2=a^2(x^2+y^2-z^2)(a>0)$所围立体的体积.

4.3.2 设Ω是以$(x_i,y_i,z_i)(i=1,2,3,4)$为顶点, 体积为V的四面体, 求$\iiint_\Omega x dxdydz$.

4.3.3 计算三重积分$\iiint_\Omega x^2 dxdydz$, 其中Ω是由曲面$z=ay^2, z=by^2(0<a<b)$,$z=\alpha x, z=\beta x(0<\alpha<\beta)$, $z=0, z=h(h>0)$所围区域.

4.3.4 设f为连续函数, $\Omega: 0 \leqslant x \leqslant t, 0 \leqslant y \leqslant t, 0 \leqslant z \leqslant t(t>0)$. 令$F(t)=\iiint_{\Omega} f(xyz)\mathrm{d}x\mathrm{d}y\mathrm{d}z$. 证明:$F'(t)=\dfrac{3}{t}\displaystyle\int_0^{t^3}\frac{g(u)}{u}\mathrm{d}u$, 其中$g(u)=\displaystyle\int_0^u f(s)\mathrm{d}s$.

4.4 第一型曲线积分的计算

在4.1节中我们已经通过和式的极限式(4.1.4)给出了数量值函数$f(P)$在几何形体Ω上的积分的定义. 当Ω是平面或空间的可求长曲线段L时, 相应的积分分别是平面或空间上的第一型曲线积分, 即

$$\int_L f(x,y)\mathrm{d}s=\lim_{\lambda\to 0}\sum_{i=1}^n f(\xi_i,\eta_i)\Delta s_i$$

或

$$\int_L f(x,y,z)\mathrm{d}s=\lim_{\lambda\to 0}\sum_{i=1}^n f(\xi_i,\eta_i,\zeta_i)\Delta s_i. \tag{4.4.1}$$

这里弧段长Δs_i始终是正的, 即曲线积分的值与积分路径L的方向无关.

定理 设L为简单光滑空间曲线, 其参数方程为

$$L:\begin{cases} x=x(t), \\ y=y(t), \qquad \alpha\leqslant t\leqslant\beta. \\ z=z(t), \end{cases}$$

若函数$f(x,y,z)$为定义在L上的连续函数, 则曲线积分$\int_L f(x,y,z)\mathrm{d}s$存在, 且有

$$\int_L f(x,y,z)\mathrm{d}s=\int_\alpha^\beta f[x(t),y(t),z(t)]\sqrt{[x'(t)]^2+[y'(t)]^2+[z'(t)]^2}\,\mathrm{d}t. \tag{4.4.2}$$

***证** 把区间$[\alpha,\beta]$任意划分:

$$\alpha=t_0<t_1<t_2<\cdots<t_n=\beta,$$

曲线L相应地被分割成n个弧段, 设$[t_{i-1},t_i]$对应的弧段为Δs_i, 在Δs_i上任取一点$P(\xi_i,\eta_i,\zeta_i)$, 并设其对应的参数为$\tau_i(i=1,2,\cdots,n)$, 即$\xi_i=x(\tau_i),\eta_i=y(\tau_i),\zeta_i=z(\tau_i)$. 由弧长的计算公式可知

$$\Delta s_i=\int_{t_{i-1}}^{t_i}\sqrt{[x'(t)]^2+[y'(t)]^2+[z'(t)]^2}\,\mathrm{d}t.$$

应用积分中值定理, 得

$$\Delta s_i=\sqrt{[x'(\tilde{\tau}_i)]^2+[y'(\tilde{\tau}_i)]^2+[z'(\tilde{\tau}_i)]^2}\,\Delta t_i,\quad t_{i-1}\leqslant\tilde{\tau}_i\leqslant t_i.$$

将上式代入式(4.4.1)的右端, 去掉极限符号, 得

$$\sum_{i=1}^n f(\xi_i,\eta_i,\zeta_i)\Delta s_i=\sum_{i=1}^n f[x(\tau_i),y(\tau_i),z(\tau_i)]\sqrt{[x'(\tilde{\tau}_i)]^2+[y'(\tilde{\tau}_i)]^2+[z'(\tilde{\tau}_i)]^2}\,\Delta t_i.$$

通过插项将上式右端变成S_1与S_2两项之和, 其中

$$S_1=\sum_{k=1}^{n} f[x(\tau_k),y(\tau_k),z(\tau_k)]\times \left(\sqrt{[x'(\tilde{\tau}_i)]^2+[y'(\tilde{\tau}_i)]^2+[z'(\tilde{\tau}_i)]^2}\ \Delta t_i-\sqrt{[x'(\tau_i)]^2+[y'(\tau_i)]^2+[z'(\tau_i)]^2}\ \Delta t_i\right)$$

$$S_2=\sum_{i=1}^{n} f[x(\tau_i),y(\tau_i),z(\tau_i)]\sqrt{[x'(\tau_i)]^2+[y'(\tau_i)]^2+[z'(\tau_i)]^2}\ \Delta t_i.$$

由假设可知, 复合函数$f[x(t),y(t),z(t)]$在闭区间$[\alpha,\beta]$上连续, 故有界, 设

$$\Big|f[x(t),y(t),z(t)]\Big|\leqslant M.$$

又由于在闭区间$[\alpha,\beta]$上函数$\sqrt{[x'(t)]^2+[y'(t)]^2+[z'(t)]^2}$连续, 故其一致连续, 即$\forall\varepsilon>0,\exists\delta>0$, 使当$\lambda=\max\limits_{1\leqslant i\leqslant n}\Delta t_i<\delta$时, 有

$$\left|\sqrt{[x'(\tilde{\tau}_i)]^2+[y'(\tilde{\tau}_i)]^2+[z'(\tilde{\tau}_i)]^2}-\sqrt{[x'(\tau_i)]^2+[y'(\tau_i)]^2+[z'(\tau_i)]^2}\right|<\frac{\varepsilon}{M(\beta-\alpha)}.$$

从而当$\lambda<\delta$时, 和式

$$|S_1|<M\frac{\varepsilon}{M(\beta-\alpha)}\sum_{i=1}^{n}\Delta t_i=\varepsilon,$$

故

$$\lim_{\lambda\to 0}S_1=0.$$

再由定积分的定义, 可得

$$\begin{aligned}\int_L f(x,y,z)\mathrm{d}s &= \lim_{\lambda\to 0}\sum_{i=1}^{n} f(\xi_i,\eta_i,\zeta_i)\Delta s_i=\lim_{\lambda\to 0}S_2\\ &= \int_{\alpha}^{\beta} f[x(t),y(t),z(t)]\sqrt{[x'(t)]^2+[y'(t)]^2+[z'(t)]^2}\ \mathrm{d}t.\end{aligned}$$

定理得证. □

式(4.4.2)即为**第一型线积分的计算公式**, 其中的表达式

$$\mathrm{d}s=\sqrt{[x'(t)]^2+[y'(t)]^2+[z'(t)]^2}\ \mathrm{d}t$$

为**弧长微元公式**, 也称**弧微分公式**. 由式(4.4.2)可知, 计算第一型线积分$\int_L f(x,y,z)\mathrm{d}s$的方法, 就是把积分路径$L$的参数方程和弧长微元公式代入被积表达式, 将第一型曲线积分化为定积分.

注 4.4.1 由于弧长$\mathrm{d}s$总是正的, 当$\mathrm{d}s>0$时, $\mathrm{d}t>0$, 所以式(4.4.2)中的定积分的下限必须小于上限, 即$\alpha<\beta$.

注 4.4.2 (1) 若L为简单光滑的平面曲线, 其参数方程为

$$L:\begin{cases}x=x(t),\\ y=y(t),\end{cases}\quad \alpha\leqslant t\leqslant\beta,$$

其弧长微元为

$$ds = \sqrt{[x'(t)]^2 + [y'(t)]^2}\ dt,$$

又若函数$f(x,y)$在L上连续，则类似地有

$$\int_L f(x,y)ds = \int_\alpha^\beta f[x(t),y(t)]\sqrt{[x'(t)]^2 + [y'(t)]^2}\ dt. \tag{4.4.3}$$

若平面曲线L的方程为$y=y(x)(a \leqslant x \leqslant b)$，则将$L$看作特殊的参数方程

$$L: \begin{cases} x = x, \\ y = y(x), \end{cases} \quad a \leqslant x \leqslant b,$$

由式(4.4.3)有

$$\int_L f(x,y)ds = \int_a^b f[x,y(x)]\sqrt{1+[y'(x)]^2}\ dx. \tag{4.4.4}$$

若曲线L的方程为$x = x(y)\ (c \leqslant y \leqslant d)$，读者可写出类似的计算公式.

(2) 若平面曲线L的方程由极坐标曲线$r=r(\theta)$给出，将其化为直角坐标系下的参数方程

$$L: \begin{cases} x = r(\theta)\cos\theta, \\ y = r(\theta)\sin\theta, \end{cases} \quad \alpha \leqslant \theta \leqslant \beta,$$

其弧长微元为

$$ds = \sqrt{r^2(\theta) + [r'(\theta)]^2}\ d\theta,$$

这时，有公式

$$\int_L f(x,y)ds = \int_\alpha^\beta f[r(\theta)\cos\theta, r(\theta)\sin\theta]\sqrt{r^2(\theta)+[r'(\theta)]^2}\ d\theta. \tag{4.4.5}$$

例 4.4.1 计算曲线积分$I = \int_L (x^2+y^2+z^2)ds$，其中$L$为螺旋曲线$x = a\cos t$，$y = a\sin t$，$z = kt$上相应于$0 \leqslant t \leqslant 2\pi$的一段弧.

解 由式(4.4.2)得

$$I = \int_0^{2\pi}(a^2+k^2t^2)\sqrt{a^2+k^2}\ dt = \frac{2}{3}\pi\sqrt{a^2+k^2}(3a^2+4\pi^2k^2).$$

例 4.4.2 计算曲线积分$I = \int_L (x^2+y^2)ds$，其中L为上半圆周：$(x-R)^2+y^2 = R^2\ (y \geqslant 0)$.

解 将L化为参数方程

$$L: \begin{cases} x = R(1+\cos t), \\ y = R\sin t, \end{cases} \quad 0 \leqslant t \leqslant \pi,$$

由式(4.4.3)得

$$\begin{aligned} I &= \int_L (x^2+y^2)ds \\ &= \int_0^\pi [R^2(1+\cos t)^2 + R^2\sin^2 t]\sqrt{(-R\sin t)^2+(r\cos t)^2}\ dt \\ &= 2R^3\int_0^\pi (1+\cos t)dt = 2\pi R^3. \end{aligned}$$

□

例 4.4.3　计算$I=\int_L y\mathrm{d}s$, 其中L为抛物线$y^2=2x$上介于点$(0,0)$与点$(2,2)$之间的线段.

解　以y为积分变量, 把积分路径L的方程$y^2=2x$看作是以y为参数的参数方程:

$$L:\begin{cases} x=\dfrac{1}{2}y^2, \\ y=y, \end{cases}\quad 0\leqslant y\leqslant 2.$$

由式(4.4.3)得

$$I=\int_0^2 y\sqrt{1+(\frac{\mathrm{d}x}{\mathrm{d}y})^2}\ \mathrm{d}y=\int_0^2 y\sqrt{1+y^2}\ \mathrm{d}y=\frac{5\sqrt{5}-1}{3}.$$ □

例 4.4.4　计算$I=\int_L x^2\mathrm{d}s$, 其中L为球面$x^2+y^2+z^2=R^2$与平面$x+y+z=0$的交线.

解　L的参数方程不易求, 但L中的变量x,y,z的地位是对称的, 由对称性可知

$$\int_L x^2\mathrm{d}s=\int_L y^2\mathrm{d}s=\int_L z^2\mathrm{d}s,$$

故有

$$I=\int_L x^2\mathrm{d}s=\frac{1}{3}\int_L(x^2+y^2+z^2)\mathrm{d}s=\frac{1}{3}\int_L R^2\mathrm{d}s=\frac{R^2}{3}\int_L\mathrm{d}s=\frac{2}{3}\pi R^3.$$ □

注 4.4.3　在例4.4.4的计算过程中, 把被积函数$x^2+y^2+z^2$用R^2替换, 是因为点(x,y,z)在曲线L上满足L的方程, 故在被积函数中有$x^2+y^2+z^2=R^2$. 利用这种技巧可以简化曲线积分的计算.

注 4.4.4　第一型曲线积分的几何意义——**柱面的侧面积**: 当$f(x)\geqslant 0$ 时,定积分$\int_a^b f(x)\mathrm{d}x$的几何意义是介于直线$x=a,x=b$之间,且位于区间$[a,b]$上方,曲线$y=f(x)$下方的曲边梯形的面积. 与定积分的几何意义类似,当$f(x,y)\geqslant 0$时,第一型曲线积分$I=\int_L f(x,y)\mathrm{d}s$表示以平面曲线$L$为准线,母线平行于$z$轴,且位于$L$的上方, $z=f(x,y)$下方的柱面的侧面积. 其严格的推导读者可由定义自行推出.

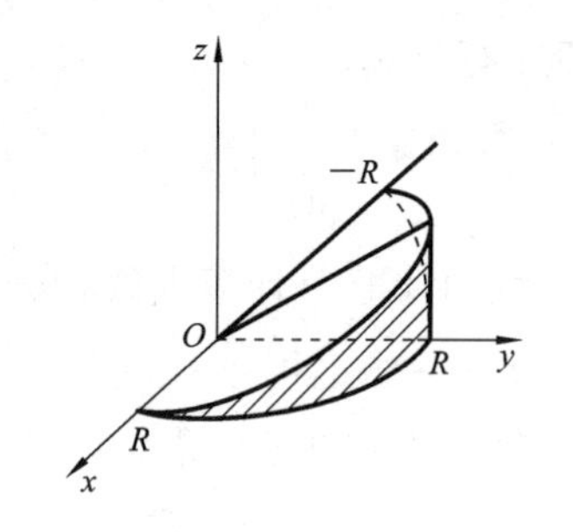

图4.4.1

例 4.4.5　设椭圆柱面$x^2+y^2=R^2$被平面$z=y$与$z=0$所截, 求位于第一、第二卦限内所截下部分的侧面积A(见图4.4.1).

解　此圆柱面的母线平行于z轴,准线是Oxy平面上的半圆L: $x^2+y^2=R^2,y\geqslant 0$. 由第一型曲线积分的几何意义,所求侧面积为

$$A=\int_L z\mathrm{d}s=\int_L y\mathrm{d}s.$$

将L的方程化为参数方程:

$$x=R\cos t,\quad y=R\sin t,\quad 0\leqslant t\leqslant\pi,$$

则有

$$A=\int_L y\mathrm{d}s=\int_0^{\pi}R\sin t\sqrt{R^2\sin^2 t+R^2\cos^2 t}\ \mathrm{d}t=2R^2.$$ □

习题 4.4

(A)

4.4.1 计算下列曲线积分$(a,b>0)$:

(1) $\int_L (x+y)\mathrm{d}s$, L: 以$O(0,0)$, $A(1,0)$, $B(0,1)$ 为顶点的三角形的边界;

(2) $\int_L (x^2+y^2)\mathrm{d}s$, $L: x=a(\cos t+t\sin t),\ y=a(\sin t-t\cos t),\ t\in[0,2\pi]$;

(3) $\int_L (x^{4/3}+y^{4/3})\mathrm{d}s$, $L: x^{2/3}+y^{2/3}=a^{2/3}$(内摆线);

(4) $\int_L |y|\mathrm{d}s$, $L: (x^2+y^2)^2=a^2(x^2-y^2)$(双纽线);

(5) $\int_L \sqrt{x^2+y^2}\,\mathrm{d}s$, $L: x^2+y^2=ax$;

(6) $\int_L z\mathrm{d}s$, $L: x=t\cos t,\ y=t\sin t,\ z=t\ (0\leqslant t\leqslant a)$(圆锥螺线);

(7) $\int_L \sqrt{2y^2+z^2}\mathrm{d}s$, $L: \begin{cases} x^2+y^2+z^2=9, \\ x=y; \end{cases}$

(8) $\int_L z\mathrm{d}s$, L是曲线$\begin{cases} x^2+y^2=z^2, \\ y^2=ax \end{cases}$ 从原点到点$(a,a,\sqrt{2}a)$的一段弧;

(9) $\int_L (yz+zx+xy)\mathrm{d}s$, $L: \begin{cases} x^2+y^2+z^2=a^2, \\ x+y+z=3a/2. \end{cases}$

4.4.2 求下列柱面的侧面积:

(1) 椭圆柱面$\dfrac{x^2}{5}+\dfrac{y^2}{9}=1$介于$Oxy$平面和$z=y(y\geqslant 0)$之间的部分;

(2) 圆柱面$x^2+y^2=R^2$被抛物柱面$x=z^2$截下的部分.

4.4.3 设L是直线$3x+4y-12=0$介于两坐标轴之间的线段, 证明

$$5\mathrm{e}^{-\frac{9}{2}}\leqslant\int_L \mathrm{e}^{-\sqrt{x^3y}}\mathrm{d}s\leqslant 5.$$

4.4.4 设L 是曲面$x^2+y^2=cz$ 和$\dfrac{y}{x}=\tan\dfrac{z}{c}(c>0)$ 的交线从点$O(0,0,0)$到点$A(x_0,y_0,z_0)$的一段弧, 计算$\int_L \sqrt{z}\mathrm{d}s$.

(B)

4.4.1 设曲线L用极坐标方程$r=r(\theta)(\alpha\leqslant\theta\leqslant\beta)$表示, 试导出积分$\int_L f(x,y)\mathrm{d}s$的计算公式, 并用此公式计算:

(1) $\int_L \mathrm{e}^{\sqrt{x^2+y^2}}\mathrm{d}s$, $L: r=a(0\leqslant\theta\leqslant\pi)$;

(2) $\int_L x\mathrm{d}s$, L为对数螺线$r=a\mathrm{e}^{k\theta}(k>0)$在圆$r=a$内的部分.

4.4.2 设L是空间中一条分段光滑的曲线, f和g是L上的连续函数, 证明:

$$\Big(\int_L f(x,y,z)g(x,y,z)\mathrm{d}s\Big)^2 \leqslant \Big(\int_L f^2(x,y,z)\mathrm{d}s\Big)\Big(\int_L g^2(x,y,z)\mathrm{d}s\Big).$$

4.5 第一型曲面积分的计算

由4.1.3节可知,当S为空间曲面, $f(x,y,z)$为定义在S 上的三元连续函数时, f在S上的积分就是第一型曲面积分,定义为

$$\iint_S f(x,y,z)\mathrm{d}S=\lim_{\lambda\to 0}\sum_{i=1}^{n} f(\xi_i,\eta_i,\zeta_i)\Delta S_i.$$

本节给出其计算方法.

我们知道, 当$f(x,y,z)\equiv 1$时, 由积分的几何意义知,曲面积分$\iint_S \mathrm{d}S$表示曲面S的面积. 因此,在导出曲面积分的计算公式之前先导出曲面面积的计算公式.

4.5.1 曲面面积的计算

定理 4.5.1 设S为光滑曲面片,其方程为

$$z=z(x,y),\quad (x,y)\in D_{xy},$$

则其面积的计算公式为

$$S=\iint_S \mathrm{d}S=\iint_{D_{xy}}\sqrt{1+z_x^2(x,y)+z_y^2(x,y)}\,\mathrm{d}x\mathrm{d}y. \tag{4.5.1}$$

证 将D_{xy}任意划分为n个小区域$(\Delta\sigma_i)_{xy}(i=1,2,\cdots,n)$, 以每一个小区域$(\Delta\sigma_i)_{xy}$的边界为准线, 作母线平行于$z$轴的柱面, 则曲面$S$相应地被划分为$n$ 个小曲面ΔS_i, 在

每个小曲面ΔS_i上任取一点$M_i(\xi_i,\eta_i,\zeta_i)$, 再过点$M_i(\xi_i,\eta_i,\zeta_i)$作曲面$S$ 的切平面π_i, 记ΔA_i为π_i上相应于$(\Delta\sigma_i)_{xy}$的一小片切平面, 即ΔA_i与ΔS_i 在Oxy平面上的投影都是$(\Delta\sigma_i)_{xy}$(见图4.5.1). 仍用$(\Delta\sigma_i)_{xy}$ 、ΔA_i和ΔS_i 记相应小块的面积.

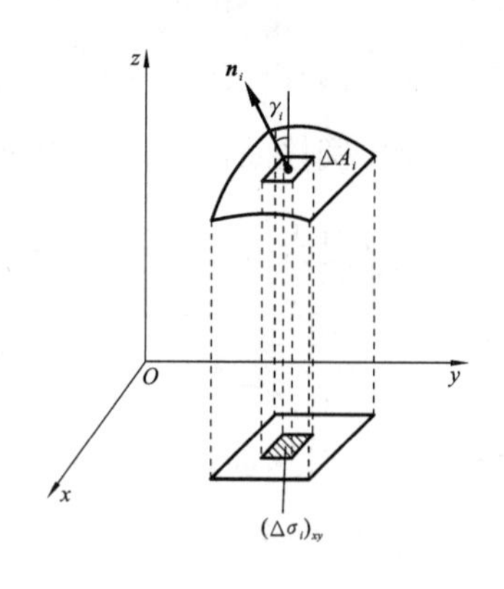

图4.5.1

因S为光滑曲面, 所以$z=z(x,y)$在S的投影区域D_{xy}上具有一阶连续偏导数. 在点$M_i(\xi_i,\eta_i,\zeta_i)$处, ΔA_i和ΔS_i的法向量即为S在$M_i(\xi_i,\eta_i,\zeta_i)$处的法向量, 为

$$\boldsymbol{n}_i=\pm(-z_x,-z_y,1)|_{M_i},$$

法向量$\boldsymbol{n}_i$与z轴正向夹角的余弦为

$$\cos\gamma_i=\pm\frac{1}{\sqrt{1+z_x^2(\xi_i,\eta_i)+z_y^2(\xi_i,\eta_i)}}.$$

又$\Delta\sigma_i = \Delta A_i|\cos\gamma_i|$, 故有

$$\Delta S_i \approx \Delta A_i = \frac{\Delta\sigma_i}{|\cos\gamma_i|} = \sqrt{1+z_x^2(\xi_i,\eta_i,)+z_y^2(\xi_i,\eta_i)}(\Delta\sigma_i)_{xy},$$

记$\lambda = \max\limits_{1\leqslant i\leqslant n}\{(\Delta\sigma_i)_{xy}\}$为这 n个小区域 $(\Delta\sigma_i)_{xy}$的直径中的最大者, 再由二重积分的定义, 可得曲面S的面积为

$$\begin{aligned} S &= \lim_{\lambda\to 0}\sum_{i=1}^n \Delta A_i = \lim_{\lambda\to 0}\sum_{i=1}^n \sqrt{1+z_x^2(\xi_i,\eta_i)+z_y^2(\xi_i,\eta_i)}(\Delta\sigma_i)_{xy} \\ &= \iint_{D_{xy}} \sqrt{1+z_x^2(x,y)+z_y^2(x,y)}\,\mathrm{d}x\mathrm{d}y, \end{aligned}$$

即

$$S = \iint_S \mathrm{d}S = \iint_{D_{xy}} \sqrt{1+z_x^2(x,y)+z_y^2(x,y)}\,\mathrm{d}x\mathrm{d}y.$$

定理得证. □

式(4.5.1)中的被积表达式称为曲面的**面积微元**, 记为$\mathrm{d}S$, 即

$$\mathrm{d}S = \sqrt{1+z_x^2(x,y)+z_y^2(x,y)}\,\mathrm{d}x\mathrm{d}y,$$

它在D_{xy}上的投影即为二重积分的面积微元$\mathrm{d}x\mathrm{d}y$.

若曲面S的方程为$x=x(y,z)$或$y=y(z,x)$, 则可分别将曲面投影到Oyz平面或Ozx平面上, 投影区域分别为D_{yz}或D_{zx}, 类似地可得到曲面面积的计算公式

$$S = \iint_{D_{yz}} \sqrt{1+x_y^2(y,z)+x_z^2(y,z)}\,\mathrm{d}y\mathrm{d}z$$

或

$$S = \iint_{D_{zx}} \sqrt{1+y_z^2(z,x)+y_x^2(z,x)}\,\mathrm{d}z\mathrm{d}x.$$

例 4.5.1 求上半球面$z=\sqrt{R^2-x^2-y^2}$被圆柱面$x^2+y^2=Rx$所围部分的面积(见图4.5.2).

解 所求部分在Oxy平面上的投影区域为圆

$$D_{xy}: x^2+y^2 \leqslant Rx,$$

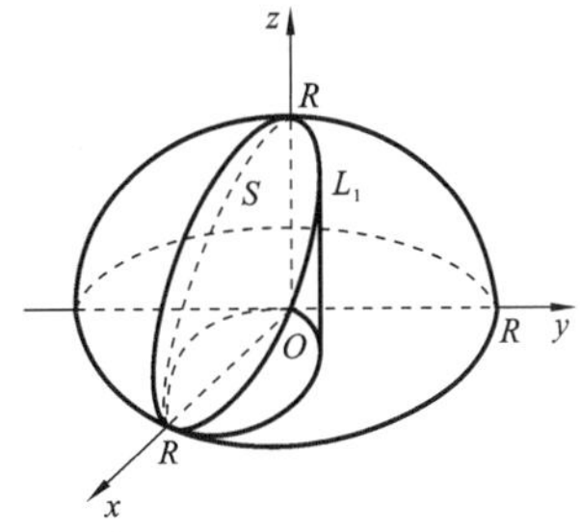

图4.5.2

用极坐标表示为

$$D_{xy}: 0\leqslant r\leqslant R\cos\theta,\ -\frac{\pi}{2}\leqslant\theta\leqslant\frac{\pi}{2}.$$

又

$$\frac{\partial z}{\partial x} = \frac{-x}{\sqrt{R^2-x^2-y^2}},\quad \frac{\partial z}{\partial y} = \frac{-y}{\sqrt{R^2-x^2-y^2}},$$

所以面积微元为

$$\mathrm{d}S = \sqrt{1+z_x^2+z_y^2}\mathrm{d}x\mathrm{d}y = \frac{R}{\sqrt{R^2-x^2-y^2}}\mathrm{d}x\mathrm{d}y,$$

所求面积为

$$S = \iint_{D_{xy}} \frac{R}{\sqrt{R^2-x^2-y^2}}\mathrm{d}x\mathrm{d}y = \int_{-\frac{\pi}{2}}^{\frac{\pi}{2}}\mathrm{d}\theta\int_0^{R\cos\theta}\frac{Rr}{\sqrt{R^2-r^2}}\mathrm{d}r = (\pi-2)R^2.$$ □

注 4.5.1 利用曲面的参数方程求曲面的面积.

设空间曲面S的参数方程为

$$\begin{cases} x = x(u,v), \\ y = y(u,v), \qquad (u,v) \in D, \\ z = z(u,v) \end{cases} \tag{4.5.2}$$

其中D是平面上的有界闭区域, $x(u,v)$, $y(u,v)$, $z(u,v)$在D上具有一阶连续偏导数, 且Jacobi行列式

$$\frac{\partial(x,y)}{\partial(u,v)}, \quad \frac{\partial(y,z)}{\partial(u,v)}, \quad \frac{\partial(z,x)}{\partial(u,v)}$$

至少有一个不为零. 将式(4.5.2)改为向量的形式

$$\boldsymbol{r} = \boldsymbol{r}(u,v) = \big(x(u,v), y(u,v), z(u,v)\big), \quad (u,v) \in D. \tag{4.5.3}$$

仿照4.2.3节中二重积分的换元法的公式推导(由读者自己完成), 可得曲面的面积微元

$$\mathrm{d}S = |\boldsymbol{r}_u \times \boldsymbol{r}_v| \mathrm{d}u\mathrm{d}v, \tag{4.5.4}$$

从而曲面S的面积为

$$S = \iint_D |\boldsymbol{r}_u \times \boldsymbol{r}_v| \mathrm{d}u\mathrm{d}v. \tag{4.5.5}$$

为使由式(4.5.5)给出的曲面面积公式便于计算, 利用Lagrange恒等式(证明略)

$$(\boldsymbol{a} \times \boldsymbol{b}) \cdot (\boldsymbol{c} \times \boldsymbol{d}) = (\boldsymbol{a} \cdot \boldsymbol{c})(\boldsymbol{b} \cdot \boldsymbol{d}) - (\boldsymbol{a} \cdot \boldsymbol{d})(\boldsymbol{b} \cdot \boldsymbol{c})$$

可得

$$\| \boldsymbol{r}_u \times \boldsymbol{r}_v \|^2 = (\boldsymbol{r}_u \times \boldsymbol{r}_v) \cdot (\boldsymbol{r}_u \times \boldsymbol{r}_v) = (\boldsymbol{r}_u \cdot \boldsymbol{r}_u)(\boldsymbol{r}_v \cdot \boldsymbol{r}_v) - (\boldsymbol{r}_u \cdot \boldsymbol{r}_v)^2 = EG - F^2,$$

其中

$$\begin{cases} E = \boldsymbol{r}_u \cdot \boldsymbol{r}_u = x_u^2 + y_u^2 + z_u^2, \\ F = \boldsymbol{r}_u \cdot \boldsymbol{r}_v = x_u x_v + y_u y_v + z_u z_v, \\ G = \boldsymbol{r}_v \cdot \boldsymbol{r}_v = x_v^2 + y_v^2 + z_v^2, \end{cases} \tag{4.5.6}$$

曲面的面积微元式(4.5.4)可写成

$$\mathrm{d}S = \sqrt{EG - F^2}\, \mathrm{d}u\mathrm{d}v. \tag{4.5.7}$$

从而曲面面积式(4.5.5)可写成

$$S = \iint_D \sqrt{EG - F^2} \mathrm{d}u\mathrm{d}v. \tag{4.5.8}$$

当曲面S的方程由$z = z(x,y), (x,y) \in D$给出时, 把(x,y)看作参数, S的参数方程可写成

$$\boldsymbol{r}(x,y) = (x, y, z(x,y)), \quad (x,y) \in D$$

于是

$$\boldsymbol{r}_x=(1,0,z_x),\quad \boldsymbol{r}_y=(0,1,z_y),$$

从而

$$EG-F^2=(1+z_x^2)(1+z_y^2)-(z_xz_y)^2=1+z_x^2+z_y^2,$$

所以由式(4.5.8), 得

$$S=\iint_D\sqrt{1+z_x^2+z_y^2}\,\mathrm{d}x\mathrm{d}y. \tag{4.5.9}$$

这与前面得到的公式是一致的.

例 4.5.2 求半径为R的球面面积.

解 球面的参数方程可表为

$$\boldsymbol{r}(\varphi,\theta)=(R\sin\varphi\cos\theta,R\sin\varphi\sin\theta,R\cos\varphi),\quad (\varphi,\theta)\in D,$$

其中

$$D=\{(\varphi,\theta)|0\leqslant\varphi\leqslant\pi,0\leqslant\theta\leqslant 2\pi\}.$$

由于

$$\boldsymbol{r}_\varphi=(R\cos\varphi\cos\theta,R\cos\varphi\sin\theta,-R\sin\varphi),$$

$$\boldsymbol{r}_\theta=(-R\sin\varphi\sin\theta,R\sin\varphi\cos\theta,0),$$

经计算可知

$$EG-F^2=R^4\sin^2\varphi,$$

于是由式(4.5.8)可得球的表面积

$$S=\iint_D R^2\sin\varphi\mathrm{d}\varphi\mathrm{d}\theta=\int_0^{2\pi}\mathrm{d}\theta\int_0^{\pi}R^2\sin\varphi\mathrm{d}\varphi=4\pi R^2.$$ □

4.5.2 第一型曲面积分的计算公式

下面在曲面面积计算公式的基础上给出第一型曲面积分$\iint_S f(x,y,z)\mathrm{d}S$的计算公式.

定理 4.5.2 设S为光滑曲面, 其方程为

$$z=z(x,y),\quad (x,y)\in D_{xy},$$

$f(x,y,z)$为定义在曲面S上的连续函数, 则

$$\iint_S f(x,y,z)\mathrm{d}S=\iint_{D_{xy}}f[x,y,z(x,y)]\sqrt{1+z_x^2+z_y^2}\,\mathrm{d}x\mathrm{d}y. \tag{4.5.10}$$

用类似于4.4节中第一型曲线积分计算公式的推导方法, 即可以得到公式, 读者可自行完成证明过程.

由式(4.5.10)可知,在计算曲面积分$\iint_S f(x,y,z)\mathrm{d}S$时,只须将被积函数中的$z$换为$z(x,y)$, 将面积微元$\mathrm{d}S$换为$\sqrt{1+z_x^2+z_y^2}\,\mathrm{d}x\mathrm{d}y$, 再确定曲面$S$在$Oxy$平面上的投影区域$D_{xy}$, 这样就把第一型曲面积分化成了二重积分.

当曲面S的方程由$x=x(y,z)$或$y=y(z,x)$给出, 且在Oyz平面上或Ozx平面上的投影区域分别为D_{yz}或D_{zx}时, 类似地可得到曲面积分的计算公式:

$$S=\iint_{D_{yz}} f[x(y,z),y,z]\sqrt{1+x_y^2(y,z)+x_z^2(y,z)}\,\mathrm{d}y\mathrm{d}z$$

或

$$S=\iint_{D_{zx}} f[x,y(x,z),z]\sqrt{1+y_z^2(z,x)+y_x^2(z,x)}\,\mathrm{d}z\mathrm{d}x.$$

注 4.5.2 用曲面的参数方程计算第一型曲面积分.

设曲面S的参数方程为

$$\boldsymbol{r}=\boldsymbol{r}(u,v)=\{x(u,v),y(u,v),z(u,v)\},\quad (u,v)\in D,$$

$f(x,y,z)$在光滑曲面S上连续. 仿照注4.5.1中求曲面面积的方法, 可得f在S上的第一型曲面积分的计算公式为

$$\iint_S f(x,y,z)\mathrm{d}S=\iint_D f[(x(u,v),y(u,v),z(u,v)]\sqrt{EG-F^2}\,\mathrm{d}u\mathrm{d}v, \tag{4.5.11}$$

其中E,F,G如式(4.5.6)所示.

式(4.5.11)实际上已把第一型曲面积分化为了关于参变量u,v的二重积分, 可以理解为: 由于被积函数f定义在曲面S上, 因而积分变量x,y,z受曲面S的方程的约束, 将曲面S的参数方程与面积微元的表达式(4.5.7)代入式(4.5.11)的左端, 当点x,y,z在S上变化时, 参数(u,v)在相应的区域D上变化, 便得到式(4.5.11)的右端.

例 4.5.3 计算$\iint_S (x^2+y^2+z^2)\mathrm{d}S$, 其中曲面$S$是圆锥面$z=\sqrt{x^2+y^2}$介于平面$z=1$与$z=2$之间的部分.

解 曲面S的方程为

$$z=\sqrt{x^2+y^2}\quad (1\leqslant z\leqslant 2),$$

在Oxy平面的投影区域为

$$D_{xy}=\{(x,y)|1\leqslant x^2+y^2\leqslant 4\}.$$

又

$$\frac{\partial z}{\partial x}=\frac{x}{\sqrt{x^2+y^2}},\quad \frac{\partial z}{\partial y}=\frac{y}{\sqrt{x^2+y^2}},$$

$$\sqrt{1+z_x^2+z_y^2}=\sqrt{1+\frac{x^2}{x^2+y^2}+\frac{y^2}{x^2+y^2}}=\sqrt{2},$$

于是由式(4.5.10)可知

$$\begin{aligned}\iint_S (x^2+y^2+z^2)\mathrm{d}S &= \iint_{D_{xy}} 2(x^2+y^2)\sqrt{2}\,\mathrm{d}x\mathrm{d}y \\ &= 2\sqrt{2}\iint_{D_{xy}} r^2\cdot r\mathrm{d}r\mathrm{d}\theta = 2\sqrt{2}\int_0^{2\pi}\mathrm{d}\theta\int_1^2 r^3\mathrm{d}r = 15\sqrt{2}\pi.\end{aligned}$$ □

例 4.5.4 计算$\iint_S \frac{1}{z}\,\mathrm{d}S$, 其中曲面$S$是由球面$x^2+y^2+z^2=R^2$位于平面$z=h\ (0<h<R)$上方的部分(见图4.5.3).

解法一 曲面S的方程为

$$z=\sqrt{R^2-x^2-y^2}\quad (h\leqslant z\leqslant R),$$

在Oxy平面的投影区域为圆

$$D_{xy}=\{(x,y)|0\leqslant x^2+y^2\leqslant R^2-h^2\}.$$

$$\frac{\partial z}{\partial x}=\frac{-x}{\sqrt{R^2-x^2-y^2}},\quad \frac{\partial z}{\partial y}=\frac{-y}{\sqrt{R^2-x^2-y^2}},$$

$$\sqrt{1+z_x^2+z_y^2}=\frac{R}{\sqrt{R^2-x^2-y^2}},$$

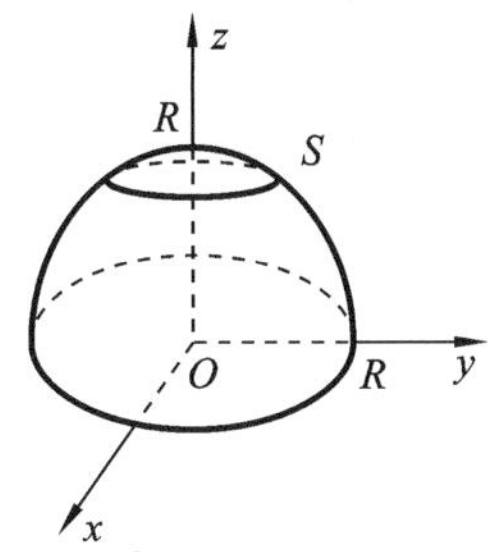

图4.5.3

由式(4.5.10)得

$$\begin{aligned}\iint_S \frac{1}{z}\mathrm{d}S &= \iint_{D_{xy}}\frac{R}{R^2-x^2-y^2}\mathrm{d}x\mathrm{d}y=\int_0^{2\pi}\mathrm{d}\theta\int_0^{\sqrt{R^2-h^2}}\frac{R}{R^2-r^2}r\mathrm{d}r \\ &= 2\pi R\int_0^{\sqrt{R^2-h^2}}\frac{r}{R^2-r^2}\mathrm{d}r=-\pi R\ln(R^2-r^2)\Big|_0^{\sqrt{R^2-h^2}} \\ &= 2\pi R\ln\frac{R}{h}.\end{aligned}$$

解法二 将曲面S写为参数方程

$$\begin{cases} x=R\sin\varphi\cos\theta, \\ y=R\sin\varphi\sin\theta, \\ z=R\cos\varphi, \end{cases}\qquad (\varphi,\theta)\in D,$$

$$D=\{(\varphi,\theta)|0\leqslant\varphi\leqslant\arccos\frac{h}{R},\ 0\leqslant\theta\leqslant 2\pi\}.$$

仿照例4.5.2, 可算得

$$\sqrt{EG-F^2}=R^2\sin\varphi,$$

于是由式(4.5.6)可得

$$\begin{aligned}\iint_S\frac{1}{z}\,\mathrm{d}S &= \iint_D\frac{1}{R\cos\varphi}R^2\sin\varphi\,\mathrm{d}\varphi\mathrm{d}\theta=R\int_0^{2\pi}\mathrm{d}\theta\int_0^{\arccos(h/R)}\tan\varphi\,\mathrm{d}\varphi \\ &= -2\pi R\ln(\cos\varphi)\Big|_0^{\arccos(h/R)}=2\pi R\ln\frac{R}{h}.\end{aligned}$$ □

例 4.5.5 计算$\iint_S z\mathrm{d}S$, 其中曲面S是由圆柱面$x^2+y^2=R^2$, $z=0$和$z+y=R$所围立体的表面(见图4.5.4).

解 曲面S由顶面S_1, 底面S_2和侧面S_3构成, 其中

$$S_1 : z + y = R, \quad (x, y) \in D_{xy},$$
$$S_2 : z = 0, \quad (x, y) \in D_{xy},$$

而

$$D_{xy} : x^2 + y^2 \leqslant R^2.$$

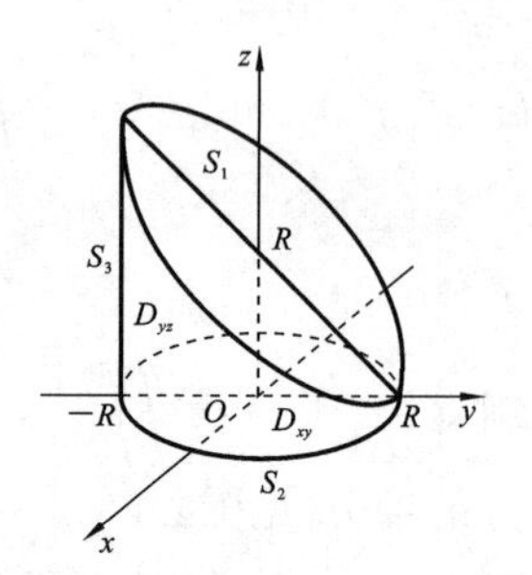

图4.5.4

由式(4.5.10)得

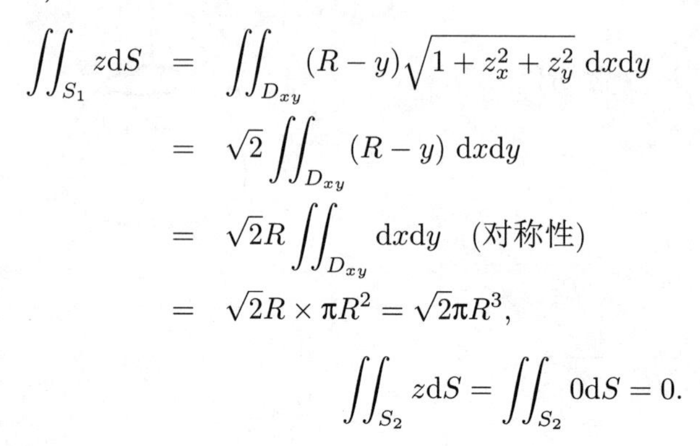

$$\begin{aligned}\iint_{S_1} z\mathrm{d}S &= \iint_{D_{xy}} (R-y)\sqrt{1+z_x^2+z_y^2}\,\mathrm{d}x\mathrm{d}y \\ &= \sqrt{2}\iint_{D_{xy}} (R-y)\,\mathrm{d}x\mathrm{d}y \\ &= \sqrt{2}R\iint_{D_{xy}} \mathrm{d}x\mathrm{d}y \quad (\text{对称性}) \\ &= \sqrt{2}R \times \pi R^2 = \sqrt{2}\pi R^3,\end{aligned}$$

$$\iint_{S_2} z\mathrm{d}S = \iint_{S_2} 0\mathrm{d}S = 0.$$

对于S_3, 可将其分为两块:

$$x = \sqrt{R^2 - y^2} \quad \text{和} \quad x = -\sqrt{R^2 - y^2},$$

它们在Oyz平面上的投影均为

$$D_{yz} : 0 \leqslant z \leqslant R - y, \ -R \leqslant y \leqslant R,$$

且都有

$$\sqrt{1 + x_y^2 + x_z^2} = \frac{R}{\sqrt{R^2 - y^2}},$$

于是由对称性得

$$\begin{aligned}\iint_{S_3} z\mathrm{d}S &= 2\iint_{D_{yz}} z\frac{R}{\sqrt{R^2-y^2}}\,\mathrm{d}y\mathrm{d}z = 2\int_{-R}^{R}\frac{R}{\sqrt{R^2-y^2}}\mathrm{d}y\int_0^{R-y} z\mathrm{d}z \\ &= \int_{-R}^{R}\frac{R}{\sqrt{R^2-y^2}}(R-y)^2\mathrm{d}y = 2R\int_0^R \frac{R^2+y^2}{\sqrt{R^2-y^2}}\,\mathrm{d}y.\end{aligned}$$

令$y = R\sin t$, 代入上式得

$$\iint_{S_3} z\mathrm{d}S = 2R^3\int_0^{\pi/2}(1+\sin^2 t)\mathrm{d}t = \frac{3\pi R^3}{2},$$

故

$$\iint_S z\mathrm{d}S = \iint_{S_1} z\mathrm{d}S + \iint_{S_2} z\mathrm{d}S + \iint_{S_3} z\mathrm{d}S = \sqrt{2}\pi R^3 + 0 + \frac{3\pi R^3}{2} = (\sqrt{2} + \frac{3}{2})\pi R^3. \qquad \square$$

习题 4.5

(A)

4.5.1 计算下列曲面积分$(a,b,c,h>0)$:

(1) $\iint_S (x+y)z\mathrm{d}S$, S为平面$x+y+z=1$在第一卦限的部分;

(2) $\iint_S (x+y+z)\mathrm{d}S$, $S: x^2+y^2+z^2=a^2, z\geqslant 0$;

(3) $\iint_S (x^2+y^2)\mathrm{d}S$, S 为立体$\sqrt{x^2+y^2}\leqslant z\leqslant 1$ 的表面;

(4) $\iint_S |xyz|\mathrm{d}S$, S为曲面$z=x^2+y^2$被平面$z=1$所截得的部分;

(5) $\iint_S \dfrac{1}{x^2+y^2}\mathrm{d}S$, S为圆柱面$x^2+y^2=a^2$被平面$z=0$和$z=h$所截得的部分;

(6) $\iint_S \dfrac{x^3+y^3+z^3}{1-z}\mathrm{d}S$, $S: x^2+y^2=(1-z)^2(0\leqslant z\leqslant 1)$;

(7) $\iint_S (xy+yz+zx)\mathrm{d}S$, S为曲面$z=\sqrt{x^2+y^2}$ 被曲面$x^2+y^2=2ax$所截得的部分;

(8) $\iint_S (x+z)\mathrm{d}S$, S为曲面$x^2+z^2=2az$ 被曲面$z=\sqrt{x^2+y^2}$所截得的部分;

(9) $\iint_S z\mathrm{d}S$, S为螺旋面$x=u\cos v,\ y=u\sin v, z=v\ (u\in[0,a],\ v\in[0,2\pi])$;

(10) $\iint_S \sqrt{\dfrac{x^2}{a^4}+\dfrac{y^2}{b^4}+\dfrac{z^2}{c^4}}\mathrm{d}S$, $S: \dfrac{x^2}{a^2}+\dfrac{y^2}{b^2}+\dfrac{z^2}{c^2}=1$.

4.5.2 设S为球面$x^2+y^2+z^2=a^2(a>0)$, 计算下列曲面积分:

(1) $\iint_S (x^2+x^5y^2+z^7)\mathrm{d}S$;

(2) $\iint_S \left(\dfrac{x}{2}+\dfrac{y}{3}+\dfrac{z}{4}+1\right)^2\mathrm{d}S$;

(3) $\iint_S \dfrac{1}{\sqrt{x^2+(y-h)^2+z^2}}\mathrm{d}S\,(h>0,h\neq a)$.

4.5.3 求下列曲面的面积:

(1) 锥面$x^2=y^2+z^2$含在柱面$x^2+y^2=a^2$内的部分;

(2) 抛物面$z=x^2+y^2$被圆柱面$x^2+y^2=a^2$所截得的部分;

(3) 环面$x=(a+b\cos\varphi)\sin\theta, y=(a+b\cos\varphi)\cos\theta, z=b\sin\varphi,\ 0<b<a, 0\leqslant\varphi\leqslant 2\pi, 0\leqslant\theta\leqslant 2\pi$;

(4) 平面$x+y=1$上被$z=0$和$z=xy$所截得的在第一卦限的那部分.

4.5.4 设$S: x^2+y^2+z^2=a^2$, Σ为内接于S的八面体$|x|+|y|+|z|=a$的表面, 两积分

$$I_1=\iint_S (x^2+y^2+z^2)\mathrm{d}S,\qquad I_2=\iint_\Sigma (x^2+y^2+z^2)\mathrm{d}S$$

之差为多少? 其中$a>0$.

4.5.5 设f为连续函数, $S: x^2+y^2+z^2=1$, 证明

$$\iint_S f(z)\mathrm{d}S = 2\pi\int_{-1}^{1} f(t)\mathrm{d}t.$$

4.5.6 设f为连续函数, $S: x^2+y^2+z^2=1$, 证明

$$\iint_S f(ax+by+cz)\mathrm{d}S = 2\pi\int_{-1}^{1} f(u\sqrt{a^2+b^2+c^2})\mathrm{d}u.$$

4.5.7 设Ω是球体$(x-x_0)^2+(y-y_0)^2+(z-z_0)^2 \leqslant r^2 (r>0)$, $S: (x-x_0)^2+(y-y_0)^2+(z-z_0)^2 = r^2$ 是其表面, $f(x,y,z,)$ 是$\mathbf{R}^3$ 上的连续函数, 证明

$$\frac{\mathrm{d}}{\mathrm{d}r}\iiint_\Omega f(x,y,z)\mathrm{d}V = \iint_S f(x,y,z)\mathrm{d}S.$$

(B)

4.5.1 设$f(x,y,z) = \begin{cases} 1-x^2-y^2-z^2, & x^2+y^2+z^2 \leqslant 1, \\ 0, & x^2+y^2+z^2 > 1, \end{cases}$ 求$F(t) = \iint_{x+y+z=t} f(x,y,z)\mathrm{d}S$.

4.5.2 设$f(x,y,z) = \begin{cases} x^2+y^2, & z \geqslant \sqrt{x^2+y^2}, \\ 0, & z < \sqrt{x^2+y^2}, \end{cases}$ 计算$F(t) = \iint_{x^2+y^2+z^2=t^2} f(x,y,z)\mathrm{d}S$.

4.5.3 设$S: x^2+y^2+z^2-2ax-2ay-2az+a^2=0\ (a>0)$, 证明

$$\iint_S (x+y+z-\sqrt{3}\,a)\mathrm{d}S \leqslant 12\pi a^3.$$

4.5.4 设S是空间曲线$\begin{cases} x^2+3y^2=1, \\ z=0 \end{cases}$ 绕y轴旋转形成的椭球面的上半部分$(z\geqslant 0)$(取上侧), π是S在$P(x,y,z)$点处的切平面, $\rho(x,y,z)$是原点到切平面π的距离, λ,μ,ν 表示S的正法向的方向余弦. 求:

(1) $\displaystyle\iint_S \frac{z}{\rho(x,y,z)}\mathrm{d}S$;　　(2) $\displaystyle\iint_S z(\lambda x+3\mu y+\nu z)\mathrm{d}S$.

4.6 多元数量值函数积分的应用

4.6.1 几何应用

1. 多元数量值函数积分的微元法

在定积分的应用中已经看到, 求一个不均匀连续分布在区间 $[a,b]$ 上的量 Q, 可以通过“分割、近似、求和、取极限”四步来建立积分式, 也可以采用微元法建立积分式. 后者是具体应用中的惯用方法, 其关键是建立微元表达式.

如果所求量 Q 是不均匀地连续分布在某一几何形体(曲线、曲面或立体) Ω 上, 那么要计算它就要用多元积分法, 与定积分情形一样, 建立积分式的关键在于求得微元. 下面以求平面薄片的质量问题来说明如何建立微元.

在4.1节中我们知道, 连续分布在平面有界区域 D上, 面密度为$\mu(x,y)$的平面薄片的质量写成积分形式为

$$M=\iint_D \mu(x,y)\mathrm{d}\sigma. \tag{4.6.1}$$

在应用问题中, 我们可以这样理解上述积分: 在区域D内任取一块微小面积微元$\mathrm{d}\sigma$, 在$\mathrm{d}\sigma$内任取一点(x,y), 由于$\mu(x,y)$在D上连续, 而$\mathrm{d}\sigma$微小, 因此可以近似地认为$\mu(x,y)$在$\mathrm{d}\sigma$上是均匀分布的(为常量), 用点(x,y)处的密度值近似代替, 所以$\mathrm{d}\sigma$这一小块质量的近似值为

$$\mathrm{d}M=\mu(x,y)\mathrm{d}\sigma,$$

即为质量M的微元. 当$\mathrm{d}\sigma$取遍整个区域D时, 对上式在D上积分即得到质量M的积分式.

对于一般的几何形体Ω, Q是分布在Ω上的具有可加性的不均匀量, 求Q的方法类似于上述求质量的方法, 在Ω内任取一微元$\mathrm{d}\Omega$, 再利用已知的几何或物理公式求得Q的微元为

$$\mathrm{d}Q=f(P)\mathrm{d}\Omega, \quad P\in\Omega, \tag{4.6.2}$$

其中$f(P)$为定义在Ω上的某连续函数, 要求当$\mathrm{d}\Omega\to 0$时, $\Delta Q-f(P)\mathrm{d}\Omega$是比$\mathrm{d}\Omega$高阶的无穷小量. 于是就有

$$Q=\int_\Omega f(P)\mathrm{d}\Omega.$$

这种方法称为多元数量值函数积分的**微元法**.

注 4.6.1 在应用微元法时, 应当注意: (1) 所求量Q关于区域Ω具有可加性; (2) 正确地给出Q的微元式(4.6.2), 并注意其合理性.

2. 几何应用

在4.1节中, 我们已经说明当被积函数$f(P)\equiv 1$时, 积分$m(\Omega)=\displaystyle\int_\Omega \mathrm{d}\Omega$. 等于$\Omega$的度量, 由此可求几何形体$\Omega$的大小(长度、面积和体积).

例如, 当Ω为平面有界闭区域D时, D的面积的计算公式为$\sigma=\displaystyle\iint_D \mathrm{d}\sigma$.

当Ω为空间有界闭区域V时, V的体积的计算公式为$V=\displaystyle\iiint_V \mathrm{d}V$.

当Ω为空间曲线L时, L的弧长的计算公式为$L=\displaystyle\int_L \mathrm{d}s$.

当Ω为空间曲面S时, S的面积的计算公式为$S=\displaystyle\iint_S \mathrm{d}S$.

求曲面面积的方法在上一节已有详细介绍.

在计算几何形体Ω的大小时, 除了应用上述公式外, 有时把Ω看成分布在某区域上的不规则量, 先由几何意义求出Ω的微元$\mathrm{d}\Omega$, 再通过在该区域上的积分, 得到Ω的大小(几何度量).

下面通过一些例子说明多元数量值函数积分的几何应用.

例 4.6.1 求曲线$(x^2+y^2)^3=a^2(x^4+y^4)(a>0)$所围平面区域$D$的面积.

解 在极坐标系下, D的边界曲线的方程为

$$r^2=a^2(\cos^4\theta+\sin^4\theta),$$

D可表示为

$$D=\{(r,\theta)|0\leqslant r\leqslant r(\theta),0\leqslant\theta\leqslant 2\pi\},$$

由对称性, 区域D的面积为

$$\begin{aligned}\sigma &= \iint_D \mathrm{d}\sigma=\iint_D r\mathrm{d}r\mathrm{d}\theta=4\int_0^{\pi/2}\mathrm{d}\theta\int_0^{r(\theta)}r\mathrm{d}r=2\int_0^{\pi/2}r^2(\theta)\mathrm{d}\theta\\ &= 2\int_0^{\pi/2}a^2(\cos^4\theta+\sin^4\theta)\mathrm{d}\theta=4a^2\int_0^{\frac{\pi}{2}}\sin^4\theta\mathrm{d}\theta=4a^2\frac{3\times 1}{4\times 2}\cdot\frac{\pi}{2}=\frac{3\pi a^2}{4}.\end{aligned}$$

□

例 4.6.2 求柱面$x^2+y^2=R^2$与$x^2+z^2=R^2(R>0)$所围立体的体积V和表面积S.

解 由对称性, 只须考虑立体在第一卦限部分(见图4.6.1).

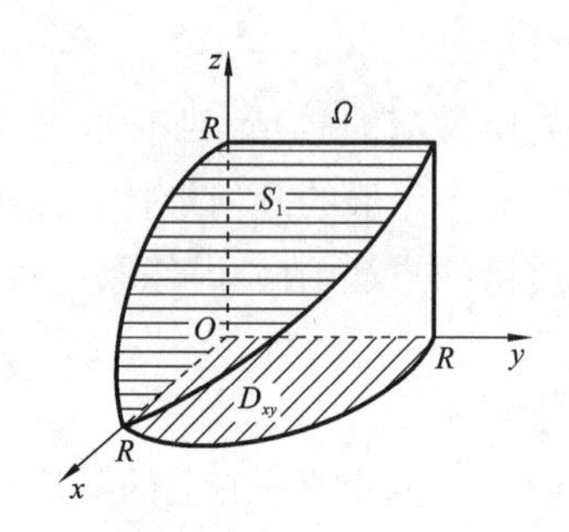

图4.6.1

(1) 求体积. 立体的体积是其在第一卦限部分的8倍, 在第一卦限所占据的部分可看成一个曲顶柱体, 其顶面为圆柱面$S_1: z=\sqrt{R^2-x^2}$, 底面为

$$D_{xy}=\{(x,y)|0\leqslant y\leqslant\sqrt{R^2-x^2},0\leqslant x\leqslant R\},$$

由二重积分的几何意义, 其体积为

$$\begin{aligned}V_1 &= \iint_{D_{xy}}\sqrt{R^2-x^2}\mathrm{d}x\mathrm{d}y=\int_0^R\mathrm{d}x\int_0^{\sqrt{R^2-x^2}}\sqrt{R^2-x^2}\mathrm{d}y\\ &= \int_0^R(R^2-x^2)\mathrm{d}x=\frac{2R^2}{3},\end{aligned}$$

所以立体的总体积为

$$V=8V_1=\frac{16R^2}{3}.$$

(2)求表面积. 由对称性, 表面积为$S=16S_1$, 对S_1有

$$z_x=\frac{-x}{\sqrt{R^2-x^2}},\quad z_y=0,$$

S_1的面积为

$$\begin{aligned}S_1 &= \iint_{S_1}\mathrm{d}S=\iint_{D_{xy}}\sqrt{1+z_x^2+z_y^2}\,\mathrm{d}x\mathrm{d}y=\iint_{D_{xy}}\frac{R}{\sqrt{R^2-x^2}}\,\mathrm{d}x\mathrm{d}y\\ &= R\int_0^R\frac{\mathrm{d}x}{\sqrt{R^2-x^2}}\int_0^{\sqrt{R^2-x^2}}\mathrm{d}y=R^2,\end{aligned}$$

所以总表面积为

$$S=16S_1=16R^2.$$

□

例 4.6.3 求曲面$(x^2+y^2+z^2)^2=a^3z(a\geqslant 0)$所围立体的体积.

解 在球坐标变换

$$\begin{cases} x = r\sin\varphi\cos\theta, \\ y = r\sin\varphi\sin\theta, \\ z = r\cos\varphi \end{cases}$$

下, 曲面的方程化为$r^3 = a^3\cos\varphi$. 又曲面在Oxy平面的上方, 且关于Oyz平面和Ozx平面对称, 与Oxy平面相切, 故所围体积V是其在第一卦限部分体积V_1的4倍. 在球坐标系下, 第一卦限部分的体积可表示为

$$V_1 = \{(r,\varphi,\theta)|0 \leqslant r \leqslant a\sqrt[3]{\cos\varphi}, 0 \leqslant \varphi \leqslant \frac{\pi}{2}, 0 \leqslant \theta \leqslant \frac{\pi}{2}\},$$

所以所围立体的体积为

$$\begin{aligned} V &= 4V_1 = \iiint_{V_1} \mathrm{d}V = 4\int_0^{\frac{\pi}{2}} \mathrm{d}\theta \int_0^{\frac{\pi}{2}} \sin\varphi \mathrm{d}\varphi \int_0^{a\sqrt[3]{\cos\varphi}} r^2 \mathrm{d}r \\ &= \frac{2\pi a^3}{3}\int_0^{\frac{\pi}{2}} \sin\varphi\cos\varphi \mathrm{d}\varphi = \frac{\pi a^3}{3}. \end{aligned}$$

□

例 4.6.4 设L为曲面$(x-y)^2 = a(x+y)$与$x^2-y^2 = \dfrac{9}{8}z^2$的交线上从原点$O(0,0,0)$到点$A(x_0,y_0,z_0)$的那一段, 求$L$ 的弧长.

解 由$\begin{cases} (x-y)^2 = a(x+y), \\ x^2-y^2 = \dfrac{9}{8}z^2 \end{cases}$ 得$\begin{cases} (x-y)^3 = \dfrac{9}{8}az^2, \\ (x+y)^3 = \dfrac{1}{a}\left(\dfrac{9}{8}z^2\right)^2. \end{cases}$ 从而可解得L的参数方程为

$$L: \begin{cases} x = \dfrac{1}{2}\left[\dfrac{1}{a}\sqrt[3]{\left(\dfrac{9a}{8}\right)^2}\sqrt[3]{z^4} + \sqrt[3]{\dfrac{9a}{8}}\sqrt[3]{z^2}\right], \\ y = \dfrac{1}{2}\left[\dfrac{1}{a}\sqrt[3]{\left(\dfrac{9a}{8}\right)^2}\sqrt[3]{z^4} - \sqrt[3]{\dfrac{9a}{8}}\sqrt[3]{z^2}\right], \\ z = z, \end{cases} \quad z\in[0,z_0].$$

因为

$$\left(\frac{\mathrm{d}x}{\mathrm{d}z}\right)^2 + \left(\frac{\mathrm{d}y}{\mathrm{d}z}\right)^2 = \frac{\sqrt[3]{9a}}{2a}\sqrt[3]{z^2} + \frac{\sqrt[3]{3a^2}}{6}\sqrt[3]{z^{-2}},$$

所以L弧长为

$$\begin{aligned} s &= \int_L \mathrm{d}s = \int_0^{z_0}\sqrt{\left(\frac{\mathrm{d}x}{\mathrm{d}z}\right)^2 + \left(\frac{\mathrm{d}y}{\mathrm{d}z}\right)^2 + 1}\,\mathrm{d}z \\ &= \int_0^{z_0}\sqrt{\frac{\sqrt[3]{9a}}{2a}\sqrt[3]{z^2} + \frac{\sqrt[3]{3a^2}}{6}\sqrt[3]{z^{-2}} + 1}\,\mathrm{d}z \quad (z = t^{\frac{3}{2}}) \\ &= \int_0^{\sqrt[3]{z_0^2}}\sqrt{\frac{\sqrt[3]{9a}}{2a}t + \frac{\sqrt[3]{3a^2}}{6}\frac{1}{t} + 1}\cdot\frac{3\sqrt{t}}{2}\mathrm{d}t \\ &= \frac{3}{2}\int_0^{\sqrt[3]{z_0^2}}\sqrt{\frac{\sqrt[3]{9a}}{2a}t^2 + \frac{\sqrt[3]{3a^2}}{6} + t}\,\mathrm{d}t = \frac{3}{2\sqrt{2}}\int_0^{\sqrt[3]{z_0^2}}\left(\sqrt[3]{\frac{3}{a}}t + \sqrt[3]{\frac{a}{3}}\right)\mathrm{d}t \\ &= \frac{3}{4\sqrt{2}}\left(\sqrt[3]{\frac{3z_0^4}{a}} + 2\sqrt[3]{\frac{az_0^2}{3}}\right) = \frac{3\sqrt{2}}{8}\left(\sqrt[3]{\frac{3z_0^4}{a}} + 2\sqrt[3]{\frac{az_0^2}{3}}\right). \end{aligned}$$

□

4.6.2 物理应用

1. 质量

由式(4.6.1), 连续分布在平面有界区域 D上, 面密度为$\mu(x,y)$的平面薄片的质量为

$$M=\iint_D \mu(x,y)\mathrm{d}\sigma.$$

对于一般的空间几何形体Ω, 设$\mu(P)(P\in\Omega)$是Ω的密度分布, 求Ω的质量M. 我们仍然可以用微元法, 在Ω内任取一大小为$\mathrm{d}\Omega$的微元, 任取$P\in\Omega$, 将$\mathrm{d}\Omega$近似看成密度分布是均匀的, 大小用$\mu(P)$代替, 由物理意义知, 质量微元为

$$\mathrm{d}M=\mu(P)\mathrm{d}\Omega,$$

由微元法可得到Ω的质量为

$$M=\int_\Omega \mu(P)\mathrm{d}\Omega. \tag{4.6.3}$$

例如, 当Ω是空间立体V, 其体密度为$\mu(x,y,z),(x,y,z)\in V$, 则立体的质量为

$$M=\iiint_V \mu(x,y,z)\mathrm{d}x\mathrm{d}y\mathrm{d}z.$$

当Ω为曲线段或曲面片时, 可类似得到质量计算公式.

例 4.6.5 设S为上半球面$z=\sqrt{R^2-x^2-y^2}\ (R>0)$, 其上任一点的面密度$\mu$等于该点到$Oxy$平面的距离, 求其质量$M$.

解 由题意知, $\mu(x,y,z)=z$. 再由式(4.6.3)知, 该曲面片的质量为

$$M=\iint_S \mu(x,y,z)\mathrm{d}S=\iint_S z\mathrm{d}S.$$

曲面S的方程为$z=\sqrt{R^2-x^2-y^2}$, 在Oxy平面的投影区域为圆

$$D_{xy}=\{(x,y)|0\leqslant x^2+y^2\leqslant R^2\}.$$

又

$$\frac{\partial z}{\partial x}=\frac{-x}{\sqrt{R^2-x^2-y^2}},\quad \frac{\partial z}{\partial y}=\frac{-y}{\sqrt{R^2-x^2-y^2}},$$

$$\mathrm{d}S=\sqrt{1+z_x^2+z_y^2}\,\mathrm{d}x\mathrm{d}y=\frac{R}{\sqrt{R^2-x^2-y^2}}\,\mathrm{d}x\mathrm{d}y,$$

所以

$$M=\iint_S z\mathrm{d}S=\iint_{D_{xy}} R\mathrm{d}x\mathrm{d}y=R\times\pi R^2=\pi R^3.$$

□

2. 质心

先考虑质点系的质心. 设空间直角坐标系中有n个质点, 它们的质量分别为$m_i(i=1,2,\cdots,n)$, 分别位于点$(x_i,y_i,z_i)(i=1,2,\cdots,n)$处. 由力学知识知道, 该质点系的质心坐标为

$$\overline{x}=\frac{M_{yz}}{M}=\frac{\sum\limits_{i=1}^n m_ix_i}{\sum\limits_{i=1}^n m_i},\quad \overline{y}=\frac{M_{zx}}{M}=\frac{\sum\limits_{i=1}^n m_iy_i}{\sum\limits_{i=1}^n m_i},\quad \overline{z}=\frac{M_{xy}}{M}=\frac{\sum\limits_{i=1}^n m_iz_i}{\sum\limits_{i=1}^n m_i},$$

其中$M=\sum_{i=1}^{n}m_i$为该质点系的总质量,

$$M_{yz}=\sum_{i=1}^{n}m_ix_i,\quad M_{zx}=\sum_{i=1}^{n}m_iy_i,\quad M_{xy}=\sum_{i=1}^{n}m_iz_i$$

分别为该质点系对坐标面Oyz、Ozx和Oxy的**静矩**.

再考虑空间中的几何形体Ω, 假设其上各点(x,y,z)处的质量分布是不均匀的, 其密度$\mu=\mu(x,y,z)$为连续函数. 我们用微元法求Ω的质心.

在Ω内任取一直径很小的微元$\mathrm{d}\Omega$, 点(x,y,z)是$\mathrm{d}\Omega$内的一个点, 由于$\mathrm{d}\Omega$很小, 且$\mu(x,y,z)$在$\mathrm{d}\Omega$上连续, 所以$\mathrm{d}\Omega$的质量近似等于$\mu(x,y,z)\mathrm{d}\Omega$, 这部分质量可近似看作集中在点$(x,y,z)$上, 于是它对三个坐标面的静矩微元分别为

$$\mathrm{d}M_{yz}=x\mu(x,y,z)\mathrm{d}\Omega,\quad \mathrm{d}M_{zx}=y\mu(x,y,z)\mathrm{d}\Omega,\quad \mathrm{d}M_{xy}=z\mu(x,y,z)\mathrm{d}\Omega.$$

由微元法可知, Ω对三个坐标面的静矩分别为

$$M_{yz}=\int_{\Omega}x\mu(x,y,z)\mathrm{d}\Omega,\quad M_{zx}=\int_{\Omega}y\mu(x,y,z)\mathrm{d}\Omega,\quad M_{xy}=\int_{\Omega}z\mu(x,y,z)\mathrm{d}\Omega,$$

又Ω的质量为

$$M=\int_{\Omega}\mu(x,y,z)\mathrm{d}\Omega,$$

所以Ω的质心坐标为

$$\begin{cases}\overline{x}=\dfrac{M_{yz}}{M}=\dfrac{\displaystyle\int_{\Omega}x\mu(x,y,z)\mathrm{d}\Omega}{\displaystyle\int_{\Omega}\mu(x,y,z)\mathrm{d}\Omega},\\[2ex]\overline{y}=\dfrac{M_{zx}}{M}=\dfrac{\displaystyle\int_{\Omega}y\mu(x,y,z)\mathrm{d}\Omega}{\displaystyle\int_{\Omega}\mu(x,y,z)\mathrm{d}\Omega},\\[2ex]\overline{z}=\dfrac{M_{xy}}{M}=\dfrac{\displaystyle\int_{\Omega}z\mu(x,y,z)\mathrm{d}\Omega}{\displaystyle\int_{\Omega}\mu(x,y,z)\mathrm{d}\Omega}.\end{cases}\tag{4.6.4}$$

假若Ω的质量分布是均匀的, 即密度μ为常量, 则Ω的质心完全由它的几何形状决定. 我们称密度均匀的几何形体的质心为这个几何形体所占区域的**形心**. 这时, 可将式(4.6.4)中的μ提到积分号之外并从分子、分母中约去, 便得到均匀几何形体Ω的形心坐标公式

$$\overline{x}=\frac{1}{\Omega}\int_{\Omega}x\mathrm{d}\Omega,\quad \overline{y}=\frac{1}{\Omega}\int_{\Omega}y\mathrm{d}\Omega,\quad \overline{z}=\frac{1}{\Omega}\int_{\Omega}z\mathrm{d}\Omega,\tag{4.6.5}$$

其中$\Omega=\int_{\Omega}\mathrm{d}\Omega$为$\Omega$的几何度量(长度、面积和体积).

当Ω分别为空间立体V、空间曲线L或空间曲面S时, 将式(4.6.4)和式(4.6.5)中的积分分别换为三重积分、曲线积分和曲面积分即可得到相应几何形体的质心坐标和形心坐标.

当$\varOmega$为平面(设为Oxy平面)区域D或平面曲线L时, 几何形体只有对x轴和y轴的静矩M_x和M_y, 这时的质心公式为

$$\begin{cases} \overline{x} = \dfrac{M_y}{M} = \dfrac{\displaystyle\int_{\varOmega} x\mu(x,y)\mathrm{d}\varOmega}{\displaystyle\int_{\varOmega} \mu(x,y)\mathrm{d}\varOmega}, \\ \overline{y} = \dfrac{M_x}{M} = \dfrac{\displaystyle\int_{\varOmega} y\mu(x,y)\mathrm{d}\varOmega}{\displaystyle\int_{\varOmega} \mu(x,y)\mathrm{d}\varOmega}. \end{cases} \tag{4.6.6}$$

形心公式亦可相应写出.

例 4.6.6 求密度均匀的半径为R的半圆形平面薄片的质心.

解 建立坐标系如图4.6.2所示, 则薄片所占的区域为

$$D = \{(x,y)|x^2+y^2 \leqslant R^2, y \geqslant 0\}.$$

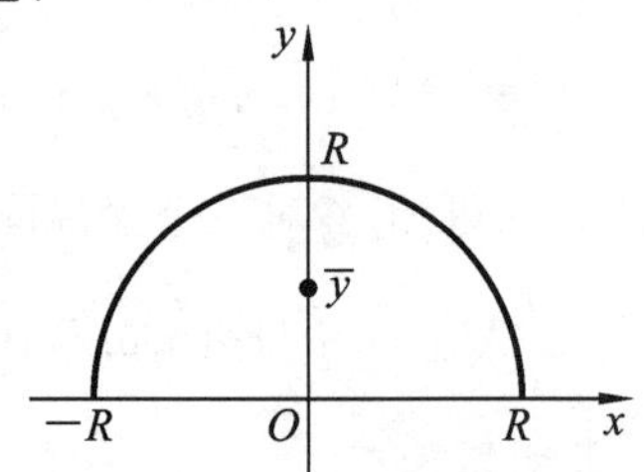

图4.6.2

因为薄片的密度均匀, 所以质心即为形心, 由对称性可知, $\overline{x}=0$,

$$\overline{y} = \frac{\displaystyle\iint_D y\mathrm{d}\sigma}{\displaystyle\iint_D \mathrm{d}\sigma},$$

其中D的面积$A = \displaystyle\iint_D \mathrm{d}\sigma = \frac{\pi R^2}{2}$, 再由极坐标可得

$$\iint_D y\mathrm{d}\sigma = \int_0^{\pi} \sin\theta \mathrm{d}\theta \int_0^R r\cdot r\mathrm{d}r = \frac{2R^3}{3},$$

所以

$$\overline{y} = \frac{2R^3}{3} \Big/ \frac{\pi R^2}{2} = \frac{4R}{3\pi},$$

故所求质心坐标为$(0, \dfrac{4R}{3\pi})$. □

例 4.6.7 有一半径为R的均质半球体V_1, 在其大圆上拼接一个材料相同半径为R的圆柱体V_2, 问圆柱体的高为多少时, 拼接后的立体V的质心刚好在球心处?

解 设圆柱体的高为h, 取坐标系如图4.6.3所示. 由对称性可知, 质心(形心)在z轴上, 要使质心在球心(原点)处, 根据式(4.6.5), 只需

$$\overline{z} = \frac{\displaystyle\iiint_V z\mathrm{d}V}{\displaystyle\iiint_V \mathrm{d}V} = 0.$$

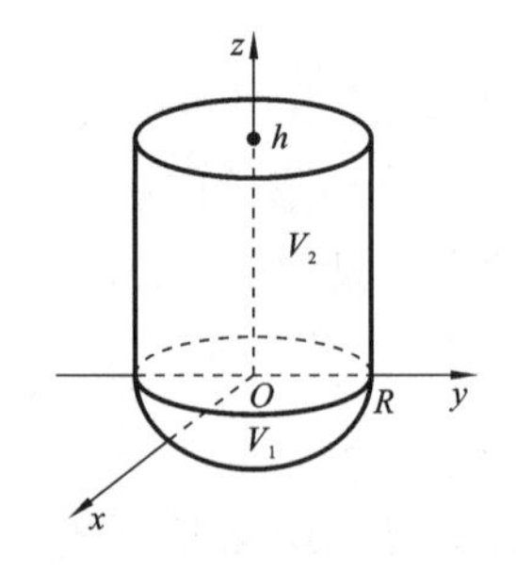

图4.6.3

由于

$$\begin{aligned}\iiint_V z\mathrm{d}V &= \iiint_{V_1} z\mathrm{d}V + \iiint_{V_2} z\mathrm{d}V \\ &= \int_0^{2\pi}\mathrm{d}\theta\int_{\pi/2}^{\pi}\cos\varphi\sin\varphi\mathrm{d}\varphi\int_0^R r^3\mathrm{d}r + \int_0^{2\pi}\mathrm{d}\theta\int_0^R r\mathrm{d}r\int_0^h z\mathrm{d}z \\ &= -\frac{1}{4}\pi R^4 + \frac{1}{2}\pi R^2h^2,\end{aligned}$$

要使$\overline{z}=0$, 只需

$$-\frac{1}{4}\pi R^4 + \frac{1}{2}\pi R^2h^2 = 0,$$

解得

$$h = \frac{\sqrt{2}}{2}R,$$

即圆柱体的高应为$h = \dfrac{\sqrt{2}}{2}R.$ □

例 4.6.8 求例4.6.5中的半球面的质心.

解 据例4.6.5, 半球面的质心在z轴上, 即$\overline{x}=0, \overline{y}=0$. 又由式(4.6.4), 有

$$\overline{z} = \frac{M_{xy}}{M} = \frac{\displaystyle\iint_S z\mu(x,y,z)\mathrm{d}S}{\displaystyle\iint_S \mu(x,y,z)\mathrm{d}S}.$$

再由例4.6.5的计算结果知, $M = \pi R^3$,

$$\begin{aligned}M_{xy} &= \iint_S z\mu(x,y,z)\mathrm{d}S = \iint_S z^2\mathrm{d}S \\ &= \iint_{D_{xy}}(R^2-x^2-y^2)\frac{R}{\sqrt{R^2-x^2-y^2}}\,\mathrm{d}x\mathrm{d}y \\ &= R\iint_{D_{xy}}\sqrt{R^2-x^2-y^2}\,\mathrm{d}x\mathrm{d}y = R\int_0^{2\pi}\mathrm{d}\theta\int_0^R\sqrt{R^2-r^2}\,r\mathrm{d}r \\ &= -\frac{2\pi R}{3}(R^2-r^2)^{3/2}\Big|_0^R = \frac{2\pi R^4}{3},\end{aligned}$$

所以

$$\overline{z} = \frac{M_{xy}}{M} = \frac{2\pi R^4}{3}\Big/(\pi R^3) = \frac{2R}{3},$$

故半球面的质心坐标为$(0,0,\dfrac{2R}{3})$. □

3. 转动惯量

考虑质点系的转动惯量. 设空间直角坐标系中有n个质点, 它们的质量分别为$m_i(i=1,2,\cdots,n)$, 分别位于点$(x_i,y_i,z_i)(i=1,2,\cdots,n)$处. 由力学知识知, 该质点系对三个坐标轴的转动惯量分别为

$$I_x = \sum_{i=1}^n m_i(y_i^2+z_i^2),\quad I_y = \sum_{i=1}^n m_i(z_i^2+x_i^2),\quad I_z = \sum_{i=1}^n m_i(x_i^2+y_i^2).$$

对于空间中的几何形体Ω, 设其上各点(x,y,z)处的密度为$\mu=\mu(x,y,z)$, $\mu(x,y,z)$在Ω上连续. 仍用微元法求Ω对三个坐标轴的转动惯量.

在Ω内任取一直径很小的微元$\mathrm{d}\Omega$, 点(x,y,z)是$\mathrm{d}\Omega$内的一个点, 由于$\mathrm{d}\Omega$很小, 且$\mu(x,y,z)$在$\mathrm{d}\Omega$上连续, 所以$\mathrm{d}\Omega$的质量近似等于$\mu(x,y,z)\mathrm{d}\Omega$, 这部分质量可近似看作集中在点$(x,y,z)$上, 于是它对三个坐标轴的转动惯量分别为

$$\begin{cases} \mathrm{d}I_x=(y^2+z^2)\mu(x,y,z)\mathrm{d}\Omega, \\ \mathrm{d}I_y=(z^2+x^2)\mu(x,y,z)\mathrm{d}\Omega, \\ \mathrm{d}I_z=(x^2+y^2)\mu(x,y,z)\mathrm{d}\Omega, \end{cases}$$

由微元法可知, Ω对三个坐标轴的转动惯量分别为

$$\begin{cases} I_x=\displaystyle\int_\Omega(y^2+z^2)\mu(x,y,z)\mathrm{d}\Omega, \\ I_y=\displaystyle\int_\Omega(z^2+x^2)\mu(x,y,z)\mathrm{d}\Omega, \\ I_z=\displaystyle\int_\Omega(x^2+y^2)\mu(x,y,z)\mathrm{d}\Omega. \end{cases} \tag{4.6.7}$$

当Ω分别为空间立体V、空间曲线L或空间曲面S时, 将式(4.6.7)中的积分分别换为三重积分、曲线积分和曲面积分即可得到相应几何形体的关于三个坐标轴的转动惯量.

当Ω为平面(设为Oxy平面)区域D或平面曲线L时, 几何形体只有对x轴和y轴的转动惯量, 这时的转动惯量公式为

$$I_x=\int_\Omega y^2\mu(x,y)\mathrm{d}\Omega,\quad I_y=\int_\Omega x^2\mu(x,y)\mathrm{d}\Omega. \tag{4.6.8}$$

由物理学知识, 空间中的几何形体Ω对坐标原点O的转动惯量为

$$I_O=\int_\Omega(x^2+y^2+z^2)\mu(x,y,z)\mathrm{d}\Omega.$$

例 4.6.9　求密度均匀($\mu=$常数)的螺旋曲线

$$L: x=a\cos t,\quad y=a\sin t,\quad z=bt\quad(0\leqslant t\leqslant 2\pi)$$

绕z轴转动时的转动惯量.

解　根据式(4.6.7), 所求的转动惯量为

$$\begin{aligned} I_z &= \int_L(x^2+y^2)\mu\mathrm{d}s=\mu\int_L(x^2+y^2)\mathrm{d}s \\ &= \mu\int_0^{2\pi}(x^2(t)+y^2(t))\sqrt{[x'(t)]^2+[y'(t)]^2+[z'(t)]^2}\,\mathrm{d}t \\ &= \mu\int_0^{2\pi}a^2\sqrt{a^2+b^2}\,\mathrm{d}t=2\pi\mu a^2\sqrt{a^2+b^2}. \end{aligned}$$ □

例 4.6.10　求例4.6.5中的半球面绕z轴转动时的转动惯量.

解　由式(4.6.7)可得该半球面绕z轴转动时的转动惯量为

$$I_z=\iint_S(x^2+y^2)\mu(x,y,z)\mathrm{d}S=\iint_S(x^2+y^2)z\mathrm{d}S,$$

再由例4.6.5的计算结果得

$$\begin{aligned} I_z &= \iint_S (x^2+y^2)z\mathrm{d}S = \iint_{D_{xy}} (x^2+y^2)\sqrt{R^2-x^2-y^2}\frac{R}{\sqrt{R^2-x^2-y^2}}\,\mathrm{d}x\mathrm{d}y \\ &= R\iint_{D_{xy}}(x^2+y^2)\mathrm{d}x\mathrm{d}y = R\int_0^{2\pi}\mathrm{d}\theta\int_0^R r^2\cdot r\mathrm{d}r = \frac{1}{2}\pi R^5. \end{aligned}$$

□

例 4.6.11 求密度均匀的圆环$D: a^2 \leqslant x^2+y^2 \leqslant b^2\ (0<a<b)$关于其直径的转动惯量和关于垂直于圆环面的中心轴的转动惯量.

解 (1) 求圆环关于其直径的转动惯量. 设圆环的密度为μ, 直径取y 轴(见图4.6.4). 由公式(4.6.8)得所求转动惯量为

$$\begin{aligned} I_y &= \int_D x^2\mu\mathrm{d}x\mathrm{d}y \\ &= \mu\int_0^{2\pi}\mathrm{d}\theta\int_a^b (r\cos\theta)^2\cdot r\mathrm{d}r \\ &= \mu\int_0^{2\pi}\cos^2\theta\mathrm{d}\theta\int_a^b r^3\mathrm{d}r = \frac{1}{4}\pi\mu(b^4-a^4). \end{aligned}$$

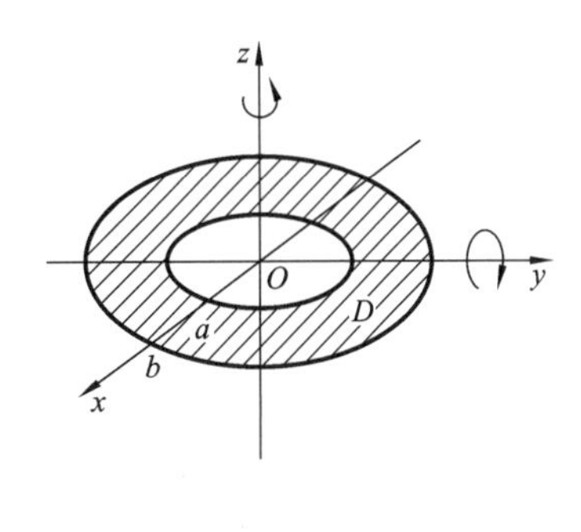

图4.6.4

(2) 求圆环关于中心轴的转动惯量, 我们采用微元法. 如图4.6.4所示, 设中心轴为z轴, 则D内任一点(x,y)到中心轴的距离为$d=\sqrt{x^2+y^2}$, 在点(x,y)处取一微元$\mathrm{d}\sigma$, 将其看成一质点, 由力学知识知道, 它绕中心轴转动的转动惯量即是所要求的转动惯量的微元:

$$\mathrm{d}I_z = d^2\mu\mathrm{d}\sigma,$$

再积分即得

$$\begin{aligned} I_z &= \iint_D d^2\mu\mathrm{d}\sigma = \mu\iint_D (x^2+y^2)\mathrm{d}\sigma \\ &= \mu\int_0^{2\pi}\mathrm{d}\theta\int_a^b r^2\cdot r\mathrm{d}r = \frac{1}{2}\pi\mu(b^4-a^4). \end{aligned}$$

□

注 4.6.2 在例4.6.11(2)中, 也可以不用微元法, 直接将区域D看作三维空间中的曲面S, 套用式(4.6.7)求解.

4. 引力

设Ω 为三维空间中的一个几何形体(线、面或立体), 密度为$\mu(x,y,z)$, $P_0(x_0,y_0,z_0)$ 为Ω外一单位质量的质点, 现要求Ω 对P_0 的引力$\boldsymbol{F}$.

我们采用微元法求引力. 在Ω内的点$P(x,y,z)$处取一微元$\mathrm{d}\Omega$, 则其质量微元为

$$\mathrm{d}M = \mu(x,y,z)\mathrm{d}\Omega,$$

将其看作集中在点$P(x,y,z)$处. 记

$$\boldsymbol{r} = \overrightarrow{P_0P} = (x_0-x, y_0-y, z_0-z),$$

$$r=|\boldsymbol{r}|=\sqrt{(x-x_0)^2+(y-y_0)^2+(z-z_0)^2}\ ,$$

则由两点间的万有引力公式, 可得$\mathrm{d}\Omega$对P_0的引力微元的大小为

$$|\mathrm{d}\boldsymbol{F}|=(\mathrm{d}F_x,\mathrm{d}F_y,\mathrm{d}F_z)=\left|\frac{k\mathrm{d}M}{r^2}\right|=\left|\frac{k\mu(x,y,z)\mathrm{d}\Omega}{r^2}\right|,$$

其中k为引力常数, $\mathrm{d}F_x$, $\mathrm{d}F_y$, $\mathrm{d}F_z$分别为$\mathrm{d}\boldsymbol{F}$在三个坐标轴方向的分量. 因$\mathrm{d}\boldsymbol{F}$的方向与$\boldsymbol{r}$的方向一致, 其单位向量为$\boldsymbol{e}_r$, 故有

$$\mathrm{d}\boldsymbol{F}=(\mathrm{d}F_x,\mathrm{d}F_y,\mathrm{d}F_z)=\frac{k\mu(x,y,z)\mathrm{d}\Omega}{r^2}\boldsymbol{e}_r=\frac{k\mu(x,y,z)\mathrm{d}\Omega}{r^3}\{x-x_0,y-y_0,z-z_0\}.$$

将$\mathrm{d}F_x$, $\mathrm{d}F_y$, $\mathrm{d}F_z$分别在Ω上积分, 即得

$$\boldsymbol{F}=(F_x,F_y,F_z),$$

其中

$$\begin{cases} F_x=k\displaystyle\int_\Omega\frac{(x-x_0)\mu(x,y,z)}{r^3}\,\mathrm{d}\Omega,\\ F_y=k\displaystyle\int_\Omega\frac{(y-y_0)\mu(x,y,z)}{r^3}\,\mathrm{d}\Omega,\\ F_z=k\displaystyle\int_\Omega\frac{(z-z_0)\mu(x,y,z)}{r^3}\,\mathrm{d}\Omega.\end{cases}\tag{4.6.9}$$

若几何形体Ω对应于三维空间中的立体、曲面或曲线, 则式(4.6.9)中的积分分别为三重积分、曲面积分和曲线积分. 若Ω为二维空间中的一个几何形体(平面区域或平面曲线), 则密度函数为$\mu(x,y)$, 将式(4.6.9)中的积分换为相应的二重积分或平面上的第一型曲线积分即可.

例 4.6.12 设有一半径为R的密度均匀的球体, 所占据的空间区域为$V=\{(x,y,z)|x^2+y^2+z^2\leqslant R^2\}$, 求它对球外位于点$P_0(0,0,a)$ $(a>R)$处的单位质量的质点的引力.

解 设球体的密度为μ, 引力常数为k. 由对称性及密度的均匀性可知$F_x=F_y=0$, 只需求F_z, 根据式(4.6.9), 得

$$\begin{aligned}F_z&=k\iiint_V\frac{(z-a)\mu}{[x^2+y^2+(z-a)^2]^{3/2}}\,\mathrm{d}V\\&=k\mu\int_{-R}^R(z-a)\mathrm{d}z\iint_{D_z}\frac{\mathrm{d}x\mathrm{d}y}{[x^2+y^2+(z-a)^2]^{3/2}},\end{aligned}$$

其中$D_z=\{x^2+y^2\leqslant R^2-z^2\}$. 采用柱坐标计算上述积分, 可得

$$\begin{aligned}F_z&=k\mu\int_{-R}^R(z-a)\mathrm{d}z\int_0^{2\pi}\mathrm{d}\theta\int_0^{\sqrt{R^2-z^2}}\frac{r}{[r^2+(z-a)^2]^{3/2}}\,\mathrm{d}r\\&=2\pi k\mu\int_{-R}^R\Big(-1-\frac{z-a}{\sqrt{R^2-2az+a^2}}\Big)\mathrm{d}z\\&=2\pi k\mu\Big[-2R+\frac{1}{a}\int_{-R}^R(z-a)\mathrm{d}\sqrt{R^2-2az+a^2}\Big]\\&=2\pi k\mu\Big[-2R+2R-\frac{2R^3}{3a^2}\Big]=-\frac{4\pi k\mu R^3}{3a^2}.\end{aligned}$$

因为球体的质量为$M=\mu V=\mu\dfrac{4\pi R^3}{3}$, 所以有$F_z=-k\dfrac{M}{a^2}$, 这表明均匀球体对球外一质点的引力等于将球的质量集中在球心处两质点间的引力. □

习题 4.6

(A)

4.6.1 求下列平面区域的面积:

(1) 双纽线$(x^2+y^2)^2=2a^2xy(a>0)$所围区域;

(2) 三叶玫瑰线$r=a\cos(3\theta)(a>0)$所围区域;

(3) 曲线$\sqrt[4]{\dfrac{x}{a}}+\sqrt[4]{\dfrac{y}{b}}=1(a,b>0)$, $x=0$,$y=0$所围区域;

(4) 曲线$\left(\dfrac{x^2}{a^2}+\dfrac{y^2}{b^2}\right)^2=x^2+y^2(a,b>0)$所围区域.

4.6.2 求下列立体的体积:

(1) 由曲面 $z=6-x^2-y^2$和$z=\sqrt{x^2+y^2}$ 所围成的立体;

(2) 椭球体$\dfrac{x^2}{a^2}+\dfrac{y^2}{b^2}+\dfrac{z^2}{c^2}\leqslant 1(a,b,c>0)$;

(3) 由曲面 $\dfrac{x^2}{a^2}+\dfrac{y^2}{b^2}-\dfrac{z^2}{c^2}=-1$ 和 $\dfrac{x^2}{a^2}+\dfrac{y^2}{b^2}=1$ 所围成的立体$(a,b,c>0)$;

(4) 曲面$(x^2+y^2+z^2)^3=3xyz$所围成的立体.

4.6.3 求曲线$L: x=\mathrm{e}^{-t}\cos t, y=\mathrm{e}^{-t}\sin t, z=\mathrm{e}^{-t}(0<t<+\infty)$的弧长.

4.6.4 求曲面$y=x^2/(2a)$与$z=x^3/(6a^2)$的交线L上从原点$(0,0,0)$到点(x,y,z)之间的弧长.

4.6.5 球面$x^2+y^2+z^2=R^2$与圆柱面$x^2+y^2=Rx(R>0)$的交线(称为维维安尼(Viviani) 曲线)的长度为s, 证明s等于半轴长为$\sqrt{2}R$、离心率为$1/\sqrt{2}$的椭圆的周长.

4.6.6 求摆线$\begin{cases} x=a(t-\sin t), \\ y=a(1-\cos t) \end{cases}$ $(t\in[0,\pi], a>0)$的弧的形心.

4.6.7 求空间立体$V=\{(x,y,z)|0\leqslant z\leqslant x^2+y^2, x\geqslant 0, y\geqslant 0, x+y\leqslant 1\}$的形心.

4.6.8 设球面三角形为$x^2+y^2+z^2=a^2(a>0)$, $x\geqslant 0$,$y\geqslant 0$, $z\geqslant 0$.

(1)求其周界围线的形心坐标;

(2)求其本身的形心坐标.

4.6.9 求均匀曲面$z=\sqrt{a^2-x^2-y^2}$ $(x\geqslant 0,\ y\geqslant 0,\ x+y\leqslant a)$的形心坐标, 其中$a>0$.

4.6.10 求均匀曲面$z=\sqrt{x^2+y^2}$被曲面$x^2+y^2=2ax(a>0)$所割下的部分的形心坐标.

4.6.11 某物体所在空间区域为$\Omega: x^2+y^2+2z^2\leqslant x+y+2z$, 密度函数为$x^2+y^2+z^2$, 求质量$M=\displaystyle\iiint_\Omega(x^2+y^2+z^2)\mathrm{d}x\mathrm{d}y\mathrm{d}z$.

4.6.12 均匀的薄片(面密度$\mu=$常数)位于两圆$r=2\sin\theta$和$r=4\sin\theta$之间, 求:

(1) 它的质心坐标;

(2) 分别对x轴和y轴的转动惯量.

4.6.13 求曲线$(x^2+y^2)^2=a^2(x^2-y^2)$所围均匀薄板对坐标轴和原点的转动惯量.

4.6.14 一金属叶片, 形如心形线 $r=a(1+\cos\theta)(a>0)$, 如果它在任一点的密度与原点到该点的距离成正比, 求其:

(1) 质量;

(2) 质心坐标;

(3) 绕对称轴的转动惯量.

4.6.15 空间立体所占区域为$V=\{(x,y,z)|a^2\leqslant x^2+y^2+z^2\leqslant R^2, z\geqslant 0\}(0<a<R)$, 其密度为$\mu=x^2+y^2+z^2$. 求其:

(1) 质量;

(2) 质心坐标;

(3) 绕坐标轴的转动惯量.

4.6.16 求曲面$(x^2+y^2+z^2)^2=x^2+y^2$所围均匀物体$(\mu=1)$对于坐标原点的转动惯量.

4.6.17 求均匀螺线$x=a\cos t,\ y=a\sin t,\ z=\dfrac{ht}{2\pi}\ (t\in[0,2\pi], a,h>0)$对于坐标轴的转动惯量.

4.6.18 设曲线

$$L:\begin{cases} x^2+y^2+z^2=R^2, \\ x^2+y^2=Rx \end{cases}\quad (z\geqslant 0, R>0)$$

的线密度为$\sqrt{x}$,求其对三个坐标轴的转动惯量之和$I_x+I_y+I_z$.

4.6.19 求均匀半球面$x^2+y^2+z^2=a^2\ (z\geqslant 0)$对于$z$轴的转动惯量.

4.6.20 求质量均匀分布, 半径为R的球面对距球心为$a(a>R)$的单位质量的质点A的引力.

4.6.21 在平面上, 有一条从点$(a,0)$向右的射线, 线密度为ρ. 在点$(0,h)(h>0)$处有一质量为m的质点. 求射线对质点的引力.

4.6.22 设D为椭圆形$\dfrac{x^2}{a^2}+\dfrac{y^2}{b^2}\leqslant 1(a>0,b>0)$, 面密度为$\rho$的均匀薄板, l为通过椭圆焦点$(-c,0)$(其中$c^2=a^2-b^2$)垂直于薄板的旋转轴.

(1) 求薄板D绕l旋转的转动惯量;

(2) 对于固定的转动惯量, 讨论椭圆薄板的面积是否有最大值和最小值.

(B)

4.6.1 设半径为R的球面S, 其球心在定球面$x^2+y^2+z^2=a^2(a>0)$上, 问当R取何值时, 球面S在定球面内部的哪部分的面积最大?

4.6.2 求均匀曲面$\dfrac{x^2}{a^2}+\dfrac{y^2}{a^2}-\dfrac{z^2}{b^2}=0\ (0\leqslant z\leqslant b)$ 对于直线$\dfrac{x}{1}=\dfrac{y}{0}=\dfrac{z-b}{0}$的转动惯量.

4.6.3 证明: 由平面上一已知弧段, 绕该平面上一条不穿过该弧段的直线旋转而成的旋转曲面的面积, 等于该弧段的长度与该弧段的形心旋转一周时所经过的路程的长度的乘积.

4.6.4 设l是过原点, 方向向量为$\{\alpha,\beta,\gamma\}$(其中$\alpha^2+\beta^2+\gamma^2=1$)的直线, 均匀椭球$\dfrac{x^2}{a^2}+\dfrac{y^2}{b^2}+\dfrac{z^2}{c^2}\leqslant 1$(其中$0<c<b<a$, 密度为1)绕$l$旋转.

(1) 求其转动惯量;

(2) 求其转动惯量关于方向$\{\alpha,\beta,\gamma\}$的最大值和最小值.

第4章习题解答及提示

第 5 章　向量值函数的曲线积分与曲面积分

这一章我们将介绍多元函数积分学中的第二大类型——向量值函数积分, 包括第二型曲线积分与曲面积分. 在第一型曲线积分与曲面积分中, 积分曲线L与积分曲面S是不考虑方向的, 相应的弧长微元$\mathrm{d}s$和面积微元$\mathrm{d}S$都是取正值. 对于第二型曲线积分与曲面积分, 积分曲线与积分曲面将必须考虑方向, 而且被积表达式将由两向量的点积构成. 这是两大类型线、面积分的区别.

第二型曲线、曲面积分概念的引入也是实际问题的需要, 特别是研究各种物理场的需要. 本节从实例出发分别介绍这两种第二型积分的概念、性质、计算方法以及它们与第一型积分之间的关系, 并建立各类积分之间联系的三大积分公式: Green公式、Gauss公式和Stockes公式, 最后介绍场论的基本知识.

5.1　第二型曲线积分

5.1.1　第二型曲线积分的概念与性质

1. 变力沿曲线所做的功

设一个质点在Oxy平面内在连续力场$\boldsymbol{F}(x,y)=(P(x,y),Q(x,y))$的作用下沿光滑曲线弧段$L$从$A$点移动到$B$点, 求力场$\boldsymbol{F}(x,y)$所做的功(见图5.1.1).

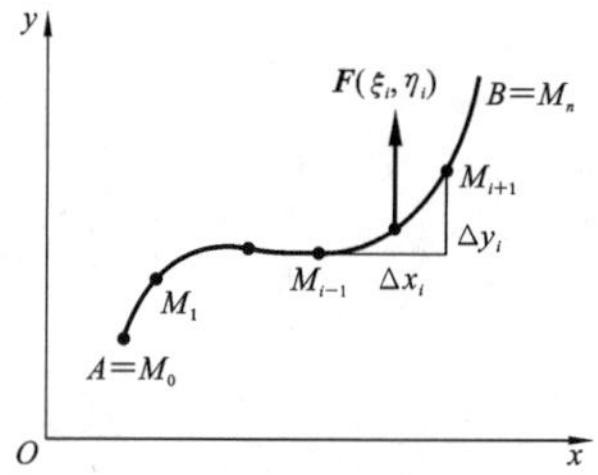

若$\boldsymbol{F}$是常力, 质点从A点沿直线移动到B点, $\boldsymbol{F}$所做的功为

$$W=\boldsymbol{F}\cdot\overrightarrow{AB}.$$

图5.1.1

若$\boldsymbol{F}$是变力, 即大小和方向都是变化的, 质点从A点沿曲线L移动到B点, $\boldsymbol{F}$所做的功可用积分的思想来求得.

(1) **分割**　在曲线L上任意插入$n-1$个点$M_1,M_2,\cdots,M_{n-1}$, 与$A=M_0,B=M_n$一起把有向曲线L分成n个有向小弧段. 设$M_i=(x_i,y_i)(i=0,1,\cdots,n)$, 记小弧段$\widehat{M_{i-1}M_i}(i=1,2,\cdots,n)$的长度为$\Delta s_i$.

(2) **近似**　由于各有向小弧段$\widehat{M_{k-1}M_k}$光滑且很短, 故可以近似地看作是向量

$$\overrightarrow{M_{k-1}M_k}=(x_i-x_{i-1},y_i-y_{i-1})=(\Delta x_i,\Delta y_i),$$

又$\boldsymbol{F}(x,y)$在其上连续, 因而变化不大, 可以近似用$\widehat{M_{i-1}M_i}$上任一点(ξ_i,η_i)处的力

$$\boldsymbol{F}(\xi_i,\eta_i)=(P(\xi_i,\eta_i),Q(\xi_i,\eta_i))$$

代替其上的变力, 于是当质点从M_{i-1}点沿$\widehat{M_{i-1}M_i}$移动到M_i点时, 力场$\boldsymbol{F}(x,y)$所做的功为

$$\Delta W_i\approx\boldsymbol{F}(\xi_i,\eta_i)\cdot\overrightarrow{M_{i-1}M_i}=P(\xi_i,\eta_i)\Delta x_i+Q(\xi_i,\eta_i)\Delta y_i,\quad i=1,2,\cdots,n.$$

(3) **求和** 把沿各有向小弧段$\widehat{M_{i-1}M_i}$上所做的功相加, 便得到所求功的近似值

$$W=\sum_{i=1}^{n}\Delta W_i\approx\sum_{i=1}^{n}\boldsymbol{F}(\xi_i,\eta_i)\cdot\overrightarrow{M_{i-1}M_i}=\sum_{i=1}^{n}[P(\xi_i,\eta_i)\Delta x_i+Q(\xi_i,\eta_i)\Delta y_i].$$

(4) **取极限** 令$\lambda=\max\limits_{1\leqslant i\leqslant n}\{\Delta s_i\}\to 0$, 即得力场在$L$上所做的功的精确值

$$W=\lim_{\lambda\to 0}\sum_{i=1}^{n}\boldsymbol{F}(\xi_i,\eta_i)\cdot\overrightarrow{M_{i-1}M_i}=\lim_{\lambda\to 0}\sum_{i=1}^{n}[P(\xi_i,\eta_i)\Delta x_i+Q(\xi_i,\eta_i)\Delta y_i].$$

将上述和式的极限抽象出来, 就得到下面要讨论的第二型曲线积分.

2. 第二型曲线积分的定义

定义(第二型曲线积分) 设L为Oxy平面上从A点指向B点的有向、可求长曲线弧, 向量值函数$\boldsymbol{F}(x,y)=(P(x,y),Q(x,y))$在$L$上有定义. 用点$A=M_0, M_1, \cdots, M_{n-1}, M_n=B$ 将L 任意分成n 个有向小弧段$\widehat{M_{i-1}M_i}(i=1,2,\cdots,n)$, 记$M_i=(x_i,y_i)(i=0,1,\cdots,n)$, $\Delta x_i=x_i-x_{i-1}, \Delta y_i=y_i-y_{i-1}(i=1,2,\cdots,n)$, 并记小弧段$\widehat{M_{i-1}M_i}$ 的长度为Δs_i. 任取$(\xi_i,\eta_i)\in\widehat{M_{i-1}M_i}$, 作数量积的和式

$$\sum_{i=1}^{n}\boldsymbol{F}(\xi_i,\eta_i)\cdot\overrightarrow{M_{i-1}M_i}=\sum_{i=1}^{n}[P(\xi_i,\eta_i)\Delta x_i+Q(\xi_i,\eta_i)\Delta y_i].$$

记$\lambda=\max\limits_{1\leqslant i\leqslant n}\{\Delta s_i\}$, 如果无论怎样选取$M_i\in L$及$(\xi_i,\eta_i)\in\widehat{M_{i-1}M_i}$, 极限

$$\lim_{\lambda\to 0}\sum_{i=1}^{n}\boldsymbol{F}(\xi_i,\eta_i)\cdot\overrightarrow{M_{i-1}M_i}=\lim_{\lambda\to 0}\sum_{i=1}^{n}[P(\xi_i,\eta_i)\Delta x_i+Q(\xi_i,\eta_i)\Delta y_i]$$

都存在, 则称此极限为向量值函数$\boldsymbol{F}(x,y)$ 在有向曲线弧L上的曲线积分, 或称为**第二型曲线积分**, 也称为函数$P(x,y)$、$Q(x,y)$ 在有向曲线弧L上**对坐标的曲线积分**, 记为

$$\int_L P(x,y)\mathrm{d}x+Q(x,y)\mathrm{d}y. \tag{5.1.1}$$

若L 是封闭曲线, 则记为

$$\oint_L P(x,y)\mathrm{d}x+Q(x,y)\mathrm{d}y.$$

若记$\boldsymbol{r}=(x,y)$, 则$\mathrm{d}\boldsymbol{r}=(\mathrm{d}x,\mathrm{d}y)$, 式(5.1.1)又可写成向量形式$\int_L\boldsymbol{F}\cdot\mathrm{d}\boldsymbol{r}$, 即

$$\int_L\boldsymbol{F}\cdot\mathrm{d}\boldsymbol{r}=\int_L P(x,y)\mathrm{d}x+Q(x,y)\mathrm{d}y. \tag{5.1.2}$$

因为$P(x,y)$、$Q(x,y)$分别是$\boldsymbol{F}(x,y)$在x坐标轴和y坐标轴上的投影, 所以式(5.1.1)也可以写成

$$\int_L P(x,y)\mathrm{d}x+\int_L Q(x,y)\mathrm{d}y,$$

并称$\int_L P(x,y)\mathrm{d}x$ 为$P(x,y)$ 沿有向曲线L 对坐标x 的曲线积分, 称$\int_L Q(x,y)\mathrm{d}y$ 为$Q(x,y)$ 沿有向曲线L 对坐标y的曲线积分.

由定义知, 力场$\boldsymbol{F}(x,y)$ 沿有向曲线弧L 对质点所做的功为

$$W=\int_L \boldsymbol{F}\cdot \mathrm{d}\boldsymbol{r}=\int_L P(x,y)\mathrm{d}x+Q(x,y)\mathrm{d}y,$$

这可看作第二型曲线积分的物理意义.

注 5.1.1 (1) 我们知道, 分段光滑曲线弧是可求长的. 为简单计, 我们今后说到的有向曲线弧都是有向、分段、光滑的.

(2) 第二型曲线积分的存在性: 与数量值函数的积分类似, 当向量值函数$\boldsymbol{F}(x,y)=(P(x,y),Q(x,y))$在有向曲线弧$L$上连续时, 第二型曲线积分式(5.1.1)必成立.

类似地, 可以定义三元向量值函数$\boldsymbol{F}(x,y,z)=(P(x,y,z),Q(x,y,z),R(x,y,z))$ 在空间有向曲线弧L 上的曲线积分, 并记为

$$\int_L \boldsymbol{F}\cdot \mathrm{d}\boldsymbol{r}=\int_L P(x,y,z)\mathrm{d}x+Q(x,y,z)\mathrm{d}y+R(x,y,z)\mathrm{d}z,$$

其中$\mathrm{d}\boldsymbol{r}=(\mathrm{d}x,\mathrm{d}y,\mathrm{d}z)$.

3. 两型曲线积分的联系

设L为有向曲线弧段, 向量值函数$\boldsymbol{F}(x,y)=(P(x,y),Q(x,y))$ 在L上连续. 记$\boldsymbol{r}=(x,y)$为L上点(x,y)的向径, $\boldsymbol{\tau}$为L在点(x,y)处的单位切向量, 其方向与L的方向一致(见图5.1.2), 又记$\alpha(x,y)$, $\beta(x,y)$为$\boldsymbol{\tau}$的方向角, 则$\boldsymbol{\tau}=(\cos\alpha,\cos\beta)$. 因$\mathrm{d}\boldsymbol{r}=(\mathrm{d}x,\mathrm{d}y)$与$\boldsymbol{\tau}$方向相同, 且有

$$\mathrm{d}s^2=\mathrm{d}x^2+\mathrm{d}y^2=\mathrm{d}r^2,$$

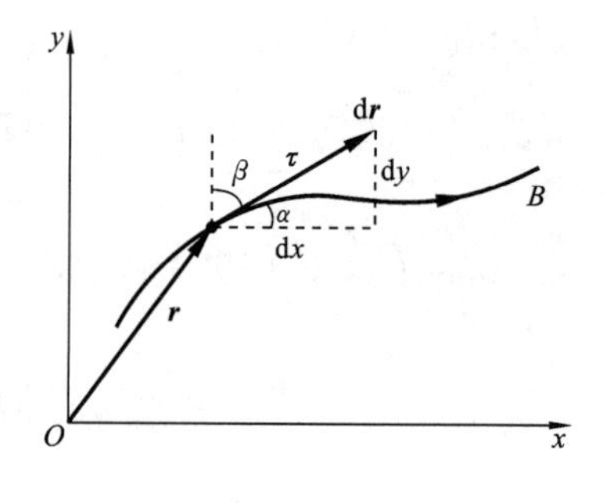

图5.1.2

故有

$$\mathrm{d}\boldsymbol{r}=\boldsymbol{\tau}\mathrm{d}s=(\cos\alpha,\cos\beta)\mathrm{d}s,$$

于是

$$\int_L \boldsymbol{F}\cdot \mathrm{d}\boldsymbol{r}=\int_L \boldsymbol{F}\cdot\boldsymbol{\tau}\mathrm{d}s \tag{5.1.3}$$

或

$$\int_L P(x,y)\mathrm{d}x+Q(x,y)\mathrm{d}y=\int_L [P(x,y)\cos\alpha+Q(x,y)\cos\beta]\mathrm{d}s. \tag{5.1.4}$$

以上两式就是两型曲线积分之间相互联系的公式.

类似地, 空间有向曲线L上的两型曲线积分之间的联系为

$$\begin{aligned}\int_L \boldsymbol{F}\cdot \mathrm{d}\boldsymbol{r} &= \int_L P(x,y,z)\mathrm{d}x+Q(x,y,z)\mathrm{d}y+R(x,y,z)\mathrm{d}z\\ &= \int_L [P(x,y,z)\cos\alpha+Q(x,y,z)\cos\beta+R(x,y,z)\cos\gamma]\mathrm{d}s\\ &= \int_L \boldsymbol{F}\cdot\boldsymbol{\tau}\mathrm{d}s,\end{aligned}$$

其中$\boldsymbol{F}=(P(x,y,z),Q(x,y,z),R(x,y,z))$, $\boldsymbol{\tau}=(\cos\alpha,\cos\beta,\cos\gamma)$为有向曲线$L$在点$(x,y,z)$处切线的方向余弦, $\mathrm{d}s$为弧微分.

4. 第二型曲线积分的性质

由两型积分的联系与第一型曲线积分的性质, 可导出第二型曲线积分的一些性质. 为表达方便, 我们用向量形式表达, 并假定其中的向量值函数在有向曲线L上连续.

性质 5.1.1 (线性性) 设k_1,k_2为常数, 则有

$$\int_L[k_1\boldsymbol{F}_1+k_2\boldsymbol{F}_2]\cdot\mathrm{d}\boldsymbol{r}=k_1\int_L\boldsymbol{F}_1\cdot\mathrm{d}\boldsymbol{r}+k_2\int_L\boldsymbol{F}_2\cdot\mathrm{d}\boldsymbol{r}.$$

性质 5.1.2 (弧段可加性) 设有向曲线L分成了两段L_1和L_2, 它们与L的取向相同, 记为$L=L_1+L_2$, 则

$$\int_L\boldsymbol{F}\cdot\mathrm{d}\boldsymbol{r}=\int_{L_1}\boldsymbol{F}\cdot\mathrm{d}\boldsymbol{r}+\int_{L_2}\boldsymbol{F}\cdot\mathrm{d}\boldsymbol{r}.$$

性质 5.1.3 (有向性) 记$-L$是有向曲线L的反向曲线, 则

$$\int_{-L}\boldsymbol{F}\cdot\mathrm{d}\boldsymbol{r}=-\int_L\boldsymbol{F}\cdot\mathrm{d}\boldsymbol{r}.$$

性质5.1.3表明, 当曲线弧段的方向改变时, 第二型曲线积分的值要改变符号, 即第二型曲线积分与曲线弧段的方向有关, 这是它与第一型曲线积分的重要区别.

5.1.2 第二型曲线积分的计算

定理 设L是Oxy平面上的有向光滑曲线, 其参数方程为$L:x=x(t),\ y=y(t)$, 当参数t由α变到β时, 点$M(x,y)$由L的起点沿L运动到L的终点, 且$x'^2(t)+y'^2(t)\neq 0$. 若$\boldsymbol{F}(x,y)=(P(x,y),Q(x,y))$在$L$上连续, 则

$$\int_L P(x,y)\mathrm{d}x+Q(x,y)\mathrm{d}y=\int_\alpha^\beta[P(x(t),y(t))x'(t)+Q(x(t),y(t))y'(t)]\mathrm{d}t. \tag{5.1.5}$$

证 记$\boldsymbol{r}=(x(t),y(t))$. 当$\alpha<\beta$时,对应于$t$点且与曲线$L$的方向一致的切向量为

$$\boldsymbol{r}'=(x'(t),y'(t)),$$

所以单位切向量为

$$\boldsymbol{\tau}=\frac{(x'(t),y'(t))}{\sqrt{x'^2(t)+y'^2(t)}},$$

又

$$\mathrm{d}s=\sqrt{x'^2(t)+y'^2(t)}\,\mathrm{d}t,$$

于是

$$\begin{aligned}\int_L P(x,y)\mathrm{d}x+Q(x,y)\mathrm{d}y&=\int_L\boldsymbol{F}\cdot\mathrm{d}\boldsymbol{r}=\int_L\boldsymbol{F}\cdot\boldsymbol{\tau}\mathrm{d}s\\&=\int_\alpha^\beta[P(x(t),y(t)),Q(x(t),y(t))]\frac{(x'(t),y'(t))}{\sqrt{x'^2(t)+y'^2(t)}}\sqrt{x'^2(t)+y'^2(t)}\,\mathrm{d}t\\&=\int_\alpha^\beta[P(x(t),y(t))x'(t)+Q(x(t),y(t))y'(t)]\mathrm{d}t.\end{aligned}$$

当$\alpha > \beta$时,由于$-L$的方向与t增加的方向一致,故

$$\begin{aligned}\int_L P(x,y)\mathrm{d}x+Q(x,y)\mathrm{d}y &= -\int_{-L} P(x,y)\mathrm{d}x+Q(x,y)\mathrm{d}y\\ &= -\int_{\beta}^{\alpha}[P(x(t),y(t))x'(t)+Q(x(t),y(t))y'(t)]\mathrm{d}t\\ &= \int_{\alpha}^{\beta}[P(x(t),y(t))x'(t)+Q(x(t),y(t))y'(t)]\mathrm{d}t.\end{aligned}$$

这就证明了无论$\alpha < \beta$还是$\alpha > \beta$, 都有

$$\int_L P(x,y)\mathrm{d}x+Q(x,y)\mathrm{d}y = \int_{\alpha}^{\beta}[P(x(t),y(t))x'(t)+Q(x(t),y(t))y'(t)]\mathrm{d}t.$$

式(5.1.5)得证. □

式(5.1.5)表明, 计算第二型曲线积分时, 是将其化为定积分来计算的, 需要注意的是, 积分下限α对应于曲线L的起点, 积分上限β对应于曲线L的终点, 下限不一定小于上限.

注 5.1.2 由该定理的证明过程可知, 计算积分$\int_L P(x,y)\mathrm{d}x+Q(x,y)\mathrm{d}y$时, 可将其分成两部分分别计算:

$$\int_L P(x,y)\mathrm{d}x = \int_{\alpha}^{\beta} P(x(t),y(t))x'(t)\mathrm{d}t,$$

$$\int_L Q(x,y)\mathrm{d}y = \int_{\alpha}^{\beta} Q(x(t),y(t))y'(t)\mathrm{d}t.$$

若L的方程为$y=y(x)$, 则可将其看作关于x的参数方程

$$x = x,\quad y = y(x),$$

代入式(5.1.5), 得

$$\int_L P(x,y)\mathrm{d}x+Q(x,y)\mathrm{d}y = \int_{\alpha}^{\beta}[P(x,y(x))+Q(x,y(x))y'(x)]\mathrm{d}x, \tag{5.1.6}$$

其中α对应于L的起点, β对应于L的终点.

若L的方程为$x=x(y)$, 则可将其看作关于y的参数方程

$$x = x(y),\quad y = y,$$

代入式(5.1.5), 得

$$\int_L P(x,y)\mathrm{d}x+Q(x,y)\mathrm{d}y = \int_{\alpha}^{\beta}[P(x(y),y)x'(y)+Q(x(y),y)]\mathrm{d}y, \tag{5.1.7}$$

其中α对应于L的起点, β对应于L的终点.

若L为由极坐标方程给出的曲线, 则可先将其化为参数方程, 再应用式(5.1.5), 读者可自行推导.

对于空间曲线上的第二型曲线积分, 也有类似于式(5.1.5)的公式, 即若空间曲线L由参数方程

$$x = x(t),\quad y = y(t),\quad z = z(t)$$

给出, 那么有

$$
\begin{aligned}
&\int_L P(x,y,z)\mathrm{d}x+Q(x,y,z)\mathrm{d}y+R(x,y,z)\mathrm{d}z \\
=&\int_\alpha^\beta [P(x(t),y(t),z(t))x'(t)+Q(x(t),y(t),z(t))y'(t)+R(x(t),y(t),z(t))z'(t)]\mathrm{d}t, \quad (5.1.8)
\end{aligned}
$$

其中α对应于L的起点, β对应于L的终点.

例 5.1.1 计算$I=\int_L xy\mathrm{d}x$, 其中L为(见图5.1.3):

(1) 按逆时针方向绕行的上半圆周$(x-R)^2+y^2=R^2$;

(2) 从点$A(2R,0)$沿x轴到点$O(0,0)$的直线段.

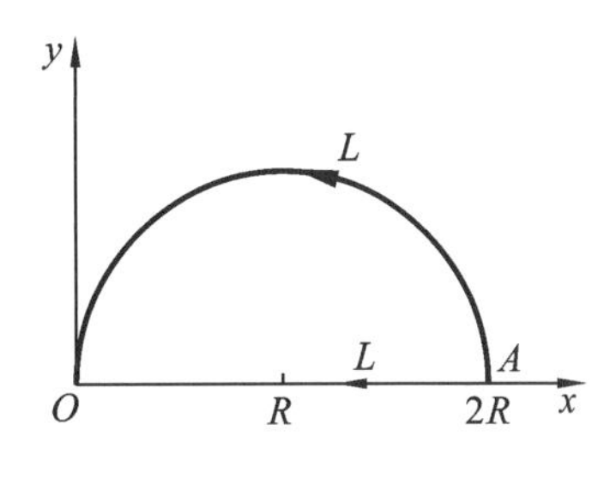

图5.1.3

解 (1) L的参数方程为

$$
\begin{cases} x=R+R\cos t, \\ y=R\sin t, \end{cases} \quad t:0\to\pi,
$$

其中$t:0\to\pi$表示t从0变化到π, 下同. 由式(5.1.5), 得

$$
\begin{aligned}
I &= \int_0^\pi (R+R\cos t)R\sin t(-R\sin t)\mathrm{d}t \\
&= -R^3\int_0^\pi (1+\cos t)\sin^2 t\mathrm{d}t=-\frac{\pi}{2}R^3.
\end{aligned}
$$

(2) L的方程为$y=0$, $x:2R\to 0$, 所以有

$$
I=\int_{2R}^0 x\cdot 0\cdot 0\mathrm{d}x=0.
$$

□

例5.1.1表明, 起点和终点相同但积分路径不同, 第二型曲线积分的值可以是不同的.

例 5.1.2 计算$I=\int_L 3x^2y^2\mathrm{d}x+2yx^3\mathrm{d}y$, 其中$L$为(见图5.1.4):

(1) 抛物线$y=x^2$上从$O(0,0)$到$B(1,1)$的一段弧;

(2) 直线$y=x$上从点$O(0,0)$到点$B(1,1)$的直线段;

(3) 依次联结点$O(0,0)$, 点$A(1,0)$, 点$B(1,1)$的有向折线.

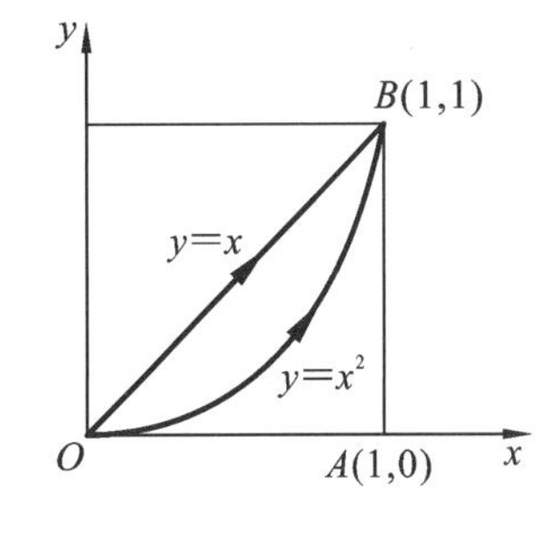

图5.1.4

解 (1) 以x为参变量, 得

$$
I=\int_0^1 (3x^6+4x^6)\mathrm{d}x=1.
$$

(2) 以x为参变量, 得

$$
I=\int_0^1 (3x^4+2x^4)\mathrm{d}x=1.
$$

(3) $I=\int_L 3x^2y^2\mathrm{d}x+2yx^3\mathrm{d}y=\int_{\overline{OA}}+\int_{\overline{AB}}$, 在$\overline{OA}$上以$x$为参变量, 其方程为$y=0$; 在$\overline{AB}$上以$y$为参变量, 其方程为$x=1$, 从而

$$
I=\int_0^1 3x^2\cdot 0\mathrm{d}x+\int_0^1 2y\mathrm{d}y=1.
$$

□

例5.1.2表明, 对于某些第二型曲线积分, 其积分的值与积分路径无关, 仅取决于起点和终点, 这是一个重要而有趣的性质. 怎样的第二型曲线积分具有这样的性质呢? 我们将在下节中进行讨论.

例 5.1.3 计算$I=\int_L -y\mathrm{d}x+x\mathrm{d}y$, 其中$L$是星形线$x^{2/3}+y^{2/3}=a^{2/3}(a>0)$ 从点$A(a,0)$到点$B(0,a)$ 的一段弧(见图5.1.5).

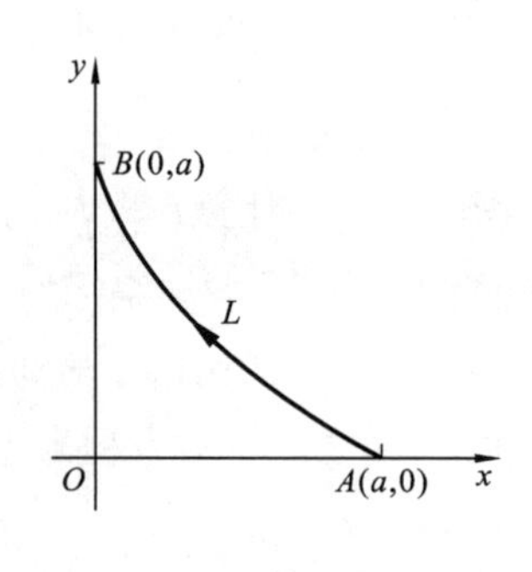

图5.1.5

解 将L化为参数方程

$$\begin{cases} x=a\cos^3 t, \\ y=a\sin^3 t, \end{cases} \quad t:0\to\pi/2,$$

则有

$$\begin{aligned} I &= \int_0^{\pi/2} -(a\sin^3 t)\mathrm{d}(a\cos^3 t)+(a\cos^3 t)\mathrm{d}(a\sin^3 t) \\ &= 3a^2\int_0^{\pi/2}(\sin^4 t\cos^2 t+\sin^2 t\cos^4 t)\mathrm{d}t \\ &= 3a^2\int_0^{\pi/2}\sin^2 t\cos^2 t\mathrm{d}t \\ &= \frac{3a^2}{4}\int_0^{\pi/2}\sin^2(2t)\mathrm{d}t=\frac{3\pi a^2}{16}. \end{aligned}$$

□

例 5.1.4 计算$I=\oint_L x^2y^3\mathrm{d}x+3xyz\mathrm{d}y-y^2\mathrm{d}z$, 其中$L$是抛物面$z=2-x^2-y^2$与平面$z=1$的交线, 从$z$轴正向往负向看去, 其方向为顺时针方向.

解 由已知, L的方程为

$$\begin{cases} z=2-x^2-y^2, \\ z=1, \end{cases}$$

消去z得

$$x^2+y^2=1,$$

由此可将L化为参数方程

$$\begin{cases} x=\cos t, \\ y=\sin t, \quad t:2\pi\to 0, \\ z=1, \end{cases}$$

所以

$$\begin{aligned} I &= \int_{2\pi}^{0}[\cos^2 t\sin^3 t(-\sin t) + 3\cos t\sin t\cdot 1\cos t + 0]\mathrm{d}t \\ &= \int_0^{2\pi}[\sin^4 t - \sin^6 t]\mathrm{d}t - 3\int_0^{2\pi}\cos^2 t\sin t\mathrm{d}t \\ &= 4\int_0^{\pi/2}\left[\sin^4 t - \sin^6 t\right]\mathrm{d}t + \cos^3 t\Big|_0^{2\pi} \\ &= 4\cdot\frac{3\cdot 1}{4\cdot 2}\cdot\frac{\pi}{2} - 4\cdot\frac{5\cdot 3\cdot 1}{6\cdot 4\cdot 2}\cdot\frac{\pi}{2} - 0 = \frac{\pi}{8}. \end{aligned}$$ □

例 5.1.5 设一个质点在点$M(x,y,z)$处受到力$\boldsymbol{F}$的作用, $\boldsymbol{F}$的大小与点M到原点O的距离成正比, $\boldsymbol{F}$的方向恒指向原点. 此质点由点$A(a,0,0)$沿螺旋曲线$L: x = a\cos t, y = a\sin t, z = bt$移动到点$B(a,0,2\pi b)$(见图5.1.6), 求力$\boldsymbol{F}$所做的功.

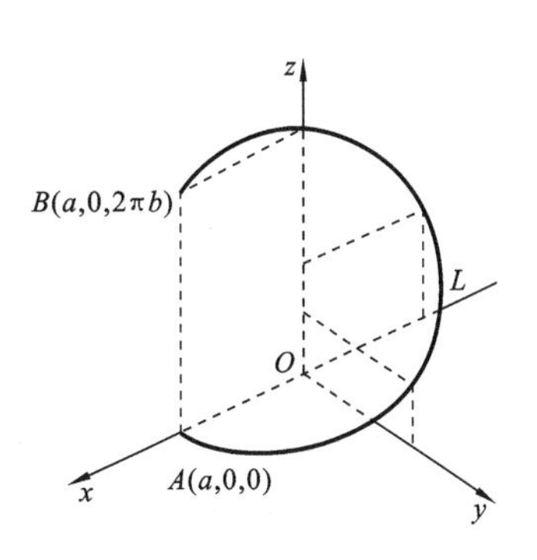

图5.1.6

解 令$\boldsymbol{r} = \overrightarrow{OM} = x\boldsymbol{i} + y\boldsymbol{j} + z\boldsymbol{k}$, 则由题意知

$$\boldsymbol{F} = k\cdot|\boldsymbol{r}|\cdot\left(-\frac{\boldsymbol{r}}{|\boldsymbol{r}|}\right) = -k(x\boldsymbol{i} + y\boldsymbol{j} + z\boldsymbol{k}),$$

其中$k > 0$是比例常数. 于是在空间曲线L上, 力$\boldsymbol{F}$所做的功为

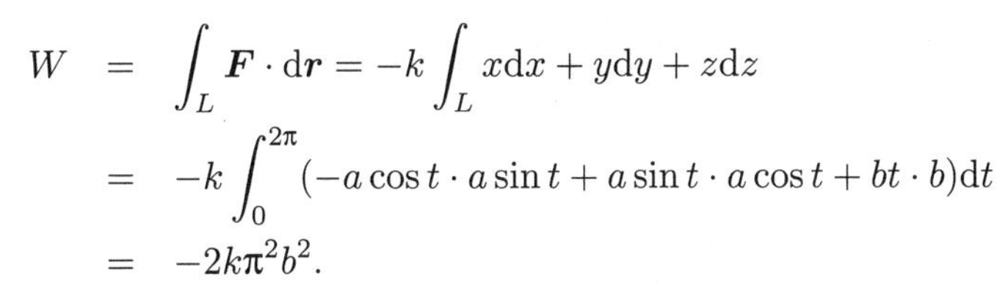

$$\begin{aligned} W &= \int_L \boldsymbol{F}\cdot\mathrm{d}\boldsymbol{r} = -k\int_L x\mathrm{d}x + y\mathrm{d}y + z\mathrm{d}z \\ &= -k\int_0^{2\pi}(-a\cos t\cdot a\sin t + a\sin t\cdot a\cos t + bt\cdot b)\mathrm{d}t \\ &= -2k\pi^2 b^2. \end{aligned}$$ □

习题 5.1

(A)

5.1.1 沿参数增加的方向计算下列第二型曲线积分:

(1) $\int_L (x^2 - 2xy)\mathrm{d}x + (y^2 - 2xy)\mathrm{d}y$, $L: y = x^2\ (-1 \leqslant x \leqslant 1)$;

(2) $\int_L (2a - y)\mathrm{d}x + x\mathrm{d}y$, $L: x = a(t - \sin t),\ y = a(1 - \cos t)\ (0 \leqslant t \leqslant 2\pi)$;

(3) $\int_L (1 + 2xy)\mathrm{d}x + x^2$, L为从点$(1,0)$到点$(-1,0)$的上半椭圆周$x^2 + 2y^2 = 1(y \geqslant 0)$;

(4) $\oint_L (x + y)\mathrm{d}x - 2y\mathrm{d}y$, L是由$x = 0, y = 0, x + y = 1$所围区域的边界, 沿逆时针方向;

(5) $\int_L (x^2 + y^2)\mathrm{d}x + (x^2 - y^2)\mathrm{d}y$, L为曲线$y = 1 - |1 - x|$上对应于x由0变到2的一段;

(6) $\int_L x\mathrm{d}x + y\mathrm{d}y + (x + y - 1)\mathrm{d}z$, L为由点$(0,0,0)$到点$(2,3,4)$的直线段;

(7) $\int_L y\mathrm{d}x + z\mathrm{d}y + x\mathrm{d}z,\ L: x = a\cos t,\ y = a\sin t,\ z = bt\ (0 \leqslant t \leqslant 2\pi)$;

(8) $\oint_L y^2\mathrm{d}x + z^2\mathrm{d}y + x^2\mathrm{d}z,\ L: \begin{cases} x^2+y^2+z^2=a^2, \\ x^2+y^2=ax \end{cases} (z \geqslant 0, a > 0)$, 若从$z$轴的正向看去方向是逆时针的.

5.1.2 计算$\int_L x\mathrm{d}y - y\mathrm{d}x$, 其中$L: x^{2n+1} + y^{2n+1} = ax^n y^n (x \geqslant 0, y \geqslant 0, a > 0, n \in \mathbf{N}^+)$, 沿逆时针方向.

5.1.3 计算$\oint_L (y^2 - z^2)\mathrm{d}x + (z^2 - x^2)\mathrm{d}y + (x^2 - y^2)\mathrm{d}z$, 其中$L$为$x^2+y^2+z^2=1$ 在第一卦限的边界, 若从x轴的正向看去方向是逆时针的.

5.1.4 在过点$O(0,0)$和点$A(\pi,0)$的曲线族$y = a\sin x (a > 0)$中, 求一条曲线L, 使得沿该曲线从点O到点A的第二型曲线积分$\int_L (1+y^3)\mathrm{d}x + (2x+y)\mathrm{d}y$的值最小.

5.1.5 计算$\oint_L \dfrac{(x+y)\mathrm{d}x - (x-y)\mathrm{d}y}{x^2+y^2}$, 其中$L$分别为下列曲线, 且沿逆时针方向:

(1) 圆周$x^2+y^2=a^2$;　　(2) 正方形$[-a,a] \times [-a,a]$的边界;

(3) 正方形$|x|+|y| \leqslant 1$的边界;　　(4) 星形线$x^{\frac{2}{3}} + y^{\frac{2}{3}} = 1$.

5.1.6 将第二型曲线积分$\int_L P(x,y)\mathrm{d}x + Q(x,y)\mathrm{d}y$化为第一型曲线积分, 其中$L$为:

(1) 从点$(0,0)$到点$(1,1)$的直线段$y = x$;

(2) 从点$(0,0)$到点$(1,1)$的抛物线$y = x^2$;

(3) 从点$(a,0)$到点$(0,a)$的上半圆周$x^2+y^2=a^2 (a > 0)$.

5.1.7 将第二型曲线积分$\int_L P(x,y,z)\mathrm{d}x + Q(x,y,z)\mathrm{d}y + R(x,y,z)\mathrm{d}z$化为第一型曲线积分, 其中$L$为曲线$x = t, y = t^2, z = t^3$上从点$(0,0,0)$到点$(1,1,1)$的一段弧.

5.1.8 设在Oxy平面内有一力场$\boldsymbol{F}(x,y)$, 其大小为点(x,y)到原点的距离, 方向指向原点, 求:

(1) 质点从点$A(a,0)$沿椭圆$\dfrac{x^2}{a^2} + \dfrac{y^2}{b^2} = 1$按逆时针方向运动到点$B(0,b)$时, 力场$\boldsymbol{F}$所做的功;

(2) 质点沿椭圆$\dfrac{x^2}{a^2} + \dfrac{y^2}{b^2} = 1$按逆时针方向运动一周时, 力场$\boldsymbol{F}$所做的功.

5.1.9 设有空间力场$\boldsymbol{F} = (yz, -2xy, x+y+z)$, 求:

(1)质点从点$A(a,0,0)$沿曲线$x = a\cos t, y = a\sin t, z = \dfrac{b}{2\pi}t$到点$B(a,0,b)$, 力场$\boldsymbol{F}$所做的功;

(2)质点从点$A(a,0,0)$沿直线段到点$B(a,0,b)$, 力场$\boldsymbol{F}$所做的功.

(B)

5.1.1 设s是曲线L的弧长, $M=\max\limits_{(x,y)\in L}\sqrt{P^2+Q^2}$, 函数$P$, Q有连续偏导数. 证明:

$$\left|\int_L P\mathrm{d}x+Q\mathrm{d}y\right|\leqslant Ms.$$

5.1.2 利用题5.1.1的不等式估计积分$I_r=\oint_{x^2+y^2=r^2}\dfrac{y\mathrm{d}x-x\mathrm{d}y}{(x^2+xy+y^2)^2}$, 并证明$\lim\limits_{r\to+\infty}I_r=0$.

5.1.3 设有向光滑曲线弧$\varGamma$在Oxy平面上的投影曲线为L ,其正向与$\varGamma$的正向相应, 且$\varGamma$在光滑曲面$z=\varphi(x,y)$上, 函数$P(x,y,z)$, $Q(x,y,z)$, $R(x,y,z)$连续. 证明:

(1) $\displaystyle\int_\varGamma P(x,y,z)\mathrm{d}x+Q(x,y,z)\mathrm{d}y=\int_L P(x,y,\varphi(x,y))\mathrm{d}x+Q(x,y,\varphi(x,y))\mathrm{d}y$;

(2) $\displaystyle\int_\varGamma R(x,y,z)\mathrm{d}z=\int_L R(x,y,\varphi(x,y))(\varphi_x\mathrm{d}x+\varphi_y\mathrm{d}y)$.

5.1.4 设L是椭球面$\dfrac{x^2}{a^2}+\dfrac{y^2}{b^2}+\dfrac{z^2}{c^2}=1(a>0,b>0,c>0)$ 与平面$\dfrac{x}{a}+\dfrac{z}{c}=1$ 的交线在第一卦限的部分, 方向从点$(a,0,0)$指向点$(0,0,c)$. 证明:

$$\int_L y\mathrm{d}x+z\mathrm{d}y+x\mathrm{d}z=\frac{ac}{2}-\frac{\pi b}{4\sqrt{2}}(a+c).$$

5.2 Green公式及曲线积分与路径的无关性

5.2.1 Green公式

Green公式是联系平面上第二型曲线积分与二重积分的重要公式, 无论在理论上还是在应用上都有着重要意义.

在讲这个定理之前, 先对平面区域作一些说明.

单连通区域与复连通区域: 设D为平面区域, 若区域D内任意一条简单闭曲线的内部都属于D, 或者说D内任一闭曲线均可在D内连续变形缩小成D内的一点, 则D称为**单连通区域**, 否则称为**复连通区域**. 例如, 图5.2.1(a)中所示的区域D是单连通区域, 图5.2.1(b)中所示的区域是复连通区域.

区域D的边界曲线L的方向: 对平面区域D的边界曲线L, 我们规定L的**正向**如下: 当观察者沿L的某个方向行走时, D内在它近处的那一部分总在它的左边, 如图5.2.1所示.

定理 5.2.1 设平面有界闭区域D由有限条分段光滑的简单曲线围成, D的边界曲线记为L, 函数$P(x,y)$及$Q(x,y)$在D上具有一阶连续偏导数. 则下述Green**公式**成立:

$$\iint_D\left(\frac{\partial Q}{\partial x}-\frac{\partial P}{\partial y}\right)\mathrm{d}x\mathrm{d}y=\oint_L P(x,y)\mathrm{d}x+Q(x,y)\mathrm{d}y,\tag{5.2.1}$$

其中L是D的取正向的边界曲线.

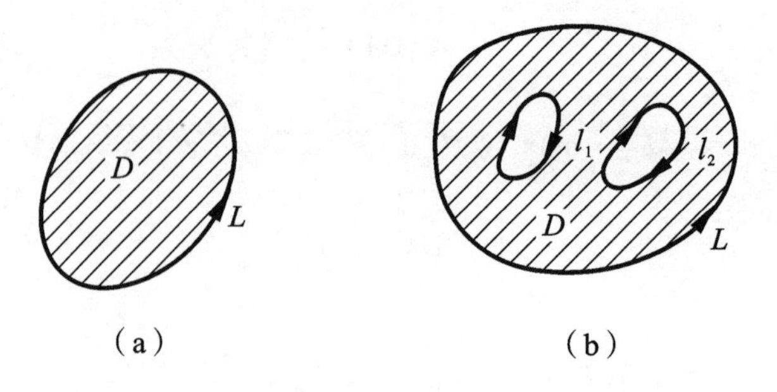

图5.2.1

证 下面分三种情况来证明.

(1) 假设D既是x-型的又是y-型的区域, 如图5.2.2所示, 则D是单连通的.

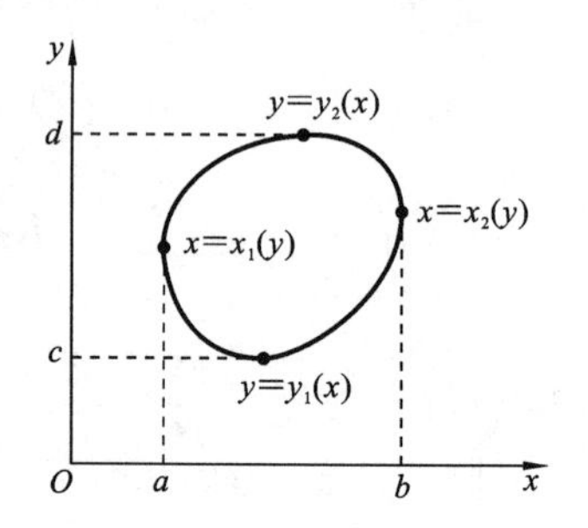

图5.2.2

将D看成是x-型的, 则可将D表示为

$$D=\{(x,y)|y_1(x)\leqslant y\leqslant y_2(x),\ a\leqslant x\leqslant b\},$$

因为$\dfrac{\partial P}{\partial y}$连续, 所以由二重积分的计算法有

$$\begin{aligned}\iint_D \frac{\partial P}{\partial y}\mathrm{d}x\mathrm{d}y &= \int_a^b\Big[\int_{y_1(x)}^{y_2(x)}\frac{\partial P(x,y)}{\partial y}\mathrm{d}y\Big]\mathrm{d}x\\ &= \int_a^b[P(x,y_2(x))-P(x,y_1(x))]\mathrm{d}x.\end{aligned}$$

另一方面, 由对坐标的曲线积分的性质及计算方法有

$$\begin{aligned}\oint_L P\mathrm{d}x &= \int_{L_1}P\mathrm{d}x+\int_{L_2}P\mathrm{d}x=\int_a^b P(x,y_1(x))\mathrm{d}x+\int_b^a P(x,y_2(x))\mathrm{d}x\\ &= \int_a^b[P(x,y_1(x))-P(x,y_2(x))]\mathrm{d}x.\end{aligned}$$

因此

$$-\iint_D\frac{\partial P}{\partial y}\mathrm{d}x\mathrm{d}y=\oint_L P\mathrm{d}x.$$

将D看成是y-型的, 则可表示为

$$D=\{(x,y)|x_1(y)\leqslant x\leqslant x_2(y),\ c\leqslant y\leqslant d\},$$

类似地可证得

$$\iint_D\frac{\partial Q}{\partial x}\mathrm{d}x\mathrm{d}y=\oint_L Q\mathrm{d}x.$$

由于D既是x-型的又是y-型的, 所以以上两式同时成立, 两式合并即得

$$\iint_D\Big(\frac{\partial Q}{\partial x}-\frac{\partial P}{\partial y}\Big)\mathrm{d}x\mathrm{d}y=\oint_L P\mathrm{d}x+Q\mathrm{d}y.$$

(2) 当D不是前述类型的单连通区域时, 可以适当添加辅助线段把它分割成若干个上述类型的区域. 如图5.2.3中的区域D 可分成三个小区域D_1, D_2 和D_3, 在每个小区域上Green公式均成立, 即

$$\iint_{D_i}\Big(\frac{\partial Q}{\partial x}-\frac{\partial P}{\partial y}\Big)\mathrm{d}x\mathrm{d}y=\oint_{L_i}P(x,y)\mathrm{d}x+Q(x,y)\mathrm{d}y,\quad i=1,2,3,$$

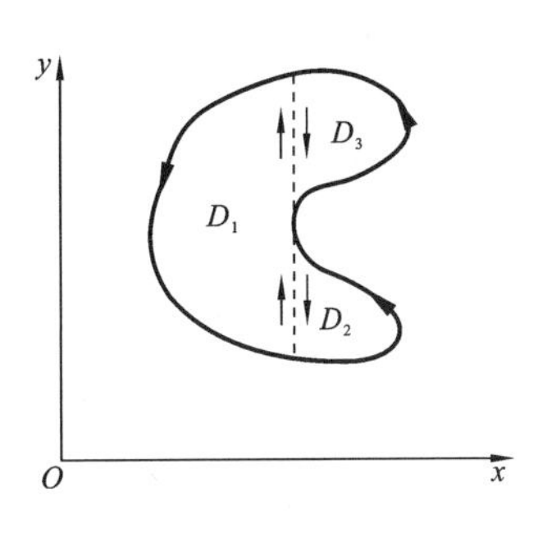

图5.2.3

其中L_i是小区域D_i的正向边界曲线. 注意到右端的曲线积分相加时, 相邻两个小区域的公共边界上的曲线积分要在相反方向各加一次, 该边界上对应的积分值相互抵消, 从而有

$$\begin{aligned}\iint_{D}\Big(\frac{\partial Q}{\partial x}-\frac{\partial P}{\partial y}\Big)\mathrm{d}x\mathrm{d}y &= \sum_{i=1}^{3}\iint_{D_i}\Big(\frac{\partial Q}{\partial x}-\frac{\partial P}{\partial y}\Big)\mathrm{d}x\mathrm{d}y\\ &= \sum_{i=1}^{3}\oint_{L_i}P(x,y)\mathrm{d}x+Q(x,y)\mathrm{d}y=\oint_{L}P(x,y)\mathrm{d}x+Q(x,y)\mathrm{d}y.\end{aligned}$$

因此,式(5.2.1)仍然成立.

(3) 当D是复连通区域时, 仍可以适当添加辅助线把它化为单连通区域, 从而转化为(2)的情况来处理. 例如, 在图5.2.4(a)中, 区域D为具有一个"洞"的复连通区域, 其正向边界曲线L由正向的闭曲线L_1^+与负向的闭曲线L_2^-所组成, 即$L=L_1^++L_2^-$. 任作一分割线段$\overline{AB}$, 将被割开后的区域D的边界曲线看作是由$\overline{L}$围成, 即

$$\overline{L}=L_1^++\overline{AB}+L_2^-+\overline{BA},$$

$\overline{L}$的正向如图5.2.4(a)所示. 如此, 就可以将D看作是一个单连通区域, 由(2)在其上应用式(5.2.1)得

$$\begin{aligned}\iint_{D}\Big(\frac{\partial Q}{\partial x}-\frac{\partial P}{\partial y}\Big)\mathrm{d}x\mathrm{d}y &= \oint_{\overline{L}}P\mathrm{d}x+Q\mathrm{d}y\\ &= \Big(\int_{L_1^+}+\int_{\overline{AB}}+\int_{\overline{BA}}+\int_{L_2^-}\Big)P\mathrm{d}x+Q\mathrm{d}y\\ &= \Big(\int_{L_1^+}+\int_{L_2^-}\Big)P\mathrm{d}x+Q\mathrm{d}y=\int_{L}P\mathrm{d}x+Q\mathrm{d}y,\end{aligned}$$

因此式(5.2.1)对具有一个"洞"的复连通区域D也成立. 对于具有多个"洞"的复连通区域(见图5.2.4(b))作类似的处理, 仍可证明Green公式成立. □

Green公式揭示了平面区域D上的二重积分与沿D的边界曲线L的第二型曲线积分之间的联系, 可以看作是定积分的Newton-Leibniz公式的推广, 它不仅具有重要的理论意义, 而且也可用于某些曲线积分的计算.

注 5.2.1 设区域D的边界曲线为L, 取$P=-y$, $Q=x$, 则由Green公式得

$$2\iint_{D}\mathrm{d}x\mathrm{d}y=\oint_{L}x\mathrm{d}y-y\mathrm{d}x,$$

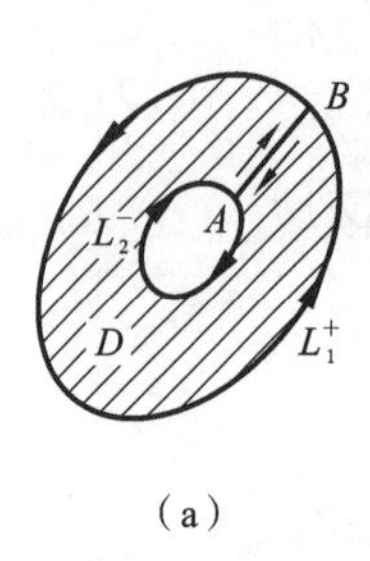

(a)

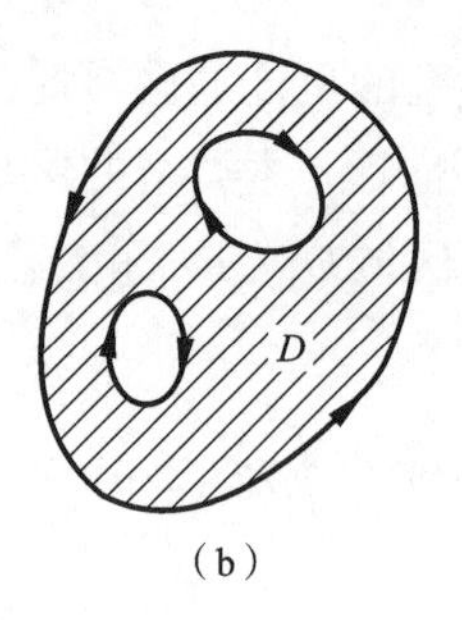

(b)

图5.2.4

从而可得用曲线积分求平面区域D的面积的公式

$$A=\iint_D \mathrm{d}x\mathrm{d}y=\frac{1}{2}\oint_L -y\mathrm{d}x+x\mathrm{d}y. \tag{5.2.2}$$

例 5.2.1　求椭圆$\dfrac{x^2}{a^2}+\dfrac{y^2}{b^2}=1$所围成的面积$A$.

解　将椭圆化为参数方程$x=a\cos\theta,\ y=b\sin\theta\ (0\leqslant\theta\leqslant 2\pi)$, 由式(5.2.2)得所围成的面积为

$$\begin{aligned}A&=\iint_D \mathrm{d}x\mathrm{d}y=\frac{1}{2}\oint_L -y\mathrm{d}x+x\mathrm{d}y=\frac{1}{2}\oint_L -y\mathrm{d}x+x\mathrm{d}y\\&=\frac{1}{2}\int_0^{2\pi}(ab\sin^2\theta+ab\cos^2\theta)\mathrm{d}\theta=\frac{1}{2}ab\int_0^{2\pi}\mathrm{d}\theta=\pi ab.\end{aligned}$$
□

例 5.2.2　计算$I=\oint_L x^2y\mathrm{d}x-xy^2\mathrm{d}y$, 其中$L$是$|x|+|y|=1$(见图5.2.5), 并取正向.

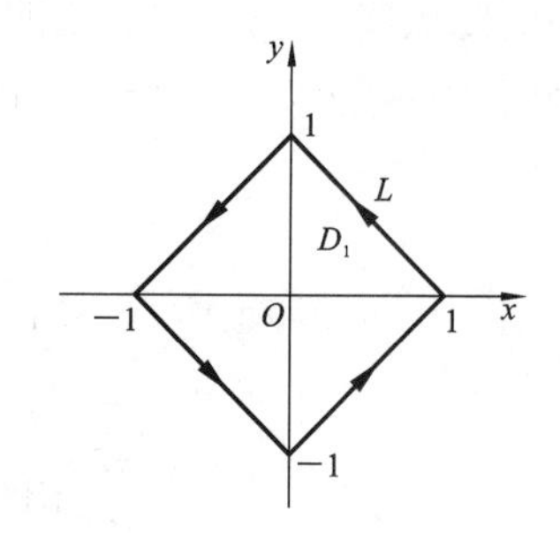

图5.2.5

解　L围成一个正方形闭区域D, $P=x^2y$, $Q=-xy^2$在D上有一阶连续偏导数, 由Green公式有

$$\begin{aligned}I&=\oint_L x^2y\mathrm{d}x-xy^2\mathrm{d}y=\iint_D(-y^2-x^2)\mathrm{d}x\mathrm{d}y\\&=-\iint_D(x^2+y^2)\mathrm{d}x\mathrm{d}y.\end{aligned}$$

记D_1为D在第一象限的部分, 再由对称性知

$$I=-2\iint_D x^2\mathrm{d}x\mathrm{d}y=-8\iint_{D_1}x^2\mathrm{d}x\mathrm{d}y=-8\int_0^1 x^2\mathrm{d}x\int_0^{1-x}\mathrm{d}y=-\frac{2}{3}.$$
□

例 5.2.3　计算$I=\int_L(x+\mathrm{e}^{\sin y})\mathrm{d}y-(y-\frac{1}{2})\mathrm{d}x$, 其中$L$是位于第一象限的直线$x+y=1$与位于第二象限的圆弧$x^2+y^2=1$构成的曲线, 方向是由点$A(1,0)$到点$B(0,1)$再到点$C(-1,0)$, 如图5.2.6所示.

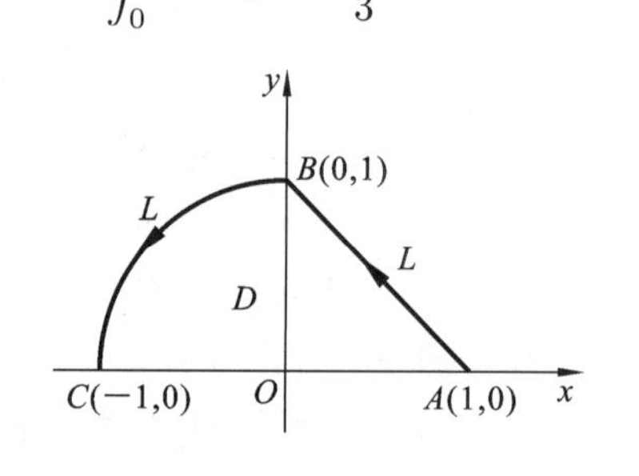

图5.2.6

解　补充有向线段$\overline{CA}$, 则L和$\overline{CA}$围成区域D. 设$P=-y+\dfrac{1}{2}$, $Q=x+\mathrm{e}^{\sin y}$, 则

$$\frac{\partial P}{\partial y}=-1,\quad \frac{\partial Q}{\partial x}=1,\quad \frac{\partial Q}{\partial x}-\frac{\partial P}{\partial y}=2.$$

由Green公式, 得

$$\oint_{L+\overline{CA}}(x+\mathrm{e}^{\sin y})\mathrm{d}y-(y-\frac{1}{2})\mathrm{d}x=\iint_D 2\mathrm{d}x\mathrm{d}y=2(\frac{\pi}{4}+\frac{1}{2})=1+\frac{\pi}{2},$$

故有

$$\begin{aligned}I &= \Big(\int_{L+\overline{CA}}-\int_{\overline{CA}}\Big)(x+\mathrm{e}^{\sin y})\mathrm{d}y-(y-\frac{1}{2})\mathrm{d}x\\ &= 1+\frac{\pi}{2}-\int_{-1}^{1}\frac{1}{2}\mathrm{d}x=1+\frac{\pi}{2}-\frac{1}{2}x\Big|_{-1}^{1}=\frac{\pi}{2}.\end{aligned}$$

□

注 5.2.2 (1) 例5.2.3中的曲线积分如果直接计算会很烦琐, 这里应用Green公式, 将其化为二重积分计算, 因为Green公式是闭曲线上的积分, 所以补充一条线段将L补成闭曲线. 一般所补充的线段与坐标轴平行时较为方便, 这是常用的技巧.

(2) 应用Green公式时, 应注意其适用的条件: L是简单闭曲线, 且函数$P(x,y)$, $Q(x,y)$在L围成的闭区域上有一阶连续偏导数, 否则就不能直接应用Green公式.

例 5.2.4 计算$\oint_L \dfrac{x\mathrm{d}y-y\mathrm{d}x}{x^2+y^2}$, 其中$L$为一条不经过原点的分段光滑的简单闭曲线, 方向为逆时针方向.

解 令$P=\dfrac{-y}{x^2+y^2}$, $Q=\dfrac{x}{x^2+y^2}$, 且设L所围成的闭区域为D.

当$(0,0)\notin D$时, 函数P和Q在D有一阶连续偏导数, 且有

$$\frac{\partial Q}{\partial x}=\frac{y^2-x^2}{(x^2+y^2)^2}=\frac{\partial P}{\partial y},$$

由Green公式得

$$\oint_L\frac{x\mathrm{d}y-y\mathrm{d}x}{x^2+y^2}=\iint_D\Big(\frac{\partial Q}{\partial x}-\frac{\partial P}{\partial y}\Big)\mathrm{d}x\mathrm{d}y=0.$$

当$(0,0)\in D$时, $\dfrac{\partial Q}{\partial x}$和$\dfrac{\partial P}{\partial y}$在$D$内有间断点$(0,0)$, 故不能直接应用Green公式. 为此, 在$D$内取一小圆周$l: x^2+y^2=r^2\ (r>0)$, l的方向取顺时针方向, 则L及l围成了一个复连通区域D_1(见图5.2.7), 在D_1上$\dfrac{\partial Q}{\partial x}$和$\dfrac{\partial P}{\partial y}$均连续, 应用Green公式得

$$\oint_{L+l}\frac{x\mathrm{d}y-y\mathrm{d}x}{x^2+y^2}=\iint_{D_1}\Big(\frac{\partial Q}{\partial x}-\frac{\partial P}{\partial y}\Big)\mathrm{d}x\mathrm{d}y=0,$$

图5.2.7

即

$$\oint_L\frac{x\mathrm{d}y-y\mathrm{d}x}{x^2+y^2}+\oint_l\frac{x\mathrm{d}y-y\mathrm{d}x}{x^2+y^2}=0,$$

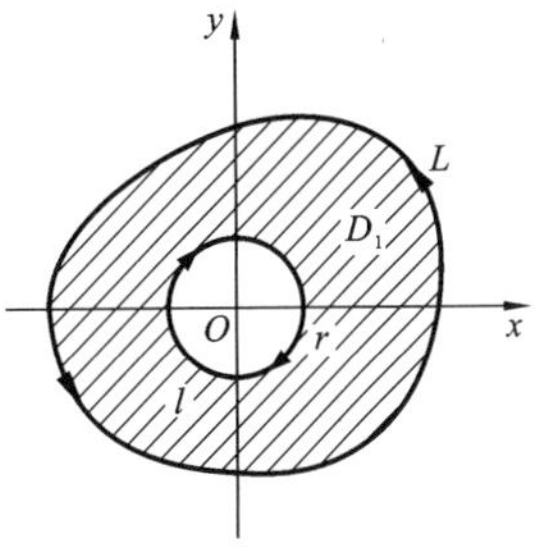

于是

$$\oint_L\frac{x\mathrm{d}y-y\mathrm{d}x}{x^2+y^2}=\oint_{-l}\frac{x\mathrm{d}y-y\mathrm{d}x}{x^2+y^2}=\int_0^{2\pi}\frac{r^2\cos^2\theta+r^2\sin^2\theta}{r^2}\mathrm{d}\theta=2\pi,$$

或者

$$\oint_L\frac{x\mathrm{d}y-y\mathrm{d}x}{x^2+y^2}=\oint_{-l}\frac{x\mathrm{d}y-y\mathrm{d}x}{x^2+y^2}=\frac{1}{r^2}\oint_{-l}x\mathrm{d}y-y\mathrm{d}x=\frac{1}{r^2}\iint_{x^2+y^2\leqslant r^2}2\mathrm{d}x\mathrm{d}y=2\pi.$$

□

思考: 上面解法中对正数r有何要求? 直接取$r=1$行吗?

5.2.2 平面上曲线积分与路径无关的条件

通常沿路径L从点A到点B的第二型曲线积分

$$\int_L \boldsymbol{F}\cdot \mathrm{d}\boldsymbol{r}=\int_L P(x,y)\mathrm{d}x+Q(x,y)\mathrm{d}y$$

的值与向量场$\boldsymbol{F}(x,y)$的分布、起点A与终点B的位置以及积分路径L都有关. 但在例5.1.2中, 我们已经看到, 有的第二型曲线积分的值与积分路径的选取无关. 这种情况在物理学中经常碰到, 如重力场和静电场等所做的功只取决于场本身以及起点和终点的位置, 与这两点间的路径无关. 本节从数学上分析这一物理现象的本质, 也就是判断在什么条件下该场的第二型曲线积分与路径无关, 所用的重要工具就是Green公式.

下面首先介绍曲线积分与路径无关的概念, 然后证明几个关于曲线积分与路径无关的等价命题.

设D是一个平面区域, $P(x,y)$、$Q(x,y)$在区域D内具有一阶连续偏导数, 如果对于D内任意两点A、B以及D内从点A到点B的任意两条曲线L_1、L_2, 等式

$$\int_{L_1} P\mathrm{d}x+Q\mathrm{d}y=\int_{L_2} P\mathrm{d}x+Q\mathrm{d}y$$

恒成立, 则称曲线积分$\displaystyle\int_L P\mathrm{d}x+Q\mathrm{d}y$在$D$内**与路径无关**, 否则称其**与路径有关**.

定理 5.2.2 (平面曲线积分与路径无关的等价条件) 设D是平面上的单连通闭区域, 函数$P(x,y)$, $Q(x,y)$在D内具有一阶连续偏导数, 则以下四个条件互相等价:

(1) 对D内任一闭曲线L, 有$\displaystyle\oint_L P\mathrm{d}x+Q\mathrm{d}y=0$;

(2) 对D内任一有向曲线L, 曲线积分$\displaystyle\int_L P\mathrm{d}x+Q\mathrm{d}y$与路径无关;

(3) $P\mathrm{d}x+Q\mathrm{d}y$是$D$内某二元函数$u(x,y)$的全微分, 即在$D$内有

$$\mathrm{d}u=P\mathrm{d}x+Q\mathrm{d}y;$$

(4) 在D内处处有$\dfrac{\partial P}{\partial y}=\dfrac{\partial Q}{\partial x}$.

证 (1) $\Rightarrow$ (2) 如图5.2.8所示, 设L_1和L_2为连接A,B两点的任意两条分段光滑曲线,方向由点A指向点B, 则$L_1+(-L_2)$在D内组成分段光滑的闭曲线, 由(1)可得

$$\int_{L_1} P\mathrm{d}x+Q\mathrm{d}y-\int_{L_2} P\mathrm{d}x+Q\mathrm{d}y=\oint_{L_1+(-L_2)} P\mathrm{d}x+Q\mathrm{d}y=0,$$

所以

$$\int_{L_1} P\mathrm{d}x+Q\mathrm{d}y=\int_{L_2} P\mathrm{d}x+Q\mathrm{d}y,$$

即(2)成立.

(2) $\Rightarrow$ (3) 如图5.2.9所示, 设$A(x_0,y_0)\in D$为L起点, 任意一点$B(x,y)\in D$为L的终点. 由(2)成立知, 曲线积分

$$\int_L P\mathrm{d}x+Q\mathrm{d}y$$

与路径无关, 只与点A, B的位置有关, 故当点$B(x,y)$在D 内变动时, 积分值是点$B(x,y)$的函数, 记为

$$u(x,y)=\int_{(x_0,y_0)}^{(x,y)}P\mathrm{d}x+Q\mathrm{d}y. \tag{5.2.3}$$

当x取充分小的增量Δx, 使点$C(x+\Delta x,y)\in D$时, 函数$u(x,y)$对于x的偏增量为

$$\begin{aligned}\Delta_x u &= u(x+\Delta x,y)-u(x,y)\\ &= \int_{(x_0,y_0)}^{(x+\Delta x,y)}P\mathrm{d}x+Q\mathrm{d}y-\int_{(x_0,y_0)}^{(x,y)}P\mathrm{d}x+Q\mathrm{d}y\\ &= \int_{(x,y)}^{(x+\Delta x,y)}P\mathrm{d}x+Q\mathrm{d}y.\end{aligned}$$

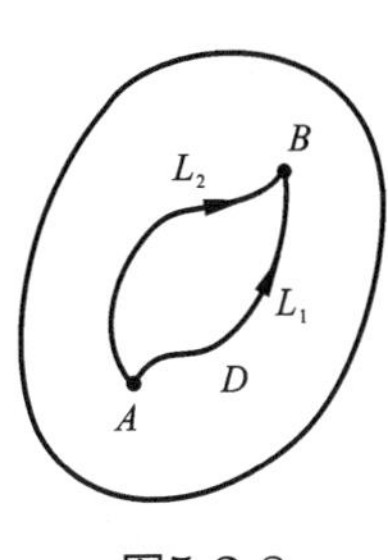

图5.2.8

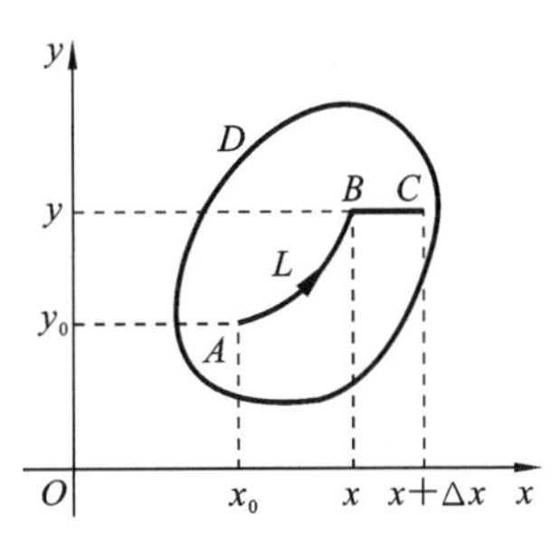

图5.2.9

由第二型曲线积分的计算方法及定积分的中值定理有

$$\Delta_x u=\int_x^{x+\Delta x}P(x,y)\mathrm{d}x=P(x+\theta\Delta x,y)\Delta x,\quad 0<\theta<1.$$

又$P(x,y)$在D上有一阶连续偏导数, 所以在D内也连续, 于是有

$$\frac{\partial u}{\partial x}=\lim_{\Delta x\to 0}\frac{\Delta_x u}{\Delta x}=\lim_{\Delta x\to 0}P(x+\theta\Delta x,y)=P(x,y).$$

同理可证

$$\frac{\partial u}{\partial y}=Q(x,y).$$

因此

$$\mathrm{d}u=P\mathrm{d}x+Q\mathrm{d}y.$$

(3) $\Rightarrow$ (4) 设(3)成立, 即$\exists u(x,y)$, 使得$\mathrm{d}u=P\mathrm{d}x+Q\mathrm{d}y$, 则

$$P(x,y)=\frac{\partial u}{\partial x},\quad Q(x,y)=\frac{\partial u}{\partial y}.$$

因此

$$\frac{\partial P}{\partial y}=\frac{\partial^2 u}{\partial x\partial y},\quad \frac{\partial Q}{\partial x}=\frac{\partial^2 u}{\partial y\partial x}.$$

又$P(x,y)$, $Q(x,y)$在D内具有一阶连续偏导数, 所以$\dfrac{\partial^2 u}{\partial x\partial y}$与$\dfrac{\partial^2 u}{\partial y\partial x}$在$D$内都连续, 从而有

$$\frac{\partial^2 u}{\partial x\partial y}=\frac{\partial^2 u}{\partial y\partial x},$$

即在D内每一点处都有

$$\frac{\partial P}{\partial y}=\frac{\partial Q}{\partial x}.$$

(4) ⇒ (1)　设(4)成立, L为D内任一分段光滑的闭曲线, L所围区域为D_1, 由于D为单连通区域, 所以有$D_1\subset D$. 在D_1上应用Green公式及$\dfrac{\partial P}{\partial y}=\dfrac{\partial Q}{\partial x}$, 可得

$$\oint_L P\mathrm{d}x+Q\mathrm{d}y=\iint_{D_1}\Big(\frac{\partial Q}{\partial x}-\frac{\partial P}{\partial y}\Big)\mathrm{d}x\mathrm{d}y=0.$$

以上我们把四个条件循环地推导了一圈, 这就证明了它们之间是相互等价的. 这种证明方法称为循环论证. □

定理5.2.2很重要, 它指出了第二型曲线积分与路径无关的充要条件, 也指出了表达式$P\mathrm{d}x+Q\mathrm{d}y$是某函数$u(x,y)$的全微分的充要条件, 并且给出了求$u(x,y)$的式(5.2.3), 而这些充要条件中又以条件(4)在验证时最为方便.

注 5.2.3　(1) 在定理5.2.2中要求D为单连通区域是重要的, 如在例5.2.4中, 对任何不包含原点的单连通区域D, 已求得在D内任何分段光滑闭曲线上, 都有

$$\oint_L\frac{x\mathrm{d}y-y\mathrm{d}x}{x^2+y^2}=0. \tag{5.2.4}$$

若L为绕原点一周的闭曲线, 则函数$P(x,y)=\dfrac{-y}{x^2+y^2}$, $Q(x,y)=\dfrac{x}{x^2+y^2}$只在除原点外的任何区域上有定义, 故$L$必在某个复连通区域内, 此时它不满足定理5.2.2的条件, 因而不能保证式(5.2.4)成立. 事实上, 在例5.2.4中, 我们已求得

$$\oint_L\frac{x\mathrm{d}y-y\mathrm{d}x}{x^2+y^2}=2\pi\neq 0.$$

(2) 当验证某第二型曲线积分与路径无关, 而被积表达式或积分路线较复杂时, 可换一条路径以使计算变得简单.

例 5.2.5　计算$I=\displaystyle\int_L(x^2+y)\mathrm{d}x+(x+\sin^2 y)\mathrm{d}y$, L是上半圆周$y=\sqrt{2x-x^2}$上从点$O(0,0)$到点$A(1,1)$的一段圆弧.

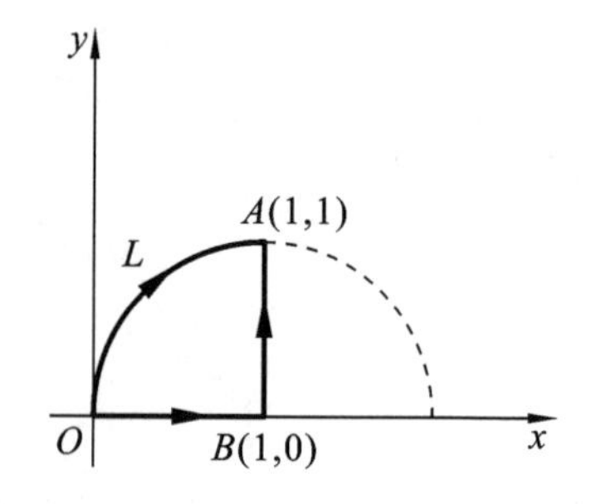

图5.2.10

解　$P=x^2+y$, $Q=x+\sin^2 y$, 因为

$$\frac{\partial P}{\partial y}=1,\quad \frac{\partial Q}{\partial x}=1,\quad \frac{\partial Q}{\partial x}=\frac{\partial P}{\partial y},$$

在Oxy平面上处处成立, 所以在Oxy平面内该曲线积分与路径无关. 为计算方便, 将路径换为从点$O(0,0)$经过点$B(1,0)$再到点$A(1,1)$的折线, 如图5.2.10所示. 于是有

$$\begin{aligned}I&=\int_{\overline{OB}}(x^2+y)\mathrm{d}x+(x+\sin^2 y)\mathrm{d}y+\int_{\overline{BA}}(x^2+y)\mathrm{d}x+(x+\sin^2 y)\mathrm{d}y\\&=\int_0^1(x^2+0)\mathrm{d}x+\int_0^1(1+\sin^2 y)\mathrm{d}y\\&=\frac{1}{3}+1+\int_0^1\frac{1-\cos(2y)}{2}\mathrm{d}y=\frac{11}{6}-\frac{1}{4}\sin 2.\end{aligned}$$

□

例 5.2.6 求积分$I=\oint_L \frac{y\mathrm{d}x-x\mathrm{d}y}{4x^2+y^2}$, 其中$L$是正向闭曲线: $|x-1|+|y|=2$.

分析 本题中虽有$\frac{\partial Q}{\partial x}=\frac{4x^2-y^2}{(4x^2+y^2)^2}=\frac{\partial P}{\partial y}$, 但在$L$围成的区域内, P, Q不满足一阶偏导数连续这个条件, 故不能直接用Green公式. 也不宜化成定积分计算, 因为需要将积分弧段分成四段, 计算烦琐. 可考虑利用一条辅助线将原点除去后再用Green公式.

解 与例5.2.4的做法类似, 在L围成的区域内取一小椭圆周长$l: 4x^2+y^2=r^2(r>0)$, l的方向取顺时针方向, 则L及l围成了一个复连通区域D(见图5.2.11), 在D上$\frac{\partial Q}{\partial x}$和$\frac{\partial P}{\partial y}$均连续且相等, 曲线积分与路径无关, 应用Green公式得

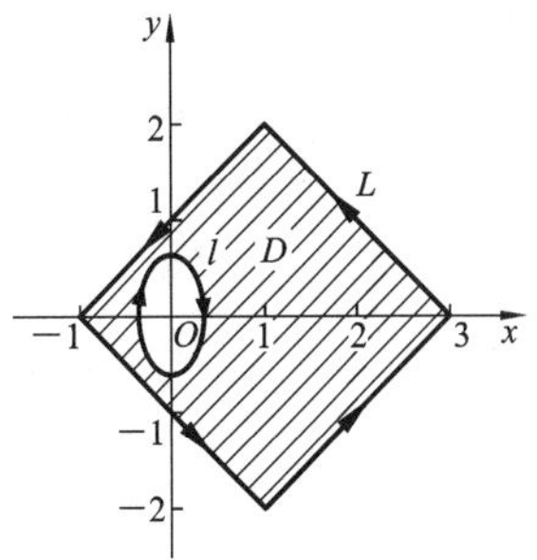

图5.2.11

$$
\begin{aligned}
I &= \oint_L \frac{y\mathrm{d}x-x\mathrm{d}y}{4x^2+y^2}\\
&= \int_{L+l}-\int_l \frac{y\mathrm{d}x-x\mathrm{d}y}{4x^2+y^2}\\
&= \iint_D 0\mathrm{d}\sigma-\oint_l \frac{y\mathrm{d}x-x\mathrm{d}y}{r^2}\\
&= \frac{1}{r^2}\oint_{-l} y\mathrm{d}x-x\mathrm{d}y\\
&= \frac{1}{r^2}\iint_{D_1}-2\mathrm{d}x\mathrm{d}y=\frac{-2}{r^2}(\pi\cdot\frac{r}{2}\cdot r)=-\pi.
\end{aligned}
$$

其中D_1为l围成的小椭圆区域. □

5.2.3 二元函数的全微分求积

在定积分中有Newton-Leibniz公式:

$$\int_a^b f(x)\mathrm{d}x=F(b)-F(a),$$

其中$\mathrm{d}F(x)=f(x)\mathrm{d}x$, 它将$f(x)$在区间$[a,b]$内部的变化情况转化为其原函数$F(x)$在区间段上的函数值的差, 那么在曲线积分中是否也有类似性质的公式呢?

由定理5.2.2知道, 若函数$P(x,y), Q(x,y)$满足该定理的四个等价条件之一, 则二元函数

$$u(x,y)=\int_{(x_0,y_0)}^{(x,y)} P(x,y)\mathrm{d}x+Q(x,y)\mathrm{d}y, \quad (x,y)\in D \tag{5.2.5}$$

具有性质

$$\mathrm{d}u(x,y)=P(x,y)\mathrm{d}x+Q(x,y)\mathrm{d}y, \tag{5.2.6}$$

即它是被积表达式$P(x,y)\mathrm{d}x+Q(x,y)\mathrm{d}y$的全微分. 与一元函数的原函数类似, 我们称$u(x,y)$为$P(x,y)\mathrm{d}x+Q(x,y)\mathrm{d}y$的一个**原函数**.

易知, 若$u(x,y)$是表达式$P(x,y)\mathrm{d}x+Q(x,y)\mathrm{d}y$在区域$D$上的一个原函数, 则$u(x,y)+C$($C$为任意常数)就是它的全体原函数, 我们把求$P(x,y)\mathrm{d}x+Q(x,y)\mathrm{d}y$的全体原函数的过程称为**全微分求积**.

下面类似于Newton-Leibniz公式, 我们给出曲线积分的基本定理.

定理 5.2.3 (曲线积分基本定理) 设D是平面上的单连通区域, 函数$P(x,y)$及$Q(x,y)$在D上具有一阶连续偏导数, 且在D 内$\dfrac{\partial P}{\partial y}=\dfrac{\partial Q}{\partial x}$, 则存在$u(x,y)$, 使

$$\mathrm{d}u(x,y)=P(x,y)\mathrm{d}x+Q(x,y)\mathrm{d}y,$$

且对D 内任意两点(x_0,y_0), (x_1,y_1)有

$$\int_{(x_0,y_0)}^{(x_1,y_1)}P(x,y)\mathrm{d}x+Q(x,y)\mathrm{d}y=u(x,y)\Big|_{(x_0,y_0)}^{(x_1,y_1)}=u(x_1,y_1)-u(x_0,y_0).$$

证 $u(x,y)$的存在性由定理5.2.2保证, 只需证本定理的后半部分. 在D内任取连接点(x_0,y_0), 点(x_1,y_1)的光滑曲线L, 设其参数方程为

$$L: x=x(t),\ y=y(t)\ (a\leqslant t\leqslant b),$$

则由曲线积分的计算方法, 有

$$\begin{aligned}\int_{(x_0,y_0)}^{(x_1,y_1)}P(x,y)\mathrm{d}x+Q(x,y)\mathrm{d}y &= \int_L P(x,y)\mathrm{d}x+Q(x,y)\mathrm{d}y\\ &= \int_a^b[P(x(t),y(t))x'(t)+Q(x(t),y(t))y'(t)]\mathrm{d}t\\ &= \int_a^b \mathrm{d}u(x(t),y(t))=u(x(t),y(t))\Big|_a^b\\ &= u(x(b),y(b))-u(x(a),y(a))\\ &= u(x_1,y_1)-u(x_0,y_0).\end{aligned}$$

□

用式(5.2.5)求$P\mathrm{d}x+Q\mathrm{d}y$的原函数$u(x,y)$时, 常用如图5.2.12所示的平行于坐标轴的折线作积分路径.

若取ACB作积分路径, 则由式(5.2.7)可得

$$\begin{aligned}u(x,y) &= \int_{(x_0,y_0)}^{(x,y)}P(x,y)\mathrm{d}x+Q(x,y)\mathrm{d}y+u(x_0,y_0)\\ &= \int_{AC}P(x,y)\mathrm{d}x+Q(x,y)\mathrm{d}y+\int_{CB}P(x,y)\mathrm{d}x+Q(x,y)\mathrm{d}y+u(x_0,y_0)\\ &= \int_{x_0}^{x}P(x,y_0)\mathrm{d}x+\int_{y_0}^{y}Q(x,y)\mathrm{d}y+C.\end{aligned}$$

其中$C=u(x_0,y_0)$为常数.

若取ADB作积分路径, 同样可得

$$u(x,y)=\int_{y_0}^{y}Q(x_0,y)\mathrm{d}y+\int_{x_0}^{x}P(x,y)\mathrm{d}x+C.$$

此外, 求$P\mathrm{d}x+Q\mathrm{d}y$的原函数还可用凑微分法或不定积分法等.

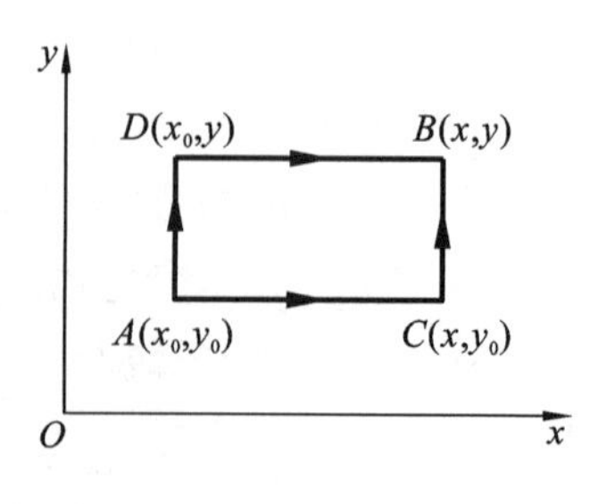

图5.2.12

例 5.2.7 试求$(2x+\sin y)\mathrm{d}x+x\cos y\mathrm{d}y$的原函数.

解法一 线积分法. $P = 2x + \sin y$, $Q = x\cos y$, 因为在整个平面上有

$$\frac{\partial P}{\partial y} = \cos y = \frac{\partial Q}{\partial x},$$

由定理5.2.2知, 曲线积分

$$\int_L (2x + \sin y)\mathrm{d}x + x\cos y\mathrm{d}y$$

与路径无关. 分别取点$A(0,0)$, 点$B(x,y)$为L的起点和终点, 采用平行于坐标轴的折线路径, 有

$$u(x,y) = \int_0^x 2x\mathrm{d}x + \int_0^y x\cos y\mathrm{d}y = x^2 + x\sin y,$$

所以$(2x + \sin y)\mathrm{d}x + x\cos y\mathrm{d}y$的全体原函数为$x^2 + x\sin y + C$, C为任意常数.

解法二 凑微分法. 要求$u(x,y)$, 使得

$$\mathrm{d}u = (2x + \sin y)\mathrm{d}x + x\cos y\mathrm{d}y,$$

将上式右端重新组合并凑微分得

$$\begin{aligned}
\mathrm{d}u &= (2x + \sin y)\mathrm{d}x + x\cos y\mathrm{d}y = 2x\mathrm{d}x + \sin y\mathrm{d}x + x\cos y\mathrm{d}y \\
&= \mathrm{d}(x^2) + \sin y\mathrm{d}x + x\mathrm{d}\sin y = \mathrm{d}(x^2) + \mathrm{d}(x\sin y) \\
&= \mathrm{d}(x^2 + x\sin y),
\end{aligned}$$

于是

$$u(x,y) = x^2 + x\sin y + C.$$

解法三 不定积分法. 仍然是要求$u(x,y)$, 使得

$$\mathrm{d}u = (2x + \sin y)\mathrm{d}x + x\cos y\mathrm{d}y,$$

由于上式是全微分, 故有

$$\frac{\partial u}{\partial x} = P(x,y) = 2x + \sin y, \quad \frac{\partial u}{\partial y} = Q(x,y) = x\cos y,$$

在上述前一式两边对x求不定积分, 把y看作常数, 得

$$u(x,y) = \int (2x + \sin y)\mathrm{d}x = x^2 + x\sin y + C(y),$$

由于把y看作常数, 故积分常数中可能含有y. 再将上式两边对y求偏导数, 得

$$\frac{\partial u}{\partial y} = x\cos y + C'(y),$$

与$\dfrac{\partial u}{\partial y} = Q(x,y) = x\cos y$作比较得$C'(y) = 0$, 从而$C(y) = C$, 故

$$u(x,y) = x^2 + x\sin y + C. \qquad \square$$

注 5.2.4 对于不太复杂的被积表达式$P\mathrm{d}x+Q\mathrm{d}y$, 采用凑微分法求$u$往往比较方便, 这就需要熟悉一些简单的二元函数的全微分, 如:

$$\begin{aligned}
&y\mathrm{d}x+x\mathrm{d}y=\mathrm{d}(xy);\\
&\frac{-y\mathrm{d}x+x\mathrm{d}y}{x^2}=\mathrm{d}(\frac{y}{x});\\
&\frac{y\mathrm{d}x-x\mathrm{d}y}{xy}=\mathrm{d}(\ln|\frac{x}{y}|);\\
&\frac{y\mathrm{d}x-x\mathrm{d}y}{x^2+y^2}=\mathrm{d}(\arctan\frac{x}{y});\\
&\frac{y\mathrm{d}x-x\mathrm{d}y}{x^2-y^2}=\frac{1}{2}\ \mathrm{d}(\ln|\frac{x-y}{x+y}|);\\
&\frac{2(x\mathrm{d}x+y\mathrm{d}y)}{x^2+y^2}=\mathrm{d}(\ln(x^2+y^2)).
\end{aligned}$$

例 5.2.8 设曲线积分$I=\int_L xy^2\mathrm{d}x+y\varphi(x)\mathrm{d}y$与路径无关, 其中$\varphi(x)$具有连续导数且$\varphi(0)=0$, 试计算$I=\int_{(0,0)}^{(1,1)} xy^2\mathrm{d}x+y\varphi(x)\mathrm{d}y$.

解 因为积分中含有未知函数$\varphi(x)$, 故只要求出$\varphi(x)$即可以计算积分. 已知曲线积分与路径无关, 则有$\dfrac{\partial Q}{\partial x}=\dfrac{\partial P}{\partial y}$, 即

$$y\varphi'(x)=2xy,\quad \varphi'(x)=2x,\quad \varphi(x)=x^2+C,$$

由$\varphi(0)=0$, 可得$C=0$, 从而$\varphi(x)=x^2$. 采用从点$(0,0)$到点$(1,0)$再到点$(1,1)$的折线进行积分, 并应用定理5.2.3的结论, 得

$$\begin{aligned}
I&=\int_{(0,0)}^{(1,1)} xy^2\mathrm{d}x+y\varphi(x)\mathrm{d}y=\int_{(0,0)}^{(1,1)} xy^2\mathrm{d}x+yx^2\mathrm{d}y\\
&=\frac{1}{2}\int_{(0,0)}^{(1,1)} y^2\mathrm{d}x^2+x^2\mathrm{d}y^2=\frac{1}{2}\int_{(0,0)}^{(1,1)}\mathrm{d}(x^2y^2)\\
&=\frac{1}{2}(x^2y^2)\Big|_{(0,0)}^{(1,1)}=\frac{1}{2}.
\end{aligned}$$

□

例 5.2.9 设在半平面$x>0$上, 有一场力为$\boldsymbol{F}=-\dfrac{k}{r^3}(x\boldsymbol{i}+y\boldsymbol{j})$构成的力场, 其中$k$为常数, $r=\sqrt{x^2+y^2}$; 证明在此力场中, 场力$\boldsymbol{F}$所做的功与路径无关, 并求一个函数$u(x,y)$, 使得$\mathrm{d}u=-\dfrac{k}{r^3}(x\mathrm{d}x+y\mathrm{d}y)$.

解 $\boldsymbol{F}=-\dfrac{k}{r^3}(x\boldsymbol{i}+y\boldsymbol{j})$, 则$P=-\dfrac{kx}{r^3}$, $Q=-\dfrac{ky}{r^3}$, 场力$\boldsymbol{F}$所做的功为

$$W=\int_L P\mathrm{d}x+Q\mathrm{d}y=\int_L -\frac{kx}{r^3}\ \mathrm{d}x-\frac{ky}{r^3}\mathrm{d}y.$$

设L是右半平面内的任意一条光滑曲线, 因为

$$\frac{\partial P}{\partial y}=-kx\frac{-3r^2\cdot\dfrac{1}{2r}2y}{r^6}=\frac{3kxy}{r^5},\quad \frac{\partial Q}{\partial x}=-ky\frac{-3r^2\cdot\dfrac{1}{2r}2x}{r^6}=\frac{3kxy}{r^5},$$

从而$\dfrac{\partial Q}{\partial x}=\dfrac{\partial P}{\partial y}$在右半平面内处处成立, 故在右半平面内积分与路径无关, 即场力$\boldsymbol{F}$所做的功与路径无关.

$$\begin{aligned}
u(x,y) &= \int_{(1,0)}^{(x,y)} -\frac{kx}{r^3}\mathrm{d}x-\frac{ky}{r^3}\mathrm{d}y=\int_{(1,0)}^{(x,0)} -\frac{kx}{r^3}\mathrm{d}x-\frac{ky}{r^3}\mathrm{d}y+\int_{(x,0)}^{(x,y)} -\frac{kx}{r^3}\mathrm{d}x-\frac{ky}{r^3}\mathrm{d}y\\
&= \int_{(1,0)}^{(x,0)} -\frac{kx}{r^3}\mathrm{d}x+\int_{(x,0)}^{(x,y)} -\frac{ky}{r^3}\mathrm{d}y=\int_1^x -\frac{kx}{x^3}\mathrm{d}x+\int_0^y -\frac{ky}{(x^2+y^2)^{\frac{3}{2}}}\mathrm{d}y\\
&= k\cdot\frac{1}{x}\bigg|_1^x+k\frac{1}{2}\cdot 2\,\frac{1}{\sqrt{x^2+y^2}}\bigg|_0^y=k(\frac{1}{x}-1)+k(\frac{1}{\sqrt{x^2+y^2}}-\frac{1}{x})\\
&= \frac{k}{\sqrt{x^2+y^2}}-k.
\end{aligned}$$ □

思考: 为什么积分下限取$(1,0)$而不取$(0,0)$?

注 5.2.5 对于三维空间内的第二型曲线积分, 定理5.2.2仍然成立, 即有如下定理.

定理 5.2.4 (曲线积分基本定理) 设$\boldsymbol{F}=(P(x,y,z),Q(x,y,z),R(x,y,z))$是空间区域$V$内的一个向量值函数, P、Q、R都在V内具有一阶连续偏导数, 且存在一个数量值函数$u(x,y,z)$, 使得$\mathrm{d}u=P\mathrm{d}x+Q\mathrm{d}y+R\mathrm{d}z$, 则曲线积分$\int_L \boldsymbol{F}\cdot\mathrm{d}\boldsymbol{r}$在$V$内与路径无关, 且

$$\int_L \boldsymbol{F}\cdot\mathrm{d}\boldsymbol{r}=\int_L P\mathrm{d}x+Q\mathrm{d}y+R\mathrm{d}z=u(B)-u(A),$$

其中L是V内以点A为起点, 点B为终点的任意一条分段光滑曲线.

读者可仿照定理5.2.2的证明方法证明本定理.

例5.1.5中的场力$\boldsymbol{F}=-k(x\boldsymbol{i}+y\boldsymbol{j}+z\boldsymbol{k})$, 存在函数$u(x,y,z)=-\dfrac{1}{2}k(x^2+y^2+z^2)$, 使得$\mathrm{d}u=-k(x\mathrm{d}x+y\mathrm{d}y+z\mathrm{d}z)$, 可知该场力做功与路径无关. 由定理5.2.4立即得出$\boldsymbol{F}$所做的功为

$$\begin{aligned}
W &= \int_L \boldsymbol{F}\cdot\mathrm{d}\boldsymbol{r}=-k\int_L x\mathrm{d}x+y\mathrm{d}y+z\mathrm{d}z\\
&= \int_A^B \mathrm{d}u=u(B)-u(A)=u(a,0,2\pi b)-u(a,0,0)=-2k\pi^2b^2.
\end{aligned}$$

5.2.4 全微分方程

我们可用二元函数全微分求积的方法去求解某类一阶微分方程.

将一阶微分方程$\dfrac{\mathrm{d}y}{\mathrm{d}x}=f(x,y)$改写为如下对称形式:

$$P(x,y)\mathrm{d}x+Q(x,y)\mathrm{d}y=0, \tag{5.2.7}$$

并假设$P(x,y)$、$Q(x,y)$在某平面单连通区域D内具有一阶连续偏导数.

如果方程的左边恰好是某个二元函数的全微分, 即存在$u(x,y)$使得

$$\mathrm{d}u(x,y)=P(x,y)\mathrm{d}x+Q(x,y)\mathrm{d}y,$$

则方程(5.2.7)称为 **全微分方程** (或**恰当方程**). 此时, 方程的通解为

$$u(x,y)=C,$$

其中C为任意常数. 因此, 只要求得$u(x,y)$, 即可得到方程的通解.

由定理5.2.2可知, 方程(5.2.7)是全微分方程的充要条件为

$$\frac{\partial P}{\partial y}=\frac{\partial Q}{\partial x} \tag{5.2.8}$$

在D内处处成立. 而当式(5.2.8)的条件满足时, $u(x,y)$可通过如下曲线积分给出:

$$u(x,y)=\int_{(x_0,y_0)}^{(x,y)} P(x,y)\mathrm{d}x+Q(x,y)\mathrm{d}y \tag{5.2.9}$$

其中(x_0,y_0)为D内适当选定的点. 若在D内沿平行于坐标轴的折线计算曲线积分式(5.2.9), 则有

$$u(x,y)=\int_{x_0}^{x} P(x,y_0)\mathrm{d}x+\int_{y_0}^{y} Q(x,y)\mathrm{d}y,$$

或

$$u(x,y)=\int_{y_0}^{y} Q(x_0,y)\mathrm{d}y+\int_{x_0}^{x} P(x,y)\mathrm{d}x.$$

原函数u的求法也可采用例5.2.7中的凑微分法或不定积分法.

例 5.2.10 求方程$(x\cos y+\cos x)y'-y\sin x+\sin y=0$的通解.

解 方程可变形为

$$(-y\sin x+\sin y)\mathrm{d}x+(x\cos y+\cos x)\mathrm{d}y=0,$$

因

$$\frac{\partial P}{\partial y}=\cos y-\sin x=\frac{\partial Q}{\partial x},$$

故原方程为全微分方程.

采用例5.2.7中方法, 可求得方程左边被积表达式的一个原函数为$u(x,y)=x\sin y+y\cos x$, 所以原方程的通解为

$$x\sin y+y\cos x=C.$$

□

注 5.2.6 在判断一个方程是全微分方程后, 往往采用凑微分法求通解来得快捷一些, 一般是通过分项组合, 先把那些已构成全微分的项分出, 再把其余项凑成全微分. 一些简单的二元函数的全微分公式见注5.2.4.

若方程(5.2.7)本身不是全微分方程, 则前述方法就不再适用了. 但若存在非零因子$\mu(x,y)$使得

$$\mu(x,y)P(x,y)\mathrm{d}x+\mu(x,y)Q(x,y)\mathrm{d}y=0 \tag{5.2.10}$$

是全微分方程, 则$\mu(x,y)$称为方程(5.2.7)的**积分因子**. 这时可用前述方法求$v(x,y)$, 使得

$$\mathrm{d}v=\mu(x,y)P(x,y)\mathrm{d}x+\mu(x,y)Q(x,y)\mathrm{d}y,$$

则$v(x,y)=C$是方程(5.2.10)的通解, 也是方程(5.2.7)的通解.

可以证明, 若一个方程有解, 则必存在积分因子. 积分因子不是唯一的, 如方程$y\mathrm{d}x-x\mathrm{d}y=0$不是全微分方程, 但它有如下积分因子:

$$\frac{1}{x^2},\ \frac{1}{y^2},\ \frac{1}{xy},\ \frac{1}{x^2+y^2},\ \frac{1}{x^2-y^2}.$$

一般在求解过程中, 随着所选取的积分因子的不同, 得到的通解也可能具有不同的形式. 一般对于不太复杂的方程, 可通过对方程进行适当变形, 再用"观察法"求得积分因子.

例 5.2.11 利用观察法求积分因子, 并解方程$y^2(x-3y)\mathrm{d}x+(1-3xy^2)\mathrm{d}y=0$.

解 将方程重新给合得

$$y^2x\mathrm{d}x+\mathrm{d}y-3y^2(y\mathrm{d}x+x\mathrm{d}y)=0.$$

观察得$\mu(x,y)=\dfrac{1}{y^2}$为积分因子, 原方程两边乘以积分因子, 得到全微分方程

$$(x-3y)\mathrm{d}x+(\frac{1}{y^2}-3x)\mathrm{d}y=0,$$

因

$$(x-3y)\mathrm{d}x+(\frac{1}{y^2}-3x)\mathrm{d}y=x\mathrm{d}x-3y\mathrm{d}x-3x\mathrm{d}y+\frac{1}{y^2}\mathrm{d}y=\mathrm{d}(\frac{x^2}{2}-3xy-\frac{1}{y}),$$

故原方程的通解为

$$\frac{x^2}{2}-\frac{1}{y}-3xy=C.$$

□

注 5.2.7 积分因子这个工具从理论上提供了求解微分方程$P\mathrm{d}x+Q\mathrm{d}y=0$的一般方法, 但对于一个具体的方程而言, 要找出积分因子并不容易. 但对于比较特殊的情形, 求积分因子还是有具体方法的, 如:

若$\dfrac{1}{Q}(\dfrac{\partial P}{\partial y}-\dfrac{\partial Q}{\partial x})=\varphi(x)$, 则积分因子为$\mu(x)=\mathrm{e}^{\int\varphi(x)\mathrm{d}x}$;

若$\dfrac{1}{P}(\dfrac{\partial Q}{\partial x}-\dfrac{\partial P}{\partial y})=\psi(y)$, 则积分因子为$\mu(y)=\mathrm{e}^{\int\psi(y)\mathrm{d}y}$.

习题 5.2

(A)

5.2.1 利用Green公式计算下列积分:

(1) $\oint_L(x+y)\mathrm{d}x+(x-y)\mathrm{d}y$, L为椭圆$\dfrac{x^2}{a^2}+\dfrac{y^2}{b^2}=1$, 沿顺时针方向;

(2) $\oint_L(x+y)^2\mathrm{d}x-(x^2+y^2)\mathrm{d}y$, L是以点$(1,1)$, 点$(3,2)$, 点$(2,5)$为顶点的三角形的边界, 沿逆时针方向;

(3) $\oint_L\mathrm{e}^{-(x^2-y^2)}(\cos(2xy)\mathrm{d}x+\sin(2xy)\mathrm{d}y)$, L为圆周$x^2+y^2=R^2$ $(R>0)$, 沿逆时针方向;

(4) $\oint_L (1+y^2)\mathrm{d}x + y\mathrm{d}y$, L 是由曲线$y\sin x, y=2\sin x(0\leqslant x\leqslant \pi)$所围区域的正向边界;

(5) $\int_L (my-\mathrm{e}^x\sin y)\mathrm{d}x+(m-\mathrm{e}^x\cos y)\mathrm{d}y$, L为下半圆周$x^2+y^2=2ax(y\leqslant 0)$, 沿顺时针方向;

(6) $\int_L \sqrt{x^2+y^2}\mathrm{d}x+[x+y\ln(x+\sqrt{x^2+y^2})]\mathrm{d}y$, L 为从点$A(2,1)$沿上半圆周$y=1+\sqrt{2x-x^2}$到点$B(0,1)$的一段弧;

(7) $\int_L (x^2y+3x\mathrm{e}^x)\mathrm{d}x+(\frac{x^3}{3}-y\sin y)\mathrm{d}y$, L为摆线$x=t-\sin t, y=1-\cos t$上从点$O(0,0)$到点$A(\pi,2)$的一段弧;

(8) $\int_L (3xy+\sin x)\mathrm{d}x+(x^2-y\mathrm{e}^y)\mathrm{d}y$, L为抛物线$y=x^2-2x$上从点$O(0,0)$到点$A(3,3)$的一段弧.

5.2.2 利用曲线积分计算下列曲线所围图形的面积:

(1) 星形线$x=a\cos^3 t,\ y=b\sin^3 t\ (0\leqslant t\leqslant 2\pi)$;

(2) 抛物线$(x+y)^2=ax\ (a>0)$和x轴;

(3) Descartes叶形线$x^3+y^3=3axy\ (a>0)$;

(4) 双纽线$(x^2+y^2)^2=a^2(x^2-y^2)\ (a>0)$;

(5) 曲线$x^3+y^3=x^2+y^2$和坐标轴.

5.2.3 设曲线L为圆周$x^2+y^2+x+y=0$, 取逆时针方向, 计算$\oint_L -y\sin^2 x\mathrm{d}x+x\cos^2 y\mathrm{d}y$.

5.2.4 计算下列曲线积分:

(1) $\int_{(0,0)}^{(1,2)} (2xy-y^4)\mathrm{d}x+(x^2-4xy^3)\mathrm{d}y$;

(2) $\int_{(1,0)}^{(2,3)} \frac{x\mathrm{d}x+y\mathrm{d}y}{\sqrt{x^2+y^2}}$, 沿不通过原点的路径.

5.2.5 计算$\oint_L \frac{y\mathrm{d}x-(x-1)\mathrm{d}y}{(x-1)^2+y^2}$, 其中$L$分别为下列曲线, 且沿逆时针方向:

(1) 圆周$x^2+(y-1)^2=1$;

(2) 椭圆周$(x-1)^2+2y^2=1$;

(3) 正方形$|x|+|y|\leqslant a(a>0, a\neq 1)$的边界线;

(4) 星形线$x^{2/3}+y^{2/3}=a^{2/3}(a>0, a\neq 1)$.

5.2.6 在Oxy平面上有场力$\boldsymbol{F}=\left(\frac{\mathrm{e}^x}{1+y^2}, \frac{2y(1-\mathrm{e}^x)}{(1+y^2)^2}\right)$, 求质点沿圆周$x^2+(y-1)^2=1$ 从点$O(0,0)$移到点$A(1,1)$时, 场力$\boldsymbol{F}$所做的功.

5.2.7 计算曲线积分$\oint_L [x\cos\langle \boldsymbol{x}, \boldsymbol{n}\rangle + y\sin\langle \boldsymbol{x}, \boldsymbol{n}\rangle]\mathrm{d}s$, 其中$(\boldsymbol{x}, \boldsymbol{n})$为简单光滑闭曲线$L$的外法线向量$\boldsymbol{n}$与$x$轴正向的夹角.

5.2.8 设$f(u)$为连续可微函数, L为Oxy平面上分段光滑的闭曲线. 证明:

(1) $\int_L f(xy)(y\mathrm{d}x + x\mathrm{d}y) = 0$;　　(2) $\int_L f(x^2+y^2)(x\mathrm{d}x + y\mathrm{d}y) = 0$.

5.2.9 设$X = ax + by$, $Y = cx + dy$, 且L为包围坐标原点的简单闭曲线$(ad - bc \neq 0)$, 计算$I = \dfrac{1}{2\pi}\oint_L \dfrac{X\mathrm{d}Y - Y\mathrm{d}X}{X^2+Y^2}$.

5.2.10 设$f(x)$在$(-\infty, +\infty)$内具有连续导数, 求:

$$I = \int_L \frac{1+y^2 f(xy)}{y}\,\mathrm{d}x + \frac{x}{y^2}(y^2 f(xy) - 1)\mathrm{d}y,$$

其中L是从点$A(3, \frac{2}{3})$到点$B(1, 2)$的直线段.

5.2.11 设L是圆周$(x-1)^2 + (y-1)^2 = 1$的正向边界曲线, $f(x)$为大于零的连续函数. 证明: $\oint_L xf(y)\mathrm{d}y - \dfrac{y}{f(x)}\mathrm{d}x \geqslant 2\pi$.

5.2.12 已知平面区域$D = [0, \pi]\times[0, \pi]$, L为D的边界, 试证:

(1) $\oint_L x\mathrm{e}^{\sin y}\mathrm{d}y - y\mathrm{e}^{-\sin x}\mathrm{d}x = \oint_C x\mathrm{e}^{-\sin y}\mathrm{d}y - y\mathrm{e}^{\sin x}\mathrm{d}x$;

(2) $\oint_L x\mathrm{e}^{\sin y}\mathrm{d}y - y\mathrm{e}^{-\sin x}\mathrm{d}x \geqslant \dfrac{5}{2}\pi^2$.

5.2.13 求原函数u:

(1) $\mathrm{d}u = (x^2 + 2xy - y^2)\mathrm{d}x + (x^2 - 2xy - y^2)\mathrm{d}y$;　　(2) $\mathrm{d}u = \dfrac{y\mathrm{d}x - x\mathrm{d}y}{3x^2 - 2xy + 3y^2}$;

(3) $\mathrm{d}u = \dfrac{\partial^{n+m+1}}{\partial x^{n+2}\partial y^{m-1}}\left(\ln\dfrac{1}{r}\right)\mathrm{d}x - \dfrac{\partial^{n+m+1}}{\partial x^{n-1}\partial y^{m+2}}\left(\ln\dfrac{1}{r}\right)\mathrm{d}y$, 其中$r = \sqrt{x^2+y^2}$.

5.2.14 验证下列微分方程是全微分方程, 并求其通解:

(1) $(x^2 - y)\mathrm{d}x - (x + 2\sin y)\mathrm{d}y = 0$;

(2) $[1 + y\cos(xy)]\mathrm{d}x + x\cos(xy)\mathrm{d}y = 0$;

(3) $(\mathrm{e}^y - \dfrac{y}{x^2})\mathrm{d}x + (x\mathrm{e}^y + \dfrac{1}{x})\mathrm{d}y = 0$.

5.2.15 用观察法求下列微分方程的积分因子, 并求其通解:

(1) $y(1+xy)\mathrm{d}x - x\mathrm{d}y = 0$;　　(2) $(x^4\mathrm{e}^x - 2xy^2)\mathrm{d}x + 2x^2y\mathrm{d}y = 0$.

5.2.16 设$f(x)$具有二阶连续导数, $f(0) = 1$, $f'(0) = 1$, 且方程

$$[xy(x+y) - yf(x)]\mathrm{d}x + [f'(x) + x^2y]\mathrm{d}y = 0$$

是全微分方程, 求$f(x)$以及此全微分方程的通解.

5.2.17 设函数$u=u(x)$连续可微, $u(2)=1$, $\int_L (x+2y)u\mathrm{d}x+(x+u^3)u\mathrm{d}y$ 在右半平面内与路径无关, 求$u(x)$.

5.2.18 若对平面上任何简单闭曲线L恒有$\oint_L 2xyf(x^2)\mathrm{d}x+(f(x^2)-x^4)\mathrm{d}y=0$, 其中$f(x)$在$\mathbf{R}$上有连续的一阶导数, 且$f(1)=1$. 试求:

(1) $f(x)$; (2) $\int_{(0,0)}^{1,2} 2xyf(x^2)\mathrm{d}x+(f(x^2)-x^4)\mathrm{d}y$.

5.2.19 设函数$f(t)$在$t\neq 0$时一阶连续可导, 且$f(1)=0$, 求函数$f(x^2-y^2)$, 使得曲线积分

$$\int_L y(2-f(x^2-y^2))\mathrm{d}x+xf(x^2-y^2)\mathrm{d}y$$

与路径无关, 其中L为任一不与直线$y=\pm x$相交的分段光滑闭曲线.

5.2.20 设在围绕原点的任意光滑的简单闭曲线C上, 曲线积分$\oint_C \frac{2xy\mathrm{d}x+\varphi(x)\mathrm{d}y}{x^4+y^2}$的值为常数, 其中函数$\varphi(x)$ 具有连续导数.

(1) 设L为正向闭曲线$(x-2)^2+y^2=1$, 证明$\oint_L \frac{2xy\mathrm{d}x+\varphi(x)\mathrm{d}y}{x^4+y^2}=0$;

(2) 求函数$\varphi(x)$;

(3) 设C是围绕原点的光滑简单正向闭曲线, 求$\oint_L \frac{2xy\mathrm{d}x+\varphi(x)\mathrm{d}y}{x^4+y^2}$.

5.2.21 设连续可微函数$z=z(x,y)$由方程$F(xz-y,x-yz)=0$(其中$F(u,v)$有连续偏导数)唯一确定, L为正向单位圆周. 试求: $\oint_L (xz^2+2yz)\mathrm{d}y-(2xz+yz^2)\mathrm{d}x$.

(B)

5.2.1 设$u=u(x,y)$为二次连续可微函数, L为任意分段光滑的闭曲线, $\boldsymbol{n}$为L 的单位外法向量, 证明

$$\oint_L \frac{\partial u}{\partial n}\mathrm{d}s=0 \Longleftrightarrow u_{xx}+u_{yy}=0.$$

5.2.2 设$u(x,y)$在圆盘$D:x^2+y^2\leqslant 1$上有二阶连续偏导数, 且$u_{xx}+u_{yy}=\mathrm{e}^{-(x^2+y^2)}$, 则$\oint_{\partial D}\frac{\partial u}{\partial n}\mathrm{d}s=\pi(1-\mathrm{e}^{-1})$ (n 是正向曲线∂D的单位外法向量).

5.2.3 设函数$u(x,y)$, $v(x,y)$具有一阶连续偏导数, 且满足$u_x=v_y$, $u_y=-v_x$, 闭曲线L包围原点, 取正向. 证明

$$\oint_L \frac{1}{x^2+y^2}\big((xv-yu)\mathrm{d}x+(xu+yv)\mathrm{d}y\big)=2\pi u(0,0).$$

5.2.4 设$P(x,y)$, $Q(x,y)$有连续偏导数, 且对任意的x_0, y_0和正实数R都有$\int_L P\mathrm{d}x+Q\mathrm{d}y=0$, 其中$L:y=y_0+\sqrt{R^2-(x-x_0)^2}$. 证明$P\equiv 0$, $Q_x\equiv 0$.

5.2.5 设$A>0,B>0,C>0,AC-B^2>0$, $L:x^2+y^2=R^2$, 取逆时针方向, 证明

$$\oint_L \frac{x\mathrm{d}y-y\mathrm{d}x}{Ax^2+2Bxy+Cy^2}=\frac{2\pi}{\sqrt{AC-B^2}}.$$

5.3 第二型曲面积分

5.3.1 第二型曲面积分的概念与性质

1. 有向曲面及其定向

正如第二型曲线积分是向量值函数在有向曲线上的积分一样, 本节要讨论的曲面积分是向量值函数在有向曲面上的积分. 为此, 先要确定曲面的侧和方向.

设S为一片光滑曲面, 在S上取一点M, 则S在这点处的法向量$\boldsymbol{n}$有两个方向, 当规定一个方向为正方向时, 另一个方向就是负方向. 当点M在曲面S上连续移动而不越过其边界再回到原来位置时, 若法向量$\boldsymbol{n}$的方向不变, 则称曲面S为**双侧曲面**, 否则称为**单侧曲面**.

通常我们遇到的曲面大多为双侧曲面, 而且若曲面是封闭的, 则还有内侧和外侧之分, 若曲面不是封闭的, 根据观察曲面的不同角度有上侧与下侧、左侧与右侧、前侧与后侧之分. 典型的单侧曲面是Möbius带, 它可以这样构造: 取一长方形纸带$ABCD$(见图5.3.1(a)), 将其一端扭转180°后再与另一端粘贴在一起, 即让A和C粘贴在一起, B和D粘贴在一起而形成一个环形纸带(见图5.3.1(b)). 设想我们在Möbius带上从某点开始连续不断地且不越过边界地涂颜色, 当涂完颜色后, 发现这个曲面只有一种颜色. 这在双侧曲面上是做不到的.

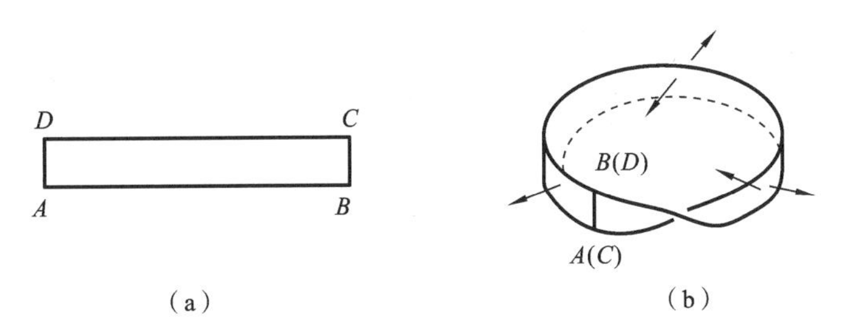

图5.3.1

我们用法向量的指向来确定曲面的侧, 或者说确定曲面的方向. 确定了法向量的指向(或选定了曲面的侧)的曲面称为**有向曲面**. 本书只讨论双侧曲面. 以下若不特别说明, 总假定S是一片光滑或分片光滑的有向曲面, 当S为一片选定了侧的有向曲面时, 我们用$-S$表示其另一侧, S和$-S$是两片不同的曲面.

假设空间直角坐标系$Oxyz$的x轴、y轴和z轴分别指向前方、右方和上方, 如果曲面S的方程为$z=z(x,y)$, 则将曲面分为上侧与下侧. 设$\boldsymbol{n}=(\cos\alpha,\cos\beta,\cos\gamma)$为曲面上的单位法向量, 当$\boldsymbol{n}$与$z$ 轴正向的夹角$\gamma<\pi/2$ (或$\cos\gamma>0$) 时, $\boldsymbol{n}$ 指向曲面的上侧, 当$\boldsymbol{n}$ 与z 轴正向的夹角$\gamma>\pi/2$(或$\cos\gamma<0$) 时, $\boldsymbol{n}$指向曲面的下侧.

类似地, 如果曲面S的方程为$y=y(z,x)$, 则将曲面分为左侧与右侧, 在曲面的右侧$\beta<\pi/2$(或$\cos\beta>0$), 在曲面的左侧$\beta>\pi/2$(或$\cos\beta<0$); 如果曲面S的方程为$x=x(y,z)$, 则将曲面分为前侧与后侧, 在曲面的前侧$\alpha<\pi/2$(或$\cos\alpha>0$).

下面再看曲面在坐标面上的投影. 设曲面S的方程为$z=z(x,y)$, 把S投影到Oxy平面上得一投影区域, 这投影区域的面积记为σ_{xy}. 我们规定S 在Oxy平面上的投影S_{xy}为

$$S_{xy}=\begin{cases}\sigma_{xy}, & \cos\gamma>0,\\ -\sigma_{xy}, & \cos\gamma<0,\\ 0, & \cos\gamma\equiv 0,\end{cases}$$

其中$\cos\gamma\equiv 0$也就是σ_{xy}=0的情形. 类似地可以定义S在Oyz平面及在Ozx平面上的投影S_{yz}及S_{zx}.

2.　流体流向曲面一侧的流量

设不可压缩流体(即流体的密度是常数)的速度场由

$$\boldsymbol{v}(x,y,z)=(P(x,y,z),Q(x,y,z),R(x,y,z))$$

给出, S是速度场中的一片有向曲面, 函数$P(x,y,z)$、$Q(x,y,z)$、$R(x,y,z)$都在S上连续, 求流体流向曲面S指定一侧的流量$\varPhi$, 即求单位时间内通过S指定侧的流体的体积.

仍设$\boldsymbol{n}=(\cos\alpha,\cos\beta,\cos\gamma)$为曲面$S$的指向给定侧的单位法向量. 若流速$\boldsymbol{v}$为常向量, 即流场中各点的流速都相同, 且$S$是平面(其面积仍记为$S$), 如图5.3.2所示, 记$\theta=\langle\boldsymbol{v},\boldsymbol{n}\rangle$, 则通过$S$的流量$\varPhi$等于图中斜体柱的体积, 即

$$\varPhi=|\boldsymbol{v}|\cos\theta\cdot S=\boldsymbol{v}\cdot\boldsymbol{n}S=\boldsymbol{v}\cdot\boldsymbol{S},$$

其中$\boldsymbol{S}=\boldsymbol{n}S$.

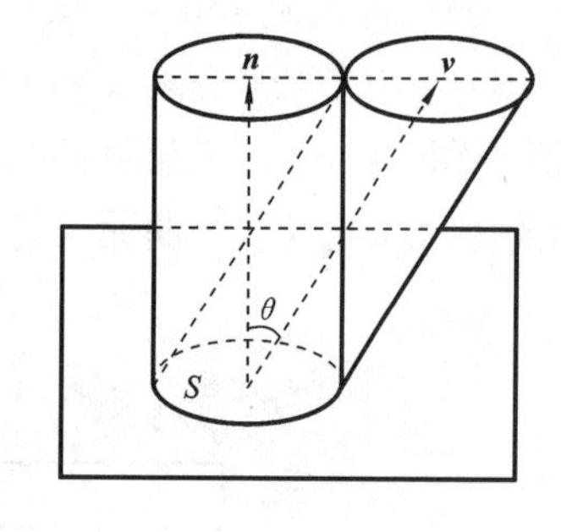

图5.3.2

若$\boldsymbol{v}$不是常向场, 且S不是平面, 那么要计算流向曲面S一侧的流量就需要运用积分的方法.

(1) **分割**　把曲面S任意分成n个小块$\Delta S_i(i=1,2,\cdots,n)$, 仍用$\Delta S_i$表示$\Delta S_i$的面积.

(2) **近似**　在各小曲面ΔS_i上任取一点$M_i(\xi_i,\eta_i,\zeta_i)$, 因$S$是光滑曲面, 且$\boldsymbol{v}$是连续的, 所以只要$\Delta S_i$的直径很小, 我们就可以把$\Delta S_i$视为平面, 且把$\Delta S_i$上各点的流速视为常向量, 用$M_i$ 处的流速$\boldsymbol{v}(\xi_i,\eta_i,\zeta_i)$近似代替. 于是通过$\Delta S_i$流向$\boldsymbol{n}$所指向一侧的流量$\Delta\varPhi_i$近似等于以$\Delta S_i$为底、以$\boldsymbol{v}(\xi_i,\eta_i,\zeta_i)$为斜高的小柱体的体积, 如图5.3.3所示, 即

$$\Delta\varPhi_i\approx\boldsymbol{v}(\xi_i,\eta_i,\zeta_i)\cdot\boldsymbol{n}(\xi_i,\eta_i,\zeta_i)\Delta S_i,\quad i=1,2,\cdots,n.$$

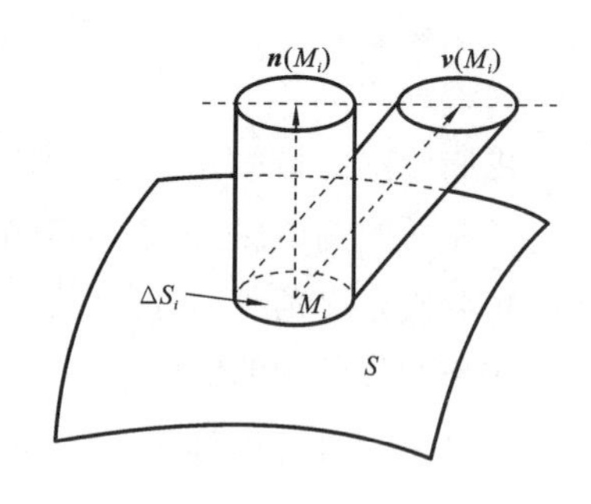

图5.3.3

(3) **求和**　将流过各小块曲面流量的近似值相加, 即得所求总流量$\varPhi$的近似值:

$$\varPhi=\sum_{i=1}^{n}\Delta\varPhi_i\approx\sum_{i=1}^{n}\boldsymbol{v}(\xi_i,\eta_i,\zeta_i)\cdot\boldsymbol{n}(\xi_i,\eta_i,\zeta_i)\Delta S_i.$$

(4) **取极限**　令$\lambda=\max\limits_{1\leqslant i\leqslant n}\{d(\Delta S_i)\}$, $d(\Delta S_i)$表示ΔS_i的直径, 则当$\lambda\to 0$时, 上式和式的极限就是所求流量的精确值

$$\varPhi=\lim_{\lambda\to 0}\sum_{i=1}^{n}\Delta\varPhi_i\approx\sum_{i=1}^{n}\boldsymbol{v}(\xi_i,\eta_i,\zeta_i)\cdot\boldsymbol{n}(\xi_i,\eta_i,\zeta_i)\Delta S_i.$$

抛开上述和式的极限的具体的物理意义, 便可抽象出第二型曲面积分的定义.

3. 第二型曲面积分的定义

定义(第二型面积分) 设S为一片有向曲面, $\boldsymbol{n}$为其上任意一点(x,y,z)处指向其给定侧的单位法向量, $\boldsymbol{F}(x,y,z)$为定义在S上的向量值函数. 将曲面S任意分割成n小块: $\Delta S_1,\Delta S_2,\cdots$, ΔS_n(同时也用它们表示其面积), 任取一点$M_i(\xi_i,\eta_i,\zeta_i)\in\Delta S_i$, 作和式

$$\sum_{i=1}^{n}\boldsymbol{F}(M_i)\cdot\boldsymbol{n}(M_i)\Delta S_i.$$

如果无论对曲面S怎样分割, 也无论点M_i在ΔS_i上怎样选取, 当各小曲面ΔS_i直径的最大值$\lambda\to 0$时, 上述和式的极限都存在, 则称此极限为向量值函数$\boldsymbol{F}$在有向曲面S上积分, 或称为**第二型曲面积分**, 记为

$$\iint_S \boldsymbol{F}\cdot\boldsymbol{n}\mathrm{d}S=\lim_{\lambda\to 0}\sum_{i=1}^{n}\boldsymbol{F}(M_i)\cdot\boldsymbol{n}(M_i)\Delta S_i. \tag{5.3.1}$$

若再定义**有向面积微元$\mathrm{d}\boldsymbol{S}$**为

$$\mathrm{d}\boldsymbol{S}=\boldsymbol{n}\mathrm{d}S,$$

则式(5.3.1)还可写成

$$\iint_S \boldsymbol{F}\cdot\mathrm{d}\boldsymbol{S}=\lim_{\lambda\to 0}\sum_{i=1}^{n}\boldsymbol{F}(M_i)\cdot\boldsymbol{n}(M_i)\Delta S_i.$$

在直角坐标系下, 也可以把式(5.3.1)用坐标形式给出. 设定义中的

$$\boldsymbol{F}(x,y,z)=(P(x,y,z),Q(x,y,z),R(x,y,z)),$$

$$\boldsymbol{n}(x,y,z)=(\cos\alpha,\cos\beta,\cos\gamma),\quad M_i=(\xi_i,\eta_i,\zeta_i),$$

则有

$$\begin{aligned}\iint_S \boldsymbol{F}\cdot\mathrm{d}\boldsymbol{S}&=\lim_{\lambda\to 0}\sum_{i=1}^{n}\boldsymbol{F}(M_i)\cdot\boldsymbol{n}(M_i)\Delta S_i.\\&=\lim_{\lambda\to 0}\sum_{i=1}^{n}[P(\xi_i,\eta_i,\zeta_i)\cos\alpha_i+Q(\xi_i,\eta_i,\zeta_i)\cos\beta_i+R(\xi_i,\eta_i,\zeta_i)\cos\gamma_i]\Delta S_i\\&=\iint_S P(x,y,z)\cos\alpha\mathrm{d}S+Q(x,y,z)\cos\beta\mathrm{d}S+R(x,y,z)\cos\gamma\mathrm{d}S,\end{aligned} \tag{5.3.2}$$

其中$\mathrm{d}S=\|\ \mathrm{d}\boldsymbol{S}\ \|$, $\cos\alpha\mathrm{d}S$, $\cos\beta\mathrm{d}S$, $\cos\gamma\mathrm{d}S$ 分别是曲面的有向面积微元$\mathrm{d}\boldsymbol{S}$ 在Oyz, Ozx, Oxy坐标平面上的投影, 把它们分别记为$\mathrm{d}y\mathrm{d}z$, $\mathrm{d}z\mathrm{d}x$, $\mathrm{d}x\mathrm{d}y$, 则

$$\begin{aligned}\mathrm{d}\boldsymbol{S}&=\boldsymbol{n}\mathrm{d}S=(\cos\alpha,\ \cos\beta,\ \cos\gamma)\mathrm{d}S\\&=(\cos\alpha\mathrm{d}S,\ \cos\beta\mathrm{d}S,\ \cos\gamma\mathrm{d}S)\\&=(\mathrm{d}y\mathrm{d}z,\ \mathrm{d}z\mathrm{d}x,\ \mathrm{d}x\mathrm{d}y).\end{aligned}$$

于是式(5.3.2)可写成

$$\iint_S \boldsymbol{F}\cdot\mathrm{d}\boldsymbol{S}=\iint_S P(x,y,z)\mathrm{d}y\mathrm{d}z+Q(x,y,z)\mathrm{d}z\mathrm{d}x+R(x,y,z)\mathrm{d}x\mathrm{d}y. \tag{5.3.3}$$

式(5.3.3)右端是第二型曲面积分的坐标形式, 因此第二型曲面积分也称**对坐标的曲面积分**.

式(5.3.3)是三个积分的组合, 在应用上出现较多的是分项形式, 即

$$\begin{aligned}&\iint_S P(x,y,z)\mathrm{d}y\mathrm{d}z+Q(x,y,z)\mathrm{d}z\mathrm{d}x+R(x,y,z)\mathrm{d}x\mathrm{d}y\\=&\iint_S P(x,y,z)\mathrm{d}y\mathrm{d}z+\iint_S Q(x,y,z)\mathrm{d}z\mathrm{d}x+\iint_S R(x,y,z)\mathrm{d}x\mathrm{d}y.\end{aligned}$$

读者应注意, 式(5.3.3)中的$\mathrm{d}x\mathrm{d}y$与二重积分中的$\mathrm{d}x\mathrm{d}y$的意义不完全相同, 它们都表示Oxy平面上的面积微元, 在二重积分中恒正, 但在第二型曲面积分中可正可负, 因为它是$\mathrm{d}\boldsymbol{S}$在Oxy平面上的有向投影, 大小为$\mathrm{d}S\cos\gamma$, 其符号与$\cos\gamma$一致. $\mathrm{d}y\mathrm{d}z$和$\mathrm{d}z\mathrm{d}x$的意义与之类似.

由第二型曲面积分的定义可知, 流速为

$$\boldsymbol{v}(x,y,z)=(P(x,y,z),Q(x,y,z),R(x,y,z))$$

的流体在单位时间内流向曲面S指定一侧的流量$\varPhi$可表示为

$$\varPhi=\iint_S\boldsymbol{v}\cdot\boldsymbol{n}\mathrm{d}S=\iint_S P(x,y,z)\mathrm{d}y\mathrm{d}z+Q(x,y,z)\mathrm{d}z\mathrm{d}x+R(x,y,z)\mathrm{d}x\mathrm{d}y.$$

这可看作第二型曲面积分的物理意义. 此外, 电磁学中的磁通量等物理量也可用第二型曲面积分来表示.

一般地, 把向量场$\boldsymbol{F}$在有向曲面S上的第二型曲面积分$\varPhi=\iint_S\boldsymbol{F}\cdot\mathrm{d}\boldsymbol{S}$称为$\boldsymbol{F}$穿过曲面$S$的**通量**.

4. 两型曲面积分之间的联系

比较式(5.3.1)、式(5.3.2)和式(5.3.3)可知

$$\iint_S\boldsymbol{F}\cdot\mathrm{d}\boldsymbol{S}=\iint_S\boldsymbol{F}\cdot\boldsymbol{n}\mathrm{d}S$$

或

$$\begin{aligned}&\iint_S P(x,y,z)\mathrm{d}y\mathrm{d}z+Q(x,y,z)\mathrm{d}z\mathrm{d}x+R(x,y,z)\mathrm{d}x\mathrm{d}y\\=&\iint_S[P(x,y,z)\cos\alpha+Q(x,y,z)\cos\beta+R(x,y,z)\cos\gamma]\mathrm{d}S.\end{aligned}\tag{5.3.4}$$

以上两式就是第二型曲面积分与第一型曲面积分之间的联系, 因为两式左端为向量值函数$\boldsymbol{F}$在有向曲面S上的积分(第二型曲面积分), 而右端可看作数量值函数$\boldsymbol{F}\cdot\boldsymbol{n}$在$S$(不考虑方向)上的积分(第一型曲面积分). 与两型曲线积分之间的联系类似, 在把有方向性的第二型曲面积分转化为无方向性的第一型曲面积分时, 曲面S的方向已通过与其指定侧同方向的单位法向量$\boldsymbol{n}$转移到被积函数$\boldsymbol{F}\cdot\boldsymbol{n}$中去了.

两型曲面积分之间的联系式(5.3.4)的核心是

$$\cos\alpha\ \mathrm{d}S=\mathrm{d}y\mathrm{d}z,\quad \cos\beta\ \mathrm{d}S=\mathrm{d}z\mathrm{d}x,\quad \cos\gamma\ \mathrm{d}S=\mathrm{d}x\mathrm{d}y.\tag{5.3.5}$$

5. 第二型曲面积分的性质

第二型曲面积分具有与第二型曲线积分类似的一些性质.

性质 5.3.1 (可积的充分条件) 若S为分片光滑且面积有限的有向曲面, 向量值函数$\boldsymbol{F}$在S上分片连续, 则积分$\iint_S \boldsymbol{F}\cdot \mathrm{d}\boldsymbol{S}$存在.

性质 5.3.2 设以下所考虑的积分都存在.

(1) **线性性质** 设k_1, k_2为常数, 则

$$\iint_S (k_1\boldsymbol{F}_1 + k_2\boldsymbol{F}_2)\cdot \mathrm{d}\boldsymbol{S} = k_1\iint_S \boldsymbol{F}_1\cdot \mathrm{d}\boldsymbol{S} + k_2\iint_S \boldsymbol{F}_2\cdot \mathrm{d}\boldsymbol{S}.$$

(2) **分片性质** 如果把S分成S_1和S_2, 记为$S = S_1 + S_2$, 且S_1、S_2与S同侧, 则

$$\iint_S \boldsymbol{F}\cdot \mathrm{d}\boldsymbol{S} = \iint_{S_1} \boldsymbol{F}\cdot \mathrm{d}\boldsymbol{S} + \iint_{S_2} \boldsymbol{F}\cdot \mathrm{d}\boldsymbol{S}.$$

(3) **反向性质** 设S是有向曲面, $-S$表示取S相反侧的有向曲面, 则

$$\iint_{-S} \boldsymbol{F}\cdot \mathrm{d}\boldsymbol{S} = -\iint_S \boldsymbol{F}\cdot \mathrm{d}\boldsymbol{S}.$$

(4) **正交性质** $\boldsymbol{n}$为S的单位法向量, 若在S上处处有$\boldsymbol{F}\perp\boldsymbol{n}$, 则

$$\iint_S \boldsymbol{F}\cdot \mathrm{d}\boldsymbol{S} = 0.$$

以上性质的证明与曲线积分类似, 读者可自行完成证明.

5.3.2 第二型曲面积分的计算

与第一型曲面积分一样, 第二型曲面积分也是化为二重积分来计算的, 读者应注意它们的联系和区别.

定理 设有向曲面S的方程由$z = z(x,y)$给定, S在Oxy平面上的投影区域为D_{xy}, 函数$z = z(x,y)$在D_{xy}上具有一阶连续偏导数(即S是光滑的), 函数$R(x,y,z)$在S上连续, 则有

$$\iint_S R(x,y,z)\mathrm{d}x\mathrm{d}y = \pm\iint_{D_{xy}} R[x,y,z(x,y)]\mathrm{d}x\mathrm{d}y. \tag{5.3.6}$$

其中当S取上侧时, 右端积分前取“+”号, 当S取下侧时, 取“−”号.

证 不妨设S取上侧. 由假设, S上任一点指向上侧的法向量为$(-z_x, -z_y, 1)$, 单位法向量为

$$\boldsymbol{n} = (\cos\alpha, \cos\beta, \cos\gamma) = \frac{(-z_x, -z_y, 1)}{\sqrt{1+z_x^2+z_y^2}},$$

所以

$$\cos\gamma = \frac{1}{\sqrt{1+z_x^2+z_y^2}}.$$

注意到$\cos\gamma\mathrm{d}S = \mathrm{d}x\mathrm{d}y$, 及$\mathrm{d}S = \sqrt{1+z_x^2+z_y^2}\mathrm{d}x\mathrm{d}y$, 再由两型曲面积分之间的联系及第一型曲面积分的计算方法知

$$\iint_S R(x,y,z)\mathrm{d}x\mathrm{d}y = \iint_S R(x,y,z)\cos\gamma\mathrm{d}S = \iint_{D_{xy}} R[x,y,z(x,y)]\mathrm{d}x\mathrm{d}y.$$

同理, 当S取下侧时, 有

$$\iint_S R(x,y,z)\mathrm{d}x\mathrm{d}y = -\iint_{D_{xy}} R[x,y,z(x,y)]\mathrm{d}x\mathrm{d}y. \qquad \square$$

式(5.3.6)右端的"±"与曲面S的侧有关, 应引起充分注意. 习惯上, 我们将式(5.3.6)用一句"口诀"来记忆: **一投、二代、三定号**.

类似地, 如果曲面S的方程由$x = x(y,z)$ $((y,z) \in D_{yz})$给出, 则有

$$\iint_S P(x,y,z)\mathrm{d}y\mathrm{d}z = \pm\iint_{D_{yz}} P[x(y,z),y,z]\mathrm{d}y\mathrm{d}z, \tag{5.3.7}$$

其中,当S取前侧$(\cos\alpha > 0)$时, 右端取"+"号, 当S取后侧$(\cos\alpha < 0)$时, 右端取"−"号.

如果曲面S的方程由$y = y(z,x)$ $((z,x) \in D_{zx})$给出, 则有

$$\iint_S Q(x,y,z)\mathrm{d}z\mathrm{d}x = \pm\iint_{D_{zx}} Q[x,y(z,x),z]\mathrm{d}z\mathrm{d}x, \tag{5.3.8}$$

其中,当S取右侧$(\cos\beta > 0)$时, 右端取"+"号, 当S取左侧$(\cos\beta < 0)$时, 右端取"−"号.

注 5.3.1 (1) 应用公式(5.3.6)时, 应注意S的显式方程$z = z(x,y)$在投影区域D_{xy}上是单值函数. 若不是单值函数, 应将S分成几个分片, 使得每个分片的显式方程在投影区域D_{xy}上是单值函数, 然后将各分片上的积分相加即可. 在其他坐标面上投影时亦可类似处理.

(2) 对于组合式的积分$\iint_S \boldsymbol{F}\cdot\mathrm{d}\boldsymbol{S}$, 一般应分别用式(5.3.6)～式(5.3.8)计算各分项, 然后再相加. 此法称为**分面投影法**, 也是计算第二型曲面积分的基本方法.

例 5.3.1 计算曲面积分$I = \iint_S x^2z\mathrm{d}x\mathrm{d}y$, 其中$S$是平面$x+y+z=1$在第一卦限部分的下侧.

解 S的方程为$z = 1-x-y$, 在Oxy平面上的投影区域为

$$D_{xy} = \{\ (x,y)\mid 0 \leqslant x \leqslant 1,\ 0 \leqslant y \leqslant 1-x\},$$

又S取下侧, 所以积分前取负号, 由式(5.3.6)得

$$\begin{aligned} I &= -\iint_{D_{xy}} x^2(1-x-y)\mathrm{d}x\mathrm{d}y = \int_0^1 x^2\mathrm{d}x\int_0^{1-x}(1-x-y)\mathrm{d}y \\ &= -\int_0^1 x^2\cdot\frac{(1-x)^2}{2}\,\mathrm{d}x = -\frac{1}{60}. \end{aligned} \qquad \square$$

例 5.3.2 计算曲面积分$I = \iint_S x^2\mathrm{d}y\mathrm{d}z + y^2\mathrm{d}z\mathrm{d}x + z^2\mathrm{d}x\mathrm{d}y$, 其中$S$是球面$x^2+y^2+z^2 = R^2(R>0)$的外侧在第一卦限那部分.

解 将x,y,z轮换一遍, S的方程及方向都保持不变, 由**轮换对称性**知

$$\iint_S x^2\mathrm{d}y\mathrm{d}z = \iint_S y^2\mathrm{d}z\mathrm{d}x = \iint_S z^2\mathrm{d}x\mathrm{d}y,$$

所以

$$I = 3\iint_S z^2\mathrm{d}x\mathrm{d}y.$$

在第一卦限内, S的方程为$z=\sqrt{R^2-x^2-y^2}$, 它在Oxy平面上的投影区域为

$$D_{xy}=\{\,(x,y)\mid x^2+y^2\leqslant R^2,\ x\geqslant 0,\ y\geqslant 0\},$$

S的外侧相当于上侧, 所以

$$I=3\iint_{D_{xy}}(R^2-x^2-y^2)\mathrm{d}x\mathrm{d}y=3\int_0^{\pi/2}\mathrm{d}\theta\int_0^R(R^2-r^2)r\mathrm{d}r=\frac{3\pi R^4}{8}.\qquad\square$$

例 5.3.3 计算曲面积分$I=\iint_S xyz\mathrm{d}x\mathrm{d}y$, 其中$S$是球面$x^2+y^2+z^2=1$的外侧在$x\geqslant 0,\ y\geqslant 0$的部分(见图5.3.4).

解 因为要计算对$\mathrm{d}x\mathrm{d}y$的积分, 所以要把S向Oxy平面上投影. 把曲面S分成两部分: $S_1:\ z=\sqrt{1-x^2-y^2}\ (x\geqslant 0,\ y\geqslant 0)$和$S_2:\ z=-\sqrt{1-x^2-y^2}\ (x\geqslant 0,\ y\geqslant 0)$, S_1和S_2在Oxy平面上的投影区域都是$D_{xy}: x^2+y^2\leqslant 1(x\geqslant 0,\ y\geqslant 0)$. 其中$S_1$取上侧, S_2取下侧, 于是

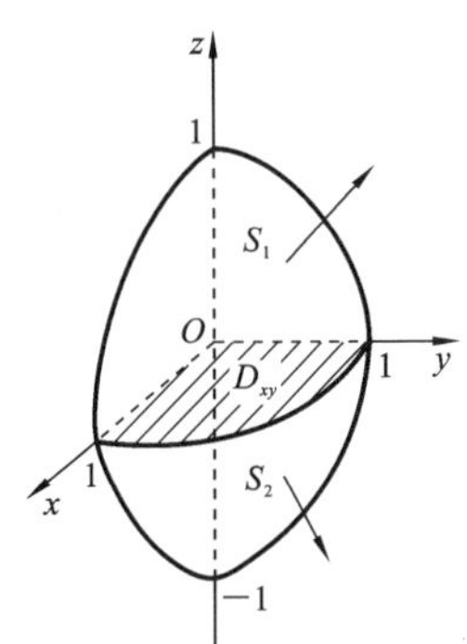

图5.3.4

$$\begin{aligned}I&=\iint_S xyz\mathrm{d}x\mathrm{d}y=\iint_{S_1}xyz\mathrm{d}x\mathrm{d}y+\iint_{S_2}xyz\mathrm{d}x\mathrm{d}y\\&=\iint_{D_{xy}}xy\sqrt{1-x^2-y^2}\mathrm{d}x\mathrm{d}y-\iint_{D_{xy}}xy(-\sqrt{1-x^2-y^2})\mathrm{d}x\mathrm{d}y\\&=2\iint_{D_{xy}}xy\sqrt{1-x^2-y^2}\mathrm{d}x\mathrm{d}y\\&=2\int_0^{\pi/2}\mathrm{d}\theta\int_0^1 r^2\sin\theta\cos\theta\sqrt{1-r^2}\,r\mathrm{d}r=\frac{2}{15}.\end{aligned}\qquad\square$$

注 5.3.2 (1) 从上例的计算过程可以看出积分$\iint_{S_1}xyz\mathrm{d}x\mathrm{d}y=\iint_{S_2}xyz\mathrm{d}x\mathrm{d}y$, 这是因为$S_1$ 和S_2 关于Oxy平面对称(包括方向的对称), 被积函数xyz 是关于z 的奇函数. 这种对称性具有一定普遍性. 注意与数量值积分对称性的区别.

一般地, 若有向曲面S关于Oxy平面对称(包括方向), S_1是S在Oxy平面上方的部分, 则有

$$\iint_S R(x,y,z)\mathrm{d}x\mathrm{d}y=\begin{cases}2\iint_{S_1}R(x,y,z)\mathrm{d}x\mathrm{d}y, & R(x,y,-z)=-R(x,y,z);\\0, & R(x,y,-z)=R(x,y,z).\end{cases}$$

读者可类似写出S关于Oyz平面和Ozx平面的对称性的结论, 并加以证明.

(2) 有时在计算组合型积分$\iint_S \boldsymbol{F}\cdot\mathrm{d}\boldsymbol{S}=\iint_S P\mathrm{d}y\mathrm{d}z+Q\mathrm{d}z\mathrm{d}x+R\mathrm{d}x\mathrm{d}y$时, 需要将$S$ 分别投影到三个坐标面上, 在某坐标面投影时还要将S 拆分成分片, 计算比较烦琐. 下面介绍一个**合一投影法**, 它将三种坐标的积分转化为同一坐标面上的二重积分, 使用的工具是两类曲面积分的联系式(5.3.4)以及式(5.3.5).

设光滑曲面S的方程为$z=z(x,y)$, $(x,y)\in D_{xy}(D_{xy}$是S在Oxy平面上的投影区域), 取上侧, $\boldsymbol{F}(x,y,z)=(P(x,y,z),Q(x,y,z),R(x,y,z))$在$S$上连续. 则$S$上任一点处指向上侧的法向量

为$(-z_x,-z_y,1)$, 化为单位法向量为

$$\boldsymbol{n}=(\cos\alpha,\cos\beta,\cos\gamma)=\frac{(-z_x,-z_y,1)}{\sqrt{1+z_x^2+z_y^2}}.$$

由式(5.3.5)可知, $\mathrm{d}S=\mathrm{d}x\mathrm{d}y/\cos\gamma$, $\mathrm{d}y\mathrm{d}z=\cos\alpha\ \mathrm{d}S$, $\mathrm{d}z\mathrm{d}x=\cos\beta\ \mathrm{d}S$, 于是得到

$$\mathrm{d}y\mathrm{d}z=\frac{\cos\alpha}{\cos\gamma}\ \mathrm{d}x\mathrm{d}y=-z_x\mathrm{d}x\mathrm{d}y,\quad \mathrm{d}z\mathrm{d}x=\frac{\cos\beta}{\cos\gamma}\ \mathrm{d}x\mathrm{d}y=-z_y\mathrm{d}x\mathrm{d}y.$$

因此, 有

$$\iint_S P\mathrm{d}y\mathrm{d}z+Q\mathrm{d}z\mathrm{d}x+R\mathrm{d}x\mathrm{d}y=\iint_S[P\cdot(-z_x)+Q\cdot(-z_y)+R]\mathrm{d}x\mathrm{d}y, \tag{5.3.9}$$

这就将三种类型的积分合一为$\mathrm{d}x\mathrm{d}y$型的积分了. 再用式(5.3.6)将其化为二重积分, 得到

$$\begin{aligned}&\iint_S \boldsymbol{F}\cdot\mathrm{d}\boldsymbol{S}\\ =&\iint_S P\mathrm{d}y\mathrm{d}z+Q\mathrm{d}z\mathrm{d}x+R\mathrm{d}x\mathrm{d}y\\ =&\iint_{D_{xy}}[P(x,y,z(x,y))(-z_x(x,y))+Q(x,y,z(x,y))(-z_y(x,y))+R(x,y,z(x,y))]\mathrm{d}x\mathrm{d}y.\end{aligned} \tag{5.3.10}$$

当$\boldsymbol{S}$取下侧时, 上式右端取“$-$”号.

当曲面$\boldsymbol{S}$的方程为$y=y(z,x)$或$x=x(y,z)$时, 读者可自己推导出类似于式(5.3.9)和式(5.3.10)的计算公式.

例 5.3.4 计算曲面积分$I=\iint_S(x+y^2)\mathrm{d}y\mathrm{d}z+y\mathrm{d}z\mathrm{d}x+z\mathrm{d}x\mathrm{d}y$, 其中$S$是曲面$z=1-x^2-y^2$介于平面$z=0$及$z=1$之间的部分的上侧(见图5.3.5).

解 本题用分面投影法比较烦琐, 采用合一投影法. S往Oxy平面上投影时不需分面, 所以合一为$\mathrm{d}x\mathrm{d}y$来计算.

由S的方程知, 其上任一点处指向上侧的法向量为$(-z_x,-z_y,1)=(2x,2y,1)$, 又S取上侧且在Oxy平面上的投影区域为

$$D_{xy}:x^2+y^2\leqslant 1,$$

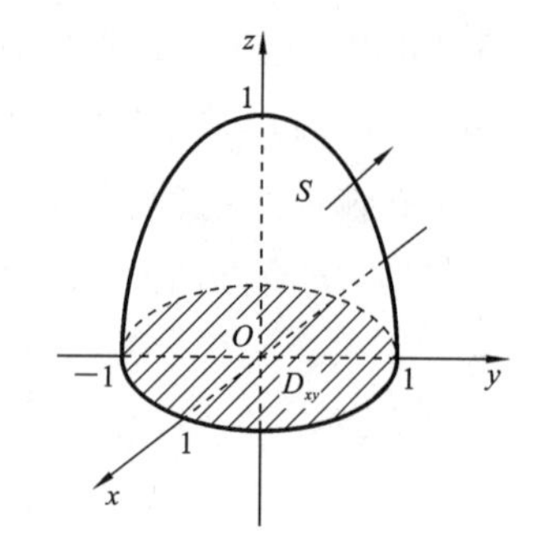

图5.3.5

由式(5.3.9)及式(5.3.10)得

$$\begin{aligned}I&=\iint_S[(x+y^2)\cdot(-z_x)+y\cdot(-z_y)+z]\mathrm{d}x\mathrm{d}y\\&=\iint_{D_{xy}}[(x+y^2)\cdot 2x+y\cdot 2y+(1-x^2-y^2)]\mathrm{d}x\mathrm{d}y\\&=\iint_{D_{xy}}(2xy^2+1+x^2+y^2)\mathrm{d}x\mathrm{d}y,\end{aligned}$$

由二重积分的对称性, $\iint_{D_{xy}}2xy^2\mathrm{d}x\mathrm{d}y=0$, 所以

$$I=\iint_{D_{xy}}(1+x^2+y^2)\mathrm{d}x\mathrm{d}y=\int_0^{2\pi}\mathrm{d}\theta\int_0^1(1+r^2)r\mathrm{d}r=\frac{3\pi}{2}.$$ □

例 5.3.5 设流体的流速为$\boldsymbol{v}=(x,y,z)$, 求该流体单位时间内通过曲面S的流量, 其中

(1) S为球面$x^2+y^2+z^2=1$的外侧;

(2) S为锥面$z=\sqrt{x^2+y^2}$与平面$z=1$所围成锥体表面的外侧.

解 直接利用向量的运算来计算. 由流量定义可知

$$\varPhi=\iint_S \boldsymbol{v}\cdot \mathrm{d}\boldsymbol{S}=\iint_S \boldsymbol{v}\cdot \boldsymbol{n}\mathrm{d}S.$$

(1) 当S为球面时, 由于$\boldsymbol{v}$与$\boldsymbol{n}$平行且同向, 故$\boldsymbol{v}\cdot\boldsymbol{n}=|\boldsymbol{v}|=1$, 从而

$$\varPhi=\iint_S \mathrm{d}S=4\pi.$$

(2) 把锥体表面分成锥面部分S_1和平面部分S_2(见图5.3.6). 在锥面S_1上, 由于$\boldsymbol{v}\perp\boldsymbol{n}$, 从而$\boldsymbol{v}\cdot\boldsymbol{n}=0$, 故

$$\iint_{S_1} \boldsymbol{v}\cdot \mathrm{d}\boldsymbol{S}=\iint_{S_1} \boldsymbol{v}\cdot \boldsymbol{n}\mathrm{d}S=0.$$

在平面S_2上, 由于$\boldsymbol{v}\cdot\boldsymbol{n}=(x,y,1)\cdot(0,0,1)=1$, 从而

$$\iint_{S_2} \boldsymbol{v}\cdot \mathrm{d}\boldsymbol{S}=\iint_{S_2} \mathrm{d}S=\pi,$$

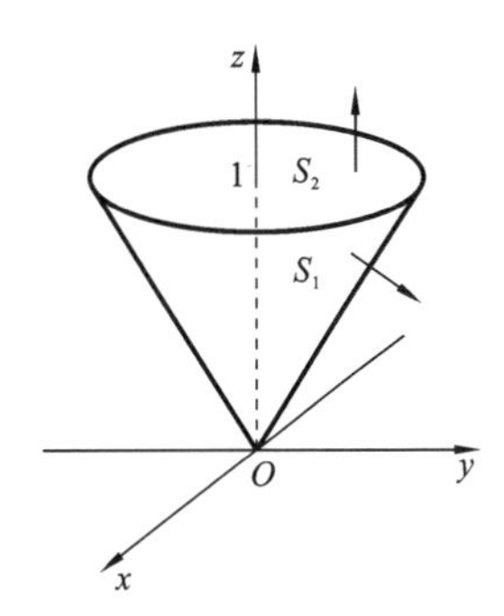

图5.3.6

所以

$$\varPhi=\iint_S \boldsymbol{v}\cdot \mathrm{d}\boldsymbol{S}=\pi.$$

□

习题 5.3

(A)

5.3.1 计算$\iint_S (x^2+y^2)\mathrm{d}y\mathrm{d}z+z\mathrm{d}x\mathrm{d}y$, 其中$S$为柱面$x^2+y^2=1(x\geqslant 0, 0\leqslant z\leqslant 3)$的外侧.

5.3.2 计算$\iint_S x^2\mathrm{d}y\mathrm{d}z-z\mathrm{d}x\mathrm{d}y$, 其中$S$为锥面$z=\sqrt{x^2+y^2}(0\leqslant z\leqslant 1)$在第一卦限部分的外侧.

5.3.3 计算$\iint_S x^2z\mathrm{d}x\mathrm{d}y$, 其中$S$为上半球面$z=\sqrt{R^2-x^2-y^2}$的下侧.

5.3.4 计算$\iint_S x\mathrm{d}y\mathrm{d}z+y\mathrm{d}z\mathrm{d}x+z\mathrm{d}x\mathrm{d}y$, 其中$S$为球面$x^2+y^2+z^2=R^2$在第一卦限部分的上侧.

5.3.5 设S为抛物面$z=x^2+y^2(0\leqslant z\leqslant 1)$的上侧, 试将第二型曲面积分$\iint_S x\mathrm{d}y\mathrm{d}z+y^2\mathrm{d}z\mathrm{d}x+(z+1)\mathrm{d}x\mathrm{d}y$ 化为第一型曲面积分, 并计算其值.

5.3.6 计算$\iint_S (y-z)\mathrm{d}y\mathrm{d}z+(z-x)\mathrm{d}z\mathrm{d}x+(x-y)\mathrm{d}x\mathrm{d}y$, 其中$S$为球面$x^2+y^2+z^2=2Rx$被圆柱面$x^2+y^2=2rx(z\geqslant 0, 0<r<R)$所截得部分的上侧.

5.3.7 设S为球面$(x-a)^2+(y-b)^2+(z-c)^2=R^2$的外侧, 计算

$$\iint_S x^2\mathrm{d}y\mathrm{d}z+y^2\mathrm{d}z\mathrm{d}x+z^2\mathrm{d}x\mathrm{d}y.$$

5.3.8 设S为下半球面$z=-\sqrt{R^2-x^2-y^2}(R>0)$的上侧, 计算

$$\iint_S \frac{Rx\mathrm{d}y\mathrm{d}z+(z+R)^2\mathrm{d}x\mathrm{d}y}{\sqrt{x^2+y^2+z^2}}.$$

5.3.9 设$f(x,y,z)$为连续函数, S是平面$x-y+z=1$在第四卦限部分的上侧, 计算

$$\iint_S (f(x,y,z)+x)\mathrm{d}y\mathrm{d}z+(2f(x,y,z)+y)\mathrm{d}x\mathrm{d}z+(f(x,y,z)+z)\mathrm{d}x\mathrm{d}y.$$

5.3.10 设$f(x)$, $g(y)$, $h(z)$为连续函数, S为平行六面体$0<x<a$, $0<y<b$, $0<z<c$的外表面, 计算

$$\iint_S f(x)\mathrm{d}y\mathrm{d}z+g(y)\mathrm{d}x\mathrm{d}z+h(z)\mathrm{d}x\mathrm{d}y.$$

5.3.11 设S为椭球面$\dfrac{x^2}{a^2}+\dfrac{y^2}{b^2}+\dfrac{z^2}{c^2}=1$的外侧, 计算

$$\iint_S \left(\frac{\mathrm{d}y\mathrm{d}z}{x}+\frac{\mathrm{d}z\mathrm{d}x}{y}+\frac{\mathrm{d}x\mathrm{d}y}{z}\right).$$

5.3.12 设有流速场$\boldsymbol{v}=(yz,zx,xy)$, 求单位时间内流体流过球面$x^2+y^2+z^2=1$在第一卦限外侧的流量.

(B)

5.3.1 计算$I=\displaystyle\iint_S \frac{2\mathrm{d}y\mathrm{d}z}{x\cos^2 x}+\frac{\mathrm{d}z\mathrm{d}x}{\cos^2 y}-\frac{\mathrm{d}x\mathrm{d}y}{z\cos^2 z}$, 其中$S: x^2+y^2+z^2=1$, 取外侧.

5.3.2 设S为光滑曲面, 其面积为A, 三个函数$P(x,y,z)$、$Q(x,y,z)$、$R(x,y,z)$都为连续函数. 又设M为$\sqrt{P^2+Q^2+R^2}$在S上的最大值, 证明:

$$\left|\iint_S P\mathrm{d}x\mathrm{d}y+Q\mathrm{d}y\mathrm{d}z+R\mathrm{d}x\mathrm{d}y\right|\leqslant MA.$$

5.4 Gauss公式与Stockes公式

正如Green公式建立了平面上封闭曲线上的第二型曲线积分和二重积分之间的关系一样, Gauss公式建立了空间封闭曲面上的第二型曲面积分与三重积分之间的关系, 而Stockes公式把空间封闭曲线上的曲线积分与曲面积分联系起来, 它们都有明确的物理背景和重要应用. 本节介绍这两个重要公式, 这些公式用向量来表达尤为简洁, 故先介绍几个微分算子.

5.4.1 向量微分算子

在第3章我们给出了梯度的定义, 即设$u=u(x,y,z)$具有一阶连续偏导数, 则称

$$\mathbf{grad}u=\nabla u=\left(\frac{\partial u}{\partial x},\frac{\partial u}{\partial y},\frac{\partial u}{\partial z}\right)$$

为u的梯度, 其中

$$\nabla=\left(\frac{\partial}{\partial x},\frac{\partial}{\partial y},\frac{\partial}{\partial z}\right).$$

向量微分算子∇的性质见3.3.2节.

下面再定义另外两个向量微分算子.

设

$$\boldsymbol{F}=(P(x,y,z),Q(x,y,z),R(x,y,z))$$

为定义在空间区域V上的向量值函数, 且P、Q、R均具有一阶连续偏导数.

定义 5.4.1 数量值函数

$$\frac{\partial P}{\partial x}+\frac{\partial Q}{\partial y}+\frac{\partial R}{\partial z}$$

称为$\boldsymbol{F}$在点(x,y,z)处的**散度**, 记为$\mathrm{div}\boldsymbol{F}$, 即

$$\mathrm{div}\boldsymbol{F}=\frac{\partial P}{\partial x}+\frac{\partial Q}{\partial y}+\frac{\partial R}{\partial z}.$$

由定义可知, 将∇与$\boldsymbol{F}$作形式上的“点积”, 可得

$$\mathrm{div}\boldsymbol{F}=\left(\frac{\partial}{\partial x},\frac{\partial}{\partial y},\frac{\partial}{\partial z}\right)\cdot(P,Q,R)=\nabla\cdot\boldsymbol{F}.$$

若u还具有二阶连续偏导数, 则由梯度和散度的定义可知,

$$\nabla\cdot\nabla u=\frac{\partial^2 u}{\partial x^2}+\frac{\partial^2 u}{\partial y^2}+\frac{\partial^2 u}{\partial z^2},$$

将上式左端记为Δu, 即

$$\Delta u=\nabla\cdot\nabla u=\nabla^2 u=\frac{\partial^2 u}{\partial x^2}+\frac{\partial^2 u}{\partial y^2}+\frac{\partial^2 u}{\partial z^2},$$

$\Delta=\nabla^2$称为**Laplace算子**.

可以推得散度具有以下运算性质:

(1) $\mathrm{div}(k_1\boldsymbol{F}_1+k_2\boldsymbol{F}_2)=k_1\mathrm{div}\boldsymbol{F}_1+k_2\mathrm{div}\boldsymbol{F}_2$ 或 $\nabla\cdot(k_1\boldsymbol{F}_1+k_2\boldsymbol{F}_2)=k_1\nabla\cdot\boldsymbol{F}_1+k_2\nabla\cdot\boldsymbol{F}_2$ (k_1,k_2 为常数);

(2) $\mathrm{div}(u\boldsymbol{F})=u\ \mathrm{div}\boldsymbol{F}+\mathbf{grad}u\cdot\boldsymbol{F}$ 或 $\nabla\cdot(u\boldsymbol{F})=u\ \nabla\cdot\boldsymbol{F}+\nabla u\cdot\boldsymbol{F}$ (u 为数量值函数).

定义 5.4.2 向量值函数

$$\left(\frac{\partial R}{\partial y}-\frac{\partial Q}{\partial z},\frac{\partial P}{\partial z}-\frac{\partial R}{\partial x},\frac{\partial Q}{\partial x}-\frac{\partial P}{\partial y}\right)$$

称为$\boldsymbol{F}$在点(x,y,z)处的**旋度**, 记为$\mathbf{rot}\boldsymbol{F}$, 即

$$\mathbf{rot}\boldsymbol{F}=\left(\frac{\partial R}{\partial y}-\frac{\partial Q}{\partial z},\frac{\partial P}{\partial z}-\frac{\partial R}{\partial x},\frac{\partial Q}{\partial x}-\frac{\partial P}{\partial y}\right).$$

由定义可知, 将∇与$\boldsymbol{F}$作形式上的"叉积", 可得

$$\mathbf{rot}\boldsymbol{F} = \begin{vmatrix} \boldsymbol{i} & \boldsymbol{j} & \boldsymbol{k} \\ \dfrac{\partial}{\partial x} & \dfrac{\partial}{\partial y} & \dfrac{\partial}{\partial z} \\ P & Q & R \end{vmatrix} = \nabla \times \boldsymbol{F}.$$

旋度有如下一些运算性质:

(1) $\mathbf{rot}(k_1\boldsymbol{F}_1 + k_2\boldsymbol{F}_2) = k_1\mathbf{rot}\boldsymbol{F}_1 + k_2\mathbf{rot}\boldsymbol{F}_2$或$\nabla \times (k_1\boldsymbol{F}_1 + k_2\boldsymbol{F}_2) = k_1\nabla \times \boldsymbol{F}_1 + k_2\nabla \times \boldsymbol{F}_2$ (k_1, k_2 为常数);

(2) $\mathbf{rot}(u\boldsymbol{F}) = u\mathbf{rot}\boldsymbol{F} + \mathbf{grad}u \times \boldsymbol{F}$或$\nabla \times (u\boldsymbol{F}) = u(\nabla \times \boldsymbol{F}) + (\nabla u) \times \boldsymbol{F}$ (u 为一数量值函数).

梯度∇u、散度$\nabla \cdot \boldsymbol{F}$和旋度$\nabla \times \boldsymbol{F}$在场论中有着重要应用, 在形式上它们都可统一看作微分算子∇与函数的某种乘积, 它们同时具有微分运算和向量运算两方面的特性. 在场论中还经常用到以下公式, 列出来以备查用(只列算子形式).

(1) $\nabla \cdot (\boldsymbol{F}_1 \times \boldsymbol{F}_2) = \boldsymbol{F}_2 \cdot (\nabla \times \boldsymbol{F}_1) - \boldsymbol{F}_1 \cdot (\nabla \times \boldsymbol{F}_2)$;

(2) $\nabla \cdot (\nabla \times \boldsymbol{F}) = 0$;

(3) $\nabla \times (\nabla u) = \boldsymbol{0}$;

(4) $\nabla \times (\nabla \times \boldsymbol{F}) = \nabla(\nabla \cdot \boldsymbol{F}) - \nabla^2\boldsymbol{F}$.

以上公式的证明作为练习留给读者.

5.4.2 Gauss公式

定理 5.4.1 设有界闭区域V是由分片光滑的闭曲面S所围成, 函数$P(x,y,z)$, $Q(x,y,z)$, $R(x,y,z)$在V上具有一阶连续偏导数, 则有

$$\iiint_V \left(\frac{\partial P}{\partial x} + \frac{\partial Q}{\partial y} + \frac{\partial R}{\partial z}\right)\mathrm{d}V = \oiint_S P\mathrm{d}y\mathrm{d}z + Q\mathrm{d}z\mathrm{d}x + R\mathrm{d}x\mathrm{d}y, \tag{5.4.1}$$

其中, S取外侧.

证 先证

$$\iiint_V \frac{\partial R}{\partial z}\mathrm{d}V = \oiint_S R\mathrm{d}x\mathrm{d}y.$$

设区域V为xy-型区域, 可表示为

$$V = \{(x,y,z)|z_1(x,y) \leqslant z \leqslant z_2(x,y),\ (x,y) \in D_{xy}\},$$

其中D_{xy}是V在Oxy平面上的投影区域. 再设V的上边界曲面为$S_2 : z = z_2(x,y)$, 下边界曲面为$S_1 : z = z_1(x,y)$, 侧面为柱面S_3, S_1取下侧, S_2取上侧, S_3取外侧, 如图5.4.1所示.

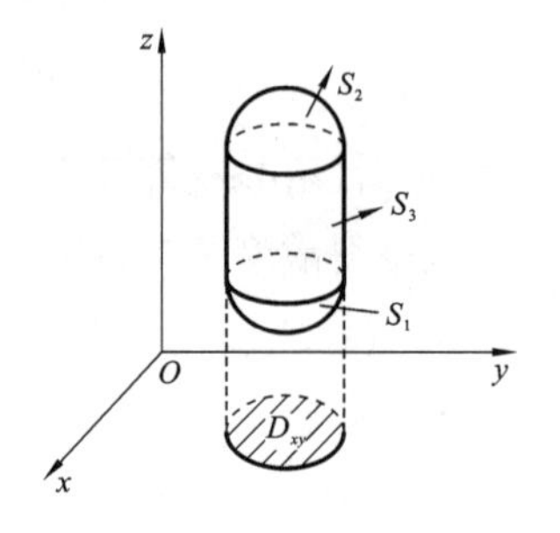

图5.4.1

根据三重积分的计算法, 有

$$\begin{aligned} \iiint_V \frac{\partial R}{\partial z}\mathrm{d}V &= \iint_{D_{xy}} \mathrm{d}x\mathrm{d}y \int_{z_1(x,y)}^{z_2(x,y)} \frac{\partial R}{\partial z}\mathrm{d}z \\ &= \iint_{D_{xy}} [R(x,y,z_2(x,y)) - R(x,y,z_1(x,y))]\mathrm{d}x\mathrm{d}y. \end{aligned}$$

另一方面, 有

$$\iint_{S_1} R(x,y,z)\mathrm{d}x\mathrm{d}y = -\iint_{D_{xy}} R(x,y,z_1(x,y))\mathrm{d}x\mathrm{d}y,$$

$$\iint_{S_2} R(x,y,z)\mathrm{d}x\mathrm{d}y = \iint_{D_{xy}} R(x,y,z_2(x,y))\mathrm{d}x\mathrm{d}y,$$

$$\iint_{S_3} R(x,y,z)\mathrm{d}x\mathrm{d}y = 0,$$

以上三式相加, 得

$$\oiint_S R(x,y,z)\mathrm{d}x\mathrm{d}y = \iint_{D_{xy}} [R(x,y,z_2(x,y)) - R(x,y,z_1(x,y))]\mathrm{d}x\mathrm{d}y,$$

所以

$$\iiint_V \frac{\partial R}{\partial z}\mathrm{d}V = \oiint_S R(x,y,z)\mathrm{d}x\mathrm{d}y.$$

类似地有

$$\iiint_V \frac{\partial P}{\partial x}\mathrm{d}V = \oiint_S P(x,y,z)\mathrm{d}y\mathrm{d}z,$$

$$\iiint_V \frac{\partial Q}{\partial y}\mathrm{d}V = \oiint_S Q(x,y,z)\mathrm{d}z\mathrm{d}x,$$

再把以上三式两端分别相加, 即得式(5.4.1).

对于其他形状的区域, 可以用有限个光滑的辅助曲面将其分割成若干个小区域, 使每个小区域与V的形状相同, 而曲面积分在辅助曲面的正反两侧相互抵消, 再用类似于证明Green公式的处理方法, 可得式(5.4.1)成立. □

利用散度, 可将式(5.4.1)写成以下向量形式:

$$\iiint_V \nabla\cdot \boldsymbol{F}\mathrm{d}V = \oiint_S \boldsymbol{F}\cdot \mathrm{d}\boldsymbol{S}, \tag{5.4.2}$$

其中, $\boldsymbol{F} = (P(x,y,z), Q(x,y,z), R(x,y,z))$.

由两型曲面积分之间的联系, 又可将Gauss公式写为

$$\iiint_V \left(\frac{\partial P}{\partial x} + \frac{\partial Q}{\partial y} + \frac{\partial R}{\partial z}\right)\mathrm{d}V = \oiint_S (P\cos\alpha + Q\cos\beta + R\cos\gamma)\mathrm{d}S, \tag{5.4.3}$$

其中, $\cos\alpha$, $\cos\beta$, $\cos\gamma$为曲面S上任一点处外法向量的方向余弦.

Gauss公式可用来简化曲面积分的计算.

例 5.4.1 计算曲面积分$I = \oiint_S (y-z)x\mathrm{d}y\mathrm{d}z + (x-y)\mathrm{d}x\mathrm{d}y$, 其中$S$为柱面$x^2+y^2=R^2$及平面$z=0$, $z=H$所围成的空间闭区域V的整个边界曲面的外侧.

解 这里$P=(y-z)x$, $Q=0$, $R=x-y$, 由Gauss公式, 有

$$\begin{aligned} I &= \oiint_S (x-y)\mathrm{d}x\mathrm{d}y + (y-z)x\mathrm{d}y\mathrm{d}z \\ &= \iiint_V (y-z)\mathrm{d}x\mathrm{d}y\mathrm{d}z = \iiint_V (r\sin\theta - z)r\mathrm{d}r\mathrm{d}\theta\mathrm{d}z \\ &= \int_0^{2\pi}\mathrm{d}\theta\int_0^R r\mathrm{d}r\int_0^H (r\sin\theta - z)\mathrm{d}z = -\frac{\pi}{2}R^2H^2. \end{aligned}$$

□

若S不是封闭曲面, 则不能直接用Gauss公式, 此时可考虑添加辅助曲面, 将S补成封闭曲面, 再用Gauss公式. 一般所补辅助曲面为平行于坐标面的平面较为方便.

例 5.4.2 计算曲面积分

$$I=\iint_S (x^3-z)\mathrm{d}y\mathrm{d}z-2xy\mathrm{d}z\mathrm{d}x+3y^2z\mathrm{d}x\mathrm{d}y,$$

其中S为锥面$x^2+y^2=z^2$介于平面$z=0$及$z=1$之间的部分的下侧.

解 直接计算比较麻烦, 可考虑用Gauss公式. 但S不是封闭曲面, 所以补充平面$S_1: z=1\ ((x,y)\in D_{xy})$, 其中$D_{xy}=\{(x,y)|x^2+y^2\leqslant 1\}$, S_1取上侧, 则S与S_1一起构成一个封闭曲面, 且取外侧, 设它们围成的空间闭区域为V, 则

$$I=\iint_S=\oiint_{S+S_1}-\iint_{S_1}.$$

由Gauss公式得

$$\begin{aligned}\oiint_{S+S_1} &= \iiint_V (3x^2-2x+3y^2)\mathrm{d}V\\ &= 3\iiint_V (x^2+y^2)\mathrm{d}V-2\iiint_V x\mathrm{d}V,\end{aligned}$$

由对称性知, $\iiint_V x\mathrm{d}V=0$, 所以

$$\begin{aligned}\oiint_{S+S_1} &= 3\iiint_V (x^2+y^2)\mathrm{d}V\\ &= 3\int_0^{2\pi}\mathrm{d}\theta\int_0^1 r^2\cdot r\mathrm{d}r\int_r^1\mathrm{d}z=\frac{3\pi}{10}.\end{aligned}$$

又

$$\begin{aligned}\iint_{S_1} &= \iint_{S_1}(x^3-z)\mathrm{d}y\mathrm{d}z-2xy\mathrm{d}z\mathrm{d}x+3y^2z\mathrm{d}x\mathrm{d}y\\ &= \iint_{S_1} 3y^2z\mathrm{d}x\mathrm{d}y\\ &= \iint_{D_{xy}} 3y^2\cdot 1\cdot\mathrm{d}x\mathrm{d}y\\ &= 3\int_0^{2\pi}\mathrm{d}\theta\int_0^1 (r\sin\theta)^2 r\mathrm{d}r=\frac{3\pi}{4},\end{aligned}$$

于是

$$I=\frac{3\pi}{10}-\frac{3\pi}{4}=-\frac{9\pi}{20}.$$ □

例 5.4.3 (Green**第一公式**) 设函数$u(x,y,z)$和$v(x,y,z)$在闭区域V上具有一阶及二阶连续偏导数, 证明

$$\iiint_V u\Delta v\mathrm{d}x\mathrm{d}y\mathrm{d}z=\oiint_S u\frac{\partial v}{\partial n}\,\mathrm{d}S-\iiint_V \nabla u\cdot\nabla v\mathrm{d}x\mathrm{d}y\mathrm{d}z,$$

其中S是闭区域V的整个边界曲面的外侧, $\dfrac{\partial v}{\partial n}$为函数$v(x,y,z)$沿$S$的外法线方向的方向导数.

证 因为方向导数

$$\frac{\partial v}{\partial n}=\frac{\partial v}{\partial x}\cos\alpha+\frac{\partial v}{\partial y}\cos\beta+\frac{\partial v}{\partial z}\cos\gamma,$$

其中$\boldsymbol{n}=(\cos\alpha,\cos\beta,\cos\gamma)$为曲面$S$在点$(x,y,z)$处的外单位法向量, 于是曲面积分

$$\begin{aligned}\oiint_S u\frac{\partial v}{\partial n}\,\mathrm{d}S &= \oiint_S u\Big(\frac{\partial v}{\partial x}\cos\alpha+\frac{\partial v}{\partial y}\cos\beta+\frac{\partial v}{\partial z}\cos\gamma\Big)\mathrm{d}S\\ &= \oiint_S\Big[(u\frac{\partial v}{\partial x})\cos\alpha+(u\frac{\partial v}{\partial y})\cos\beta+(u\frac{\partial v}{\partial z})\cos\gamma\Big]\mathrm{d}S,\end{aligned}$$

利用Gauss公式, 即得

$$\begin{aligned}\oiint_S u\frac{\partial v}{\partial n}\mathrm{d}S &= \iiint_V\Big[\frac{\partial}{\partial x}(u\frac{\partial v}{\partial x})+\frac{\partial}{\partial y}(u\frac{\partial v}{\partial y})+\frac{\partial}{\partial z}(u\frac{\partial v}{\partial z})\Big]\mathrm{d}x\mathrm{d}y\mathrm{d}z\\ &= \iiint_V u\Delta v\mathrm{d}x\mathrm{d}y\mathrm{d}z+\iiint_V \nabla u\cdot\nabla v\mathrm{d}x\mathrm{d}y\mathrm{d}z.\end{aligned}$$

将上式右端第二个积分移至左端便得所要证明的等式. □

5.4.3 Stockes公式

Stockes公式是把空间有向曲面上的第二型曲面积分与沿该曲面的边界线上的第二型曲线积分联系起来的一个重要公式, 它是Green公式在空间中的推广.

在讲Stockes公式之前先对空间曲面S的侧与其边界线的方向作一个规定: 当右手四指指向L的方向, 手心朝向曲面S时, 与L邻近的曲面S的法向量的指向与竖起的拇指的指向一致, 我们称L的方向与S的侧符合**右手法则**, 或称L为S的**正向边界**.

定理 5.4.2 设L 为分段光滑的空间有向闭曲线, S 是以L 为边界的分片光滑的有向曲面, L 的方向与S 的侧符合右手法则, 函数$P(x,y,z)$、$Q(x,y,z)$、$R(x,y,z)$ 在曲面S (包括边界)上具有一阶连续偏导数, 则有以下Stockes**公式** 成立

$$\begin{aligned}&\iint_S(\frac{\partial R}{\partial y}-\frac{\partial Q}{\partial z})\mathrm{d}y\mathrm{d}z+(\frac{\partial P}{\partial z}-\frac{\partial R}{\partial x})\mathrm{d}z\mathrm{d}x+(\frac{\partial Q}{\partial x}-\frac{\partial P}{\partial y})\mathrm{d}x\mathrm{d}y\\ =&\oint_L P\mathrm{d}x+Q\mathrm{d}y+R\mathrm{d}z. \end{aligned}\tag{5.4.4}$$

证 先证

$$\iint_S\frac{\partial P}{\partial z}\mathrm{d}z\mathrm{d}x-\frac{\partial P}{\partial y}\mathrm{d}x\mathrm{d}y=\oint_L P(x,y,z)\mathrm{d}x.$$

设曲面S由显式方程$z=z(x,y)$确定, 取上侧, 其正向边界为L, 如图5.4.2所示. 易知S的指向上侧的法向量为$(-z_x,-z_y,1)$, 化为单位法向量为

$$\boldsymbol{n}=(\cos\alpha,\cos\beta,\cos\gamma)=\frac{(-z_x,-z_y,1)}{\sqrt{1+z_x^2+z_y^2}},$$

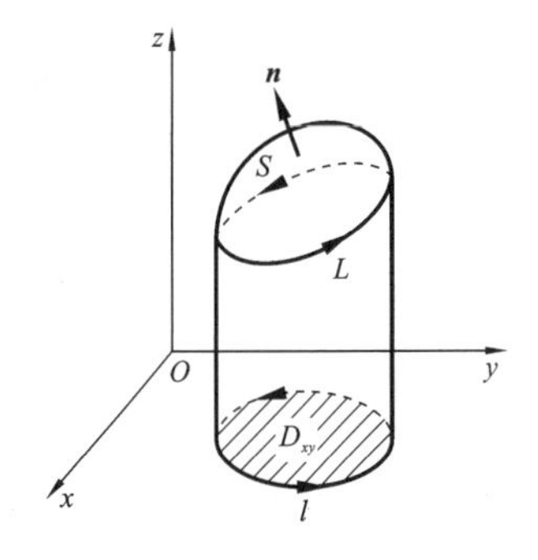

图5.4.2

所以

$$\frac{\partial z}{\partial x}=-\frac{\cos\alpha}{\cos\gamma},\quad \frac{\partial z}{\partial y}=-\frac{\cos\beta}{\cos\gamma}.$$

又设S在Oxy平面上的投影区域为D_{xy}, L在Oxy平面上的投影曲线为l, 由第二型曲线积分的定义及Green公式有

$$\oint_L P(x,y,z)\mathrm{d}x=\oint_l P(x,y,z(x,y))\mathrm{d}x=-\iint_{D_{xy}}\frac{\partial}{\partial y}P(x,y,z(x,y))\mathrm{d}x\mathrm{d}y,$$

因为

$$\frac{\partial}{\partial y}P(x,y,z(x,y))=\frac{\partial P}{\partial y}+\frac{\partial P}{\partial z}\frac{\partial z}{\partial y},$$

所以

$$-\iint_{D_{xy}}\frac{\partial}{\partial y}P(x,y,z(x,y))\mathrm{d}x\mathrm{d}y=-\iint_S(\frac{\partial P}{\partial y}+\frac{\partial P}{\partial z}\frac{\partial z}{\partial y})\mathrm{d}x\mathrm{d}y.$$

另一方面, 由$\frac{\partial z}{\partial y}=-\frac{\cos\beta}{\cos\gamma}$及两型曲面积分的联系, 有

$$\begin{aligned}&-\iint_S(\frac{\partial P}{\partial y}+\frac{\partial P}{\partial z}\frac{\partial z}{\partial y})\mathrm{d}x\mathrm{d}y=-\iint_S(\frac{\partial P}{\partial y}-\frac{\partial P}{\partial z}\frac{\cos\beta}{\cos\gamma})\mathrm{d}x\mathrm{d}y\\&=-\iint_S(\frac{\partial P}{\partial y}\cos\gamma-\frac{\partial P}{\partial z}\cos\beta)\frac{\mathrm{d}x\mathrm{d}y}{\cos\gamma}=-\iint_S(\frac{\partial P}{\partial y}\cos\gamma-\frac{\partial P}{\partial z}\cos\beta)\mathrm{d}S\\&=\iint_S\frac{\partial P}{\partial z}\mathrm{d}z\mathrm{d}x-\frac{\partial P}{\partial y}\mathrm{d}x\mathrm{d}y,\end{aligned}$$

综合上述结果, 便得

$$\iint_S\frac{\partial P}{\partial z}\mathrm{d}z\mathrm{d}x-\frac{\partial P}{\partial y}\mathrm{d}x\mathrm{d}y=\oint_L P(x,y,z)\mathrm{d}x.$$

类似地, 当曲面S的方程由$x=x(y,z)$和$y=y(z,x)$表示时, 同理可证得

$$\iint_S\frac{\partial Q}{\partial x}\mathrm{d}x\mathrm{d}y-\frac{\partial Q}{\partial z}\mathrm{d}y\mathrm{d}z=\oint_L Q(x,y,x)\mathrm{d}y$$

和

$$\iint_S\frac{\partial R}{\partial y}\mathrm{d}y\mathrm{d}z-\frac{\partial R}{\partial x}\mathrm{d}z\mathrm{d}x=\oint_L R(x,y,z)\mathrm{d}z.$$

当S的方程同时具有以上形式时, 以上三式同时成立, 将它们相加即得式(5.4.4).

如果曲面S不同时具有以上三种形式, 则可用有限条辅助光滑曲线把S分割为若干小块, 使每一小块同时具有以上三种形式, 因而在每一小块上式(5.4.4)成立. 再把各小块上的Stockes公式两边相加, 利用辅助曲线上一个来回的线积分相互抵消, 即得在整个曲面S上式(5.4.4)也成立. □

利用旋度, 可将式 (5.4.4) 写成下列向量形式:

$$\iint_S(\boldsymbol{\nabla}\times\boldsymbol{F})\cdot\mathrm{d}\boldsymbol{S}=\oint_L\boldsymbol{F}\cdot\mathrm{d}\boldsymbol{r}.$$

为了便于运算和记忆, 常将Stockes公式写成如下形式:

$$\iint_S\begin{vmatrix}\mathrm{d}y\mathrm{d}z & \mathrm{d}z\mathrm{d}x & \mathrm{d}x\mathrm{d}y\\ \frac{\partial}{\partial x} & \frac{\partial}{\partial y} & \frac{\partial}{\partial z}\\ P & Q & R\end{vmatrix}=\oint_L P\mathrm{d}x+Q\mathrm{d}y+R\mathrm{d}z, \tag{5.4.5}$$

结合两型曲面积分之间的联系, Stockes公式又可写成:

$$\iint_S \begin{vmatrix} \cos\alpha & \cos\beta & \cos\gamma \\ \dfrac{\partial}{\partial x} & \dfrac{\partial}{\partial y} & \dfrac{\partial}{\partial z} \\ P & Q & R \end{vmatrix} \mathrm{d}S = \oint_L P\mathrm{d}x + Q\mathrm{d}y + R\mathrm{d}z, \tag{5.4.6}$$

其中$\boldsymbol{n} = (\cos\alpha, \cos\beta, \cos\gamma)$为有向曲面$S$的单位法向量.

问题: 若S是Oxy平面上的一块平面闭区域, 则Stockes公式将变成什么?

利用Stockes公式可以将某些空间曲线积分转化为曲面积分来计算.

例 5.4.4 计算曲线积分$I = \oint_L (y^2-z)\mathrm{d}x+(z^2-x)\mathrm{d}y+(x^2-y)\mathrm{d}z$, 其中$L$为平面$x+y+z=0$与球面$x^2+y^2+z^2=R^2$的交线, 从$z$轴正向看去, L为逆时针方向.

解 由题设知, L是球面上的大圆, 它在平面$x+y+z=0$上围住了一个半径为R的圆盘S, 取S的上侧作为要考虑的空间有向曲面, 则L为S的边界线, 其方向与S的侧符合右手法则. S的上侧任意一点的单位法向量为

$$\boldsymbol{n} = (\cos\alpha, \cos\beta, \cos\gamma) = \frac{1}{\sqrt{3}}(1,1,1),$$

由式(5.4.6), 有

$$\begin{aligned} I &= \iint_S \begin{vmatrix} \dfrac{1}{\sqrt{3}} & \dfrac{1}{\sqrt{3}} & \dfrac{1}{\sqrt{3}} \\ \dfrac{\partial}{\partial x} & \dfrac{\partial}{\partial y} & \dfrac{\partial}{\partial z} \\ y^2-z & z^2-x & x^2-y \end{vmatrix} \mathrm{d}S = \frac{1}{\sqrt{3}}\iint_S [-3-2(x+y+z)]\mathrm{d}S \\ &= -\sqrt{3}\iint_S \mathrm{d}S = -\sqrt{3}\pi R^2. \end{aligned}$$

在5.2.2节, 我们用Green公式导出了平面曲线积分与路径无关的四个等价条件, 即与定理5.2.2. 类似地, 我们也可由Stockes公式导出空间曲线积分与路径无关的等价条件.

首先介绍一下空间单连通区域的概念.

定义 5.4.3 如果空间区域V内的任何简单的封闭曲线L, 都可以不经过V以外的点而连续收缩于V中的一点, 则称区域V为**一维单连通区域**; 如果V内任何不自身相交的封闭曲面(简单封闭曲面)S所包围的区域全部属于V, 则称区域V为**二维单连通区域**. 非单连通区域也称为**复连通区域**.

由定义可知, 球体既是一维单连通区域, 又是二维单连通区域; 两个同心球面所围成的区域是一维单连通区域, 但不是二维单连通区域; 将一个球体挖去一条直径后所成的区域不是一维单连通区域, 但它是二维单连通区域; 环面(即轮胎面)是一个二维单连通区域, 但不是一维单连通区域.

定理 5.4.3 (空间曲线积分与路径无关的等价条件) 设空间区域V是一维单连通区域, 若函数$P(x,y,z)$, $Q(x,y,z)$, $R(x,y,z)$在V上具有一阶连续偏导数, 则以下四个条件互相等价:

(1) 对V内任一分段光滑的封闭曲线L, 有

$$\oint_L P(x,y,z)\mathrm{d}x+Q(x,y,x)\mathrm{d}y+R(x,y,z)\mathrm{d}z=0;$$

(2) 对V内任一分段光滑的曲线L, 曲线积分$\int_L P\mathrm{d}x+Q\mathrm{d}y+R\mathrm{d}z$与路线无关, 只与$L$的起点及终点有关;

(3) $P\mathrm{d}x+Q\mathrm{d}y+R\mathrm{d}z$是$V$内某一函数$u$的全微分, 即存在函数$u(x,y,z)$, 使得

$$\mathrm{d}u=P\mathrm{d}x+Q\mathrm{d}y+R\mathrm{d}z;$$

(4) $\dfrac{\partial P}{\partial y}=\dfrac{\partial Q}{\partial x},\ \dfrac{\partial Q}{\partial z}=\dfrac{\partial R}{\partial y},\ \dfrac{\partial R}{\partial x}=\dfrac{\partial P}{\partial z}$在$V$内处处成立.

此定理的证明与定理5.2.2的证明类似, 这里从略.

与平面情形一样, 条件(3)中的$u(x,y,z)$为被积表达式$P\mathrm{d}x+Q\mathrm{d}y+R\mathrm{d}z$的原函数, 可从$V$中任意起点$(x_0,y_0,z_0)$开始, 先沿平行于$x$轴的直线到点$(x,y_0,z_0)$, 再沿平行于$y$轴的直线到点$(x,y,z_0)$, 最后沿平行于$z$轴的直线到终点$(x,y,z)$进行曲线积分得到, 从而有

$$\begin{aligned}u(x,y,z)&=\int_{(x_0,y_0,z_0)}^{(x,y,z)}P\mathrm{d}x+Q\mathrm{d}y+R\mathrm{d}z\\&=\int_{x_0}^{x}P(x,y_0,z_0)\mathrm{d}x+\int_{y_0}^{y}Q(x,y,z_0)\mathrm{d}y+\int_{z_0}^{z}R(x,y,z)\mathrm{d}z.\end{aligned}\tag{5.4.7}$$

例 5.4.5 验证曲线积分$\int_L yz\mathrm{d}x+zx\mathrm{d}y+xy\mathrm{d}z$与路线无关, 并求被积表达式的原函数$u(x,y,z)$.

解 由于$P=yz,\ Q=zx,\ R=xy$, 故

$$\frac{\partial P}{\partial y}=z=\frac{\partial Q}{\partial x},\quad \frac{\partial Q}{\partial z}=x=\frac{\partial R}{\partial y},\quad \frac{\partial R}{\partial x}=y=\frac{\partial P}{\partial z},$$

所以曲线积分与路线无关. 现求

$$u(x,y,z)=\int_{(x_0,y_0,z_0)}^{(x,y,z)}yz\mathrm{d}x+zx\mathrm{d}y+xy\mathrm{d}z,$$

其中(x_0,y_0,z_0)为$\mathbf{R}^3$中任意取定的一点, 如图5.4.3所示. 由式(5.4.7), 得

$$\begin{aligned}u(x,y,z)&=\int_{x_0}^{x}y_0z_0\mathrm{d}x+\int_{y_0}^{y}z_0x\mathrm{d}y+\int_{z_0}^{z}xy\mathrm{d}z\\&=y_0z_0(x-x_0)+z_0x(y-y_0)+xy(z-z_0)\\&=xyz-x_0y_0z_0,\end{aligned}$$

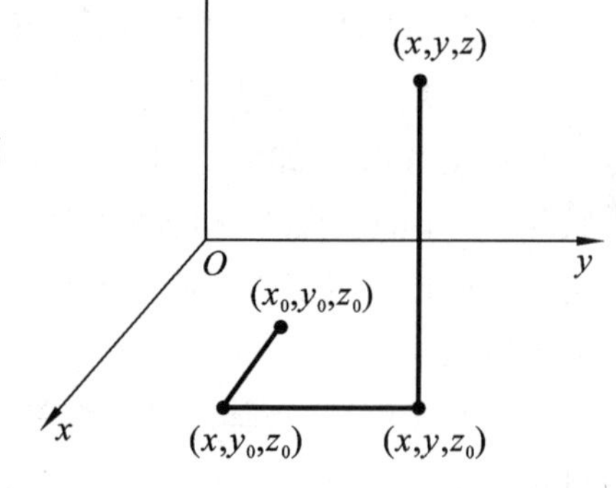

图5.4.3

若取点(x_0,y_0,z_0)为原点$(0,0,0)$, 则

$$u(x,y,z)=xyz.$$ □

本题也可选择从起点(x_0,y_0,z_0)到终点(x,y,z)的直线段进行积分, 读者可试作比较.

习题 5.4

(A)

5.4.1 求下列向量值函数的散度:

(1) $\boldsymbol{F}=(xy,y^2z,z^3x)$;

(2) $\boldsymbol{F}=xyz(x,y,z)$;

(3) $\boldsymbol{F}=(\mathrm{e}^{xyz},xy,\cos(x+z))$, 在$(1,0,-1)$处.

5.4.2 求下列向量值函数的旋度:

(1) $\boldsymbol{F}=(x^3,y^3,z^3)$;

(2) $\boldsymbol{F}=(x^2+y^2,y^2+z^2,z^2+x^2)$;

(3) $\boldsymbol{F}=(xyz,\cos(xy),\sin(yz))$, 在点$(1,0,1)$处.

5.4.3 设f二阶可导, $\boldsymbol{r}=(x,y,z)$, $r=|\boldsymbol{r}|$, 求$\boldsymbol{\nabla} f(r)$, $\boldsymbol{\nabla}\cdot(f(r)\boldsymbol{r})$, $\boldsymbol{\nabla}\times(f(r)\boldsymbol{r})$.

5.4.4 设f,g有二阶连续偏导数, 证明$\boldsymbol{\nabla}\cdot(\boldsymbol{\nabla} f\times\boldsymbol{\nabla} g)=0$.

5.4.5 利用Gauss公式计算下列曲面积分:

(1) $\displaystyle\iint_S x\mathrm{d}y\mathrm{d}z+y\mathrm{d}z\mathrm{d}x+z\mathrm{d}x\mathrm{d}y$, S为平面$x+y+z=1$与三个坐标面所围四面体的外侧;

(2) $\displaystyle\iint_S x^3\mathrm{d}y\mathrm{d}z+y^3\mathrm{d}z\mathrm{d}x+z^3\mathrm{d}x\mathrm{d}y$, S为球面$x^2+y^2+z^2=R^2$的外侧;

(3) $\displaystyle\iint_S xz\mathrm{d}y\mathrm{d}z+y^2\mathrm{d}x\mathrm{d}z+(y+z)\mathrm{d}x\mathrm{d}y$, S为上半球面$z=\sqrt{R^2-x^2-y^2}$的下侧;

(4) $\displaystyle\iint_S (xy-z^2)\mathrm{d}y\mathrm{d}z+(yz-x^2)\mathrm{d}z\mathrm{d}x+(zx-y^2)\mathrm{d}x\mathrm{d}y$, S是曲面$x^2+y^2=z^2\ (0\leqslant z\leqslant h)$的外侧;

(5) $\displaystyle\iint_S xy^2\mathrm{d}y\mathrm{d}z+yz^2\mathrm{d}z\mathrm{d}x+zx^2\mathrm{d}x\mathrm{d}y$, S为柱面$x^2+y^2=1(0\leqslant z\leqslant 1)$的外侧;

(6) $\displaystyle\iint_S yz\mathrm{d}y\mathrm{d}z+y(x^2+z^2)\mathrm{d}z\mathrm{d}x+xy\mathrm{d}x\mathrm{d}y$, S为曲面$4-y=x^2+z^2$在Oxz平面右侧部分的外侧.

5.4.6 $\displaystyle\iint_S xz^2\mathrm{d}y\mathrm{d}z+\sin x\mathrm{d}x\mathrm{d}y$, S是曲线$\begin{cases} y=\sqrt{1+z^2} \\ x=0 \end{cases}$ $(1\leqslant z\leqslant 2)$ 绕z轴旋转一周而成的曲面, 其法向量与z轴的正向夹角为锐角.

5.4.7 设S为$\mathbf{R}^3$中的光滑的封闭曲面, $\boldsymbol{l}$为任何固定方向, $\boldsymbol{n}$ 为曲面S的单位外法向量, 计算积分$\displaystyle\iint_S \cos\langle\boldsymbol{n},\boldsymbol{l}\rangle\,\mathrm{d}S$.

5.4.8 证明: 由光滑封闭曲面S所围成立体的体积

$$V=\frac{1}{3}(x\cos\alpha+y\cos\beta+z\cos\gamma)\mathrm{d}S,$$

其中$\cos\alpha$, $\cos\beta,\cos\gamma$ 为此曲面外法线的方向余弦.

5.4.9 设S为曲面$x^2+y^2=z^2$ $(0\leqslant z\leqslant h)$的一部分, $\cos\alpha$, $\cos\beta,\cos\gamma$ 为此曲面外法线的方向余弦, 计算$\iint_S(x^2\cos\alpha+y^2\cos\beta+z^2\cos\gamma)\mathrm{d}S$.

5.4.10 设$P(x,y,z)$, $Q(x,y,z)$, $R(x,y,z)$有连续偏导数, 且对任意封闭曲面S都有$\iint_S P\mathrm{d}y\mathrm{d}z+Q\mathrm{d}z\mathrm{d}x+R\mathrm{d}x\mathrm{d}y=0$, 试证$P_x+Q_y+R_z\equiv 0$.

5.4.11 设$f(u)$有连续导数, 计算

$$I=\iint_S\frac{1}{y}f(\frac{x}{y})\mathrm{d}y\mathrm{d}z+\frac{1}{x}f(\frac{x}{y})\mathrm{d}z\mathrm{d}x+z\mathrm{d}x\mathrm{d}y,$$

其中S是两曲面$y=x^2+z^2+6$与$y=8-x^2-z^2$所围立体的外侧.

5.4.12 设S为球面$x^2+y^2+z^2=R^2$的上半部分的上侧, L为S的正向边界, $\boldsymbol{F}=(2y,3x,-z^2)$, 试用下面指定的方法计算$\iint_S(\boldsymbol{\nabla}\times\boldsymbol{F})\cdot\mathrm{d}\boldsymbol{S}$.

(1) 用第一型曲面积分; (2) 用第二型曲面积分;

(3) 用Gauss公式; (4) 用Stockes公式.

5.4.13 计算第二型曲面积分$\iint_S\frac{x\mathrm{d}y\mathrm{d}z+y\mathrm{d}z\mathrm{d}x+z\mathrm{d}x\mathrm{d}y}{(x^2+y^2+z^2)^{3/2}}$, 其中$S$分别为:

(1) 不含原点在内的光滑闭曲面的外侧;

(2) 含原点在内的光滑闭曲面的外侧;

(3) 上半球面$x^2+y^2+z^2=a^2(z\geqslant 0)$的上侧;

(4) 曲面$1-z=x^2+y^2(z\geqslant 0)$的上侧.

5.4.14 设S是一个光滑封闭曲面, 方向朝外. 给定第二型曲面积分

$$I=\iint_S(x^3-x)\mathrm{d}y\mathrm{d}z+(2y^3-y)\mathrm{d}z\mathrm{d}x+(3z^3-z)\mathrm{d}x\mathrm{d}y.$$

试确定曲面S, 使得积分I值最小, 并求该最小值.

5.4.15 求原函数u:

(1) $\mathrm{d}u=(x^2-2yz)\mathrm{d}x+(y^2-2xz)\mathrm{d}y+(z^2-2xy)\mathrm{d}z$;

(2) $\mathrm{d}u=\left(1-\frac{1}{y}+\frac{y}{z}\right)\mathrm{d}x+\left(\frac{x}{z}+\frac{x}{y^2}\right)\mathrm{d}y-\frac{xy}{z^2}\mathrm{d}z$.

5.4.16 验证下列曲线积分与路径无关, 并计算其值:

(1) $\int_{(0,0,0)}^{(1,1,1)} x\mathrm{d}x + \cos y\mathrm{d}y + \mathrm{e}^z\mathrm{d}z$;

(2) $\int_{(x_0,y_0,z_0)}^{(x_1,y_1,z_1)} f(\sqrt{x^2+y^2+z^2})(x\mathrm{d}x + y\mathrm{d}y + z\mathrm{d}z)$, 其中$f$为连续函数.

5.4.17 设L是依参数t增大的方向进行的闭曲线$x = a\cos t,\ y = a\cos(2t),\ z = a\cos(3t)$, 求

$$\oint_L y^2z^2\mathrm{d}x + z^2x^2\mathrm{d}y + x^2y^2\mathrm{d}z.$$

5.4.18 计算积分$\int_L (x^2 - yz)\mathrm{d}x + (y^2 - xz)\mathrm{d}y + (z^2 - xy)\mathrm{d}z$, 其中$L: x = a\cos t,\ y = a\sin t,\ z = \dfrac{h}{2\pi}t,\ t: 0 \to 2\pi$.

5.4.19 利用Stockes公式计算下列曲线积分:

(1) $\oint_L (2z - y)\mathrm{d}x + (x - 2y)\mathrm{d}y + (x + 3y)\mathrm{d}z$, L为平面$x - y + 2z = 1$与三个坐标面的交线, 从z轴正向看去为逆时针方向;

(2) $\oint_L \begin{vmatrix} \mathrm{d}x & \mathrm{d}y & \mathrm{d}z \\ \cos\alpha & \cos\beta & \cos\gamma \\ x & y & z \end{vmatrix}$, 其中$L$为平面$x\cos\alpha + y\cos\beta + z\cos\gamma - p = 0$上的闭曲线, 它所包围区域的面积为$S$, 方向取正向.

5.4.20 设$L: \begin{cases} x^2 + y^2 = a^2, \\ x/a + z/h = 1 \end{cases}$ $(a > 0,\ h > 0)$, 从x轴正向看去为逆时针方向, 求

$$\oint_L (y - z)\mathrm{d}x + (z - x)\mathrm{d}y + (x - y)\mathrm{d}z.$$

5.4.21 设L为用平面$x + y + z = 3a/2$去切立体$[0,a] \times [0,a] \times [0,a]$的表面所得的切痕, 从$x$轴正向看为逆时针的, 求$\oint_L (y^2 - z^2)\mathrm{d}x + (z^2 - x^2)\mathrm{d}y + (x^2 - y^2)\mathrm{d}z$.

5.4.22 设$L: \begin{cases} x^2 + y^2 + z^2 = 2Rx, \\ x^2 + y^2 = 2rx \end{cases}$ $(0 < r < R,\ z > 0)$, 求$\oint_L (y^2 + z^2)\mathrm{d}x + (z^2 + x^2)\mathrm{d}y + (x^2 + y^2)\mathrm{d}z$, 其中$L$的方向规定为: 由它包围在球面$x^2 + y^2 + z^2 = 2Rx$的外表面上的最小区域保持在左方.

5.4.23 设函数$f(x)$连续可导, $P = Q = R = f((x^2+y^2)z)$, 有向曲面$S_t$是圆柱体$x^2+y^2 \leqslant t^2, 0 \leqslant z \leqslant 1$的表面, 方向朝外. 记第二型曲面积分$I_t = \iint_{S_t} P\mathrm{d}y\mathrm{d}z + Q\mathrm{d}z\mathrm{d}x + R\mathrm{d}x\mathrm{d}y$. 求极限$\lim\limits_{t\to 0^+} \dfrac{I_t}{t^4}$.

5.4.24 设函数$f(x,y,z)$在区域$\Omega: x^2 + y^2 + z^2 \leqslant 1$上具有连续的二阶偏导数, 且满足$\dfrac{\partial^2 f}{\partial x^2} + \dfrac{\partial^2 f}{\partial y^2} + \dfrac{\partial^2 f}{\partial z^2} = \sqrt{x^2 + y^2 + z^2}$. 计算$I = \iiint_\Omega \left(x\dfrac{\partial f}{\partial x} + y\dfrac{\partial f}{\partial y} + z\dfrac{\partial f}{\partial z}\right)\mathrm{d}x\mathrm{d}y\mathrm{d}z$.

(B)

5.4.1 计算曲面积分$\iint_S (x-y+z)\mathrm{d}y\mathrm{d}x+(y-z+x)\mathrm{d}z\mathrm{d}x+(z-x+y)\mathrm{d}x\mathrm{d}y$, 其中$S$ 为曲面$|x-y+z|+|y-z+x|+|z-x+y|=1$ 的外侧.

5.4.2 设f有连续偏导数, $V: x^2+y^2+z^2\leqslant t^2\ (t>0)$, 证明

$$\frac{\mathrm{d}}{\mathrm{d}t}\iiint_V f(x,y,z,t)\mathrm{d}x\mathrm{d}y\mathrm{d}z=\iint_{\partial V} f(x,y,z,t)\mathrm{d}S+\iiint_V \frac{\partial f}{\partial t}\,\mathrm{d}x\mathrm{d}y\mathrm{d}z.$$

5.4.3 证明公式

$$\iiint_V \frac{\mathrm{d}\xi\mathrm{d}\eta\mathrm{d}\zeta}{r}=\frac{1}{2}\iint_S \cos\,\langle \boldsymbol{r},\boldsymbol{n}\rangle\,\mathrm{d}S,$$

其中V为分片光滑闭曲面S围成的立体, $\boldsymbol{n}$为S上动点(ξ,η,ζ)处的外法向量, $\boldsymbol{r}$为从点$(x,y,z)(\notin S)$到点(ξ,η,ζ)的矢径, $r=|\boldsymbol{r}|$.

5.4.4 设S为包围有界立体V的光滑曲面的外表面, $\boldsymbol{n}$为S的单位外法向量, 函数u, v在域$V+S$内有二阶连续偏导数, 证明:

(1) $\iint_S \frac{\partial u}{\partial n}\mathrm{d}S=\iiint_V \Delta u\mathrm{d}V$;

(2) $\iiint_V (v\Delta u-u\Delta v)\mathrm{d}V=\iint_S (v\frac{\partial u}{\partial n}-u\frac{\partial v}{\partial n})\mathrm{d}S$.

5.4.5 设$\boldsymbol{G}(x,y)=\left(\frac{-y}{x^2+4y^2},\frac{x}{x^2+4y^2},0\right)$. 证明是否存在一个向量值函数$\boldsymbol{F}(x,y,z)=(M(x,y,z),N(x,y,z),P(x,y,z))$, 具有下列性质:

(1) 对所有$(x,y,z)\neq(0,0,0)$, M, N, P有连续偏导数, 且$\mathbf{rot}\boldsymbol{F}=\mathbf{0}$;

(2) $\boldsymbol{F}(x,y,0)=\boldsymbol{G}(x,y)$.

5.4.6 设$P(x,y,z)$, $Q(x,y,z)$, $R(x,y,z)$有连续偏导数, 且对任意的实数x_0, y_0, z_0和正实数a都有$\iint_S P\mathrm{d}y\mathrm{d}z+Q\mathrm{d}z\mathrm{d}x+R\mathrm{d}x\mathrm{d}y=0$, 其中$S: z=z_0+\sqrt{a^2-(x-x_0)^2-(y-y_0)^2}$. 证明: $P_x+Q_y\equiv 0$, $R\equiv 0$.

5.5 场论初步

5.5.1 场的基本概念

在科学技术问题中, 常常要考虑某种物理量在空间中的分布和变化规律, 这就需要引入场的概念. 一般地, 若对全空间或空间中的某一区域中的每一点, 都有某个物理量的一个确定的值与之对应, 则称在此空间或区域里确定了该物理量的一个**场**, 如温度场、密度场、力场、速度场、电位场、电磁场等.

若场中的物理量在各点处的对应值不随时间变化, 仅与点的位置有关, 则称这个场为**稳定场**或**定常场**; 若场中的物理量不仅与点的位置有关, 而且与时间有关, 则称该场为**不稳定场**或**非定常场**. 这里我们仅讨论定常场.

在数学上, 若在某一区域上给定了一个函数, 就相当于在这个区域上给定了一个场. 当这个函数是数量值函数时, 称该场为**数量场**; 当这个函数是向量值函数时, 称该场为**向量场**. 如上述几种场中, 温度场、密度场、电位场是数量场, 其他是向量场.

在空间直角坐标系中, 区域$V\subseteq\mathbf{R}^3$上的数量场用数量值函数$u(x,y,z)$或点函数$u(M)$来表示; V 上的向量场用一个向量值函数$\boldsymbol{F}(x,y,z)$ 或点函数$\boldsymbol{F}(M)$ 表示, 其中$M(x,y,z)\in V$. 此时函数$u(x,y,z)$和$\boldsymbol{F}(x,y,z)$也称为**场函数**, 而V则称为**场域**.

应该指出, 在物理上, 场是由它本身的物理属性或反映物理性质的物理量来表征的, 与坐标系的引进无关. 引进或选择某种坐标系是为了便于用数学方法研究它的性质.

场有两个重要的辅助几何概念, 可以帮助我们直观地了解场中物理量的总体分布情况, 即数量场的**等量面**(**线**)和向量场的**向量线**.

对于一个空间数量场$u=u(x,y,z),(x,y,z)\in V\subseteq\mathbf{R}^3$, 满足方程

$$u(x,y,z)=C\quad (C\text{为常数})$$

的点的全体通常构成一张曲面, 称为该数量场的等量面. 类似地, 对平面数量场$u=u(x,y),(x,y)\in D\subseteq\mathbf{R}^2$, 称曲线$u(x,y)=C$为此数量场的等量线.

很显然, 在数量场的等值面上, 每一点的函数值都相等. 又因为数量场中的每一点只对应一个函数值u, 所以过场中的每一点只有一个等值面. 若取不同的C值, 就得到一族等量面(线). 等量面(线)在宏观上反映了该场的几何特征, 如高度场的等高线.

对于一个空间向量场$\boldsymbol{F}(x,y,z),(x,y,z)\in V\subseteq\mathbf{R}^3$, 场域$V$ 内任一点都对应着一个向量, 假设它在三个坐标轴上的投影分别为$P(x,y,z)$, $Q(x,y,z)$, $R(x,y,z)$, 即

$$\boldsymbol{F}(x,y,z)=(P(x,y,z),Q(x,y,z),R(x,y,z)),$$

其中P,Q,R为定义在V上的数量值函数. 以下假设P,Q,R具有一阶连续偏导数.

设L为该向量场中的一条曲线, 若L上的每一点处的切向量的方向都与场$\boldsymbol{F}$在此点所确定的向量的方向一致, 则称此曲线L为向量场$\boldsymbol{F}$的向量线, 如河流中流速场的流线和电磁场中的磁力线都是向量线.

为了求得向量场$\boldsymbol{F}$的向量线的方程, 设$M(x,y,z)$为向量线上的任意一点, 则该点的向径为$\boldsymbol{r}=(x,y,z)$, $\mathrm{d}\boldsymbol{r}=(\mathrm{d}x,\mathrm{d}y,\mathrm{d}z)$, 因$\mathrm{d}\boldsymbol{r}$是向量线在该点的切向量, 它与$\boldsymbol{F}=(P,Q,R)$共线, 所以有

$$\frac{\mathrm{d}x}{P}=\frac{\mathrm{d}y}{Q}=\frac{\mathrm{d}z}{R},\tag{5.5.1}$$

这是一个对称型的微分方程, 称为**向量线的微分方程**, 它的通解就是向量线的方程, 表示场域中的一族空间曲线. 当给定场中一点M处的初始条件时, 则可确定一条向量线. 过场中的每一

点只有一条向量线, 且任意两条不同的向量线没有公共点, 因此向量线布满了整个向量场, 它反映了该向量场方向的几何特征.

无论是数量场还是向量场, 我们都需要从宏观和微观两个方面去研究它们, 既要掌握场中物理量的总体分布情况, 也要揭示物理量在场中各点的变化规律.

5.5.2 场的空间变化率

对场的微观研究主要是研究场函数在某点附近的变化趋势, 即场的空间变化率, 包括大小和方向上的变化, 也即研究场的微分特征量, 主要包括数量场的梯度、向量场的散度和旋度. 本节从物理的角度定义这些概念并简述它们的物理意义.

1. 数量场的梯度

在第三章介绍了方向导数的概念, 它解决了数量值函数$u(x,y,z)$在给定点处沿某个方向的变化率的问题. 然而从场中给定点出发, 数量场在不同方向上的变化率一般是不同的, 必定在某个方向上变化率为最大. 为此, 定义了一个向量, 其方向就是函数在点(x,y,z)处的方向导数变化最大的方向, 其大小就是这个最大方向导数的值, 这个向量就是函数$u(x,y,z)$在点(x,y,z)处的**梯度**(gradient), 即

$$\mathbf{grad}\ u=\boldsymbol{\nabla} u=(\frac{\partial u}{\partial x},\ \frac{\partial u}{\partial y},\ \frac{\partial u}{\partial z}), \tag{5.5.2}$$

其中, $\boldsymbol{\nabla}=(\frac{\partial}{\partial x},\ \frac{\partial}{\partial y},\ \frac{\partial}{\partial z})$为梯度算子.

$\mathbf{grad}\ u$是由数量场u派生出来的一个向量场, 称为**梯度场**.

梯度场具有如下性质:

(1) 梯度场与坐标系的选取无关, 只取决于场的分布;

(2) 梯度$\boldsymbol{\nabla} u$在某方向$\boldsymbol{l}$上的投影是u在该方向的方向导数, 即$\dfrac{\partial u}{\partial l}=\boldsymbol{\nabla} u\cdot \boldsymbol{e}_l$;

(3) 数量场u中每一点M处的梯度$\boldsymbol{\nabla} u(M)$垂直于过该点的等值面, 且方向为指向$u(M)$增加最快的方向. 也就是说, 梯度就是该等值面的法向矢量.

2. 向量场的散度

散度是向量场的一种空间变化率, 它描述该向量场每一点源的性质和数量.

1) 向量场的通量

设$\boldsymbol{F}$为定义在空间区域$V(V\subseteq \mathbf{R}^3)$上的向量场, 在$V$中取一片有向曲面$S$, 称曲面积分

$$\varPhi=\iint_S \boldsymbol{F}\cdot \mathrm{d}\boldsymbol{S}$$

为$\boldsymbol{F}$穿过曲面S的指定侧的**通量(流量)**. 若S是一个封闭曲面, 则通过S的总通量表示为

$$\varPhi=\oiint_S \boldsymbol{F}\cdot \mathrm{d}\boldsymbol{S}. \tag{5.5.3}$$

若$\boldsymbol{F}$为流体的速度, 则上式的物理意义为: 在单位时间内流体从S的内部穿出外部的正流量与从外部穿入内部的负流量的代数和. $\varPhi>0$表示流出多于流入, 此时在S内必有产生流体的**源**; $\varPhi<0$表示流入多于流出, 此时在S内必有吸收流体的负源, 称为**汇**; $\varPhi=0$表示流入等于流

出, 此时在S内正源与负源的代数和为零. 向量场在封闭曲面上的通量是由该曲面内的源决定的, 它描绘了封闭曲面内较大范围的源的分布情况. 研究向量场的源有着重要的实际意义, 不但要讨论源的存在性, 而且要计算源的强度, 为此, 引入向量场散度的概念.

2) 散度的物理定义

定义 5.5.1 设有连续向量场$\boldsymbol{F}(M)(M\in V\subseteq\mathbf{R}^3)$, ΔV为V内一包含点M的小区域, 其边界曲面为ΔS, 方向指向外侧, ΔV的体积仍记为ΔV. 若当ΔV以任意方式缩小为点M时, 极限

$$\lim_{\Delta V\to 0}\frac{1}{\Delta V}\oiint_S \boldsymbol{F}(M)\cdot \mathrm{d}\boldsymbol{S} \tag{5.5.4}$$

存在, 则称此极限的值为向量场$\boldsymbol{F}$在点M的**散度**(divergence), 记为$\mathrm{div}\boldsymbol{F}(M)$.

由定义可见, 散度就是通量的密度, 为一数量, 表示场中点M处通量对体积的变化率, 也就是在该点处对一个单位体积来说所穿出的通量. 散度也是与坐标系的选取无关的, 只取决于场的分布.

对于给定的连续向量场$\boldsymbol{F}$, 场域中任一点M都对应着一个散度$\mathrm{div}\boldsymbol{F}(M)$, 因而散度形成了一个数量场, 称为**散度场**. 散度场揭示了场$\boldsymbol{F}$内各点源的分布与强弱, 散度的绝对值给出了源强度的大小. 当$\mathrm{div}\boldsymbol{F}(M)>0$时, 表示向量场$\boldsymbol{F}$在该点处有散发通量的正源; 当$\mathrm{div}\boldsymbol{F}(M)<0$时, 表示$\boldsymbol{F}$在该点处有吸收通量的负源. 当$\mathrm{div}\boldsymbol{F}(M)=0$时, 表示$\boldsymbol{F}$在该点处无源.

在空间直角坐标系中, 设场$\boldsymbol{F}(x,y,z)=(P(x,y,z),Q(x,y,z),R(x,y,z))$, 且$P,Q,R$具有一阶连续偏导数, 则由Gauss公式和积分中值定理, 可得

$$\begin{aligned}\mathrm{div}\boldsymbol{F}(M) &= \lim_{\Delta V\to 0}\frac{1}{\Delta V}\oiint_S \boldsymbol{F}\cdot \mathrm{d}\boldsymbol{S}\\ &= \lim_{\Delta V\to 0}\frac{1}{\Delta V}\iiint_{\Delta V}\boldsymbol{\nabla}\cdot\boldsymbol{F}\mathrm{d}V\\ &= \lim_{\Delta V\to 0}\frac{1}{\Delta V}(\boldsymbol{\nabla}\cdot\boldsymbol{F})|_{M'}\Delta V\\ &= \lim_{\Delta V\to 0}\boldsymbol{\nabla}\cdot\boldsymbol{F}|_{M'}\quad (M'\in\Delta V)\\ &= \boldsymbol{\nabla}\cdot\boldsymbol{F}(M),\end{aligned}$$

于是有

$$\mathrm{div}\boldsymbol{F}=\boldsymbol{\nabla}\cdot\boldsymbol{F}=\frac{\partial P}{\partial x}+\frac{\partial Q}{\partial y}+\frac{\partial R}{\partial z}. \tag{5.5.5}$$

这与5.5.1给出的定义是一致的.

利用散度可将Gauss公式写成下列形式

$$\iiint_V \mathrm{div}\boldsymbol{F}\mathrm{d}V=\oiint_S \boldsymbol{F}\cdot\mathrm{d}\boldsymbol{S}.$$

故Gauss公式又称Gauss散度定理, 它说明了向量场散度的体积积分等于该向量场在包围该体积的封闭曲面(向外)上的曲面积分. Gauss公式的物理意义是: 公式的右端可解释为单位时间内离开闭区域V的流量, 左端可解释为分布在V内的源在单位时间内所产生的流量.

关于沿任意封闭曲面的曲面积分为零的条件, 利用Gauss公式, 很容易证明如下定理.

定理 5.5.1 设空间区域V是二维单连通区域, S为V内的曲面, 若函数$\boldsymbol{F} = (P(x,y,z), Q(x,y,z), R(x,y,z))$在$V$上具有一阶连续偏导数, 则曲面积分

$$\iint_S \boldsymbol{F} \cdot \mathrm{d}\boldsymbol{S}$$

在V内与所取曲面无关而只取决于S的边界线(或沿V内任一闭曲面的曲面积分为零)的充要条件为在V内恒有

$$\mathrm{div}\boldsymbol{F} = 0.$$

3. 向量场的旋度

1) 向量场的环量

环量是描述向量场沿某一闭曲线旋转性质的一个数量, 如场力$\boldsymbol{F}$在场内某一闭曲线l上沿指定方向对质点所做的功就是一种环量.

设$\boldsymbol{F}$为定义在空间区域$V(V \subseteq \mathbf{R}^3)$上的向量场, 在$V$中取一条有向闭曲线$L$, 称曲线积分

$$\oint_L \boldsymbol{F} \cdot \mathrm{d}\boldsymbol{r}$$

为$\boldsymbol{F}$沿闭曲线L的沿指定方向的**环量**(旋转量), 记为$\varGamma$.

可见, 向量场的环量也是一数量, 如果向量场量的环量不等于零, 则在L内必然有产生这种场的旋涡源; 如果向量场量的环量等于零, 在L内没有旋涡源.

环量是对向量场旋转趋势整体的描述. 一般在向量场中不同点处的旋转趋势来源是不相同的, 因而需对旋转趋势作局部的考察. 为了知道场中每个点上旋涡源的性质, 要引入向量场的旋度的概念, 为此先介绍环量面密度的概念.

设M为向量场$\boldsymbol{F}$中的一点, 在点M处取定一个方向$\boldsymbol{n}$, 再过M任作一微小曲面ΔS, 以$\boldsymbol{n}$为其在M点处的法向量, 对此曲面, 同时仍以ΔS表示其面积, 其边界曲线l的正向与ΔS 的法向量$\boldsymbol{n}$构成右手法则. 则向量场$\boldsymbol{F}$沿l正向的环量$\Delta\varGamma$与面积ΔS之比

$$\frac{\Delta\varGamma}{\Delta S} = \frac{1}{\Delta S}\oint_l \boldsymbol{F} \cdot \mathrm{d}\boldsymbol{r}$$

近似地反映出$\boldsymbol{F}$在点M附近绕方向$\boldsymbol{n}$的旋转趋势的大小. 当小曲面ΔS在保持$\boldsymbol{n}$为其法向量的前提下任意缩向点M时, 若上述比值的极限存在, 则称此极限值为$\boldsymbol{F}$在M点处沿方向$\boldsymbol{n}$的**环量密度**, 记为$\dfrac{\mathrm{d}\varGamma}{\mathrm{d}S}$, 即

$$\frac{\mathrm{d}\varGamma}{\mathrm{d}S} = \lim_{\Delta S \to M} \frac{1}{\Delta S}\oint_l \boldsymbol{F} \cdot \mathrm{d}\boldsymbol{r}.$$

可见, 环量密度就是环量对面积的变化率.

以上可以看出, 环量密度是一个与方向有关的概念, 正如数量场中的方向导数与方向有关一样. 然而在数量场中, 梯度在给定点处的方向就是最大方向导数的方向, 其模就是最大方向导数的数值, 且它在任意方向的投影, 即为该方向上的方向导数. 那么, 能否找到这样一种向量, 它与环量密度的关系正如梯度与方向导数之间的关系一样呢? 答案是肯定的, 这个向量就是下面要定义的旋度.

2) 旋度的物理定义

定义 5.5.2 若在向量场$\boldsymbol{F}$中的一点M处存在这样的一个向量, 使得$\boldsymbol{F}$在点M处沿其方向的环量密度最大, 而这个最大环量密度的数值等于这个向量的模, 则称该向量为$\boldsymbol{F}$在点M处的**旋度**(rotation), 记为$\mathbf{rot}\boldsymbol{F}$.

由定义可知, 向量场的旋度也是一个向量, 它在数值和方向上表明了最大环量密度. 旋度是向量场所固有的特性, 与坐标系的选取无关, 只取决于场的分布.

在空间直角坐标系中, 设$\boldsymbol{F}(x,y,z) = (P(x,y,z), Q(x,y,z), R(x,y,z))$ 为定义在区域$V \in \mathbf{R}^3$上的向量场, P, Q, R 具有一阶连续偏导数. $\boldsymbol{n} = (\cos\alpha, \cos\beta, \cos\gamma)$为在点$M(\in V)$ 处引出的某方向的单位法向量, 则由Stokes 公式及曲面积分的中值定理可知

$$\begin{aligned}
\frac{\mathrm{d}\Gamma}{\mathrm{d}S} &= \lim_{\Delta S\to M}\frac{1}{\Delta S}\oint_l \boldsymbol{F}\cdot\mathrm{d}\boldsymbol{r} = \lim_{\Delta S\to M}\frac{1}{\Delta S}\oint_l P\mathrm{d}x + Q\mathrm{d}y + R\mathrm{d}z \\
&= \lim_{\Delta S\to M}\frac{1}{\Delta S}\iint_{\Delta S}\begin{vmatrix}\cos\alpha & \cos\beta & \cos\gamma \\ \dfrac{\partial}{\partial x} & \dfrac{\partial}{\partial y} & \dfrac{\partial}{\partial z} \\ P & Q & R\end{vmatrix}\mathrm{d}S \\
&= \lim_{\Delta S\to M}\begin{vmatrix}\cos\alpha & \cos\beta & \cos\gamma \\ \dfrac{\partial}{\partial x} & \dfrac{\partial}{\partial y} & \dfrac{\partial}{\partial z} \\ P & Q & R\end{vmatrix}_{M^*} \qquad (M^* \in \Delta S) \\
&= \begin{vmatrix}\cos\alpha & \cos\beta & \cos\gamma \\ \dfrac{\partial}{\partial x} & \dfrac{\partial}{\partial y} & \dfrac{\partial}{\partial z} \\ P & Q & R\end{vmatrix}_{M} \\
&= \left(\frac{\partial R}{\partial y} - \frac{\partial Q}{\partial z}\right)\cos\alpha + \left(\frac{\partial P}{\partial z} - \frac{\partial R}{\partial x}\right)\cos\beta + \left(\frac{\partial Q}{\partial x} - \frac{\partial P}{\partial y}\right)\cos\gamma. \qquad (5.5.6)
\end{aligned}$$

式(5.5.6)就是环量密度的计算公式.

式(5.5.6)亦可写为

$$\frac{\mathrm{d}\Gamma}{\mathrm{d}S} = (\boldsymbol{\nabla}\times\boldsymbol{F})\cdot\boldsymbol{n} = |\boldsymbol{\nabla}\times\boldsymbol{F}|\cdot|\boldsymbol{n}|\cos\theta,$$

其中θ为向量$\boldsymbol{\nabla}\times\boldsymbol{F}$与$\boldsymbol{n}$的夹角, 因而当$\theta = 0$时, 即取$\boldsymbol{n}$与向量$\boldsymbol{\nabla}\times\boldsymbol{F}$同向时, 环量密度$\dfrac{\mathrm{d}\Gamma}{\mathrm{d}S}$的值最大, 其值为$|\boldsymbol{\nabla}\times\boldsymbol{F}|$. 由旋度的定义可知, 向量$\boldsymbol{\nabla}\times\boldsymbol{F}$正是向量场$\boldsymbol{F}$在点$M$处的旋度, 即

$$\mathbf{rot}\boldsymbol{F} = \boldsymbol{\nabla}\times\boldsymbol{F} = \begin{vmatrix}\boldsymbol{i} & \boldsymbol{j} & \boldsymbol{k} \\ \dfrac{\partial}{\partial x} & \dfrac{\partial}{\partial y} & \dfrac{\partial}{\partial z} \\ P & Q & R\end{vmatrix} = \left(\frac{\partial R}{\partial y} - \frac{\partial Q}{\partial z}, \frac{\partial P}{\partial z} - \frac{\partial R}{\partial x}, \frac{\partial Q}{\partial x} - \frac{\partial P}{\partial y}\right). \qquad (5.5.7)$$

这与5.5.1所定义的旋度也是一致的.

利用旋度, 又有

$$\frac{\mathrm{d}\Gamma}{\mathrm{d}S} = \mathbf{rot}\boldsymbol{F}\cdot\boldsymbol{n} = |\mathbf{rot}\boldsymbol{F}|\cos\theta.$$

上式表明向量场$\boldsymbol{F}$在点$M(x,y,z)$处沿方向$\boldsymbol{n}$的环量密度就是旋度$\mathbf{rot}\boldsymbol{F}$在$\boldsymbol{n}$方向的投影.

若向量场$\boldsymbol{F}$在区域V内具有一阶连续偏导数, 则对V内任一点, 均有一旋度与之对应, 因而旋度$\mathbf{rot}\boldsymbol{F}$在$V$内也构成一个向量场, 称为**旋度场**.

利用旋度可将式(5.4.4)写成下列向量形式:

$$\iint_S \mathbf{rot}\boldsymbol{F}\cdot\mathrm{d}\boldsymbol{S}=\oint_L \boldsymbol{F}\cdot\mathrm{d}\boldsymbol{r},$$

上述Stockes公式的物理意义可叙述为: 向量场$\boldsymbol{F}$沿有向闭曲线L的环量等于向量场$\boldsymbol{F}$的旋度场通过L所形成的曲面S的通量.

有了旋度, 定理5.4.3又可以用向量写成如下简洁的形式.

定理 5.5.2 (空间曲线积分与路径无关的等价条件) 设空间区域V是一维单连通区域, 若向量场$\boldsymbol{F}$在V上具有一阶连续偏导数, 则以下四个条件互相等价:

(1) 对V内任一分段光滑的封闭曲线L, 有$\oint_L \boldsymbol{F}\cdot\mathrm{d}\boldsymbol{r}=0$;

(2) 对V内任一分段光滑的曲线L, 曲线积分$\int_L \boldsymbol{F}\cdot\mathrm{d}\boldsymbol{r}$与路线无关, 只与$L$的起点及终点有关;

(3) 存在数量场u, 使得$\mathrm{d}u=\boldsymbol{F}\cdot\mathrm{d}\boldsymbol{r}$;

(4) $\mathbf{rot}\boldsymbol{F}=\mathbf{0}$在$V$内处处成立.

5.5.3 几种特殊的向量场

1. 无源场

当向量场$\boldsymbol{F}$在场域V中处处有

$$\mathrm{div}\boldsymbol{F}=0$$

时, 称$\boldsymbol{F}$为**无源场**.

例如, 对于重力场$\boldsymbol{F}=(0,0,-mg)$, 有$\mathrm{div}\boldsymbol{F}=0$, 所以重力场是无源场.

由定理5.5.1可知, $\boldsymbol{F}$是无源场的充要条件是$\boldsymbol{F}$沿V内任一封闭曲面S的通量为零, 即

$$\iint_S \boldsymbol{F}\cdot\mathrm{d}\boldsymbol{S}=0.$$

在无源场中, 通过场域内某块曲面S的所有向量线构成一个管形区域, 称为**向量管**. 不难证明, 无源场$\boldsymbol{F}$通过向量管的任意断面的通量都相等. 因此, 无源场又称**管量场**.

2. 无旋场

对于向量场$\boldsymbol{F}$, 若其旋度恒为零, 即$\mathbf{rot}\boldsymbol{F}\equiv 0$, 则称$\boldsymbol{F}$为**无旋场**.

若存在数量值函数u, 使得$\boldsymbol{F}=\mathbf{grad}u$, 则称$\boldsymbol{F}$为**有势场**, 并称$u$为$\boldsymbol{F}$的**势函数**.

若在场域内, 曲线积分$\int_L \boldsymbol{F}\cdot\mathrm{d}\boldsymbol{r}$与路径无关, 只与起点和终点的位置有关, 则称$\boldsymbol{F}$为**保守场**.

由定理(5.5.2)可知, 在该定理的条件下下列四个命题互相等价:

(1) $\boldsymbol{F}$沿V内任一简单闭曲线L的环量均为零, 即

$$\oint_L \boldsymbol{F}\cdot\mathrm{d}\boldsymbol{r}=\oint_L P\mathrm{d}x+Q\mathrm{d}y+R\mathrm{d}z=0;$$

(2) $\boldsymbol{F}$是保守场, 即在V内曲线积分

$$\int_L \boldsymbol{F}\cdot \mathrm{d}\boldsymbol{r}=\int_L P\mathrm{d}x+Q\mathrm{d}y+R\mathrm{d}z$$

与路径无关;

(3) $\boldsymbol{F}$是有势场, 即存在数量场u, 使得在V内$\boldsymbol{F}=\mathbf{grad}u$, 或$\mathrm{d}u=P\mathrm{d}x+Q\mathrm{d}y+R\mathrm{d}z$;

(4) $\boldsymbol{F}$是无旋场, 即在V内恒有

$$\mathbf{rot}\boldsymbol{F}=\left(\frac{\partial R}{\partial y}-\frac{\partial Q}{\partial z},\ \frac{\partial P}{\partial z}-\frac{\partial R}{\partial x},\ \frac{\partial Q}{\partial x}-\frac{\partial P}{\partial y}\right)=\mathbf{0}.$$

由定理5.2.4可知, 若$\boldsymbol{F}$是有势场, u是其势函数, 则有

$$\int_A^B \boldsymbol{F}\cdot \mathrm{d}\boldsymbol{r}=u(B)-u(A),$$

其中A、B分别为积分路径的起点和终点.

例 设$\boldsymbol{F}=(2xz,2yz+2y,x^2+y^2+z^2)$. (1) 验证$\boldsymbol{F}$为有势场, 并求其势函数. (2) 计算$\boldsymbol{F}$沿曲线$L: x\cos t,\ y=\sin t,\ z=\sin(2t)$从点$(1,0,0)$到点$(0,1,0)$的曲线积分.

解 (1) 因为

$$\boldsymbol{\nabla}\times\boldsymbol{F}=\begin{vmatrix}\boldsymbol{i} & \boldsymbol{j} & \boldsymbol{k}\\ \dfrac{\partial}{\partial x} & \dfrac{\partial}{\partial y} & \dfrac{\partial}{\partial z}\\ 2xz & 2yz+2y & x^2+y^2+z^2\end{vmatrix}=(0,0,0),$$

所以$\boldsymbol{F}$是无旋场, 又是有势场. 对于空间有势场, 可以选择一简单的路径通过计算空间线积分去求其势函数, 如式(5.4.7), 也可以利用不定积分法去求势函数(即原函数). 这里我们采用凑微分法. 即求u, 使得$\mathrm{d}u=\boldsymbol{F}\cdot\mathrm{d}\boldsymbol{r}$. 因为

$$\begin{aligned}\boldsymbol{F}\cdot\mathrm{d}\boldsymbol{r} &= 2xz\mathrm{d}x+(2yz+2y)\mathrm{d}y+(x^2+y^2+z^2)\mathrm{d}z\\ &= (2xz\mathrm{d}x+x^2\mathrm{d}z)+(2yz\mathrm{d}y+y^2\mathrm{d}z)+2y\mathrm{d}y+z^2\mathrm{d}z\\ &= \mathrm{d}(x^2z)+\mathrm{d}(y^2z)+\mathrm{d}(y^2)+\mathrm{d}(\frac{1}{3}z^3)\\ &= \mathrm{d}(x^2z+y^2z+y^2+\frac{1}{3}z^3)\end{aligned}$$

所以势函数为$u=x^2z+y^2z+y^2+\dfrac{1}{3}z^3$.

(2) 因为$\boldsymbol{F}$是有势场, 所以曲线积分与路径无关, 于是

$$\int_L \boldsymbol{F}\cdot\mathrm{d}\boldsymbol{r}=\int_L \mathrm{d}u=u(0,1,0)-u(1,0,0)=1.$$ □

3. 调和场

若$\boldsymbol{F}$既是无源场又是无旋场, 则称$\boldsymbol{F}$为**调和场**.

对于调和场, 在场域内同时有

$$\mathrm{div}\boldsymbol{F}=\boldsymbol{\nabla}\cdot\boldsymbol{F}=0,\quad \mathbf{rot}\boldsymbol{F}=\boldsymbol{\nabla}\times\boldsymbol{F}=\mathbf{0}.$$

因为无旋场也是有势场, 所以若$\boldsymbol{F}$是调和场, 则必存在势函数u, 使

$$\boldsymbol{F}=\nabla u=\left(\frac{\partial u}{\partial x},\frac{\partial u}{\partial y},\frac{\partial u}{\partial z}\right).$$

又因为$\boldsymbol{F}$是无源场, 所以有

$$\nabla\cdot\boldsymbol{F}=\nabla\cdot(\nabla u)=\Delta u=0$$

或

$$\frac{\partial^2 u}{\partial x^2}+\frac{\partial^2 u}{\partial y^2}+\frac{\partial^2 u}{\partial z^2}=0.$$

上述方程为**Laplace方程**(或**调和方程**), 在数学与物理问题中有着重要应用. 满足Laplace方程的函数称为**调和函数**, 所以调和场的势函数一定是调和函数.

习题 5.5

(A)

5.5.1 求数量场$u=z/\sqrt{x^2+y^2+z^2}$的等值面及过点$(1,1,1)$的等值面.

5.5.2 设点电荷q位于坐标原点, 它在空间任一点$P(x,y,z)$处所产生的电场强度为$\boldsymbol{E}=\dfrac{q}{4\pi\varepsilon_0 r^3}\boldsymbol{r}$, 其中$\boldsymbol{r}=(x,y,z)$, $r=|\boldsymbol{r}|$, q和ε_0为常数, 求$\boldsymbol{E}$的向量线.

5.5.3 设有向量场$\boldsymbol{F}=(xy^2,x^2y,-(x^2+y^2)z)$, 求$\mathrm{div}\boldsymbol{F}$, $\mathbf{rot}\boldsymbol{F}$.

5.5.4 设$u=\ln(x^2+y^2+z^2)$, 求$\mathrm{div}(\mathbf{grad}u)$, $\mathbf{rot}(\mathbf{grad}u)$.

5.5.5 求向量场$\boldsymbol{F}=(x^2yz,xy^2z,xyz^2)$穿过下列曲面的通量:

(1) 圆柱体$x^2+y^2\leqslant a^2, 0\leqslant z\leqslant h$的外侧表面;

(2) 上述圆柱体的全表面.

5.5.6 设确定常数a,b,c, 使向量场$\boldsymbol{F}=(x^2+axz,xy^2+by,z-z^2+cxz-2xyz)$为无源场.

5.5.7 求向量场$\boldsymbol{F}=(x-z,x^3+yz,-3xy^2)$沿闭曲线$L$的环量, 其中$L: z=2-\sqrt{x^2+y^2}, z=0$, 沿$z$轴正向看去, L为逆时针方向.

5.5.8 判断向量场$\boldsymbol{F}=(x^2-2yz,y^2-2zx,z^2-2xy)$是否为有势场, 若是有势场, 求其势函数.

5.5.9 证明向量场$\boldsymbol{F}=(yz(2x+y+z),xz(x+2y+z),xy(x+y+2z))$是有势场, 并求其势函数.

(B)

5.5.1 设有向量场$\boldsymbol{F}=\dfrac{\boldsymbol{r}}{r^3}$, 其中$\boldsymbol{r}=(x,y,z)$, $r=|\boldsymbol{r}|$. S为一封闭曲面, 证明当原点分别在曲面S的外、上、内时, 分别有

$$\oiint_S \boldsymbol{F}\cdot\mathrm{d}\boldsymbol{S}=0,\ 2\pi,\ 4\pi.$$

5.5.2 设Ω是由光滑闭曲面S包围的有界闭区域, $\boldsymbol{n}$是S的外法向量, $u=u(x,y,z)$是Ω内的调和函数, 证明:

(1) $\displaystyle\oiint_S \frac{\partial u}{\partial n}\mathrm{d}S=0$;

(2) $\displaystyle\oiint_S u\frac{\partial u}{\partial n}\mathrm{d}S=\iiint_\Omega(\boldsymbol{\nabla}u)\cdot(\boldsymbol{\nabla}u)\mathrm{d}x\mathrm{d}y\mathrm{d}z$.

第5章习题解答及提示

第 6 章　含参变量积分

我们常会遇到诸如

$$\lim_{y\to y_0}\int_a^b f(x,y)\,\mathrm{d}x,\quad \frac{\mathrm{d}}{\mathrm{d}y}\int_a^b f(x,y)\,\mathrm{d}x \tag{6.0.1}$$

的问题：极限能取到积分号里吗？可以先求导后积分吗？实际上就是极限或求导运算与积分交换顺序的问题. 一般地, 式(6.0.1)中的运算顺序不一定可交换(若可换, 能带来方便). 我们在本章考虑上述交换顺序的条件. 当然, 我们会讨论得更多: 积分是正常积分与非正常积分, 积分限还可以是函数. 就$\int_a^b f(x,y)\,\mathrm{d}x$而言, 视$y$为参变量, 所以称其为**含参变量积分**.

在实际问题的应用中我们常会遇到含参变量积分. 如一个看似简单的问题: 计算椭圆$\frac{x^2}{a^2}+\frac{y^2}{b^2}=1$的周长, 其中$a$, $b>0$. 椭圆是一个熟悉的图形, 在高中还花了很多时间学习它, 但有过椭圆的周长公式吗？没有！不妨设$b>a$, 则利用椭圆的参数方程和弧长公式, 容易得到椭圆的周长为

$$L=4b\int_0^{\pi/2}\sqrt{1-k^2\sin^2 t}\,\mathrm{d}t,$$

其中$k=\sqrt{b^2-a^2}/b$. L中的积分就是一个含参变量k的积分, 称为**第二类完全椭圆积分**. 它是直接计算不了的, 因为被积函数的原函数不是初等函数(k取特别值例外). 通常采用数值计算的方法或直接用数学软件来计算椭圆的周长. 如果我们想考虑椭圆周长随a和b的变化, 就必须基于含参变量积分的理论知识.

6.1　含参变量正常积分

设连续函数$f(x,y)$: $D=[a,b]\times[c,d]\to\mathbf{R}$, 其中闭矩形$D$是有界的, 则

$$I(y)=\int_a^b f(x,y)\,\mathrm{d}x\ (y\in[c,d]),\qquad J(x)=\int_c^d f(x,y)\,\mathrm{d}y\ (x\in[a,b])$$

分别确定了一个关于y的一元函数与一个关于x的一元函数. 统称它们为**含参变量正常积分**, 简称**含参变量积分**.

显然, 含参变量积分是参变量的函数, 于是我们接下来研究它的性质.

定理 6.1.1　设$f(x,y)$在$D=[a,b]\times[c,d]$上连续, 则

(1) **连续性.** $I(y)$在$[c,d]$上连续, $J(x)$在$[a,b]$上连续;

(2) **积分次序可换性.** $\int_c^d \mathrm{d}y\int_a^b f(x,y)\,\mathrm{d}x=\int_a^b \mathrm{d}x\int_c^d f(x,y)\,\mathrm{d}y.$

证　(1) 显然, 我们只须证明$I(y)$在$[c,d]$上连续. 由f在D上连续可知其在D上一致连续, 所以$\forall\varepsilon>0$, $\exists\delta>0$, 使$\forall(x_1,y_1),(x_2,y_2)\in D$, 当$\sqrt{(x_1-x_2)^2+(y_1-y_2)^2}<\delta$时, 就有

$$|f(x_1,y_1)-f(x_2,y_2)|<\frac{\varepsilon}{b-a}.$$

因此, 对任意给定的$y_0 \in [c,d]$, 当$|y-y_0|<\delta$时, 有

$$|I(y)-I(y_0)| = \left|\int_a^b [f(x,y)-f(x,y_0)]\ \mathrm{d}x\right| \leqslant \int_a^b |f(x,y)-f(x,y_0)|\ \mathrm{d}x < \varepsilon,$$

即$I(y)$在y_0连续. 由y_0的任意性, 得$I(y)$在$[c,d]$上连续.

(2) 研究二重积分的计算时已证明过该定理. □

该定理说明$f(x,y)$连续就能保证两种换序: ①极限与积分; ②两积分. 其中①为

$$\lim_{y\to y_0}\int_a^b f(x,y)\ \mathrm{d}x = \int_a^b \lim_{y\to y_0} f(x,y)\ \mathrm{d}x.$$

注 关于连续性, 我们有更一般的结论(证明留作习题):

设$f(x,y)$在$D=[a,b]\times[c,d]$上连续, $\varphi(y)$和$\psi(y)$都在$[c,d]$上连续, 并且$a\leqslant\varphi(y)\leqslant b$和$a\leqslant\psi(y)\leqslant b$ $(\forall y\in[c,d])$, 则

$$F(y)=\int_{\varphi(y)}^{\psi(y)} f(x,y)\ \mathrm{d}x$$

在$[c,d]$上连续. 于是

$$\lim_{y\to y_0}\int_{\varphi(y)}^{\psi(y)} f(x,y)\ \mathrm{d}x = \int_{\varphi(y_0)}^{\psi(y_0)} \lim_{y\to y_0} f(x,y)\ \mathrm{d}x = \int_{\varphi(y_0)}^{\psi(y_0)} f(x,y_0)\ \mathrm{d}x.$$

例 6.1.1 求下列极限:

(1) $\displaystyle\lim_{\alpha\to 0}\int_0^1 \frac{\mathrm{d}x}{1+x^2\cos(\alpha x)}$; (2) $\displaystyle\lim_{\alpha\to 0}\int_0^1 \frac{\mathrm{d}x}{1+(1+\alpha x)^{1/\alpha}}$.

解 由于考虑的是$\alpha\to 0$, 所以可以让$\alpha\in[-1,1]$或更小区间.

(1) 因为$f(x,\alpha)=\dfrac{1}{1+x^2\cos\alpha x}$在$[0,1]\times[-1,1]$上连续, 由定理6.1.1(1), 得

$$原式 = \int_0^1 \lim_{\alpha\to 0}\frac{1}{1+x^2\cos(\alpha x)}\ \mathrm{d}x = \int_0^1 \frac{\mathrm{d}x}{1+x^2} = \frac{\pi}{4}.$$

(2) 因为$\lim\limits_{\alpha\to 0}(1+\alpha x)^{1/\alpha}=\mathrm{e}^x$, 所以定义

$$f(x,\alpha)=\begin{cases} \dfrac{1}{1+(1+\alpha x)^{1/\alpha}}, & (x,\alpha)\in[0,1]\times[-1,1],\ \alpha\neq 0, \\ \dfrac{1}{1+\mathrm{e}^x}, & x\in[0,1],\ \alpha=0. \end{cases}$$

则$f(x,\alpha)$在$[0,1]\times[-1,1]$上连续, 因此

$$原式 = \int_0^1 \frac{1}{1+\mathrm{e}^x}\ \mathrm{d}x = \int_0^1 \frac{\mathrm{e}^{-x}\ \mathrm{d}x}{1+\mathrm{e}^{-x}} = -\ln(1+\mathrm{e}^{-x})\Big|_0^1 = \ln 2-\ln(1+\mathrm{e}^{-1}).$$ □

例 6.1.2 计算:

(1) $\displaystyle\int_0^1 \frac{x^b-x^a}{\ln x}\ \mathrm{d}x\ (0<a<b)$; (2) $\displaystyle\int_0^{\pi/2}\left(\ln\frac{1+a\sin x}{1-a\sin x}\right)\frac{\mathrm{d}x}{\sin x}\ (0<a<1)$.

解 (1) 注意到$\dfrac{x^b-x^a}{\ln x}=\displaystyle\int_a^b x^y\ \mathrm{d}y$, 且$f(x,y)=x^y$在$[0,1]\times[a,b]$上连续(其中规定$0^y=0, y\in[a,b]$), 由积分次序交换定理, 得

$$\int_0^1 \frac{x^b-x^a}{\ln x}\ \mathrm{d}x = \int_0^1 \mathrm{d}x\int_a^b x^y\ \mathrm{d}y = \int_a^b \mathrm{d}y\int_0^1 x^y\ \mathrm{d}x = \int_a^b \frac{1}{1+y}\ \mathrm{d}y = \ln\frac{1+b}{1+a}.$$

(2) 因为

$$\left(\ln\frac{1+a\sin x}{1-a\sin x}\right)\frac{1}{\sin x}=2\int_0^a\frac{1}{1-y^2\sin^2 x}\,\mathrm{d}y,$$

且函数$f(x,y)=\dfrac{1}{1-y^2\sin^2 x}$在$[0,\dfrac{\pi}{2}]\times[0,a]$ $(0<a<1)$上连续, 所以

$$\text{原式}=2\int_0^{\pi/2}\mathrm{d}x\int_0^a\frac{\mathrm{d}y}{1-y^2\sin^2 x}=2\int_0^a\mathrm{d}y\int_0^{\pi/2}\frac{\mathrm{d}x}{1-y^2\sin^2 x}.$$

而

$$\begin{aligned}\int_0^{\pi/2}\frac{\mathrm{d}x}{1-y^2\sin^2 x}&=-\int_0^{\pi/2}\frac{\mathrm{d}\cot x}{\cot^2 x+1-y^2}\\&=-\frac{1}{\sqrt{1-y^2}}\arctan\frac{\cot x}{\sqrt{1-y^2}}\Big|_0^{\pi/2}=\frac{\pi}{2\sqrt{1-y^2}},\end{aligned}$$

故

$$\text{原式}=\pi\int_0^a\frac{\mathrm{d}y}{\sqrt{1-y^2}}=\pi\arcsin a.$$ □

类似于函数项级数, 要实现求导和积分两种运算可换, 必须加强$f(x,y)$的条件.

定理 6.1.2 (积分号下求导) 设$f(x,y), f_y(x,y)$都在闭矩形$[a,b]\times[c,d]$上连续, 则$I(y)$在$[c,d]$上可导, 且

$$\frac{\mathrm{d}}{\mathrm{d}y}\int_a^b f(x,y)\,\mathrm{d}x=\int_a^b f_y(x,y)\,\mathrm{d}x,\qquad y\in[c,d]. \tag{6.1.1}$$

证 任取$y\in[c,d]$, $h\neq 0$满足$y+h\in[c,d]$, 则由微分中值定理得

$$\frac{I(y+h)-I(y)}{h}=\int_a^b\frac{f(x,y+h)-f(x,y)}{h}\,\mathrm{d}x=\int_a^b f_y(x,y+\theta h)\,\mathrm{d}x\quad(\theta\in(0,1)).$$

于是由定理6.1.1(1), 有

$$\lim_{h\to 0}\frac{I(y+h)-I(y)}{h}=\lim_{h\to 0}\int_a^b f_y(x,y+\theta h)\,\mathrm{d}x=\int_a^b f_y(x,y)\,\mathrm{d}x,$$

即式(6.1.1)成立. □

对该定理稍加推广, 得到如下定理.

定理 6.1.3 设$f(x,y), f_y(x,y)$都在闭矩形$[a,b]\times[c,d]$上连续, 又设$a(y)$, $b(y)$都在$[c,d]$上可导, 满足$a(y)$, $b(y)\in[a,b]$ $(y\in[c,d])$. 则函数

$$F(y)=\int_{a(y)}^{b(y)}f(x,y)\,\mathrm{d}x$$

在$[c,d]$上可导, 且在$[c,d]$上有

$$F'(y)=\int_{a(y)}^{b(y)}f_y(x,y)\,\mathrm{d}x+f(b(y),y)b'(y)-f(a(y),y)a'(y).$$ □

利用链式法则即可得证, 其证明留作习题.

例 6.1.3 计算$\dfrac{\mathrm{d}}{\mathrm{d}y}\displaystyle\int_y^{y^2}\frac{\cos(xy)}{x}\,\mathrm{d}x$.

解 原式$=-\displaystyle\int_y^{y^2}\sin(xy)\,\mathrm{d}x+\frac{2\cos y^3-\cos y^2}{y}=\frac{3\cos y^3-2\cos y^2}{y}$. □

下面是一个典型例子的典型处理, 采取先对参变量求导再积分的方法. 这与例6.1.2中通过交换积分次序来求积分的方法都是重要的方法.

例 6.1.4 计算$I(\theta)=\displaystyle\int_0^{\pi}\ln(1+\theta\cos x)\,\mathrm{d}x\quad(-1<\theta<1)$.

解 先求导再积分, 即由$I(0)=0$, $I(\theta)=\displaystyle\int_0^{\theta}I'(s)\mathrm{d}s$得到$I(\theta)$. 对任意给定的$\theta_0\in(-1,1)$, 必有正数$a<1$, 使得$|\theta_0|<a$. 为求得$I'(\theta_0)$, 记$f(x,\theta)=\ln(1+\theta\cos x)$, 则$f(x,\theta)$与$f_\theta(x,\theta)=\dfrac{\cos x}{1+\theta\cos x}$都在$[0,\pi]\times[-a,a]$上连续. 于是由定理6.1.2可知

$$I'(\theta)=\int_0^{\pi}\frac{\cos x\,\mathrm{d}x}{1+\theta\cos x}=\frac{1}{\theta}\int_0^{\pi}\left(1-\frac{1}{1+\theta\cos x}\right)\mathrm{d}x=\frac{\pi}{\theta}-\frac{1}{\theta}\int_0^{\pi}\frac{\mathrm{d}x}{1+\theta\cos x},$$

其中$\theta\in[-a,a]$. 对于最后一个积分, 作万能代换$t=\tan\dfrac{x}{2}$, 得

$$\begin{aligned}\int_0^{\pi}\frac{\mathrm{d}x}{1+\theta\cos x}&=\int_0^{+\infty}\frac{2\,\mathrm{d}t}{1+t^2+\theta(1-t^2)}=\frac{2}{1+\theta}\int_0^{+\infty}\frac{\mathrm{d}t}{1+\dfrac{1-\theta}{1+\theta}t^2}\\&=\frac{2}{\sqrt{1-\theta^2}}\left(\arctan\sqrt{\frac{1-\theta}{1+\theta}}t\right)\Bigg|_0^{+\infty}=\frac{\pi}{\sqrt{1-\theta^2}}.\end{aligned}$$

因此

$$I'(\theta)=\frac{\pi}{\theta}-\frac{\pi}{\theta\sqrt{1-\theta^2}}.$$

将上式中θ换为θ_0即得$I'(\theta_0)$, 故

$$I(\theta)=\int_0^{\theta}I'(s)\,\mathrm{d}s+I(0)=\int_0^{\theta}\left(\frac{\pi}{s}-\frac{\pi}{s\sqrt{1-s^2}}\right)\mathrm{d}s=\pi\ln\frac{1+\sqrt{1-\theta^2}}{2}.$$ □

习题 6.1

(A)

6.1.1 求下列极限:

(1) $\displaystyle\lim_{\alpha\to0}\int_0^1\sqrt{1+\alpha^2-x^2}\,\mathrm{d}x$; (2) $\displaystyle\lim_{\alpha\to0}\int_{\alpha}^{1+\alpha}\frac{\mathrm{d}x}{1+\alpha^2+x^2}$.

6.1.2 通过直接计算验证下式:

$$\lim_{y\to0}\int_0^1\frac{x}{y^2}\mathrm{e}^{\frac{-x^2}{y^2}}\,\mathrm{d}x\neq\int_0^1\lim_{y\to0}\frac{x}{y^2}\mathrm{e}^{\frac{-x^2}{y^2}}\,\mathrm{d}x.$$

利用定理6.1.1(1)说明原因.

6.1.3 利用交换积分顺序的方法计算积分 $\displaystyle\int_0^1\frac{x^b-x^a}{\ln x}\cdot\sin\left(\ln\frac{1}{x}\right)\mathrm{d}x$.

6.1.4 研究$F(y)=\int_0^1 \frac{yf(x)}{x^2+y^2}\,\mathrm{d}x$的连续性, 其中$f$为$[0,1]$上的正值连续函数.

6.1.5 计算积分$\int_0^{\pi/2} \ln(a^2-\sin^2 x)\,\mathrm{d}x\ (a>1)$.

6.1.6 计算积分$I(\alpha)=\int_0^{\pi} \ln(1-2\alpha\cos x+\alpha^2)\,\mathrm{d}x$, 其中$\alpha$为常数.

6.1.7 设$a>0,\ b>0$. 计算下列积分:

(1) $\int_0^{\pi/2} \ln(a^2\cos^2 x+b^2\sin^2 x)\,\mathrm{d}x$;

(2) $\int_0^{\pi/2} \ln(a^2\cos^2 x+b^2\sin^2 x)\cos(2mx)\,\mathrm{d}x$.

6.1.8 求下列函数的导数$F'(x)$:

(1) $F(x)=\int_x^{x^2} \mathrm{e}^{-xy^2}\,\mathrm{d}y$; (2) $F(x)=\int_{a+x}^{b+x} \frac{\sin(xy)}{y}\,\mathrm{d}y$;

(3) $F(x)=\int_0^{x^2} \mathrm{d}y\int_{y-x}^{y+x} \sin(y^2+t^2-x^2)\,\mathrm{d}t$.

6.1.9 设$F(x)=\int_0^x (x+y)f(y)\,\mathrm{d}y$, 其中$f$可微, 求$F''(x)$.

6.1.10 设$F(x)=\int_0^x f(y)(x-y)^{n-1}\,\mathrm{d}y$, 其中$f$连续, 求$F^{(n)}(x)$.

6.1.11 证明本节中注的结论.

(B)

6.1.1 设$f(x)$为$[0,1]$上的正值连续函数, 证明极限

$$\lim_{\alpha\to 0^+}\left\{\int_0^1 [f(x)]^\alpha\,\mathrm{d}x\right\}^{1/\alpha}$$

存在, 并求其值.

6.1.2 证明定理6.1.3.

6.1.3 若函数$f(x)$在闭区间$[0,L]$上连续, 并且当$0\leqslant\xi\leqslant L$时$(x-\xi)^2+y^2+z^2\neq 0$, 则函数

$$u(x,y,z)=\int_0^L \frac{f(\xi)\mathrm{d}\xi}{\sqrt{(x-\xi)^2+y^2+z^2}}$$

满足Laplace方程$u_{xx}+u_{yy}+u_{zz}=0$.

6.1.4 设$f(x)$为二次可微函数, $g(x)$为可微函数. 证明函数

$$u(x,t)=\frac{1}{2}[f(x-at)+f(x+at)]+\frac{1}{2a}\int_{x-at}^{x+at} g(\xi)\mathrm{d}\xi$$

满足弦振动方程$u_{tt}=a^2u_{xx}$和初值条件: $u(x,0)=f(x),\ u_t(x,0)=g(x)$.

6.1.5 求

$$\int_0^x \Big(1+(x-t)+\frac{(x-t)^2}{2!}+\cdots+\frac{(x-t)^{n-1}}{(n-1)!}\Big)\mathrm{e}^{nt}\ \mathrm{d}t$$

关于x的n阶导数.

提示: 令$h_k(x)=\displaystyle\int_0^x \frac{(x-t)^{k-1}}{(k-1)!}\mathrm{e}^{nt}\ \mathrm{d}t$, 则$h'_k(x)=h_{k-1}(x)$, $h_k^{(n)}(x)=h_0^{(n-k)}(x)$.

6.2 含参变量的反常积分

如果6.1节的区域变为$D=[a,+\infty)\times[c,d]$, 则得到含参变量的无穷积分

$$F(y)=\int_a^{+\infty} f(x,y)\ \mathrm{d}x,\quad y\in[c,d].$$

本节仅考虑无穷积分, 所有概念和结论可类似推广到无界函数积分.

设$f(x,y)$在D上连续, 如果$\forall y\in[c,d]$(此区间可为无限的, 如$[c,+\infty)$, 下同), 极限

$$\lim_{b\to+\infty}\int_a^b f(x,y)\ \mathrm{d}x$$

存在, 则称含参变量y的无穷积分$\displaystyle\int_a^{+\infty} f(x,y)\ \mathrm{d}x$在$[c,d]$上**收敛**. 此时, $\forall y\in[c,d]$, $F(y)$是有定义的. 类似可定义

$$F(y)=\int_{-\infty}^b f(x,y)\ \mathrm{d}x \quad 与 \quad F(y)=\int_{-\infty}^{+\infty} f(x,y)\ \mathrm{d}x.$$

考虑函数$F(y)$在$[c,d]$上的分析性质, 知道这实际上是相应运算交换次序的问题. 由于$f(x,y)$有两个变量, 与函数项级数类似, 需要一致收敛.

定义 6.2.1 记$D=[a,+\infty)\times[c,d]$, 设$f(x,y)$在D上连续, 并且$\forall y\in[c,d]$, $\displaystyle\int_a^{+\infty} f(x,y)\,\mathrm{d}x$收敛. 若$\forall\ \varepsilon>0$, $\exists A_0=A_0(\varepsilon)>0$, 使当$A>A_0$时, 对一切的$y\in[c,d]$均有

$$\Big|\int_A^{+\infty} f(x,y)\ \mathrm{d}x\Big|<\varepsilon,$$

则$\displaystyle\int_a^{+\infty} f(x,y)\ \mathrm{d}x$关于$y$在$[c,d]$上**一致收敛.**

学习本节内容时对比函数项级数的一致收敛是大有益处的. 我们这里给出的是无穷含参变量反常积分的概念和结论, 读者可以自行写出有瑕点的含参变量反常积分的相应概念和结果. 在随后的例6.2.3中直接用后者的结论.

1. 一致收敛的判别法

下面给出的是Cauchy一致收敛准则, 其证明略去.

定理 6.2.1 (Cauchy一致收敛准则) $\displaystyle\int_a^{+\infty} f(x,y)\ \mathrm{d}x$关于$y$在$[c,d]$上一致收敛的充要条件是$\forall\varepsilon>0$, $\exists A_0>0$, 使当A_1, $A_2>A_0$时, 对一切的$y\in[c,d]$有

$$\Big|\int_{A_1}^{A_2} f(x,y)\ \mathrm{d}x\Big|<\varepsilon.$$

下面的判别法是好用的.

定理 6.2.2 (Weierstrass**判别法**) 设$f(x,y)$在D上连续, 且

$$|f(x,y)| \leqslant g(x), \qquad (x,y) \in D.$$

若$\int_a^{+\infty} g(x)\,\mathrm{d}x$收敛, 则$\int_a^{+\infty} f(x,y)\,\mathrm{d}x$关于$y$在$[c,d]$上一致收敛.

证 由$\int_a^{+\infty} g(x)\,\mathrm{d}x$收敛, 根据无穷积分收敛的Cauchy准则可知, $\forall \varepsilon > 0, \exists A_0 = A_0(\varepsilon) > 0$, 使当$A_1$, $A_2 > A_0$时, 有

$$\left| \int_{A_1}^{A_2} g(x)\,\mathrm{d}x \right| < \varepsilon.$$

于是, 对一切的$y \in [c,d]$, 有

$$\left| \int_{A_1}^{A_2} f(x,y)\,\mathrm{d}x \right| \leqslant \left| \int_{A_1}^{A_2} g(x)\,\mathrm{d}x \right| < \varepsilon.$$

故由Cauchy一致收敛准则可知, $\int_a^{+\infty} f(x,y)\,\mathrm{d}x$关于$y$在$[c,d]$上一致收敛. □

例 6.2.1 证明$\int_0^{+\infty} \frac{\cos xy}{x^2+y^2}\,\mathrm{d}x$关于$y$在$[a,+\infty)$上一致收敛, 其中$a > 0$.

证 由于

$$\left|\frac{\cos(xy)}{x^2+y^2}\right| \leqslant \frac{1}{x^2+a^2}, \qquad (x,y) \in [0,+\infty) \times [a,+\infty),$$

而

$$\int_0^{+\infty} \frac{1}{x^2+a^2}\,\mathrm{d}x = \frac{1}{a}\arctan\frac{x}{a}\Big|_0^{+\infty} = \frac{\pi}{2a},$$

即$\int_0^{+\infty} \frac{1}{x^2+a^2}\,\mathrm{d}x$收敛(也可由一元函数无穷积分收敛判别法得到, 因为$\lim\limits_{x\to+\infty} x^2 \cdot \frac{1}{x^2+a^2} = 1$). 由Weierstrass判别法知, $\int_0^{+\infty} \frac{\cos(xy)}{x^2+y^2}\mathrm{d}x$关于$y$在$[a,+\infty)$上一致收敛. □

自然, 仍然有相应的A-D判别法, 证明从略.

定理 6.2.3 设函数f与g满足以下两组条件之一, 则含参变量反常积分

$$\int_a^{+\infty} f(x,y)g(x,y)\,\mathrm{d}x$$

关于y在$[c,d]$上一致收敛.

(1) Abel**判别法**.

① $\int_a^{+\infty} f(x,y)\,\mathrm{d}x$关于$y$在$[c,d]$上一致收敛;

② $g(x,y)$关于x单调, 且一致有界, 即存在常数$L > 0$, 使得

$$|g(x,y)| \leqslant L, \qquad (x,y) \in [a,+\infty) \times [c,d].$$

(2) Dirichlet**判别法**.

① $\int_a^{A} f(x,y)\,\mathrm{d}x$一致有界, 即存在常数$L > 0$, 使得

$$\left| \int_a^{A} f(x,y)\,\mathrm{d}x \right| \leqslant L, \qquad (A,y) \in (a,+\infty) \times [c,d];$$

② $g(x,y)$关于x单调, 且$g(x,y) \rightrightarrows 0\ (x \to +\infty), y \in [c,d]$.

例 6.2.2 证明$\int_0^{+\infty} \mathrm{e}^{-\alpha x}\frac{\sin x}{x}\,\mathrm{d}x$关于$\alpha$在$[0,+\infty)$上一致收敛.

证 因为Dirichlet积分$\int_0^{+\infty} \frac{\sin x}{x}\,\mathrm{d}x$是收敛的, 它当然关于$\alpha$一致收敛. 又函数$\mathrm{e}^{-\alpha x}$关于$x$单调, 且$\mathrm{e}^{-\alpha x}$一致有界:

$$0 \leqslant \mathrm{e}^{-\alpha x} \leqslant 1, \qquad (x,\alpha) \in [0,+\infty) \times [0,+\infty).$$

由Abel判别法知, $\int_0^{+\infty} \mathrm{e}^{-\alpha x}\frac{\sin x}{x}\mathrm{d}x$关于$\alpha$在$[0,+\infty)$上一致收敛. □

例 6.2.3 证明$\int_0^{+\infty} \frac{\cos(\alpha x)}{\sqrt{x}}\mathrm{d}x$关于$\alpha$在$[b,+\infty)$上一致收敛, 其中$b>0$.

证 $\int_0^{+\infty} \frac{\cos(\alpha x)}{\sqrt{x}}\mathrm{d}x = \int_0^{1} \frac{\cos(\alpha x)}{\sqrt{x}}\mathrm{d}x + \int_1^{+\infty} \frac{\cos(\alpha x)}{\sqrt{x}}\,\mathrm{d}x.$

对于右边第一个积分$\int_0^{1} \frac{\cos(\alpha x)}{\sqrt{x}}\mathrm{d}x$, 由于$\left|\frac{\cos(\alpha x)}{\sqrt{x}}\right| \leqslant \frac{1}{\sqrt{x}}$, 而$\int_0^1 \frac{\mathrm{d}x}{\sqrt{x}}$收敛, 由Weierstrass判别法可知, $\int_0^{1} \frac{\cos(\alpha x)}{\sqrt{x}}\mathrm{d}x$关于$\alpha$一致收敛.

对于右边第二个积分$\int_1^{+\infty} \frac{\cos(\alpha x)}{\sqrt{x}}\mathrm{d}x$, 由于$\left|\int_1^A \cos(\alpha x)\mathrm{d}x\right| \leqslant \frac{2}{b}$, 即$\int_1^A \cos(\alpha x)\mathrm{d}x$关于$\alpha \in [b,+\infty)$一致有界; 又$\frac{1}{\sqrt{x}}$单调, 且$\frac{1}{\sqrt{x}} \to 0\ (x \to +\infty)$, 它当然关于$\alpha \in [b,+\infty)$一致趋于零, 由Dirichlet判别法知, $\int_1^{+\infty} \frac{\cos(\alpha x)}{\sqrt{x}}\mathrm{d}x$关于$\alpha$在$[b,+\infty)$上一致收敛.

综上所述, $\int_0^{+\infty} \frac{\cos(\alpha x)}{\sqrt{x}}\mathrm{d}x$关于$\alpha$在$[b,+\infty)$上一致收敛. □

2. 含参变量反常积分的分析性质

定理 6.2.4 (连续性与积分次序交换定理) 设f在$[a,+\infty) \times [c,d]$上连续, 且

$$F(y) = \int_a^{+\infty} f(x,y)\,\mathrm{d}x$$

关于y在$[c,d]$上一致收敛, 则

(1) $F(y)$在$[c,d]$上连续, 即有

$$\lim_{y\to y_0} \int_a^{+\infty} f(x,y)\,\mathrm{d}x = \int_a^{+\infty} \lim_{y\to y_0} f(x,y)\,\mathrm{d}x, \qquad y_0 \in [c,d];$$

(2) 当$[c,d]$为有限区间时, 有

$$\int_c^d \mathrm{d}y \int_a^{+\infty} f(x,y)\,\mathrm{d}x = \int_a^{+\infty} \mathrm{d}x \int_c^d f(x,y)\,\mathrm{d}y.$$

定理的证明依赖于如下引理.

引理 设$\int_a^{+\infty} f(x,y)\,\mathrm{d}x$关于$y$在$[c,d]$上一致收敛, 则对任一趋于$+\infty$的严格单调增数列$\{a_n\}$ (其中$a_1=a$), 函数项级数

$$\sum_{n=1}^{\infty} \int_{a_n}^{a_{n+1}} f(x,y)\,\mathrm{d}x = \sum_{n=1}^{\infty} u_n(y)$$

在$[c,d]$上一致收敛.

证 由引理的条件, $\forall\varepsilon>0$, $\exists A_0>a$, 使当A_1, $A_2>A_0$时, 对一切的$y\in[c,d]$有

$$\left|\int_{A_1}^{A_2} f(x,y)\ \mathrm{d}x\right|<\varepsilon. \tag{6.2.1}$$

又由严格单调增数列$a_n\to+\infty(n\to\infty)$, 对上述$A_0$, 存在$N$, 只要$m>n>N$就有$a_m>a_n>A_0$. 根据式(6.2.1), 对一切的$y\in[c,d]$, 有

$$|u_n(y)+u_{n+1}(y)+\cdots+u_m(y)|=\left|\int_{a_n}^{a_{m+1}} f(x,y)\ \mathrm{d}y\right|<\varepsilon.$$

故$\sum u_n(y)$在$[c,d]$上一致收敛. □

定理6.2.4的证明 由于$f(x,y)$在$[a_n,a_{n+1}]\times[c,d]$上连续, 所以根据含参变量正常积分的连续性定理可知, 对每个$n\in\mathbf{N}_+$, $u_n(y)=\displaystyle\int_{a_n}^{a_{n+1}} f(x,y)\ \mathrm{d}x$连续. 由引理和一致收敛函数项级数的性质, 得

$$F(y)=\int_a^{+\infty} f(x,y)\ \mathrm{d}x=\sum_{n=1}^{\infty}u_n(y)$$

连续. 这就证明了结论(1).

为得到结论(2), 由上述引理和一致收敛函数项级数的性质, 得到

$$\begin{aligned}\int_c^d \mathrm{d}y\int_a^{+\infty} f(x,y)\ \mathrm{d}x&=\int_c^d\Big(\sum_{n=1}^{\infty}u_n(y)\Big)\ \mathrm{d}y=\sum_{n=1}^{\infty}\int_c^d u_n(y)\mathrm{d}y\\&=\sum_{n=1}^{\infty}\int_c^d \mathrm{d}y\int_{a_n}^{a_{n+1}} f(x,y)\ \mathrm{d}x\\&=\sum_{n=1}^{\infty}\int_{a_n}^{a_{n+1}}\ \mathrm{d}x\int_c^d f(x,y)\mathrm{d}y=\int_a^{+\infty}\ \mathrm{d}x\int_c^d f(x,y)\mathrm{d}y.\end{aligned}$$

其中用到定理6.1.1(2)的积分次序交换结果. □

定理 6.2.5 (积分号下求导定理) 设$f(x,y)$, $f_y(x,y)$都在$[a,+\infty)\times[c,d]$上连续, 且含参变量无穷积分$\displaystyle\int_a^{+\infty} f(x,y)\ \mathrm{d}x$对于每个$y\in[c,d]$收敛. 又设$\displaystyle\int_a^{+\infty} f_y(x,y)\ \mathrm{d}x$关于$y$在$[c,d]$上一致收敛. 则

$$F(y)=\int_a^{+\infty} f(x,y)\ \mathrm{d}x$$

在$[c,d]$上可导, 且在$[c,d]$上有

$$F'(y)=\int_a^{+\infty} f_y(x,y)\ \mathrm{d}x,$$

即

$$\frac{\mathrm{d}}{\mathrm{d}y}\int_a^{+\infty} f(x,y)\ \mathrm{d}x=\int_a^{+\infty}\frac{\partial}{\partial y}f(x,y)\ \mathrm{d}x.$$

证 记$G(y)=\int_a^{+\infty} f_y(x,y)\,\mathrm{d}x$, 则由$\int_a^{+\infty} f_y(x,y)\,\mathrm{d}x$关于$y$在$[c,d]$上一致收敛的定理条件和定理6.2.4可知, $G(y)$在$[c,d]$上连续, 并且对$y\in[c,d]$, 有

$$\begin{aligned}\int_c^y G(t)\,\mathrm{d}t &= \int_c^y \mathrm{d}t\int_a^{+\infty} f_t(x,t)\,\mathrm{d}x=\int_a^{+\infty}\,\mathrm{d}x\int_c^y f_t(x,t)\,\mathrm{d}t\\ &= \int_a^{+\infty}[f(x,y)-f(x,c)]\,\mathrm{d}x=F(y)-F(c).\end{aligned}$$

由$G(y)$在$[c,d]$上连续, 可知$F(y)$在$[c,d]$上可导, 且

$$F'(y)=G(y)=\int_a^{+\infty} f_y(x,y)\,\mathrm{d}y.$$ □

例 6.2.4 计算$I(\alpha)=\int_0^{+\infty}\mathrm{e}^{-\alpha x}\dfrac{\sin x}{x}\,\mathrm{d}x\ (\alpha\geqslant 0)$.

解 先对α求导, 再积分. 记

$$f(x,\alpha)=\begin{cases}\mathrm{e}^{-\alpha x}\dfrac{\sin x}{x}, & x\neq 0,\\ 1, & x=0,\end{cases}$$

则显然$f(x,\alpha)$与$f_\alpha(x,\alpha)=-\mathrm{e}^{-\alpha x}\sin x$都在$[0,+\infty)\times[0,+\infty)$上连续.

为利用定理6.2.5, 先检验定理条件是否满足:

(1) 由例6.2.2得到$\int_0^{+\infty}\mathrm{e}^{-\alpha x}\dfrac{\sin x}{x}\,\mathrm{d}x$关于$\alpha$在$[0,+\infty)$上一致收敛;

(2) 对任意给定的$\alpha_0>0$, $|\mathrm{e}^{-\alpha x}\sin x|\leqslant \mathrm{e}^{-\alpha_0 x}$对$(x,\alpha)\in[0,+\infty)\times[\alpha_0,+\infty)$成立, 而

$$\int_0^{+\infty}\mathrm{e}^{-\alpha_0 x}\,\mathrm{d}x$$

收敛, 依Weierstrass判别法, $\int_0^{+\infty} f_\alpha(x,\alpha)\,\mathrm{d}x=-\int_0^{+\infty}\mathrm{e}^{-\alpha x}\sin x\,\mathrm{d}x$在$[\alpha_0,+\infty)$上一致收敛.

于是$f(x,\alpha)$在$[0,+\infty)\times[\alpha_0,+\infty)$上满足定理6.2.5 的条件, 从而得到

$$I'(\alpha)=-\int_0^{+\infty}\mathrm{e}^{-\alpha x}\sin x\,\mathrm{d}x=\mathrm{e}^{-\alpha x}\frac{\alpha\sin x+\cos x}{1+\alpha^2}\Big|_0^{+\infty}=-\frac{1}{1+\alpha^2}.$$

由α_0的任意性, 上式在$(0,+\infty)$上都成立, 因此对上式积分得

$$I(\alpha)=-\arctan\alpha+C.$$

因为在$(0,+\infty)$上, 有

$$|I(\alpha)|=\left|\int_0^{+\infty}\mathrm{e}^{-\alpha x}\frac{\sin x}{x}\,\mathrm{d}x\right|\leqslant\int_0^{+\infty}\mathrm{e}^{-\alpha x}\,\mathrm{d}x=\frac{1}{\alpha},$$

所以$\lim\limits_{\alpha\to+\infty}I(\alpha)=0$, 由此推出$C=\dfrac{\pi}{2}$. 故

$$I(\alpha)=-\arctan\alpha+\frac{\pi}{2}.$$ □

$I(\alpha)$在$[0,+\infty)$上连续, 从这个例子, 得到著名的**Dirichlet积分**的值:

$$\int_0^{+\infty}\frac{\sin x}{x}\,\mathrm{d}x=\lim_{\alpha\to 0^+}I(\alpha)=\frac{\pi}{2}. \tag{6.2.2}$$

得到一个有趣结论:

$$\operatorname{sgn}(x)=\frac{2}{\pi}\int_0^{+\infty}\frac{\sin(xt)}{t}\,\mathrm{d}t. \tag{6.2.3}$$

下例通过交换积分次序来求反常积分.

例 6.2.5 计算$I=\displaystyle\int_0^{+\infty}\frac{\cos(ax)-\cos(bx)}{x^2}\,\mathrm{d}x,\ b>a>0.$

解 由于$\dfrac{\cos(ax)-\cos(bx)}{x}=\displaystyle\int_a^b\sin(xy)\,\mathrm{d}y$, 所以$I=\displaystyle\int_0^{+\infty}\mathrm{d}x\int_a^b\frac{\sin(xy)}{x}\,\mathrm{d}y.$

容易验证$\displaystyle\int_0^{+\infty}\frac{\sin(xy)}{x}\,\mathrm{d}x$关于$y$在$[a,b]$上一致收敛(用Dirichlet判别法, 这里的$x=0$不是瑕点), 并由式(6.2.3)可知, 对$y>0$有$\displaystyle\int_0^{+\infty}\frac{\sin(xy)}{x}\,\mathrm{d}x=\frac{\pi}{2}$. 由此得到

$$I=\int_0^{+\infty}\mathrm{d}x\int_a^b\frac{\sin(xy)}{x}\,\mathrm{d}y=\int_a^b\mathrm{d}y\int_0^{+\infty}\frac{\sin(xy)}{x}\,\mathrm{d}x=\int_a^b\frac{\pi}{2}\,\mathrm{d}y=\frac{\pi}{2}(b-a). \qquad \square$$

习题 6.2

6.2.1 讨论下列含参变量反常积分的一致收敛性.

(1) $\displaystyle\int_0^{+\infty}\frac{\cos(xy)}{\sqrt{x}}\,\mathrm{d}x \quad (y\geqslant y_0>0).$

(2) $\displaystyle\int_0^1 x^{p-1}\ln^2 x\,\mathrm{d}x.$ ① $p\geqslant p_0>0$; ② $p>0$.

(3) $\displaystyle\int_0^{+\infty}\frac{\sin(2x)}{x+\alpha}\mathrm{e}^{-\alpha x}\,\mathrm{d}x \quad (0\leqslant\alpha\leqslant\alpha_0).$

(4) $\displaystyle\int_0^{+\infty}\mathrm{e}^{-\alpha x}\sin x\,\mathrm{d}x.$ ① $0<\alpha_0\leqslant\alpha$; ② $\alpha>0$.

(5) $\displaystyle\int_0^1\frac{\sin(ax)}{\sqrt{|x-a|}}\,\mathrm{d}x \quad (0\leqslant a\leqslant 1).$

6.2.2 利用$\dfrac{\mathrm{e}^{-ax}-\mathrm{e}^{-bx}}{x}=\displaystyle\int_a^b\mathrm{e}^{-xy}\,\mathrm{d}y$, 计算$\displaystyle\int_0^{+\infty}\frac{\mathrm{e}^{-ax}-\mathrm{e}^{-bx}}{x}\mathrm{d}x \quad (b>a>0).$

6.2.3 计算$I=\displaystyle\int_0^{+\infty}\frac{\mathrm{e}^{-ax^2}-\mathrm{e}^{-bx^2}}{x}\,\mathrm{d}x \quad (0<a<b).$

6.2.4 利用$\dfrac{\sin(bx)-\sin(ax)}{x}=\displaystyle\int_a^b\cos(xy)\,\mathrm{d}y$, 计算

$$\int_0^{+\infty}\mathrm{e}^{-px}\frac{\sin(bx)-\sin(ax)}{x}\,\mathrm{d}x \quad (p>0,b>a>0).$$

6.2.5 设$f(x)$在$[0,+\infty)$上连续, 且$\lim\limits_{x\to+\infty}f(x)=0$, 证明傅汝兰尼公式:

$$\int_0^{+\infty}\frac{f(ax)-f(bx)}{x}\,\mathrm{d}x=f(0)\ln\frac{b}{a} \quad (a,b>0).$$

说明, 若将条件$\lim\limits_{x\to+\infty} f(x)=0$改为$\int_A^{+\infty}\frac{f(x)}{x}\,\mathrm{d}x$对任何的$A>0$都有意义, 则傅汝兰尼公式仍然成立. 同时, 利用此公式立即得到题6.2.2和题6.2.3的答案.

6.2.6 计算$\int_0^{+\infty}\frac{\arctan(\pi x)-\arctan x}{x}\,\mathrm{d}x$.

6.3 Euler积分

Euler积分是两个有用的非初等函数: Gamma函数和Beta函数, 是特定的含参量非正常积分. Euler积分是计算正常或反常积分的一个有力工具, 在概率统计、微分方程等方面有着广泛的应用, 读者应熟练地掌握它.

具体地, 含参变量积分

$$\Gamma(\alpha)=\int_0^{+\infty}x^{\alpha-1}\mathrm{e}^{-x}\,\mathrm{d}x,\quad \alpha>0, \tag{6.3.1}$$

$$\mathrm{B}(p,q)=\int_0^1 x^{p-1}(1-x)^{q-1}\,\mathrm{d}x,\quad p>0,\ q>0 \tag{6.3.2}$$

统称为 **Euler积分**, 其中前者又称为 **Gamma函数**(或写作Γ函数), 后者称为**Beta函数**(或写作B函数). 本节介绍这两个函数的性质和初步应用.

6.3.1 Gamma函数

1. Gamma函数的定义域

我们说Gamma函数的定义域就是式(6.3.1)中参变量α的取值范围$\alpha>0$. 事实上, $x=0$可能是被积函数的瑕点, 所以可将它写成如下两个积分之和:

$$\Gamma(\alpha)=\int_0^1 x^{\alpha-1}\mathrm{e}^{-x}\,\mathrm{d}x+\int_1^{+\infty}x^{\alpha-1}\mathrm{e}^{-x}\,\mathrm{d}x=I(\alpha)+J(\alpha).$$

易知, 仅当$1-\alpha<1$, 即$\alpha>0$时, $I(\alpha)$收敛; 对$\alpha>0$, 由

$$\lim_{x\to+\infty}x^2\cdot\left(\mathrm{e}^{-x}x^{\alpha-1}\right)=\lim_{x\to+\infty}\frac{x^{\alpha+1}}{\mathrm{e}^x}=0$$

和比阶判别法可知, $J(\alpha)$对$\alpha>0$收敛. 故Gamma函数的定义域为$\alpha>0$.

2. Gamma函数的连续性

我们说Gamma函数在定义域$\alpha>0$内连续且可导.

事实上, 在任何闭区间$[a,b]$ $(a>0)$上, 对于函数$I(\alpha)$, 当$0<x\leqslant 1$时, 有$x^{\alpha-1}\mathrm{e}^{-x}\leqslant x^{a-1}\mathrm{e}^{-x}$, 由于$\int_0^1 x^{a-1}\mathrm{e}^{-x}\,\mathrm{d}x$收敛, 从而$I(\alpha)$在$[a,b]$上一致收敛; 对于$J(\alpha)$, 当$1\leqslant x<\infty$时, 有$x^{\alpha-1}\mathrm{e}^{-x}\leqslant x^{b-1}\mathrm{e}^{-x}$, 由于$\int_1^{+\infty}x^{b-1}\mathrm{e}^{-x}\,\mathrm{d}x$ 收敛, 从而$J(\alpha)$在$[a,b]$上也一致收敛. 于是$\Gamma(\alpha)$在$\alpha>0$上连续.

用上述相同的方法考察积分

$$\int_0^{+\infty}\frac{\partial}{\partial\alpha}\left(x^{\alpha-1}\mathrm{e}^{-x}\right)\,\mathrm{d}x=\int_0^{+\infty}x^{\alpha-1}\mathrm{e}^{-x}\ln x\,\mathrm{d}x,$$

它在任何闭区间$[a,b]$ $(a>0)$上一致收敛. 于是由定理6.2.5得到$\Gamma(\alpha)$在$[a,b]$上可导, 由a, b的任意性, $\Gamma(\alpha)$在$\alpha>0$上可导, 且

$$\Gamma'(\alpha)=\int_0^{+\infty}x^{\alpha-1}\mathrm{e}^{-x}\ln x\,\mathrm{d}x,\quad \alpha>0.$$

同理可得, $\Gamma(\alpha)$在$\alpha>0$上存在任意阶的导数, 且

$$\Gamma^{(n)}(\alpha)=\int_0^{+\infty}x^{\alpha-1}\mathrm{e}^{-x}(\ln x)^n\,\mathrm{d}x,\quad \alpha>0.$$

3. 递推公式$\Gamma(\alpha+1)=\alpha\Gamma(\alpha)$

利用分部积分公式, 有

$$\int_0^A x^{\alpha}\mathrm{e}^{-x}\,\mathrm{d}x=-x^{\alpha}\mathrm{e}^{-x}\Big|_0^A+\alpha\int_0^A x^{\alpha-1}\mathrm{e}^{-x}\,\mathrm{d}x=-A^{\alpha}\mathrm{e}^{-A}+\alpha\int_0^A x^{\alpha-1}\mathrm{e}^{-x}\,\mathrm{d}x.$$

再令$A\to+\infty$, 就可得到递推公式

$$\begin{aligned}\Gamma(\alpha+1)&=\int_0^{+\infty}x^{\alpha+1-1}\mathrm{e}^{-x}\,\mathrm{d}x\\&=\lim_{A\to+\infty}\int_0^A x^{\alpha}\mathrm{e}^{-x}\,\mathrm{d}x\\&=-\lim_{A\to+\infty}A^{\alpha}\mathrm{e}^{-A}+\alpha\lim_{A\to+\infty}\int_0^A x^{\alpha-1}\mathrm{e}^{-x}\,\mathrm{d}x=\alpha\Gamma(\alpha).\end{aligned}$$

如果$n<\alpha\leqslant n+1$, 即$0<\alpha-n\leqslant 1$, 则

$$\Gamma(\alpha+1)=\alpha\Gamma(\alpha)=\alpha(\alpha-1)\Gamma(\alpha-1)=\cdots=\alpha(\alpha-1)\cdots(\alpha-n)\Gamma(\alpha-n).$$

上式说明, 如果已知$\Gamma(\alpha)$在$(0,1]$上的值, 那么在其他范围内的函数值可由它计算出来. 特别地, $\Gamma(1)=1$. 于是, 如果α为正整数$n+1$, 则$\Gamma(n+1)=n!$. 从这个意义上说, Γ函数是阶乘的推广.

4. $\Gamma(\alpha)$的其他形式

在应用上, Gamma函数也常以如下形式出现(第一式令$x=y^2$, 第二式令$x=py$):

$$\Gamma(\alpha)=\int_0^{+\infty}x^{\alpha-1}\mathrm{e}^{-x}\,\mathrm{d}x=2\int_0^{+\infty}y^{2\alpha-1}\mathrm{e}^{-y^2}\,\mathrm{d}y,\qquad \alpha>0;\tag{6.3.3}$$

$$\Gamma(\alpha)=\int_0^{+\infty}x^{\alpha-1}\mathrm{e}^{-x}\,\mathrm{d}x=p^{\alpha}\int_0^{+\infty}y^{\alpha-1}\mathrm{e}^{-py}\,\mathrm{d}y,\qquad \alpha>0,\ p>0.\tag{6.3.4}$$

由式(6.3.3)立即得到一个重要式子:

$$\Gamma\left(\frac{1}{2}\right)=2\int_0^{+\infty}\mathrm{e}^{-y^2}\,\mathrm{d}y=\sqrt{\pi}.$$

再由它及递推式, 有以下常用式子:

$$\Gamma\left(n+\frac{1}{2}\right)=\frac{(2n-1)!!}{2^n}\sqrt{\pi}.\tag{6.3.5}$$

6.3.2 Beta函数

1. 函数$\mathrm{B}(p,q)$的定义域

若$p,\ q \geqslant 1$, 则Beta函数式(6.3.2)为正常积分. 在其他情形下, $x=0$和$x=1$都有可能为瑕点, 所以分别考虑积分

$$I_1=\int_0^c x^{p-1}(1-x)^{q-1}\,\mathrm{d}x,$$

$$I_2=\int_c^1 x^{p-1}(1-x)^{q-1}\,\mathrm{d}x,\quad c\in(0,1).$$

由p-积分, 仅当$1-p<1$, 即$p>0$时, I_1收敛; 同理, 仅当$1-q<1$, 即$q>0$时, I_2收敛. 所以函数$\mathrm{B}(p,q)$的定义域为$p>0,\ q>0$.

2. 函数$\mathrm{B}(p,q)$的连续性

由于对任何$p_0>0,\ q_0>0$, 有

$$x^{p-1}(1-x)^{q-1}\leqslant x^{p_0-1}(1-x)^{q_0-1},\qquad p\geqslant p_0,\ q\geqslant q_0,$$

而积分$\int_0^1 x^{p_0-1}(1-x)^{q_0-1}\,\mathrm{d}x$ 收敛, 故由Weierstrass判别法知, $\mathrm{B}(p,q)$在$[p_0,\infty)\times[q_0,\infty)$上一致收敛. 因而推得$\mathrm{B}(p,q)$在定义域内连续.

3. 函数$\mathrm{B}(p,q)$的对称性和递推公式

$$\mathrm{B}(p,q)=\mathrm{B}(q,p),\qquad p>0,\ q>0; \tag{6.3.6}$$

$$\mathrm{B}(p,q)=\frac{q-1}{p+q-1}\mathrm{B}(p,q-1),\qquad p>0,\ q>1; \tag{6.3.7}$$

$$\mathrm{B}(p,q)=\frac{p-1}{p+q-1}\mathrm{B}(p-1,q),\qquad p>1,\ q>0; \tag{6.3.8}$$

$$\mathrm{B}(p,q)=\frac{(p-1)(q-1)}{(p+q-1)(p+q-2)}\mathrm{B}(p-1,q-1),\qquad p>1,\ q>1. \tag{6.3.9}$$

令$t=1-x$即得对称性式(6.3.6). 下面只证式(6.3.7). 式(6.3.8)由对称性及式(6.3.7)可得, 而式(6.3.9)可由式(6.3.7)和式(6.3.8) 推得.

当$p>0,\ q>1$时,

$$\begin{aligned}\mathrm{B}(p,q)&=\int_0^1 x^{p-1}(1-x)^{q-1}\,\mathrm{d}x=\frac{x^p(1-x)^{q-1}}{p}\Big|_0^1+\frac{q-1}{p}\int_0^1 x^p(1-x)^{q-2}\,\mathrm{d}x\\&=\frac{q-1}{p}\int_0^1\left[x^{p-1}-x^{p-1}(1-x)\right](1-x)^{q-2}\,\mathrm{d}x\\&=\frac{q-1}{p}\int_0^1 x^{p-1}(1-x)^{q-2}\,\mathrm{d}x-\frac{q-1}{p}\int_0^1 x^{p-1}(1-x)^{q-1}\,\mathrm{d}x\\&=\frac{q-1}{p}\mathrm{B}(p,q-1)-\frac{q-1}{p}\mathrm{B}(p,q).\end{aligned}$$

移项整理得式(6.3.7).

4. $\mathrm{B}(p,q)$的其他形式

在应用中, Beta函数也常以如下形式出现:

$$\mathrm{B}(p,q)=2\int_0^{\pi/2}\sin^{2p-1}\theta\cos^{2q-1}\theta\mathrm{d}\theta\ (令x=\sin^2\theta); \tag{6.3.10}$$

$$\mathrm{B}(p,q)=\int_0^{+\infty}\frac{y^{p-1}}{(1+y)^{p+q}}\,\mathrm{d}y\ (令\ x=\frac{y}{1+y}); \tag{6.3.11}$$

$$\mathrm{B}(p,q)=\int_0^{1}\frac{y^{p-1}+y^{q-1}}{(1+y)^{p+q}}\,\mathrm{d}y\ (上式中再令\ y=\frac{1}{t}). \tag{6.3.12}$$

例如, 正常积分

$$\int_0^{\pi/2}\cos^7 x\sin^{\frac{1}{2}}x\ \mathrm{d}x=\frac{1}{2}\mathrm{B}(\frac{3}{4},4)=\frac{256}{1155}.$$

6.3.3 几个重要公式

(1) Gamma函数与Beta函数之间的关系式:

$$\mathrm{B}(p,q)=\frac{\Gamma(p)\Gamma(q)}{\Gamma(p+q)},\qquad p>0,\ q>0.$$

(2) 余元公式:

$$\Gamma(\alpha)\Gamma(1-\alpha)=\mathrm{B}(\alpha,1-\alpha)=\frac{\pi}{\sin(\alpha\pi)},\qquad 0<\alpha<1.$$

(3) 斯特林(Stirling)公式：存在$\theta(\alpha)\in(0,1)$, 使得

$$\Gamma(\alpha+1)=\sqrt{2\pi\alpha}\left(\frac{\alpha}{\mathrm{e}}\right)^{\alpha}\exp\left(\frac{\theta(\alpha)}{12\alpha}\right),\qquad \alpha>0.$$

特别地, 常用如下Stirling公式:

$$n!\sim\sqrt{2\pi n}\left(\frac{n}{\mathrm{e}}\right)^{n}\ (n\to\infty).$$

这些公式的证明可参见参考文献[5].

例 6.3.1 计算$\displaystyle\int_0^{+\infty}\mathrm{e}^{-x^n}\ \mathrm{d}x\ (n>0)$.

解 令$t=x^n$, 则 $\mathrm{d}x=\frac{1}{n}t^{\frac{1}{n}-1}\ \mathrm{d}t$. 于是

$$\int_0^{+\infty}\mathrm{e}^{-x^n}\ \mathrm{d}x=\frac{1}{n}\int_0^{+\infty}t^{\frac{1}{n}-1}\mathrm{e}^{-t}\ \mathrm{d}t=\frac{1}{n}\Gamma\left(\frac{1}{n}\right).$$

有趣的是, 得到$\displaystyle\lim_{n\to\infty}\int_0^{+\infty}\mathrm{e}^{-x^n}\ \mathrm{d}x=\lim_{n\to\infty}\Gamma\left(1+\frac{1}{n}\right)=\Gamma(1)=1.$ □

例 6.3.2 计算$I=\displaystyle\int_0^1 x^{14}\sqrt{1-x^5}\ \mathrm{d}x$.

解 这是一个正常积分. 令$t=x^5$, 则

$$\begin{aligned}I&=\frac{1}{5}\int_0^1 t^2\sqrt{1-t}\ \mathrm{d}t=\frac{1}{5}\mathrm{B}(3,\frac{3}{2})\\&=\frac{1}{5}\frac{\Gamma(3)\Gamma(3/2)}{\Gamma(9/2)}=\frac{2!\Gamma(3/2)}{5\cdot\frac{7}{2}\cdot\frac{5}{2}\cdot\frac{3}{2}\cdot\Gamma(3/2)}=\frac{16}{525}.\end{aligned}$$ □

例 6.3.3 证明$\int_0^1 \ln\Gamma(s)\,\mathrm{d}s=\ln\sqrt{2\pi}$.

证 令$t=1-s$, 则

$$\int_0^1 \ln\Gamma(s)\,\mathrm{d}s=\int_0^1 \ln\Gamma(1-t)\,\mathrm{d}t.$$

于是, 利用余元公式, 得

$$\int_0^1 \ln\Gamma(s)\ \ \mathrm{d}s=\frac{1}{2}\int_0^1 \ln(\Gamma(s)\Gamma(1-s))\ \ \mathrm{d}s=\frac{1}{2}\int_0^1 (\ln\pi-\ln\sin(\pi s))\,\mathrm{d}s.$$

因

$$\int_0^1 \ln\sin(\pi s)\,\mathrm{d}s=\frac{1}{\pi}\int_0^\pi \ln\sin u\ \ \mathrm{d}u=-\ln 2.$$

故

$$\int_0^1 \ln\Gamma(s)\ \ \mathrm{d}s=\frac{1}{2}(\ln\pi+\ln 2)=\ln\sqrt{2\pi}.$$

□

例 6.3.4 计算$\int_0^1 \frac{\mathrm{d}x}{\sqrt{1-x^4}}\cdot\int_0^1 \frac{x^2\,\mathrm{d}x}{\sqrt{1-x^4}}$.

解 分别计算每个积分. 作变量替换$t=x^4$, 有

$$\int_0^1 \frac{\mathrm{d}x}{\sqrt{1-x^4}}=\frac{1}{4}\int_0^1 t^{-(3/4)}\,(1-t)^{-(1/2)}\ \ \mathrm{d}t=\frac{1}{4}\mathrm{B}\left(\frac{1}{4},\frac{1}{2}\right),$$
$$\int_0^1 \frac{x^2\,\mathrm{d}x}{\sqrt{1-x^4}}=\frac{1}{4}\int_0^1 t^{-(1/4)}\,(1-t)^{-(1/2)}\ \ \mathrm{d}t=\frac{1}{4}\mathrm{B}\left(\frac{3}{4},\frac{1}{2}\right).$$

于是

$$\begin{aligned}\int_0^1 \frac{\mathrm{d}x}{\sqrt{1-x^4}}\cdot\int_0^1 \frac{x^2\,\mathrm{d}x}{\sqrt{1-x^4}} &= \frac{1}{16}\mathrm{B}\left(\frac{1}{4},\frac{1}{2}\right)\mathrm{B}\left(\frac{3}{4},\frac{1}{2}\right)\\ &= \frac{1}{16}\frac{\Gamma\left(\frac{1}{4}\right)\Gamma\left(\frac{1}{2}\right)}{\Gamma\left(\frac{3}{4}\right)}\cdot\frac{\Gamma\left(\frac{3}{4}\right)\Gamma\left(\frac{1}{2}\right)}{\Gamma\left(\frac{5}{4}\right)}=\frac{1}{4}\left[\Gamma\left(\frac{1}{2}\right)\right]^2=\frac{\pi}{4}.\end{aligned}$$

最后简单介绍与Gamma函数有关的渐近估计式及其应用.

在Stirling公式两边取对数, α换为x, 可得x充分大时, 有

$$\ln\Gamma(x)=(x-\frac{1}{2})\ln x-x+\frac{1}{2}\ln(2\pi)+O(\frac{1}{x}).$$

同样由Stirling公式, 借助函数e^x的Taylor公式, 可得x充分大时, 有

$$(\Gamma(x+1))^{\frac{1}{x}}=\frac{x}{\mathrm{e}}\left[1+\frac{\ln(2\pi x)}{2x}+O(\frac{\ln^2 x}{x^2})\right].\tag{6.3.13}$$

这两个渐近估计式是很有用的, 如由它们容易得到: 当$x\to+\infty$时, 有

$$\ln\Gamma(x)\sim x\ln x;\qquad (\Gamma(x+1))^{\frac{1}{x}}\sim\frac{x}{\mathrm{e}}.$$

□

例 6.3.5 设b为正数, 计算极限$A=\lim\limits_{x\to+\infty}[(\Gamma(x+b+1))^{\frac{1}{x+b}}-(\Gamma(x+1))^{\frac{1}{x}}]$.

解 由式(6.3.13), 有

$$(\Gamma(x+b+1))^{\frac{1}{x+b}}=\frac{x+b}{\mathrm{e}}\left[1+\frac{\ln(2\pi(x+b))}{2(x+b)}+O(\frac{\ln^2 x}{x^2})\right].$$

于是

$$A=\lim_{x\to+\infty}\left[\frac{b}{\mathrm{e}}+\frac{1}{2\mathrm{e}}\ln(1+\frac{b}{x})+O(\frac{\ln^2 x}{x})\right]=\frac{b}{\mathrm{e}}.$$

□

注 当x换为正整数n时, 得到著名极限$\lim\limits_{n\to\infty}\left[\sqrt[n+1]{(n+1)!}-\sqrt[n]{n!}\right]=\dfrac{1}{\mathrm{e}}$.

习题 6.3

(A)

6.3.1 计算下列积分(涉及的参数都为正数):

(1) $\displaystyle\int_0^1 x^8\sqrt{1-x^3}\,\mathrm{d}x$; (2) $\displaystyle\int_0^1\frac{\mathrm{d}x}{\sqrt[n]{1-x^m}}$; (3) $\displaystyle\int_0^1 x^{p-1}(1-x^n)^{q-1}\,\mathrm{d}x$;

(4) $\displaystyle\int_0^{+\infty}x^m\mathrm{e}^{-x^n}\,\mathrm{d}x$; (5) $\displaystyle\int_0^{+\infty}\frac{x^{m-1}}{1+x^n}\,\mathrm{d}x\ (n>m)$;

(6) $\displaystyle\int_0^{+\infty}\frac{\sqrt[4]{x}}{(1+x)^2}\,\mathrm{d}x$; (7) $\displaystyle\int_0^{\pi/2}\sin^6 x\cos^4 x\,\mathrm{d}x$.

6.3.2 计算$\displaystyle\int_a^{a+1}\ln\Gamma(x)\,\mathrm{d}x\quad(a>0)$.

6.3.3 讨论反常积分$\displaystyle\int_0^1(-\ln x)^p\,\mathrm{d}x$的收敛域, 并求其收敛值(用Euler积分表示).

6.3.4 计算$I=\displaystyle\int_0^{+\infty}\exp\left(-y^2-\frac{a^2}{y^2}\right)\,\mathrm{d}y\quad(a>0)$.

6.3.5 证明$\displaystyle\int_0^{+\infty}\mathrm{e}^{-x^4}\,\mathrm{d}x\int_0^{+\infty}x^2\mathrm{e}^{-x^4}\,\mathrm{d}x=\frac{\pi}{8\sqrt{2}}$.

6.3.6 计算

$$\int_0^{\infty}\left(x-\frac{x^3}{2}+\frac{x^5}{2\cdot 4}-\frac{x^7}{2\cdot 4\cdot 6}+\cdots\right)\left(1+\frac{x^2}{2^2}+\frac{x^4}{2^2\cdot 4^2}+\frac{x^6}{2^2\cdot 4^2\cdot 6^2}+\cdots\right)\,\mathrm{d}x.$$

6.3.7 计算下列极限:

(1) $\displaystyle\lim_{n\to\infty}\frac{\ln\Gamma(1+\frac{n}{2})}{n\ln n}$;

(2) $\displaystyle\lim_{x\to+\infty}\frac{\Gamma(x+1)^{\frac{1}{x}}-\frac{x}{\mathrm{e}}}{\ln x}$;

(3) $\displaystyle\lim_{n\to\infty}n[\sqrt[n]{(2n-1)!!}-\frac{2}{\mathrm{e}}]$.

(B)

6.3.1 利用式(6.3.4)计算$\displaystyle\int_0^{+\infty}\frac{\cos(ax)}{x^p}\,\mathrm{d}x\quad(0<p<1,\ a>0)$.

6.3.2 证明$\displaystyle\cos\frac{\alpha\pi}{2}\cdot\int_0^{\pi/2}\tan^\alpha x\,\mathrm{d}x=\frac{\pi}{2}$, 其中$|\alpha|<1$.

6.3.3 设$0<a<1$, $n\in\mathbf{N}_+$. 证明

$$\int_0^a(1-x^2)^{\frac{2n-1}{2}}\,\mathrm{d}x\geqslant\frac{a}{2^{n+1}}\pi\cdot\frac{(2n-1)!!}{n!}.$$

6.3.4 计算$\displaystyle\int_0^{+\infty}t^{-1/2}\mathrm{e}^{-2010(t+t^{-1})}\,\mathrm{d}t$.

6.3.5 设a,b,t为实数, 计算极限

$$A=\lim_{x\to\infty}x^{\sin^2 t}\left[\Gamma(x+a)^{\frac{\cos^2 t}{x+a-1}}-\Gamma(x+b)^{\frac{\cos^2 t}{x+b-1}}\right].$$

第6章习题解答及提示

参考文献

[1] 刘斌, 雷冬霞. 一元分析学[M]. 2版. 武汉: 华中科技大学出版社, 2019.

[2] 马知恩, 王绵森. 工科数学分析基础(下册)[M]. 2版. 北京: 高等教育出版社, 2006.

[3] 张恭庆, 林源渠. 泛函分析讲义(上册)[M]. 北京: 北京大学出版社, 1987.

[4] 王高雄, 周之铭, 朱思铭, 等. 常微分方程[M]. 2版. 北京: 高等教育出版社, 1983.

[5] 陈纪修, 於崇华, 金路. 数学分析(下册)[M]. 2版. 北京: 高等教育出版社, 2004.

[6] 华东师范大学数学系. 数学分析(下册)[M]. 3版. 北京: 高等教育出版社, 2001.

[7] 汪林, 杨富春, 戴正德, 等. 数学分析问题研究与评注[M]. 北京: 科学出版社, 1995.

[8] 徐利治, 王兴华. 数学分析的方法及例题选讲(修订版)[M]. 北京: 高等教育出版社, 1984.

[9] 雷冬霞, 韩志斌, 黄永忠. 一元分析学学习指导[M]. 武汉: 湖北科学技术出版社, 2014.

[10] 黄永忠, 韩志斌, 吴洁. 通项等价的两个数项级数的收敛性[J]. 大学数学, 2018, 34(6): 61-66.

[11] 董锐, 王德荣, 黄永忠. GAMMA函数渐近估计式在一类极限计算中的应用[J]. 大学数学, 2018, 34(5): 59-62.

索　引